2024年度版 秋10月試験対応

DB

情報処理技術者試験

データベーススペシャリスト

TAC情報処理講座

ALL IN ONE オールインワン

パーフェクトマスター

TAC出版
TAC PUBLISHING Group

本書は，「試験要綱Ver.5.3」および「シラバスVer.4.1」（ともに2024年１月16日現在最新）に基づいて作成しております。

なお，2024年１月16日以降に「試験要綱」「シラバス」の改訂があった場合は，下記ホームページにて改訂情報を順次公開いたします。

TAC出版書籍販売サイト「サイバーブックストア」
https://bookstore.tac-school.co.jp/

解答用紙ダウンロードサービスについて

本書の第３部「午後問題演習」に収録した，データベーススペシャリストの午後Ⅰ試験と午後Ⅱ試験の過去問題には，各問の問題文の後に解答用紙を掲載してあります。ただし，書籍紙面の都合上，試験で配布される解答用紙よりも小さくなっています。下記のＵＲＬに，Ｂ５版用紙への印刷を想定した解答用紙を用意してありますので，必要に応じてダウンロードしてご利用ください。

ＴＡＣ出版 サイバーブックストア内「解答用紙ダウンロード」ページ
https://bookstore.tac-school.co.jp/answer/

はじめに

本書は，データベーススペシャリスト試験を受験される方に，合格に必要な知識と技能を習得していただくための書籍です。

データベーススペシャリスト試験は，高度試験区分共通の午前Ⅰ試験と，データベーススペシャリストとしての午前Ⅱ試験，午後Ⅰ試験，午後Ⅱ試験で構成されています。午前Ⅱ試験は，専門的な知識を問う試験です。午後Ⅰ試験と午後Ⅱ試験は，事例としてとり上げた業務の規模の大きさや解答量の多さが異なるだけで，求められる技能は同じです。そこで，本書は，午前Ⅱ試験対策と午後試験対策で構成しました。

午前Ⅱ試験への有効な対策は，試験に頻出するキーワードを整理し，理解して覚えることです。午後試験への有効な対策は，頻出する技能の内容を理解し，その技能の実際の業務への適用方法を習得することです。本書は，これらの対策を実現したものです。

午前Ⅱ試験対策では，分野ごとに，頻出キーワードを解説し，その習得度を測るための問題を用意してあります。また，午後試験対策では，頻出する技能の内容を解説し，実際の業務への適用方法を事例を用いて説明しています。そして最後に，午後問題演習を用意してあります。どの程度の実力が身についたかを確かめてください。

午前Ⅱ問題も午後問題も，間違えた場合には必ず学習を繰り返し，確かな知識と技能を習得するようにしてください。本書を活用して，試験に合格されることを願っております。

2024年２月　TAC情報処理講座

データベーススペシャリスト試験概要

- 試験日　　：10月〈第2日曜日〉
- 合格発表　：12月
- 受験資格　：特になし
- 受験手数料：7,500円（消費税込み）

　※試験日程等は，変更になる場合があります。

最新の試験情報は，下記IPA（情報処理推進機構）ホームページにて，ご確認ください。
https://www.jitec.ipa.go.jp

出題形式

午前Ⅰ 9:30～10:20 (50分)		午前Ⅱ 10:50～11:30 (40分)		午後Ⅰ 12:30～14:00 (90分)		午後Ⅱ 14:30～16:30 (120分)	
出題形式	出題数 解答数	出題形式	出題数 解答数	出題形式	出題数 解答数	出題形式	出題数 解答数
多肢選択式 (四肢択一)	30問 30問	多肢選択式 (四肢択一)	25問 25問	記述式	3問 2問	論述式	2問 1問

合格基準

時間区分	配点	基準点
午前Ⅰ	100点満点	60点
午前Ⅱ	100点満点	60点
午後Ⅰ	100点満点	60点
午後Ⅱ	100点満点	60点

免除制度

　高度試験及び支援士試験の午前Ⅰ試験については，次の条件１～３のいずれかを満たすことによって，その後２年間受験を免除する。

条件１：応用情報技術者試験に合格する。

条件２：いずれかの高度試験又は支援士試験に合格する。

条件３：いずれかの高度試験又は支援士試験の午前Ⅰ試験で基準点以上の成績を得る。

試験の対象者像

対象者像	高度IT人材として確立した専門分野をもち，データベースに関係する固有技術を活用し，最適な情報システム基盤の企画・要件定義・開発・運用・保守において中心的な役割を果たすとともに，固有技術の専門家として，情報システムの企画・要件定義・開発・運用・保守への技術支援を行う者
業務と役割	データ資源及びデータベースを企画・要件定義・開発・運用・保守する業務に従事し，次の役割を主導的に果たすとともに，下位者を指導する。 ① データ管理者として，情報システム全体のデータ資源を管理する。 ② データベースシステムに対する要求を分析し，効率性・信頼性・安全性を考慮した企画・要件定義・開発・運用・保守を行う。 ③ 個別システム開発の企画・要件定義・開発・運用・保守において，データベース関連の技術支援を行う。
期待する技術水準	高品質なデータベースを企画，要件定義，開発，運用，保守するため，次の知識・実践能力が要求される。 ① データベース技術の動向を広く見通し，目的に応じて適用可能な技術を選択できる。 ② データ資源管理の目的と技法を理解し，データ部品の標準化，リポジトリシステムの企画・要件定義・開発・運用・保守ができる。 ③ データモデリング技法を理解し，利用者の要求に基づいてデータ分析を行い，正確な概念データモデルを作成できる。 ④ データベース管理システムの特性を理解し，情報セキュリティも考慮し，高品質なデータベースの企画・要件定義・開発・運用・保守ができる。
レベル対応（*）	共通キャリア・スキルフレームワークの人材像：テクニカルスペシャリストのレベル４の前提要件

（*）レベル対応における，各レベルの定義
レベルは，人材に必要とされる能力及び果たすべき役割（貢献）の程度によって定義する。

レベル	定義
レベル４	高度な知識・スキルを有し，プロフェッショナルとして業務を遂行でき，経験や実績に基づいて作業指示ができる。また，プロフェッショナルとして求められる経験を形式知化し，後進育成に応用できる。
レベル３	応用的知識・スキルを有し，要求された作業について全て独力で遂行できる。
レベル２	基本的知識・スキルを有し，一定程度の難易度又は要求された作業について，その一部を独力で遂行できる。
レベル１	情報技術に携わる者に必要な最低限の基礎的知識を有し，要求された作業について，指導を受けて遂行できる。

出題範囲（午前Ⅰ・Ⅱ）

出題分野				試験区分	情報セキュリティマネジメント試験	基本情報技術者試験	応用情報技術者試験	高度試験・支援士試験 午前Ⅰ（共通知識）	高度試験・支援士試験 午前Ⅱ（専門知識） ITストラテジスト試験	システムアーキテクト試験	プロジェクトマネージャ試験	ネットワークスペシャリスト試験	データベーススペシャリスト試験	エンベデッドシステムスペシャリスト試験	ITサービスマネージャ試験	システム監査技術者試験	情報処理安全確保支援士試験
共通キャリア・スキルフレームワーク																	
分野		大分類		中分類													
テクノロジ系	1	基礎理論	1	基礎理論		○2	○3	○3									
			2	アルゴリズムとプログラミング													
	2	コンピュータシステム	3	コンピュータ構成要素						○3		○3	○3	◎4	○3		
			4	システム構成要素	○2					○3		○3	○3	○3	○3		
			5	ソフトウェア										◎4			
			6	ハードウェア										◎4			
	3	技術要素	7	ユーザーインタフェース						○3				○3			
			8	情報メディア													
			9	データベース	○2					○3			◎4		○3	○3	○3
			10	ネットワーク	○2					○3		◎4		○3	○3	○3	◎4
			11	セキュリティ※	◎2	◎2	◎3	◎3	◎4	◎4	◎3	◎4	◎4	◎4	◎4	◎4	◎4
	4	開発技術	12	システム開発技術		○2	○3	○3		◎4	○3	○3	○3	◎4		○3	○3
			13	ソフトウェア開発管理技術						○3	○3	○3	○3	○3			○3
マネジメント系	5	プロジェクトマネジメント	14	プロジェクトマネジメント	○2						◎4				◎4		
	6	サービスマネジメント	15	サービスマネジメント	○2						○3				◎4	○3	○3
			16	システム監査	○2										○3	◎4	○3
ストラテジ系	7	システム戦略	17	システム戦略	○2				◎4	○3							
			18	システム企画	○2				◎4	◎4	○3						
	8	経営戦略	19	経営戦略マネジメント					◎4							○3	
			20	技術戦略マネジメント					○3								
			21	ビジネスインダストリ					◎4					○3			
	9	企業と法務	22	企業活動	○2				◎4							○3	
			23	法務	◎2				○3		○3				○3	◎4	

注記1 ○は出題範囲であることを，◎は出題範囲のうちの重点分野であることを表す。
注記2 2，3，4は技術レベルを表し，4が最も高度で，上位は下位を包含する。
※ "中分類11：セキュリティ"の知識項目には技術面・管理面の両方が含まれるが，高度試験の各試験区分では，各人材像にとって関連性の強い知識項目を技術レベル4として出題する。

出題範囲（午後Ⅰ・Ⅱ）

1　データベースシステムの企画・要件定義・開発に関すること

データベースシステムの計画，要件定義，概念データモデルの作成，コード設計，物理データベースの設計・構築，データ操作の設計，アクセス性能見積り，セキュリティ設計　など

2　データベースシステムの運用・保守に関すること

データベースの運用・保守，データ資源管理，パフォーマンス管理，キャパシティ管理，再編成，再構成，バックアップ，リカバリ，データ移行，セキュリティ管理　など

3　データベース技術に関すること

リポジトリ，関係モデル，関係代数，正規化，データベース管理システム，SQL，排他制御，データウェアハウス，その他の新技術動向　など

Contents

第0部　DB試験突破作戦

第1部　基礎知識と午前Ⅱ問題演習

第2部　午後対策ー重要知識と設問パターン別攻略法のトレーニング

第3部　午後問題演習

DB試験突破作戦

データベーススペシャリスト試験の役割

1.1 データベーススペシャリスト試験の位置づけ

データベーススペシャリスト試験は，データベーススペシャリストの専門能力を評価する試験として広く認知されている国家試験です。データベーススペシャリスト試験に合格するためには，**四つの異なった試験全てに合格すること**が求められます。

午前Ⅰ試験
コンピュータ全般の基礎知識試験

午前Ⅱ試験
データベーススペシャリストの基礎知識試験

午後Ⅰ試験
データベーススペシャリストの基礎技能試験

午後Ⅱ試験
データベーススペシャリストの応用技能試験

午前Ⅰ試験は，情報処理安全確保支援士試験と高度情報処理技術者試験の全区分に共通で，合格すれば２年間（最大３回）受験が免除されます。したがって，その間は午前Ⅱ試験，午後Ⅰ試験，午後Ⅱ試験の三つを受験すればよいことになります。これらの三つの試験は，午前Ⅱ試験に合格できなければ，それ以降の午後Ⅰ試験，午後Ⅱ試験は受験していても採点の対象になりません。同様に，午後Ⅰ試験に合格できなければ，午後Ⅱ試験は受験していても採点の対象になりません。

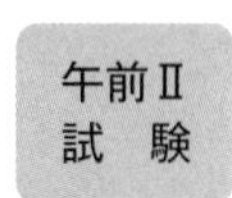

60点で

合格

午後Ⅰ
試　験

60点で

合格

午後Ⅱ
試　験

60点で

合格

データベーススペシャリスト試験に合格

つまり，**三つの試験を段階的に全て合格**して，ようやくデータベーススペシャリストとしての技量を身に付けていると認定されるわけです。

1.2 データベーススペシャリスト試験で求められる知識と技能

データベーススペシャリスト試験を突破するには，午前Ⅱ試験で求められる「データベーススペシャリストとしての知識」と午後試験で求められる「データベーススペシャリストとしての技能」が必要です。

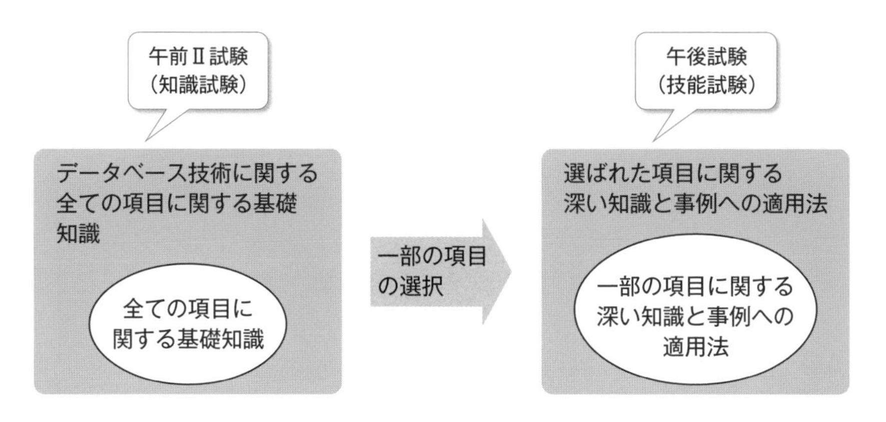

午前Ⅱ試験の出題内容は，「データベース技術」の全ての項目に関する**基礎知識**，午後Ⅰ・Ⅱ試験の出題内容は，「データベース技術」の一部の項目に関する**深い知識**と**事例への適用法**です。そのため，**午前Ⅱ試験対策と午後試験対策に分け**，それぞれに適した方法で学習することが効率的になります。

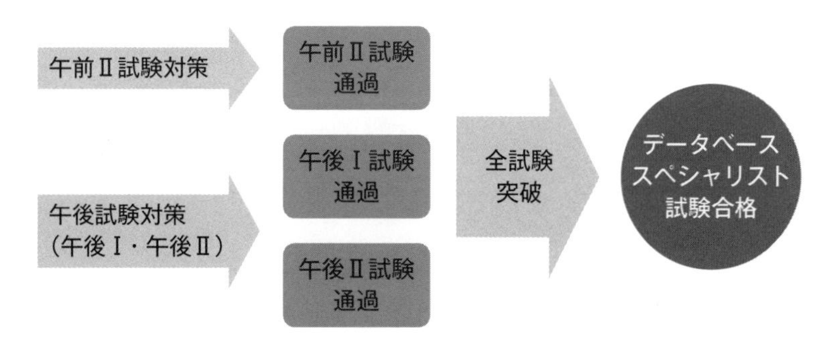

2 午前Ⅱ試験の突破法

Point! 午前Ⅱ試験を突破するためには，よく出題されるキーワードやキーフレーズを知り，それらを中心に，学習することが効率的です。

2.1 午前Ⅱ試験の分析

問1　データベースの３層スキーマアーキテクチャに関する記述として，適切なものはどれか。

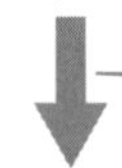

キーワード
キーフレーズ

ア　概念スキーマは，内部スキーマと外部スキーマの間に位置し，エンティティやデータ項目相互の関係に関する情報をもつ。
イ　外部スキーマは，概念スキーマをコンピュータ上に具体的に実現させるための記述であり，データベースに対して，ただ一つ存在する。
ウ　サブスキーマは，複数のデータベースを結合した内部スキーマの一部を表す。
エ　内部スキーマは，個々のプログラム又はユーザの立場から見たデータベースの記述である。

午前Ⅱ試験では，４択問題が25問出題されます。どの問題も，**キーワードやキーフレーズに関する問いかけ**となっており，受験者は四つの選択肢から最も適当な選択肢を探します。

2.2 キーワードとキーフレーズ

過去の本試験で出題された午前Ⅱ問題を分析して，よく出されるキーワードやキーフレーズを抽出して整理し，一覧表を作成しました。

分野名	重要キーワード（キーフレーズ）
データモデルとデータベース設計	3層スキーマアーキテクチャ　概念データモデル　候補キー　共通集合演算　差集合演算　和集合演算　関係演算　射影　選択　直積　等結合　入れ子ループ　データモデル　E-R図　E-Rモデル　NoSQL　UML　1対1　関数従属性　正規化　第1正規形　第2正規形　第3正規形　第4正規形　第5正規形　等結合　商演算　関係モデル　関連　外部キー
データベースの操作	SQL　SELECT COUNT（*）　WHERE　EXISTS　CREATE TABLE　BLOBデータ　CREATE VIEW　導出表　LEFT OUTER JOIN　COUNT　MIN　GROUP BY　INSERT INTO　カーソル　UNIQUE　CREATE VIEW　更新可能なビュー
データベース管理システム	B^+木インデックス　ハッシュ索引　トランザクションの原子性　ACID特性　トランザクションのコミット処理完了タイミング　専有ロック　デッドロック　トランザクションの待ちグラフ　トランザクションの直列可能性　同時実行制御　多版同時実行制御　2相ロッキングプロトコル　2相ロック方式　ダーティリード　トランザクションの隔離性水準　ファントムリード　ロールフォワード　WAL（Write Ahead Log）　システム障害　RDBMS　コミット　共有ロック　ログ　ロールバック　ロールフォワード　チェックポイント
その他のデータベース技術	移動に対する透過性（障害透過性）　アクセス透過性　分散データベースシステム　2相コミット　CEP（複合イベント処理）　2相コミットプロトコル　CAP定理　データウェアハウス　OLAP　スタースキーマ　データマイニング　分散データベース　ビッグデータ　データサイエンティスト　機械学習　データレイク　Apache Spark
関連技術	JPCERT　DLP　DNSサーバ　SSH　IPsec　AES　暗号通信に必要な鍵数　EDoS（Economic DoS）攻撃　S/MINE　ベイジアンフィルタ　公衆無線LANサービス　迷惑メール検知手法　IPv6　UML2.0　DoS攻撃　インスタンス　UML　動的テスト　ディザスタリカバリ　シンプロビジョニング　RPO（Recovery Point Objective）　SOA（Service Oriented Architecture）

2.3 キーワード学習

本書の第１部では，前頁の表の分野ごとにセクションを分けたうえで，各セクションを「知識編」と「問題編」に分けて構成してあります。知識編では，午前Ⅱ試験の問題でよく使用されるキーワード（キーフレーズ）の意味や内容を端的に説明し，問題編では午前Ⅱの頻出問題とその解答解説を示しました。

知識編と問題編は，相互に参照できるように**マークを付けてあります**ので，正解できなかった問題のキーワードをすぐに復習するなど，短時間で効率良く学習を進めることができます。

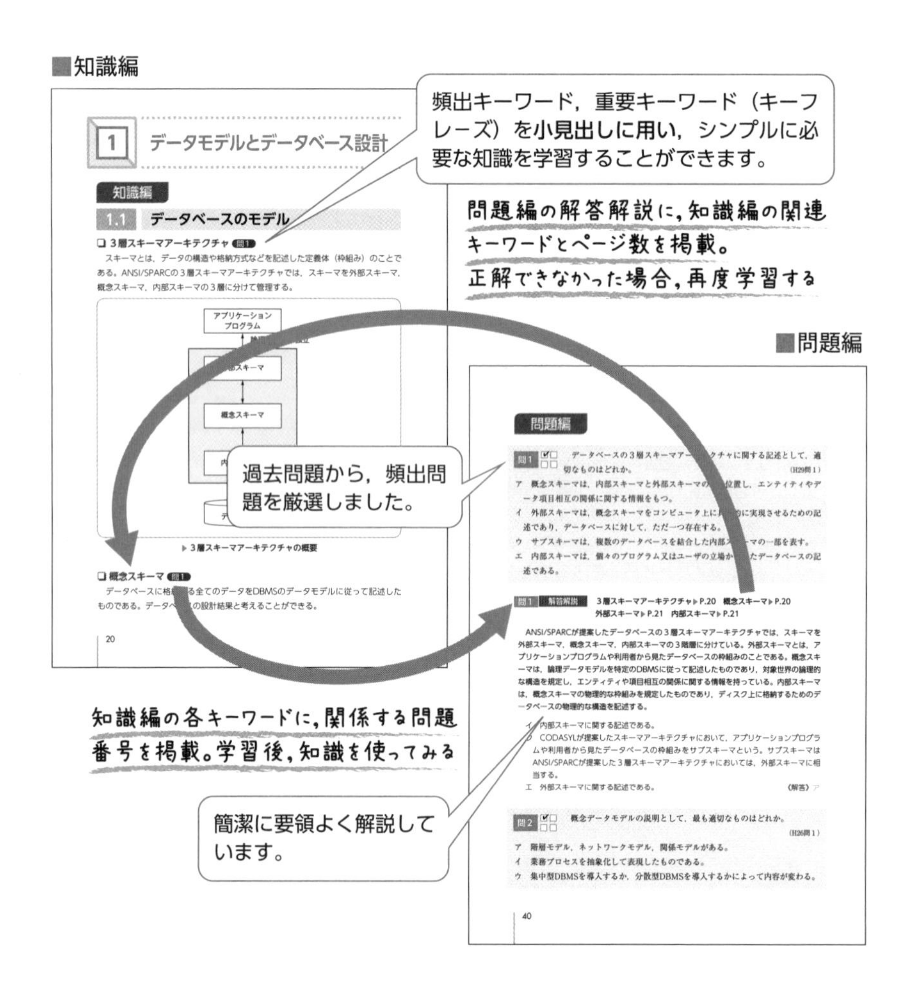

3 午後試験の分析と突破法

午後問題の仕組みを理解し，設問が求めている解答を作成することが重要です。そのために，設問パターン別攻略法をマスターしましょう。

3.1 午後問題の分析

1 午後問題の仕組み

■問題文：事例の説明

問2　データベース設計に関する次の記述を読んで，設問1，2に答えよ。

A社は，関東圏に展開している食料品スーパマーケットチェーンである。A社が取り扱う商品には，青果，鮮魚，精肉などがあるが，その中の自社商品の弁当・総菜類について，商品配送管理システムを用いて配送業務を実施してきた。A社は，デザート・ケーキ類の追加を計画しており，データベース設計を見直すことにした。

〔現状業務の概要〕

1．拠点

(1)　拠点は，拠点コードで識別し，拠点名，所在地，代表電話番号をもつ。

(2)　拠点には生産工場と店舗があり，拠点区分で分類する。

(3)　生産工場は，A社の自社商品だけを生産する。A社には3か所の生産工場がある。生産工場には，自社商品を生産する役割と，自社商品を仕分けして各店舗へ配送する役割がある。生産工場は，生産能力と操業開始年月日をもつ。

(4)　店舗は，約70あり，店舗基本情報をもつ。

①　生産工場から店舗への配送では，配送ルートを設定している。一つの配送ルートは，1台のトラックで2～3時間で配送できる3～8の店舗を配送先としている。店舗への配送順序をあらかじめ決めている。

解答の証拠

■解答
設問1………
設問2………
設問3………

問いかけ

■設問

設問1　図1，2について，(1)，(2)に答えよ。

(1)　図1の概念データモデルは未完成である。図1中の［ア］，［イ］に入れる適切なエンティティタイプ名を答えよ。また，必要なリレーションシップを全て記入し，概念データモデルを完成させよ。

(2)　図2中の［a］～［h］に一つ又は複数の適切な属性名を入れ，図を完成させよ。また，主キーを構成する属性の場合は実線の下線を，外部

午後問題は，事例を説明する問題文と設問から構成されます。とり上げられている事例はデータベーススペシャリストが関わった事例であり，問題文で詳細に説明されています。設問の問いかけに該当する，解答の証拠となる内容を問題文から見つけ，それをもとに設問の問いかけに対応した解答を作成します。午後Ⅰ試験と午後Ⅱ試験

は問題の構造と解き方は全く同じです。両者の違いは，分量が小さいか大きいかの違いです。そのため，同じアプローチ法で，午後Ⅰも午後Ⅱも対応できます。

2 設問パターン

デ－タベーススペシャリストの午後Ⅰ問題と午後Ⅱ問題は，設問パターンで分類できます。9つのパターンがあり，この9つのパターンの組合せで一つの問題が構成されています。例えば,一つの問題で設問1が「基礎理論」で,設問2が「概念設計」で,設問3が「SQL」の3種類の組合せで構成されることも，設問1が「業務処理と関係スキーマ（テーブル構造)」で,設問2も「業務処理と関係スキーマ（テーブル構造)」で，設問3も「業務処理と関係スキーマ（テーブル構造)」のように同一のパターンで構成されることもあります。

九つの設問パターンは次のように分類できます。

番号	設問パターン	主な設問内容
1	基礎理論	候補キー　関数従属　正規化
2	概念設計	概念データモデルと関係スキーマ
3	業務処理と関係スキーマ（テーブル構造）	業務処理の修正に対応した関係スキーマ（テーブル構造）の修正 業務処理を行う上での関係スキーマ（テーブル構造）の問題点と解決法
4	論理設計	参照制約機能の実装 参照制約機能の利用
5	物理設計	パフォーマンス分析のためのテーブルのページ数の計算 制約設計　索引設計　表領域設計　性能予測
6	SQL	SQLプログラミング
7	排他制御	排他制御　デッドロック トランザクション設計とデッドロック
8	障害対策	バックアップと回復処理 バックアップ運用の見直し
9	セキュリティ対策	ビューおよびロールの設計 セキュリティ要件の強化

これらの設問パターンを用いて，過去5回の本試験で出題された午後問題を分析すると，次のような設問パターンの組合せになります。

年	午後	問	設問	設問パターン
令和5年	Ⅰ	1	1	基礎理論
			2	業務処理と関係スキーマ
			3	業務処理と関係スキーマ
		2	1	概念設計
			2	概念設計
			3	概念設計
		3	1	SQL
			2	物理設計
	Ⅱ	1	1	業務処理
			2	データ分析
			3	データ分析
		2		概念設計
令和4年	Ⅰ	1	1	概念データモデルと関係スキーマ
			2	概念データモデルと関係スキーマ
		2	1	SQL
			2	障害時の回復処理と事業継続処理
		3	1	テーブルの再編成
			2	ジョブの多重化とデッドロック
			3	業務処理の遅延原因の分析
	Ⅱ	1	1	分析データ収集処理の実装と運用
			2	異常値の調査・対応処理の実装と運用
			3	業務処理システムの変更
		2	1	現行業務の概念データモデルとテーブル構造
			2	現行業務の業務処理及び制約
			3	新規要件に対応したテーブル構造の修正
令和3年	Ⅰ	1	1	概念設計
			2	基礎理論
			3	業務処理と関係スキーマ（テーブル構造）
		2	1	物理設計
			2	物理設計
			3	物理設計
		3	1	物理設計
			2	SQL

	Ⅱ	1	1	物理設計
			2	SQL
			3	障害対策
		2	1	概念設計
			2	概念設計
令和 ２年	Ⅰ	1	1	概念設計
			2	概念設計
		2	1	SQL
			2	排他制御
			3	業務処理と関係スキーマ（テーブル構造）
		3	1	物理設計
			2	SQL
			3	物理設計
	Ⅱ	1	1	物理設計
			2	SQL
			3	物理設計
		2	1	概念設計
			2	概念設計
			3	概念設計
平成 31年	Ⅰ	1	1	概念設計
			2	業務処理と関係スキーマ（テーブル構造）
			3	業務処理と関係スキーマ（テーブル構造）
		2	1	排他制御
			2	排他制御
			3	排他制御
		3	1	業務処理
			2	SQL
			3	物理設計
			4	物理設計
	Ⅱ	1	1	物理設計
			2	物理設計
			3	物理設計
		2	1	概念設計
			2	概念設計

3.2 午後試験突破のポイント

午後試験を突破するポイントは,

❶ 問題文（事例）を“読解”する
❷ “解き方”に従って解く

の二つに集約されます。この二つのどちらが欠けても本試験突破はおぼつきません。

問題文にざっと目を通した程度では内容は頭に入りません。その状態でいくら“解き方”を駆使しようとしても，時間が掛かるだけです。また，問題文を的確に“読解”できたとしても，**“解き方”が誤っている**と正解をずばり記述できないことがあります。

しかし，問題文の読解も，解き方に従うことも，次のトレーニングで簡単に身に着けることができます。

- **問題文の読解…「二段階読解法」の活用**
- **解き方…「設問パターン攻略法」の活用**

二つのトレーニングのねらい，方法，そして最終目標をよく理解した上で，実践してください。

3.3 問題文の読解トレーニング―二段階読解法

問題文は，**概要を理解しつつもしっかりと細部まで読み込む**必要があります。

そのためのトレーニング法が「概要読解」と「詳細読解」の二段階に分けて読み込んでいく二段階読解法です。トレーニングを繰り返していくと，全体像を意識しつつ詳細に読み込むことができるようになります。

概要読解 …… 問題文の概要を把握する
タイトルにチェックを入れ，全体像を意識しながら読む

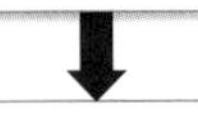

詳細読解 …… 解答に関係のありそうな情報（証拠）を発見する
問題文に明示されていない情報までも「知識」で補って読み解き，解答の証拠となる重要部分に線を引く

▶**二段階読解法**

1 全体像を意識しながら問題文を読む―概要読解

長文読解のコツは「何について書かれているか」を常に意識しながら読むことにあります。長文を苦手とする受験者は，全体像を理解できていないことが多いといえます。

問題文を理解する最大の手がかりは〔タイトル〕です。午後試験の問題文は複数のモジュールから構成され，モジュールには必ず〔タイトル〕が付けられています。〔タイトル〕は軽視されがちですが，これを意識して読み取ることで，長文に対する苦手意識はずいぶんと改善されます。

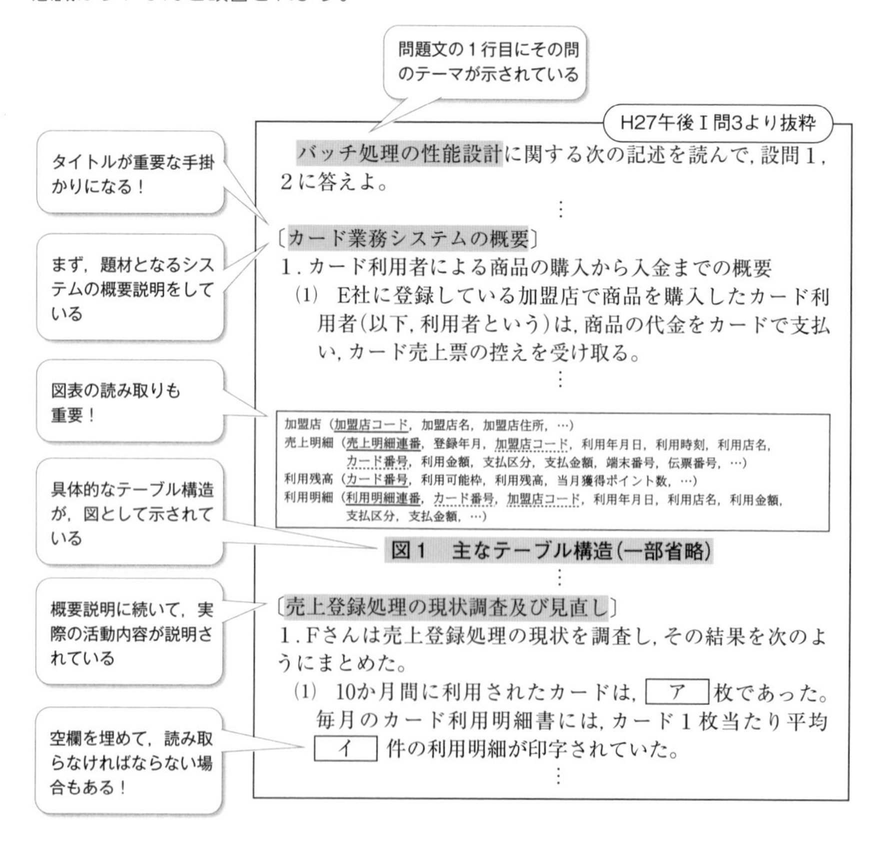

バッチ処理の性能設計に関する次の記述を読んで，設問１，２に答えよ。

⋮

〔カード業務システムの概要〕

1．カード利用者による商品の購入から入金までの概要

(1) E社に登録している加盟店で商品を購入したカード利用者(以下，利用者という)は，商品の代金をカードで支払い，カード売上票の控えを受け取る。

⋮

加盟店（加盟店コード，加盟店名，加盟店住所，…）
売上明細（売上明細連番，登録年月，加盟店コード，利用年月日，利用時刻，利用店名，カード番号，利用金額，支払区分，支払金額，端末番号，伝票番号，…）
利用残高（カード番号，利用可能枠，利用残高，当月獲得ポイント数，…）
利用明細（利用明細連番，カード番号，加盟店コード，利用年月日，利用店名，利用金額，支払区分，支払金額，…）

図１　主なテーブル構造(一部省略)

⋮

〔売上登録処理の現状調査及び見直し〕

1．Fさんは売上登録処理の現状を調査し，その結果を次のようにまとめた。

(1) 10か月間に利用されたカードは，［ア］枚であった。毎月のカード利用明細書には，カード１枚当たり平均［イ］件の利用明細が印字されていた。

⋮

▶タイトルをマークした概要読解

2 アンダーラインを引きながら問題文を読む―詳細読解

次は，設問を読み，要求事項ごとに，問題文に埋め込まれている解答を導くための証拠を探しながら，詳細に読み込むためのトレーニングです。このトレーニングは，問題文を読みながら，その中に次のような情報を見いだして，アンダーラインを引いていく方法です。

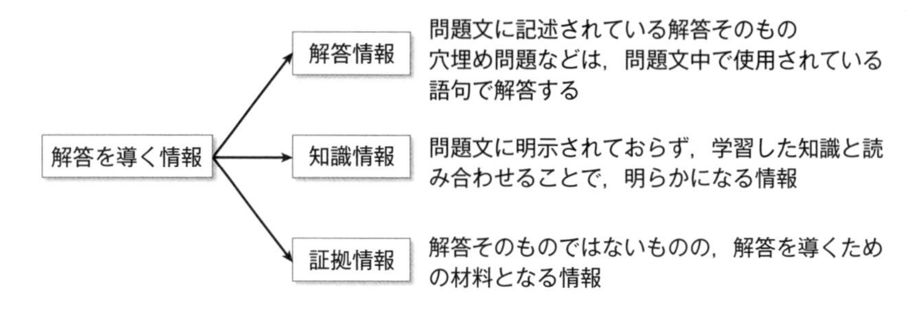

▶解答を導く情報

■ アンダーラインを引く

「アンダーラインを引く」という行為は，問題文をじっくり読むことにつながります。ただし，慣れないうちは問題文が線だらけになってしまい，かえって見づらくなるので，注意が必要です。次項で説明する「解答証拠」となるかどうかを目安に線を引いてください。

3 トレーニングとしての二段階読解法

二段階読解法は，読解力を訓練するためのトレーニング法です。目指すのは，本試験において，問題文を二段階に分けて別々の目的を持って読み解くことではなく，少ない回数で解答に必要な情報を集めること，あるいは解答することです。

時間配分としては，1問の持ち時間の3分の1の時間内に問題文が読み込めるよう，トレーニングしてください。

3.4 設問パターン別攻略法のトレーニング

第2部で行う，このトレーニングは，四つのプロセスで構成されます。第1が「設問の要求事項」で，第2が「設問に対する正解」で，第3が「事例の中の解答証拠」で，第4が「データベース技術と解き方の解説」です。午後問題の解法を最短時間で理解し，習得するためには，この順番で学習することが最善の学習法です。

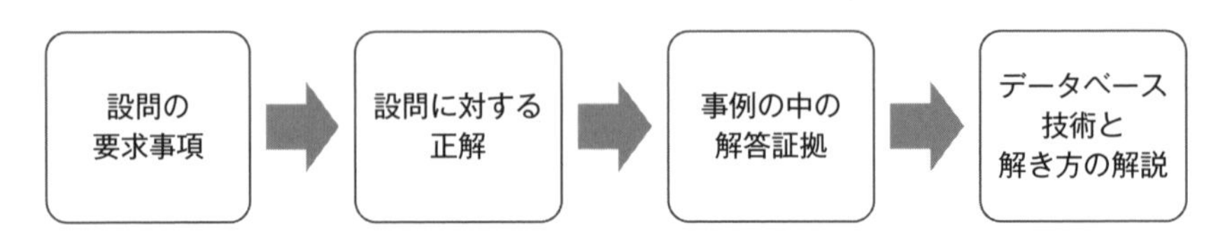

▶設問パターン別攻略法トレーニングのプロセス

1 設問パターン別攻略法の学習方法

設問パターン別攻略法の学習は，設問ごとではなく，設問を構成している小設問ごとに行ってください。

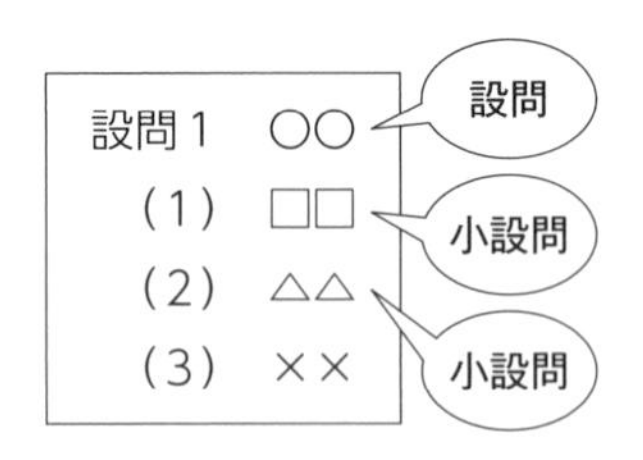

設問を構成する小設問単位で，「要求事項」，「正解」，「解答根拠」，「解説」を繰り返してください。まず「A1の要求事項」を確認し，「A2の正解」を確認し，「A3の解答証拠」を確認し，「A4の解説」を確認してください。次に「B1の要求事項」を確認し，「B2の正解」を確認し，「B3の解答証拠」を確認し，「B4の解説」を確認してください。次に「C1の要求事項」を確認し，「C2の正解」を確認し，「C3の解答証拠」を確認し，「C4の解説」を確認してください。続けて，同じ手順で，D以降も学習してください。

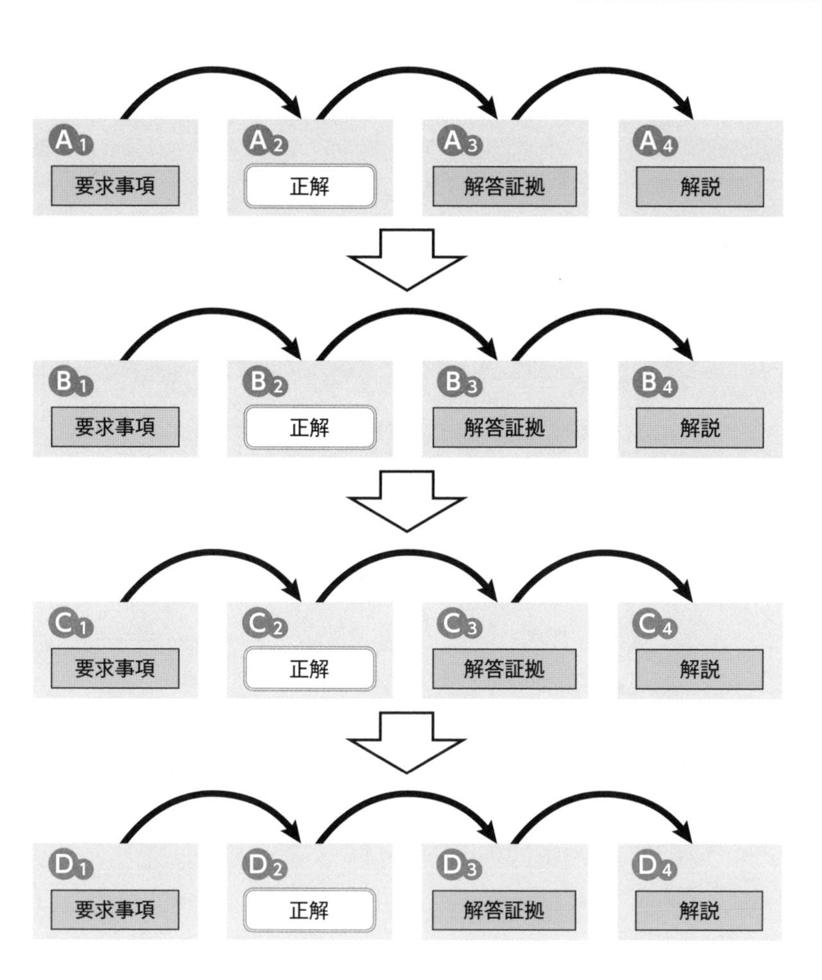
A1
要求事項
A2
正解
A3
解答証拠
A4
解説
B1
要求事項
B2
正解
B3
解答証拠
B4
解説
C1
要求事項
C2
正解
C3
解答証拠
C4
解説
D1
要求事項
D2
正解
D3
解答証拠
D4
解説

3.5 問題演習

午後問題は，設問の要求事項に対して解答を作成します。つまり，受験者の経験ではなく，問題文で説明されている事例を踏まえて，解答を作成しなければなりません。

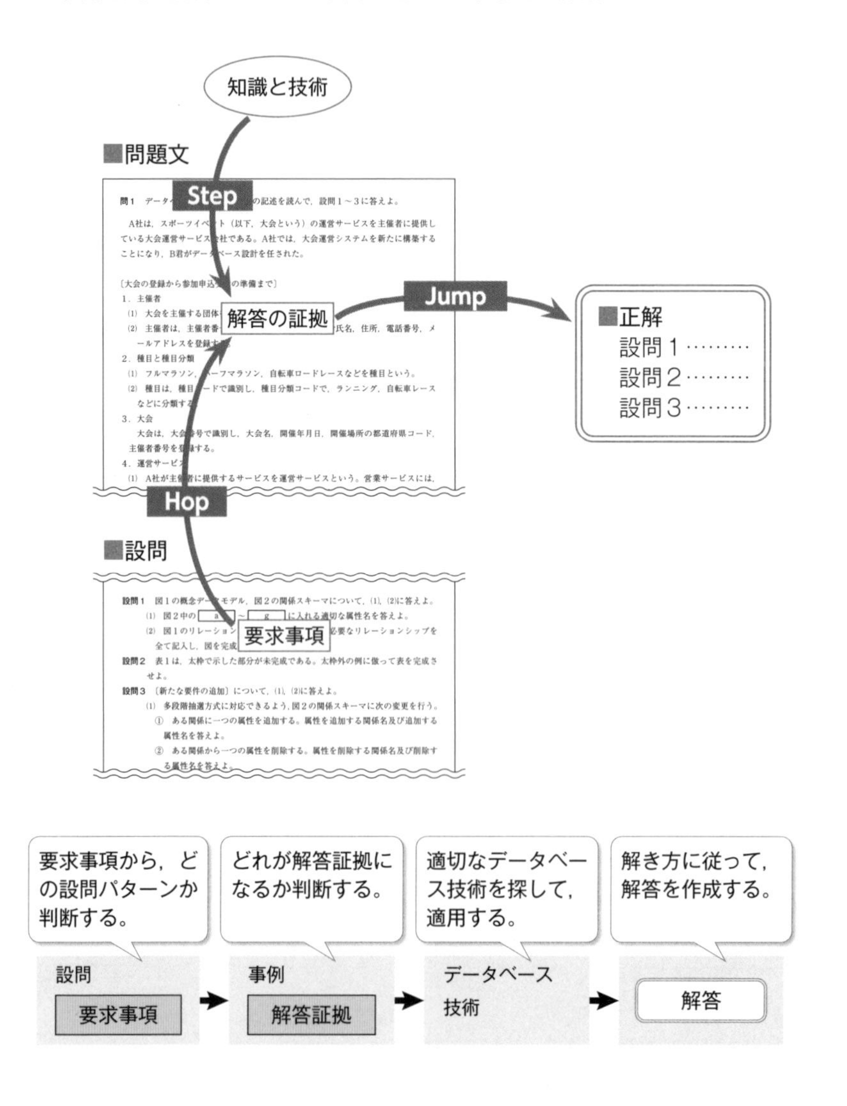

問題演習の後，正解を見て自分の解答に○×を付けてみましょう。×の場合は，解説を読んでください。解説は，設問要求事項ごとに，①解答証拠，②データベース技術，③正解内容の順番に解説されていますので，間違えた理由が確認できます。

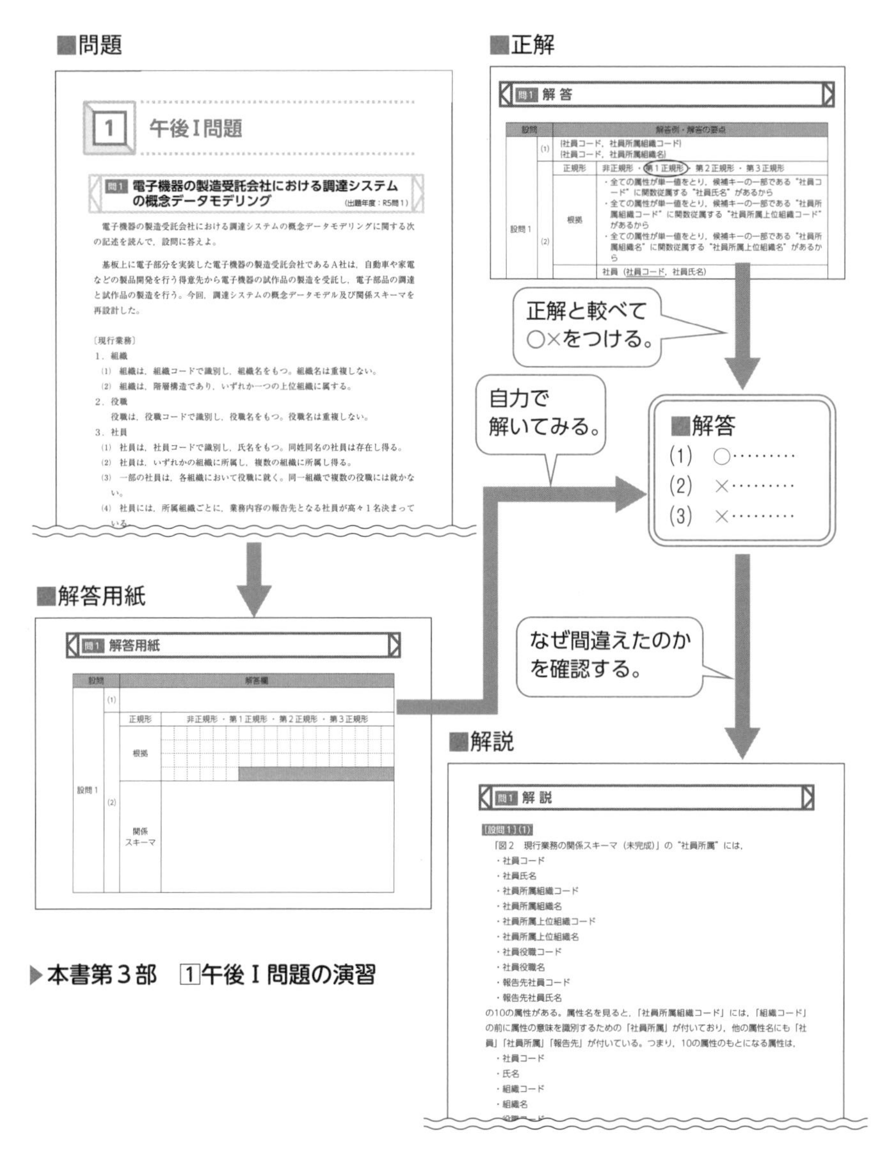

基礎知識と午前Ⅱ問題演習

1 データモデルとデータベース設計

知識編

1.1 データベースのモデル

❏ 3層スキーマアーキテクチャ 問1

スキーマとは，データの構造や格納方式などを記述した定義体（枠組み）のことである。ANSI/SPARCの３層スキーマアーキテクチャでは，スキーマを外部スキーマ，概念スキーマ，内部スキーマの３層に分けて管理する。

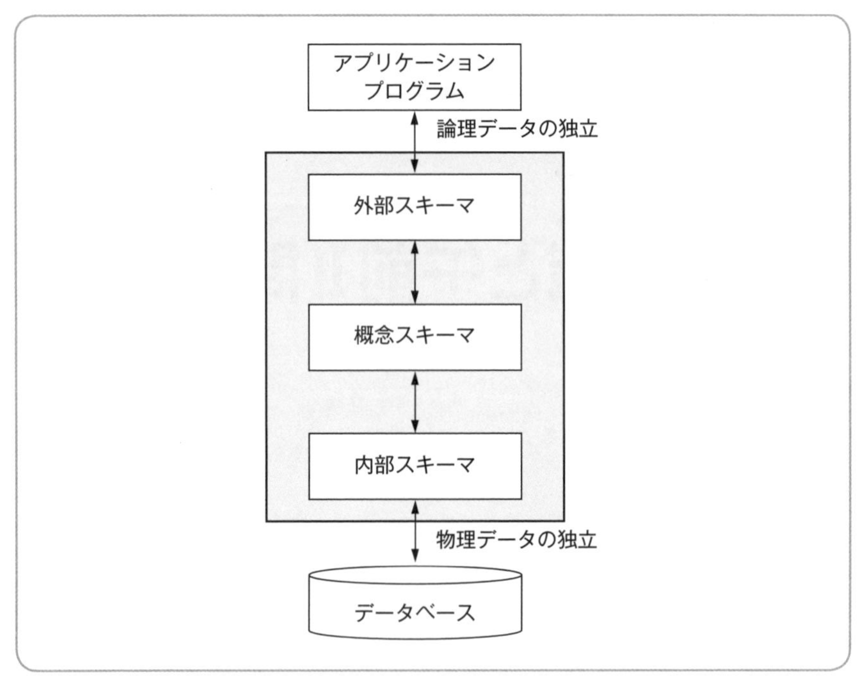

▶ 3層スキーマアーキテクチャの概要

❏ 概念スキーマ 問1

データベースに格納する全てのデータをDBMSのデータモデルに従って記述したものである。データベースの設計結果と考えることができる。

❏ 外部スキーマ 問1

特定の利用者やアプリケーションプログラムにとって必要な部分を，特定の見方で概念スキーマから抜き出したものである。関係データベースでは，外部スキーマのことを特にビューという。アプリケーションプログラムが外部スキーマを利用していれば，概念スキーマに何らかの変更があったとしても，アプリケーションプログラムへの影響を最小限にできる。これを「論理データの独立」という。

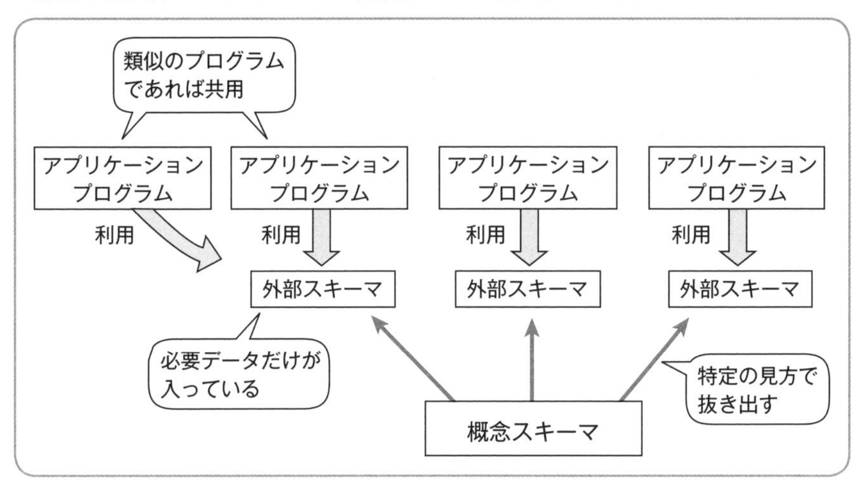

▶外部スキーマの役割

❏ 内部スキーマ 問1

データの物理的な格納方式を定義したものである。ファイル名や格納位置，ブロック長や領域サイズ，ファイル編成方式などを指定する。内部スキーマが概念スキーマや外部スキーマから独立していることによって，ユーザーやアプリケーションプログラムはデータの格納位置やアクセス手順を意識する必要がなくなる。概念スキーマと実際の物理的な格納方式が独立していることを「物理データの独立」という。

❏ データモデル 問15 問16 問17 問18

現実世界を抽象化して表現したものである。現実世界をデータモデルに表現することを**データモデリング**という。データベースは，データモデルに基づいてDBMS上に実装されるため，データベースの構築には，データモデリングが不可欠となる。データモデリングは次のように，段階的に行う。

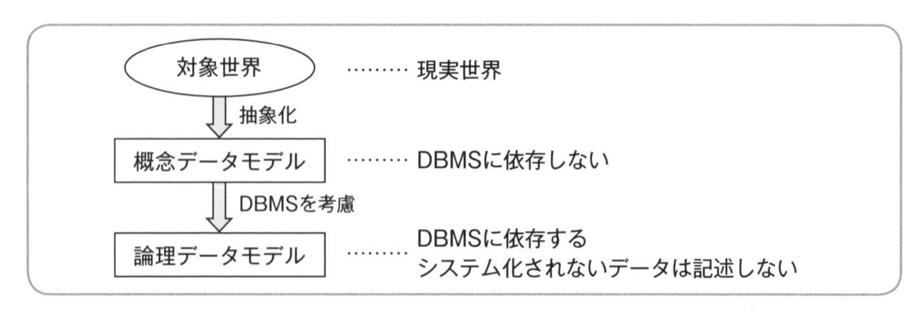

▶データモデルの作成手順

❏ 概念データモデル 問2

　コンピュータシステムへの実装を意識せず，対象世界のデータやその関連を表現したデータモデルである。E-Rモデルが用いられ，E-R図（ERD：Entity-Relationship Diagram）などによって表現する。システム化領域に限定しない，DBMSに依存しない，主キーについては洗出しが必要である，全てのデータ項目（属性）を洗い出す必要はない，といった特徴から，主に全体的なデータの整理や理解を目的に作成される。

❏ 論理データモデル

　概念データモデルを詳細化したデータモデルで，概念スキーマに該当する。DBMS上にデータベースを構築することを目的に作成するので，DBMSの特性（表現規約やデータの構造など）を考慮する必要がある。そのため，DBMSの種類（データベースの種類と考えてもよい）ごとに論理データモデルが存在するといえる。関係データモデルが広く用いられている。

❏ NoSQL（Not only SQL）

　NoSQLは，非関係データベース（関係データベース以外）の論理データモデルの総称である。

・画像や音声，フリーテキストなどの不定形データを取り扱う。
・複数のエンティティにまたがる複雑な更新が行われない。
・データのアクセス経路が定型的である。

といった特徴を持つデータベースでは，「概念データモデルと論理データモデルを分離しやすい」「トランザクションのACID特性を厳密に確保できる」といった関係モデルの持つ特性は重要でなく，これらの特性を実現するためのパフォーマンスの低下のほうが問題になる。また，分散コンピューティングにおける関係データベースのACID特性に従ったトランザクション管理は，ノード間通信がボトルネックとなって性能を大きく低下させてしまう。

このように，関係モデルが持つ機能性や汎用性が処理速度やリソースと比較して相対的に重要でない，データや実行環境に関係モデルを適用することの負荷が非常に高い，といった問題点を克服し，関係モデルによって構築される必要のないデータベースに用いられる論理データモデルがNoSQLである。

1.2 関係データモデル

❏ 関係データモデル

データを2次元の表形式で表現したものである。**関係表**やリレーションと呼ばれる。

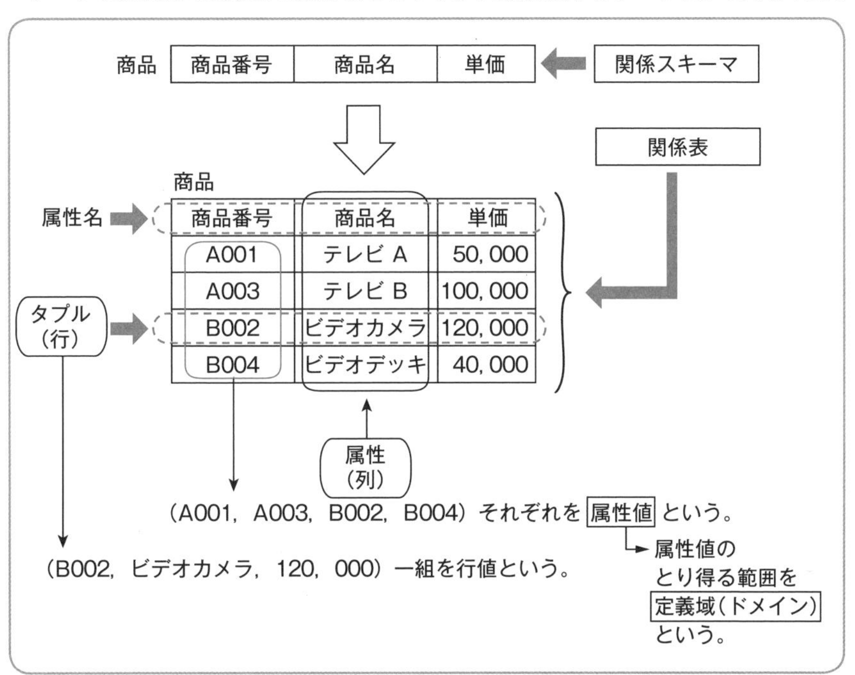

▶関係データモデルと表構造

関係表は，複数の**属性**によって構成され，各属性の実現値（実際のデータ）を組み合わせたものを**タプル**という。すなわち，関係表の列が属性に，行がタプルに該当する。

❑ 関係スキーマ

関係名と構成する属性名の組合せによって定義した関係表の枠組みである。関係表はタプルの集合であり，時間とともに変化するが，関係スキーマは時間に対して不変である。関係スキーマを構成する各属性のとり得る範囲を**定義域**（ドメイン）という。

❑ 候補キー 問3 問6

関係表のタプル（行）を一意に識別できる（**一意性**），必要最小限の属性で構成される（**極小性**）属性集合である。例えば，商品番号，商品名，単価，数量からなる商品表において，タプルを識別できる属性として，「商品番号」「商品名」「商品番号＋商品名」が考えられる場合，冗長な属性を含まない「商品番号」と「商品名」が候補キーとなる。

どの候補キーにも属さない属性を**非キー属性**という。なお，候補キーには空値（ナル値，NULL）の格納が許される。これが主キーとの大きな違いなので注意が必要である。

❑ 主キー（primary key） 問6 問21

関係表のタプル（行）を一意に識別するのに最も好ましいものとして，候補キーの中から選んで宣言したキーである。主キーは，次のような制約を持つ。

- **一意性制約**…主キーが同じ値のタプルは存在しない。
- **非ナル制約**…主キーに空値を含むタプルは存在しない。

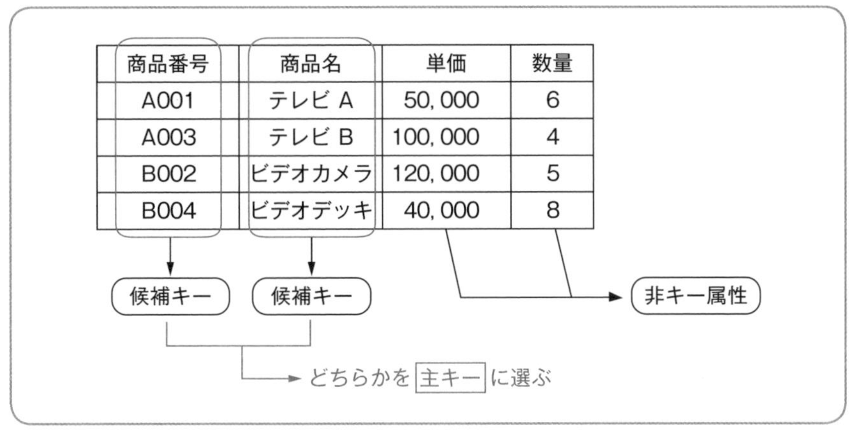

▶候補キーと主キー

複数の属性で構成されている主キーを**複合キー**ともいう。関係スキーマでは，主キーには下線を付ける。

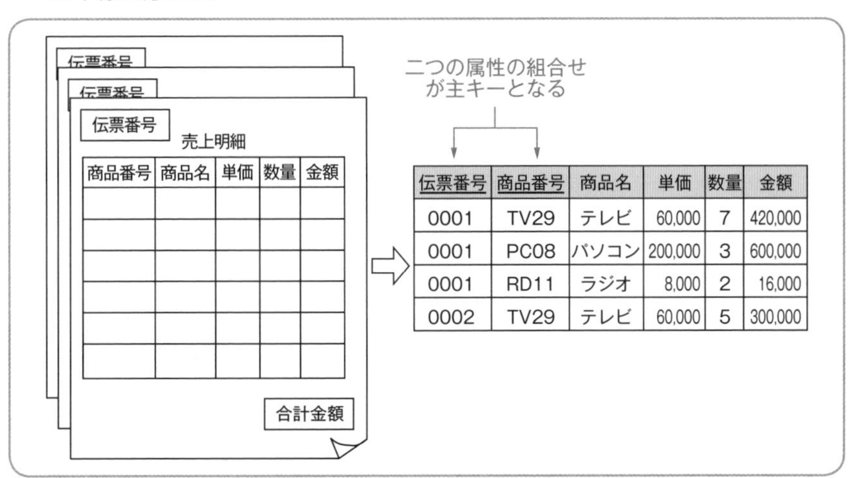

▶複数の属性の組合せが主キーとなる例

伝票から関係表を作成する場合，１枚の伝票に複数の売上明細が記載されているため，「どの伝票の」「どの明細か」が識別できなければ，タプルを特定することができない。したがって，伝票を識別する“伝票番号”と売上明細を識別する“商品番号”が関係表の主キーとなる。結果，一意性制約として，“伝票番号”と“商品番号”の組合せがまったく同じタプルは関係表に登録することができない。また，非ナル制約として，“伝票番号”と“商品番号”のうちいずれか一方でも空値であるタプルは関係表に登録することができない。

❏ 外部キー（foreign key） 問21

「他の関係表を参照する」ための属性である。関係表Bが関係表Aを参照する場合，関係表Bの外部キーである属性は，関係表Aの主キーとなる。

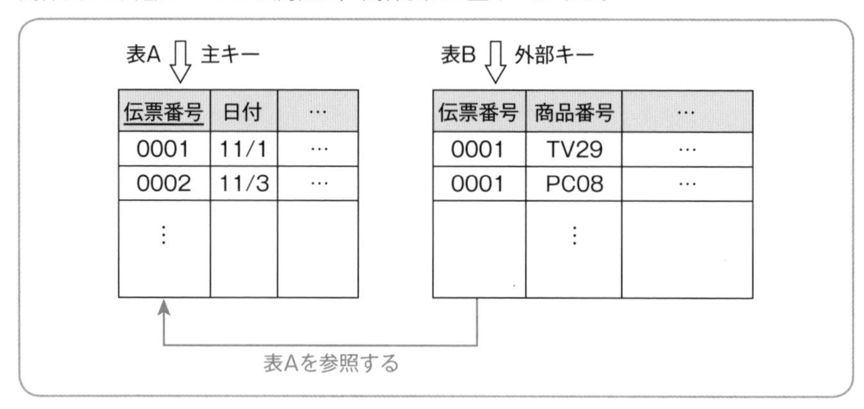

<u>伝票番号</u>	日付	…
0001	11/1	…
0002	11/3	…
⋮		

伝票番号	商品番号	…
0001	TV29	…
0001	PC08	…
	⋮	

▶外部キー

図のように外部キーを設定した場合，

- 関係表Bの外部キーの属性値は，関係表Aの主キーの属性値として存在しなければならない。
- 関係表Aからタプルを削除する際には，関係表Bとの参照関係に矛盾を生じさせてはならない。

などの制約が課される。これを**参照制約**という。

❏ 集合演算 問7 問11 問12

関係表（関係データモデル）のデータ操作に用いる演算である。集合演算には，和，差，積（共通），直積がある。

- **和**…二つの関係表のいずれかに含まれる行（タプル）の集合を取り出す演算
- **差**…二つの関係表において，一方の関係表に含まれる行のうち，もう一方には含まれない行の集合を取り出す演算
- **積**…二つの関係表の両方に含まれる行の集合を取り出す演算

■ **直積**…複数の関係表に含まれる行の「全ての組合せ」を得る演算

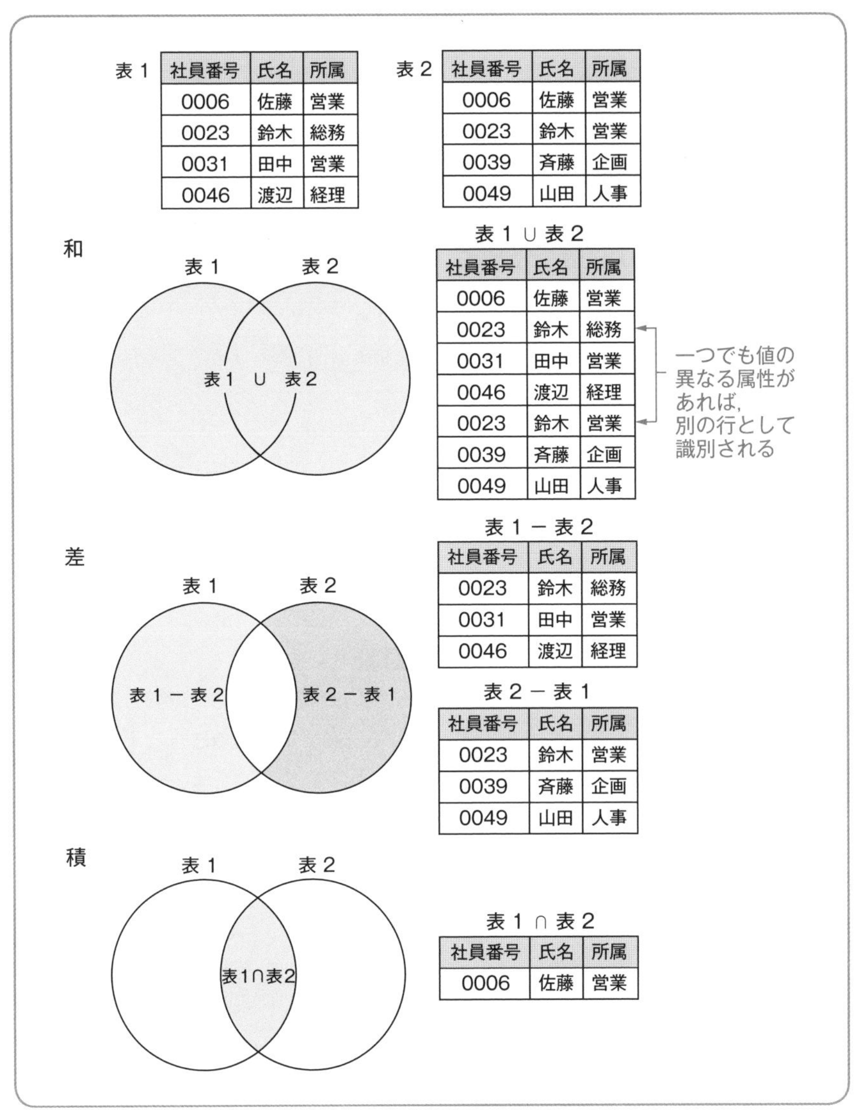

表1

社員番号	氏名	所属
0006	佐藤	営業
0023	鈴木	総務
0031	田中	営業
0046	渡辺	経理

表2

社員番号	氏名	所属
0006	佐藤	営業
0023	鈴木	営業
0039	斉藤	企画
0049	山田	人事

表1 ∪ 表2

社員番号	氏名	所属
0006	佐藤	営業
0023	鈴木	総務
0031	田中	営業
0046	渡辺	経理
0023	鈴木	営業
0039	斉藤	企画
0049	山田	人事

表1 − 表2

社員番号	氏名	所属
0023	鈴木	総務
0031	田中	営業
0046	渡辺	経理

表2 − 表1

社員番号	氏名	所属
0023	鈴木	営業
0039	斉藤	企画
0049	山田	人事

表1 ∩ 表2

社員番号	氏名	所属
0006	佐藤	営業

▶**集合演算**

社員表

社員番号	氏名
0006	佐藤
0031	田中

取引先表

取引先コード	取引先名	社員番号
001	A 商事	0006
002	B 物産	0031

社員表×取引先表

社員番号	氏名	取引先コード	取引先名	社員番号
0006	佐藤	001	A 商事	0006
0006	佐藤	002	B 物産	0031
0031	田中	001	A 商事	0006
0031	田中	002	B 物産	0031

▶**直積**

和，差，積では演算の対象となる関係表の形式は，同じである（属性の数や型が等しい）必要がある。n行m列の関係表とj行k列の関係表から求めた直積は，(n×j) 行 (m+k) 列 の関係表となる。

❏ 関係演算 問8 問9 問10 問11 問12

関係表（関係データモデル）のデータ操作に用いる演算である。選択，射影，結合などがある。これらの操作を用いることによって，関係表に格納されたデータを組み合わせ，任意の列（属性）や行（タプル）を取り出すことができる。

- **選択**…関係表から条件に合致する行を取り出す
- **射影**…関係表から指定された列を取り出す
- **結合**…複数の関係表を組み合わせて一つの関係表を作成する

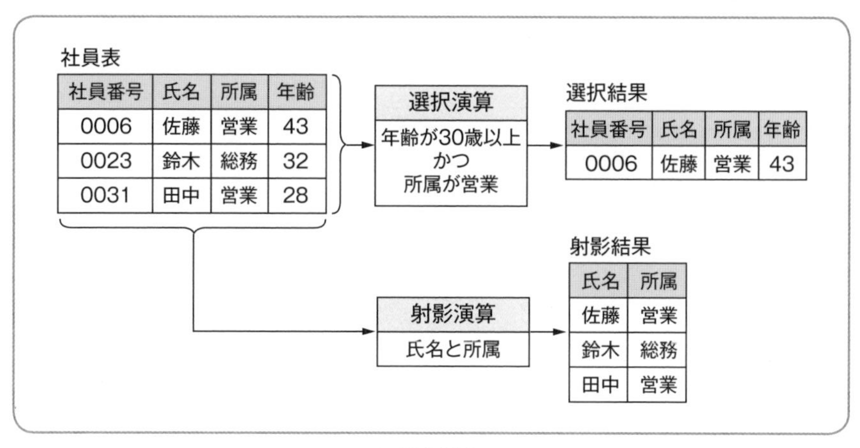

▶関係演算

❏ 結合演算 問11

二つの関係表を属性で関連付けて一つの関係表を作成する演算である。関連付けに用いる互いの属性は，データ型や定義域が同じでなければならない。関連付けは，“＝”“≠”“≧”“＞”“≦”“＜”などの比較演算子を用いて互いの属性を比較することで行う。結合演算のうち，関連付けに“＝”を用いたものを**等結合**という。また，等結合のうち，属性の重複を排除した結合を**自然結合**という。

❏ 内部結合（inner join） 問13

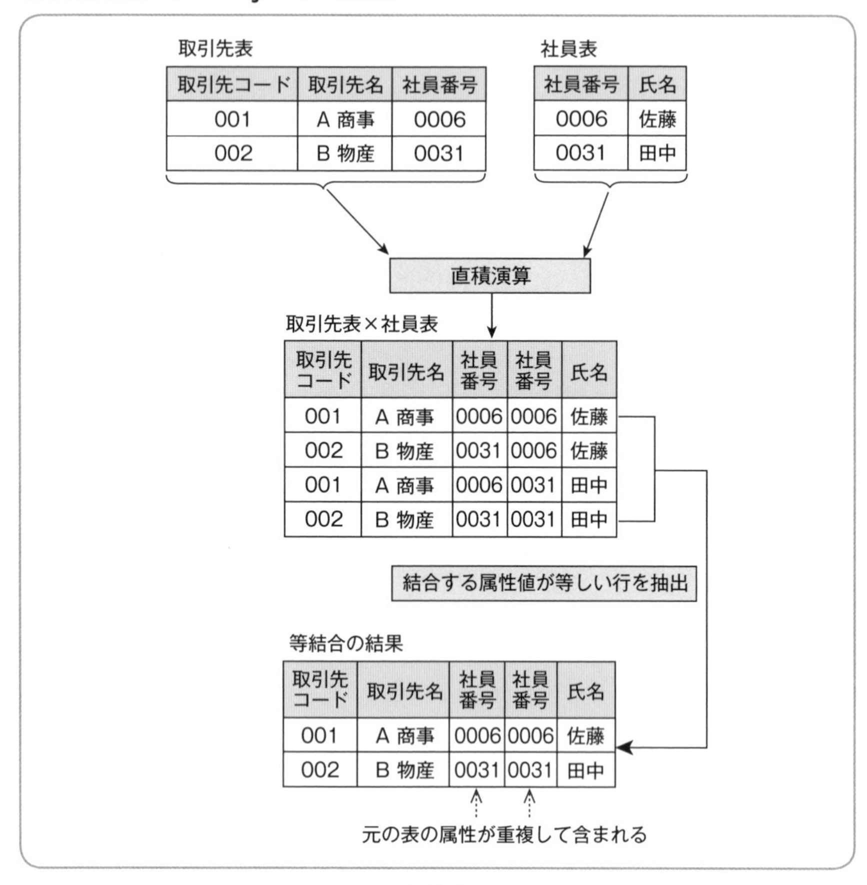

▶結合

結合演算で，関連付けの比較結果が真であった（条件に合致した）場合に行を結合して出力して得られる関係表は，二つの関係表の直積から条件に合致する行を取り出した結果と同じになる。この結合を内部結合または内結合という。

内部結合では，結合相手の関係表に結合相手となる（条件に合致する）行がなければ，行は出力されない。

❏ 外部結合（outer join）

結合相手の関係表に結合相手となる（条件に合致する）行がない場合，結合相手の行の全ての属性値を空値として，行を出力する。この結合を外部結合または外結合という。外部結合では，結合元の行は全て出力されることになる。そのため，二つの関係表のうち，どちらを結合元するかによって，得られる関係表は異なる。これを，**左外部結合**，**右外部結合**という。結合元，結合相手の関係なく二つの関係表の全ての行を出力する外部結合は，**完全外部結合**という。

学生

学生番号	氏名	学部コード
001	品川	K1
002	大井	R1
003	大森	J

学部

学部コード	学部名
K1	工
K2	経済
R1	理

学部コードが等しい行を結合

内部結合(対応する結合列がない行は出力されない)

学生番号	氏名	学部コード	学部コード	学部名
001	品川	K1	K1	工
002	大井	R1	R1	理

右外部結合（右側の表に含まれる行は全て出力)

学生番号	氏名	学部コード	学部コード	学部名
001	品川	K1	K1	工
NULL	NULL	NULL	K2	経済
002	大井	R1	R1	理

左外部結合(左側の表に含まれる行は全て出力)

学生番号	氏名	学部コード	学部コード	学部名
001	品川	K1	K1	工
002	大井	R1	R1	理
003	大森	J	NULL	NULL

完全外部結合(左右の表に含まれる行を全て出力)

学生番号	氏名	学部コード	学部コード	学部名
001	品川	K1	K1	工
NULL	NULL	NULL	K2	経済
002	大井	R1	R1	理
003	大森	J	NULL	NULL

▶**内部結合と外部結合**

❏ 商演算（division)

関係表１と関係表２において，「関係表２の行値を全て含むような関係表１の行」から，「表２の属性を除いた結果」を求める演算である。

例えば，取引先ごとの取扱商品を表す取扱商品表と，購入したい商品の一覧を表す購入希望表があるとする。この場合，取扱商品表を購入希望表で除した関係表を作成すると，「どの取引先に発注すればよいか」が判断できる。

取扱商品表

取引先コード	取引先名	商品コード	商品名
001	A 商事	T001	テレビ
001	A 商事	S002	ステレオ
001	A 商事	V003	ビデオ
001	A 商事	R001	ラジカセ
002	B 物産	T001	テレビ
002	B 物産	S002	ステレオ
002	B 物産	V003	ビデオ
003	C 商会	S002	ステレオ
003	C 商会	V003	ビデオ
003	C 商会	R001	ラジカセ

購入希望表

商品コード	商品名
T001	テレビ
S002	ステレオ
V003	ビデオ

商演算

取扱商品表÷購入希望表

取引先コード	取引先名
001	A 商事
002	B 物産

▶商演算の例

❏ 表の結合方法 問14

■ 入れ子ループ法

一方の表から一行を取り出して，もう一方の表から条件が合致する行を探して，二つの行を合体する。この処理を最後の行まで繰り返し行う。

■ マージジョイン法

二つの表をそれぞれ結合項目でソートする。ソート後の二つの表を突き合わせ（マージ）て行を合体する。

1.3 データベース設計

❏ データベースの設計の流れ

「業務プロセスは変わりやすいが扱うデータの構造は変わりにくい」というデータの安定性に着目し，業務プロセスに先立ってデータベースの設計を進める手法を DOA（Data Oriented Approach：**データ中心アプローチ**）という。一般的にデータベースの設計は，次のような流れで行われる。

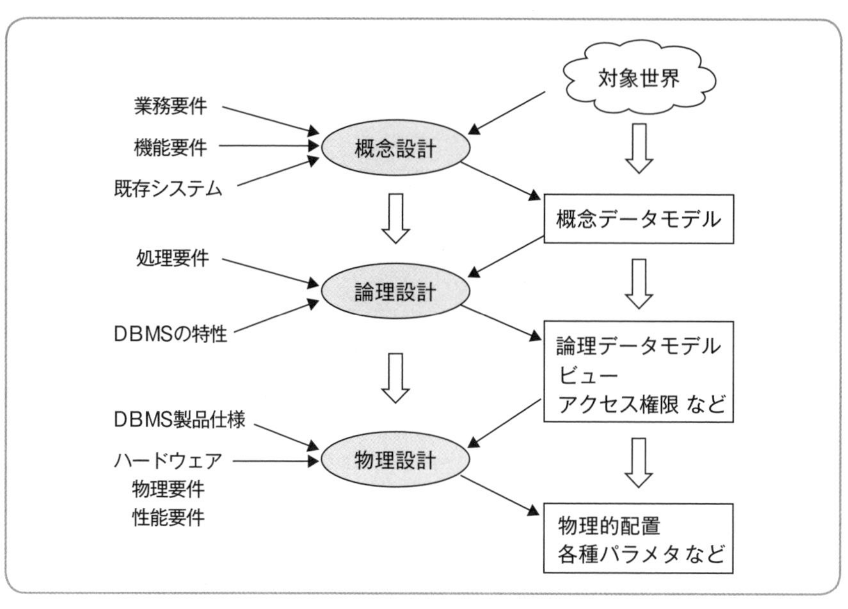

▶設計工程の流れ

❏ 概念設計

要件定義やシステム機能要件から必要なデータを抽出して整理し，概念データモデルを作成する。概念設計では，電子化されていない情報も含め，企業全体の情報をモデル化する。

❏ 論理設計

概念データモデル（E-R図）をもとに，DBMS上にデータベースを実装するための論理データモデル（概念スキーマ）を設計する。関係データベースであれば，データの重複や矛盾が発生しないよう正規化理論に基づいたテーブルの統合や分割，主キーや外部キーの設定などを行う。また，索引や外部スキーマであるユーザービューの設計なども行う。

❏ 物理設計

実際に導入するハードウェアやDBMS（製品）などの特性を考慮して，アクセス効率や記憶効率などの観点からデータベースの最適化を図る。具体的には，次のようなものがある。

- システム資源の割付け…CPU時間，プログラムコード領域，アプリケーション作業領域と入出力バッファ領域，ファイルキャッシュ領域
- テーブルの物理格納方式
- 索引
- パーティショニング
- 論理設計へのフィードバック

1.4 E-Rモデル

❏ E-Rモデル（Entity-Relationship Model） 問19 問20

対象世界におけるデータをエンティティ（実体）とリレーションシップ（関連）に分けて表したものである。概念データモデルや，関係データモデルにおける論理データモデルを表す際に用いられ，E-R図で表現される。

- **エンティティ**…「現実世界に存在する物体（リソース）や物事（イベント）」などが該当し，矩形（長方形）で表す。
- **リレーションシップ**…エンティティ間の関連を示し，エンティティ間に線を引いて表現する。

例えば，「学生が講座を受講する」のであれば，講座エンティティと学生エンティティの間には“受講”という関連が存在し，E-R図で表現すると次のようになる。

▶E-R図の例

❏ カーディナリティ（多重度） 問15 問16 問17 問18 問19

リレーションシップで結び付けられたエンティティ間で，「あるインスタンス（実現値）に対し，相手のエンティティのインスタンスがいくつ対応し得るか」という数の対応関係である。1対1，1対多（または多対1），多対多がある。

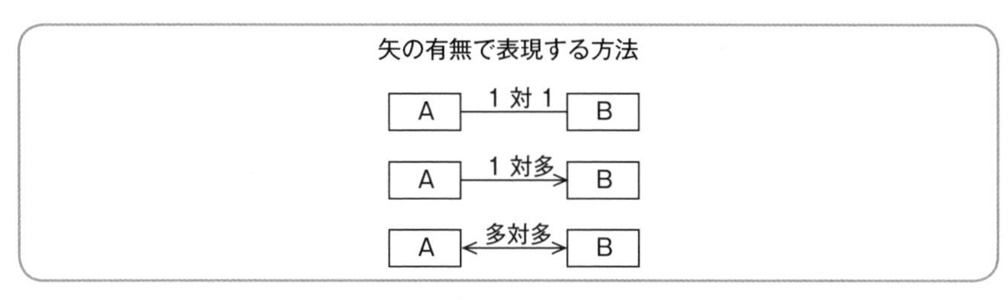

▶多重度の例（バックマン線図による表記）

あるエンティティの主キーを外部キーとして持つエンティティがある場合，主キーを持つエンティティと外部キーを持つエンティティの間には1対多の関連がある。つまり，1対多の関連がある場合，多側のエンティティに1側のエンティティの主キーが外部キーとして定義されていなければならない。

❏ 連関エンティティ 問21

E-Rモデルにおいて多対多の関連が存在するエンティティは，1対多の関連に整理する必要がある。

E-Rモデルの多対多の関連を解消して，1対多の関連に整理する際に用いるのが連関エンティティである。多対多の関連のあるエンティティの間に連関エンティティを介在させることによって，二つの1対多の関連に整理することができる。

❏ 汎化と特化

E-Rモデルでは，複数のエンティティが共通の性質を持つとき，

- 共通する性質（属性）のみを持つエンティティ
- 個別の性質（属性）のみを持つエンティティ

に分割し，エンティティ間の関係を整理する。この整理した関係を汎化-特化（is-a）関係といい，共通する性質のみを持つエンティティを**スーパータイプ**，個別の性質のみを持つエンティティを**サブタイプ**という。スーパータイプとサブタイプは，それぞれ同じ主キーを持つ。

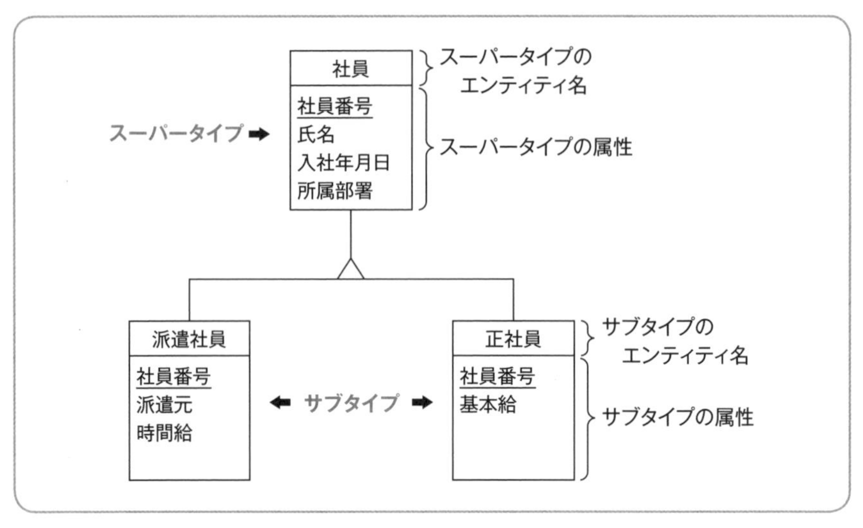

▶スーパータイプとサブタイプ

1.5 正規化

❏ 正規化 問24

冗長なデータを排除して関連の強いデータのみを一つの関係表にまとめ，関係表の独立性を高めることである。これによって，矛盾（データの更新時異状）の発生を極力減らすことができる。正規化の目的とは，

- 冗長性の排除
- 整合性の維持

といえる。

❏ 非正規形

関係表に含まれる属性は単純な値（分割不可能な値）を持たなければならない。「単純」とは，一つの属性が複数の値を待ってはならない，繰返し項目があってはならないということである。これを満たさない関係表を非正規形という。

受注実績表

受注番号	受注日	顧客番号	顧客名	商品番号	商品名	単価	数量	金額
3819	2019/8/11	083	A商店	TS	テレビ	48,000	5	240,000
				DV	DVD	21,000	3	63,000
3822	2019/8/15	092	B電器	RD	ラジオ	5,300	2	10,600
				WR	洗濯機	32,000	6	192,000
				DV	DVD	21,000	3	63,000
				TS	テレビ	48,000	2	96,000
3828	2019/8/25	043	C家電	WR	洗濯機	32,000	7	224,000
3831	2019/8/26	092	B電器	TS	テレビ	48,000	3	144,000
				RD	ラジオ	5,300	2	10,600
				DV	DVD	21,000	8	168,000

▶**非正規形の例**

❏ 第 1 正規形 問23 問24

どの属性も一つだけ値を持ち，分割が不可能な関係表である。

非正規形を第 1 正規形に正規化するときは，

●複数の値を持つ属性を複数の属性に分割する。

●繰返し項目を一つずつの行として分割する。

●繰返し項目以外の項目は，各繰返し項目ごと（各行）に重複して持たせる。

という手順で行う。また，繰返し項目を分割した場合は，行を一意に識別できるように，主キーを設定する。前述の非正規形の例を第 1 正規形に正規化する場合は，受注番号と商品番号の組合せを主キーにする。

受注実績表

受注番号	受注日	顧客番号	顧客名	商品番号	商品名	単価	数量	金額
3819	2019/8/11	083	A商店	TS	テレビ	48,000	5	240,000
3819	2019/8/11	083	A商店	DV	DVD	21,000	3	63,000
3822	2019/8/15	092	B電器	RD	ラジオ	5,300	2	10,600
3822	2019/8/15	092	B電器	WR	洗濯機	32,000	6	192,000
3822	2019/8/15	092	B電器	DV	DVD	21,000	3	63,000
3822	2019/8/15	092	B電器	TS	テレビ	48,000	2	96,000
3828	2019/8/25	043	C家電	WR	洗濯機	32,000	7	224,000
3831	2019/8/26	092	B電器	TS	テレビ	48,000	3	144,000
3831	2019/8/26	092	B電器	RD	ラジオ	5,300	2	10,600
3831	2019/8/26	092	B電器	DV	DVD	21,000	8	168,000

▶第1正規形の例

❏ 関数従属性 問3 問4 問5 問22 問27

ある属性集合Aと別の属性集合Bの間に,「Aの値が定まれば, Bの値が一意に定まる」という関係がある場合,「BはAに関数従属している」といい, A→Bと表す。このとき, 属性集合Aを**独立属性**, 属性集合Bを**従属属性**と呼ぶ。{商品番号} → {商品名, 単価}は, 商品番号の値が定まれば, 商品名および単価が一意に定まる, すなわち「商品名と単価は商品番号に関数従属している」ことを表す。

関係表では, 候補キー（主キー）の値が定まれば, 全ての非キー属性（キー以外の属性）が一意に定まる。すなわち, {候補キー（主キー)} → {非キー属性} が成立する。

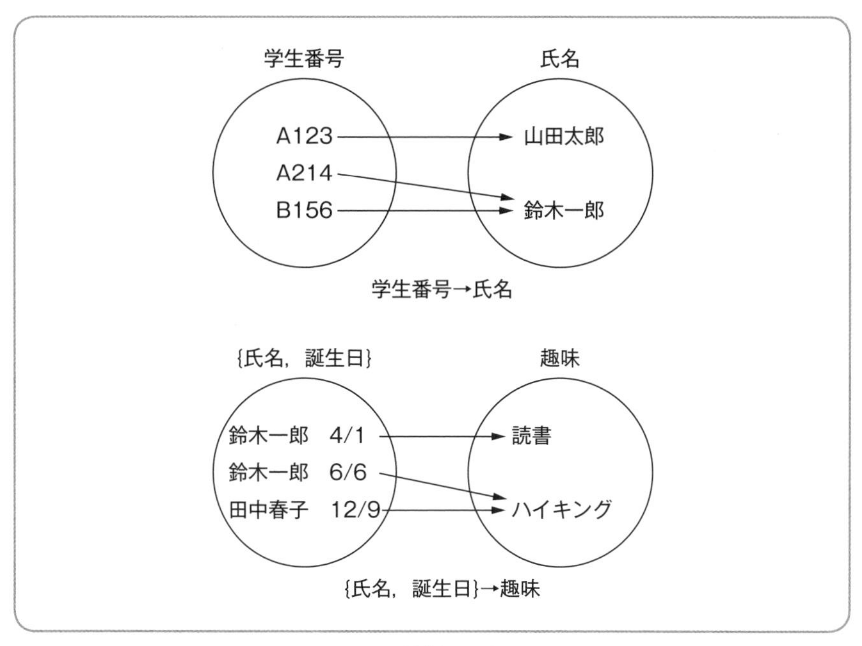

▶関数従属の例

■ **完全関数従属性**

関係表において属性集合Bが属性集合Aに関数従属している（A→B）とき，属性集合Aのいかなる真部分集合A'（A'⊂AかつA'≠A）に対しても属性集合Bが関数従属していない（A'→Bでない）関数従属性である。BはAに完全関数従属しているという。

■ **部分関数従属性**

関係表において，属性集合Cが属性集合（A＋B）および属性集合（A＋B）の真部分集合である属性Aに関数従属している（A＋B→C，A→C）関数従属性である。Cは（A＋B）に部分関数従属しているという。なお，属性集合（A＋B）は属性集合A，Bの組合せを表している。

■ **推移的関数従属性**

関係表を構成する属性集合A，B，Cにおいて，

- A→Bが成立
- B→Cが成立
- B→Aが不成立

・C→Aが不成立

という関数従属性である。CはAに推移的関数従属しているという。

❏ 第２正規形 問23 問24 問25 問26 問27

第１正規形の条件を満たし，全ての非キー属性が主キーに完全関数従属する関係表である。

前述の第１正規形の例では，主キーが決まれば行が一意に特定できるため，主キー{受注番号，商品番号}に全ての非キー属性は関数従属している。しかし，主キーの真部分集合である{受注番号}{商品番号}に着目すると，

・{受注番号} → {受注日，顧客番号，顧客名}

・{商品番号} → {商品名，単価}

という部分関数従属が存在することが分かる。つまり，全ての非キー属性が主キーに完全関数従属しているわけではないので，第２正規形の条件を満たさない。第２正規形に正規化するには，部分関数従属を排除するために関係表を分割する。

商品表

商品番号	商品名	単価
TS	テレビ	48,000
DV	DVD	21,000
RD	ラジオ	5,300
WR	洗濯機	32,000

受注表

受注番号	受注日	顧客番号	顧客名
3819	2019/8/11	083	A商店
3822	2019/8/15	092	B電器
3828	2019/8/25	043	C家電
3831	2019/8/26	092	B電器

受注明細表

受注番号	商品番号	数量	金額
3819	TS	5	240,000
3819	DV	3	63,000
3822	RD	2	10,600
3822	WR	6	192,000
3822	DV	3	63,000
3822	TS	2	96,000
3828	WR	7	224,000
3831	TS	3	144,000
3831	RD	2	10,600
3831	DV	8	168,000

▶第２正規形の例

❏ 第３正規形 問23 問24 問25 問26 問27

第２正規形の条件を満たし，いかなる非キー属性も主キーに対して推移的関数従属していない関係表である。第３正規形は関係データベースにおける基本的な形である。

前述の第２正規形の例では，全ての非キー属性が主キーに完全関数従属しているが，

受注表の顧客名は顧客番号に関数従属する。すなわち，受注表には，

・{受注番号} → {顧客番号} → {顧客名}

といった推移的関数従属する属性が含まれている。第３正規形に正規化するには，推移的関数従属を排除する。そのためには，「顧客番号」を受注表に残したまま，顧客番号を主キーとした新たな関係表（顧客表）を作成し，顧客表に顧客名を移す。このとき，分割された関係表にも主キーが必要になることに注意する。また，この段階で，単価×数量で求めることのできる金額のように，演算によって導出される属性も排除されることが多い。

商品表

商品番号	商品名	単価
TS	テレビ	48,000
DV	DVD	21,000
RD	ラジオ	5,300
WR	洗濯機	32,000

受注明細表

受注番号	商品番号	数量
3819	TS	5
3819	DV	3
3822	RD	2
3822	WR	6
3822	DV	3
3822	TS	2
3828	WR	7
3831	TS	3
3831	RD	2
3831	DV	8

受注表（新）

受注番号	受注日	顧客番号
3819	2019/8/11	083
3822	2019/8/15	092
3828	2019/8/25	043
3831	2019/8/26	092

顧客表

顧客番号	顧客名
083	A商店
092	B電器
043	C家電

▶第３正規形の例

受注表（新）の顧客番号は顧客表を参照する外部キーとなる。同様に，受注明細表の商品番号は商品表を，受注番号は受注表（新）を参照する外部キーとなる。

問題編

問1 ☑□ □□ データベースの3層スキーマアーキテクチャに関する記述として，適切なものはどれか。 (H29問1，H27問1，H24問1)

ア　概念スキーマは，内部スキーマと外部スキーマの間に位置し，エンティティやデータ項目相互の関係に関する情報をもつ。

イ　外部スキーマは，概念スキーマをコンピュータ上に具体的に実現させるための記述であり，データベースに対して，ただ一つ存在する。

ウ　サブスキーマは，複数のデータベースを結合した内部スキーマの一部を表す。

エ　内部スキーマは，個々のプログラム又はユーザの立場から見たデータベースの記述である。

問1　解答解説　**3層スキーマアーキテクチャ▶P.20　概念スキーマ▶P.20　外部スキーマ▶P.21　内部スキーマ▶P.21**

ANSI/SPARCが提案したデータベースの3層スキーマアーキテクチャでは，スキーマを外部スキーマ，概念スキーマ，内部スキーマの3階層に分けている。外部スキーマとは，アプリケーションプログラムや利用者から見たデータベースの枠組みのことである。概念スキーマは，論理データモデルを特定のDBMSに従って記述したものであり，対象世界の論理的な構造を規定し，エンティティや項目相互の関係に関する情報を持っている。内部スキーマは，概念スキーマの物理的な枠組みを規定したものであり，ディスク上に格納するためのデータベースの物理的な構造を記述する。

イ　内部スキーマに関する記述である。

ウ　CODASYLが提案したスキーマアーキテクチャにおいて，アプリケーションプログラムや利用者から見たデータベースの枠組みをサブスキーマという。サブスキーマはANSI/SPARCが提案した3層スキーマアーキテクチャにおいては，外部スキーマに相当する。

エ　外部スキーマに関する記述である。

《解答》ア

問2 ☑□ □□ 概念データモデルの説明として，最も適切なものはどれか。 (R5問3，H26問1)

ア　階層モデル，ネットワークモデル，関係モデルがある。

イ　業務プロセスを抽象化して表現したものである。

ウ　集中型DBMSを導入するか，分散型DBMSを導入するかによって内容が変わる。

エ　対象世界の情報構造を抽象化して表現したものである。

問2　解答解説　概念データモデル▶P.22

データベースで管理する対象世界を抽象化した概念データモデルを作り，DBMSの表現規約に従って論理データモデルに変換する過程をデータモデリングという。データモデリングによって作成された論理データモデルに基づいて，特定のDBMSを用いてデータ構造を記述し，データベースを実現することになる。

ア　階層モデル，ネットワークモデル，関係モデルは，概念モデルをDBMSの表現規約に従って変換した論理データモデルである。
イ　概念データモデルは，業務プロセスではなく，データの対象世界を抽象化したものである。
ウ　概念データモデルがDBMSの形態によって変わることはない。　《解答》エ

問3　☑☐☐☐　関係Rは属性{A，B，C，D，E}から成り，関数従属A→{B，C}，{C，D}→Eが成立する。これらの関数従属から決定できるRの候補キーはどれか。　（R2問3，H30問3，H27問3，H21問2）

ア　{A，C}　イ　{A，C，D}　ウ　{A，D}　エ　{C，D}

問3　解答解説　候補キー▶P.24　関数従属性▶P.38

候補キーとは，他の全ての属性を直接または間接に従属させる必要最小限の属性集合のことである。

関係Rの関係スキーマR（A，B，C，D，E）において，

A→BCが成立することから，A→B，A→Cが成立する（分解律）。
A→Cが成立することから，AD→CDが成立する（増加律）。
AD→CD，CD→Eが成立することから，AD→Eが成立する（推移律）。

したがって，A→B，A→C，AD→Eが成立することから，ADは関係Rの中で，B，C，Eを直接従属させている属性集合であり，関係Rの候補キーであることが分かる。　《解答》ウ

問4　☑☐☐☐　関係R（A，B，C，D，E）において，関数従属性A→B，A→C，{C，D}→Eが成立する。最初に属性集合{A，B}に対して，これらの関数従属性によって関数的に決定される属性をこの属性集合に加える。この操作を繰り返して得られる属性集合（属性集合の閉包）はどれか。　（R4問3）

ア　{A, B, C}　　　　イ　{A, B, C, D}
ウ　{A, B, C, D, E}　　エ　{A, B, E}

問4　解答解説　**関数従属性**▶P.38

属性集合の閉包とは，ある属性集合から関数的に決定される属性集合全体のことをいう。
属性集合{A, B}に，関数従属性A→B, A→C, {C, D}→Eを適用して，導出される属性を追加し，属性集合の閉包を求める。
A→Bは，AからBが導出されることを意味するが，既に属性集合にA, Bは存在している。
A→Cは，AからCが導出されることを意味するので，Cを追加して属性集合は{A, B, C}となる。
{C, D}→Eは，CとDからEが導出されることを意味するが，属性集合にはDが存在しないのでEを導出することはできない。
よって，得られる属性集合は{A, B, C}となる。　《解答》ア

問5　☑☐ ☐☐　関係R（A, B, C, D, E）に対し，関数従属の集合W＝{A→{B, C}, {A, D}→E, {A, C, D}→E, B→C, C→B}がある。関数従属の集合X, Y, Zのうち，Wから冗長な関数従属をなくしたものはどれか。

（R4問4）

X＝{A→B, B→C, C→B, {A, D}→E}
Y＝{A→C, B→C, C→B, {A, D}→E}
Z＝{A→B, C→B, {A, C, D}→E}

ア　Xだけ　　イ　XとY　　ウ　YとZ　　エ　Zだけ

問5　解答解説　**関数従属性**▶P.38

関数従属の集合Wにおいて，

- {A, D}→Eが成立することから，{A, C, D}→Eは冗長であることは自明である。
- A→{B, C}が成立することから，A→B, A→Cが成立する（分解律）。ただし，関数従属の集合WにおいてB→Cが成立することから，A→Cは推移律で成立し，冗長な関数従属となる。
- C→Bは，これまでの他の関数従属からは導出されない。

となる。これらより，関数従属の集合Wから冗長な関数従属をなくすと，

{A→B, B→C, C→B, {A, D}→E}＝X

となる。

ここで，A→Bは，{A→C，C→B} から推移律でA→Bを導出できるため，XのA→BをA→Cに置き換えた，

{A→C，B→C，C→B，{A，D} →E} =Y

も，関数従属の集合Wから冗長な関数従属をなくしたものとなる。

なお，Z= {A→B，C→B，{A，C，D} →E} は，B→CやA→Cの関数従属が失われているため，関数従属の集合Wとは異なる関数従属の集合である。　《解答》イ

問6 ✔□ □□　関係モデルの候補キーの説明のうち，適切なものはどれか。

（H28問7，H24問6）

ア　関係Rの候補キーは関係Rの属性の中から選ばない。

イ　候補キーの値はタプルごとに異なる。

ウ　候補キーは主キーの中から選ぶ。

エ　一つの関係に候補キーが複数あってはならない。

問6 解答解説　候補キー▶P.24　主キー▶P.24

候補キーとは，関係のタプルを一意に識別できる属性集合（一つ以上の属性）のうち，それ以上属性を減らすとタプルを一意に識別できなくなる必要最小限の属性集合をいう。一つの関係に候補キーが一つの場合は，その候補キーが主キーとなる。しかし，一つの関係に複数の候補キーが存在する場合は，複数の候補キーの中から一つを選択し主キーとする。また，候補キーは関係のタプルを一意に識別できる属性集合なので，タプルごとに実現値は異なる。

ア　候補キーはタプルを一意に識別する属性集合なので，その関係の属性の中から選択する。

ウ　主キーの中から候補キーを選ぶのではなく，候補キーの中から主キーを選ぶ。

エ　候補キーは，複数存在することもある。　《解答》イ

問7 ✔□ □□　和両立である関係RとSがある。R∩Sと等しいものはどれか。ここで，－は差演算，∩は共通集合演算を表す。

（R4問10，H31問12，H29問12，H21問8）

ア　(R－S)－(S－R)　　イ　R－(R－S)

ウ　R－(S－R)　　エ　S－(R－S)

問7　解答解説　**集合演算**▶P.26

和両立である関係RとSにおいて，R∩Sをベン図に示すと，次のとおりである。

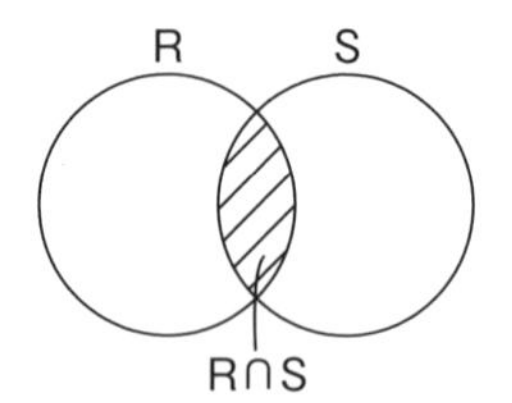

それぞれの論理式をベン図に示すと，次のとおりである。

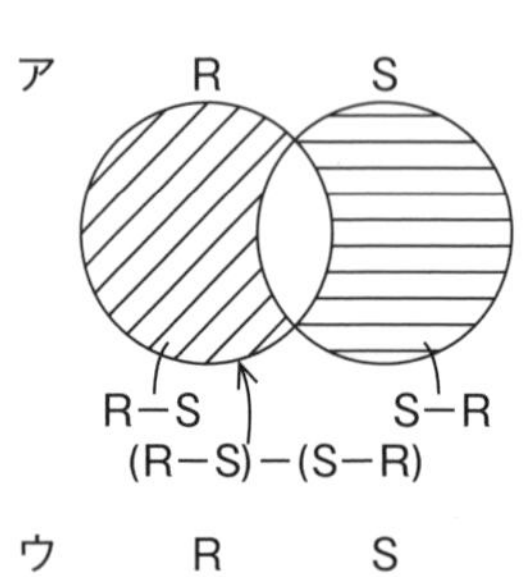

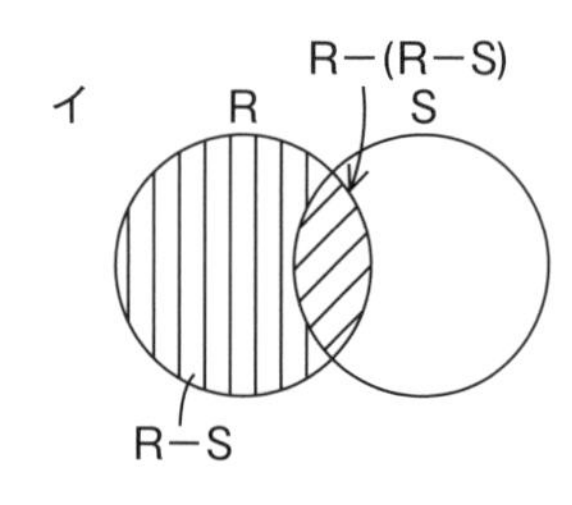

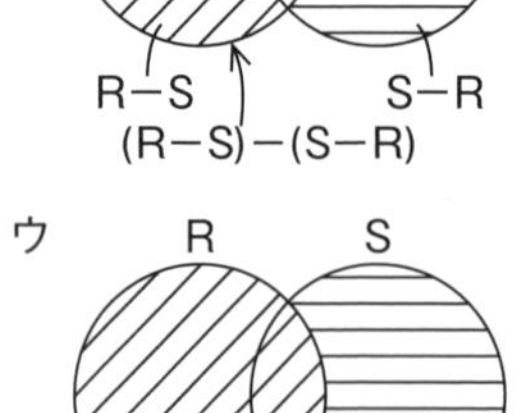

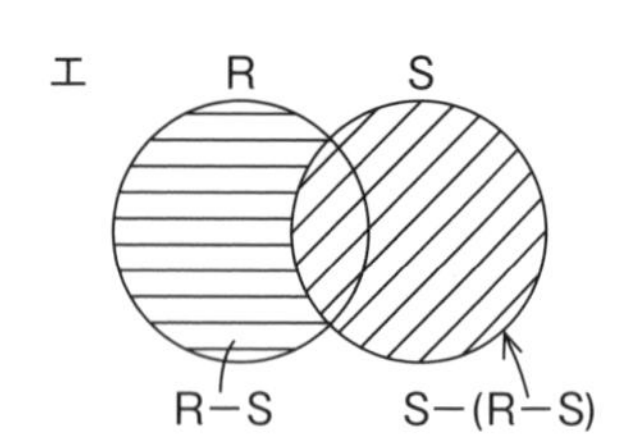

これより，R∩Sと等しいのは，“イ”のR−(R−S) である。　《解答》イ

問8　☑□ □□　SQL文1とSQL文2を実行した結果が同一になるために，表Rが満たすべき必要十分な条件はどれか。　（R4問9）

〔SQL文1〕

```
SELECT * FROM R UNION SELECT * FROM R
```

〔SQL文2〕

```
SELECT * FROM R
```

ア　値にNULLをもつ行は存在しない。

イ　行数が0である。

ウ　重複する行は存在しない。
エ　列数が1である。

問8　解答解説　関係演算 ▶P.28

〔SQL文1〕は，表Rの行を抽出した結果をUNION演算子で繋いだもの，〔SQL文2〕は，表Rの行を抽出した結果である。

UNION演算子は，その前後にある二つのSELECT文によって抽出された結果を併合するものである。ただし，それぞれのSELECT文の抽出結果に全く同じ行が存在した場合，重複した行は1行にまとめられる。逆に言えば，重複する行が存在しなければ排除される行はない。

よって，〔SQL文1〕と〔SQL文2〕の結果が同一になるためには，表Rに「重複する行は存在しない」ことが必要十分な条件となる。

ア「値にNULLをもつ行は存在しない」ことは，UNION演算子による重複する行の排除に直接関係しないため，必要条件にも十分条件にも該当しない。
イ「行数が0である」場合，〔SQL文1〕と〔SQL文2〕の結果は同一になり，十分条件であるが，必要条件ではない。
エ「列数が1である」ことは，UNION演算子による重複する行の排除に直接関係しないため，必要条件にも十分条件にも該当しない。

《解答》ウ

問9 ☑□ □□　関係Rと関係Sにおいて，R÷Sの関係演算結果として，適切なものはどれか。ここで，÷は除算を表す。（R5問11，H27問9，H25問12）

R

店	商品
A	a
A	b
B	a
B	b
B	c
C	c
D	c
D	d
E	d
E	e

S

商品
a
b
c

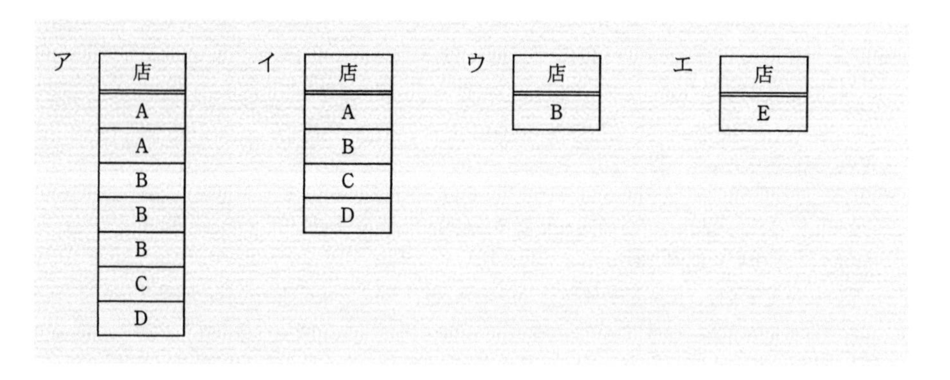

ア

店
A
A
B
B
B
C
D

イ

店
A
B
C
D

ウ

店
B

エ

店
E

問9 解答解説 関係演算▶P.28

R÷Sの関係演算結果は，Sの行値を全て含むRの行値を抜き出し，その中からSの列を除いたものとなる。提示された関係RとSにおいて，Sの全ての行値を含むRの行値を抜き出すと，

店	商品
B	a
B	b
B	c

となる。この中からSの列「商品」を除くと，

店
B

となる。

《解答》ウ

問10 ✔□ □□ 属性がn個ある関係の異なる射影は幾つあるか。ここで，射影の個数には，元の関係と同じ結果となる射影，及び属性を全く含まない射影を含めるものとする。 (R3問９，H31問13，H29問13，H26問８)

ア $2n$　　イ 2^n　　ウ $\log_2 n$　　エ n

問10 解答解説 関係演算▶P.28

A，B，C，Dの四つの属性を持つ関係の射影を考える。各属性は，射影として取り出すか，取り出さないかのいずれかの場合しかない。取り出す場合を１，取り出さない場合を０とすると，四つの属性の射影の組合せは，４ビットの２進数で表すことができる。つまり，属性を全く含まない射影は「0000」，Aのみを取り出す射影は「1000」，元の関係と同じ結果と

なる射影は「1111」である。したがって，この場合の射影の数は，2^4となる。よって，属性がn個ある関係の異なる射影の数は2^nとなる。

《解答》イ

問11 ☑□ □□ 関係R，Sの等結合演算は，どの演算によって表すことができるか。

（R4問11，H30問９，H26問９）

ア　共通　　イ　差

ウ　直積と射影と差　　エ　直積と選択

問11 解答解説 集合演算▶P.26　関係演算▶P.28　結合演算▶P.29

等結合演算とは，二つの関係において，比較演算子“＝”を用いた結合条件を満たすタプルだけを選び出し，そのタプルをつなぎ合わせる関係代数演算である。等結合演算の結果は，二つの関係の全てのタプルの組合せからなる集合である直積から，結合条件を満たすタプルを選び出したものと同じになる。よって，等結合演算と同等の演算を実現できる演算の組合せは，直積演算と選択演算となる。

ア　共通演算は，同じ属性で構成される二つの関係から，同じ行を抽出する関係代数演算である。したがって，異なる属性で構成される二つの関係を結合する場合の等結合演算を表すことはできない。

イ　差演算は，同じ属性で構成される二つの関係から，異なる行を抽出する関係代数演算である。したがって，異なる属性で構成される二つの関係を結合する場合の等結合演算を表すことはできない。

ウ　射影演算は，列を取り出す関係代数演算である。直積演算と射影演算と差演算を組み合わせても，等結合演算を表すことはできない。

《解答》エ

問12 ☑□ □□ 関係代数における直積に関する記述として，適切なものはどれか。

（R2問９，H28問12）

ア　ある属性の値に条件を付加し，その条件を満たす全てのタプルの集合である。

イ　ある一つの関係の指定された属性だけを残して，他の属性を取り去って得られる属性の集合である。

ウ　二つの関係における，あらかじめ指定されている二つの属性の２項関係を満たす全てのタプルの組合せの集合である。

エ　二つの関係における，それぞれのタプルの全ての組合せの集合である。

問12 解答解説 集合演算▶P.26 関係演算▶P.28

直積は，二つの関係の全てのタプルの組合せからなる集合である。各タプルを総当たりで組み合わせた結果と考えればよい。

ア 選択に関する記述である。
イ 射影に関する記述である。
ウ 結合に関する記述である。

《解答》エ

問13 ☑□□□ “商品” 表と “納品” 表を商品番号で等結合した結果はどれか。

(H27問10)

商品

商品番号	商品名	価格
S01	ボールペン	150
S02	消しゴム	80
S03	クリップ	200

納品

商品番号	顧客番号	納品数
S01	C01	10
S01	C02	30
S02	C02	20
S02	C03	40
S03	C03	60

ア

商品番号	商品名	価格	顧客番号	納品数
S01	ボールペン	150	C01	10
S02	消しゴム	80	C02	20
S03	クリップ	200	C03	60

イ

商品番号	商品名	価格	商品番号	顧客番号	納品数
S01	ボールペン	150	S01	C01	10
S02	消しゴム	80	S02	C02	20
S03	クリップ	200	S03	C03	60

ウ

商品番号	商品名	価格	顧客番号	納品数
S01	ボールペン	150	C01	10
S01	ボールペン	150	C02	30
S02	消しゴム	80	C02	20
S02	消しゴム	80	C03	40
S03	クリップ	200	C03	60

エ

商品番号	商品名	価格	商品番号	顧客番号	納品数
S01	ボールペン	150	S01	C01	10
S01	ボールペン	150	S01	C02	30
S02	消しゴム	80	S02	C02	20
S02	消しゴム	80	S02	C03	40
S03	クリップ	200	S03	C03	60

問13 解答解説 内部結合 ▶P.30

等結合とは，結合演算において，結合相手となる表と“＝”関係で結び付ける結合を行い，結果タプルを生成する操作である。等結合を行う際，結合相手の表に該当タプルが存在しない場合，元のタプルは削除される。なお，等結合により結合された表は，両方の属性を表示する。これに対し，共通属性のうち，一方だけを表示する結合を自然結合という。

“商品”表と“納品”表を直積した結果から，“商品”表と“納品”表の商品番号が同じ行を選択し，共通の属性（“商品”表の商品番号と“納品”表の商品番号）が両方とも含まれるようにしたものが等結合の結果表である。

なお，選択肢ウは共通属性の一方だけしか含まれていないので，自然結合の結果表である。

《解答》エ

問14

✔□ □□

関係データベースにおいて，タプル数nの表二つに対する結合操作を，入れ子ループ法によって実行する場合の計算量はどれか。

（R3問15，H31問16，H29問19，H27問17，H24問８）

ア $O(\log n)$　イ $O(n)$　ウ $O(n \log n)$　エ $O(n^2)$

問14 解答解説 表の結合方法 ▶P.32

関係データベースの要素の数（行数）をタプル数という。関係A（タプル数X），関係B（タプル数Y）の入れ子ループ法による結合操作は，次の手順で行われる。

① Aの先頭行を取り出す。
② 取り出したAの行に対し，Bの各行と結合操作を行う。結合操作はY回実行される。
③ Aの次の行を取り出し，②を行う。
④ Aの最後の行まで，③をＸ回繰り返す。

これらより，結合操作は（X×Y）回行われることが分かる。よって，タプル数nの二つの表での結合操作はn^2回となり，計算量は$O(n^2)$と表すことができる。

《解答》エ

問15 ☑☐☐☐ UMLを用いて表した商品と倉庫のデータモデルに関する記述のうち，適切なものはどれか。ここで，商品の倉庫間の移動はないものとする。

（H28問１，H26問２）

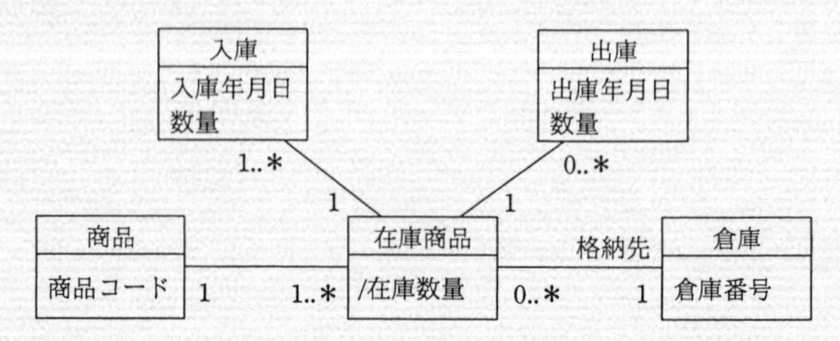

ア　１種類の商品を二つの倉庫に初めて入庫すると，“在庫商品”データが２件追加される。

イ　２種類の商品を一つの倉庫に入庫すると，“入庫”データが１件追加される。

ウ　格納先となる倉庫が確定していない商品が存在する。

エ　出庫の実績がない在庫商品は存在しない。

問15　解答解説　データモデル▶P.21　カーディナリティ▶P.34

図より，商品ごと倉庫ごとに，在庫数量や入庫・出庫の数量が管理されていることが分かる。UMLにおいてm..nの多重度は，多重度がmからnまでであることを表している。mが0のときは，対応するものがない場合があることを表し，nが＊のときは，上限がないことを表している。“在庫商品”の属性である在庫数量に“/”（スラッシュ）が付いているが，これは，「派生属性」といい，その属性値は関係する他のクラスの属性値から導出できることを意味する。

図の多重度より，次のことが分かる。

①“商品”と“在庫商品”の多重度が１対1..＊，“倉庫”と“在庫商品”の多重度が１対0..＊となっていることより，商品と倉庫の関係は，商品は必ず一つ以上の倉庫に格納されているが，全ての倉庫に格納されているとは限らない。

②“在庫商品”と“入庫”との多重度が１対1..＊，“在庫商品”と“出庫”との多重度が１対0..＊となっていることより，在庫商品と入庫・出庫の関係は，商品が入庫されても，その商品が出庫されない場合がある。

③“商品”と“在庫商品”の多重度が１対1..＊，“在庫商品”と“入庫”との多重度が１対1..＊となっていることより，商品と入庫の関係は，入庫の実績のない商品は存在しない。

これらより，“商品”データ１件に対して，その商品が格納されている倉庫の数分の“在庫商品”データが存在する。“在庫商品”データ１件に対して，その商品を，その倉庫に入庫した実績数分の“入庫”データと，出庫した実績数分の“出庫”データが存在する。“入庫”データが１件もない商品は存在しないが，“出庫”データが１件もない商品は存在することが分かる。

ア　適切である。ある商品をある倉庫に初めて入庫したときに，その商品と倉庫に関する“在庫商品”データが１件追加され，２回目以降の入庫では，その追加された“在庫商品”データの在庫数量が更新される。したがって，１種類の商品を一つの倉庫に初めて入庫するときに，“在庫商品”データが１件追加される。「１種類の商品を二つの倉庫に初めて入庫する」とあることより，“在庫商品”データが２件追加される。
イ　“入庫”データは，商品ごと倉庫ごとに入庫年月日と数量を管理している。１種類の商品を一つの倉庫に入庫するつど，“入庫”データが１件追加される。「２種類の商品を一つの倉庫に入庫する」とあることより，“入庫”データが２件追加される。
ウ　“商品”データに存在する商品は，いずれかの倉庫に入庫の実績のあるものだけである。したがって，格納先となる倉庫が確定していない商品は存在しない。
エ　ある在庫商品に対しては，出庫がないものもある。したがって，出庫の実績がない在庫商品は存在する。

《解答》ア

問16 ☑☐ ☐☐　部，課，係の階層関係から成る組織のデータモデルとして，モデルA～Cの三つの案が提出された。これらに対する解釈として，適切なものはどれか。組織階層における組織の位置を組織レベルと呼ぶ。組織間の相対関係は，親子として記述している。ここで，モデルの表記にはUMLを用い，{階層}は組織の親と子の関連が循環しないことを指定する制約記述である。

（R3問２，H31問３，H28問４）

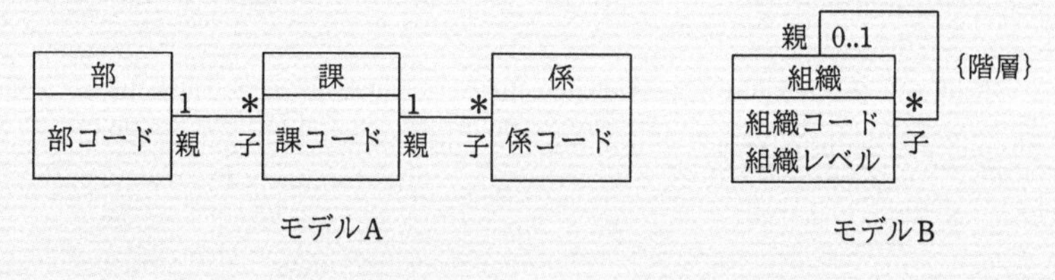

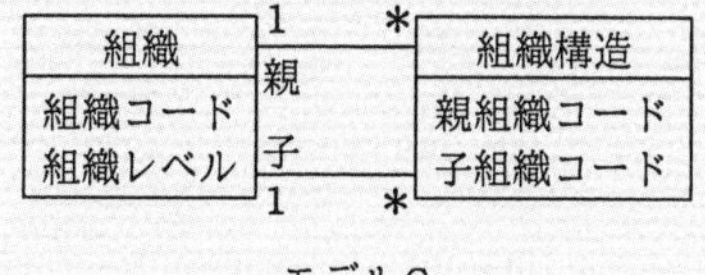

ア　新しい組織レベルを設ける場合，どのモデルも変更する必要はない。
イ　どのモデルも，一つの子組織が複数の親組織から管轄される状況を記述できない。

ウ　モデルBを関係データベース上に実装する場合，子の組織コードを外部キーとする。

エ　モデルCでは，組織の親子関係が循環しないように制約を課す必要がある。

問16　解答解説　データモデル▶P.21　カーディナリティ▶P.34

どのデータモデルも，部，課，係の階層関係を表している。

モデルAは，組織レベルごとにエンティティを分けて組織を管理している。

モデルBは，一つのエンティティで全ての組織を管理し，親子の関連が循環しない制約を設け，子は複数の親を持てないことを表している。

モデルCは，一つのエンティティで組織を管理しているが，組織は親にも子にもなり得，親も子もそれぞれ複数の子や親を持つことができる。そのため，モデルCには，親子関係が循環しないように制約を課す必要がある。

ア　モデルAは，組織レベルごとにエンティティを分けて組織を管理しているため，新しい組織レベルを設ける場合にはモデルを変更する必要がある。

イ　モデルCは，複数の親組織から管轄される一つの子組織を記述できる。

ウ　モデルBは，子の組織コードを主キーとして，親の組織コードを外部キーとして実装する。

《解答》エ

問17　✔□ □□　社員と年との対応関係をUMLのクラス図で記述する。二つのクラス間の関連が次の条件を満たす場合，a，bに入れる多重度の適切な組合せはどれか。ここで，“年”クラスのインスタンスは毎年存在する。（R4問2）

〔条件〕

(1) 全ての社員は入社年を特定できる。

(2) 年によっては社員が入社しないこともある。

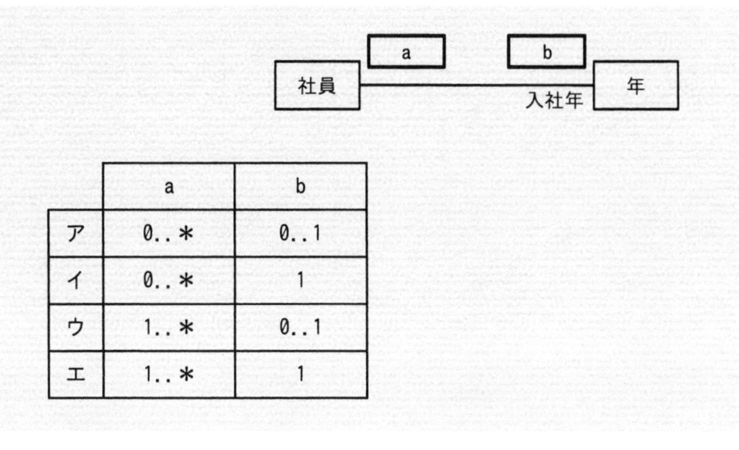

	a	b
ア	0..＊	0..1
イ	0..＊	1
ウ	1..＊	0..1
エ	1..＊	1

問17 解答解説 データモデル▶P.21 カーディナリティ▶P.34

UMLのクラス図は，クラス，関係，多重度などで表現する。多重度とは，クラス間の関連に対して，それぞれのクラスにどれだけインスタンスができるのかを示す数値であり，実数，＊（上限を指定しないことを表す），値の範囲（「m..n」は，m以上n 以下を表す）などを用いて表現する。

空欄aに入る多重度は，“年”から見た“社員”の数となる。〔条件〕(2)「年によっては社員が入社しないこともある」より，ある年に対して，その年に入社した社員は0人であることも考えられるし，複数人いることも考えられる。よって，空欄aに入る多重度は「0..＊」となる。

空欄bに入る多重度は，“社員”から見た“年”となる。〔条件〕(1)「全ての社員は入社年を特定できる」より，ある社員に対して，入社年は必ず一つ対応する。よって，空欄bに入る多重度は「1」となる。

《解答》イ

問18 ✔□ □□ 人の健康状態の検査では，検査項目が人によって異なるだけでなく，あらかじめ決まっていないことも多い。このような場合のデータモデルとして，最も適切なものはどれか。ここで，検査項目の標準値は，検査項目ごとに最新の値だけを保持し，計測値は計測日時とともに保持する。また，モデルの表記にはUMLを用いる。 (H29問3，H23問3)

ア

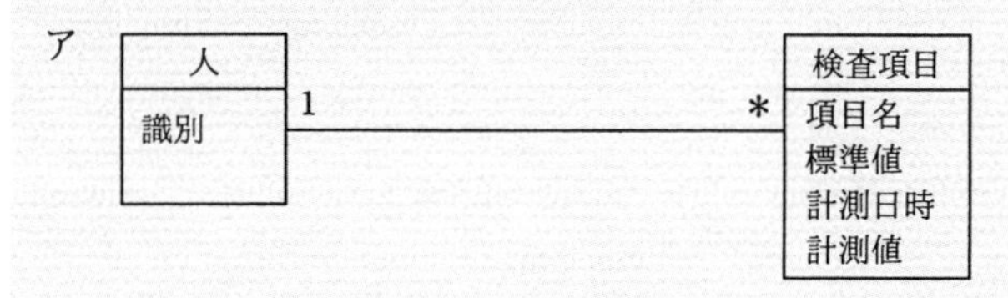

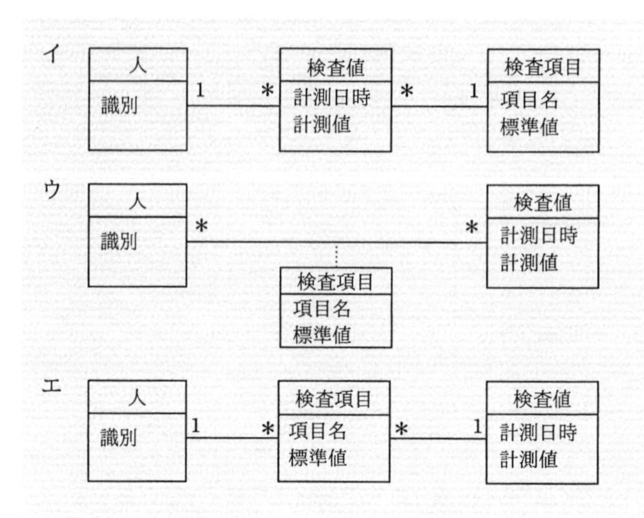

問18 解答解説　データモデル▶P.21　カーディナリティ▶P.34

「検査項目が人によって異なるだけでなく，あらかじめ決まっていないことも多い」ということから，“人”と“検査項目”とは直接関連付けないほうがよいと判断できる。また，検査項目の標準値は，検査項目ごとに最新の値だけを保持し，計測値は計測日時とともに保持することから，独立した簡素なモデリングが望ましい。

ア　“人”と“検査項目”を直接結び付けていて，“検査項目”に“計測日時”，“計測値”も含めているところから適切とはいえない。
ウ　一つの検査値は一人のものであるはずなので，多重度の表現に誤りがある。
エ　一つの検査項目に対して複数の検査値が存在できないと複数の人の検査ができなくなるので，“検査項目”と“検査値”との間の多重度の表現に誤りがある。　《解答》イ

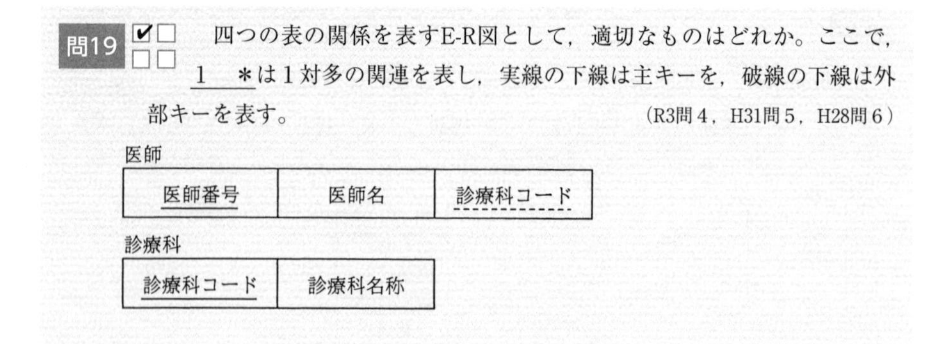

問19 ✔□ □□　四つの表の関係を表すE-R図として，適切なものはどれか。ここで，1　*は1対多の関連を表し，実線の下線は主キーを，破線の下線は外部キーを表す。（R3問4，H31問5，H28問6）

医師

医師番号	医師名	診療科コード

診療科

診療科コード	診療科名称

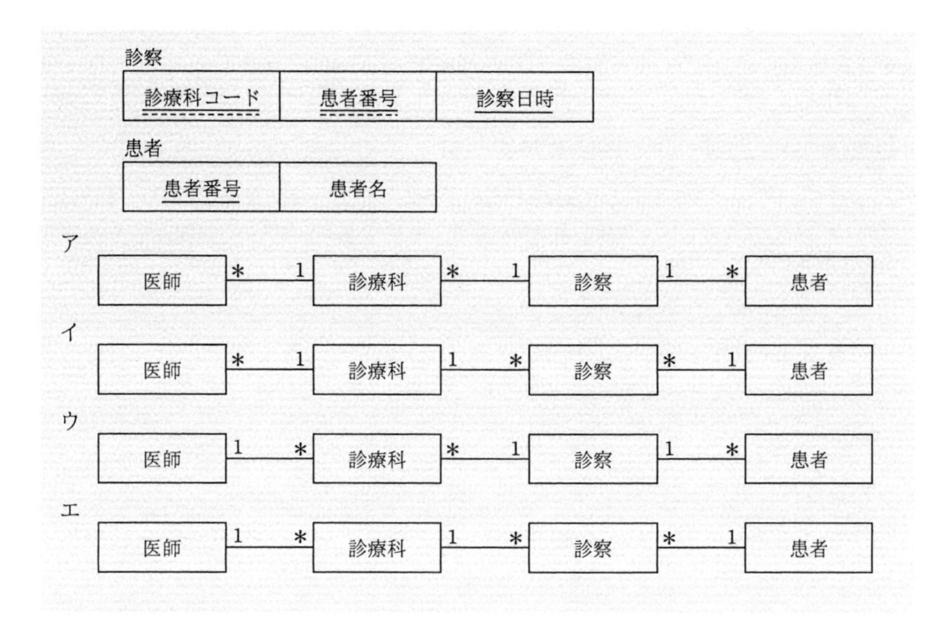

問19 解答解説 E-Rモデル▶P.34 カーディナリティ▶P.34

提示された表をリレーションシップ（関連）の観点から見ると，次の事項が挙げられる。

①診療科の主キーが医師の外部キーで参照されている。

②診療科と患者の間に，診察を連関エンティティとして定義している。

外部キーによって参照関係にあるリレーションシップの場合，外部キーが定まると参照されているエンティティインスタンス（表の行実現値）も一意に識別できることになる。複数いる医師のうち，一人の医師を定めるとその医師の所属する診療科が定まる。これより，診療科と医師の対応関係（カーディナリティ）は，１対多となることが分かる。

また，連関エンティティを使用する理由は，多対多のリレーションシップを１対多と多対１に置き換えることによって解消することにある。診療科と患者の対応関係が多対多なので，診察という連関エンティティを作成し，診療科対診察が１対多，診察対患者が多対１になる関連を作り出している。

これより，提示された表の関係は，“イ”となる。 《解答》イ

問20 ✔□ □□ E-Rモデルにおいて，実体Aのインスタンスaが他の実体Bのインスタンスbと関連しており，インスタンスaが存在しなくなれば，インスタンスbも存在しなくなる場合，このような実体Bを何と呼ぶか。

（H29問５，H26問５，H24問16）

ア　仮想実体　　　イ　強実体　　　ウ　弱実体　　　エ　正実体

問20　解答解説　E-Rモデル▶P.34

クレジットカードシステムの家族会員情報のように，本会員情報と関連しており，本会員情報が存在しなくなれば，家族会員情報も存在しなくなるような実体を，弱実体（weak entity）という。

ア　ITを利用して現実感を作り出すことを指して，仮想実体（仮想現実）ということがあるが，E-Rモデルとは関係がない。
イ　弱実体に対して，通常の実体を強実体（strong entity）と呼ぶことがある。
エ　正実体という用語はない。

《解答》ウ

問21　☑☐☐☐　関係データベースの表を設計する過程で，A表とB表が抽出された。主キーはそれぞれ列aと列bである。この二つの表の対応関係を実装する表の設計に関する記述のうち，適切なものはどれか。

（R2問６，H30問２，H28問５，H26問３，H24問２）

A

<u>a</u>	

B

<u>b</u>	

ア　A表とB表の対応関係が１対１の場合，列aをB表に追加して外部キーとしてもよいし，列bをA表に追加して外部キーとしてもよい。
イ　A表とB表の対応関係が１対多の場合，列bをA表に追加して外部キーとする。
ウ　A表とB表の対応関係が多対多の場合，新しい表を作成し，その表に列aか列bのどちらかを外部キーとして設定する。
エ　A表とB表の対応関係が多対多の場合，列aをB表に，列bをA表にそれぞれ追加して外部キーとする。

問21　解答解説　主キー▶P.24　外部キー▶P.26　連関エンティティ▶P.35

関係データベースにおいて二つの表に対応関係がある場合，一方の表の主キーの列を他方の表に追加し，外部キーとする。これによって，二つの表の各タプルの対応関係が明確になる。

二つの表の対応関係が１対１の場合は，どちらかの表の主キーの列をもう一方の表に追加して外部キーとすればよい。１対多の場合は，「１」側の表の主キーの列を「多」側の表に追加して外部キーとすればよい。多対多の場合は，二つの表の主キーを列として持つ新しい表（連関エンティティ）を作成してそれらを外部キーとし，１対多の対応関係を二つ作って多対多を解消する。

イ　列aをB表に追加して外部キーとする必要がある。
ウ　新しい表には，列aと列bのどちらも外部キーとして設定する必要がある。
エ　新しい表を作成して多対多を解消する必要がある。

《解答》ア

問22 ☑□ □□ 関係R（A，B，C）において，関数従属A→B，B→Cが成立するとき，導けない関数従属はどれか。（H28問3）

ア　{A，B，C} → {A，B}　　イ　{A，C} → {A，B}
ウ　{A，C} → {A，B，C}　　エ　{B，C} → {A，C}

問22 解答解説　関数従属性 ▶P.38

関数従属A→B，B→Cが成立するので，A→Cも成立する（推移律）。つまり，AからBとCは導ける。ところがAは何にも従属しておらず，BやCからはAが導けない。したがって，関数従属の表記において，左側にAがある場合は右側を導くことはできるが，左側にAがない場合は右側を導くことはできない。よって，関数従属{B,C}→{A,C}は導くことができない。

《解答》エ

問23 ☑□ □□ 第1正規形から第5正規形までの正規化に関する記述のうち，適切なものはどれか。（R3問5，H31問7，H28問8）

ア　正規形にする分解は全て関数従属性が保存される。
イ　正規形にする分解は全て情報無損失の分解である。
ウ　第3正規形までは，情報無損失でかつ関数従属性保存の分解ができる。
エ　第4正規形から第5正規形への分解は自明な多値従属性が保存される分解である。

問23 解答解説　第1正規形 ▶P.37　第2正規形 ▶P.40　第3正規形 ▶P.40

正規形の定義は，次のようになる。

- 第1正規形…データの繰返し部分を排除した関係
- 第2正規形…第1正規形を実現し，部分関数従属性を排除した関係
- 第3正規形…第2正規形を実現し，推移的関数従属性を排除した関係
- ボイス・コッド正規形…第3正規形を実現し，関係表内の関数従属性が自明な関数従属性であるか，または，スーパーキーである関係

- 第４正規形…ボイス・コッド正規形を実現し，自明ではない多値従属性を排除した関係
- 第５正規形…第４正規形を実現し，自明でない結合従属性が成立している関係

ア　ボイス・コッド正規形から第４正規形への正規化は自明ではない多値従属性の排除である。そのため，第４正規形にする分解は，関数従属性が保存されない。

イ　ボイス・コッド正規形から第４正規形への正規化は自明ではない多値従属性の排除である。そのため，第４正規形にする分解は，情報無損失の分解ではない。

ウ　適切である。第３正規形までの正規化は，情報無損失でかつ関数従属性が保存される分解である。

エ　自明な多値従属性が保存される分解は，ボイス・コッド正規形から第４正規形への分解である。

《解答》ウ

問24 ☑☐☐☐　受注入力システムによって作成される次の表に関する記述のうち，適切なものはどれか。受注番号は受注ごとに新たに発行される番号であり，項番は１回の受注で商品コード別に連番で発行される番号である。

なお，単価は商品コードによって一意に定まる。（H27問６）

受注日	受注番号	得意先コード	項番	商品コード	数量	単価
2015-03-05	995867	0256	1	20121	20	20,000
2015-03-05	995867	0256	2	24005	10	15,000
2015-03-05	995867	0256	3	28007	5	5,000

ア　正規化は行われていない。

イ　第１正規形まで正規化されている。

ウ　第２正規形まで正規化されている。

エ　第３正規形まで正規化されている。

問24　解答解説　正規化▶P.36　第１正規形▶P.37　第２正規形▶P.40　第３正規形▶P.40

提示された表には，繰返し項目が存在しないことから，第１正規形を満たしていることが分かる。次に，第２正規形を満たしているかどうかを考える。第２正規形を満たすためには，全ての非キー属性が表の各候補キーに完全関数従属している必要がある。提示された表において，{受注番号，商品コード} は候補キーの一つである。「単価は商品コードによって一意に定まる」とあることから，非キー属性“単価”は，候補キーの一部である“商品コード”に部分関数従属している。したがって，第２正規形を満たさない。

よって，“イ”が適切である。 《解答》イ

問25 ☑☐ ☐☐ 第２正規形であるが第３正規形でない表はどれか。ここで，講義名に対して担当教員は一意に決まり，所属コードに対して勤務地は一意に決まるものとする。また，｛ ｝は繰返し項目を表し，実線の下線は主キーを表す。 （R2問５，H29問７，H24問８）

ア

学生番号	講義名	担当教員	成績
2122	経済学	山田教授	優

イ

社員番号	氏名	入社年月日	電話番号
71235	山田 太郎	2001-04-01	03-1234-5678

ウ

社員番号	氏名	所属コード	勤務地
15547	小林 明	75T	東京

エ

社員番号	身長	体重	趣味
71234	170	62	{テニス, ゴルフ}

問25 解答解説 第２正規形▶P.40 第３正規形▶P.40

正規形の定義は，次のとおりである。

- 第１正規形とは，データ項目に繰返し部分がない表である。
- 第２正規形とは，第１正規形の条件を満たし，全ての非キー属性が各候補キーに完全関数従属する表である。
- 第３正規形とは，第２正規形の条件を満たし，全ての非キー属性がいずれの候補キーに対しても推移的関数従属性を持たない表である。

ア データ項目に繰返し部分はない。一方，担当教員は候補キー（主キーの｛学生番号，講義名｝）の真部分集合の一つである講義名に関数従属しているので，非キー属性が候補キーに完全関数従属していない。よって，第１正規形である。

イ　データ項目に繰返し部分がなく，全ての非キー属性が候補キー（主キーの社員番号）に完全関数従属し，推移的関数従属性も持たない。よって，第３正規形である。

ウ　正解である。データ項目に繰返し部分がなく，全ての非キー属性が候補キー（主キーの社員番号）に完全関数従属している。一方，勤務地が所属コードに関数従属していることから，社員番号→所属コード→勤務地が成立する。また，所属コード→社員番号と勤務地→社員番号は成立しないことから，社員番号→勤務地という推移的関数従属性が存在している。よって，第２正規形であるが，第３正規形ではない。

エ　趣味が繰返し項目になっている。よって，非正規形である。　《解答》ウ

問26 ☑□ □□　第２正規形である関係Rが，第３正規形でもあるための条件として，適切なものはどれか。　（R4問５，H30問４，H22問８）

ア　いかなる部分従属性も成立しない。

イ　推移的関数従属性が存在しない。

ウ　属性の定義域が原子定義域である。

エ　任意の関数従属A→Bに関して，Bは非キー属性である。

問26 解答解説　第２正規形▶P.40　第３正規形▶P.40

第３正規形の条件は，第２正規形の条件を満たし，かつ，推移的関数従属性が存在しないことである。推移的関数従属性とは，属性A，B，Cにおいて，A→B，B→Cが成立しているためにA→Cが成立することをいう。例えば，「社員番号」→「部署」，「部署」→「部署長」が成立している場合，「社員番号」→「部署長」となり，これを「部署長は社員番号に推移的関数従属している」という。

ア　部分従属性が成立しないことは，第２正規形の条件である。

ウ　原子定義域とは，これ以上分割できない定義域である。属性の定義域が原子定義域であるのは，第１正規形の条件である。

エ　任意の関数従属性を決定する属性が候補キーであるのは，ボイス・コッド正規形の条件である。

《解答》イ

問27 ☑□ □□　第３正規形において存在する可能性のある関数従属はどれか。　（H31問８，H26問６）

ア　候補キーから繰返し属性への関数従属

イ　候補キーの真部分集合から他の候補キーの真部分集合への関数従属

ウ　候補キーの真部分集合から非キー属性への関数従属

エ　非キー属性から他の非キー属性への関数従属

問27 解答解説 関数従属性▶P.38 第２正規形▶P.40 第３正規形▶P.40

二つの属性X,Yにおいて，Xの値が決まればYの値が一意に定まる場合，XからYへ関数従属が存在するという。

第１正規形……全ての属性が原子的であり，繰返し項目がない関係である。
第２正規形……第１正規形であって，全ての非キー属性が各候補キーに完全関数従属している関係である。
第３正規形……第２正規形であって，全ての非キー属性がいかなる候補キーに対しても推移的関数従属していない関係である。

第３正規形において存在する可能性がある関数従属は，候補キーの真部分集合から他の候補キーの真部分集合への関数従属だけである。例えば，A→B，B→A，{A，C} →D，C→Eという完全関数従属が成立する（第３正規形）場合，候補キーは {A，C} と {B，C} となり，候補キーの真部分集合Aから他の候補キーの真部分集合Bには関数従属が成立する。

ア　候補キーから繰返し属性への関数従属は，非正規形で存在する可能性がある。
ウ　候補キーの真部分集合から非キー属性への関数従属（部分関数従属）は，第１正規形で存在する可能性がある。例えば，{A, B} →C, B→Dという部分関数従属が成立する（第１正規形）場合，キー属性Bから非キー属性Dには関数従属が成立する。
エ　非キー属性から他の非キー属性への関数従属は，第２正規形で存在する可能性がある。例えば，{A，B} →C→Dという推移的関数従属が成立する（第２正規形）場合，非キー属性Cから非キー属性Dには関数従属が成立する。 《解答》イ

データベースの操作

知識編

2.1 データベース言語

❏ SQL（Structured Query Language）

関係データベースで，データベースの定義や操作に用いるデータベース言語である。**データ定義言語**（DDL：Data Definition Language）と**データ操作言語**（DML：Data Manipulation Language）の２種類に大別できる。DDLはスキーマや各種の制約などを定義し，DMLは，データの検索，追加，更新，削除などの操作要求を処理する。

2.2 構文表記法

本試験で用いられるSQL規格（JIS X 3005）から，重要な部分を対象に説明する。構文表記は，次表に従う。

{名称}	必須である
選択肢１｜選択肢2	複数の選択肢から選ぶ
[名称]	必要に応じて指定する
……	直前の内容の繰返しである

2.3 SQL（SELECT文）

❏ SELECT文 問3 問4 問5 問6 問7

表（テーブル）からデータ（行）を抽出する（検索する）SQLである。問合せ文や問合せ指定ともいう。基本的な構文は次のとおりである。

```
SELECT [DISTINCT] {* | <列名>[,<列名>…]}
       FROM  {<表名>[,<表名>……]}
       [WHERE  {<条件式>}]
       [GROUP BY {<列名>[,<列名>……]}]
       [HAVING  {<条件式>}]
       [ORDER BY {<列名> {ASC|DESC} [,<列名> {ASC|DESC}…]}]
                                        ASCは省略可
```

❏ WHERE句 問2 問4

SELECT文でデータを抽出する際の条件を指定する句である。条件式でよく用いられる比較演算子や論理演算子は，次のとおりである。

▶比較演算子・論理演算子

演算	内容
〈列名〉＝〈比較値〉	〈比較値〉と等しい
〈列名〉<>〈比較値〉	〈比較値〉と等しくない
〈列名〉<〈比較値〉	〈比較値〉より小さい
〈列名〉>〈比較値〉	〈比較値〉より大きい
〈列名〉<=〈比較値〉	〈比較値〉以下である
〈列名〉>=〈比較値〉	〈比較値〉以上である
〈列名〉BETWEEN x AND y	x以上y以下である
〈列名〉NOT BETWEEN x AND y	yより大きいか，xより小さい
〈列名〉IN ({〈比較値〉[,〈比較値〉……]})	〈比較値〉のいずれかと等しい
〈列名〉NOT IN ({〈比較値〉[,〈比較値〉……]})	〈比較値〉のいずれとも等しくない
〈列名〉IS NULL	空値である
〈列名〉IS NOT NULL	空値でない
〈列名〉LIKE {〈文字列パターン〉}	〈文字列パターン〉と一致する % 任意の複数文字を表すワイルドカード _ 任意の1文字を表すワイルドカード
NOT {条件}	〈条件〉が成立しない
{〈条件1〉} AND {〈条件2〉}	〈条件1〉と〈条件2〉がともに成り立つ
{〈条件1〉} OR {〈条件2〉}	〈条件1〉と〈条件2〉のどちらか，あるいは両方が成り立つ

空値は「値が存在しない」「値が不定である」ことを示す。数値を表す列に空値が設定されていた場合，０を意味するものではない。したがって，「NULL＋１」の結果は空値となり，NULLであるかの判定に「＝」を使うことはできない。

❏ JOIN演算子 問1 問6 問7

SELECT文のFROM句に用いて，表を結合するための結合方式や結合条件を指定する演算子である。JOIN演算子を用いたFROM句の構文は，次のとおりである。

▶結合方式

結合方式	構文と意味
内部結合	<表名1> INNER JOIN <表名2> <結合指定>
左外部結合	<表名1> LEFT OUTER JOIN <表名2> <結合指定>
右外部結合	<表名1> RIGHT OUTER JOIN <表名2> <結合指定>
完全外部結合	<表名1> FULL OUTER JOIN <表名2> <結合指定>

※INNER，OUTERは省略可

<結合指定>には，結合の条件を指定する方法と結合の列を指定する方法がある。結合の条件を指定する場合は，ONを用いて結合条件を指定する。結合の列を指定する場合は，結合する表の列名が同じであることが前提となり，USINGを用いて括弧の中に列名をカンマで区切って列挙する。

```
<結合指定>  { ON {<結合条件>} | USING({<列名>[,<列名>……]}) }
```

学生

学生番号	氏名	学部コード
001	品川	K1
002	大井	R1
003	大森	J

学部

学部コード	学部名
K1	工
K2	経済
R1	理

内部結合

学生番号	氏名	学部コード	学部コード	学部名
001	品川	K1	K1	工
002	大井	R1	R1	理

```
SELECT *
FROM 学生 INNER JOIN 学部
     ON 学生.学部コード = 学部.学部コード
```

左外部結合

学生番号	氏名	学部コード	学部コード	学部名
001	品川	K1	K1	工
002	大井	R1	R1	理
003	大森	J	NULL	NULL

```
SELECT *
FROM 学生 LEFT OUTER JOIN 学部
     ON 学生.学部コード = 学部.学部コード
```

右外部結合

学生番号	氏名	学部コード	学部コード	学部名
001	品川	K1	K1	工
NULL	NULL	NULL	K2	経済
002	大井	R1	R1	理

```
SELECT *
FROM 学生 RIGHT OUTER JOIN 学部
     ON 学生.学部コード = 学部.学部コード
```

完全外部結合

学生番号	氏名	学部コード	学部コード	学部名
001	品川	K1	K1	工
NULL	NULL	NULL	K2	経済
002	大井	R1	R1	理
003	大森	J	NULL	NULL

```
SELECT *
FROM 学生 FULL OUTER JOIN 学部
     ON 学生.学部コード = 学部.学部コード
```

▶表の結合

❑ 集合関数 問3 問5 問9 問11

表の行数や複数行の列値の平均や合計などを求める関数である。SELECT文の<列名>に指定できる。集合関数には，次のようなものがある。

▶集合関数

集合関数	内容
COUNT（*）	抽出した行数を取得する
COUNT（〈列名〉）	〈列名〉の空値以外の値を持つ行数を取得する
COUNT（DISTINCT〈列名〉）	〈列名〉の空値以外の値を持つ重複を除いた行数を取得する
SUM（〈列名〉）	〈列名〉の空値以外の値の合計値を取得する
MAX（〈列名〉）	〈列名〉の空値以外の値の最大値を取得する
MIN（〈列名〉）	〈列名〉の空値以外の値の最小値を取得する
AVG（〈列名〉）	〈列名〉の空値以外の値の平均値を取得する

<列名>には<計算式>も記述できる。集合関数は次のような特徴を持つ。

・集合関数には，一つの<式>を指定する
・COUNT関数のみ，<式>以外に*を指定できる（表の行数を数える）
・DISTINCTを指定すると，値が重複する行は1行にまとめてから演算される
　（MAX関数やMIN関数では結果は変わらない）
・<式>の値がNULLの行は演算対象とならない
・<式>の値が全ての行でNULLの場合，結果はNULLとなる
　（COUNT関数のみ，結果は0（行）となる）

❏ GROUP BY句

指定した<列名>の値が同じ行を一つのグループとして扱う句である。GROUP BY句を用いて行をグループ化し，グループごとの平均や合計などを集合関数を用いて求めることが多い。SELECT文の<列名>に指定できるのは，「グループ化の対象となった列（GROUP BY句で指定した<列名>）」と「集合関数」に限られる。

また，GROUP BY句を指定していない場合，SELECT文の<列名>に列名と集合関数を混在させることはできない。

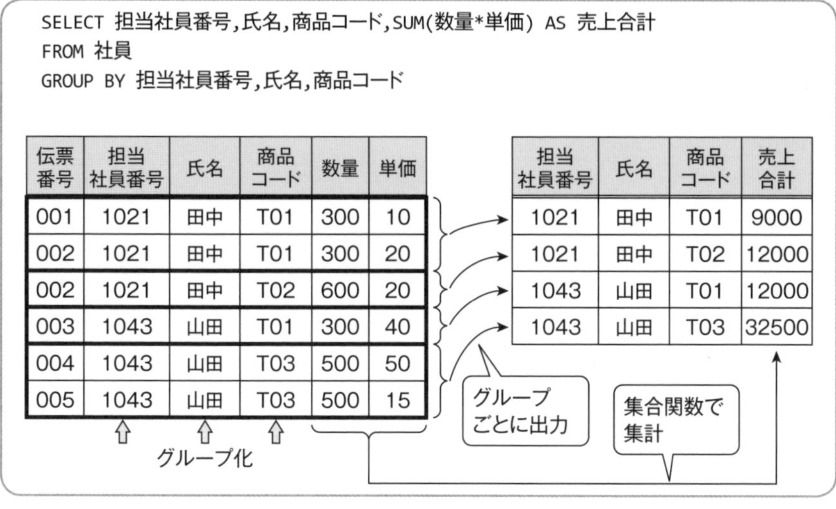

▶グループ化

この例では，GROUP BY句で指定した<列名>である，担当社員番号，氏名，商品コードが全て同じ行を一つのグループとし，グループごとの売上合計を求めて，出力している。

なお，担当社員番号が氏名に一意に対応しているため，グループ化には氏名は不必要に思うが，氏名が出力項目になっている（SELECT句の<列名>にある）ため，GROUPU BY句の<列名>に指定しなければならない。

❏ 集合演算子

複数のSELECT文の演算結果の和集合，差集合，積（共通）を演算する演算子である。集合演算子には，次のようなものがある。

▶集合演算子

演算子	意味
UNION	和集合演算子（重複行をまとめて1行で出力する）
UNION ALL	和集合演算子（重複行を全て出力する）
EXCEPT	差集合演算子
INTERSECT	積（共通）集合演算子

集合演算子でつながれた複数のSELECT文においては，表の列の数とデータ型が等しくなければならない。これを和両立という。

```
SELECT 担当名,年齢 FROM 担当 WHERE 勤務地 ='東京'
UNION
SELECT 担当名,年齢 FROM 担当 WHERE 勤務地 ='大阪'
```

担当

社員番号	担当名	勤務地	年齢
1021	田中	東京	40
1022	鈴木	東京	40
1023	井上	大阪	50
1024	嶋崎	大阪	40
1025	鈴木	大阪	40
1026	田中	名古屋	30
1027	佐藤	東京	30
1028	山本	名古屋	40
1029	佐藤	名古屋	30
1030	武田	東京	50

勤務地 ='東京'

担当名	年齢
田中	40
鈴木	**40**
佐藤	30
武田	50

勤務地 ='大阪'

担当名	年齢
井上	50
嶋崎	40
鈴木	**40**

演算結果

担当名	年齢
田中	40
鈴木	**40**
佐藤	30
武田	50
井上	50
嶋崎	40

重複行は1行にまとめる

▶集合演算子　UNION

```
SELECT 担当名,年齢 FROM 担当 WHERE 勤務地 ='東京'
UNION  ALL
SELECT 担当名,年齢 FROM 担当 WHERE 勤務地 ='大阪'
```

担当

社員番号	担当名	勤務地	年齢
1021	田中	東京	40
1022	鈴木	東京	40
1023	井上	大阪	50
1024	嶋崎	大阪	40
1025	鈴木	大阪	40
1026	田中	名古屋	30
1027	佐藤	東京	30
1028	山本	名古屋	40
1029	佐藤	名古屋	30
1030	武田	東京	50

勤務地 ='東京'

担当名	年齢
田中	40
鈴木	**40**
佐藤	30
武田	50

勤務地 ='大阪'

担当名	年齢
井上	50
嶋崎	40
鈴木	**40**

演算結果

担当名	年齢
田中	40
鈴木	**40**
佐藤	30
武田	50
井上	50
嶋崎	40
鈴木	**40**

重複行をまとめない

▶集合演算子　UNION ALL

```
SELECT 担当名,年齢 FROM 担当 WHERE 勤務地 ='東京'
EXCEPT
SELECT 担当名,年齢 FROM 担当 WHERE 勤務地 ='名古屋'
```

担当

社員番号	担当名	勤務地	年齢
1021	田中	東京	40
1022	鈴木	東京	40
1023	井上	大阪	50
1024	嶋崎	大阪	40
1025	鈴木	大阪	40
1026	田中	名古屋	30
1027	佐藤	東京	30
1028	山本	名古屋	40
1029	佐藤	名古屋	30
1030	武田	東京	50

勤務地 ='東京'

担当名	年齢
田中	40
鈴木	40
佐藤	**30**
武田	50

勤務地 ='名古屋'

担当名	年齢
田中	30
山本	40
佐藤	**30**

演算結果

担当名	年齢
田中	40
鈴木	40
武田	50

勤務地 ='東京'の結果から
勤務地 ='名古屋'の結果に
あるものを除外

▶**集合演算子　EXCEPT**

```
SELECT 担当名,年齢 FROM 担当 WHERE 勤務地 ='東京'
INTERSECT
SELECT 担当名,年齢 FROM 担当 WHERE 勤務地 ='名古屋'
```

担当

社員番号	担当名	勤務地	年齢
1021	田中	東京	40
1022	鈴木	東京	40
1023	井上	大阪	50
1024	嶋崎	大阪	40
1025	鈴木	大阪	40
1026	田中	名古屋	30
1027	佐藤	東京	30
1028	山本	名古屋	40
1029	佐藤	名古屋	30
1030	武田	東京	50

勤務地 ='東京'

担当名	年齢
田中	40
鈴木	40
佐藤	**30**
武田	50

勤務地 ='名古屋'

担当名	年齢
田中	30
山本	40
佐藤	**30**

演算結果

担当名	年齢
佐藤	30

勤務地 ='東京'の結果と
勤務地 ='名古屋'の結果に
共通するもの

▶**集合演算子　INTERSECT**

❏ ORDER BY句

SQL文の結果を任意の列で整列させる場合に用いる句である。ORDER BY句に，整列対象となる<列名>と整列順を指定する。基本的な構文は次のとおりである。

```
ORDER BY {<列名>} {ASC | DESC}  [,{<列名>} {ASC | DESC} …… ]
```

指定された<列名>は，左から順に第一整列キー，第二整列キー，…となる。整列順は，ASCが昇順，DESCが降順を表す。ASCは省略できるので，整列順が指定されていない場合は昇順とみなされる。

❏ 副問合せ 問8 問9 問11

一つのテーブルを抽出条件として用いて，複数のテーブルに問合せを行うことである。最も単純な副問合せは，SELECT文をカッコで括って抽出条件に使用する，SELECT文を入れ子にしたSQL文である。

● 副問合せの結果が1行のとき

主キーで条件を指定して行を取り出す，集合関数を利用するなど，副問合せの結果が必ず1行であると分かっているとき(単一行副問合せ)には，＝，＜，＞，＜＞，＜＝，＞＝などの比較演算子を用いる。副問合せの結果，抽出行が1行もないときは空値とみなされ，複数のときはエラーとなるのが一般的である。

```
SELECT 社員番号，社員名，年齢 FROM 社員
       WHERE 年齢 = (SELECT MAX(年齢) FROM 社員)
```

▶SQL文

● 副問合せの結果が複数行のとき

```
WHERE {<列名>} IN (<副問合せ>)
```

副問合せの結果が複数行のときには，

```
WHERE <列名> IN (<副問合せ>)
WHERE <列名> = ANY (<副問合せ>)
WHERE <列名> NOT IN (<副問合せ>)
WHERE <列名> <> ALL (<副問合せ>)
```

のように，比較演算子のIN句やANY演算子，ALL演算子を組み合わせた述語を用いる必要がある。IN句は，

```
IN (<比較値>[, <比較値>……])
```

で表され，列の値が比較値リストのいずれかに一致する場合に真を返すものである。〈副問合せ〉にSELECT文を記述し，〈副問合せ〉の結果を比較値として判定ができる。

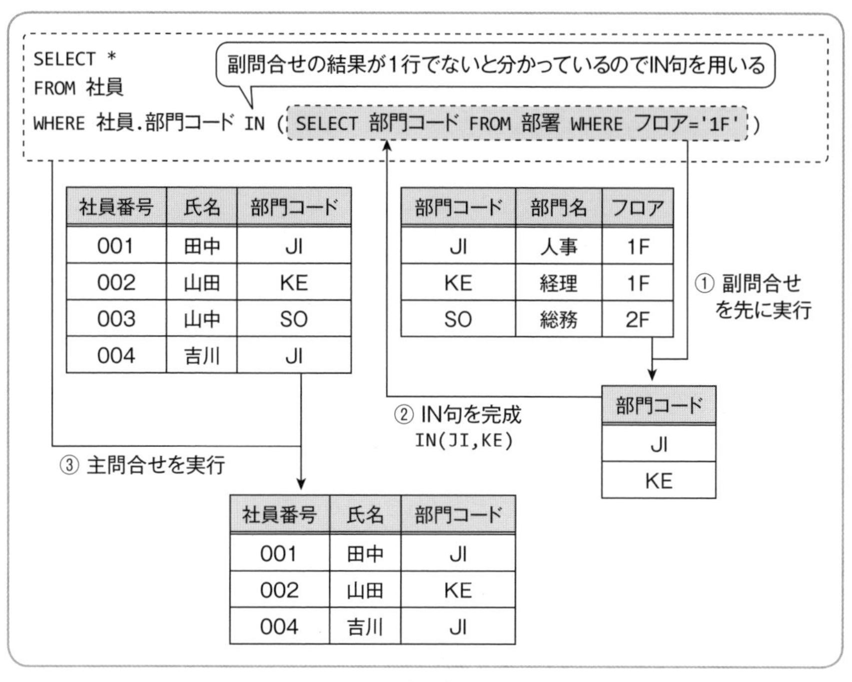

▶副問合せ

この例では，まず副問合せを実行して，部署テーブルに存在するフロアが“1F”の部門コードを抽出し，IN句を完成させせる。次に，社員テーブルの各行について，「部門コードがIN句の比較値のいずれかと一致する」場合，その行を出力する。

❏ EXISTS句 問11

副問合せの結果が0行の場合は偽，1行以上なら真と評価する。一般的には，副問合せでは，主問合せのFROM句に指定された<表名>を参照する。主問合せにおける各行について副問合せが実行され，副問合せの結果が真となる行が出力される。

```
WHERE EXISTS ({副問合せ})
```

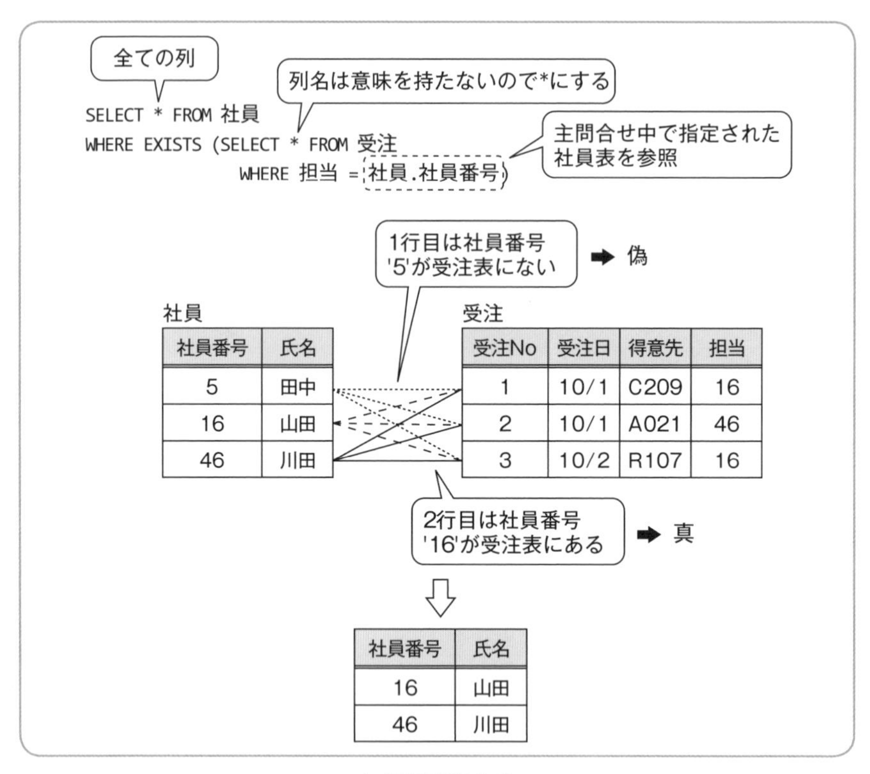

▶相関副問合せ

この例では，社員表の各行について，「社員番号と一致する担当が受注表に存在する（副問合せの結果が真）」場合，その行を出力している。これは，

```
SELECT * FROM 社員
        WHERE 社員番号 IN (SELECT 担当 FROM 受注)
```

と同じ結果になる。

INとEXISTSは「ある表にデータの存在する行を出力する」，NOT INやNOT EXISTSは「ある表にデータの存在しない行を出力する」という用途に多く用いられる。ただし，EXISTS句で副問合せを利用する場合は，次のような点がIN句とは異なる。

- EXISTS句の前に<列名>を指定しない
- 副問合せのSELECT文に指定する<列名>は意味を持たない（*が指定できる）
- 副問合せで主問合せに指定された表を使用する

❑ CASE式 問5 問9

SELECT文で用いる条件分岐式である。実表のデータをもとに条件式の判定結果で抽出する列や式を変更することができるため，柔軟なデータ抽出が可能になる。構文は次のとおりである。

```
CASE  WHEN  {<条件式>} THEN {<真の場合の値>} [WHEN {<条件式>}
THEN {<真の場合の値>}……] ELSE {<偽の場合の値>} END
```

ELSEは省略でき，その場合はNULLが設定される。

```
SELECT 社員番号,担当名,
       CASE WHEN 勤務地 =‘東京’THEN‘本社’ELSE 勤務地 END AS 勤務場所
FROM   担当
WHERE  年齢 = 40
```

担当

社員番号	担当名	勤務地	年齢
1021	田中	東京	40
1022	鈴木	東京	40
1023	井上	大阪	50
1024	嶋崎	大阪	40
1025	鈴木	大阪	40
1026	田中	名古屋	30
1027	佐藤	東京	30
1028	山本	名古屋	40
1029	佐藤	名古屋	30
1030	武田	東京	50

演算結果

社員番号	担当名	勤務場所
1021	田中	本社
1022	鈴木	本社
1024	嶋崎	大阪
1025	鈴木	大阪
1028	山本	名古屋

勤務地が‘東京’の場合は‘本社’，その他の場合は勤務地の値を勤務場所に設定する

▶CASE式

2.4 SQL（その他のデータ操作）

❑ 埋込みSQL

親言語（C言語やCOBOLなどのプログラム言語）で記述されたプログラム内に，SQL文を埋め込んで実行するSQLである。親言語は，行の集合である表を一度に扱うことができないため，SQL文の結果をそのまま処理することはできない。そこで，SQL文によって得られた導出表（作業表）を１行ずつ親言語に引き渡す機能を持つ**カーソル**（CURSOR）が用いられる。カーソルは，任意の行を指し示すポインタとなる。カーソルを用いた処理の流れは，次のようになる。

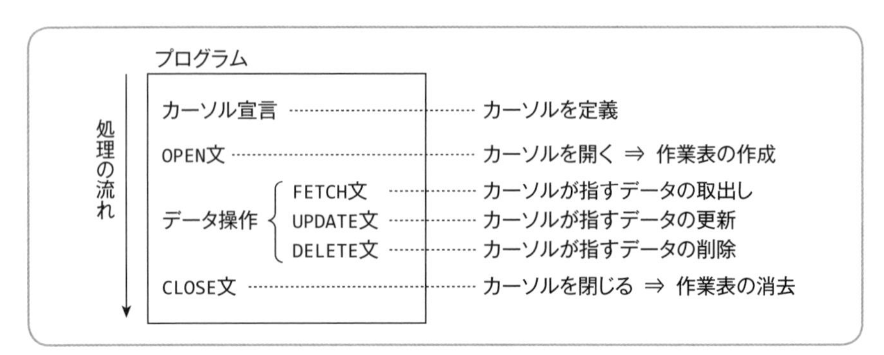

▶カーソルを用いた処理の流れ

❏ 埋込みSQLの構文 問10

埋込みSQLの構文は次のとおりである。

```
カーソル宣言  DECLARE {<カーソル名>} CURSOR FOR {<問合せ指定>}
OPEN文       OPEN {<カーソル名>}
FETCH文      FETCH {<取出し方向>} FROM {<カーソル名>} INTO {<変数> [,<変数>…]}
UPDATE文     UPDATE {<表名>} SET {<列名> = <値式> WHERE CURRENT OF <カーソル名>}
DELETE文     DELETE FROM {<表名>} WHERE CURRENT OF {<カーソル名>}
CLOSE文      CLOSE {<カーソル名>}
```

DECLAR文の<問合せ指定>には，作業表を導出するSELECT文を指定する。FETCH文で<取出し方向>を指定することによって，次にカーソルが作業表のどの行を指せばよいかを指示する。主な<取出し方向>は次のとおりで，NEXTは省略することができる。なお，行を取り出した後のカーソルの位置は直前に取り出した行にある。

▶主な取出し方向

取出し方向	意　味
NEXT	一つ後の行を示す
PRIOR	一つ前の行を示す
FIRST	先頭の行を示す
LAST	末尾の行を示す

2.5 SQL（データ定義）

❏ 表定義 問11 問12 問13

CREATE TABLE文で行う。

```
<表定義> CREATE TABLE {<表名>} ({<列定義> [,<列定義> ……]} [<表制約定義>
         [,<表制約定義>……]])
<列定義> {<列名>} {<データ型>} [<DEFAULT句>] [<列制約定義>]
         [,{<列名>}{<データ型>}[<DEFAULT句>][<列制約定義>]……]
```

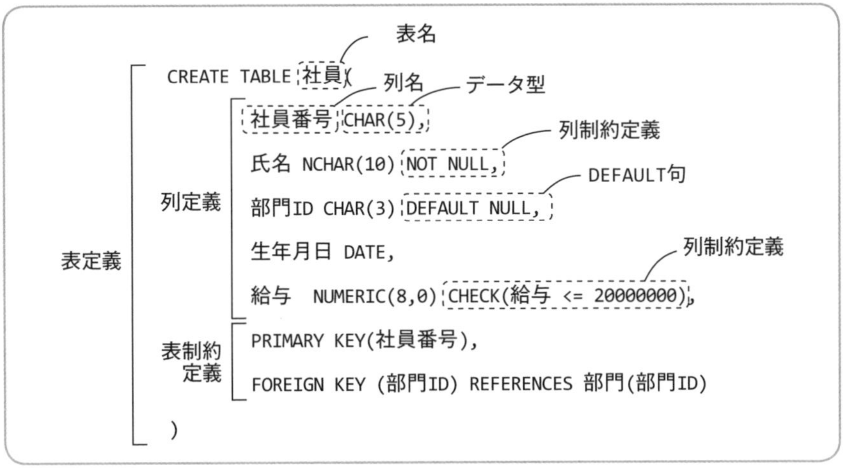

```
                        表名
      CREATE TABLE 社員(
                                列名    データ型
         社員番号 CHAR(5),
                                              列制約定義
         氏名 NCHAR(10) NOT NULL,
                                              DEFAULT句
列定義   部門ID CHAR(3) DEFAULT NULL,
表定義   生年月日 DATE,
                                                    列制約定義
         給与  NUMERIC(8,0) CHECK(給与 <= 20000000),
表制約   PRIMARY KEY(社員番号),
定義     FOREIGN KEY (部門ID) REFERENCES 部門(部門ID)
      )
```

▶CREATE TABLE文

❏ データ型 問14

SQLで用いられる主なデータ型には，次のようなものがある。

▶主なデータ型

名　称	略　称	説　明
CHARACTER(n)	CHAR(n)	n文字の固定長文字列
CHARACTER VARYING(n)	VARCHAR(n)	最大n文字の可変長文字列
NATIONAL CHARACTER(n)	NCHAR(n)	n文字の漢字列(国際化対応文字列)
NATIONAL CHARACTER VARYING(n)	NCHAR VARYING(n)	最大n文字の可変長漢字列(国際化対応文字列)
NUMERIC(p, q)		q桁の小数部を持つp桁の数値 qの指定がない場合，小数部なしとみなす
INTEGER	INT	符号付きの整数
DATE		日付(年月日)
TIME		時間(時分秒)

❏ 列定義 問12 問13

列名，データ型，列制約などを定義する。

■ DEFAULT句…列に既定値を設定する。

▶主な既定値オプション

既定値オプション	意　味
<定数>	既定値として指定された値をセットする
NULL	既定値として空値をセットする

■ 列制約定義…列に格納する値に対して制約を設定し，整合性を損なう操作を防止する。

▶主な列制約

書　式	制　約	意　味
PRIMARY KEY	主キー制約	表の中で一意であり，空値であってはならない。一つの表に一つだけ設定できる
NOT NULL[DEFAULT{<既定値>}]	非ナル制約	空値であってはならない
UNIQUE	一意性制約	表の中で一意でなければならない
CHECK {(<条件式>)}	検査制約	指定された条件を満たす値でなければならない。一つの表に複数設定できる
REFERENCES {<被参照表名>} {(<被参照列名>[,<被参照列名>……])} [ON DELETE{<動作>}] [ON UPDATE{<動作>}]	参照制約	<被参照表名>で指定された表の<被参照列名>を参照する

❏ 表制約定義 問12 問13

一つ以上の列に対して制約を設定する。列制約定義との違いは，「どの列に対する制約かを指定する」「複数の列の組合せに対する制約を設定する」点である。

▶主な表制約

書　式	制　約	意　味
PRIMARY KEY({< 列名 >[,< 列名 >……]})	主キー制約	表の中で一意であり，空値であってはならない。一つの表に一つだけ設定できる
UNIQUE({< 列名 >[,< 列名 >……]})	一意性制約	表の中で一意でなければならない。一つの表に複数設定できる
CHECK (< 条件式 >)	検査制約	指定された条件を満たす値でなければならない
FOREIGN KEY({< 列名 >[,< 列名 >……]}) REFERENCES {< 被参照表名 >} {(<被参照列名>[,<被参照列名>……])} [ON DELETE{< 動作 >}] [ON UPDATE{< 動作 >}]	参照制約	< 被参照表名 > で指定された表の < 被参照列名 > を参照する

参照制約は，被参照表の参照列に存在しない値が参照表に格納されることを防ぐとともに，被参照表が変更された場合に整合性維持のための動作がとられる。

ON DELETE及び ON UPDATEで，被参照表の参照行の削除や更新が行われたときの動作を指定する。動作には次のようなものがある。

NO ACTION	整合性を維持しない
CASCADE	参照表の行を連動して削除または更新する
SET DEFAULT	参照表の列に規定値をセットする
SET NULL	参照表の列に空値をセットする

```
CREATE TABLE  受注明細(
        受注NO NUMERIC(4,0) REFERENCES 受注(受注NO),
        商品コード CHAR(3) REFERENCES 商品(商品コード),
        数量 NUMERIC(2,0),
        PRIMARY KEY(受注NO,商品コード)
)
```

受注NOと商品コードが主キーであることを明示

▶表制約定義の例

❏ ビュー表 問15 問16 問17

実表から導出される「仮想的な表」で，単にビューともいう。ビュー表の行は，物理的な記憶域には存在しないが，利用者からはあたかも存在するかのように見え，実表と同等に扱うことができる。このため，次のような利点がある。

- 利用性…外部スキーマに対応しており，利用者が必要とするデータ構造だけが見える。
- 安全性…実表の保護すべき属性を利用者に見せないため利用者による誤操作が防げる。
- 論理独立性…実表の構成に変更が生じても，ビュー表の構成が変わらないようにすることでアプリケーションプログラムに影響を与えない。

❏ ビュー表の作成 問15 問16

CREATE VIEW文で行う。

```
CREATE VIEW {<ビュー表名>} [(<列名>[,<列名>……])] AS <問合せ指定>
```

社員表の性別が“M”である行からなるビュー表「男性」を定義するCREATE VIEW文は次のようになる。

```
CREATE VIEW 男性 AS SELECT * FROM 社員 WHERE 性別 = 'M'
```

ビュー表「男性」はユーザーからは実表と同等に見え，

```
SELECT * FROM 男性
```

のように，実表への操作（SELECT，INSERT，UPDATE，DELETEなど）が，ビュー表「男性」に対しても可能である。ただし，更新が可能なビュー表は限られており，実表の列を直接参照していない場合には更新できない。更新できるビュー表は次の点を満たしている必要がある。

・DISTINCTを使用しないこと
・<問合せ指定>の<列名>は，実表の列を直接参照し，定数，算術演算子，集合関数を含まないこと
・FROM句に表は一つしか指定しないこと
・WHERE句に副問合せを含まないこと
・GROUP BY句やHAVING句を含まないこと

❏ WITH句

CREATE VIEW文でビュー表を作成することが難しい環境において，仮想表を作成する際に使用。同じ副問合せ文が多用されるような場合に用いられる。構文は次のとおりである。

```
WITH {<表名>} {(<列名>[,<列名>……])} AS {(<問合せ指定>)}
SELECT {(<列名>[,<列名>……])} FROM {<表名>} WHERE {<条件式>}
```

```
WITH  勤務地別平均(勤務地,平均年齢) AS (SELECT 勤務地,AVG(年齢) FROM 担当
      GROUP BY 勤務地)
SELECT 担当名,勤務地,年齢,平均年齢 FROM 担当 INNER JOIN 勤務地別平均
       USING (勤務地)
WHERE  担当名 ='田中'
```

担当

社員番号	担当名	勤務地	年齢
1021	田中	東京	40
1022	鈴木	東京	40
1023	井上	大阪	50
1024	嶋崎	大阪	40
1025	鈴木	大阪	40
1026	田中	名古屋	30
1027	佐藤	東京	30
1028	山本	名古屋	40
1029	佐藤	名古屋	30
1030	武田	東京	50

勤務地別平均

勤務地	平均年齢
東京	40
大阪	43
名古屋	33

演算結果

担当名	勤務地	年齢	平均年齢
田中	東京	40	40
田中	名古屋	30	33

▶WITH句

問題編

問1 ✔□ □□ “部品”表から，部品名に‘N11’が含まれる部品情報（部品番号，部品名）を検索するSQL文がある。このSQL文は，検索対象の部品情報のほか，対象部品に親部品番号が設定されている場合は親部品情報を返し，設定されていない場合はNULLを返す。aに入れる字句はどれか。ここで，実線の下線は主キーを表す。 （H30問８）

部品（部品番号，部品名，親部品番号）

〔SQL文〕

```
SELECT B1.部品番号, B1.部品名,
    B2.部品番号 AS 親部品番号, B2.部品名 AS 親部品名
      FROM 部品 [ a ]
      ON B1.親部品番号 = B2.部品番号
    WHERE B1.部品名 LIKE '%N11%'
```

ア B1 JOIN 部品 B2

イ B1 LEFT OUTER JOIN 部品 B2

ウ B1 RIGHT OUTER JOIN 部品 B2

エ B2 LEFT OUTER JOIN 部品 B1

問1 解答解説 JOIN演算子▶P.66

示されたSQL文のON句に，二つの表の結合条件が，

`ON B1.親部品番号 = B2.部品番号`

とある。「検索対象の部品情報のほか，対象部品に親部品番号が設定されている場合は親部品情報を返し，設定されていない場合はNULLを返す」を実現するには，B1の全ての行で１行ごとに，その親部品番号に一致するB2の部品番号と部品名を取り出して設定し，一致するものがB2になければNULLを設定すればよい。したがって，空欄aには，LEFT OUTER JOIN演算子によってB1にB2を左外部結合する，「B1 LEFT OUTER JOIN 部品 B2」が入る。

LEFT OUTER JOIN（左外部結合）では，演算子の左側に指定されている表の全ての行に，右側に指定されている表の，結合条件（ON句）を満たす行の内容を含めた行を出力し，結合条件（ON句）を満たす行がない場合には，空値を設定した行を出力する。 《解答》イ

問2 ☑□ □□ “社員取得資格”表に対し，SQL文を実行して結果を得た。SQL文のaに入る字句はどれか。 (R3問８，H31問11，H27問８)

社員取得資格

社員コード	資格
S001	FE
S001	AP
S001	DB
S002	FE
S002	SM
S003	FE
S004	AP
S005	NULL

〔結果〕

社員コード	資格１	資格２
S001	FE	AP
S002	FE	NULL
S003	FE	NULL

〔SQL文〕

```
SELECT  C1.社員コード, C1.資格 AS 資格1, C2.資格 AS 資格2
    FROM  社員取得資格  C1  LEFT  OUTER  JOIN  社員取得資格  C2
          [ a ]
```

ア ON C1.社員コード = C2.社員コード
    AND C1.資格 = 'FE' AND C2.資格 = 'AP'
  WHERE C1.資格 = 'FE'

イ ON C1.社員コード = C2.社員コード
    AND C1.資格 = 'FE' AND C2.資格 = 'AP'
  WHERE C1.資格 IS NOT NULL

ウ ON C1.社員コード = C2.社員コード
    AND C1.資格 = 'FE' AND C2.資格 = 'AP'
  WHERE C2.資格 = 'AP'

エ ON C1.社員コード = C2.社員コード
  WHERE C1.資格 = 'FE' AND C2.資格 = 'AP'

問2 解答解説 WHERE句▶P.65

示されたSQL文は，“社員取得資格”表（C1）に“社員取得資格”表（C2）を左外部結合させている。空欄aには，左外部結合させるときの結合条件（ON句）と，結合した表から抽出する行の抽出条件（WHERE句）が入る。左外部結合では，C1の全ての行に，C2の結合条件を満たす行の内容を含めた行を出力する。ただし，C2に結合条件を満たす行がない場合には，空値を設定する。

選択肢ア～ウの結合条件は，

```
ON C1.社員コード = C2.社員コード AND C1.資格 = 'FE' AND C2.資格 = 'AP'
```

である。この条件で結合した表は，次のようになる。

C1.社員コード	C1.資格	C2.社員コード	C2.資格
S001	FE	S001	AP
S001	AP	NULL	NULL
S001	DB	NULL	NULL
S002	FE	NULL	NULL
S002	SM	NULL	NULL
S003	FE	NULL	NULL
S004	AP	NULL	NULL
S005	NULL	NULL	NULL

選択肢エの結合条件は，

```
ON C1.社員コード = C2.社員コード
```

である。この条件で結合した表は，次のようになる。

C1.社員コード	C1.資格	C2.社員コード	C2.資格
S001	FE	S001	FE
S001	FE	S001	AP
S001	FE	S001	DB
S001	AP	S001	FE
S001	AP	S001	AP
S001	AP	S001	DB
S001	DB	S001	FE
S001	DB	S001	AP
S001	DB	S001	DB
S002	FE	S002	FE
S002	FE	S002	SM
S002	SM	S002	FE
S002	SM	S002	SM
S003	FE	S003	FE
S004	AP	S004	AP
S005	NULL	S005	NULL

これらに各選択肢の抽出条件（WHERE句）を実行し，〔結果〕に示されるものを得るには，

空欄aには“ア”が入ることが分かる。　　《解答》ア

問3 ✔□ □□　“社員”表から，男女それぞれの最年長社員を除く全ての社員を取り出すSQL文とするために，aに入れる字句はどれか。ここで，“社員”表の構造は次のとおりであり，実線の下線は主キーを表す。

（R4問12，R2問10，H30問10，H26問10，H23問11）

社員（<u>社員番号</u>，社員名，性別，生年月日）

〔SQL文〕

```
SELECT 社員番号, 社員名 FROM 社員 AS S1
          WHERE 生年月日 > ( a )
```

ア
```
SELECT MIN(生年月日) FROM 社員 AS S2
                    GROUP BY S2.性別
```
イ
```
SELECT MIN(生年月日) FROM 社員 AS S2
                    WHERE S1.生年月日 > S2.生年月日
                    OR S1.性別 = S2.性別
```
ウ
```
SELECT MIN(生年月日) FROM 社員 AS S2
                    WHERE S1.性別 = S2.性別
```
エ
```
SELECT MIN(生年月日) FROM 社員
                    GROUP BY S2.性別
```

問3 解答解説　SELECT文▶P.64　集合関数▶P.67

「男女それぞれの最年長社員を除く全ての社員を取り出す」とある。これを実現するには，“社員”表の各社員（各行）に対し，性別が同じ最年長社員の生年月日よりも大きい生年月日を持つかを調べ，大きい場合にその社員番号と社員名を抽出すればよい。空欄aには，性別が同じ社員の中から最も小さな生年月日（同性の最年長社員の生年月日）を抽出する問合せ文が入る。よって，“ウ”が適切である。

なお，同一の表を異なる二つの表として扱う場合は，FROM句で「表名 AS 別名」という記述を利用する。

ア　男女それぞれの最年長社員の生年月日を抽出する問合せ文である。二つの生年月日を返すので，エラーになる。

イ　社員全員の中の最年長社員の生年月日を抽出する問合せ文である。
エ　表名としてS2が定義されていないので，エラーになる。　《解答》ウ

問4 ✔□ □□ “商品月間販売実績”表に対して，SQL文を実行して得られる結果はどれか。　(H26問16)

商品月間販売実績

商品コード	総販売数	総販売金額
S001	150	45,000
S002	250	50,000
S003	150	15,000
S004	400	120,000
S005	400	80,000
S006	500	25,000
S007	50	60,000

〔SQL文〕

```
SELECT A.商品コード AS 商品コード, A.総販売数 AS 総販売数
    FROM 商品月間販売実績 A
    WHERE 3 > (SELECT COUNT (*) FROM 商品月間販売実績 B
                WHERE A. 総販売数 < B. 総販売数)
```

ア

商品コード	総販売数
S001	150
S003	150
S006	500

イ

商品コード	総販売数
S001	150
S003	150
S007	50

ウ

商品コード	総販売数
S004	400
S005	400
S006	500

エ

商品コード	総販売数
S004	400
S005	400
S007	50

問4 解答解説　SELECT文▶P.64　WHERE句▶P.65

提示されたSQL文は，“商品月間販売実績”表の各行に対し，その行の総販売数（A.総販売数）よりも総販売数（B.総販売数）の多い行を“商品月間販売実績”表から抽出してその

件数（COUNT（＊））を求め，その件数が３件よりも小さい場合に，その行の商品コード（A.商品コード AS 商品コード）と総販売数（A.総販売数 AS 総販売数）を表示するというものである。SQL文の実行結果は，次のようになる。

商品コード	総販売数
S004	400
S005	400
S006	500

このSQL文により，総販売数上位三つの商品を抽出することを目的としていることが分かる。なお，同一の表を異なる二つの表として扱う場合は，FROM句で「表名 AS 別名」という記述を利用する。

《解答》ウ

問5 ☑□ □□ “社員”表から，部署コードごとの主任の人数と一般社員の人数を求めるSQL文とするために，aに入る字句はどれか。ここで，実線の下線は主キーを表す。　(H29問８)

社員（<u>社員コード</u>，部署コード，社員名，役職）

〔SQL文〕

```
SELECT 部署コード
    COUNT(CASE WHEN 役職 = '主任' [ a ] END) AS 主任の人数,
    COUNT(CASE WHEN 役職 = '一般社員' [ a ] END) AS 一般社員の人数
FROM 社員 GROUP BY 部署コード
```

〔結果の例〕

部署コード	主任の人数	一般社員の人数
AA01	2	5
AA02	1	3
BB01	0	1

ア　THEN 1 ELSE -1　　　イ　THEN 1 ELSE 0

ウ　THEN 1 ELSE NULL　　エ　THEN NULL ELSE 1

問5 解答解説 SELECT文▶P.64 集合関数▶P.67 CASE式▶P.75

提示されたSQL文で，部署コードごとの主任の人数と一般社員の人数を求める集合関数が，

```
COUNT (CASE WHEN 役職 = '主任' [ a ] END) AS 主任の人数
COUNT (CASE WHEN 役職 = '一般社員' [ a ] END) AS 一般社員の人数
```

である。COUNT関数は，() 内の値がNULLでない行数を取得するものである。ここでは，() 内がCASE式となっている。CASE式の構文は，

```
WHEN {条件式} THEN {真の場合の値}
              ELSE {偽の場合の値} END
```

である。したがって，主任の場合，CASE式の条件式は「役職 = '主任'」，真の場合の値は「NULL以外」，偽の場合の値は「NULL」となる。一般社員の場合も同様である。そのため，THENの後は1（NULL以外），ELSEの後はNULLとなり，空欄aには，THEN 1 ELSE NULLが入る。

《解答》ウ

問6 ☑☐ ☐☐ “文書”表，“社員”表から結果を得るSQL文のaに入れる字句はどれか。

（R4問6）

文書

文書ID	作成者ID	承認者ID
1	100	200
2	100	300
3	200	400
4	500	400

社員

社員ID	氏名
100	山田太郎
200	山本花子
300	川上一郎
400	渡辺良子

〔結果〕

文書ID	作成者ID	作成者氏名	承認者ID	承認者氏名
1	100	山田太郎	200	山本花子
2	100	山田太郎	300	川上一郎
3	200	山本花子	400	渡辺良子
4	500	NULL	400	渡辺良子

〔SQL文〕

```
SELECT 文書ID, 作成者ID, A.氏名 AS 作成者氏名,
    承認者ID, B.氏名 AS 承認者氏名 FROM [ a ]
```

```
ア 文書 LEFT OUTER JOIN 社員A ON 文書.作成者ID = A.社員ID
        LEFT OUTER JOIN 社員B ON 文書.承認者ID = B.社員ID
イ 文書 RIGHT OUTER JOIN 社員A ON 文書.作成者ID = A.社員ID
        RIGHT OUTER JOIN 社員B ON 文書.承認者ID = B.社員ID
ウ 文書, 社員A, 社員B
      LEFT OUTER JOIN 社員A ON 文書.作成者ID = A.社員ID
      LEFT OUTER JOIN 社員B ON 文書.承認者ID = B.社員ID
エ 文書, 社員A, 社員B
      WHERE 文書.作成者ID = A.社員ID AND 文書.承認者ID = B.社員ID
```

問6 解答解説 SELECT文▶P.64 JOIN演算子▶P.66

〔結果〕を見ると，“文書”の全ての行に対して，作成者IDに対応する氏名を作成者氏名に，承認者IDに対応する氏名を承認者氏名に表示するようになっている。また，作成者氏名には作成者IDに対応する社員IDが“社員”にない場合（作成者IDが‘500’の場合）にはNULLを表示するようになっている。

まず，作成者IDに対応する氏名を作成者氏名とした表を作成する。

作成者氏名は，“文書”の全ての行で1行ごとに，その作成者IDに一致する“社員”の氏名を取り出すか，一致するものが“社員”になければNULLを設定する。これを実現するには，“文書”に“社員”を左外部結合（LEFT OUTER JOIN演算子）すればよい。その際の結合条件はON句を使って，文書.作成者ID = 社員.社員IDとなる。ここで〔SQL文〕のSELECT句の列名リストの３番目を見ると「A.氏名 AS 作成者氏名」とあり，“社員”にAという相関名が使われている。したがって，

文書 LEFT OUTER JOIN 社員 A ON 文書.作成者ID = A.社員ID ……①

となる。

次に，作成した表の承認者IDに対応する氏名を承認者氏名とした表を作成する。

承認者氏名は，この表に対して全ての行で１行ごとに，その承認者IDに一致する“社員”の氏名を取り出す。これを実現するには，“社員”を左外部結合（LEFT OUTER JOIN演算子）すればよい。その際の結合条件はON句を使って，文書.承認者ID = 社員.社員IDとなる。ここで〔SQL文〕のSELECT句の列名リストの5番目を見ると「B.氏名 AS 承認者氏名」とあり，“社員”にBという相関名が使われている。したがって，①に続けて，

LEFT OUTER JOIN 社員 B ON 文書.承認者ID = B.社員ID

となる。

よって，空欄aには，

文書 LEFT OUTER JOIN 社員 A ON 文書.作成者ID = A.社員ID
　　LEFT OUTER JOIN 社員 B ON 文書.承認者ID = B.社員ID

が入る。　《解答》ア

問7 ☑□□□ “商品”表と“商品別売上実績”表に対して，SQL文を実行して得られる売上平均金額はどれか。（R4問7）

商品

商品コード	商品名	商品ランク
S001	PPP	A
S002	QQQ	A
S003	RRR	A
S004	SSS	B
S005	TTT	C
S006	UUU	C

商品別売上実績

商品コード	売上合計金額
S001	50
S003	250
S004	350
S006	450

〔SQL文〕

```
SELECT AVG（売上合計金額）AS 売上平均金額
  FROM 商品 LEFT OUTER JOIN 商品別売上実績
       ON 商品.商品コード = 商品別売上実績.商品コード
  WHERE 商品ランク = 'A'
  GROUP BY 商品ランク
```

ア　100　　イ　150　　ウ　225　　エ　275

問7　解答解説　SELECT文▶P.64　JOIN演算子▶P.66

〔SQL文〕のFROM句に，LEFT OUTER JOIN演算子（左外部結合）が使われている。LEFT OUTER JOIN演算子の左側に指定されている“商品”の全ての行に，右側に指定されている“商品別売上実績”の結合条件　商品.商品コード = 商品別売上実績.商品コードを満たす行の内容を含めた行を出力し，結合条件を満たす行がない場合にはNULLを設定した行を出力する。〔SQL文〕のSELECT句の列名リストを＊としてGROUP BY句を除いた，

```
SELECT *
FROM 商品 LEFT OUTER JOIN 商品別売上実績
     ON 商品.商品コード = 商品別売上実績.商品コード
WHERE 商品ランク = 'A'
```

の実行結果は，次のようになる。

商品コード	商品名	商品ランク	商品コード	売上合計金額
S001	PPP	A	S001	50
S002	QQQ	A	NULL	NULL
S003	RRR	A	S003	250

この実行結果に，〔SQL文〕のように集合関数AVGを使うと，売上合計金額のNULLを除外した値の平均値をとることになるので，

(50＋250)÷2＝150

となる。よって，〔SQL文〕を実行して得られる売上平均金額は，150となる。《解答》イ

問8 ✔□ □□ “社員”表に対して，SQL文を実行して得られる結果はどれか。ここで，実線の下線は主キーを表し，表中の‘NULL’は値が存在しないことを表す。（R4問8，R2問8，H30問5）

社員

社員コード	上司	社員名
S001	NULL	A
S002	S001	B
S003	S001	C
S004	S003	D
S005	NULL	E
S006	S005	F
S007	S006	G

〔SQL文〕

```
SELECT 社員コード FROM 社員 X
    WHERE NOT EXISTS
        (SELECT * FROM 社員 Y WHERE X.社員コード = Y.上司)
```

ア

社員コード
S001
S003
S005
S006

イ

社員コード
S001
S005

ウ

社員コード
S002
S004
S007

エ

社員コード
S003
S006

問8 解答解説 副問合せ▶P.72

NOT EXISTS句は，後に続く副問合せのSELECT文の結果行が１行もなかったら「真」を，１行でも存在すれば「偽」を返す。そして，この副問合せは，主問合せのSELECT文で用いられている表の１行ごとに実行される。

したがって，この副問合せによって，主問合せで指定されている“社員”表の各“社員コード”について，その“社員コード”と同じ“上司”が“社員”表に存在しなければ「真」を返し，同じ“上司”が“社員”表に存在すれば「偽」を返す。副問合せの結果は次のようになる。

副問合せの結果

社員コード	上司	社員名	結果
S001	NULL	A	偽
S002	S001	B	真
S003	S001	C	偽
S004	S003	D	真
S005	NULL	E	偽
S006	S005	F	偽
S007	S006	G	真

つまり，示されたSQL文は，どの社員の上司にもなっていない（部下のいない）社員の社員コードを抽出することができ，社員コードとして，S002，S004，S007の３行が表示される。

《解答》ウ

問9 ☑□ □□ ある電子商取引サイトでは，会員の属性を柔軟に変更できるように，“会員項目”表で管理することにした。“会員項目”表に対し，次の条件でSQL文を実行して結果を得る場合，SQL文のaに入れる字句はどれか。ここで，実線の下線は主キーを，NULLは値がないことを表す。

(R3問10，H31問14)

〔条件〕

(1) 同一“会員番号”をもつ複数の行によって，１人の会員の属性を表す。

(2) 新規に追加する行の行番号は，最後に追加された行の行番号に１を加えた値とする。

(3) 同一“会員番号”で同一“項目名”の行が複数ある場合，より大きい行番号の項目値を採用する。

会員項目

行番号	会員番号	項目名	項目値
1	0111	会員名	情報太郎
2	0111	最終購入年月日	2021-02-05
3	0112	会員名	情報花子
4	0112	最終購入年月日	2021-01-30
5	0112	最終購入年月日	2021-02-01
6	0113	会員名	情報次郎

〔結果〕

会員番号	会員名	最終購入年月日
0111	情報太郎	2021-02-05
0112	情報花子	2021-02-01
0113	情報次郎	NULL

〔SQL文〕

```
SELECT 会員番号,
  [ a ](CASE WHEN 項目名 = '会員名' THEN 項目値 END) AS 会員名,
  [ a ](CASE WHEN 項目名 = '最終購入年月日' THEN 項目値 END)
     AS 最終購入年月日
  FROM ( SELECT 会員番号, 項目名, 項目値 FROM 会員項目
          WHERE 行番号 IN ( SELECT [ a ](行番号) FROM 会員項目
                                 GROUP BY 会員番号, 項目名 )
  ) T
  GROUP BY 会員番号
  ORDER BY 会員番号
```

ア COUNT　　イ DISTINCT　　ウ MAX　　エ MIN

問9 解答解説　集合関数▶P.67　副問合せ▶P.72　CASE式▶P.75

〔結果〕には，“会員項目”表から，ある会員の会員番号と会員名，最終購入年月の値が抽出されている。その会員名と最終購入年月日を抽出する条件は，〔条件〕(3)「同一“会員番号”で同一“項目名”の行が複数ある場合，より大きい行番号の項目値を採用する」とある。この条件を満たす行を抽出するには，“会員項目”表を会員番号と項目名の値が一致するグループに分けて，それぞれのグループから最大の行番号の値を取り出せばよい。グループ分けにはGROUP BY句，最大の行番号の値を取り出すには集合関数MAXを用いる。提示されたSQL文では，

```
SELECT [ a ] (行番号) FROM 会員項目 GROUP BY 会員番号, 項目名
```

が該当する。よって，空欄aに入れる字句はMAXとなる。

このSELECT文によって抽出された行番号の値は，1，2，3，5，6と複数あるので，“会

員項目”表からそれらの行番号の行を抽出するには，IN句を用いて，

```
SELECT 会員番号, 項目名, 項目値 FROM 会員項目
    WHERE 行番号 IN ( SELECT  a(MAX) (行番号) FROM 会員項目
                       GROUP BY 会員番号, 項目名 )
```

というSQL文になり，実行結果は次のようになる。

会員番号	項目名	項目値
0111	会員名	情報太郎
0111	最終購入年月日	2021-02-05
0112	会員名	情報花子
0112	最終購入年月日	2021-02-01
0113	会員名	情報次郎

この表（〔SQL文〕ではT）から，〔結果〕の表を得るには，まず，会員番号の値ごとにグループに分け，それぞれのグループから項目名が「会員名」と「最終購入年月日」の行の項目値を取り出し，それを会員番号の値の順に並び替えればよい。グループ分けにはGROUP BY句，並び替えにはORDER BY句を用いる。

CASE式でELSEを省略した場合，条件式に該当しないとNULLが返される。そのため，

CASE WHEN 項目名 = '会員名' THEN 項目値 END

において，会員番号「0111」の２行に対する結果として，「情報太郎」と「NULL」の二つの値が存在する。集合関数MAXは指定された列のNULL以外の最大値を取得するものである。また，集合関数MINも指定された列のNULL以外の最小値を取得するものである。このCASE式だけを見ると空欄aはMINでもよいことになるが，前述のとおり最大の行番号を取り出すにはMAXを用いる必要がある。

《解答》ウ

問10 ✔□ □□ 次のSQL文は，A表に対するカーソルBのデータ操作である。aに入れる字句はどれか。 （H30問６，H26問７）

```
UPDATE A
    SET A2 = 1, A3 = 2
    WHERE [     a     ]
```

ここで，A表の構造は次のとおりであり，実線の下線は主キーを表す。

A（A1，A2，A3）

ア　CURRENT OF A1　　　イ　CURRENT OF B

ウ　CURSOR B OF A　　　エ　CURSOR B OF A1

問10 解答解説　埋込みSQLの構文▶P.76

カーソルで示された行の指定された列値を更新する構文は，次のようになる。

```
UPDATE 表名
  SET 列名 = 値, 列名 = 値, …… WHERE CURRENT OF カーソル名
```

よって，“イ”が適切である。　《解答》イ

問11

庭に訪れた野鳥の数を記録する“観測”表がある。観測のたびに通番を振り，鳥名と観測数を記録している。AVG関数を用いて鳥名別に野鳥の観測数の平均値を得るために，一度でも訪れた野鳥については，観測されなかったときの観測数を0とするデータを明示的に挿入する。SQL文のaに入る字句はどれか。ここで，通番は初回を1として，観測のタイミングごとにカウントアップされる。　(H27問11)

```
CREATE TABLE 観測 (
   通番     INTEGER,
   鳥名     CHAR(20),
   観測数   INTEGER,
PRIMARY KEY (通番, 鳥名))

INSERT INTO 観測
  SELECT DISTINCT obs1.通番, obs2.鳥名, 0
      FROM 観測 AS obs1, 観測 AS obs2
    WHERE NOT EXISTS (
      SELECT * FROM 観測 AS obs3
        WHERE [ a ]
          AND obs2.鳥名 = obs3.鳥名)
```

ア　obs1.通番 = obs1.通番

イ　obs1.通番 = obs2.通番

ウ　obs1.通番 = obs3.通番

エ　obs2.通番 = obs3.通番

問11 解答解説 集合関数▶P.67　副問合せ▶P.72　EXISTS句▶P.73
表定義▶P.77

示されたSQL文の主問合せのSELECT文（一つ目のSELECT文）に注目する。“観測”表（obs1）と“観測”表（obs2）のそれぞれの行を全て組み合わせた表（直積）を作っている。この表は，obs1.通番ごとにobs2の全ての行を持つ。これによって，obs1.通番ごとに一度でも訪れた野鳥（obs2.鳥名）を全て持った表ができあがる。そして，この表には，obs1.通番ごとに同じ野鳥が複数行記録されていることが考えられるので，重複するものは一つとして，（obs1.通番, obs2.鳥名, 0）を抽出している。その際の，抽出条件が，

```
NOT EXISTS (
        SELECT * FROM 観測 AS obs3 WHERE [  a  ]
        AND obs2.鳥名 = obs3.鳥名)
```

である。NOT EXISTS句は，副問合せのSELECT文（二つ目のSELECT文）の結果行が１行もなかったらという判定である。そして，この副問合せは，主問合せの表（obs1とobs2の直積）の１行ごとに実行される。したがって，この副問合せによって，主問合せの表にある（obs1.通番, obs2.鳥名）の組合せが，“観測”表（obs3）にない場合に，（obs1.通番, obs2.鳥名, 0）を抽出することになる。つまり，示されたSQL文は，「一度でも訪れた野鳥について，観測されなかったとき」の観測を見つけ出し，「観測されなかったときの観測数を０とする」行を，“観測”表に挿入している。よって，空欄aには，

```
obs1.通番 = obs3.通番
```

が入る。

《解答》ウ

問12 ☑☐☐☐ 商品情報に価格，サイズなどの管理項目を追加する場合でもスキーマ変更を不要とするために，“管理項目”表を次のSQL文で定義した。“管理項目”表の“ID”は商品ごとに付与する。このとき，同じIDの商品に対して，異なる商品名を定義できないようにしたい。aに入れる字句はどれか。

（H30問７）

管理項目

ID	項目名	データ型	値
1	商品名	文字列	ライト 01
1	商品番号	文字列	L001
1	価格	数値	400
2	商品名	文字列	ノート 02
2	⋮	⋮	⋮

〔商品情報〕

ID	商品名	商品番号	価格	サイズ
1	ライト 01	L001	400	
2	ノート 02	N001	120	A4
		⋮		

〔SQL文〕

```
CREATE TABLE 管理項目 (
    ID              INTEGER NOT NULL,
    項目名          VARCHAR(20) NOT NULL,
    データ型        VARCHAR(10) NOT NULL,
    値              VARCHAR(100) NOT NULL,
     [    a    ]
)
```

ア UNIQUE(ID)　　　　　　　　イ UNIQUE(ID,項目名)

ウ UNIQUE(ID,項目名,値)　　　エ UNIQUE(項目名,値)

問12 解答解説 表定義▶P.77 列定義▶P.78 表制約定義▶P.79

UNIQUE制約は，指定した列や列の組合せに対して，同じ値を格納することができないようにする制約である。ただし，空値（NULL）の場合はその限りではない。(A, B) の2列に対してUNIQUE制約が定義されているということは，AとBの組合せで同じ値を重複して格納できないということである。

「同じIDの商品に対して，異なる商品名を定義できないようにしたい」とある。商品名は，“管理項目”表の“項目名”に設定されている。よって，(ID, 項目名) の2列に対してUNIQUE制約を定義すればよい。

《解答》イ

問13 ✔□ □□ PCへのメモリカードの取付け状態を管理するデータモデルを作成した。1台のPCは，スロット番号によって識別されるメモリカードスロットを二つ備える。“取付け”表を定義するSQL文のaに入る適切な制約はどれか。ここで，モデルの表記にはUMLを用いる。（H29問11）

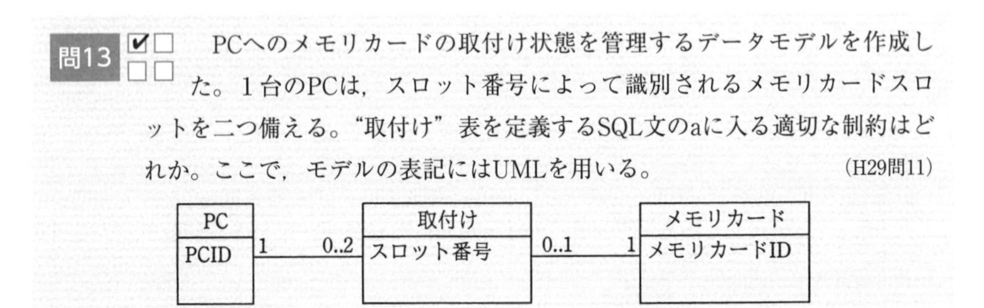

〔SQL文〕

```
CREATE TABLE 取付け (
  PCID INTEGER NOT NULL FOREIGN KEY REFERENCES PC(PCID),
```

```
スロット番号 INTEGER NOT NULL,
メモリカードID INTEGER NOT NULL
  FOREIGN KEY REFERENCES メモリカード(メモリカードID),
[     a     ]
CHECK(スロット番号 IN (1, 2))
)
```

ア PRIMARY KEY(PCID, スロット番号),

イ PRIMARY KEY(PCID, スロット番号, メモリカードID),

ウ PRIMARY KEY(PCID, スロット番号),
UNIQUE(メモリカードID),

エ PRIMARY KEY(スロット番号, メモリカードID),
UNIQUE(PCID),

問13 解答解説 表定義▶P.77 列定義▶P.78 表制約定義▶P.79

「1台のPCは，スロット番号によって識別されるメモリカードスロットを二つ備える」とあり，クラス図によるとPCIDとスロット番号で取付けを特定できることが分かる。よって，PCIDとスロット番号が“取付け”表の主キーであるという列制約，

```
PRIMARY KEY(PCID, スロット番号)
```

が必要である。さらに，クラス図によると，一つのメモリカードが対応する取付けは0か1，つまり，“取付け”表の中ではメモリカードIDが重複しないことが分かる。よって，

```
UNIQUE(メモリカードID)
```

という列制約も必要である。

ア 一つのメモリカードが複数のメモリカードスロットに取り付けられる状況を許してしまう。

イ 一つのメモリカードが複数のメモリカードスロットに取り付けられる状況や一つのメモリカードスロットに複数のメモリカードを取り付けられる状況を許してしまう。

エ 一つのPCに取り付けることのできるメモリカードは一つだけになってしまう。

《解答》ウ

問14 ✔□ □□ SQLにおけるBLOBデータ型の説明として，適切なものはどれか。

(H30問1)

ア 全ての比較演算子を使用できる。

イ　大量のバイナリデータを格納できる。
ウ　列値でソートできる。
エ　列値内を文字列検索できる。

問14 解答解説　データ型▶P.77

BLOBは，BINARY LARGE OBJECTと等価で，大量のバイナリデータを格納するためのデータ型である。画像，音声，動画，実行ファイル，圧縮ファイルなどの様々なバイナリデータを格納するために用いられる。

ア　比較演算子で比較を行うためには照合順（照合するための方法）を定義する必要があり，全ての比較演算子で使用できるとは限らない。
ウ　ソートの場合にも照合順を定義する必要があり，実行可能とは限らない。
エ　文字列検索が行えるのは文字列型のみであり，バイナリデータで行うことはできない。

《解答》イ

問15 ☑□ □□

ある月の“月末商品在庫”表と“当月商品出荷実績”表を使って，ビュー“商品別出荷実績”を定義した。このビューにSQL文を実行した結果の値はどれか。（H29問10，H24問９）

月末商品在庫

商品コード	商品名	在庫数
S001	A	100
S002	B	250
S003	C	300
S004	D	450
S005	E	200

当月商品出荷実績

商品コード	商品出荷日	出荷数
S001	2017-03-01	50
S003	2017-03-05	150
S001	2017-03-10	100
S005	2017-03-15	100
S005	2017-03-20	250
S003	2017-03-25	150

〔ビュー“商品別出荷実績”の定義〕

```
CREATE VIEW 商品別出荷実績 (商品コード, 出荷実績数, 月末在庫数)
   AS SELECT 月末商品在庫.商品コード, SUM(出荷数), 在庫数
        FROM 月末商品在庫 LEFT OUTER JOIN 当月商品出荷実績
       ON 月末商品在庫.商品コード = 当月商品出荷実績.商品コード
          GROUP BY 月末商品在庫.商品コード, 在庫数
```

〔SQL文〕

```
SELECT SUM(月末在庫数) AS 出荷商品在庫合計
    FROM 商品別出荷実績 WHERE 出荷実績数 <= 300
```

ア 400　　イ 500　　ウ 600　　エ 700

問15 解答解説　ビュー表▶P.80　ビュー表の作成▶P.80

ここでのビュー“商品別出荷実績”の定義は「“月末商品在庫”表と“当月商品出荷実績”表を，商品コードをキーにして左外部結合し，商品コードごとに出荷数合計と在庫数を抽出する。ビューの名称は“商品別出荷実績”とし，それぞれの列名は，商品コード，出荷実績数，月末在庫数とする」というものである。この定義によるビュー“商品別出荷実績”は，次のようになる。

商品コード	出荷実績数	月末在庫数
S001	150	100
S002	NULL	250
S003	300	300
S004	NULL	450
S005	350	200

提示されたSQL文は「ビュー“商品別出荷実績”に対して，出荷実績数が300以下の商品の月末在庫数の総和を抽出する」というものである。条件に該当するのは，S001とS003の商品で，月末在庫数の総和は400（100＋300）となる。なお，S002とS004は出荷実績数が0 ではなくNULLであり，出荷実績数<=300の条件式でunknown（不定）となり集計されないため，総和には加算されない。

《解答》ア

問16

☑□
□□

更新可能なビューの定義はどれか。ここで，ビュー定義の中で参照する基底表は全て更新可能とする。（H28問10）

ア
```
CREATE VIEW ビュー1(取引先番号, 製品番号)
       AS SELECT DISTINCT 納入.取引先番号, 納入.製品番号
          FROM 納入
```

イ
```
CREATE VIEW ビュー2(取引先番号, 製品番号)
       AS SELECT 納入.取引先番号, 納入.製品番号
          FROM 納入
```

```
        GROUP BY 納入.取引先番号, 納入.製品番号
ウ  CREATE VIEW ビュー3(取引先番号, ランク, 住所)
      AS SELECT 取引先.取引先番号, 取引先.ランク, 取引先.住所
        FROM 取引先
        WHERE 取引先.ランク > 15
エ  CREATE VIEW ビュー4(取引先住所, ランク, 製品倉庫)
      AS SELECT 取引先.住所, 取引先.ランク, 製品.倉庫
        FROM 取引先, 製品
        HAVING 取引先.ランク > 15
```

問16 解答解説 ビュー表▶P.80 ビュー表の作成▶P.80

SELECT文の問合せ定義を保存しておき，それをテーブルと同じように扱えるようにしたものを，ビューと呼ぶ。更新可能なビューは，ビュー定義が次の条件を満たしているものに限られる。

・DISTINCT句，GROUP BY句，HAVING句が使われていない。
・FROM句で指定されている表が一つだけである。
・列名リストにグループ関数を含んでいない。
・UNION演算子が使われていない。

選択肢で示されたSQL文のうち，これらの条件を満たしている更新可能なビューの定義は，“ウ”である。

ア　DISTINCT句が用いられているので，更新できない。
イ　GROUP BY句が用いられているので，更新できない。
エ　HAVING句が用いられているので，更新できない。FROM句で表が二つ指定されていることも条件を満たしていない。

《解答》ウ

問17 ✔□ □□ 導出表に関する記述として，適切なものはどれか。

(H30問12)

ア　算術演算によって得られた属性の組である。
イ　実表を冗長にして利用しやすくする。
ウ　導出表は名前をもつことができない。
エ　ビューは導出表の一つの形態である。

問17 解答解説 ビュー表▶P.80

導出表とは，表に対して操作した結果，得られた結果をもとに一時的に作られる仮想的な表のことである。SELECT文による問合せの結果や，ビューが導出表に相当する。

ア　他の属性の算術演算によって得られた項目を，導出項目という。
イ　導出表とは実表を操作した結果であり，実表を冗長にしたものではない。
ウ　SELECT文による問合せの結果などは，表名を持っていないため，表名を持たなくてもよい。

《解答》エ

3 データベース管理システム

知識編

3.1 DBMS

❑ DBMS（DataBase Management System）

データベースを構築・管理し，データに対するアクセス手段を提供するミドルウェアである。DBMSには次のような機能があり，開発や保守などに利用する。

▶DBMSの機能

データベース定義機能	データ定義言語（DDL）を用いてスキーマを定義し，データベースを生成する機能
データベース操作機能	データ操作言語（DML）を用いてデータにアクセスし，データをデータベースに格納したり，データベースからデータを取り出す機能
同時実行制御機能	複数のユーザーが同時に同じ情報にアクセスする場合の制御手順（排他制御など）を提供し，矛盾の発生を防ぐ機能
障害回復機能	障害発生時に，障害の種類に応じた回復方法を選択し，データベースを障害発生前の状態に回復させる機能
データ機密保護	データの不当な漏洩や改ざんを未然に防ぐためのアクセス制御機能

3.2 データ操作

❑ 索引（インデックス）

行を識別する列の値とその値を持つ行の格納場所情報をセットで持つファイルである。索引から目的のレコードが格納された位置を得る（**直接アクセス**）ため，先頭行から１行ずつ読み込んで条件に合致するレコードを抽出する全件検索（**逐次アクセス**）よりも物理アクセス回数は少なくできる。

❑ B⁺木索引 問1

B木の一種であるB⁺木を用いた索引である。根（ルート）から順に節（ノード）をたどり，葉に格納されたキー値とレコードの格納位置から，目的のレコードを得る。列値の種類が多い（多重度が高い）列に対して索引を付与すると効果的で，「○以上○以下」のような範囲を指定した条件検索にも利用できる。多くのDBMSで採用されている。

❏ ハッシュ索引 問2

レコードの格納位置をハッシュ値で管理する索引である。キー値からハッシュ関数でハッシュ値を求めて目的のレコードを得る。完全一致検索には効果的であるが，大小比較やパターンマッチングには効果がない。

❏ ビットマップ索引 問1

レコードの格納位置に対応したビットマップ（ビット列）を列値ごとに生成する索引である。列値の種類が少ない（多重度が低い）列に対して索引を付与すると効果的で，論理和や論理積によって複数条件を効率良く処理できる。

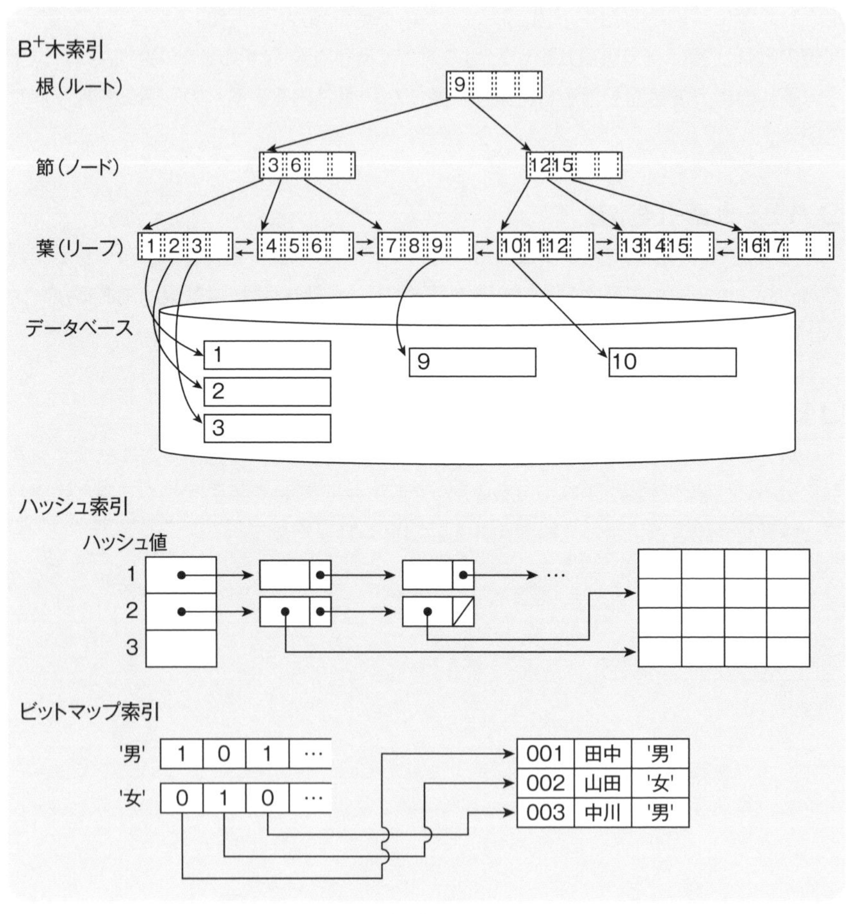

▶索引の種類

❏ ユニークインデックスと重複インデックス（非ユニークインデックス）

ユニークインデックスは，索引の設定された列が重複する値を持たない索引である。一意な列に付与し，列値の一意性を保つのにも有効である。重複インデックスは，索引の設定された列が重複する値を持つことが許可された索引である。

❏ クラスタ化インデックスと非クラスタ化インデックス

クラスタ化インデックスでは，索引の順番とレコードの格納順が一致しており，その物理的な格納場所も比較的まとまっている。そのため，索引に対する１回のアクセスで複数のレコードを取り出すことができ処理効率が良い。非クラスタ化インデックスは，索引の順番とレコードの格納順は一致せず，物理的な格納場所もまとまっていない。クラスタ化インデックスであっても，頻繁にデータの挿入や削除を繰り返すと，クラスタ化率が下がり，索引の順番とレコードの格納順が一致しなくなってしまう。

クラスタ化インデックスは，一つのテーブルに一つしか設定できない。したがって，レコードを識別する列として使用頻度が最も高い列（主キー）に設定する。

❏ 主索引と副次索引

主索引はテーブルの主キーに付与する索引で，主キー以外の項目に対して付与する索引を副次索引という。主索引には一意となるデータ値を持つ項目に対してのみ作成できるが，副次索引は重複するデータ値を持つ項目に対しても作成できる。

一般的に，SQLのCREATE TABLE文で主キーを指定すると，ユニークインデックスの主索引が作成される。主索引は，クラスタ化インデックスの場合が多い。

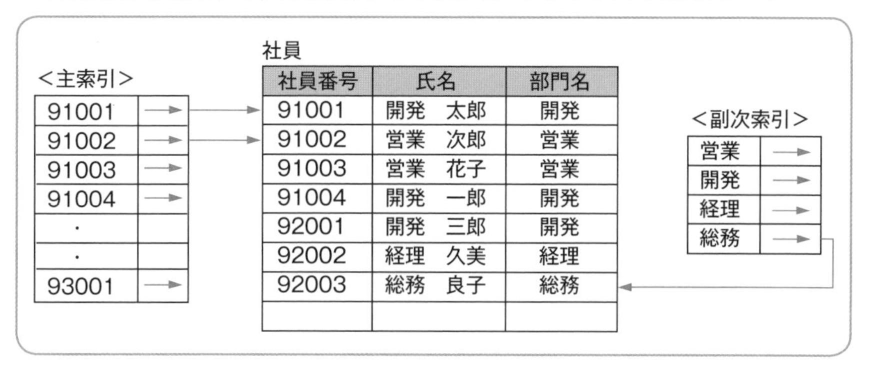

▶主索引と副次索引

❏ 複合索引（連結索引）

複数の列を連結したものに付与する索引である。SQLでは，列名をカンマで区切って定義し，検索時には各列の値を連結した値が検索条件となる。検索条件として，索引を構成する全ての列の値が指定されていなくても，先頭から指定されているところまでは索引が使用される。列A ～ Cに対して複合索引を設定した場合，次図のように利用される。

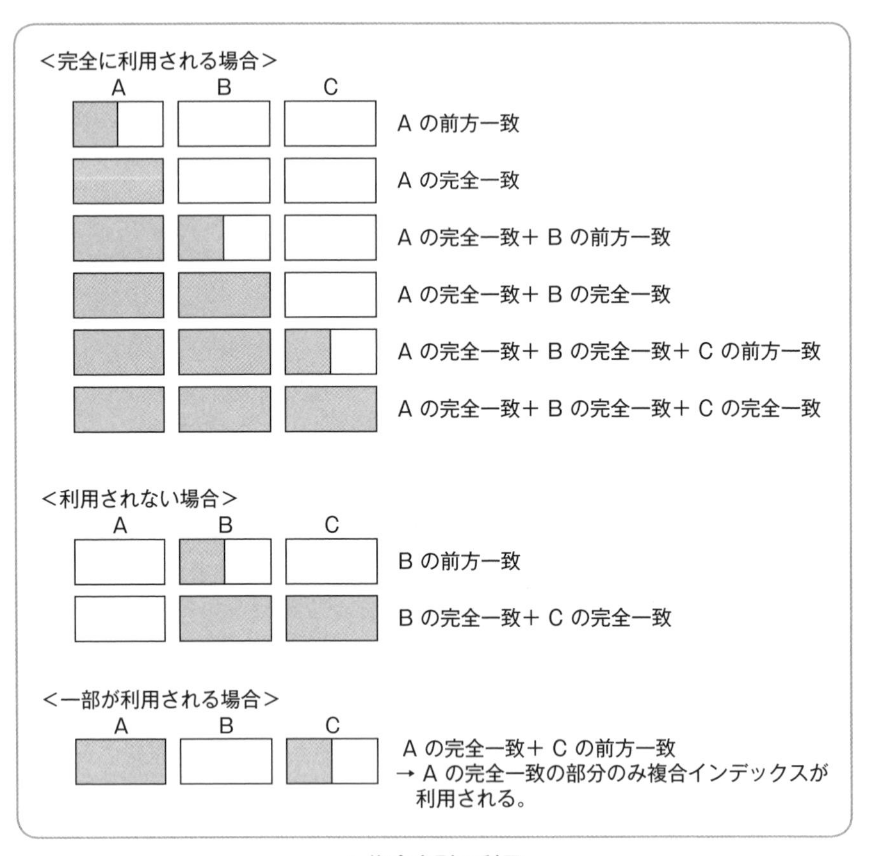

▶複合索引の利用

「A＋B」で複合索引を設定した場合にはAのみでの検索には利用できる。しかし，「B＋A」で複合索引を設定した場合にはAのみでの検索に利用できない。したがって，検索パターンを考慮して列の定義順を決める必要がある。

3.3 トランザクション処理

❑ ACID特性 問3 問4

トランザクション（transaction）は一連の不可分な処理単位であり，通常は複数の処理から構成される。ACID特性は，トランザクションが備えるべき四つの特性である。

▶ACID特性

特性	意　味
Atomicity （原子性）	トランザクションは「全て実行される」か「まったく実行されない」かのいずれかの状態である
Consistency （一貫性）	トランザクションは，データベースの内容を矛盾させない
Isolation （独立性，隔離性）	トランザクションは他のトランザクションの影響を受けない
Durability （耐久性，永続性）	正常終了したトランザクションの実行結果が失われることはない

次のような，銀行口座に入出金を行うトランザクションを考える。

① 口座Aの金額を「現在額－N円」に更新

② 口座Bの金額を「現在額－M円」に更新

③ 口座Cの金額を「現在額＋N＋M円」に更新

このトランザクションが③の処理を行う前に何らかの理由で終了してしまうと，N円やM円が消失してしまう。これは，トランザクションが一部だけ実行された状態で，原子性が保たれていないことを意味する。

また，入金トランザクションと出金トランザクションという二つのトランザクションが同時に実行された場合，次のような順序で処理が行われると，入金トランザクションの処理結果が失われてしまう。

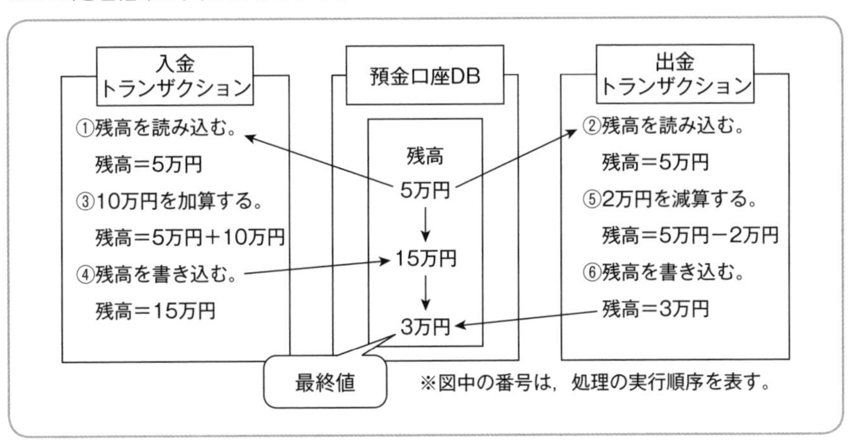

▶他のトランザクションの影響を受ける例

これは，トランザクションが他のトランザクションの影響を受けており，独立性が保たれていないことを意味する。

❏ コミットメント制御

トランザクションの原子性を保つための仕組みである。トランザクションの全ての処理が正しく実行された場合は，コミット（COMMIT）によって全ての処理内容を確定する。一方，一つでも正しく実行されない処理があった場合は，ロールバック（ROLL BACK）によって全ての処理内容を破棄し，トランザクション開始前の状態に戻す。

3.4 同時実行制御機能

❏ 同時実行制御

トランザクションの独立性を保つための仕組みである。複数のトランザクションを同時に実行する場合に，トランザクションを一つずつ直列に実行した場合と同じ結果が得られる（直列可能性）ように，トランザクションの処理内容が他のトランザクションに影響しないように制御する。トランザクションの**直列可能性**を実現する。

❏ 多版同時実行制御（MultiVersion Concurrency Control：MVCC） 問10 第4章問14

複数のユーザーが同時に同じデータベースを使用する際の効率性を高める技術である。排他制御は行わず，トランザクションごとに独立した版を生成して一貫性を保持し，待ち時間を発生させない同時実行制御を行う。

❏ 隔離性水準 問11 問12 問13 問14

複数のトランザクションを同時に実行すると，トランザクションの独立性が保たれない（直列可能性を損なう）次のような現象が考えられる。

ロストアップデート（紛失更新）	他のトランザクションにより，自身の更新結果が失われる現象
ダーティリード（汚れのある読出し）	あるトランザクションが，別のトランザクションによる処理中の（コミットされていない）結果を見る現象。ロールバックが行われると存在しないデータを読むことになる
アンリピータブルリード（繰返し不可能読出し）	あるトランザクションがデータを読み込んでから再度読み込む間に，別のトランザクションが更新や削除を行う現象。1回目と2回目で結果が異なってしまう
ファントムリード（幻）	あるトランザクションが複数回検索処理を行う間に，別のトランザクションが挿入を行う現象。突然，今まで存在しなかったデータが出現する

❏ 読取り一貫性

データベースの一貫性を参照処理において保証する仕組みである。読取り一貫性は，更新前のデータとデータベースへの変更を時系列に記録するシステム変更番号（SCN：System Change Number）をDBMSで管理することで実現する。次図のように，レコードごとのSCN管理と更新前データを保存しておくことで，1回目の参照時のSCNをもとに2回目の参照をすればデータの一貫性が保証できる。これによって，参照における不整合であるダーティリード，アンリピータブルリード，ファントムリードを防ぐことができる。全てのDBMSが持っている仕組みではない。

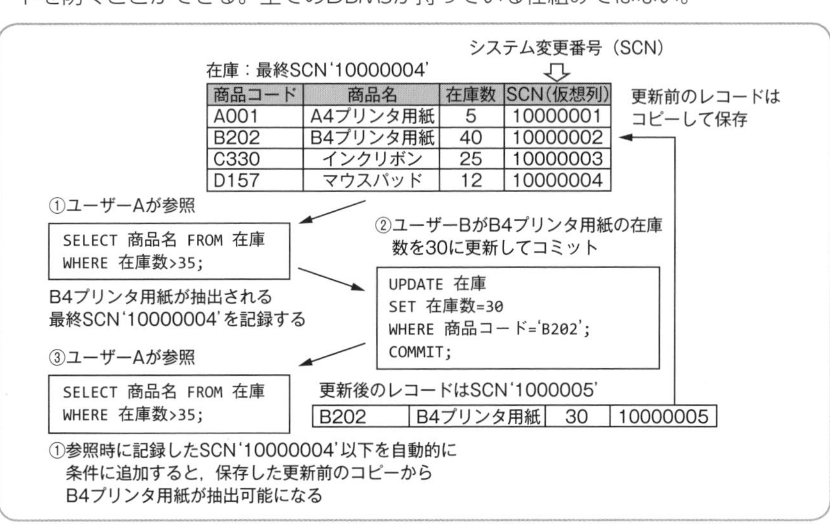

▶読取り一貫性の仕組み

❏ ロック 問6

トランザクションの使用している資源（データベース）を他のトランザクションが更新や参照できないように，同時実行制御を実現する方法である。資源がロックされている場合は，ロックが解除（アンロック）されるまで待機する。ロックは表単位や行単位で行われ，この単位を**ロックの粒度**という。ロックの粒度を大きくするほどロック解除を待つトランザクションが多くなり，スループットは低下する。一方，ロックの粒度を小さくすると，同時に実行できるトランザクション数は増えるが，ロックを管理するオーバーヘッドが大きくなる。

❏ 共有ロックと専有ロック 問6 問9

共有ロックは参照処理，専有ロックは更新処理に用いられる。それぞれの特徴は次のとおりである。

▶ロックの種類と性質

ロックの種類	性質	他のトランザクションに対する制御	
		共有ロック	専有ロック
共有ロック	データ資源の参照を複数のトランザクションが共有する	○	×
専有ロック	データ資源を専有し他のトランザクションが使用することを禁止する	×	×

（○ 許可　× 不許可）

❏ デッドロック 問7 問9 問10

複数のトランザクションが必要な資源をロックした結果発生する，互いにロックが解除されるのを待つ膠着状態である。デッドロックを検出すると，DBMSは原因となっているトランザクションをロールバック（またはアボート）する。

デッドロックは，次図のように，トランザクションT_1が資源X→資源Y，トランザクションT_2が資源Y→資源X，と資源の獲得順序が異なることが原因で発生する。デッドロックを発生させないためには，資源を獲得する順序を揃えればよい。

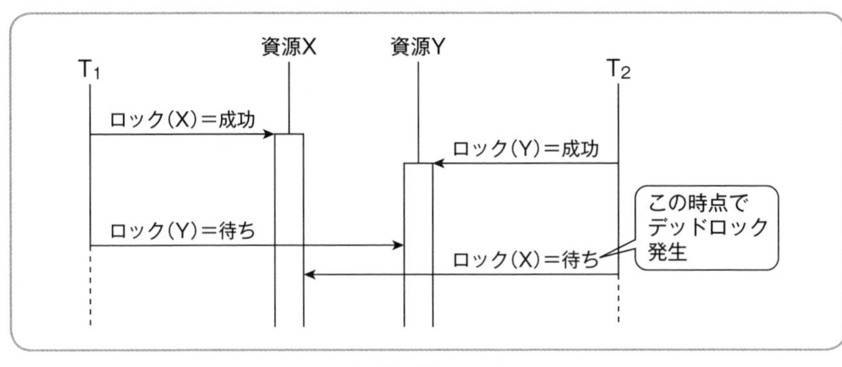

▶デッドロック

❏ 2相ロック方式 問8

複数の資源を更新する場合に，必要な資源を全てロックしてから更新を行うことで矛盾の発生を防止する方法である。データ操作を行う前に必要な資源を全てロックし（第1相：**成長フェーズ**），データ操作が終わったら，全てのロックを解除する（第2相：**縮退フェーズ**）。2相ロック方式によって直列可能性を実現することはできるが，デッドロックを防止することはできない。

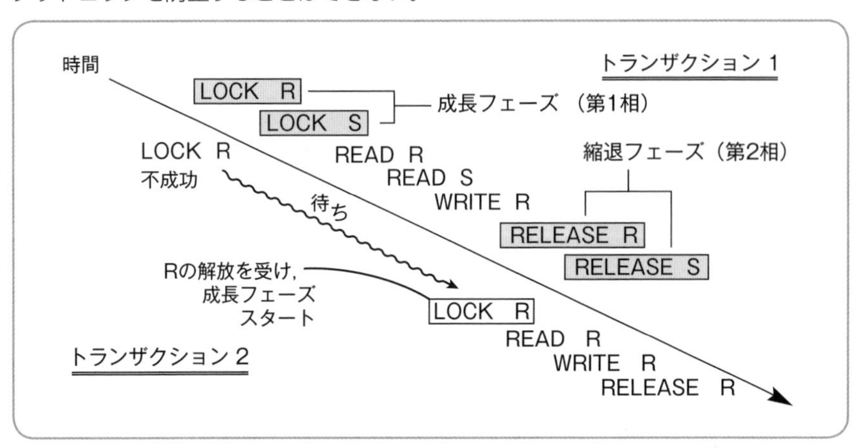

▶ 2相ロック方式

3.5 障害回復制御機能

❏ 障害回復制御

障害が発生した場合，データに矛盾を発生させずに障害前の状態に回復するための仕組みである。障害回復には，バックアップコピーやログファイル（ジャーナルファイル）などの情報が必要である。

❏ バックアップコピー

データベースダンプとも呼ばれ，データベースの一貫性が保証されている時点において，データベースを他の記憶媒体に複写したものである。バックアップコピーは，作成するのに時間がかかるため頻繁に作成することはできない。そのため，データベースをいくつかのセグメントに分割しセグメント単位でバックアップする方法，差分バックアップや増分バックアップなどの方法がとられる。

❏ ログファイル 問5 問16

データベースシステムが実行した処理を，記録するファイルである。ログファイルに記録される情報（ログ）には，更新時刻，トランザクションID，演算の種類，処理されたデータの更新前と更新後の値などがある。

更新時刻	トランザクションID	演算の種類	更新前の値	更新後の値

演算の種類：“開始”　（トランザクションの開始）
“終了”　（トランザクションの終了）
“追加”　（レコードの追加）
“置換”　（レコードの値の置換）
“削除”　（レコードの削除）など

▶ログファイルのレコード例

- 更新前ログ…処理後データベースの状態から，処理前データベースの状態にするためのログ。処理前の情報が記録されている
- 更新後ログ…処理前データベースの状態から，処理後データベースの状態にするためのログ。処理後の情報が記録されている

ログは次のような順序で記録される。

開始情報→更新前情報→更新後情報→コミット情報→終了情報

通常，ログの記録はデータベース（主記憶上のバッファ）を更新（コミット）する前に行う，**ログ先書出し方式**（WAL：Write Ahead Logging）で行われる。これは，更新した直後に障害が発生すると，ログをログファイルに書き出すことができず，障害を回復する手段を失ってしまうからである。なお，ログの書き出しは，DBMSによって自動的に行われる。

❑ チェックポイント 問5 問17 問18

障害回復の起点となる，データベースの内容とログファイルの処理内容が一致するタイミングである。主記憶上のバッファに対して行われたデータベースの更新は，あるタイミングで補助記憶装置上のデータベースに反映される。このタイミングはトランザクションのコミットとは一致しない。そのため，障害発生時にログファイルに記録された処理の内容と補助記憶装置上のデータベースの内容が一致せず，障害回復が正常にできない。そこで，バッファの内容を補助記憶装置上のデータベースに反映するチェックポイントを設け，ログファイルに記録された処理の内容とデータベースの内容を一致させる。チェックポイントはログファイルにも記録する。

❑ トランザクション障害

例外処理の発生など，トランザクションが異常終了する障害である。実行中のトランザクションが消失するだけであり，過去のトランザクションの実行結果には影響を与えない。データベースの一貫性が損なわれる原因となるような障害ではなく，トランザクションの原子性も保証される。トランザクション障害の原因には，次のようなものがある。

- デッドロックの解消
- 「0」による除算などの不正な演算の実行
- データベース操作の失敗やデータの不備
- 資源不足
- オペレーティングシステム領域などの特権領域に対する不正アクセス
- システムエラーの検出

ログファイルの更新前情報を利用して**ロールバック**（後退回復，UNDO）処理を行い，トランザクション開始前の状態に戻す。

❑ 媒体障害 問15

故障などによって，補助記憶装置上のデータが消失する障害である。媒体障害の原因には，次のようなものがある。

- ハードディスクのヘッドクラッシュ
- ハードディスクの磁気消失

記憶媒体を交換して**バックアップコピー**をロード（リストア）した後，**ログファイル**の更新後情報を利用して**ロールフォワード**（前進復帰，REDO）処理を行い，障害が発生する直前の状態に戻す。

❏ システム障害 問5 問17

システムが停止することによって，主記憶装置（メモリ）上のデータが消失してしまう障害である。ハードディスクなどの補助記憶装置上のデータには影響を与えない。システム障害の原因には，次のようなものがある。

- 電源断
- DBMSやOSのバグ
- オペレータの誤操作

再起動したシステムは「バッファの情報は失われているがデータベースには一部の処理結果が反映された状態」となる。そこで，データベースを最新の**チェックポイント**の内容に戻してから，次のような処理を行う。

・チェックポイントから障害発生までの間にコミットされたトランザクションについては，チェックポイントから**ロールフォワード**（REDO）し，処理を完了させる。
・チェックポイント後に開始され，障害発生までの間にコミットされていないトランザクションについては，**ロールバック**（UNDO）し，処理開始前の状態に戻す。
・チェックポイント以前に開始され，障害発生までの間にコミットされていないトランザクションについては，チェックポイントからさらに**ロールバック**（UNDO）し，処理開始前の状態に戻す。

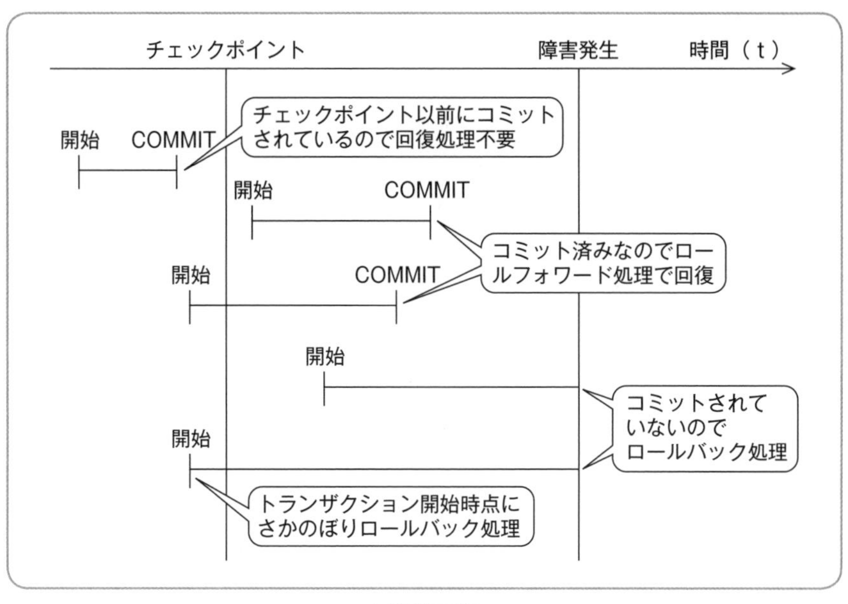
チェックポイント
障害発生
時間（t）
開始
COMMIT
チェックポイント以前にコミットされているので回復処理不要
開始
COMMIT
コミット済みなのでロールフォワード処理で回復
開始
COMMIT
開始
コミットされていないのでロールバック処理
開始
トランザクション開始時点にさかのぼりロールバック処理

▶障害回復

問題編

問1 ☑□ □□　B^+木インデックスとビットマップインデックスを比較した説明のうち，適切なものはどれか。　(H30問15，H27問15，H25問15，H23問16)

ア　AND操作やOR操作だけで行える検索は，B^+木インデックスの方が有効である。

イ　BETWEENを用いた範囲指定検索は，ビットマップインデックスの方が有効である。

ウ　NOTを用いた否定検索は，B^+木インデックスの方が有効である。

エ　少数の異なる値をもつ列への検索は，ビットマップインデックスの方が有効である。

問1　解答解説　B^+木索引▶P.104　ビットマップ索引▶P.105

B^+木インデックスは，B^+木構造を持つツリー状のインデックスである。キー値の範囲と下層へのポインタを管理するブロックの階層で構成され，最下層のリーフブロックでは，キー値とデータの物理的な位置を管理する。リーフブロックでは前後のリーフブロックへのポインタも管理しており，一致検索だけでなく範囲検索も行うことができる。一方，ビットマップインデックスは，その条件を満足するか否かを表したインデックスである。ビットマップ間の論理積や論理和の計算は非常に高速に行われるので，不定型の検索に適し，ビットマップインデックスを適切に作成しておくことで，少数の異なる値を持つ列への検索が有効にできる。データウェアハウスやOLAP (OnLine Analytical Processing) などで用いられる。

ア　ANDやOR操作だけで行える検索は，ビットマップインデックスのほうが適している。

イ　範囲指定検索は，インデックスの性質上，ビットマップインデックスには適さない。

ウ　NOTを用いた否定検索は，ビットマップインデックスと相性が良く，ビットマップインデックスのほうが適している。

《解答》エ

問2 ☑□ □□　ハッシュ方式によるデータ格納方法の説明はどれか。

(R2問13)

ア　レコードの特定のデータ項目の値が論理的に関連したレコードを，同一ブロック又はできる限り隣接したブロックに格納する。

イ　レコードの特定のデータ項目の値に対応した子レコード同士を，ポインタで鎖状に連結して格納する。

ウ　レコードの特定のデータ項目の値の順序を保持して，中間ノードとリーフノードの平衡木構造のブロックを作り，リーフブロックにレコード格納位置へのポインタを格納する。

エ　レコードの特定のデータ項目の値を引数とした関数の結果に従って決められたレコード格納場所に格納する。

問2 解答解説　ハッシュ索引▶P.105

ハッシュ方式によるデータ格納方法とは，ハッシュ関数によって特定のデータ項目の値からハッシュ値を求め，そのハッシュ値ごとに格納場所を決めてデータを格納する方法である。

ア　関連のあるレコードを接近して格納する接近配置方法に関する説明である。
イ　連結リスト方式によるデータ格納方式の説明である。
ウ　平衡木構造の索引を利用したデータ格納方式の説明である。　《解答》エ

問3 ☑□□□　トランザクションのACID特性の説明として，適切なものはどれか。

(H29問16)

ア　トランザクションでは，実行すべき処理が全て行われるか，何も処理が行われないかという状態の他に，処理の一部だけが行われるという状態も発生する。

イ　トランザクションの実行完了後でも障害の発生によって実行結果が失われることがある。

ウ　トランザクションの実行の結果が矛盾した状態になることはない。

エ　トランザクションは相互に関連しており，同時に実行される他のトランザクションの影響を受ける。

問3 解答解説　ACID特性▶P.108

トランザクションには，原子性（Atomicity），一貫性（Consistency），独立性（Isolation），耐久性（Durability）という四つの特性があり，これらをACID特性という。

原子性：トランザクションの実行が終了したときに，データベースに対する処理が完全に終了しているか，全く行われていないかのどちらかの状態になることである
一貫性：トランザクションを単独で実行させた結果は，データベースの一貫性制約を保持し，その内容に矛盾を生じさせないことである
独立性：トランザクションが，他のトランザクションに影響を与えたり，他のトランザクションの影響を受けたりしないことである。すなわち，トランザ

クションの途中経過を他のトランザクションが見ることができないことである
耐久性：トランザクションが正常終了した後，その更新結果がデータベースからなくならないことである

ア　原子性により，トランザクションの処理の一部だけ行われるという状態は発生しない。
イ　耐久性により，トランザクションの実行完了後，障害の発生によっても実行結果は失われない。
エ　独立性により，同時に実行されるほかのトランザクションの影響を受けない。

《解答》ウ

問4 ✔□□□　トランザクションのACID特性のうち，原子性（atomicity）の記述として，適切なものはどれか。（R4問15）

ア　データベースの内容が矛盾のない状態であること
イ　トランザクションが正常終了すると，障害が発生しても更新結果はデータベースから消失しないこと
ウ　トランザクションの処理が全て実行されるか，全く実行されないかのいずれかで終了すること
エ　複数のトランザクションを同時に実行した場合と，順番に実行した場合の処理結果が一致すること

問4　解答解説　ACID特性▶P.108

トランザクションのACID特性とは，トランザクションが備えるべき次の基本的な性質のことである。

原子性（Atomicity）：トランザクションは全て実行されるか，全く実行されないかのいずれかで終了する
一貫性（Consistency）：トランザクション処理の終了状態に関わらず，データベースの内容が矛盾のない状態である
独立性（Isolation）：複数のトランザクションを同時に実行した場合と，順番に実行した場合との処理結果が一致する
耐久性（Durability）：トランザクションが正常終了すると，その後に障害が発生しても，更新結果が失われることはない

ア　一貫性に関する記述である。
イ　耐久性に関する記述である。
エ　独立性に関する記述である。

《解答》ウ

問5 ☑□ □□ システム障害発生時には，データベースの整合性を保ち，かつ，最新のデータベース状態に復旧する必要がある。このために，DBMSがトランザクションのコミット処理完了とみなすタイミングとして，適切なものはどれか。 (H26問13，H24問14，H22問16)

ア　アプリケーションの更新命令完了時点
イ　チェックポイント処理完了時点
ウ　ログバッファへのコミット情報書込み完了時点
エ　ログファイルへのコミット情報書込み完了時点

問5　解答解説　**ログファイル▶P.114　チェックポイント▶P.115　システム障害▶P.116**

トランザクションがコミットするときは，トランザクションの更新情報をログファイルに書き込む。システム障害発生時には，ディスク上のデータベースの内容にログファイルの更新情報を反映することで，データベースの内容を最新状態に復旧する。よって，コミット処理完了とみなすタイミングは，コミット情報のログファイルへの書込みが完了した時点が適切である。

ア　アプリケーションの更新命令の完了によって，コミット処理を開始する。よって，アプリケーションの更新命令完了時点でコミット処理完了とみなすのは適切ではない。
イ　作業領域上の更新内容をディスク上のデータベースに書き込むことをチェックポイント処理という。チェックポイント処理は，コミット処理と非同期的に行われるため，コミット処理完了のタイミングとは関係ない。
ウ　ログバッファへ書き込んだコミット情報は，システム障害発生時には消失してしまう。コミット情報は，システム障害時にも消失しないログファイルへ書き出す必要がある。

《解答》エ

問6 ☑□ □□ RDBMSのロックに関する記述のうち，適切なものはどれか。ここで，X，Yはトランザクションとする。 (R3問14，H29問18)

ア　XがA表内の特定行aに対して共有ロックを獲得しているときは，YはA表内の別の特定行bに対して専有ロックを獲得することができない。
イ　XがA表内の特定行aに対して共有ロックを獲得しているときは，YはA表に対して専有ロックを獲得することができない。
ウ　XがA表に対して共有ロックを獲得しているときでも，YはA表に対して専有ロックを獲得することができる。

エ　XがA表に対して専有ロックを獲得しているときでも，YはA表内の特定行aに対して専有ロックを獲得することができる。

問6　解答解説　ロック▶P.112　共有ロックと専有ロック▶P.112

ロックとは，複数のトランザクションを並列実行する際に，処理の結果が正しく反映されるようにデータベース，ページ，レコード，表などの資源に対して行う排他制御のことである。ロックには，共有ロックと専有ロックがある。共有ロックは，資源の参照を複数のトランザクションが共有するもので，専有ロックは，その資源を他のトランザクションが使用することを禁止するものである。共有ロックは，他のトランザクションの共有ロックは許すが専有ロックは許さない。専有ロックは，他のトランザクションの共有ロックも専有ロックも許さない。

XがA表内の特定行a に対して共有ロックを獲得している場合，Yは特定行a を含むA表に対して専有ロックを獲得することができない。

ア　XはA表内の特定行a に対して共有ロックを獲得している。このとき，Yは同じA表内の別の特定行b に対して専有ロックを獲得することができる。

ウ　XがA表に対して共有ロックを獲得している。このとき，YはA表に対して専有ロックを獲得することができない。

エ　XがA表に対して専有ロックを獲得している。このとき，YはA表内のいかなる行に対しても専有ロックを獲得することができない。

《解答》イ

問7　☑□□□　DBMSにおいて，デッドロックを検出するために使われるデータ構造はどれか。　（H30問16，H26問15，H22問17）

ア　資源割当表　　イ　時刻印順管理表

ウ　トランザクションの優先順管理表　　エ　待ちグラフ

問7　解答解説　デッドロック▶P.112

DBMSにおけるデッドロックの検出は，待ちグラフやタイマ監視によって行われる。待ちグラフは，節をトランザクション，辺を要求した資源（データベース）としたグラフである。待ち状態が辺の矢印の向きで示され，グラフがループを形成する場合にデッドロックが発生したと認識する。タイマ監視では，データベースへの処理要求がタイムアウトしたときにデッドロックが発生したと認識する。

資源割当表：資源割当制御において参照するデータ構造。デッドロックを回避するために使用し，資源が使用中のときにはジョブを実行させないように制

御する。デッドロックの検出はできない
時刻印順管理表：時刻印法において参照するデータ構造。デッドロックを回避するために使用される。デッドロックの検出はできない
トランザクションの優先順管理表：トランザクションのスケジューリングに使用するデータ構造。デッドロックが発生した場合に優先順の低いトランザクションを終了させるように制御する。デッドロックの検出はできない

《解答》エ

問8 ☑☐☐☐ 2相ロック方式を用いたトランザクションの同時実行制御に関する記述のうち，適切なものはどれか。 (R5問12, R3問13, H27問13, H22問15)

ア 全てのトランザクションが直列に制御され，デッドロックが発生することはない。
イ トランザクションのコミット順序は，トランザクション開始の時刻順となるように制御される。
ウ トランザクションは，自分が獲得したロックを全て解除した後にだけ，コミット操作を実行できる。
エ トランザクションは，必要な全てのロックを獲得した後にだけ，ロックを解除できる。

問8 解答解説 2相ロック方式▶P.113

トランザクションの同時実行制御方法の一つに，２相ロック方式がある。２相ロック方式は，第１相，第２相と二つのフェーズで同時実行制御を行う。第１相はロックが増加していく成長フェーズで，トランザクションはデータ操作前に排他資源に対して一斉にロックをかける。第２相はロックが減少していく縮退フェーズで，トランザクションはデータ操作後に一斉にロックを解く。なお，２相ロック方式は，直列可能性を保証するが，デッドロックが起こる可能性がある。

ア ２相ロック方式では，デッドロックが発生する可能性がある。
イ トランザクションのコミット順序は，トランザクション開始の時刻順とは無関係である。
ウ トランザクションは，自分が獲得したロックを解除する前でも，コミット操作を実行することができる。

《解答》エ

問9 ☑☐☐☐ 複数のバッチ処理を並行して動かすとき，デッドロックの発生をできるだけ回避したい。バッチ処理の設計ガイドラインのうち，適切なものはどれか。 (R4問13, H25問17)

ア　参照するレコードにも，専有ロックを掛けるように設計する。
イ　大量データに同じ処理を行うバッチ処理は，まとめて一つのトランザクションとして処理するように設計する。
ウ　トランザクション開始直後に，必要なレコード全てに専有ロックを掛ける。ロックに失敗したレコードには，しばらく待って再度ロックを掛けるように設計する。
エ　複数レコードを更新するときにロックを掛ける順番を決めておき，全てのバッチ処理がこれに従って処理するように設計する。

問9　解答解説　共有ロックと専有ロック▶P.112　デッドロック▶P.112

デッドロックは，複数の資源を共有している複数の処理において，互いに相手のロックが解除されるのを待って，処理が進まなくなる状態である。それぞれの処理が複数の資源に対し，逆の順番でロックを掛けることによって生じる。したがって，それぞれの処理が複数の資源に対して同じ順番にロックを掛けるようにしておけば，デッドロックは回避できる。

ア　参照するだけのレコードに専有ロックを掛けた場合，専有ロックを掛けない場合に比べて資源をロックする回数が増えるため，デッドロックは発生しやすくなる。
イ　まとめて一つのトランザクションとして処理した場合，複数のトランザクションに分けて処理した場合に比べ，ロックを掛けている時間が長くなるため，デッドロックが発生しやすくなる。
ウ　あらかじめ必要なレコード全てに専有ロックを掛ければ，必要なタイミングで専有ロックを掛けるよりもデッドロックの可能性を下げられるが，回避はできない。

《解答》エ

問10　☑□□□　多版同時実行制御（MVCC）の特徴のうち，適切なものはどれか。

（R3問16）

ア　アプリケーションプログラムからデータに対する明示的なロックをかけることができない。
イ　データアクセスの対象となる版をアプリケーションプログラムが指定する必要がある。
ウ　データ書込みに対して新しい版を生成し，同時にデータ読取りが実行されるときの排他制御による待ちを回避する。
エ　デッドロックは発生しない。

問10 解答解説 **多版同時実行制御▶P.110 デッドロック▶P.112**

多版同時実行制御（MVCC：MultiVersion Concurrency Control）とは，同時に実行される複数のトランザクションから同一のデータに対する更新処理と参照処理の要求があった場合，同時に並行して処理を行い，更新前の旧版のデータと更新後の新版のデータを保持しておき，更新中（コミット前）は，参照処理を行うトランザクションでは常に旧版のデータを参照することで，トランザクションの一貫性を保証する仕組みのことである。

同一のデータに対して更新するトランザクションと参照するトランザクションを同時に実行できない単版同時実行制御と違い，ロックによる待ちをなくすことができるので，トランザクションの同時実行性が向上する。

ア　多版同時実行制御を採用するデータベース管理システムでも，LOCK TABLE文を実行するアプリケーションプログラムなどにより，明示的なロックを掛けることは可能である。
イ　多版同時実行制御はデータベース管理システムで実現するものであり，アプリケーションプログラムによる指定は不要である。
エ　多版同時実行制御を採用しても，並行して更新するトランザクションのロックの順序によっては，デッドロックは発生する。

《解答》ウ

問11 ☑☐☐☐ トランザクションの直列化可能性（serializability）の説明はどれか。

（R2問11，H30問11，H26問11）

ア　２相コミットが可能であり，複数のトランザクションを同時実行できる。
イ　隔離性水準が低い状態であり，トランザクション間の干渉が起こり得る。
ウ　複数のトランザクションが，一つずつ順にスケジュールされて実行される。
エ　複数のトランザクションが同時実行された結果と，逐次実行された結果とが同じになる。

問11 解答解説 **隔離性水準▶P.110**

複数のトランザクションが同時実行された結果と逐次実行された結果が等しい場合，トランザクションの直列化可能性（serializability）が保証されているという。直列化可能性は，ACID特性の独立性と同等な性質を意味する。直列化可能性を保証する仕組みとして，２相ロック方式，木制約方式がある。

ア　同時実行制御されている状態の説明である。
イ　隔離性水準が低く，トランザクション間の干渉が起こり得る状態は，直列化可能性が保証されていない状態である。直列化可能性が保証されていれば，隔離性水準は高くなる。

ウ　個々のトランザクションの目的を考慮したスケジューリングの説明である。

《解答》エ

問12 ☑□ □□　トランザクションT_1がある行Xを読んだ後，別のトランザクションT_2が行Xの値を更新してコミットし，再びT_1が行Xを読むと，以前読んだ値と異なる値が得られた。この現象を回避するSQLの隔離性水準のうち，最も水準の低いものはどれか。（R4問14）

ア　READ COMMITTED　　イ　READ UNCOMMITTED

ウ　REPEATABLE READ　　エ　SERIALIZABLE

問12　解答解説　隔離性水準 ▶P.110

トランザクションが同じデータを複数回読み込む場合，その間に他のトランザクションによる変更がコミットされてしまって，読み込むたびに内容が異なるという現象が生じることがある。これをアンリピータブルリードという。

アンリピータブルリードを発生させないためには，トランザクションT_1の隔離性水準にREPEATABLE READ，又はSERIALIZABLEを指定する必要があるが，隔離性水準が低いのはREPEATABLE READの方である。

トランザクションの隔離性水準（ISOLATION LEVEL：分離レベル）とは，他のトランザクションからの干渉を許さない度合いのことである。隔離性水準を高めるほど，同時に実行できるトランザクションの数は少なくなる。隔離性水準の高い順に，SERIALIZABLE，REPEATABLE READ，READ COMMITTED，READ UNCOMMITTEDの四つのレベルに分かれる。

SERIALIZABLE：同時に実行される全てのトランザクションが，各トランザクションが順番に実行されたときと同じ結果になることを保証する。そのため，ダーティリード，アンリピータブルリード，ファントムリードはいずれも生じない

REPEATABLE READ：あるトランザクションが実行されている間は，データが途中で他のトランザクションによって変更されることなく，同じデータを何度読み込んでもその内容は同じであることを保証する。そのため，ダーティリード，アンリピータブルリードは生じないが，ファントムリードが生じる

READ COMMITTED：他のトランザクションの行った変更に関しては，常にコミット後データを読み取ることを保証する。そのため，ダーティリードは生じないが，アンリピータブルリード，ファントムリードが生じる

READ UNCOMMITTED：他のトランザクションの行ったコミット前データを読み込む。そのため，ダーティリード，アンリピータブルリード，ファントムリードが生じる

《解答》ウ

問13 ☑☐ ☐☐ データベースのトランザクションT2の振る舞いのうち，ダーティリード（dirty read）に関する記述はどれか。（H26問14，H23問15）

ア　トランザクションT1が行を検索し，トランザクションT2がその行を更新する。その後T1は先に読んだ行を更新する。その後にT2が同じ行を読んでも，先のT2による更新が反映されない値を得ることになる。

イ　トランザクションT1が行を更新し，トランザクションT2がその行を検索する。その後T1がロールバックされると，T2はその行に存在しない値を読んだことになる。

ウ　トランザクションT2がある条件を満たす行を検索しているときに，トランザクションT1がT2の検索条件を満たす行を挿入する。その後T2が同じ条件でもう一度検索を実行すると，前回は存在しなかった行を読むことになる。

エ　トランザクションT2が行を検索し，トランザクションT1がその行を更新しコミットする。その後T2が同じ行を検索した場合，同じ行を読んだにもかかわらず，異なる値を得ることになる。

問13 解答解説 隔離性水準 ▶P.110

ダーティリード（dirty read）とは，あるトランザクションが更新したコミット前のデータを別のトランザクションが読むことによって発生する不都合である。トランザクションT1が更新した行をトランザクションT2が読んだ後，T1がロールバックされる。この場合，更新された行は元に戻ってしまい，T2は存在しない値を読んだことになってしまう。

ア　T2による更新が，先に読んでいたT1による更新によって失われてしまう不都合である。ロストアップデートという。

ウ　T1がT2の検索条件を満たす行を挿入することで，T1の挿入前にT2が検索したときには存在しなかった行を，挿入後に同じ条件で検索した際に読む不都合である。ファントムリードという。

エ　T2が同じ行を読んでも，その間にT1がその行を更新してしまっているために，同じ値が得られない不都合である。アンリピータブルリードという。

《解答》イ

問14 ✔□ □□ 図は，ある探索条件を使って数学模試の平均点を算出している間，当該探索条件に合致するA君の結果を“数学模試成績”表に登録したときの様子を示している。平均点を求めるトランザクションT_1と，登録作業のトランザクションT_2が①～⑥の順序で処理された結果，合計点算出時の受験者数と平均点算出時の受験者数が異なり，正しい平均点を得ることができなかった。このとき発生した事象はどれか。ここで，トランザクションの隔離性水準はREAD UNCOMMITTEDであったとする。 (H29問17)

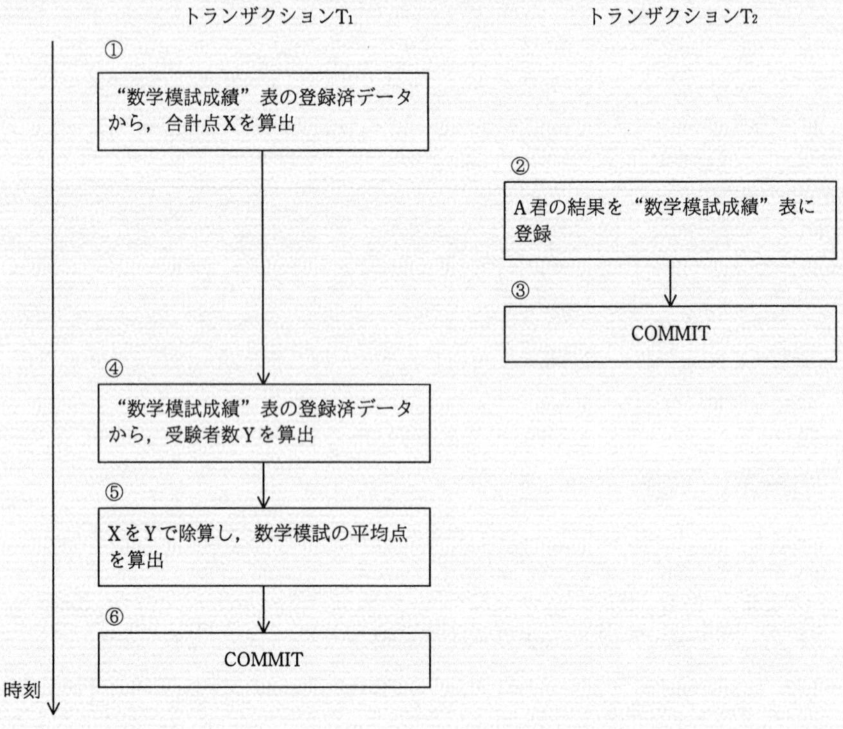

トランザクションT_1

① “数学模試成績”表の登録済データから，合計点Xを算出

④ “数学模試成績”表の登録済データから，受験者数Yを算出

⑤ XをYで除算し，数学模試の平均点を算出

⑥ COMMIT

トランザクションT_2

② A君の結果を“数学模試成績”表に登録

③ COMMIT

時刻

ア アンリピータブルリード　　イ シーケンシャルリード
ウ ダーティリード　　エ ファントムリード

問14 解答解説 隔離性水準▶P.110

トランザクションの四つの隔離性水準のうち，READ UNCOMMITTEDは最も隔離レベルが低く，ファントムリードやアンリピータブルリードだけでなく，他のトランザクションによる処理途中のデータまで読み取ってしまうダーティリードも発生する。

図では，トランザクションT2がA君の結果を登録してCOMMITしたために，トランザクションT1の合計点算出時の受験者数と平均点算出時の受験者数が異なってしまっている。これは，トランザクションT1が合計点算出時に抽出したデータを平均点算出時に再度抽出したところ前回抽出されなかったデータが含まれていたことに原因がある。このような状態をファントムリードという。

> アンリピータブルリード：他のトランザクションがデータを更新してしまい，同じデータを読むたびに内容が異なる状態をいう
> シーケンシャルリード：ファイルの先頭からデータを読み込む，ファイルのアクセス方法である
> ダーティリード：他のトランザクションが更新したコミットする前のデータを読んでしまう状態をいう

《解答》エ

問15 ☑☐☐☐ DBMSが取得するログに関する記述として，適切なものはどれか。

（R2問4，H29問6，H27問5，H21問3）

ア　トランザクションの取消しに備えて，データベースの更新されたページに対する更新後情報を取得する。

イ　媒体障害からの復旧に備えて，データベースの更新されたページに対する更新前情報を取得する。

ウ　ロールバック後のトランザクション再実行に備えて，データベースの更新されたページに対する更新後情報を取得する。

エ　ロールフォワードに備えて，データベースの更新されたページに対する更新後情報を取得する。

問15 解答解説 媒体障害▶P.115

ロールフォワードとは，バックアップリストア後のデータベースに対して，ログファイルの更新後情報を使用し，障害発生時点に向けて更新処理する前進回復のことである。ロールフォワードに備えて，データベースの更新されたページに対する更新後情報を取得しておく必要がある。

ア　トランザクションの取消しが発生した場合，ロールバックによってトランザクション開始前の状態に戻す。ロールバックには，更新前情報が必要となる。

イ　媒体障害が生じた場合，バックアップリストア後のデータベースに対してロールフォワードを行い，媒体障害時点のデータベースに戻す。ロールフォワードには，更新後情報が必要となる。

ウ　ロールバックを行うことで，トランザクション開始前の状態に戻る。その後のトランザクション再実行は，通常のトランザクション実行を行えばよいので，更新後情報は必要ない。

《解答》エ

問16 ☑☐ ☐☐　WAL（Write Ahead Log）プロトコルの目的に関する説明のうち，適切なものはどれか。　（H28問16，H25問18）

ア　実行中のトランザクションを一時停止させることなく，チェックポイント処理を可能にする。

イ　デッドロック状態になっているトランザクションの検出を可能にする。

ウ　何らかの理由でDBMSが停止しても，コミット済みであるがデータベースに書き込まれていない更新データの回復を可能にする。

エ　ログを格納する記録媒体に障害が発生しても，データベースのデータ更新を可能にする。

問16 解答解説　ログファイル▶P.114

WAL（Write Ahead Log）プロトコルは，データベースシステムが実行した処理をログファイルに記録する場合に，ログを記録してから処理を実行するというログ先書きの手法である。WALを採用することで，コミット済みのデータをデータベースに書き込む前にDBMSが停止しても，記録してあるログを用いてデータを回復することができる。

ア，イ　WALの目的ではなく，DBMSが持つ機能である。

エ　ログを格納した記憶媒体に障害が発生すると，ログを書き出すことができないため，トランザクションは異常終了してしまい，データベースのデータ更新はできない。

《解答》ウ

問17 ☑☐ ☐☐　DBMSをシステム障害発生後に再立上げするとき，ロールフォワードすべきトランザクションとロールバックすべきトランザクションの組合せとして，適切なものはどれか。ここで，トランザクションの中で実行される処理内容は次のとおりとする。　（H27問14，H23問13）

トランザクション	データベースに対する Read 回数 と Write 回数
T1, T2	Read 10, Write 20
T3, T4	Read 100
T5, T6	Read 20, Write 10

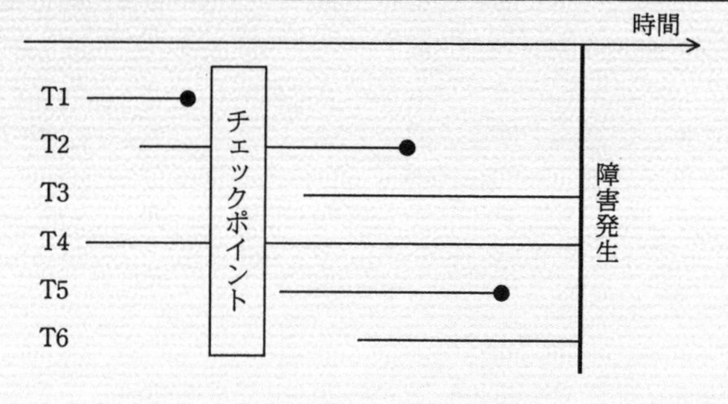

――――― はコミットされていないトランザクションを示す。

―――――● はコミットされたトランザクションを示す。

	ロールフォワード	ロールバック
ア	T2, T5	T6
イ	T2, T5	T3, T6
ウ	T1, T2, T5	T6
エ	T1, T2, T5	T3, T6

問17 解答解説 チェックポイント▶P.115 システム障害▶P.116

DBMSのシステム障害では，トランザクションのコミットまたはロールバックが行われないままシステムが停止した場合，トランザクションの原子性が確保できない可能性がある。そこで，ログファイルの内容とデータベースの内容を一致させるために，チェックポイントを設け，バッファ内の更新後データを全てデータベースに反映し，ログファイルにチェックポイントレコードを出力しておく。

① トランザクションT1への対応

最新のチェックポイント以前にコミットされているので，データベースに更新内容が反映されており，障害回復の対象とはならない。

② トランザクションT2への対応

最新のチェックポイント以前にトランザクション処理を開始し，障害発生前にコミットされていることから，チェックポイントからコミット時点に向けてロールフォワード（前進復帰）を行う。

③　トランザクションT3への対応

データベースに対するアクセスはReadのみであり，データベースを更新していないため，回復処理は不要である。障害回復後，再度，トランザクション処理を実行すればよい。

④　トランザクションT4への対応

データベースに対するアクセスはReadのみであり，データベースを更新していないため，回復処理は不要である。障害回復後，再度，トランザクション処理を実行すればよい。

⑤　トランザクションT5への対応

最新のチェックポイント以降にトランザクション処理を開始し，障害発生前にコミットされていることから，トランザクション開始時点からコミット時点に向けてロールフォワード（前進復帰）を行う。

⑥　トランザクションT6への対応

最新のチェックポイント以降にトランザクション処理を開始し，コミットされる前に障害が発生していることから，障害発生時点から最新のチェックポイントに向けて，データベースに対する全てのトランザクションの更新操作を取り消す処理（ロールバック，後退復帰）を行う。さらに，障害回復後に再度，トランザクション処理を実行する。

《解答》ア

問18 ☑☐ ☐☐　次のチェックポイントの仕様に従ってトランザクション処理を行うDBMSにおいて，チェックポイントの発生頻度は1時間当たり何回か。ここで，トランザクションは毎秒20件発生し，1トランザクションごとに消費されるデータベースバッファ領域のデータ量及びログファイルに書き出すログ長はどちらも10kバイトとする。データベースバッファ領域の容量は480Mバイトとし，一つのログファイルのサイズは240Mバイトとする。1Mバイト$=10^3$kバイトとする。開始時点では，データベースバッファ領域，ログファイルともに初期化状態であるとする。DBMSは，ログファイルを二つもち，一方を使い切ったら他方に切り替え，使い切った一方をアーカイブして初期化する。ログファイルへの書込み処理はWALプロトコルに従う。

（H31問2）

〔チェックポイントの仕様〕

1．チェックポイントが発生する条件

A．データベースバッファ領域に空きがなくなったとき，又は

B．ログファイルが切り替わるとき

2．チェックポイント終了時のデータベースバッファの状態

　データベースバッファ領域は，データベースファイルへの反映後，初期化される。

ア 1.5　　イ 2　　ウ 3　　エ 6

問18 解答解説 チェックポイント▶P.115

　チェックポイントが発生する条件は,データベースバッファに空きがなくなったとき，または，ログファイルが切り替わるときである。トランザクションは毎秒20件発生し，１トランザクションごとに10Kバイト消費されるとあるので，まず，データベースバッファ領域（容量480Mバイト）に空きがなくなるまでの時間を求めると，

$$(480\times10^3)\div(10\times20)=2400[秒]=40[分]$$

となる。次に，ログファイル（容量240Mバイト）が切り替わるまでの時間を求めると，

$$(240\times10^3)\div(10\times20)=1200[秒]=20[分]$$

となる。

　これらより，開始時点（初期状態）から20分経つと，ログファイルを切り替えることになるので，１回目のチェックポイントが発生する。さらに，このチェックポイント終了時にはデータベースバッファ領域，ログファイルともに初期状態となる。これが繰り返されるので，20分ごとにチェックポイントが発生することになる。よって，１時間当たりのチェックポイントの発生頻度は３回となる。

《解答》ウ

その他のデータベース技術

知識編

4.1 分散データベース

❏ 分散データベース

物理的に異なる場所に配置された複数のデータベースをネットワーク上で共有できるようにし，論理的に一つのデータベースとして扱う仕組みである。データやシステムが分散していることをユーザーに意識させない透過性が求められる。データベースがどこにあるかを意識しない性質を**位置に関する透過性**といい，他に，**分割に対する透過性**，**重複に関する透過性**，**移動に関する透過性**などがある。

ネットワーク上に複数存在するデータベースをあたかも一つのデータベースのように扱うので，分散データベースの運用や管理は難しい。その原因として，

・関連したデータが異なるデータベースに配置されるため，一時的ではあるがデータ間に矛盾が発生する。
・複数のデータベースに重複したデータが存在する。

などが挙げられる。

❏ 2相コミットメント制御 問4 問5 問6 問7 問14

分散データベース環境におけるコミットメント制御である。コミットなどの指示を出す主サイト（調停者）と，指示に従ってコミットなどを行う従サイト（参加者）から構成される。主サイトは，各従サイトにコミットが可能か否かを問い合わせ，全ての従サイトがコミット可能であればコミットを指示して更新内容を確定させる。一つでもコミット不可能な従サイトがあればアボートを指示し，ロールバック処理をさせる。

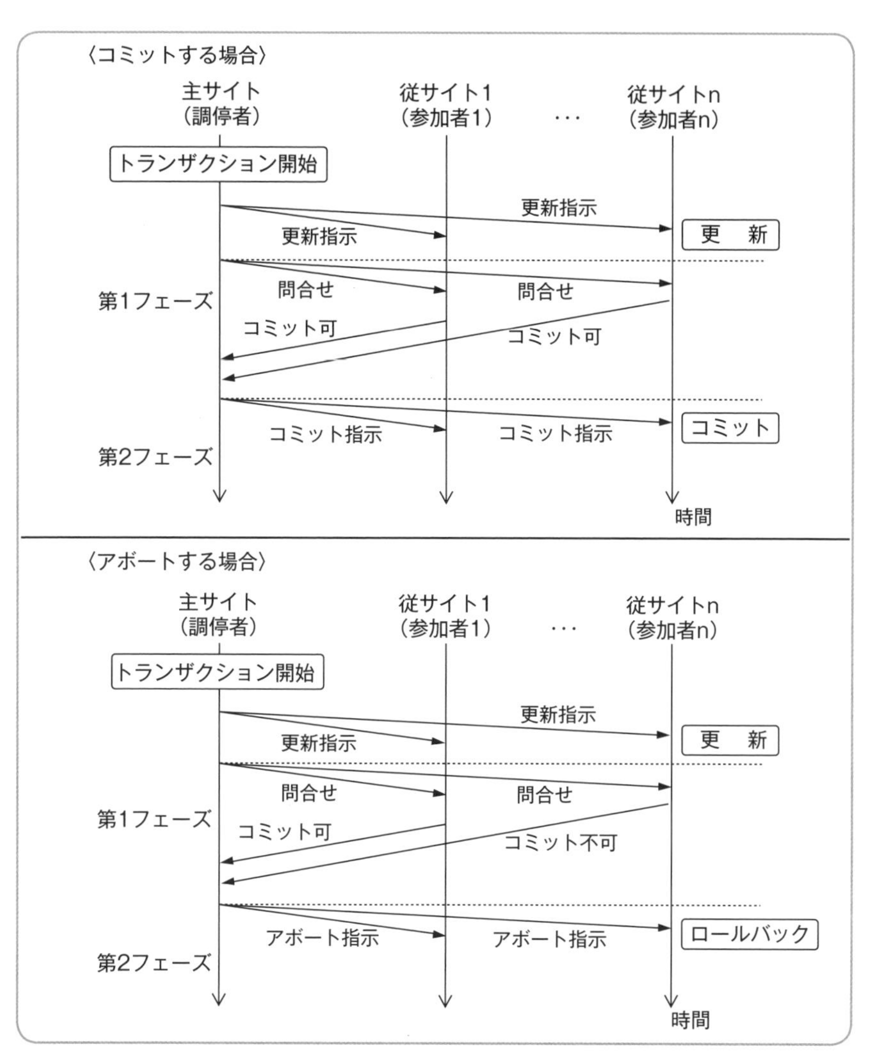

▶ 2相コミットメントプロトコル

4.2 データウェアハウス

❏ 基幹系システムと情報系システム

業務を遂行するために必要な処理を行うシステムを基幹系システムといい，基幹系システムで発生したデータを蓄積・分析することを目的としたシステムを情報系システムという。

▶基幹系システムと情報系システムの特徴

	基幹系システム	情報系システム
処理の内容	定型処理	非定型処理
処理の種類	OLTP	OLAP
更新頻度	更新処理が主体	検索処理が主体
応答性能	高い	基幹系ほど高くない
障害の影響	大きい	基幹系ほど大きくない
データの入力方法	POS端末や窓口端末，パソコンなど	基幹系システムからのバッチ処理など
正規化	矛盾が発生しないよう正規化を行う	処理性能などを考慮して非正規化を行う

❑ データウェアハウス

意思決定支援を目的に，情報を蓄積したデータベースである。データの倉庫であり，次のような特徴を持つ。

- 全ての基幹系システムのデータを統合し，集積する。
- データを時系列に蓄積し，一度蓄積されたデータは通常更新されない。

データウェアハウスは，全社的に利用される**セントラルウェアハウス**と，必要に応じて各部門やエンドユーザーごとに構築された**データマート**の２階層で考えることができる。一般的にデータウェアハウスといった場合，セントラルウェアハウスを指すことが多い。

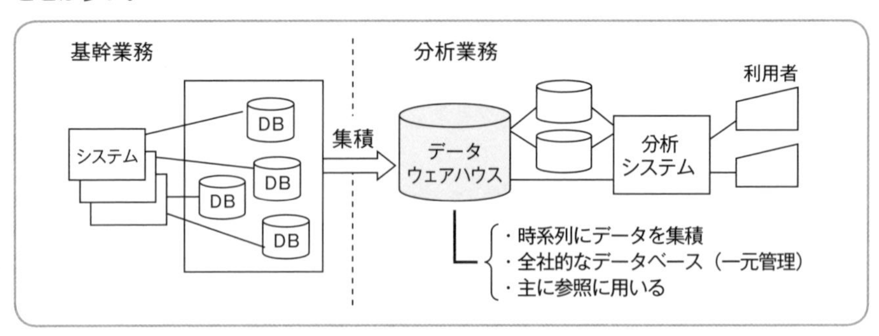

▶データウェアハウス

❏ VLDB（Very Large DataBase）

データウェアハウスで使用する大量のデータを一元管理するための大規模データベースである。

❏ データウェアハウスのスキーマ構成 問11

地域や年月日など，様々な角度（次元）から分析を行うことを多次元分析という。多次元分析を行うデータウェアハウスでは，**次元モデル**が用いられる。次元モデルは，分析の中核となる数値データを格納した**ファクトテーブル**（事実表）と，各次元の属性を格納した**ディメンジョンテーブル**（次元表）から構成される。事実表を中心に複数の次元表が配置されるため，**スタースキーマ**と呼ばれる。また，スタースキーマの先端を（各次元の集計レベルを変えて）放射状に伸ばした形を**スノーフレークスキーマ**という。

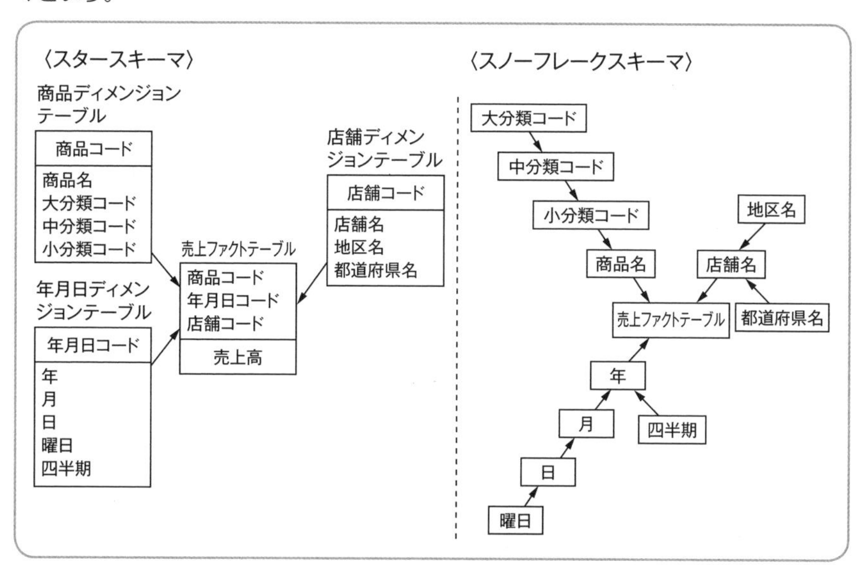

▶データウェアハウスのスキーマ構成

❏ データウェアハウスの操作 問9 問10

次元モデルは，キューブ（立方体）で表現することができ，次元軸や集計レベルを変える操作によって多彩な分析が可能になる。

- **スライシング**と**ダイシング**…次元軸を変える操作
- **ドリリング**…集計レベルを変える操作。詳細なデータを得ることを**ドリルダウン**，集約したデータを得ることを**ドリルアップ**（ロールアップ），集計の元となるデータを参照することを**ドリルスルー**という。

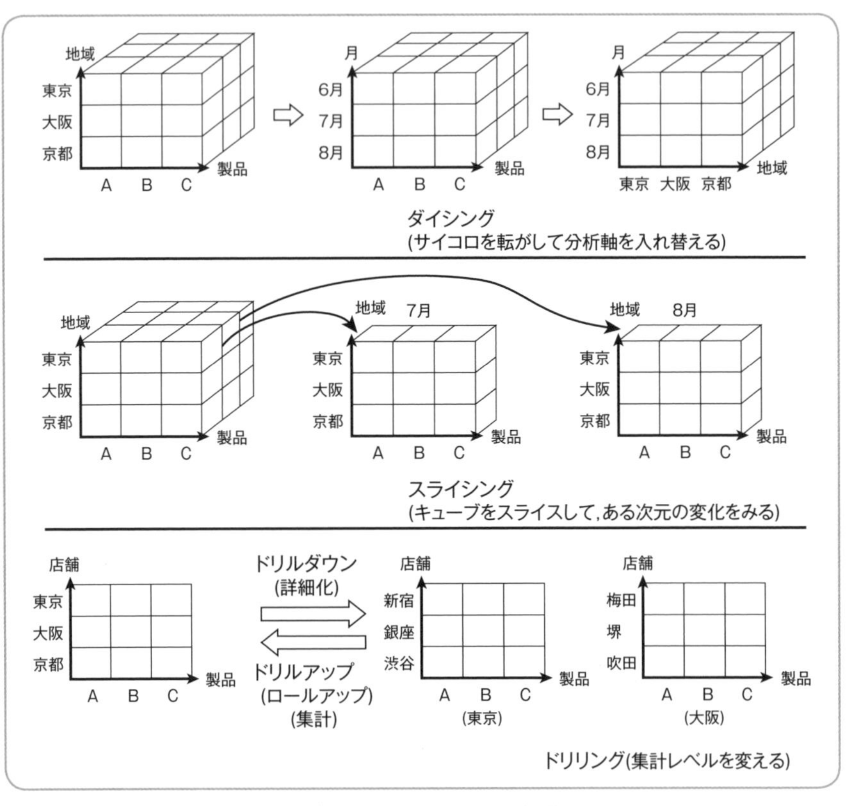

▶データウェアハウスの操作

❏ データマイニング 問9 問12

データウェアハウスに蓄積された膨大なデータの中から，未知の規則性や事実関係を得る技法である。

❏ データクレンジング

基幹業務データベースからデータを抽出し，データウェアハウスに格納できるように，変換・修正する技法である。

❏ OLAP（OnLine Analytical Processing） 問10 問12 問14

問題発見や問題解決のために，データウェアハウスを様々な角度で検索・分析するためのアプリケーションソフトウェアである。その概念を指すこともある。

❏ ビッグデータ 問13

巨大なデータとそのデータを扱う技術を指す。ビッグデータは，

・Volume（量）
・Variety（多様性）
・Velocity（頻度）
・Veracity（正確性）
・Value（価値）

の五つの“V”を特徴として持つ。ビッグデータには，扱うデータの種類によって次のようなものがある。

・ソーシャルメディアデータ
・マルチメディアデータ
・ウェブサイトデータ
・センサーデータ
・オペレーションデータ
・ログデータ
・オフィスデータ
・カスタマーデータ

❏ データサイエンティスト

ビッグデータを有効に分析・活用することによって，新たな事業価値を創造するための専門人材である。データサイエンティスト協会では，データサイエンティストには次のようなスキルセットが求められるとしている。

▶データサイエンティストのスキルセット

ビジネス力	課題背景を理解したうえで，ビジネス課題を整理し，解決する力
データサイエンス力	情報処理，人工知能，統計学などの情報科学系の知恵を理解し，使う力
データエンジニアリング力	データサイエンスを意味のある形に使えるようにし，実装，運用できるようにする力

例えば，データの分析において，デシジョンツリー分析やニューラルネットワークといったモデリング手法を適切に選択できる，モデルに与えるパラメータを設定できる，分析結果を評価できるといったことがデータサイエンス力に該当する。

問題編

問1 ☑☐ ☐☐ 分散処理システムに関する記述のうち，アクセス透過性を説明したものはどれか。 (R4問23)

ア　遠隔地にある資源を，遠隔地での処理方式を知らなくても，手元にある資源と同じ操作で利用できる。

イ　システムの運用及び管理をそれぞれの組織で個別に行うことによって，その組織の実態に合ったサービスを提供することができる。

ウ　集中して処理せずに，データの発生場所やサービスの要求場所で処理することによって，通信コストを削減できる。

エ　対等な関係のコンピュータが複数あるので，一部が故障しても他のコンピュータによる処理が可能となり，システム全体の信頼性を向上させることができる。

問1　解答解説　**分散処理**▶P.187

分散処理システムにおけるアクセス透過性とは，ネットワークに接続されている異なる種類の資源に対して，その種類の違いを意識することなく，同一方法（同じ操作）でアクセスできることである。

なお，分散処理システムの透過性には，次のようなものがある。これらを総称してネットワーク透過性ということもある。

規模透過性：OSやアプリケーションの構成に影響を与えることなくシステムの規模を変更できること
移動透過性：資源を移動させても影響が出ないこと
性能透過性：性能を改善するために再構成できること
複製透過性：システムの信頼性や性能の向上のためにファイルの複製物を持つこと
位置透過性：ネットワークに接続されている資源に対して，その存在位置を意識することなくアクセスできること
並行透過性：複数プロセスを同時に処理できること

イ　システムの運用（日常のオペレーション）と管理（状況把握や対策立案）を分離することの利点に関する記述である。

ウ　分散処理における通信負荷の削減効果に関する記述である。

エ　冗長構成による可用性の向上に関する記述である。　《解答》ア

問2 ☑□ □□ 分散処理システムにおける障害透明性（透過性）の説明として，適切なものはどれか。 （H30問23）

ア　管理者が，システム全体の状況を常に把握でき，システムを構成する個々のコンピュータで起きた障害をリアルタイムに知ることができること

イ　個々のコンピュータでの障害がシステム全体に影響を及ぼすことを防ぐために，データを１か所に集中して管理すること

ウ　どのコンピュータで障害が起きてもすぐ対処できるように，均一なシステムとなっていること

エ　利用者が，個々のコンピュータに障害が起きていることを認識することなく，システムを利用できること

問2　解答解説　分散処理▶P.187

分散処理システムにおける障害透明性（透過性）とは，利用者が使用中のコンピュータで障害が発生しても，他のコンピュータが処理を引き継ぐという運用方法によって，利用者が障害が起きたことを意識することなくシステムを利用できる性質をいう。なお，分散処理システムの透過性には，次のようなものがある。

規模透過性：OSやアプリケーションの構成に影響を与えることなくシステムの規模を変更できること
移動透過性：データを他のサーバに移動させても影響が出ないこと
性能透過性：性能を改善するためにシステムを再構成できること
複製透過性：データが複数のサーバに重複して格納されていても意識せずに利用できること
位置透過性：データの存在位置を意識せずにアクセスできること
並行透過性：複数プロセスを同時に処理できること

《解答》エ

問3 ☑□ □□ 分散型DBMSにおいて，二つのデータベースサイトの表で結合を行う場合，どちらか一方の表をもう一方のデータベースサイトに送る必要がある。その際，表の結合に必要な列値だけを送り，結合に成功した結果を元のデータベースサイトに転送して，最終的な結合を行う方式はどれか。

（R2問18，H25問20）

ア　入れ子ループ法　　　　イ　セミジョイン法

ウ　ハッシュセミジョイン法　　　エ　マージジョイン法

問3　解答解説

二つの表の結合演算において，一方のサイトの表の結合に必要な列（属性）だけをもう一方のサイトに転送し，結合演算した結果を返送してもらい，再度結合する方法をセミジョイン法という。

入れ子ループ法：一方の表の行を外側のループとして取り出し，もう一方の表の全ての行を内側のループとして比較照合して結合演算を行う
ハッシュセミジョイン法：一方の結合対象列の値をハッシュ関数で変換したハッシュ値をもう一方のサイトに転送し，もう一方のサイトでも結合対象列の値をハッシュ関数で変換し，ハッシュ値同士で結合演算を行う
マージジョイン法：二つの表を結合する前にあらかじめ結合対象列でソートしておく。ソートマージ法ともいう

《解答》イ

問4 ✔□ □□　分散データベースシステムにおいて，複数のデータベースを更新する場合に用いられる２相コミットの処理手順として，適切なものはどれか。

（H31問15，H28問14，H23問12）

ア　主サイトが各データベースサイトにコミット準備要求を発行した場合，各データベースサイトは，準備ができていない場合だけ応答を返す。
イ　主サイトは，コミットが可能であることを各データベースサイトに確認した後，コミットを発行する。
ウ　主サイトは，各データベースサイトにコミットを発行し，コミットが失敗した場合には，再度コミットを発行する。
エ　主サイトは，各データベースサイトのロックに成功した後，コミットを発行し，各データベースサイトをアンロックする。

問4　解答解説　２相コミットメント制御▶P.134

２相コミットは，分散データベースにおいて整合性を確保するための制御方式である。２相コミットでは，一度のコミットによって更新処理が確定するのではなく，コミット準備とコミット実施の２段階でコミット処理を行う。最初の段階では，主サイトからのコミット準備要求によって，関連する全てのデータベースサイトをコミットまたはロールバック可能な

セキュア状態に設定する。次の段階で主サイトは，全てのデータベースサイトからコミットが可能であるという応答を得た場合は，コミットを発行して確定手続きを行う。一つでもコミットが可能でないデータベースサイトが存在する場合は，ロールバックを発行してトランザクションの更新を取り消す。

ア　各データベースサイトは，コミットが可能な場合も応答を返す。
ウ　一つでもコミットに失敗したデータベースサイトが存在する場合には，主サイトは，全てのデータベースサイトにロールバックを指示する。
エ　主サイトは，各データベースサイトにロックは要求しない。　《解答》イ

問5 ☑☐☐☐ 分散データベースのトランザクションは複数のサブトランザクションに分割され，複数のサイトで実行される。このとき，トランザクションのコミット制御に関する記述のうち，適切なものはどれか。

（R3問12，H30問13，H27問12，H24問12）

ア　2相コミットでは，サブトランザクションが実行される全てのサイトからコミット了承応答が主サイトに届いても，主サイトはサブトランザクションごとにコミット又はロールバックの異なる指示を出す場合がある。
イ　2相コミットを用いても，サブトランザクションが実行されるサイトに主サイトの指示が届かず，サブトランザクションをコミットすべきかロールバックすべきか分からない場合がある。
ウ　2相コミットを用いると，サブトランザクションがロールバックされてもトランザクションがコミットされる場合がある。
エ　集中型データベースのコミット制御である1相コミットで，分散データベースを構成する個々のサイトが独自にコミットを行っても，サイト間のデータベースの一貫性は保証できる。

問5　解答解説　**2相コミットメント制御** ▶P.134

2相コミットとは，一度のコミットで更新処理を確定させるのではなく，2段階で更新処理を確定させる方式である。主サイトからの更新準備要求によって，関連する全ての従サイトのデータベースをコミットまたはロールバック可能なセキュア状態に設定し，その応答を得てからコミットまたはロールバックを発行して確定手続を行う。これによって，分散データベースの整合性を確保する。従サイトがセキュア状態のときに主サイトに障害が発生すると，従サイトはコミットすべきかロールバックすべきか判断不能なブロック状態になる。よって，2相コミットを用いても，分割化されたサブトランザクションの更新処理を行う従サイトに主サイトからの指示が届かず，セキュア状態となったサブトランザクションをコミッ

トすべきかロールバックすべきか分からない場合が生じ得る。

ア　全てのサブトランザクションからコミット了承応答が届いたときは，必ず全てのサブトランザクションをコミットすることによって，整合性を確保している。
ウ　サブトランザクションがロールバックされた場合は，トランザクションもロールバックされる。
エ　分散データベースにおいて，1相コミットで個々のサイトが独自にコミットを行うと，サイト間のデータベースの一貫性が保てなくなる。そのため，2相コミットまたは3相コミットで制御する。

《解答》イ

問6 ✔□ □□　データベース更新における2相コミットに関する記述のうち，適切なものはどれか。（H29問14）

ア　2相コミットは，トランザクションの処理途中のデータを他のトランザクションから参照できなくする制御方式のことである。
イ　2相コミットを行うためには，同時に更新しようとする分散データベースの全てが更新可能かどうかを判断するためのやり取りが必要である。
ウ　2相コミットを採用している場合，ロールバックは発生しない。
エ　2相コミットを使えば，通信異常が発生しても，トランザクションをコミットさせることができる。

問6 解答解説　**2相コミットメント制御**▶P.134

2相コミットは，実行結果を確定する前にコミットもアボートも可能な不確定状態を設定し，分散データベースの全てにコミットの可否を問い合わせる。全ての分散データベースのコミットが可能になった時点で実行結果の確定を指示する。コミットを二つのフェーズに分けて行うことで，分散データベースの一貫性を保証する仕組みである。

ア　同時実行制御に関する記述である。
ウ　一つでもコミット不可や返答のない分散データベースがあった場合，全ての分散データベースにトランザクションをアボートして，ロールバック処理を行うように指示する。
エ　2相コミットにおいて通信異常が発生すると，コミットもアボートもできないブロック状態に陥る。

《解答》イ

問7 ✔□ □□　図は，分散システムにおける2相コミットプロトコルの正常処理の流れを表している。③の動作はどれか。（H26問12）

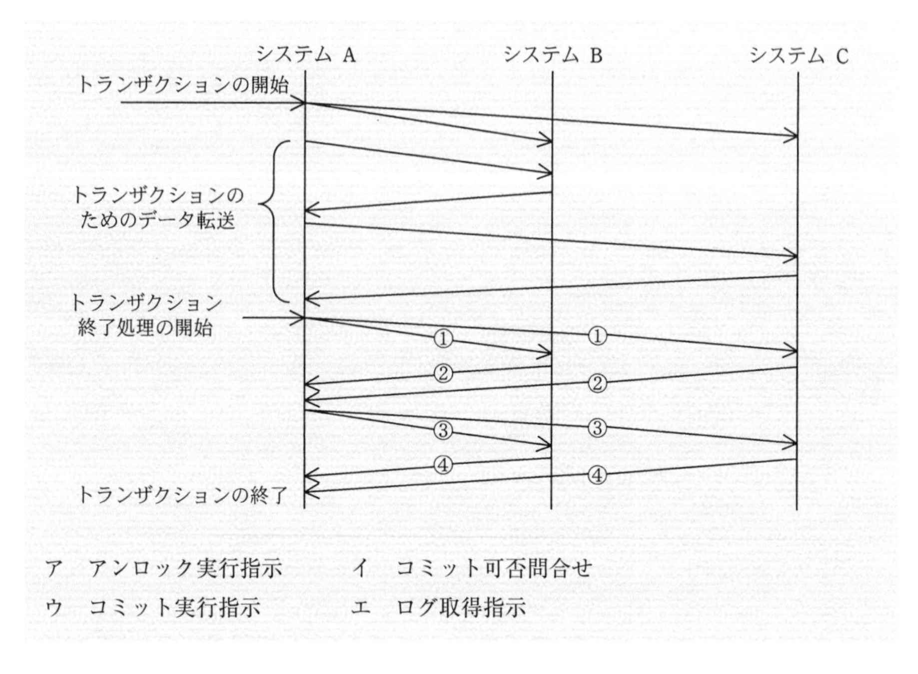

ア　アンロック実行指示　　イ　コミット可否問合せ
ウ　コミット実行指示　　エ　ログ取得指示

問7　解答解説　2相コミットメント制御 ▶P.134

2相コミットプロトコルは，トランザクションの終了処理において，実行結果を確定する前にコミットもアボートも可能な不確定状態（セキュア状態）を設定し，その後に実行結果を確定（コミット）するという，二つのフェーズで制御を行う方法である。

2相コミットプロトコルによる処理手順は，次のとおりである。

〈第1フェーズ〉

[1] 指揮プロセスは，全ての関係プロセスに対してコミット可否問合せを送信する。

[2] コミット可否問合せを受信した各関係プロセスは，指揮プロセスに対し，コミット可能であれば肯定応答，コミット不可能であれば否定応答を通知する。

〈第2フェーズ〉

[3] 指揮プロセスは，全ての関係プロセスから肯定応答を受け取った場合，全ての関係プロセスにコミット実行指示を送信し，トランザクションのコミットを指示する。否定応答を一つでも受け取った場合や，一定時間経過しても応答がない関係プロセスが一つでもあった場合には，全ての関係プロセスにアボート実行指示を送信する。

[4] 各関係プロセスは，コミット実行指示を受信したら，トランザクションをコミットしてデータベースに実行結果を反映し，ロックを解除する。アボート実行指示を受信したら，トランザクションをアボートし，ロールバック処理を行い，ロックを解除する。

［5］各関係プロセスは，指揮プロセスに対して完了応答を送信する。

図は，上記［1］～［4］の処理のうち正常処理を表したものである。指揮プロセスがシステムA，関係プロセスがシステムB，システムCで，①がコミット可否問合せ，②が肯定応答，③がコミット実行指示，④が完了応答となる。よって，“ウ”が③の動作となる。

《解答》ウ

問8 ✔□ □□ CAP定理に関する記述として，適切なものはどれか。

（R5問1，R3問1）

ア システムの可用性は基本的に高く，サービスは利用可能であるが，整合性については厳密ではない。しかし，最終的には整合性が取れた状態となる。

イ トランザクション処理は，データの整合性を保証するので，実行結果が矛盾した状態になることはない。

ウ 複数のトランザクションを並列に処理したときの実行結果と，直列で逐次処理したときの実行結果は一致する。

エ 分散システムにおいて，整合性，可用性，分断耐性の三つを同時に満たすことはできない。

問8 解答解説 CAP定理▶P.205

CAP定理とは，分散システムにおいて，一貫性（Consistency），可用性（Availability），分断耐性（Partition-tolerance）の三つの特性のうち，同時には最大二つまでしか満たすことができないとする理論である。分散型データベースシステムでは，一貫性はデータ整合性が保たれること，可用性はいつでも利用できること，分断耐性は障害などによってネットワークが分断されても正常に利用できることである。これらの特性は互いに関係している。例えば，可用性と分断耐性を満たすためにデータベースを二重化し，それぞれ独立して稼働させると，二つのデータベース間でのデータ整合性が保たれなくなる。

ア BASE特性を満たすシステムに関する記述である。BASE特性とは，データベース機能を含めたシステムに要求される三つの特性，BA（Basic Available）はいつでも利用できること，S（Soft State）はデータの状態は外部に依存すること，E（Eventually Consistent）は結果データの整合性が保たれることである。

イ トランザクション処理のACID特性に関する記述である。ACID特性とは，トランザクションに要求される四つの性質，原子性（Atomicity），一貫性（Consistency），独立性（Isolation），耐久性（Durability）のことである。

ウ トランザクションの直列化可能性（serializability）に関する記述である。直列可能性は，ACID特性の独立性（Isolation）と同等な性質を意味する。

《解答》エ

問9 ☑☐ ☐☐ データレイクの特徴はどれか。 (R4問18)

ア 大量のデータを分析し，単なる検索だけでは分からない隠れた規則や相関関係を見つけ出す。
イ データウェアハウスに格納されたデータから特定の用途に必要なデータだけを取り出し，構築する。
ウ データウェアハウスやデータマートからデータを取り出し，多次元分析を行う。
エ 必要に応じて加工するために，データを発生したままの形で格納して蓄積する。

問9 解答解説 データウェアハウスの操作▶P.137 データマイニング▶P.138

データレイク（data lake：データの湖）は，あらゆるデータを，発生した時点のそのままの状態で格納しておくリポジトリ（貯蔵庫）のことである。このような「そのままのデータ」のことをネイティブデータともいう。

ア データマイニングに関する記述である。
イ データマートに関する記述である。
ウ スライシングやダイシングなどのOLAP（On-Line Analytical Processing）技法に関する記述である。

《解答》エ

問10 ☑☐ ☐☐ OLAPによって，商品の販売状況分析を商品軸，販売チャネル軸，時間軸，顧客タイプ軸で行う。データ集計の観点を，商品，販売チャネルごとから，商品，顧客タイプごとに切り替える操作はどれか。

(R2問17，H30問19)

ア ダイス　　イ データクレンジング
ウ ドリルダウン　　エ ロールアップ

問10 解答解説 データウェアハウスの操作▶P.137 OLAP▶P.139

商品の販売状況を，商品軸，販売チャネル軸，時間軸，顧客タイプ軸で分析する場合には，商品の販売状況をこれらを軸とする多次元データベースとして構築する必要がある。多次元データベースにアクセスして検索・分析するアプリケーションのことを，OLAP（On-Line Analytical Processing）という。OLAPには，ダイス，ドリルダウン，ロール（ドリル）アップ，スライスなどの機能がある。これらの機能を用いることにより，データを多角的に比較分析することができる。

ダイス：切り取る次元を切り替えて（縦軸や横軸の項目を替えて）表示する機能
ドリルダウン：データのサマリレベルを１レベルずつ下げて詳細データを表示する機能
ロールアップ：データのサマリレベルを１レベルずつ上げてサマリを表示する機能
スライス：多次元データベースの任意の次元の項目で切り取り，切り取った面を表示する機能

したがって，データ集計の観点を，商品，販売チャネルごとから，商品，顧客タイプごとに切り替える操作は，ダイスである。

なお，データクレンジングとは，データ分析にあたって，データの整合性や値の妥当性を確認して，分析対象データを整えることである。 《解答》ア

問11 ☑□ □□ スタースキーマでモデル化し，一定期間内に発生した取引などを分析対象データとして格納するテーブルはどれか。 (H26問17，H21問14)

ア ディメンジョンテーブル　　イ デシジョンテーブル
ウ ハッシュテーブル　　エ ファクトテーブル

問11 解答解説 データウェアハウスのスキーマ構成▶P.137

スタースキーマとは，データウェアハウスにおいて，分析対象のトランザクションデータが格納されているテーブルの周囲に，複数のディメンジョンテーブル（次元表）を概念的に配置するスキーマ構造のことである。その形が星型であることからスタースキーマという。このとき，分析対象のデータが格納されているテーブルをファクトテーブル（事実表）という。

ディメンジョンテーブル：分析する切り口（ディメンジョン）の情報が格納されているテーブル
デシジョンテーブル：条件の組合せに対する処理の実行の可否を表現する表。システムの要件定義などで用いられる
ハッシュテーブル：キーとキーに対応する値の組を，検索しやすいように一定の規則で格納した表

《解答》エ

問12 ☑□ □□ データマイニングに関する説明として，適切なものはどれか。 (H26問18)

ア 基幹業務のデータベースとは別に作成され，更新処理をしない時系列データの分

析を主目的とする。

イ　個人別データ，部門別データ，サマリデータなど，分析者の目的別に切り出され，カスタマイズされたデータを分析する。

ウ　スライシング，ダイシング，ドリルダウンなどのインタラクティブな操作によって多次元分析を行い，意思決定を支援する。

エ　ニューラルネットワークや統計解析などの手法を使って，大量に蓄積されているデータから，顧客購買行動の法則などを探し出す。

問12 解答解説　データマイニング▶P.138　OLAP▶P.139

データウェアハウスに蓄積された膨大な時系列データを分析するツールとして，OLAP (OnLine Analytical Processing) やデータマイニングがある。データマイニングは，データ解析技法を用いて，データから意味のある規則を発見する行為である。アメリカで，スーパーマーケットで紙オムツを購入する客がビールも購入することが多いという法則は有名である。

ア　データウェアハウスに関する説明である。

イ　データマートを利用したデータ分析に関する説明である。データマートとは，大規模なデータウェアハウスから，部署別や地域別のように，使用目的に応じて抽出したデータである。

ウ　スライシング，ダイシング，ドリリング（ドリルアップやドリルダウン）は，データウェアハウスに格納された多次元データを目的別に切り出す手法で，OLAPに含まれる機能である。OLAPは，エンドユーザーがデータウェアハウスに蓄積されたデータを直接操作することによって，オンラインでデータ分析を行う。　《解答》エ

問13 ☑□□□　ビッグデータ処理基盤に利用され，オープンソースソフトウェアの一つであるApache Sparkの特徴はどれか。　(R3問18)

ア　MapReduceの考え方に基づいたバッチ処理に特化している。

イ　RDD (Resilient Distributed Dataset) と呼ばれるデータ集合に対して変換を行う。

ウ　パブリッシュ／サブスクライブ（Publish/Subscribe）型のメッセージングモデルを採用している。

エ　マスタノードをもたないキーバリューストアである。

問13 解答解説　ビッグデータ▶P.139

Apache Sparkは，ビッグデータに対して高速な分散処理を行うオープンソースソフトウェアである。Apache Sparkでは，データをパーティション化して分散メモリで扱うためのRDD（Resilient Distributed Dataset）と呼ばれるデータ構造を用意し，RDDに対して必要な処理を記述する。これによりストレージへのアクセスを減らしてインメモリでデータ処理できるなど，Apache Hadoopよりも高速化できるのが特徴となっている。

ア　Apache Hadoopに関する記述である。
ウ　MQTT（Message Queue Telemetry Transport）に関する記述である。
エ　Apache Accumuloに関する記述である。　《解答》イ

問14 ☑□□□　ビッグデータの処理に使用されるCEP（複合イベント処理）に関する記述として，適切なものはどれか。　（R4問16，R2問15）

ア　多次元データベースを構築することによって，集計及び分析を行う方式である。
イ　データ更新時に更新前のデータを保持することによって，同時実行制御を行う方式である。
ウ　分散データベースシステムにおけるトランザクションを実現する方式である。
エ　連続して発生するデータに対し，あらかじめ規定した条件に合致する場合に実行される処理を実装する方式である。

問14 解答解説　多版同時実行制御▶P.110
2相コミットメント制御▶P.134　OLAP▶P.139

CEP（Complex Event Processing：複合イベント処理）は，連続して発生しているデータに対してリアルタイムで処理を行い有用なデータを取り出す技術のことである。アクションを実行するための条件をあらかじめ設定しておき，その条件に合致したデータがあった場合にアクションを実行する。

ア　OLAP（On-Line Analytical Processing）に関する記述である。
イ　多版同時実行制御（MVCC：MultiVersion Concurrency Control）に関する記述である。
ウ　2相コミット及び2相ロックに関する記述である。　《解答》エ

問15 ☑□□□　機械学習を用いたビッグデータ分析において使用されるJupyter Labの説明はどれか。　（R4問17）

ア　定期的に実行するタスクを制御するための，ワークフローを管理するツールであ

る。
イ　データ分析を行う際に使用する，対話型の開発環境である。
ウ　並列分散処理を行うバッチシステムである。
エ　マスターノードをもたない分散データベースシステムである。

問15　解答解説

Jupyter Labとは，Web ブラウザ上で動作する対話型の開発環境のことである。Pythonなどのプログラムコードを入力して実行すると，実行結果を逐次確認しながら，データ分析を進めることができる。

ア　運用管理ツールやジョブ管理システムの機能に関する説明である。Jupyter Labは対話型環境であるため，開発したコードを定期的に実行するためには外部の運用管理ツールやジョブ管理システムと組み合わせる必要がある。
ウ　Hadoop MapReduceなどに見られる特徴の説明である。Jupyter Labはコードを対話的に実行し，その実行結果をログやグラフも含めて同一環境で閲覧，保存するための環境である。バッチ処理を行うためのシステムではない。
エ　Cassandraなどの障害耐性を高めたデータベースに見られる特徴の説明である。Jupyter Labはデータベース機能を持たず，Pythonの標準ライブラリに入っている簡易データベースSQLiteを利用したり，外部のデータベースに接続したりして処理を行う。

《解答》イ

セキュリティ

知識編

5.1 情報セキュリティの基礎

❏ 情報セキュリティの基本用語

情報セキュリティにおいて頻繁に登場する用語を次に示す。

▶情報セキュリティの基本用語

情報資産	サーバなどの機器，ネットワーク，プログラム，データなど，情報システムに関連する一連のもの
情報セキュリティリスク	情報資産を脅かす事象で，現在はまだ発生していないが，将来的に現実化する可能性があるもの
情報セキュリティインシデント	情報セキュリティリスクが現実化した事象。特に，事業の運営を危うくする確率や，情報セキュリティを脅かす確率の高いものをいう。「インシデント」とだけ表記することも多い
脅威	損害を与える可能性がある，インシデントの潜在的な原因
脆弱性	脅威がつけ込むことができる弱点
攻撃，クラッキング	悪意を持って情報資産を破壊，窃取，盗用，暴露すること。あるいは許可されていないアクセスを行うこと
セキュリティパッチ	システムの脆弱性を修正するためのプログラム
盗聴	第三者が通信の内容を盗み見ること
改ざん	データを不正に書き換えること
なりすまし	第三者が本人のふりをする行為
不正アクセス	権限のない第三者がシステムを不正に利用すること
アクセス制御	情報資産へのアクセスを許可したり禁止したりすること。不正アクセスを防止するために講じる手段
管理策，コントロール	リスクに対応するための対策。具体的には，リスクに対応するための手続き，方針，仕組み，機構，実務手順などのこと
マルウェア	悪意を持ったソフトウェアの総称。コンピュータウイルスもマルウェアの一種である

❏ JPCERT/CC（JPCERTコーディネーションセンター） 問2

インターネット上で発生するセキュリティインシデントについて，日本国内での報告受付や対応の支援，手口の分析，再発防止策の検討・助言などを，技術的な立場から行う情報セキュリティに関する活動組織である。ホームページ上で，注意喚起や脆弱性関連の最新情報を配信している。

❏ J-CSIP（ジェイシップ）（サイバー情報共有イニシアティブ）

サイバー攻撃などの情報共有と早期対応を行うためにIPA（情報処理推進機構）が中心となって確立したセキュリティ情報連携体制である。主に，社会インフラで利用される機器の製造業者（重工業メーカ，重電機メーカなど）が参加している。

❏ CSIRT（シーサート）（Computer Security Incident Response Team） 問3

企業，組織，政府機関内に設置され，情報セキュリティインシデントに関する報告を受け付けて調査し，対応活動を行う組織である。一般的には，企業内に「セキュリティ問題対策チーム」といった位置付けで設置される。

❏ DLP（Data Loss Prevention） 問1

ミスや不正による情報の紛失・漏えいを防止する仕組み及びソフトウェアの総称である。コンピュータシステムに記録された情報の機密度や重要度を識別し，規則に違反する行為があった場合には，警報を発し操作を中断するなどの措置を行う。

❏ リスクマネジメント

リスクアセスメントとリスク対応が含まれる。リスクアセスメントとは，リスク特定，リスク分析，リスク評価のプロセス全体をいう。リスクマネジメントは，次のような流れで行う。

リスク特定 → リスク分析 → リスク評価 → リスク対応

❏ リスク特定

リスクを洗い出し，確認し，記録する。リスク源，事象，原因，起こり得る結果などの特定が含まれる。リスク源とはリスクを生じさせる潜在的な要素のことで，脅威や脆弱性はリスク源に含まれる。

❏ リスク分析

リスクレベルを決定する。リスクレベルは，発生した場合の結果の重大さと起こりやすさ（発生確率）の組合せで表す。発生した場合の結果の重大さは，

・業務にとってどの程度重要なのか（重要度）
・どの程度の影響範囲なのか（影響度）
・どの程度の対応期間が許されるか（緊急度）

などを考慮して決める。

リスク分析の手法には，定性的な分析と定量的な分析がある。

❏ リスクの定性的な分析

「致命的・重大・中程度・軽微」などの言葉で評価する手法である。リスクが発生した場合の結果の重大さやリスクの起こりやすさに対しての数値的な基準がなく，数値で表すことが困難な場合には，無理に数値化せず，言葉での表現にとどめておくほうが適切なこともある。

❏ リスクの定量的な分析

リスクが発生した場合の結果の重大さやリスクの起こりやすさを数値で表し，リスクレベルを，

リスクが発生した場合の結果の重大さ×起こりやすさ（発生確率）

で表す。数値で表すことで，客観的に比較できるようになる。

❏ リスク評価

リスクが受容可能かどうかを決定するために，リスク分析の結果をリスク基準と比較する。リスクへの対応策を講じるにはコストと資源（人，物，時間）が必要である。これらは無尽蔵に用意できるわけではない。そのため，優先度に従って対応するリスクと対応しないリスクに分け，対応策を効果的に講じる。

❏ 残留リスク

リスク対応後に残るリスクや対応から除外されたリスクである。残留リスクは現実化した時点で対応する。

❏ リスク対応

リスクを修正するための選択肢を選定し，実践する。リスク対応には，大きく分けてリスクコントロールとリスクファイナンスがある。

❏ リスクコントロール

リスクがもたらす損失を最小にするために，リスクが発生する以前に行う備えである。

❏ リスクファイナンス

実際にリスクが発生してしまった場合の損失や，リスクコントロールで処理しきれなかったリスクに対する損失に備える資金的対策のことである。

❏ 暗号通信のモデル

暗号通信は次図のように行う。

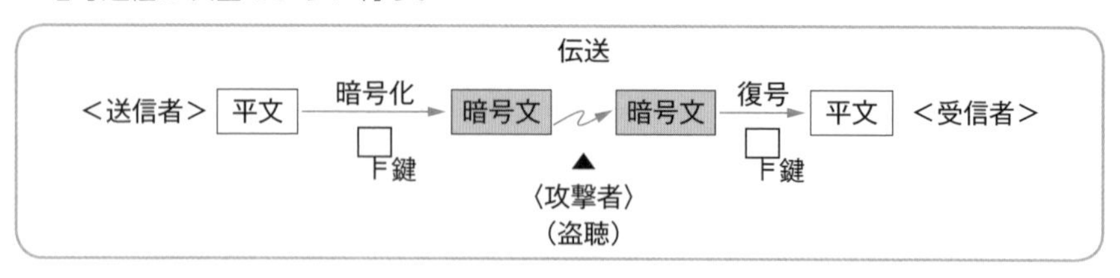

▶暗号通信のモデル

❏ 平文と暗号文

第三者でも内容を判読できるデータを平文，第三者には内容が判読できないデータを暗号文という。「文」と表記するが，文字である必要はない。映像データ，文書ファイルやプログラムコードなどでも「平文」「暗号文」という。

❏ 暗号化と復号

平文から暗号文を生成することを暗号化，暗号文から平文を生成することを復号という。攻撃者が伝送中にデータの内容を盗聴しようとしても，データを暗号化していれば，攻撃を回避することができる。暗号化や復号には暗号化アルゴリズムと鍵を利用する。

暗号方式には，共通鍵暗号方式（対称鍵暗号方式）と公開鍵暗号方式（非対称鍵暗号方式）がある。また，共通鍵暗号方式と公開鍵暗号方式を併用するハイブリッド暗号方式もある。

❏ 共通鍵暗号方式 問9

暗号化と復号に同じ鍵を利用する暗号方式である。

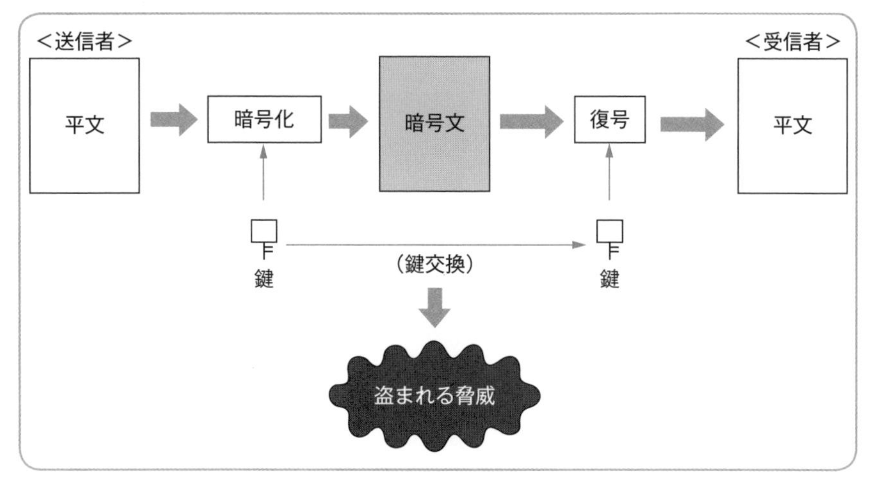

▶共通鍵暗号方式

❏ 共通鍵暗号方式の特徴

【利点】

・暗号化，復号のための計算量が比較的少ないため，**短い時間で処理ができる。**

【欠点】

・通信相手ごとに異なる鍵が必要となるため，**管理すべき鍵の数が多くなる。**

通信する人数がN人の場合，鍵の総数（種類数）は，$\frac{N(N-1)}{2}$となり，人数が増えると鍵の総数が急激に増加する。

・鍵交換において，**共通鍵を安全に送付するための工夫が必要である。**

❏ AES 問9 問11

共通鍵暗号方式の代表的なブロック暗号規格である。NIST（アメリカ国立標準技術研究所）が定めた暗号規格で，インターネット通信の暗号化やディスク装置中のデータの暗号化などに広く利用されている。ブロック長は128ビット固定で，鍵長は128，192，256ビットから選択できる。

AESにおける暗号処理の流れは，次のようになっている。

置換え→左シフト→行列変換→鍵と排他的論理和（XOR）演算

この一連の流れをラウンドと呼ぶ。ラウンド数は鍵長によって異なり，鍵長が128ビットの場合は10回，192ビットの場合は12回，256ビットの場合は14回適用される。

❏ 公開鍵暗号方式

ペアとなる二つの鍵（鍵ペア）を用いて暗号化と復号を行う。鍵ペアは鍵生成用のソフトウェアを利用して生成し，片方を公開鍵（public key）として公開し，他方を秘密鍵（private key）として他人に知られないように厳重に管理する。公開鍵で暗号化したデータは，ペアとなる秘密鍵でしか復号することができない。また，公開鍵を解析して秘密鍵を導出することは極めて困難（ほぼ不可能）である。

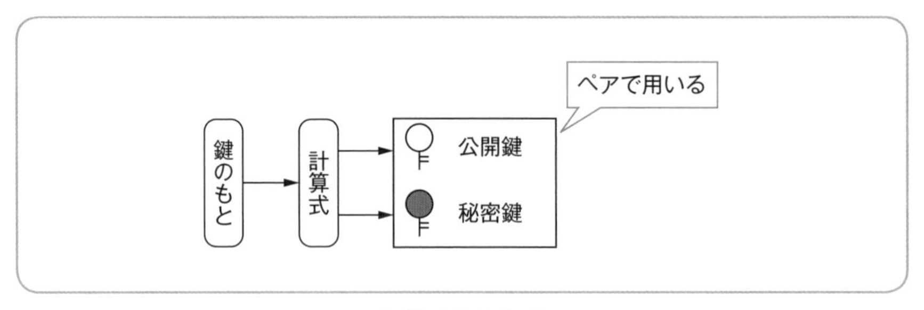

▶鍵ペアの生成

❏ 公開鍵暗号方式の特徴 問10

【利点】

・**管理すべき鍵の数が少ない**。自分の公開鍵と秘密鍵だけを管理すればよい。
　通信する人数がN人の場合，各人で公開鍵と秘密鍵が必要となるので，鍵の総数（種類数）は，2Nとなる。

・**鍵交換が容易である**。公開鍵は秘密にする必要はないので，そのまま相手に送付可能である。

【欠点】

・暗号化と復号の**処理に比較的時間がかかる**。

❏ 公開鍵暗号方式の用途

守秘（機密性確保）を目的として利用されるほか，デジタル署名でも利用される。また，ハイブリッド暗号方式では，共通鍵暗号方式の鍵を交換する際に利用する。

❏ 公開鍵暗号方式の守秘目的利用

通信に先だって，受信者はインターネットを利用して送信者に自身の公開鍵を送付する。公開鍵は秘密にする必要がないので，送付時に窃取されたとしても問題は生じない。暗号化と復号は次のように行う。

① 暗号化：送信者は，**受信者の公開鍵を用いて**平文から暗号文を得る。

② 復号：暗号文を受信した受信者は，**自身（受信者）の秘密鍵を用いて**暗号文から平文を得る。

受信者の秘密鍵は受信者しか知らないので，暗号化された通信文を復号できるのは受信者のみである。したがって，通信中に暗号文を窃取されたとしても機密性が保たれる。

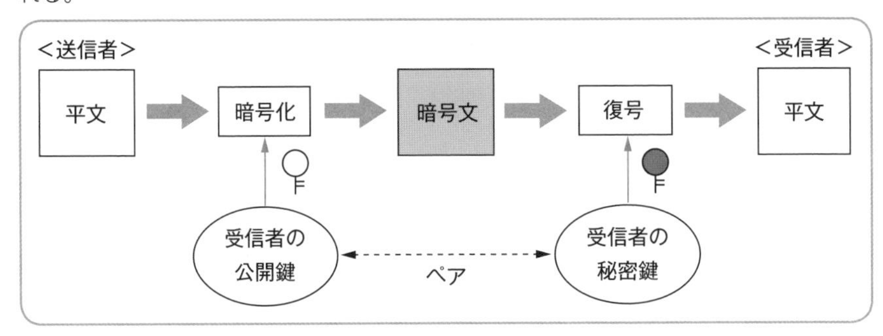

▶機密性を保つための通信（RSA）

❏ ハイブリッド暗号方式

共通鍵暗号方式と公開鍵暗号方式を組み合わせ，両方式の利点を取り込んだ暗号方式である。次のような利点がある。

・暗号化と復号の処理が比較的短い時間でできる。
・鍵交換が容易である。
・管理すべき鍵の数が少ない。

❏ セッション鍵方式

代表的なハイブリッド暗号方式である。セッション鍵とは，そのセッションにだけ利用する共通暗号方式の鍵である。通信に先だって，送信者は乱数などに基づいてセッション鍵を生成する。その後の通信は，次図のようになる。

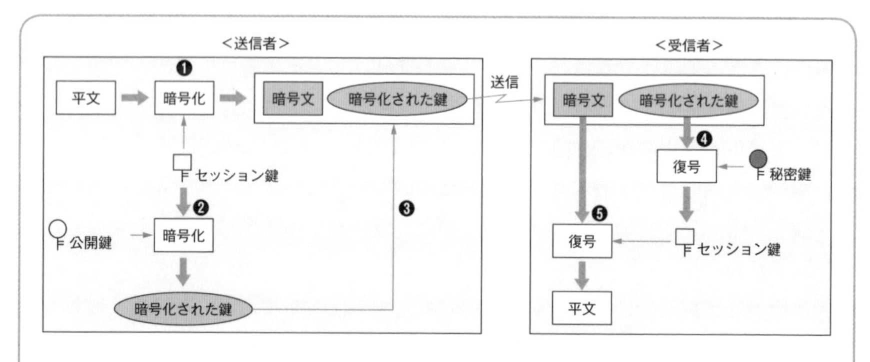

❶　送信者は，セッション鍵を用いて平文を暗号化し暗号文にする。
❷　セッション鍵そのものを受信者の公開鍵を用いて暗号化する。
❸　❶と❷を受信者に送信する。
❹　受信者は，自身（受信者）の秘密鍵を用いて暗号化されているセッション鍵を復号する。
❺　復号したセッション鍵を用いて暗号文を復号し，平文を得る。

▶機密性を保つための通信のモデル（セッション鍵方式）

5.2 情報セキュリティの応用

❏ DNSサーバ 問4 問6

DNSサーバは，**コンテンツサーバ**と**キャッシュサーバ**から構成される。コンテンツサーバとキャッシュサーバは，同一のコンピュータ上で稼働させてもよいし，セキュリティなどの観点から役割を明確に分離してもよい。

コンテンツサーバは**ゾーン情報**を管理し，外部のDNSサーバからの問合せに応答する。キャッシュサーバは，内部のクライアントからDNS名前解決の問合せを受けると，外部のDNSサーバに問合せを行う。この結果はクライアントに返送されるとともにキャッシュに保持される。名前解決の要求を受けたとき，その対象がキャッシュにあれば，キャッシュサーバはキャッシュに保持された情報を返す。

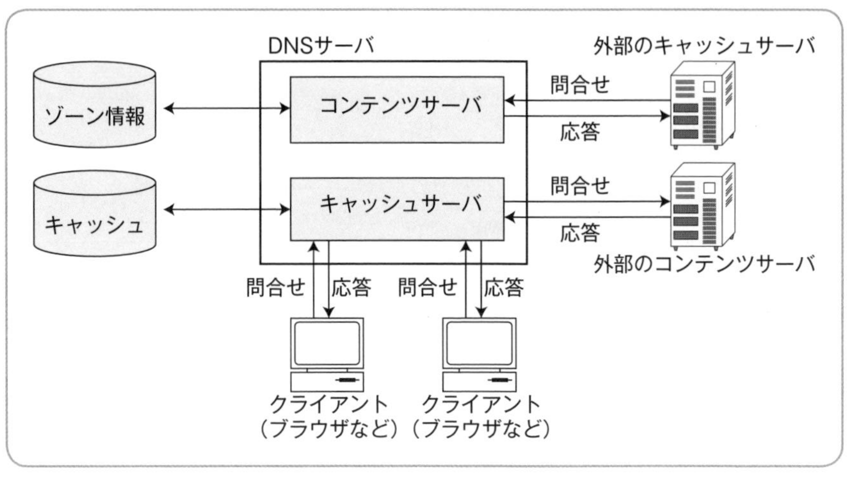

▶DNSサーバの構成

キャッシュに保持された情報には生存期間（TTL：Time To Live）が設定されており，TTLを超えた資源レコードは廃棄される。TTLを長くするほどDNSサーバへの問合せは少なくなるが，IPアドレスを変更したい場合などは古いIPアドレスへのアクセスを防ぐために一時的にTTLを短くして運用する場合もある。

❏ DNS問合せ

クライアントが，自組織（企業やISPなど）で用意したキャッシュサーバに対して名前解決を依頼すると，キャッシュサーバはルートドメインから下位のドメインに向かって順に検索を繰り返し，最終的に目的のIPアドレスを取得して回答する。これを反復問合せという。一方，クライアントはキャッシュサーバに「完全な回答」を要求しており，自らは反復して問合せを行わない。このような問合せを**再帰問合せ**という。すなわち，キャッシュサーバはクライアントからの再帰問合せを受け，名前解決を行う。キャッシュサーバのことを再帰サーバあるいはフルサービスリゾルバともいう。

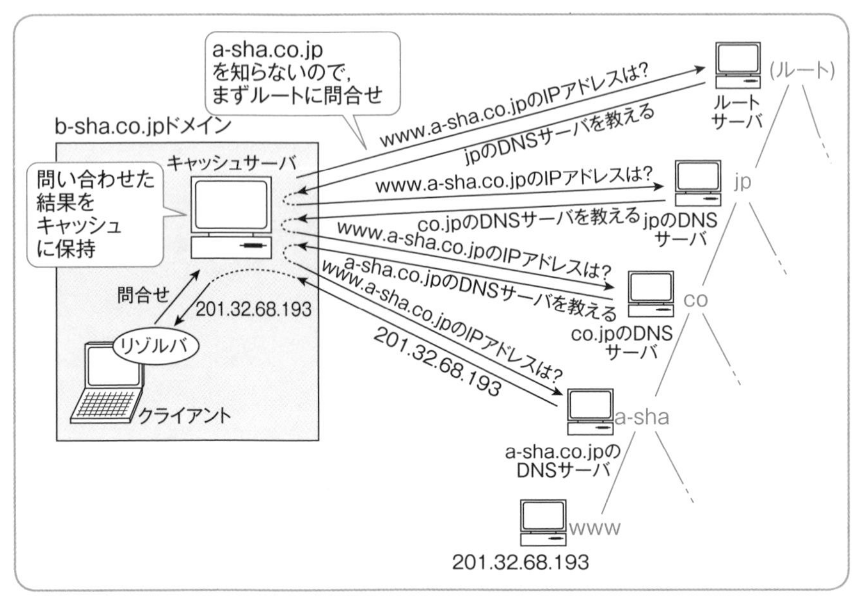

▶DNSの問合せ

DNSの問合せは，通常はUDPのポート番号53が用いられる。ただし，DNSサーバからの応答が一定の長さ（512バイト）を超えるような場合，TCPが用いられる。

❏ DNS水責め攻撃 問4

ネットワークへの攻撃手法で，権威DNSサーバを高負荷状態に陥れるDDoS攻撃である。権威DNSサーバが高負荷状態になって反応しなくなると，ユーザーが当該ドメインの名前解決をすることができなくなり，実質的にインターネットから当該ドメインへアクセスできなくなる。DNS水責め攻撃では，**ボットネット**を利用して，ランダムに作成したサブドメインのホストについて問い合わせることにより，権威DNSサーバに問合せを集中させる。**ランダムサブドメイン攻撃**とも呼ばれる。

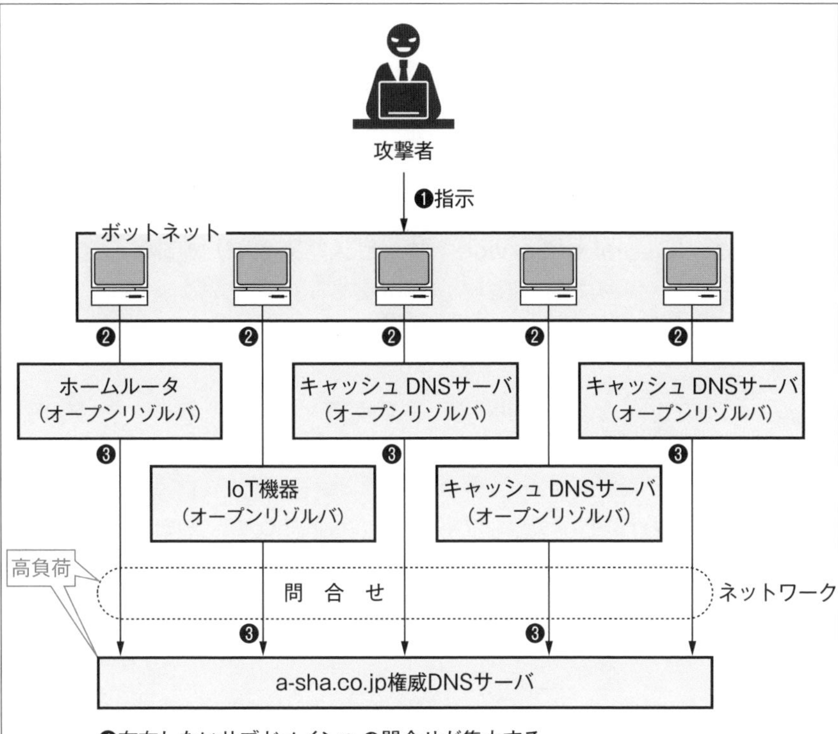

❶ 攻撃者は，ボットネットに対して，標的ドメイン（a-sha.co.jp）のサブドメインをランダムに作成して問合せをするように指示を出す。例えば，

sub001.a-sha.co.jp
sub002.a-sha.co.jp
sub003.a-sha.co.jp

のようにランダムにサブドメインを作成し，問合せをさせる。

❷ ボットネット中のPCが，オープンリゾルバ状態のキャッシュ DNSサーバや，オープンリゾルバの脆弱性を持つホームルータ，IoT機器などに名前解決を依頼する。

❸ 問い合わせるサブドメインはランダムに生成された実在しないものなので，情報がキャッシュされていることはない。その結果，オープンリゾルバ機器は，標的ドメイン（a-sha.co.jp）の権威DNSサーバに問い合わせる。

❹ 結果，権威DNSサーバに問合せが集中し，高負荷状態に陥る。

▶DNS水責め攻撃

DNS水責め攻撃の踏み台として，オープンリゾルバの脆弱性を持つホームルータが利用されることが増えている。この対策として，外部からホームルータに向けてのDNS問合せパケットをプロバイダにおいて遮断する，IP53B（Inbound Port 53 Block）がある。IP53Bによって，ホームルータにオープンリゾルバの脆弱性があっても，悪用されることを防御できる。

❏ DoS攻撃（Denial of Service：サービス妨害攻撃） 問13 問14

ネットワークやサーバに過負荷を与える攻撃である。大量のパケットを送り付けて負荷を高める方法と，プロトコルの欠陥を突いてサービスを停止に追い込む方法がある。

マルウェア（主にボット）を利用して，攻撃用プログラムを拡散させ，大量の機器から同時にDoS攻撃を仕掛ける手法は，**DDoS攻撃**（Distributed DoS：分散型DoS攻撃）と呼ばれる。また，システム停止によって引き起こされる標的組織の経済的な損失を目論んで行われるDoS攻撃を**EDoS攻撃**（Economic DoS攻撃）という。

DoS攻撃を根本的に防ぐ方法はなく，サーバのIPアドレスを変更して攻撃の目をそらす，帯域制御の設定を細かく行う，パケットフィルタリングの設定を細かく行うなどの対症療法的な方法しかない。

❏ SSH（Secure SHell） 問7 問8

クラウド上のサーバなどにリモートログインする場合に利用するアプリケーションプログラム（コマンド）である。リモートログインに関する通信を暗号化する。

SSHでは，リモートログインを行う際に，パスワードによるユーザー認証のほかに，公開鍵を利用したユーザー認証もできる。リモートログイン先のサーバにユーザーの公開鍵を登録しておき，ユーザーがリモートログインする際に秘密鍵を利用する認証方法である。

SSHには，ポートフォワーディング機能も実装されている。ポートフォワーディング機能を利用すると，IPパケットを暗号化して，ホストへ送信することができる。これは，IPパケットをトンネリングさせた，簡易的なリモートアクセスVPNの構築を実現する。つまり，SSHサービスが利用できれば，IPsec-VPNやTLS/SSL-VPNが利用できない場合でも，リモートアクセスVPNを構築できることになる。

❏ TLS/SSL 問5 問8

SSL（Secure Sockets Layer）やその後継規格であるTLS（Transport Layer

Security）は，TCP/IPモデルにおけるアプリケーション層とトランスポート層の間に位置し，アプリケーションプロトコルに対して次のような機能を提供するセキュリティプロトコルである。

▶TLS/SSLの機能

サーバ認証 クライアント認証	サーバ（またはクライアント）が提示する証明書を検証し，通信相手を認証する。どちらか一方の認証（あるいは両方とも認証しない）も可能であり，WWWにおいては，サーバ認証が行われることが多い
暗号化	アプリケーションプロトコルのデータを暗号化する
メッセージ認証	メッセージ認証符号を用いて，改ざんを検出する

TLS/SSLはトランスポート層にTCPを用いる様々なアプリケーションプロトコルの下位層として利用することができる。WWWにおいては，上位層にHTTPを利用するHTTPS（HTTP over TLS/SSL）が主に用いられ，ウェルノウンポート番号として443が用いられる。

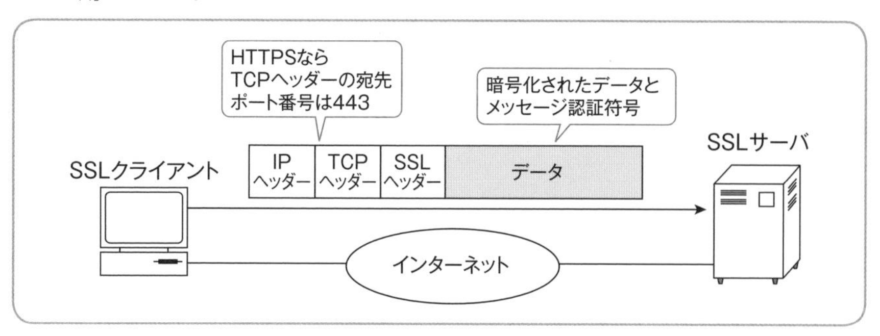

▶TLS/SSLを利用した通信

❑ IPsec 問8

IPにセキュリティ機能を提供するプロトコルであり，ネットワーク層に相当する。IPsecは，次のような複数のプロトコルで構成される。

- **認証ヘッダー**（AH：Authentication Header）…メッセージ認証の機能を実現
- **暗号化ペイロード**（ESP：Encapsulating Security Payload）…メッセージ認証と暗号化の機能を実現
- **IKE**（Internet Key Exchange）…自動的な鍵交換（鍵の自動生成と共有）を実現

IPsecでは，これらの機能を組み合わせて，なりすましや改ざん，盗聴などを防止する。なお，認証ヘッダーと暗号化ペイロードはどちらもメッセージ認証の機能を持つが，メッセージ認証の対象となる範囲が異なるため，両者を併用することもできる。

❏ SQLインジェクション

Webサイトに対する攻撃手法で，入力データにSQL構文の一部を埋め込んで，任意のSQL文を実行させる攻撃である。データの不正閲覧やWebサイトの改ざんなどに用いられる。図では，SQLインジェクションによってSQL文の意味を変えている（PASSWORD=''OR'1'='1'になることによってPASSWORDが何であっても許可してしまう）が，セミコロン（;）で区切って任意のSQL文を実行することもできる。

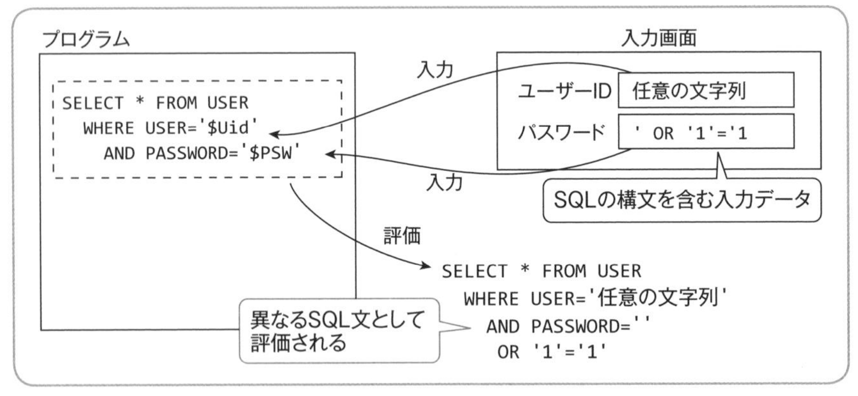

▶SQLインジェクション

入力データを厳密にチェックしないことが原因でSQLインジェクションを許してしまう。このため，厳密に入力データをチェックして，入力データが所定の形式でなければエラー処理を行う（SQLとして処理しない）ことが原則となる。

さらに，チェックした入力データは，プリペアドステートメント（準備された文）を用いてSQL文に埋め込む。プリペアドステートメントは，プレースホルダ（値を埋め込む場所）と値を埋め込むためのAPIによって構成される解析済みのSQL文である。内部で**バインド機構**（プレースホルダに入力データを埋め込む機能）による処理が行われ，入力データは数値または文字列の定数として組み込まれるため，入力データを文字列連結で処理するよりも高い安全性を提供する。

また，シングルクォーテーション（'）やバックスラッシュ（\）などの特殊記号を**エスケープ処理**する方法もある。DBMSによっては，このためのAPIを提供しているものもあるので，可能であればAPIの利用が望ましい。

❏ クロスサイトスクリプティング（XSS：Cross Site Scripting）

Webサイトに対する攻撃手法で，入力データをそのまま出力してしまう脆弱サイトを利用し，標的となる利用者のブラウザ上で悪意のスクリプトを実行させる攻撃である。その手順は，次のようになる。

❶ 攻撃者は，「脆弱サイトにスクリプトを含む不正な入力データを送信する」といった悪意のハイパリンクを含むWebページ（またはメール）を用意する。

❷ 利用者がそのWebページを閲覧し，ハイパリンクをクリックすると，スクリプトを含む不正な入力データが脆弱サイトに送信される。

❸ 脆弱サイトによって悪意のスクリプトを含んだWebページが生成され，利用者に返される。

❹ ブラウザは，受信したページに含まれる悪意のスクリプトを実行する。

クロスサイトスクリプティングの結果，クッキーの窃取によるセッションの乗っ取り（なりすまし）や偽造ページの表示（フィッシング）といった被害が発生する。

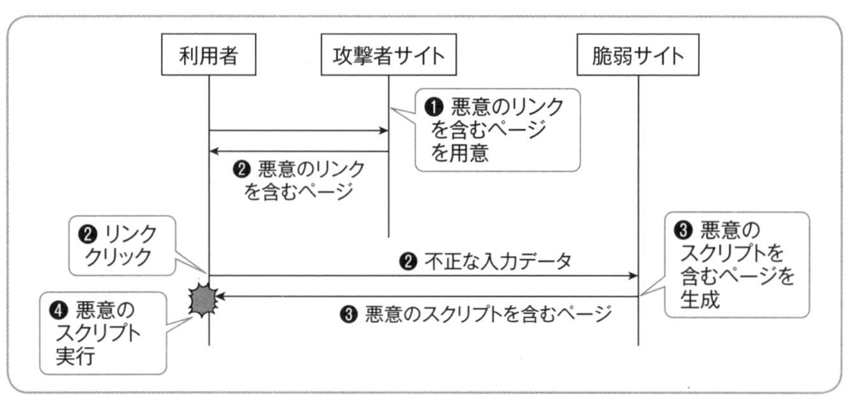

▶**クロスサイトスクリプティング**

クロスサイトスクリプティングは，入力データに含まれるHTMLのタグを，そのまま出力結果のHTMLに含めてしまう脆弱性を利用する。具体的には，入力データに<script>タグなどを含めることによって，任意のスクリプトを含んだWebページを生成させる。したがって，“<”や“>”といった制御文字をエスケープ処理する**サニタイジング**（無害化）が有効である。例えば，<script>という文字列を『<script>』に変換すれば，HTML上で『<script>』という文字が表示される。すなわち，<script>タグとはみなされず，スクリプトは実行されない。

❏ セッションハイジャック

多くのWebアプリケーションでは，利用者（セッション）を識別するために，セッション識別子を利用する。これをセッションIDという。セッションIDはWebアプリケーション側に提示され，WebアプリケーションはセッションIDからセッションを識別して処理を行う。このセッションIDを攻撃者が入手すると，攻撃者は利用者になりすますことができてしまう。このような攻撃をセッションハイジャックといい，Webサイトに対する攻撃手法である。

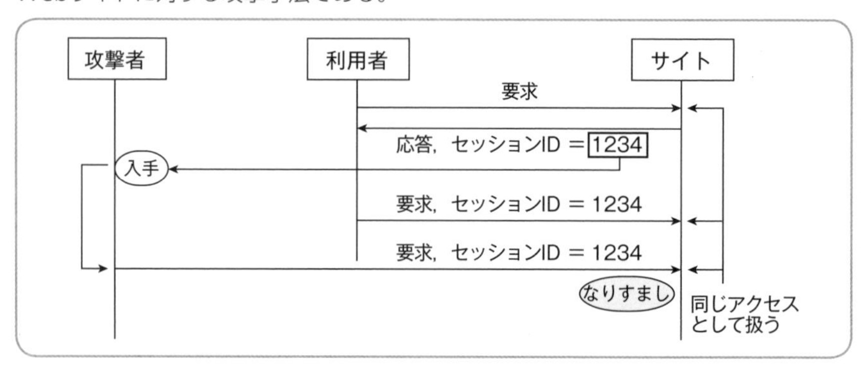

▶セッションハイジャック

攻撃者は，セッションIDを入手するために，セッションIDの推測，盗聴，強制のいずれかを行う。セッションIDの強制とは，攻撃者自身が生成したセッションIDを含むハイパリンクをたどらせることによって，任意のセッションIDを使わせる手法であり，セッション強制（Session Fixation）攻撃という。対策を次に示す。

▶セッションハイジャックの対策方法

入手方法	対策方法
推測	セッションIDが推測されないよう，会員番号のような推測が可能な値としない，桁数が長いランダムかつユニークなセッションIDを生成する。可能であれば，処理系が提供するセッションID生成機能を利用するなど
盗聴	SSLなどによる暗号化を行う，セッションIDをURLに含めない，クッキーを用いている場合はXSSなどによりクッキーが盗まれないよう対策するなど
強制	利用者がログインに成功した場合，それまでのセッションIDを無効化し，新規のセッションIDを発行するなど

Webサーバにセッションを送る場合，一般的には次のような手段が考えられる。

・GETメソッドでURLにセッションIDを格納する。
・POSTメソッドでhiddenフィールドにセッションIDを格納する。
・cookieにセッションIDを格納する。

GETメソッドの利用は極力控えるべきである。Webサーバに対して，直前に訪問したWebサイトのURL（Referer）を送信する機能によって，URLを第三者に知られやすいという特徴を持つためである。したがって，URLには誰に知られても問題ない情報のみを格納することが原則となる。

POSTメソッドやcookieを用いた場合でも，盗聴やcookieの窃取によってセッションIDが第三者に知られる可能性は十分にある。このため，セッションIDを推測困難な値にする，セッションIDの有効期限を極力短くする，などの対策も重要になる。

❑ マルウェア（malware：malicious software）

悪意を持って作成されたソフトウェアである。ユーザーが意図しない動作を行い，ユーザーに害を与える。代表的なマルウェアを次にまとめる。

▶代表的なマルウェア

コンピュータウイルス	データの窃取／破壊／改ざん，システムの乗っ取り，他システムへの攻撃などを目的に作成されたプログラム。実行ファイルやデータファイルに寄生することで感染を広める。メールの添付ファイルやフリーソフトウェアが一般的な感染源である
ワーム	自らネットワークを介して感染を広げるタイプのマルウェア。コンピュータウイルスがファイルに寄生して広まるのに対して，ワームは自ら感染拡大活動を行う。したがって，コンピュータがネットワークに接続されていれば，ワームに感染するリスクがある
ボット	ネットワークを介して指令サーバ（C&Cサーバ：Command &Controlサーバ，C2サーバともいう）からの指令を受け取って，指令に従って不正な動作を行うマルウェア。C&Cサーバとその配下のボットに感染したPCのネットワークをボットネットと呼ぶ。指令は，ボットに感染したPC自らがC&Cサーバにアクセスして取得することが多い。また，C&Cサーバを操って指令を出す者をボットハーダという
ルートキット	サーバ内での侵入の痕跡を隠蔽するなどの機能を持つ不正プログラムのツールを集めたパッケージのこと。システムコールを横取りして，その応答を偽装するなどの方法でプロセスを見えないようにしたりする
バックドア	正規の認証手続きを経ずにシステムにログイン可能な入り口（アクセス経路）のこと。システムに侵入した攻撃者が，再侵入できるように設置する

スパイウェア	ユーザーがアクセスしたサイトの履歴，システムに保管されている文書ファイルの一覧，利用中のデスクトップ画面のスクリーンショットなど，ユーザーのPC利用状況を収集し，外部へ送信するマルウェア
キーロガー	ユーザーが押したキーを記録し，外部へ送信するスパイウェアの一種。キーボードから入力したパスワードなどの情報を窃取される。オンラインバンキングなどでは，キーロガー対策としてソフトウェアキーボード（画面上にキーボードを表示してマウスでクリックして入力する方式）を用意している。
ランサムウェア	コンピュータ（PC，サーバ機など）中の情報を暗号化し利用できなくしたうえで，暗号化解除キー（復号用鍵）と引換えに金銭を要求するマルウェア。金銭を支払ったからといって，暗号化解除キーが送られてくる保証はない。また，暗号化されたファイルを暗号化解除キーなしで復号することは非常に困難なので，被害に備えて，日頃のバックアップが大切である。
Exploit（エクスプロイト）コード	ソフトウェアやハードウェアの脆弱性を利用する攻撃用プログラム。脆弱性が公開されると，短時間でその脆弱性を利用したエクスプロイトコードが作成され，ゼロデイ攻撃に利用される。

❏ S/MIME 問5 問7 問11

電子メールを暗号化したり，電子メールにデジタル署名を付与して，安全にインターネットを介してメールを配送する仕組みである。ハイブリッド暗号方式を利用する。また，PKIを利用してデジタル署名の付与と検証を行うため，ユーザーごとに公開鍵証明書が必要になる。S/MIMEを利用して他の組織とメールをやり取りする場合，パブリック認証局が発行した公開鍵証明書が必要である。

❏ 迷惑メール受信対策

迷惑メールを送信している送信元メールサーバのIPアドレスや送信元メールアドレスを登録した**ブラックリスト**を利用して，迷惑メールを拒否するようメールサーバに設定すると，効果的に迷惑メールを拒否できる。ユーザーから迷惑メールの報告を受け，ブラックリストを作成し，有料サービスとして提供する企業もある。また，独自にブラックリストを作成する組織もある。

❏ メール内容の検査 問12

メール本文の内容を検査して迷惑メールと判定したら，受信を拒否したり，迷惑メールマークを付ける運用をすることも迷惑メール対策として有効である。迷惑メールの判定には，**ベイジアンフィルタリング**や機械学習による判定が広く利用されている。

問題編

問1 ☑□ □□ DLP（Data Loss Prevention）の機能はどれか。 （R4問20）

ア　特定の重要情報が漏えいしたことを想定して，重要情報の機密性の高さに基づいた被害額を事前に算出する。
イ　特定の重要情報を監視して，利用者によるコピー，送信などの挙動を検知し，ブロックする。
ウ　特定の重要情報を利用者が誤って削除したときのために，バックアップデータを取得し，外部記憶媒体などに保管する。
エ　特定の重要情報を利用者が削除したときに，重要情報が完全に削除されたことを示す消去証明書を発行する。

問1 解答解説 DLP▶P.154

DLP（Data Loss Prevention）は，ミスや不正による情報の紛失・漏えいを防止する仕組み及びソフトウェアの総称である。DLPには，コンピュータシステムに記録された情報の機密度や重要度を識別し，規則に違反する行為があった場合には警報を発し，操作を中断するなどの機能がある。

ア　JNSA（日本ネットワークセキュリティ協会）の提唱するJOモデルなどを用いた情報漏洩による影響額の試算に関する説明である。
ウ　データ誤削除リスク対策のうち，バックアップ取得についての説明であり，DLPの機能説明としては不適切である。
エ　ADEC（データ適正消去実行証明協議会）が行っている「データ適正消去実行証明書」の発行などに関する説明である。

《解答》イ

問2 ☑□ □□ インシデントハンドリングの順序のうち，JPCERTコーディネーションセンター“インシデントハンドリングマニュアル（2021年11月30日）”に照らして，適切なものはどれか。 （R5問20，R3問19）

ア　インシデントレスポンス（対応）→ 検知／連絡受付 → トリアージ
イ　インシデントレスポンス（対応）→ トリアージ → 検知／連絡受付
ウ　検知／連絡受付 → インシデントレスポンス（対応）→ トリアージ
エ　検知／連絡受付 → トリアージ → インシデントレスポンス（対応）

第1部 基礎知識と午前Ⅱ問題演習 問題編

問2 解答解説 JPCERT/CC ▶ P.154

JPCERTコーディネーションセンター"インシデントハンドリングマニュアル（2015年11月26日）"では，インシデントハンドリングの基本的フローを，「検知／連絡受付→トリアージ→インシデントレスポンス（対応）→報告／情報公開」と示している。

なお，トリアージとは，発生したインシデントの影響度と緊急度を考慮して対応の優先順位を決定することである。

《解答》エ

問3 ☑☐ ☐☐ CSIRTの説明として，適切なものはどれか。（H29問20）

ア JIS Q 15001:2006に適合して，個人情報について適切な保護措置を講じる体制を整備・運用している事業者などを認定する組織

イ 企業や行政機関などに設置され，コンピュータセキュリティインシデントに対応する活動を行う組織

ウ 電子政府のセキュリティを確保するために，安全性及び実装性に優れると判断される暗号技術を選出する組織

エ 内閣官房に設置され，サイバーセキュリティ政策に関する総合調整を行いつつ，"世界を率先する""強靭（じん）で""活力ある"サイバー空間の構築に向けた活動を行う組織

問3 解答解説 CSIRT ▶ P.154

CSIRT（Computer Security Incident Response Team）は，セキュリティインシデントが発生した場合に対応する活動を行う組織である。

ア 財団法人日本情報経済社会推進協会（JIPDEC）の説明である。JIS Q 15001:2006に適合し，個人情報保護について適切な保護措置を行っていると判断される事業者などには，JIPDECによってプライバシーマークの使用が許可される。

ウ CRYPTREC（CRYPTography Research and Evaluation Committees）の説明である。電子政府のセキュリティを確保するために，暗号技術の安全性を評価・監視し，適切な実装法を調査・検討する組織である。

エ 内閣サイバーセキュリティセンター（National center of Incident readiness and Strategy for Cybersecurity：NISC）の説明である。行政の情報システムへの不正アクセスの監視や分析，サイバー攻撃に関する情報の収集や分析，各政府機関への情報提供などを行う内閣官房に設置された組織である。

《解答》イ

問4 ☑☐ ☐☐ DNS水責め攻撃（ランダムサブドメイン攻撃）の方法はどれか。

(H30問20)

ア　標的のキャッシュサーバに，ランダムかつ大量に生成した偽のサブドメインのDNS情報を注入する。

イ　標的の権威DNSサーバに，ランダムかつ大量に生成した存在しないサブドメイン名を問い合わせる。

ウ　標的のサーバに，ランダムに生成したサブドメインのDNS情報を格納した，大量のDNSレスポンスを送り付ける。

エ　標的のサーバに，ランダムに生成したサブドメインのDNS情報を格納した，データサイズが大きいDNSレスポンスを送り付ける。

問4 解答解説 DNSサーバ▶P.160　DNS水責め攻撃▶P.162

DNS水責め攻撃（ランダムサブドメイン攻撃）は，DNSの仕組みを悪用し，攻撃対象の権威DNSサーバを過負荷に追い込むというDoS攻撃の手口である。

DNSキャッシュサーバに存在しないドメイン名の問合せが行われると，DNSキャッシュサーバは権威DNSサーバ（DNSコンテンツサーバ）に問合せを行う。ランダムに生成したあるドメイン配下のサブドメイン名に関する大量の問合せが，多数の第三者のDNSキャッシュサーバを介して行われると，そのドメインの権威DNSサーバに問合せが集中し，権威DNSサーバが過負荷状態になり，サービス不能に追い込まれる。

なお，Slow Drip攻撃，ランダムDNSクエリ攻撃と呼ばれることもある。　《解答》イ

問5 ☑☐ ☐☐ ディジタル証明書に関する記述のうち，適切なものはどれか。

(R2問20)

ア　S/MIMEやTLSで利用するディジタル証明書の規格は，ITU-T X.400で標準化されている。

イ　TLSにおいて，ディジタル証明書は，通信データの暗号化のための鍵交換や通信相手の認証に利用されている。

ウ　認証局が発行するディジタル証明書は，申請者の秘密鍵に対して認証局がディジタル署名したものである。

エ　ルート認証局は，下位の認証局の公開鍵にルート認証局の公開鍵でディジタル署名したディジタル証明書を発行する。

問5　解答解説　TLS/SSL▶P.164　S/MIME▶P.170

ディジタル証明書は，公開鍵の真正性を証明することを主目的として，認証局が発行する証明書である。ディジタル証明書自体の真正性は，認証局の秘密鍵で暗号化されたディジタル署名によって確保される。TLSは，クライアントとサーバ間の通信の機密性，完全性を確保するセキュリティプロトコルである。ディジタル証明書を用いたサーバ認証やクライアント認証（オプション）によって通信相手を認証し，真正性を確認した公開鍵を利用して鍵交換を行って生成したセッション鍵を用いて暗号化通信を実現する。

ア　ディジタル証明書の規格は，ITU-T X.509 で規定されている。
ウ　ディジタル証明書は，申請者の公開鍵に対して認証局がディジタル署名したものである。
エ　ルート認証局は下位の認証局の公開鍵にルート認証局の秘密鍵でディジタル署名したディジタル証明書（CA証明書）を発行することによって下位の認証局の公開鍵の真正性を証明し，階層型モデルを構築する。

《解答》イ

問6

✔□
□□

DNSサーバに格納されるネットワーク情報のうち，外部に公開する必要がない情報が攻撃者によって読み出されることを防止するための，プライマリDNSサーバの設定はどれか。（H28問21）

ア　SOAレコードのシリアル番号を更新する。
イ　外部のDNSサーバにリソースレコードがキャッシュされる時間を短く設定する。
ウ　ゾーン転送を許可するDNSサーバを限定する。
エ　ラウンドロビン設定を行う。

問6　解答解説　DNSサーバ▶P.160

DNSサーバが管理している空間をゾーンという。また，DNSサーバに登録する情報をリソースレコードといい，ゾーンに関する情報（ゾーン情報）を定義するSOAレコードもリソースレコードの一つである。

プライマリサーバにはゾーン情報が登録されており，このゾーン情報をもとに名前解決を行う。セカンダリサーバは，プライマリサーバのゾーン情報をコピーして保持し，プライマリサーバの障害に備えて設置される。このゾーン情報のコピーをゾーン転送と呼ぶ。セカンダリサーバは，自分に登録されているゾーン情報が最新であるかをプライマリサーバとセカンダリサーバのSOAレコードのシリアル番号を比較して確認する。プライマリサーバのシリアル番号がセカンダリサーバのシリアル番号よりも大きい場合は，プライマリサーバのゾーン情報が更新されていると判断し，ゾーン転送を行う。

攻撃者は，DNSのコマンドを使用して不正なゾーン転送を行ってゾーン情報を取得し，ネットワークを利用した様々な攻撃に利用しようとする。不正なゾーン転送によって，外部に公開する必要のない情報が漏えいし，攻撃に利用されることを防ぐには，DNSサーバの管理ツールを利用して，プライマリDNSサーバにゾーン転送を許可するセカンダリDNSサーバを限定する必要がある。

《解答》ウ

問7 ☑☐ ☐☐ SSHの説明はどれか。

(H29問21)

ア　MIMEを拡張した電子メールの暗号化とディジタル署名に関する標準
イ　オンラインショッピングで安全にクレジット決済を行うための仕様
ウ　共通鍵暗号技術と公開鍵暗号技術を併用した電子メールの暗号化，復号の機能をもつ電子メールソフト
エ　リモートログインやリモートファイルコピーのセキュリティを強化したツール及びプロトコル

問7 解答解説 SSH▶P.164　S/MIME▶P.170

SSH（Secure SHell）は，暗号化された経路を利用して，リモートコンピュータと安全に通信するためのプロトコルである。telnetの代わりに用いられることが多く，パスワードなどの認証部分を含む全てのデータを暗号化する。

ア　S/MIME（Secure Multipurpose Internet Mail Extensions）の説明である。
イ　SET（Secure Electronic Transaction）の説明である。
ウ　PGP（Prety Good Privacy）の説明である。

《解答》エ

問8 ☑☐ ☐☐ PCからサーバに対し，IPv6を利用した通信を行う場合，ネットワーク層で暗号化を行うときに利用するものはどれか。

(R4問21)

ア　IPsec　　イ　PPP　　ウ　SSH　　エ　TLS

問8 解答解説 SSH▶P.164　TLS▶P.164　IPsec▶P.165

IPv6は，次のような特徴を持つ。
・アドレス長を128ビットに拡大
・IPsecを標準装備し，セキュリティ機能を強化
・ヘッダーを簡略化し，ルーティング処理を高速化
・アドレス自動設定などプラグアンドプレイに対応

IPv6で標準装備されたIPsecは，IP層（OSI基本参照モデルのネットワーク層に相当）で

の暗号化，認証，鍵交換などのセキュリティ技術からなるプロトコルであり，利用者の認証や暗号化通信が必要なIP-VPNなどで利用されている。

PPP（Point to Point Protocol）：ダイヤルアップ接続用のプロトコル。暗号化機能は含まれていない
SSH（Secure Shell）：リモートログインで，暗号化通信を行うためのプロトコル。アプリケーション層で動作する
TLS（Transport Layer Security）：インターネット上でメッセージの暗号化や認証などを実現するためのセキュリティプロトコル。トランスポート層とアプリケーション層の間で動作する。以前はSSL（Secure Sockets Layer）と呼ばれていたプロトコルの次世代規格としてTLSが誕生したが，長くSSLが広まっていたことからSSL/TLSと表記されることも多い

《解答》ア

問9 ☑□ □□ NISTが制定した，AESにおける鍵長の条件はどれか。

（R4問19，H27問20）

ア　128ビット，192ビット，256ビットから選択する。
イ　256ビット未満で任意に指定する。
ウ　暗号化処理単位のブロック長よりも32ビット長くする。
エ　暗号化処理単位のブロック長よりも32ビット短くする。

問9　解答解説　共通鍵暗号方式▶P.157　AES▶P.157

AES（Advanced Encryption Standard）は，DES（Data Encryption Standard）の後継として採用された，ブロック暗号による共通鍵暗号方式の標準暗号規格である。鍵長は，128ビット，192ビット，256ビットから選択することができる。

イ　AESの鍵長を任意に指定することはできない。
ウ，エ　AESの暗号化処理単位のブロック長は，128ビットに固定されている。鍵長は，ブロック長をもとに決められるものではない。

《解答》ア

問10 ☑□ □□ 公開鍵暗号方式を使った暗号通信をn人が相互に行う場合，全部で何個の異なる鍵が必要になるか。ここで，一組の公開鍵と秘密鍵は２個と数える。

（H30問21）

ア　$n+1$　　イ　$2n$　　ウ　$\frac{n(n-1)}{2}$　　エ　$\log_2 n$

問10 解答解説 公開鍵暗号方式の特徴▶P.158

公開鍵暗号方式では，通信を行う各主体（利用者）ごとに，それぞれ秘密鍵と公開鍵のペアを用意する。したがって，*n*人の間で相互に暗号を使って通信する場合には，必要な鍵の数は2*n*となる。

《解答》イ

第1部 基礎知識と午前Ⅱ問題演習 問題編

問11 ☑☐ ☐☐ インターネットで電子メールを送信するとき，メッセージの本文の暗号化に共通鍵暗号方式を用い，共通鍵の受渡しに公開鍵暗号方式を用いるものはどれか。 （H31問20）

ア AES　イ IPsec　ウ MIME　エ S/MIME

問11 解答解説 AES▶P.157　S/MIME▶P.170

S/MIME（Secure Multipurpose Internet Mail Extensions）は，PKIとMIMEを利用して電子メールに暗号化と認証の機能を提供するプロトコルで，共通鍵暗号方式と公開鍵暗号方式を用いている。送信者が生成した共通鍵を用いてメッセージの本文を暗号化した暗号文と共通鍵を一緒に送り，受信者は共通鍵で暗号文を復号する。このときの共通鍵は，受信者が生成した公開鍵で暗号化され，受信者が生成した秘密鍵で復号される。これによって，通信当事者以外はメッセージを復号することができなくなり，改ざんの有無の確認や，盗聴，なりすまし，否認の防止が可能になる。

AES（Advanced Encryption Standard）：DES（Data Encryption Standard）の後継としてNIST（米国標準技術研究所）が採用した共通鍵暗号方式の標準暗号規格。無線LANの規格であるIEEE802.11iで採用されている

IPsec（IP security）：IP通信においてセキュリティ機能を実現するプロトコル。ヘッダーやデータの改ざん，盗聴などを防止することができる

MIME（Multipurpose Internet Mail Extensions）：電子メールでテキスト以外のマルチメディアデータ（音声や画像などのバイナリデータ）を扱えるようにしたプロトコル

《解答》エ

問12 ☑☐ ☐☐ 迷惑メールの検知手法であるベイジアンフィルタの説明はどれか。 （R3問20，H31問21）

ア 信頼できるメール送信元を許可リストに登録しておき，許可リストにないメール送信元からの電子メールは迷惑メールと判定する。

イ　電子メールが正規のメールサーバから送信されていることを検証し，迷惑メールであるかどうかを判定する。
ウ　電子メールの第三者中継を許可しているメールサーバを登録したデータベースの掲載情報を基に，迷惑メールであるかどうかを判定する。
エ　利用者が振り分けた迷惑メールと正規のメールから特徴を学習し，迷惑メールであるかどうかを統計的に判定する。

問12　解答解説　**メール内容の検査▶P.170**

迷惑メールを検知する手法には，送信元のホワイトリストやブラックリストを設定して判定する方式や，ヒューリスティックやベイジアンと呼ばれるフィルタリングルールを設定して判定する方法がある。ベイジアンフィルタリングとは，利用者が迷惑メールを振り分けるときに，迷惑メールの特徴をベイズの定理に基づいて自己学習し，その学習効果によってメールを統計的に解析して，迷惑メールであるかどうかを判定する手法である。

ア　ホワイトリストによる迷惑メール判定の説明である。
イ　送信ドメイン認証を利用した迷惑メール判定の説明である。
ウ　DNSBL（DNS Black List）などを利用した迷惑メール判定の説明である。

《解答》エ

問13　☑☐☐☐　従量課金制のクラウドサービスにおける，EDoS（Economic Denial of Service，Economic Denial of Sustainability）攻撃の説明はどれか。

（H28問20）

ア　カード情報の取得を目的に，金融機関が利用しているクラウドサービスに侵入する攻撃
イ　課金回避を目的に，同じハードウェア上に構築された別の仮想マシンに侵入し，課金機能を利用不可にする攻撃
ウ　クラウドサービス利用者の経済的な損失を目的に，リソースを大量消費させる攻撃
エ　パスワード解析を目的に，クラウド環境のリソースを悪用する攻撃

問13　解答解説　**DoS攻撃▶P.164**

クラウドサービスの中には，利用料に応じて課金する従量課金サービスがある。EDoS（Economic DoS）攻撃は，クラウドサービスの従量課金の仕組みを悪用したDoS攻撃であ

る。攻撃対象のクラウドサービス利用者になりすます，ボットを感染させる，などの手口によって，クラウドのリソースを大量消費させる攻撃を仕掛け，クラウドサービス利用者に経済的な損失を負わせることを目的に行われる攻撃のことをいう。

ア　情報窃取を目的としたクラウドサービスへの侵入攻撃に関する説明である。
イ　クラウドに用いられる仮想化技術の脆弱性を利用した攻撃に関する説明である。
エ　クラウド環境のリソースを悪用したパスワードクラッキングに関する説明である。

《解答》ウ

問14 ✔□□□ マルチベクトル型DDoS攻撃に該当するものはどれか。

(R2問21)

ア　攻撃対象のWebサーバ1台に対して，多数のPCから一斉にリクエストを送ってサーバのリソースを枯渇させる攻撃と，大量のDNS通信によってネットワークの帯域を消費する攻撃を同時に行う。
イ　攻撃対象のWebサイトのログインパスワードを解読するために，ブルートフォースによるログイン試行を，多数のスマートフォン，IoT機器などから成るボットネットを踏み台にして一斉に行う。
ウ　攻撃対象のサーバに大量のレスポンスが同時に送り付けられるようにするために，多数のオープンリゾルバに対して，送信元IPアドレスを攻撃対象のサーバのIPアドレスに偽装した名前解決のリクエストを一斉に送信する。
エ　攻撃対象の組織内の多数の端末をマルウェアに感染させ，当該マルウェアを遠隔操作することによってデータの改ざんやファイルの消去を一斉に行う。

問14 解答解説 DoS攻撃 ▶P.164

アプリケーション層やネットワークの帯域幅などを同時に攻撃する連携型のDDoS攻撃をマルチベクトル型DDoS攻撃という。1台のサーバのリソースを枯渇させるというアプリケーション層へのDDoS攻撃と，そのサーバが接続されているネットワーク帯域を枯渇させるDDoS攻撃を同時に行う攻撃手法は，マルチベクトル型DDoS攻撃に該当する。

イ　ログインのパスワードを解読するためのブルートフォースによるログイン試行は，DDoS攻撃ではなく，パスワードクラッキング手法に該当する。
ウ　DNSリフレクタ攻撃を利用したDDoS攻撃であり，DRDoS攻撃（Distributed Reflective Denial of Service attack：分散反射型DoS攻撃）などと呼ばれる単一ベクトル型DDoS攻撃に関する記述である。
エ　多数の端末に感染させたマルウェアを遠隔操作し，データの改ざんやファイルの消去を一斉に行う攻撃手法は，DDoS攻撃ではなく，破壊をもたらすサイバー攻撃に該当する。

《解答》ア

問15 ☑☐ ☐☐ 有料の公衆無線LANサービスにおいて，ネットワークサービスの不正利用に対して実施されるセキュリティ対策の方法と目的はどれか。

（H26問21）

ア　利用者ごとに異なるSSIDを割り当てることによって，利用者PCへの不正アクセスを防止する。

イ　利用者ごとに異なるサプリカントを割り当てることによって，利用者PCへの不正アクセスを防止する。

ウ　利用者ごとに異なるプライベートIPアドレスを割り当てることによって，第三者による偽のアクセスポイントの設置を防止する。

エ　利用者ごとに異なる利用者IDを割り当て，パスワードを設定することによって，契約者以外の利用者によるアクセスを防止する。

問15 解答解説

有料の公衆無線LANサービスを提供する場合，契約利用者の無線LAN端末からのアクセスであることを認証し，その接続を認可するためにAAA制御を行う必要がある。

AAA制御とは，Authentication（認証），Authorization（認可），Accounting（アカウンティング）を用いたアクセス制御である。AAA制御によって，アカウント情報として利用者ごとに異なる利用者IDを割り当て，利用者を認証するためのパスワードを設定し，契約者からのアクセスを認可する。同時に契約者以外の利用者によるアクセスを防止する。

ア　SSIDの割当ては，不正アクセス防止ではなく，隣接する無線LANセグメントとの混信を防止することを目的としている。異なるSSIDを割り当てても，第三者が無線MACフレームを盗聴し，SSIDを偽造してなりすまし，不正アクセスを行うことは防止できない。

イ　サプリカントは，クライアント側で認証情報をやりとりするためのソフトウェアであり，利用者PCへの不正アクセスを防止するためのものではない。

ウ　プライベートIPアドレスは，無線LAN端末を識別する目的で割り当てるID情報である。第三者が無線MACフレームを盗聴し，プライベートIPアドレスを偽造してなりすまし，不正アクセスを行うことは防止できない。

《解答》エ

6 関連技術

知識編

6.1 メモリアーキテクチャ

❏ キャッシュメモリ 問1

プロセッサと主記憶装置の間に配置され，プロセッサ（レジスタ群）と主記憶装置のアクセス速度の差（アクセスギャップ）を補うための小容量な緩衝記憶装置である。

キャッシュメモリは通常ブロック単位で管理され，あるアドレスにアクセスする際には，そのアドレスの前後も含めた1ブロック分のデータをまとめてキャッシュメモリに転送する。

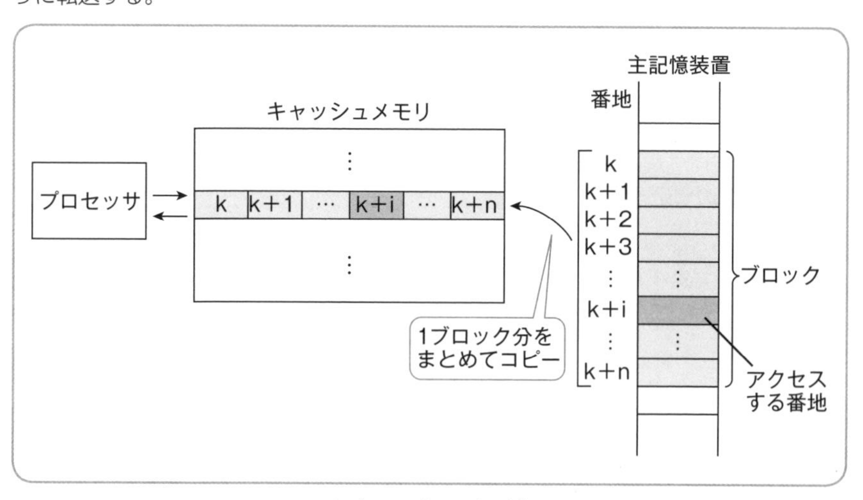

▶キャッシュメモリ

❏ キャッシュメモリのヒット率 問2

あるプロセッサにおいて，主記憶装置へのアクセス時間をT_m，キャッシュメモリのアクセス時間をT_c，キャッシュメモリのヒット率をaとすると，平均アクセス時間は，

$$T=(1-a)\times T_m+a\times T_c$$

と求められる。この（1－a）はキャッシュメモリ上に目的のデータが存在しない確

率を表し，NFP（Not Found Probability）という。例えば，主記憶装置へのアクセス時間が100ナノ秒，キャッシュメモリへのアクセス時間が20ナノ秒のコンピュータがあり，キャッシュメモリのヒット率が90％であった場合，平均アクセス時間は次のようになる。

$$(1-0.9)\times 100+0.9\times 20=10+18=28\ [\text{ナノ秒}]$$

この式を用いて，期待するアクセス速度を得るために必要なキャッシュメモリのヒット率を求めることができる。例えば，Tmが100ナノ秒，Tcが20ナノ秒のコンピュータで平均アクセス時間を24ナノ秒以内とするためのヒット率を求めると，

$$(1-a)\times 100+a\times 20\leqq 24$$
$$100-80a\leqq 24$$
$$a\geqq 0.95$$

となり，95％以上のヒット率が必要となる。

❑ キャッシュの書込み制御

キャッシュメモリにデータを書き込む際の制御方式には，ライトスルー方式とライトバック方式がある。

▶キャッシュの書込み制御

方式	概要
ライトスルー方式	書込みをする際，キャッシュメモリと主記憶の両方に同時にデータを書き込む方式。キャッシュと主記憶の一貫性（コヒーレンシー）を保ちやすく，キャッシュの内容を主記憶へ書き戻す必要はないが，書込み時はメモリにも書込みを行うため，キャッシュの効果は期待できない
ライトバック方式	書込みをする際，キャッシュメモリだけにデータを書き込み，そのブロックをキャッシュから追い出す際に主記憶に書き込む方式。主記憶への書込み頻度を減らしやすい反面，コヒーレンシーを保つための制御は複雑になる

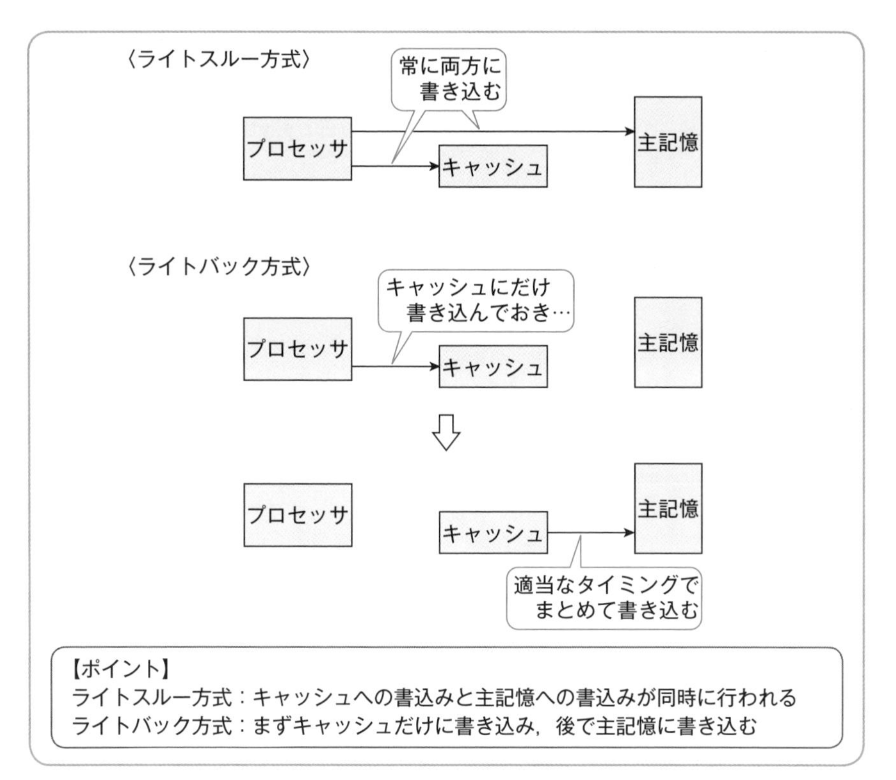

▶キャッシュの書込み制御

❏ キャッシュの割当て方式

主記憶上のメモリブロックをキャッシュメモリ上のどこに割り当てるかという割当て方式には，次のような種類がある。

▶キャッシュの割当て方式

方式	概要
ダイレクトマップ方式	メモリブロックが割り当てるキャッシュのブロックが一意に決定される方式。制御が単純であり，キャッシュメモリへのアクセス1回当たりの速度は速くなるが，ヒット率は低くなる
フルアソシアティブ方式	メモリブロックをキャッシュ内の任意のブロックに割り当てる方式。ヒット率は高くなるが，連想メモリと呼ばれるメモリブロックの配置場所を管理する領域からメモリブロックを検索する必要があるので，アクセス1回当たりの速度は遅くなる

セットアソシアティブ方式	キャッシュを複数の領域（セット）に分割し，メモリブロックから割り当てるセットを一意に決定する方式。決められたセット内であれば，メモリブロックを任意の場所に割り当てることができるが，異なるセットには割り当てることができない

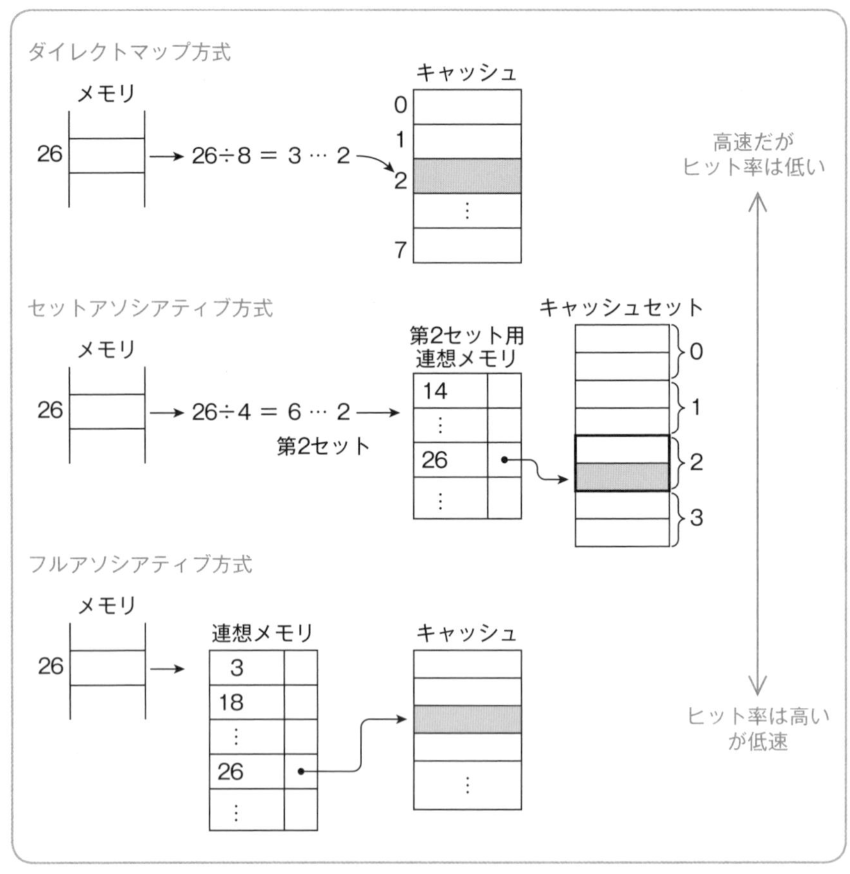

▶キャッシュの割当て方式

❏ キャッシュの構成

キャッシュメモリによる効果をさらに高めるため，複数種類のキャッシュメモリを用意することが多い。具体的には，次のような手法がある。

●命令キャッシュとデータキャッシュ

プロセッサが主記憶にアクセスする目的として，実行すべきプログラムの命令の読込みと処理対象のデータの読書きがある。これらは用途や特徴が異なるので，プログラムの命令を格納する命令キャッシュと処理対象となるデータを格納するデータキャッシュに分割する。

● 1次キャッシュと2次キャッシュ

キャッシュメモリは高速大容量であるほど望ましいが，無限に大容量化はできない。そこで，高速小容量な1次キャッシュと中速中容量な2次キャッシュに分割するという多段階のキャッシュ構成として容量と速度を最適化する。この場合，1次キャッシュにアクセスしてヒットしなければ，2次キャッシュにアクセスするというように多段階にアクセスが行われる。

❏ メモリインタリーブ

メモリアクセスを高速化するための技術である。メモリを複数の“バンク”と呼ばれるグループに分割し，各バンクに対して並列にアクセスすることによって高速化を可能にする。

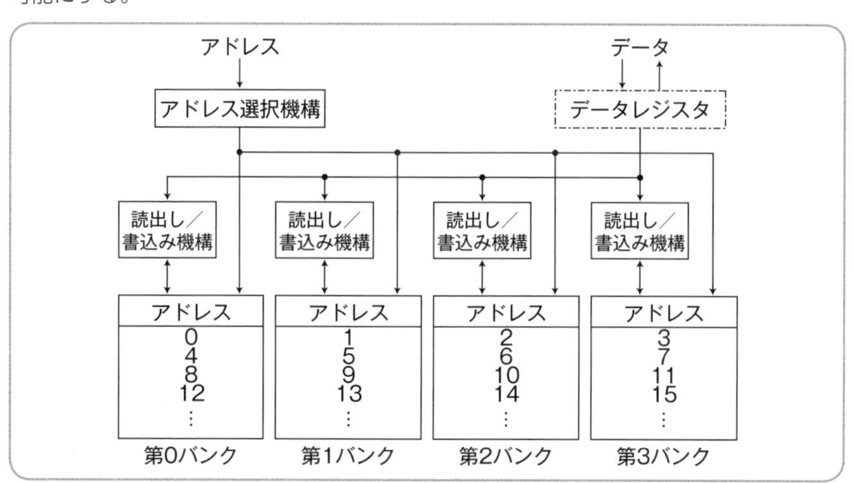

▶ メモリインタリーブ

メモリインタリーブは，第1バンク，第2バンク，第3バンク，…というように，複数の異なるバンクに連続してアクセスする場合にアクセス時間を短くすることができる。

❏ 誤り制御 問3

メモリの信頼性を向上させるため，メモリ上のビットが何らかの理由で変化（誤りが発生）しても，それを自動的に訂正する技法を**ECC**（Error Correcting Code；**誤り訂正符号**）という。ECCメモリには，２ビットまでの誤りの検出と，１ビットの誤りの訂正が可能なハミング符号を採用することが多い。ハミング符号では，nビットの検査符号を付与することで，2^n-n-1ビットまで（全体としては2^n-1ビットまで）の情報に対して誤りの検出や訂正を行うことができる。

❏ ハミング符号方式 問3

４ビットの情報に対し，３ビットの検査符号を付与する例を示す。

４ビットの情報x1～x4に対して，次の検査式が成立するような検査ビットx5～x7を付加したx1～x7の符号を考える。なお，a mod 2とはaを２で割った余りを示す。これが０になるということは，検査式の“１”のビット数が偶数になるよう，x5～x7を設定することになる。

(x1＋x2＋x3＋x5) mod 2＝0
(x1＋x2＋x4＋x6) mod 2＝0
(x2＋x3＋x4＋x7) mod 2＝0

ここで，１ビットの情報誤りを含むことが分っているビット列“1100010”の正しい情報ビットを求めてみる。このうち，先頭から４ビットの“1100”が情報ビット（x1～x4）であり，末尾３ビットの“010”が検査ビット（x5～x7）である。これを上の検査式に当てはめると，

x5：(1＋1＋0＋0) mod 2＝0 … x1，x2，x3は，いずれも誤っていない。
x6：(1＋1＋0＋1) mod 2＝1 … x1, x2, x4のうち, 1ビットが誤っている。
x7：(1＋0＋0＋0) mod 2＝1 … x2, x3, x4のうち, 1ビットが誤っている。

となる。結果が１となる式は，いずれかのビットが誤っていることになるので，この場合はx6の検査式とx7の検査式の両方に含まれており，x5の検査式には含まれていないx4が誤っていると判断できる。

これを訂正した正しい情報ビットは，x4を０から１に反転させた“1101”となる。

❏ エンディアン

通常，１ワードは複数バイトから構成される。このため，メモリ上に配置されるデータや命令なども複数バイトから構成されることになる。複数バイトからなるデータをどのように並べるかという順序の概念に，リトルエンディアンやビッグエンディアンがある。

▶エンディアン

方式	概要
リトルエンディアン	最下位バイトを先（小さな番地）へ格納する
ビッグエンディアン	最上位バイトを先（小さな番地）へ格納する

例えば，レジスタに格納された16進数（ABCD1234）$_{16}$を，100番地のアドレスから連続するメモリ領域に格納する場合を考える。リトルエンディアンとビッグエンディアンでは，それぞれ次のように格納されることになる。ここで，オフセットとは，先頭番地を０とした際の各番地の変位を表している。

リトルエンディアン

アドレス	100番	101番地	102番地	103番地
	34	12	CD	AB
オフセット	0	+1	+2	+3

ビッグエンディアン

アドレス	100番地	101番地	102番地	103番地
	AB	CD	12	34
オフセット	0	+1	+2	+3

▶エンディアン

6.2 システムの形態と構成

❏ 分散処理 第4章問1 第4章問2

プログラムやデータを複数の拠点やコンピュータに分散して配置し，それぞれが協調しながら処理を行う方式である。分散処理システムは，各コンピュータの立場や役割から，次の３種類に分類できる。

▶**分散処理システムの分類**

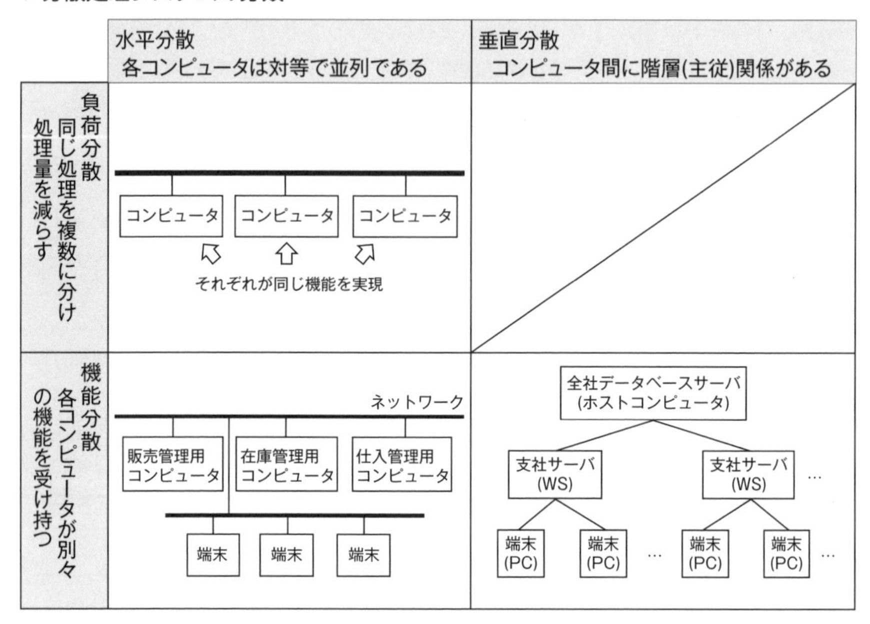

分散処理システムを構築するためには，「分散透過性」と呼ばれる分散システムであることを意識しない特性が求められる。分散透過性には，次のようなものがある。

▶**分散透過性**

位置透過性	ネットワーク上のいかなる資源の位置も意識しない
アクセス透過性	同一の手段でアクセスが可能である
規模透過性	システム規模に依存しない
並行透過性	複数プロセスを同時に処理できる
複製透過性	信頼性や性能を向上させるため，ある資源の複製を用意する
障害透過性	障害に対する耐性を持つ
移動透過性	必要に応じて資源の場所を移動できる
性能透過性	性能向上のため再構成が可能である

❏ クラスタリング 問4

複数台のサーバ機（ノード）によってクラスタ（房，群）を構成し，仮想的な一台のノードとして扱う技術である。クラスタリングを実現する方式にはいくつかの種類があり，大きく分けると可用性の向上を目的とした**HA**（High Availability）**クラスタ**と演算性能の向上を目的とした**HPC**（High Performance Computing）**クラスタ**がある。また，HAクラスタは，フェールオーバークラスタと負荷分散クラスタに分類される。

❏ フェールオーバークラスタ 問4

現用系ノードと待機系ノードが相互にハートビートと呼ばれる制御情報をやり取りして死活監視（**ヘルスチェック**）を行い，現用系ノードに障害が発生したことが判明すれば，待機系ノードへの切替えが行われる方式である。現用系ノードから待機系ノードへの切替えをフェールオーバーといい，現用系ノードが復帰した時点で待機系ノードから現用系ノードに切り戻すことをフェールバックという。

クラスタリングというと，フェールオーバークラスタを指す場合が多く，アクティブスタンバイ方式ともいう。

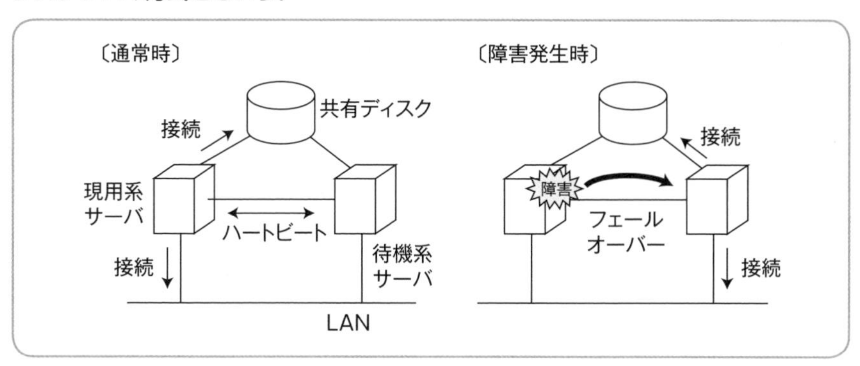

▶フェールオーバークラスタ

フェールオーバークラスタは，現用系ノードと待機系ノードが同一の共有ディスクを扱うことも多い。この場合，フェールオーバー時に共有ディスクの切り替えも自動的に行われるため，データの同期を行う必要がなく，データの不整合が発生しにくい。

❏ 負荷分散クラスタ

クラスタを構成する各サーバが平等な立場で処理を行う方式である。1台のノードが停止しても残るノードで処理を継続できるだけでなく，台数に応じた処理性能を確保することも可能である。加えて，ノードの増減が容易であることから，高い可用性だけでなく拡張性も確保することが可能となる。

負荷分散クラスタを実現するためには，各ノードが協調動作を行うことによって実際に処理を行うサーバを選定する方式や，負荷分散装置（ロードバランサ）が処理を行うサーバを選定し，処理を振り分ける方式などがある。

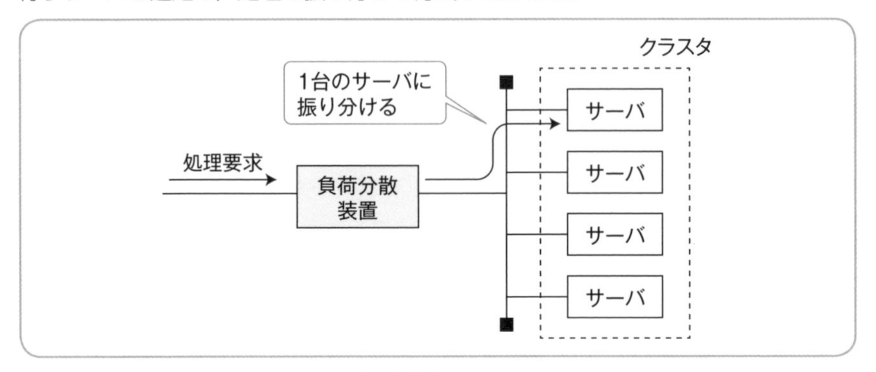

▶負荷分散クラスタ

負荷分散クラスタでは，ノード数に応じてシステム全体の処理性能を高めることが可能である反面，ノードの障害によって全体的な性能の低下が生じる場合がある。

❑ 負荷分散システム（ロードバランシングシステム） 問6

複数のサーバが処理を分担することによって，サーバー台あたりの負荷を軽減するシステム方式である。クラスタリングの一種と考えることもできる。負荷分散システムでは，サーバ群に到着した処理要求をいずれか一台のサーバに振り分けるために負荷分散装置（ロードバランサ）を設置する場合が多い。

負荷分散装置の機能は製品によって異なるが，一般的に次のような機能を有する製品が多い。

▶負荷分散装置の機能

負荷分散機能	複数のサーバに処理を振り分ける機能
セッション維持機能	同じサーバに処理を振り分ける機能
サーバ監視機能	サーバの稼動状態を監視し，停止したサーバを振分け先から除外する機能

負荷分散機能については，特定のサーバがボトルネックとならないよう，適切に処理を振り分けることが重要になる。一般的な処理の振分けアルゴリズムには，次のようなものがある。

▶振分けアルゴリズム

ラウンドロビン方式	負荷分散対象のサーバに，順番に処理を振り分ける
加重ラウンドロビン方式	負荷分散対象のサーバに，決められた比率にしたがって順番に処理を振り分ける
最小クライアント方式	クライアント接続数が最も少ないサーバに処理を割り振る
最小負荷方式	インストールされたエージェントソフトウェアから通知されるCPU負荷が最も小さなサーバに処理を振り分ける
最小コネクション方式	処理中のコネクションが最も少ないサーバに処理を振り分ける
最小応答時間	応答時間が最も短いサーバに処理を振り分ける

全てのサーバの処理性能や処理ごとの負荷がほぼ等しいのであれば，ラウンドロビン方式が有効となる。しかし，サーバの処理性能や処理要求ごとの負荷に大きな差異がある場合には，ラウンドロビン方式以外の振分けアルゴリズムを選択する必要がある。

❏ RAID（Redundant Arrays of Inexpensive Disks；ディスクアレイ） 問7

複数の磁気ディスク装置を組み合わせることによって，性能や信頼性の向上を実現する技術である。

●高信頼性の実現

データを復元するための冗長ビットを他のディスクに記録することによって，障害が発生しても正常なディスク装置から元のデータを復元し，高い信頼性を実現する。冗長ビットの持たせ方には，ディスク全体を複製する方法（ミラーリング）や１のビットの数を偶数あるいは奇数となるような検査用ビット（パリティ）を設定する方法などがある。

●並列動作による高速化の実現

一つのディスク装置に格納されていた情報を複数のディスクに分散して記録し，それを並列して読み込むことによって，高性能なディスクアクセスを実現できる。これをストライピングという。

❏ RAID0（ストライピング） 問7

複数の磁気ディスク装置に分散配置したデータを並列に読み書きすることによって，アクセス速度を向上させる方式である。冗長ビットを持たないため，１台の磁気ディスク装置が故障すれば，アレイ全体が使用できなくなる。このため，ディスクの台数が増えるほど信頼性は低下する。

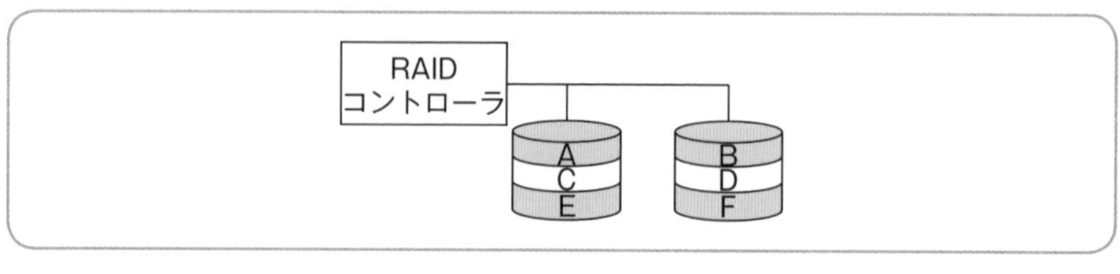

▶RAID0

❏ RAID1（ミラーリング） 問5 問9

複数の磁気ディスク装置に同一の内容を書き込み，信頼性を向上させる方式である。原則としてアクセス速度の向上には寄与しないが，冗長ビットを生成する必要がないため，書込み時や障害発生時のオーバーヘッドがほとんどない。2台の磁気ディスク装置を用いてミラーリングを採用する場合，ディスクの実質（論理）的な容量は全体の総容量の半分になる。

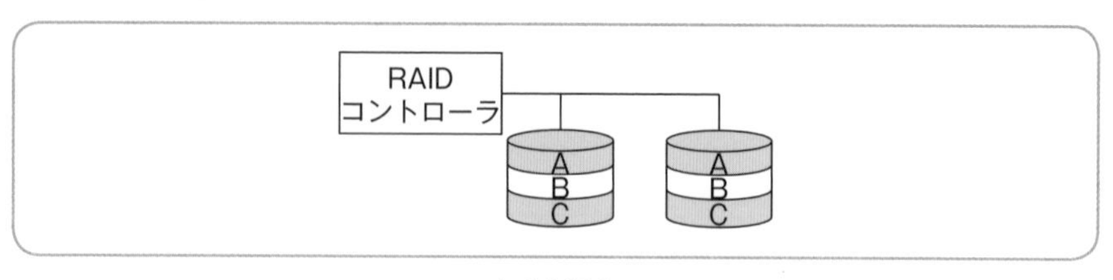

▶RAID1

❏ RAID3 問7

複数ディスクにビット又はバイト単位でデータを分散配置するとともに，分散配置したデータから生成したパリティビットを，パリティ専用のディスクに書き込む方式である。これによって，最大で1台のディスクが故障しても，残るデータとパリティからデータを復元できる。RAID3と同じ方式でブロック単位にデータを読書きする方式がRAID4である。

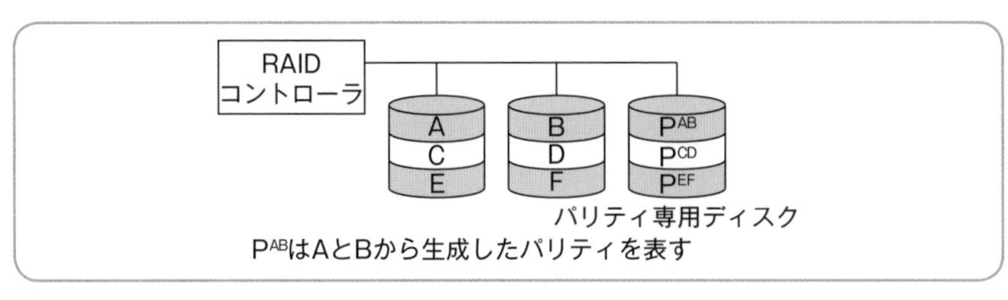

▶RAID3

❏ RAID5 問7

複数のディスクにブロック単位でデータを分散配置するとともに，データブロックから生成したパリティブロックも各ディスクに分散して書き込む方式である。RAID3などにおける「書込み時のパリティディスクへのアクセス集中」を避けることができる。RAID3と同様，最大で１台のディスクが故障しても，残るデータとパリティからデータを復元できる。

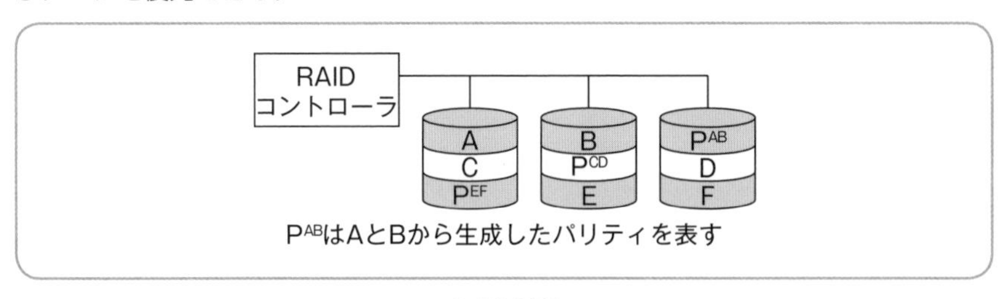

▶RAID5

❏ RAID6

複数のディスクにブロック単位でデータを分散配置するとともに，データブロックから異なる２種類のパリティブロックを生成してパリティブロックとデータブロックを分散して書き込む方式である。最大２台までの故障を許容できる。

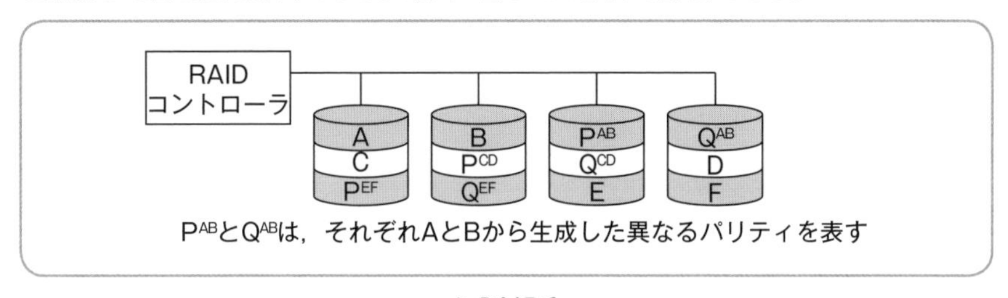

▶RAID6

❏ RAID1+0

ミラーリングしたディスクの組にデータを分散配置し，ストライピングする方式であり，RAID10ともいう。信頼性と高性能を両立させることができるが，少なくとも４台の磁気ディスク装置が必要となる。また，RAID1と同様に，ディスクの実質（論理）的な容量は全体の総容量の半分になる。

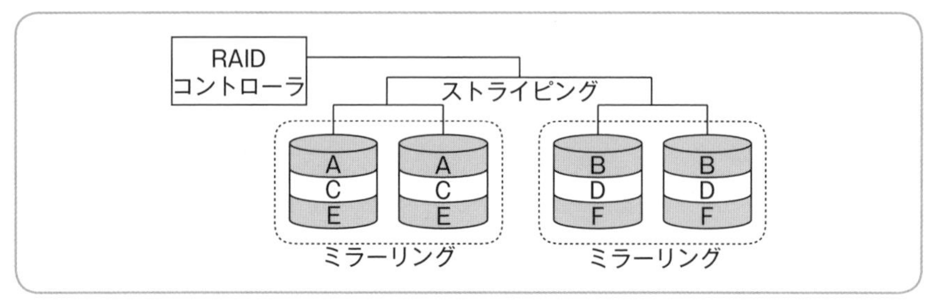

▶RAID1+0

6.3 システムの信頼性

❏ 信頼性評価指標

システムの信頼性を評価する指標として，**MTBF**（Mean Time Between Failures;平均故障間隔），**MTTR**（Mean Time To Repair;平均修理時間），**稼働率**，**故障率**などがある。

❏ 直列接続システムの稼働率

「システムを構成する機器が全て稼働していなければ，全体が稼働しているとはみなさない」という場合，そのシステムにおける構成要素は直列に接続されているとみなすことができる。

この場合，システム全体の稼働率は各機器の稼働率の積となり，各構成要素の稼働率A_iがそれぞれA_1，A_2，A_3，…，A_nであれば，システム全体の稼働率Aは$A=A_1\times A_2\times A_3\times\cdots\times A_n$となる。

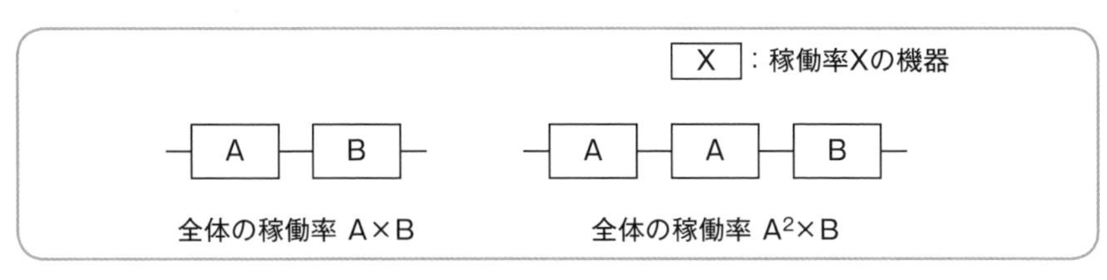

▶単純直列接続システム全体の稼働率

❏ 並列接続システムの稼働率 問8

「システムを構成する機器のうち，１台でも稼働していれば，全体が稼働しているとみなす」という場合，まず「システム全体が稼働しなくなる確率（非稼働率）」を求め，１から減じることで全体の稼働率を求める。システム全体の非稼働率は，機器の非稼働率，すなわち（１－機器の稼働率）の全ての積である。したがって，各構成要素の稼働率A_iがそれぞれA_1，A_2，A_3，…，A_nであれば，システム全体の稼働率Aは$A = 1 - (1 - A_1) \times (1 - A_2) \times (1 - A_3) \times \cdots \times (1 - A_n)$と表すことができる。

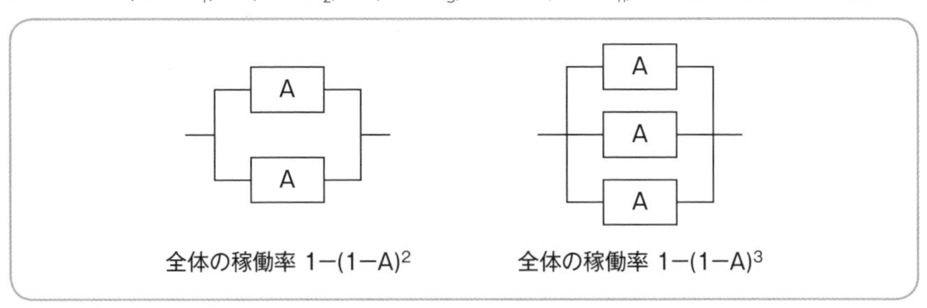

▶単純並列接続システム全体の稼働率

❏ 直列接続と並列接続が混在するシステムの稼働率

次のようなシステム構成を考える。

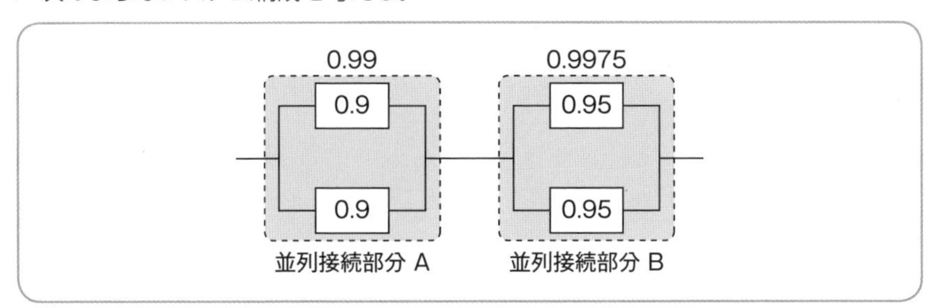

▶並列接続システムを直列に接続したシステム

まず，並列接続部分（点線で囲った部分）の稼働率をそれぞれ求めた後，それらを「一つの機器」とみなして直列接続システムとして稼働率を求めればよい。

並列接続部分Aの稼働率＝$1-(1-0.9)^2=0.99$

並列接続部分Bの稼働率＝$1-(1-0.95)^2=0.9975$

全体の稼働率＝$0.99\times0.9975\fallingdotseq0.988$

もう一つ，次のようなシステム構成を考える。

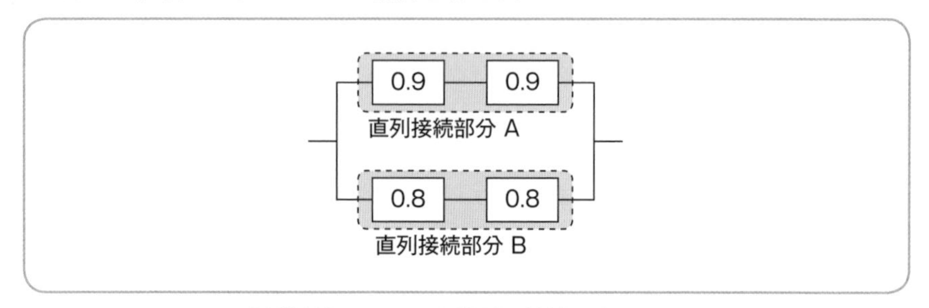

▶直列接続システムを並列に接続したシステム

まず，直列接続部分（点線で囲った部分）の稼働率をそれぞれ求めた後，それらを「一つの機器」とみなして並列接続システムとして稼働率を求めればよい。

直列接続部分Aの稼働率＝$0.9\times0.9=0.81$

直列接続部分Bの稼働率＝$0.8\times0.8=0.64$

全体の稼働率＝$1-(1-0.81)\times(1-0.64)\fallingdotseq0.932$

❑ 条件付き並列接続システムの稼働率

機器を並列接続したシステムの場合，「1台でも稼働していればよい」という単純な条件ではなく，「3台のうち2台以上が稼働していれば全体が稼働しているとみなす」というような複雑な条件が適用されることがある。

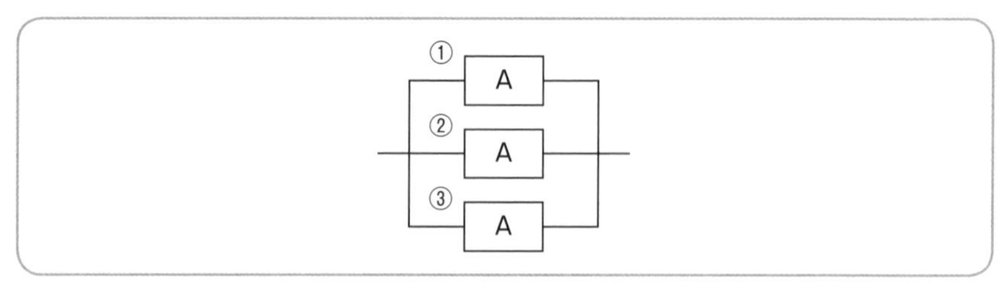

▶複雑な条件のシステム

まず，条件から考えられる稼働状態を全て考える。「3台のうち2台以上が稼働」という条件から，「3台全てが稼働」「2台が稼働し1台が故障」という二つの稼働状態が考えられる。全体の稼働率は，稼働状況それぞれの稼働率を求めて，和を求めればよい。

3台全てが稼働している確率＝A^3

2台が稼働し1台が故障している確率＝$3 \times A^2(1-A)$

($A^2(1-A)$ が3倍されているのは，どの1台が故障しているかによって3つのパターンが考えられるから)

全体の稼働率＝3台全てが稼働している確率＋2台が稼働し1台が故障している確率

$=A^3+3A^2(1-A)$

$=3A^2-2A^3$

❏ 複雑な条件での稼働率

条件から稼働状態を考え出し，それぞれの稼働率を求めることによって，システム全体の稼働率を求めることができる。しかし，システムの構成が複雑な場合，条件から稼働状態を考え出すことは難しい。

前図のシステム構成は並列接続であるため，1台が稼働していればシステムとしては稼働していることになる。それぞれの機器の稼働状態と稼働率の関係を次に示す。

▶稼働状態の組合せと稼働率

	①	②	③	システム全体	確率
ケース1	○	○	○	○	A^3
ケース2	○	○	×	○	$A^2 \times (1-A)$
ケース3	○	×	○	○	$A^2 \times (1-A)$
ケース4	×	○	○	○	$A^2 \times (1-A)$
ケース5	×	×	○	×	$A \times (1-A)^2$
ケース6	×	○	×	×	$A \times (1-A)^2$
ケース7	○	×	×	×	$A \times (1-A)^2$
ケース8	×	×	×	×	$(1-A)^3$

○：稼働　×：非稼働

「3台のうち2台以上が稼働していれば全体が稼働しているとみなす」というシステムのシステム全体の稼働率は，この表のケース1からケース4の稼働率の和を求めることによって求めることができる。

❏ フォールトトレランス 問9

「システムの一部分で障害が発生しても，全体としての動作が継続できる」という概念である。分散処理や冗長構成などの設計手法を用いてフォールトトレランスを実現するシステムを，フォールトトレラントシステムと呼ぶ。

❏ フォールトアボイダンス

フォールトトレランスが「障害発生時」を意識しているのに対し，「個々の構成機器の信頼性を高めることで，障害の発生そのものを抑制する」という概念である。

❏ フェールソフト 問9

システムの一部分で障害が発生した場合，その部分を切り離し，処理能力を落としてでもシステム全体としての稼働が継続できる設計思想である。フォールトトレランスに包含されると考えることもできる。障害部分を切り離し，能力が低下した状態で稼働を続けることを，**フォールバック運転（縮退運転）**という。

マルチプロセッサシステムで，あるプロセッサの障害が判明した場合にそのプロセッサは停止し，残りのプロセッサだけで処理を継続するという設計は，フェールソフトに該当する。また，**デュプレックスシステム**もフェールソフトに該当する。

❏ フェールセーフ 問9

「システムに障害が発生したとき，その影響が安全側に働くようにする」という設計思想である。障害によって，データ消失，他部分への障害拡大，運転要員への危害などが発生しないよう，危険性を下げる方向にシステムを制御する。

フェールセーフは「安全第一」の設計思想であり，極端な場合，システムの稼働停止も辞さない。温度が異常に高くなった場合に，システムを自動的にシャットダウンする機能などはフェールセーフに該当する。

❏ フールプルーフ 問9

「入力ミスなどの人為的ミスによって，システムが誤動作することを避ける」という設計思想である。入力データのチェック，入力データの再確認，入力漏れデータの検査，誤操作を少なくするGUI設計などがフールプルーフに該当する。

6.4 アジャイル型開発

❏ アジャイル型開発

ウォータフォールモデルでは難しかった開発期間の短縮や変動する要求への柔軟な対応，品質の向上などを目的とした，迅速かつ適応的な開発手法の総称である。

❏ アジャイル型開発の開発手法 問10 問11

アジャイル型開発には，エクストリームプログラミング（XP：eXtreme Programming）やスクラムなどの開発手法がある。開発手法によって，基本的な理念や採用されるプラクティス，用語などに違いがある。各開発手法で用いられる主要なプラクティスには，次のようなものが挙げられる。

▶各開発手法の主要なプラクティス

エクストリームプログラミング	スクラム
イテレーション リリース計画ミーティング イテレーション計画ミーティング 日次ミーティング ふりかえり ユーザーストーリ 接続可能なペース ペアプログラミング テスト駆動開発 リファクタリング 継続的インテグレーション	スプリント リリース計画ミーティング スプリント計画ミーティング 日次ミーティング ふりかえり スプリントバックログ プロダクトバックログ プロダクトオーナ ファシリテータ（スクラムマスター）

❏ プラクティス

アジャイル型開発で用いられる実践規範をプラクティスという。どのプラクティスを適用するかは開発手法によって異なるが，一般的には要求との不一致の解消や要求の変化への対応を目的に，イテレーションあるいはスプリントと呼ばれる反復される短い開発サイクルを繰り返す。

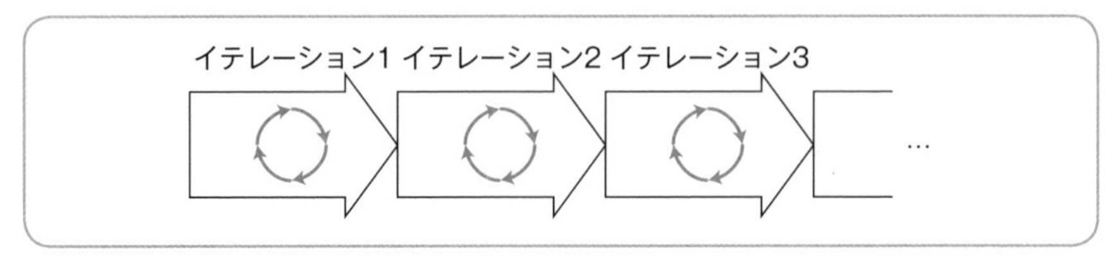

▶イテレーションの反復

❏ リリース計画ミーティング

開発チームと関係者で目標を共有するために，いつどの機能をリリースするかの計画を立てるミーティングである。特にイテレーションを繰り返す開発において効果的である。

❏ イテレーション計画ミーティング（スプリント計画ミーティング）

イテレーションで実施する作業を決定するとともに，作業時間を見積もって作業の計画を立てるためのミーティングである。

❏ 日次ミーティング（朝会）

毎日決められた時刻に実施される短時間のミーティングである。チーム全体で現在の開発の状況を共有して，問題の拡大や状況の悪化を防止する。

❏ プランニングポーカー

短期間で効率良く見積りを行う技法である。チームメンバーが見積り規模を表す数字が記入されたカードを提示し，その根拠をチーム内で議論することにより，チームが持つ知識や経験を活かした確度の高い見積を行う。

❏ インセプションデッキ

プロダクトの目的，方向性，ビジョンなどを明確にし，チーム内で共有するための技法である。プロジェクトの開始前に，プロジェクトの目的や方向性に関する10の質問についてチーム内で話し合い，共有することによって相互の認識をすり合わせる。

❏ ユーザーストーリ

ソフトウェアが実現すべきことをユーザー視点で記述したものである。ユーザーストーリを記述したカードをユーザーストーリカードという。ユーザーストーリによって，開発者とプロダクトオーナの会話が促進され，憶測や誤解による認識の違いを防止する効果が期待できる。良質なユーザーストーリか否かを評価する観点にINVESTがある。INVESTは，複数のユーザーストーリが相互に独立している（Independent），顧客と交渉可能である（Negotiable），顧客にとって価値がある（Valuable），見積り可能である（Estimatable），工数が適度に小さい（Small），テストできる（Testable）の頭文字をとったものである。

❏ ベロシティ計測

定められた期間内に製造，妥当性確認，および受入れが行われた成果物の量を示すものであり，チームの生産性の測定単位として用いられる。ベロシティを定期的に計測することによって，今後のチームの作業量などを予測することが可能となる。

❏ プロダクトバックログ

プロダクト（製品）に対する要求や行うべき作業を優先順位とともにリスト化したものである。特に要求の変更が頻繁に発生するような状況に適応しやすく，何をどれから開発すればよいかを開発チームが理解しやすくなる。

❏ スプリントバックログ

イテレーションを反復して開発を行っている状況で，各イテレーションの開発対象となる要求（プロダクトバックログの項目）や作業をリスト化したものである。

❏ タスクボード（タスクカード，スクラムボード）

タスクの実施状況をいつでも確認できるように可視化したものである。実施すべきタスクを記入したカードをボードに貼付することによって，チームが実施すべきタスクは何か，どのタスクを誰が担当しているかといった作業状況を可視化して共有する。一般的には，ToDo（実施予定），Doing（実施中），Done（完了），Pending（保留中）などのレーンに分けて管理する。

❏ バーンダウンチャート

進捗や状況を可視化するために必要な作業量を縦軸，期間を横軸とし，進捗ごとに残作業を計測してプロットした図である。バーンダウンチャートの左上（開始時の最大作業量）と右下（終了日）を結んだ対角線（理想線）よりも実績が上になる場合は作業が遅れており，実績が下になる場合は作業が進んでいると判断できる。

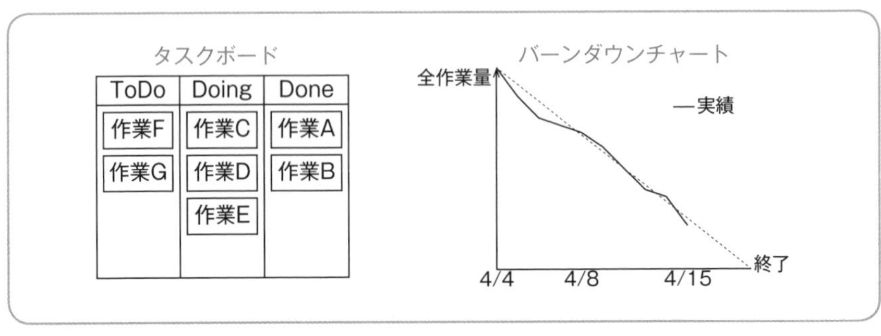

▶タスクボードとバーンダウンチャート

❏ テスト駆動開発

プログラムを書く前にテストケースを作成するという手法である。常にテストコードをテストしながら開発を進めることによって，品質や保守性の向上が期待できる。

❏ ペアプログラミング 問11

二人のプログラマがペアとなって一つのプログラムを開発する手法であり，XPの主要なプラクティスの一つである。二人のプログラマが，その場で相談やレビュー，助言などを行いながら開発することによって，品質の向上や知識の共有が期待できる。

❏ リファクタリング

プログラムの保守性を高めるために，プログラムの外部から見た振舞い（外部仕様）を変えずに内部仕様をより良く書き直すことである。重複したコードの除去や長過ぎるメソッドの分割などが該当する。リファクタリングを実施する場合，実施前と実施後で回帰テストの結果が変わらないことなどを確認しなければならない。

❏ 継続的インテグレーション

単体テストが完了したプログラムは，すぐに結合テストを行うという手法であり，XPの主要なプラクティスの一つである。インテグレーション（プログラムのビルドやテストの実行）を行うマシンを用意し，自動的なインテグレーションを定期的にあるいはコミットされる度に実施することによって，コードだけでなく動作環境も含めたテストを実施することができる。

❏ ふりかえり（レトロスペクティブ，リフレクション）

開発プロセスの最適化や改善を目的として，イテレーションの最後にイテレーション内で実施したことをチーム全体で確認し，開発プロセスをはじめとする各活動を改善することである。

❏ 持続可能なペース

高い生産性を維持できるように，持続可能なペースを保って開発を行うという概念である。XPでは，１週間当たり40時間の労働が適切としている。

❏ プロダクトオーナー

プロダクトに関する要件の優先度や仕様を決定する権限とプロダクトの成果に関する責任を持つ人物である。プロダクトオーナーは，開発者と頻繁に対話を行い，プロダクトの価値を最大化するための作業を行う。

❏ ファシリテータ（スクラムマスター）

開発チーム内での調整やチーム外部との調整を行うなど，チームが円滑に機能するよう支援する役割を担う人物である。スクラムではスクラムマスターと呼ばれ，スクラムの中で重要な役割を担う。

❏ アジャイルコーチ

アジャイル型開発に不慣れなチームなどに対して導入や改善を支援する，アジャイル型開発の経験を有する人物である。コーチは，チームがプラクティスを実践・改善でき，自立することを目標として行う。

6.5 NoSQLデータベース

❏ NoSQLデータベース 問12

関係データベースは，構造を定義したテーブルにデータを格納するため，テーブル構造に合わないデータは格納できない。また，基本的にはSQLを介してデータにアクセスするため，SQLの解析と実行に処理時間が必要である。

インターネットが急速に普及しデータベースへのアクセス数が飛躍的に増え，データにすばやくアクセスできる性能が必要になると，関係データベースよりも速い応答やデータの格納の柔軟性を追求したデータベースが求められるようになった。そこで，テーブル構造を用いない，テーブル構造を柔軟に変更できる，SQLを使用しないといった，関係データベースとはデータ管理方法の異なるNoSQLデータベースが登場した。

NoSQLデータベースの代表的なものにキーバリュー型データベース，カラム指向型データベース，ドキュメント指向型データベース，グラフ型データベースがある。

❑ キーバリュー型データベース

キー（Key：鍵）とバリュー（Value：値）を紐付けることによってデータを管理するデータベースである。キーバリューストア型データベースと呼ぶこともある。キーはデータを一意に識別し，バリューは単純なデータだけでなく，複数のデータの組み合わせやオブジェクトなどの形態で格納する。

キー	バリュー
A001	A4プリンタ用紙
B202	B4プリンタ用紙
C330	{インクリボン，黒}
D157	マウスパッド

キーとバリューの組み合わせでデータを管理する。
バリューは単純なデータだけではなく，データの組合せなども格納する。

▶キーバリュー型データベース

❑ カラム指向型データベース

関係データベースではデータを行単位で管理するのに対し，列（カラム）単位で管理するデータベースである。列を指定してデータを抽出するため，列を指定したデータ抽出や集計処理に向いている。

在庫

商品コード	バリュー	在庫数
A001	A4プリンタ用紙	5
B202	B4プリンタ用紙	40
C330	インクリボン	25
D157	マウスパッド	12

行ではなく，列単位でデータを管理する。列を指定してデータを抽出する処理や集計する処理のスピードが速い。

▶カラム指向型データベース

❏ ドキュメント指向型データベース

定義されたテーブル構造ではなく，XML（eXtensible Markup Language）形式やJSON（JavaScript Object Notation）形式などのアプリケーション側の扱いやすい形式でデータを格納するデータベースである。データベースから抽出したデータを，そのままプログラムで扱うことができるためプログラムが簡潔になる。

在庫

```
[
  {"商品コード：A001", "商品名：A4プリンタ用紙", "在庫数：5"},
  {"商品コード：B202", "商品名：B4プリンタ用紙", "在庫数：40"},
  {"商品コード：C330", "商品名：インクリボン", "在庫数：25"},
  {"商品コード：D157", "商品名：マウスパッド", "在庫数：12"}
]
```

XML形式やJSON形式でデータを格納する。

▶ドキュメント指向型データベース

❏ グラフ型データベース

ノード，リレーションシップ，プロパティの三つの要素で，データとデータのつながりをグラフ（図式）化して管理するデータベースである。データのつながりが図式化されているため，次図のフレンドを検索する処理のように，関係性のあるデータを抽出する検索速度が速い。

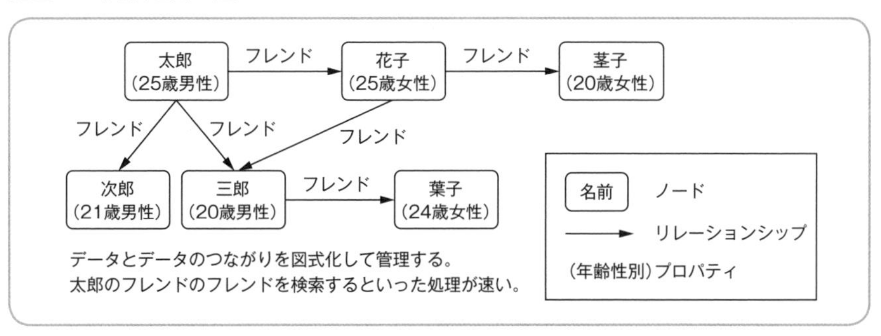

▶グラフ型データベース

❏ CAP定理 第4章問8

分散コンピュータシステムにおいて，一貫性（Consistency），可用性（Availability），分断耐性（Partition tolerance）のうち二つは保証できるが三つは保証できないと

いう考え方である。**ブリュワーの定理**ともいう。分散データベースの場合，それぞれの特性は，次のようになる，

・**一貫性**…分散配置されたどのサーバに接続しても同一のデータが抽出できる
・**可用性**…一つ以上のサーバがダウンしていてもデータベースは利用できる
・**分断耐性**…分散配置のサーバ間にネットワーク障害が発生していてもデータベースは利用できる

NoSQLデータベースでは，CAP定理のどの二つを保証するかによって，データベースが分かれて存在するため，用途に応じた使い分けが重要である。例えば，世界中のどこからでも利用できるインターネットショッピングサイトを運営する場合，閲覧者へ推奨するオススメ商品の一覧データの管理などは，一貫性よりも可用性と分断耐性を保証した分散データベースが適している。

❏ BASE特性 問12

「基本的には利用できることが重要で，分散されたデータの状態に一時的な不整合が生じても最終的に整合するならよい」という考え方で，CAP定理における可用性と分断耐性を保証した場合，一貫性をどの程度実現するかを示す特性である。三つの特性，

・基本的に利用可能である（Basically Available)
・柔軟な状態である（Soft State)
・最終的に整合性を保証する（Eventually Consistent)

の頭文字を表している。

NoSQLデータベースには，BASE特性をとり入れて大量データを扱う仕組みを実現しているものが多い。あるサーバでデータを更新した場合，他のサーバとの同期は即時ではなくあるタイミングで行って整合性を保つという仕組みなど，データの一貫性を優先しない。

6.6 開発関連技術

❏ ソフトウェアの再利用

以前に開発したプログラム，データ，知識，開発環境，仕様といった成果を再び利用することである。再利用を行うことによって，開発期間の短縮やコストの削減といった生産性の向上，信頼性の向上などが期待できる。

❏ ソフトウェア部品

ソフトウェア部品（以下，部品という）とは，特定の機能を実現する処理（命令）群をモジュールやプログラム，ミドルウェアといった形でまとめたものである。部品を再利用することによって，

- 再利用する部分は設計や実装を行う必要がないため，生産性の向上が期待できる。
- 既にある程度の品質が保証されているソフトウェア部品を使うことによって，品質や信頼性の向上が期待できる。

といった効果が得られる。

部品には問題への適合性だけでなく，信頼性，拡張性，性能なども要求される。このため，再利用可能な部品の開発には，同一規模の通常のソフトウェアの開発よりも多くの工数を要する。なお，部品化によって開発がどの程度効率化したかを測る指標としては，次のようなものが挙げられる。

▶ソフトウェアの再利用における指標

名称	概要
再利用率	ソフトウェア全体の開発規模のうち，部品を再利用した規模の割合。再利用率が高ければ，それだけ開発効率を高めることができる 再利用率＝再利用した規模÷ソフトウェア全体の開発規模
再利用利得率	再利用によって削減できる工数と，再利用した部分と同規模のソフトウェアを開発するために必要な工数の比率 再利用利得率＝削減工数÷同一規模のソフトウェアの開発工数

小さな部品を再利用した場合は，部品の設計やコーディングなどの工数が削減できるに過ぎないが，大きな部品を再利用すると，結合テストのようなより上流工程の工数も削減できるため，一般的には小さな部品を多数再利用するよりも，大きな部品を再利用した方が開発工数の削減効果は大きくなる。

❏ ソフトウェアパッケージ

複数の組織で利用されることを前提とした市販のソフトウェアである。ソフトウェアパッケージの導入は自社開発に比べてコストの削減や開発期間の短縮が期待できる。

ソフトウェアパッケージには標準的な業務機能が実装されているが，自社の業務プロセスと完全に一致することは稀である。このため，ソフトウェアパッケージを導入する際には，業務プロセスや要求とソフトウェアパッケージが提供する機能の適合性を確認する**フィットアンドギャップ分析**を行う。その結果，必要に応じて，自社の業

務プロセスを再設計したり，カスタマイズや機能追加のアドオン開発によってソフトウェアパッケージが業務プロセスに必要な機能を実現できるようにする。

❏ リエンジニアリング

既存のプログラムから仕様を導き出すなど，下流工程の情報（成果物）から上流工程の情報を導き出す手法を**リバースエンジニアリング**という。例えば，プログラムからUMLを生成する，ソースプログラムを解析してプログラム仕様書を作成する，稼働中のデータベースからE-R図を生成するなどがリバースエンジニアリングに該当する。なお，上流工程の情報から下流工程の情報を導く手法は**フォワードエンジニアリング**という。

リエンジニアリングは，リバースエンジニアリングを応用し，既存のプログラムを解析して仕様書を作成し，これを基に同等の機能を持つプログラムを作成し直す開発手法である。

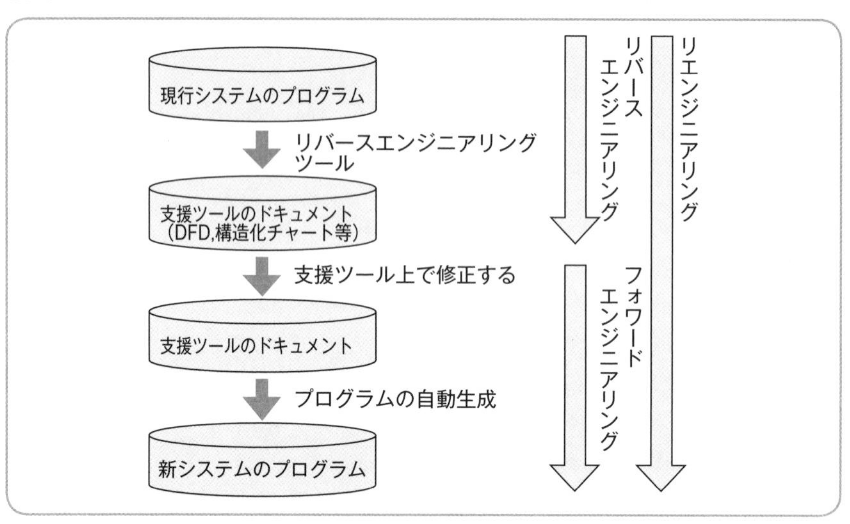

▶リエンジニアリング

なお，コスト，品質，サービス，スピードなどを改善するために業務プロセスを抜本的に見直すこともリエンジニアリングという。マイケルハマーが提唱したリエンジニアリングは，最新の情報技術を用いて業務プロセスと組織を根本的に改革することによって，顧客の満足度を高めることを目的としている。

❏ マッシュアップ 問13

既に公開されている複数のサービスを組み合わせて，新たなサービスとして提供する手法である。マッシュアップを利用してWebコンテンツを表示する例として，自社のWebページ上に，他のサイトが提供する地図検索機能を利用して出力された情報を表示するなどが挙げられる。

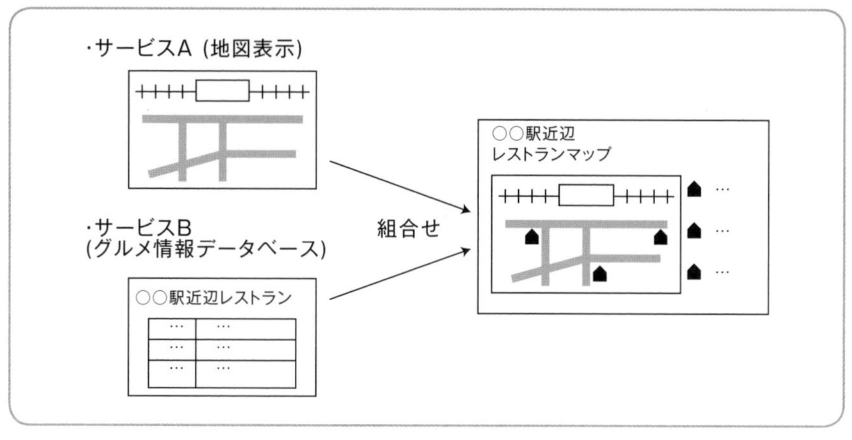

▶マッシュアップの例

❏ ドメインエンジニアリング

特定の分野で用いられる情報システム（銀行の勘定系システムなど）に対し，業務知識や再利用部品などを体系的に整備して再利用を促進することによって，ソフトウェア開発の効率向上を図る手法である。

問題編

問1 ✔□ □□ キャッシュメモリの動作に関する記述のうち，適切なものはどれか。

(H31問22)

ア　キャッシュミスが発生するとキャッシュ全体は一括消去され，主記憶から最新のデータが転送される。

イ　キャッシュメモリには，メモリアクセスの実効速度を上げる効果がない。

ウ　キャッシュメモリにヒットすると，主記憶から最新のデータが転送される。

エ　主記憶のアクセス時間とプロセッサの命令実行時間との差が大きいマシンでは，キャッシュメモリによって実効アクセス時間の短縮が期待できる。

問1 解答解説 **キャッシュメモリ▶P.181**

キャッシュメモリは，プロセッサと主記憶装置の間に配置され，プロセッサと主記憶装置のアクセス速度の差を補うための小容量な記憶装置であり，一般にSRAMが使用される。プロセッサはデータアクセスの際に，キャッシュメモリにアクセスして探し，なかった場合に主記憶にアクセスするという手順を踏むことで，実効アクセス時間が短縮できる。

ア　キャッシュミスが発生した場合，プロセッサは主記憶にアクセスする。このとき，同時にキャッシュメモリから一つのブロックを主記憶装置に戻し，代わりに主記憶装置上の参照データのブロックの内容をキャッシュメモリに格納する作業が行われる。

イ　コンピュータシステムで用いられている記憶素子のうち，レジスタ，キャッシュメモリ，主記憶装置の順にアクセス速度が遅くなる。主記憶はキャッシュメモリよりも低速であるため，キャッシュメモリには，メモリアクセスの実効速度を上げる効果がある。

ウ　キャッシュメモリにヒットすると，キャッシュメモリからデータを読み込む。《解答》エ

問2 ✔□ □□ キャッシュメモリのアクセス時間及びヒット率と，主記憶のアクセス時間の組合せのうち，実効アクセス時間が最も短くなるものはどれか。

(H30問22)

	キャッシュメモリ		主記憶
	アクセス時間（ナノ秒）	ヒット率（%）	アクセス時間（ナノ秒）
ア	10	60	70
イ	10	70	70
ウ	20	70	50
エ	20	80	50

問2 解答解説 **キャッシュメモリのヒット率▶P.181**

主記憶の実効アクセス時間は，キャッシュメモリのヒット率をP（0≦P≦1）としたとき，

P×キャッシュメモリのアクセス時間＋（1－P）×主記憶のアクセス時間

で計算できる。各選択肢について主記憶の実効アクセス時間（ナノ秒）を計算すると，次のようになる。

ア　0.6×10+0.4×70＝6＋28＝34
イ　0.7×10+0.3×70＝7＋21＝28
ウ　0.7×20+0.3×50＝14+15＝29
エ　0.8×20+0.2×50＝16+10＝26

よって，実効アクセス時間が最も短いのは“エ”となる。

なお，キャッシュメモリ，および，主記憶のアクセス時間が同じ場合は，ヒット率が高い方が実効アクセス時間が短い。したがって，全ての選択肢を計算する必要はなく，“イ”と“エ”についてのみ計算すればよいことになる。

《解答》エ

問3 ☑□ □□ ECCメモリで，2ビットの誤りを検出し，1ビットの誤りを訂正するために用いるものはどれか。（R3問22，H25問22）

ア　偶数パリティ　　イ　垂直パリティ
ウ　チェックサム　　エ　ハミング符号

問3 解答解説 **誤り制御▶P.186　ハミング符号▶P.186**

ハミング符号は，データを構成するビット列の中に誤りがあったとき，それを検出し訂正できるように構成された誤り訂正符号である。データを構成するビット列（情報ビット）に，それらから作った冗長ビットを付加することによって，2ビットの誤り検出と1ビットの誤り訂正を可能にする。一方，パリティチェック方式は，通常1ビットの誤り検出はできるが，その誤りを訂正することはできない。

偶数パリティ：2進数符号によって伝送文字に垂直方向，あるいは水平方向に1ビットのパリティビットを付加するパリティチェックの方式の一つで，ビット“1”の個数が偶数になるようにパリティビットを付加する方式
垂直パリティ：伝送文字を構成する垂直方向のビット列に含まれるビット“1”の個数をカウントして，1ビットの誤りを検出する方式
チェックサム：送受信するデータをブロックに分け，その内容を数値とみなし，ブロック内の総和を検査符号として用いて，誤りを検出する方式

《解答》エ

問4 ☑☐ ☐☐ HA（High Availability）クラスタリングにおいて，本番系サーバのハートビート信号が一定時間にわたって待機系サーバに届かなかった場合に行われるフェールオーバ処理の順序として，適切なものはどれか。

（R2問23，H29問23）

〔フェールオーバ処理ステップ〕

(1) 待機系サーバは，本番系サーバのディスクハートビートのログ（書込みログ）をチェックし，ネットワークに負荷が掛かってハートビート信号が届かなかったかを確認する。

(2) 待機系サーバは，本番系サーバの論理ドライブの専有権を奪い，ロックを掛ける。

(3) 本番系サーバと待機系サーバが接続しているスイッチに対して，待機系サーバから，接続しているネットワークが正常かどうかを確認する。

(4) 本番系サーバは，OSに対してシャットダウン要求を発行し，自ら強制シャットダウンを行う。

ア (1)，(2)，(3)，(4)　イ (2)，(3)，(1)，(4)
ウ (3)，(1)，(2)，(4)　エ (3)，(2)，(1)，(4)

問4 解答解説 クラスタリング▶P.188　フェールオーバークラスタ▶P.189

HAクラスタリングは，複数のサーバを接続して連携させ（クラスタ化），本番系サーバに障害が発生した場合に待機系サーバに処理を引き継がせる，高い可用性を確保する仕組みである。

HAクラスタリングのフェールオーバー処理では，本番系サーバから定期的に届くはずのハートビート信号が連携している待機系サーバに届かなかった場合，本番系サーバに障害が発生したと判断して切替えが行われる。

ハートビート信号が途絶えた場合，その原因がネットワーク障害にあることも考えられるので，まずネットワーク障害の有無を確認する。ネットワークに異常がないことが判明したら，本番系サーバのディスクハートビートのログをチェックして，ハートビート信号が発信されていないことを確認する。その後，待機系サーバは本番系サーバの占有権を奪い，本番系サーバはシャットダウンする。

よって，フェールオーバー処理は，(3)→(1)→(2)→(4)の順で行われる。　《解答》ウ

問5 ✔□ □□ ストレージ技術におけるシンプロビジョニングの説明として，適切なものはどれか。 (R4問22)

ア　同じデータを複数台のハードディスクに書き込み，冗長化する。
イ　一つのハードディスクを，OSをインストールする領域とデータを保存する領域とに分割する。
ウ　ファイバチャネルなどを用いてストレージをネットワーク化する。
エ　利用者の要求に対して仮想ボリュームを提供し，物理ディスクは実際の使用量に応じて割り当てる。

問5 解答解説 RAID1 ▶P.192

シンプロビジョニングとは，システムに対して実際のディスク容量よりも大きなディスク容量を仮想的に割り当てる技術である。通常，システムに割り当てるディスク容量は，実際のディスク容量を超えることはできないため，新システムの導入時はデータ量の増加を見込んだ容量のディスク装置を用意することが一般的である。

シンプロビジョニングでは，磁気ディスク装置の実容量を超えるサイズをシステムに割り当てることができるため，扱うデータ量が少ない初期は小容量のディスク装置を用意しておき，データ量の増加に伴ってディスク装置を増設するといった運用が可能となる。

ア　ミラーリングの説明である。
イ　パーティション分割の説明である。
ウ　SAN（Storage Area Network）の説明である。

《解答》エ

問6 ✔□ □□ Webシステムの負荷分散技術の一つである，ロードバランサ方式の特徴として，最も適切なものはどれか。 (H31問23)

ア　Webブラウザのキャッシュ機能によって負荷が均等に分散しない場合がある。
イ　接続されたサーバの死活状態をロードバランサは考慮せずに選択する。
ウ　複数のサーバそれぞれにグローバルIPアドレスの固定割当てが必要になる。
エ　ヘルスチェックに失敗しているサーバをロードバランサは選択しない。

問6 解答解説 負荷分散システム ▶P.190

ロードバランサ方式とは，クライアントからのリクエストを複数のサーバに分散して振り分ける負荷分散技術で，振り分けを行う装置をロードバランサという。ロードバランサには，リクエストの分散機能（ロウンドロビンなどによって振り分ける），セッション維持機能（関連のあるリクエストを同一のサーバに振り分ける），故障監視機能（サーバの稼働状況を監視する)，連続サービス機能（サービスを継続する）が必要である。

ヘルスチェックは，故障監視機能である。ロードバランサは，振分けの対象としている全てのサーバに対して正常に稼働しているかを監視し，正常に稼働しているサーバにのみ，リクエストを割り振る。ロードバランサは，ヘルスチェックに失敗したサーバにはリクエストは割り振らない。

ア　Webブラウザのキャッシュ機能とWebシステムの負荷分散とは無関係である。Webブラウザのキャッシュ機能では，一度表示したWebページのデータをしばらく保存し，同じWebページに対する二度目以降のアクセスに対しては，Webサーバにリクエストするのではなく，保存しているデータで対応する。Webブラウザのキャッシュ機能によって，通信量が減る。

イ　接続されたサーバの死活状態を監視することを，ヘルスチェックという。ロードバランサは，ヘルスチェックの結果を考慮して，リクエストを割り振るサーバを選択している。

ウ　複数のサーバに負荷を分散させるには，ロードバランサ（負荷分散装置）を使う。ロードバランサにグローバルIPアドレス（仮想IPアドレス）を設定し，そのアドレスへのアクセスを各サーバに振り分ける。そのため，クライアントはロードバランサにアクセスし，サーバそれぞれに直接アクセスしないので，サーバにはプライベートIPアドレスを割り当てればよく，グローバルIPアドレスの固定割当ては必要ない。　《解答》エ

問7 ✔□ □□　RAID方式のうち，ストライピングの単位をアクセスの単位であるブロックとし，書込み時のボトルネック解消のためにパリティ情報を異なる磁気ディスクに分散して格納するものはどれか。　(H28問22)

ア　RAID0　　イ　RAID3　　ウ　RAID4　　エ　RAID5

問7　解答解説　RAID▶P.191　RAID0▶P.191　RAID3▶P.192　RAID5▶P.193

RAID（Redundant Array of Inexpensive Disks）は，複数の磁気ディスクを仮想的な1台の磁気ディスクとして運用して冗長性を向上させる技術である。いくつかの方式に分けることができる。RAID5は，データをブロック単位でストライピングを行い，パリティ情報も複数の磁気ディスクに分散して格納する。

RAID0：データを複数の磁気ディスクに分散するストライピングを行う。
RAID3：データをビットまたはバイト単位でストライピングを行い，パリティ情報をパリティ専用の磁気ディスクに格納する。
RAID4：データをブロック単位でストライピングを行い，パリティ情報をパリティ専用の磁気ディスクに格納する。

《解答》エ

問8 ☑□ □□ 1台のサーバと3台のクライアントが接続されたシステムがある。システムを利用するためには，サーバと少なくともいずれか1台のクライアントが稼働していればよい。サーバの稼働していない確率をa，各クライアントの稼働していない確率をいずれもbとすると，このシステムが**利用できない確率**を表す式はどれか。 (H28問23)

ア　$1-(1-a)(1-b^3)$

イ　$1-(1-a)(1-b)^3$

ウ　$(1-a)(1-b)^3$

エ　$1-ab^3$

問8 解答解説 並列接続システムの稼働率 ▶P.195

このシステムが利用できない確率は，次式で求めることができる。

利用できない確率＝1－(サーバ稼働率)×(クライアント3台のうち1台以上稼働している確率)

サーバの稼働していない確率をa，各クライアントの稼働していない確率をbとすると，

サーバ稼働率＝$1-a$

クライアント3台のうち1台以上稼働している確率＝$1-b^3$

これより，システムが利用できない確率は，$1-(1-a)(1-b^3)$ となる。 《解答》ア

問9 ☑□ □□ フェールセーフの考えに基づいて設計したものはどれか。 (H28問24)

ア　乾電池のプラスとマイナスを逆にすると，乾電池が装填できないようにする。

イ　交通管制システムが故障したときには，信号機に赤色が点灯するようにする。

ウ　ネットワークカードのコントローラを二重化しておき，故障したコントローラの方を切り離しても運用できるようにする。

エ　ハードディスクにRAID1を採用して，MTBFで示される信頼性が向上するようにする。

問9 解答解説 RAID1 ▶P.192　フォールトトラレンス ▶P.198
フェールソフト ▶P.198　フェールセーフ ▶P.198
フールプルーフ ▶P.198

フェールセーフとは，システムの一部に故障や異常が発生したとき，その影響が安全な方

向に働くように，システムの信頼性を追求する耐障害設計の考え方である。データの喪失，装置への障害拡大，運転員への危害などを減じる方向にシステムを構築する設計手法である。

交通管制システムが故障したときに信号機に赤色を点灯するという設計は，危険を回避するという，フェールセーフの考えに基づいている。

ア　フールプルーフに基づいた設計である。

ウ　フェールソフトの設計である。

エ　RAID1（ミラーリング）で信頼性を向上させるのは，フォールトトレランスの考え方に基づいた設計である。

《解答》イ

問10 ✔□ □□ エクストリームプログラミング（XP：eXtreme Programming）における“テスト駆動開発”の特徴はどれか。（H30問25）

ア　最初のテストで，なるべく多くのバグを摘出する。

イ　テストケースの改善を繰り返す。

ウ　テストでのカバレージを高めることを重視する。

エ　プログラムを書く前にテストケースを作成する。

問10 解答解説 アジャイル型開発の開発手法▶P.199

エクストリームプログラミング（XP：eXtreme Programming）は，ソフトウェアを迅速に開発するアジャイル開発の考え方の一つである。XPでは初期設計よりもコーディングとテストを重視し，フィードバックによる修正・再設計を重視する。

テスト駆動開発は，XPにおけるプラクティス（実践規範）として挙げられるものの一つで，その特徴は，プログラムを書く（実装する，コード作成する）前にテストケースを作成することである。テストケースの作成後，そのテストをパスするように実装を行っていく。

なお，その他のXPのプラクティスとしては，次のようなものがある。

ペアプログラミング：2人1組となり，一方がドライバとしてコードを書き，もう一方がナビゲータとなりそれをチェックする
リファクタリング：完成済みのコードでも，プログラムの外部から見た動作は変えずにソースコードの内部構造を整理・改善する
継続的インテグレーション：コードが完成するたびに結合テストを実施し，問題点や改善点を探す

《解答》エ

問11 ✔□ □□ XP（eXtreme Programming）のプラクティスの一つに取り入れられているものはどれか。（H28問25）

ア　構造化プログラミング
イ　コンポーネント指向プログラミング
ウ　ビジュアルプログラミング
エ　ペアプログラミング

問11　解答解説　アジャイル型開発の開発手法▶P.199
ペアプログラミング▶P.202

XP（eXtreme Programming：エクストリームプログラミング）は，アジャイル型開発手法の先駆けである。開発の初期段階の設計よりもコーディングとテストを重視し，各工程を順番に積み上げていくことよりも常にフィードバックを行って修正・再設計していくことを重視する。

XPではいくつかのプラクティス（実践規範）を提示しており，その中の一つにペアプログラミングがある。ペアプログラミングでは，プログラミング（コード作成）を２人１組で行い，「一方が書いたコードを，もう一方がチェック（レビュー）する」という作業を交代しながら進める。

そのほかの特徴的なXPのプラクティスとしては，イテレーション（短い期間ごとにリリースを繰り返す）やテスト駆動開発（まずテストを作成し，そのテストに合格するように実装を進める），リファクタリング（バグがなくとも，コードの効率や保守性を改善していく）などがある。

《解答》エ

問12　☑□□□　BASE特性を満たし，次の特徴をもつNoSQLデータベースシステムに関する記述のうち，適切なものはどれか。　（R4問１，R2問１）

〔NoSQLデータベースシステムの特徴〕
・ネットワーク上に分散した複数のノードから構成される。
・一つのノードでデータを更新した後，他の全てのノードにその更新を反映する。

ア　クライアントからの更新要求を2相コミットによって全てのノードに反映する。
イ　データの更新結果は，システムに障害がなければ，いつかは全てのノードに反映される。
ウ　同一の主キーの値による同時の参照要求に対し，全てのノードは同じ結果を返す。
エ　ノード間のネットワークが分断されると，クライアントからの処理要求を受け付けなくなる。

問12 解答解説　BASE特性▶P.206　NoSQLデータベース▶P.203

BASE特性とは，データベース機能を含めたシステムに求められる特性のことであり，

BA（Basically Available）…いつでも利用できる状態であること

S（Soft State）…データの状態は外部に依存すること

E（Eventually Consistent）…結果的にはデータの整合性が保たれること

を示す。つまり，BASE特性を満たすシステムは，可用性を重視して常に利用でき，ネットワーク上に分散した複数のノードの一つで，データが更新された際には他の全てのノードにすぐに反映される必要はなく，十分な時間が経てば結果的に全てのノードに反映されるシステムとなる。

ア　分散トランザクションの原子性を保証する仕組みに関する記述である。

ウ　常にデータの整合性が保たれている分散データベースに関する記述である。

エ　ネットワークが分断されたとき，データの整合性を重視するために可用性を犠牲にするシステムに関する記述である。

《解答》イ

問13 ✔□ □□　マッシュアップの説明はどれか。

（R3問25）

ア　既存のプログラムから，そのプログラムの仕様を導き出す。

イ　既存のプログラムを部品化し，それらの部品を組み合わせて，新規プログラムを開発する。

ウ　クラスライブラリを利用して，新規プログラムを開発する。

エ　公開されている複数のサービスを利用して，新たなサービスを提供する。

問13 解答解説　マッシュアップ▶P.209

マッシュアップ（mash up）とは，「複数のコンテンツ（サービス）を取り込み，組み合わせて利用する」手法を総称した言葉である。マッシュアップは，Webサービスでよく活用される。検索サイトや地図情報サイトを運営する事業者には，マッシュアップ用のAPIを作成・公開しているところも多い。

ア　リバースエンジニアリングに関する説明である。

イ　部品化やコンポーネント化の考え方に関する説明である。

ウ　オブジェクト指向開発に関する説明である。

《解答》エ

午後対策

—重要知識と設問パターン別攻略法のトレーニング

設問パターン①
基礎理論

基礎理論の重要知識

❏ 関数従属性▶P.38

❏ 完全関数従属性▶P.39

❏ 部分関数従属性▶P.39

❏ 推移的関数従属性▶P.39

❏ 候補キー▶P.24

❏ 候補キーが一つ存在する関係表の候補キーの抽出

属性集合A，B，C，D，E，F，G，Hから構成された関係表Rにおいて，属性集合間の関数従属性を洗い出すと，次図のような関数従属性が成立している。

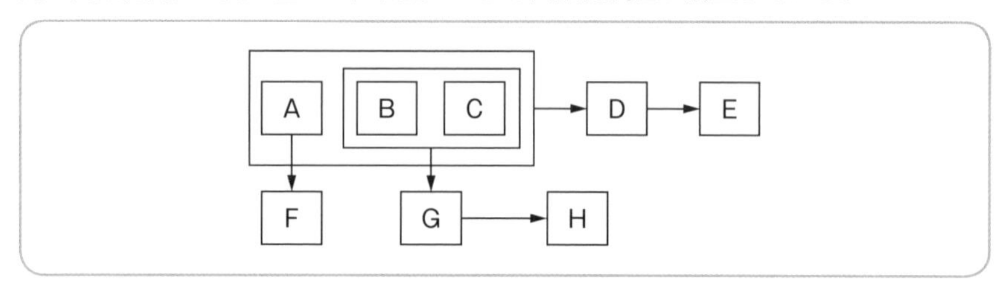

▶属性集合間の関数従属性

- Dは，{A，B，C} に完全関数従属している。
- Eは，{A，B，C} に推移的関数従属している。
- Fは，{A，B，C} に部分関数従属している。
- Gは，{A，B，C} に部分関数従属している。
- Hは，{A，B，C} に推移的関数従属している。

関係表Rの全ての属性集合は {A，B，C} に関数従属しているため，{A，B，C} が候補キーになる。

❏ 候補キーが複数存在する関係表の候補キーの抽出

属性集合A，B，C，D，E，Fから構成された関係表Rにおいて，属性集合間の関数従属性を洗い出すと，次図のような関数従属性が成立している。

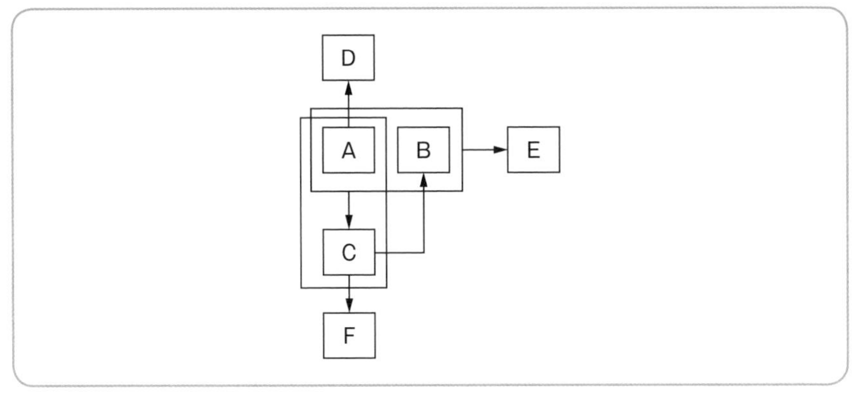

▶複数の候補キーが存在する例

- Dは｛A，B｝に部分関数従属している。
- CとEは｛A，B｝に完全関数従属している。
- Fは｛A，B｝に推移的関数従属している。

関係表Rの全ての属性集合は｛A，B｝に関数従属しているため，｛A，B｝は候補キーとなる。さらに，

- B，DとFは｛A，C｝に部分関数従属している。
- BがCに完全関数従属していることから，増加律によって｛A, B｝が｛A, C｝に関数従属することになり，｛A，B｝に完全関数従属しているEは｛A，C｝に推移的関数従属する。増加律とは，属性集合X，Y，Zにおいて，X→Yが成立しているとき｛X，Z｝→｛Y，Z｝が成立する関数従属性の性質である。

関係表Rの全ての属性集合は｛A，C｝に関数従属しているため，｛A，C｝も候補キーとなる。

❏ 主キー（primary key）▶P.24

関係表の性質，候補キーの重要度，属性の意味内容などを勘案して，候補キーの中から一つを選定して主キーとする。関係スキーマでは，属性名または属性名の組に実線の下線を付して主キーを示す。

社員（<u>社員番号</u>，社員名，部門コード）

❏ 非キー属性▶P.24

❏ 外部キー▶P.26

外部キーを定義した場合，参照表と被参照表の間に参照制約が設定される。関係スキーマでは，属性名または属性名の組に破線の下線を付して外部キーを示す。

社員（社員番号，社員名，部門コード）

部門（部門コード，部門名）

設問パターン別解き方トレーニング

…「基礎理論」パターン…

学習ポイント

「基礎理論」パターンの設問は，問題文中に関係スキーマ，属性の説明，属性間の関数従属性などが示されています。これらは，完成形でなく，未完成の場合であることが多く，判明している関係スキーマや属性間の関数従属性，属性の説明をもとに完成させます。明らかになった関数従属性から，第3正規形の関係を完成させることが設問の最終目的です。

設問の主な要求事項

・候補キー
・主キー
・外部キー
・正規化や正規形の度合い
・部分関数従属性や推移的関数従属性
・第３正規形の関係スキーマ

1 例題－H27午後Ⅰ問1設問1より

設問要求

図２の関係“書籍作品”について，⑴，⑵に答えよ。

⑴　関係“書籍作品”の候補キーを全て答えよ。また，部分関数従属性，推移的関数従属性の有無を，“あり”又は“なし”で答えよ。“あり”の場合は，その関数従属性の具体例を一つ，次の表記法に従って示せ。

関数従属性	表記法
部分関数従属性	属性１→属性２
推移的関数従属性	属性１→属性２→属性３

なお，候補キー及び表記法に示されている属性1,属性２が複数の属性から構成される場合は，｛ ｝でくくること。

⑵　関係“書籍作品”は，第１正規形　第２正規形，第３正規形のうち，どこまで正規化されているか答えよ。また，第３正規形でない場合は，第３正規形に分解し，主キー及び外部キーを明記した関係スキーマを示せ。

設問⑴の要求事項
●候補キー
●部分関数従属性
●推移的関数従属性

設問⑵の要求事項
●正規化
●第３正規形

解答

設問	解答例・解答の要点			
(1)	候補キー	{書籍作品ID，著者ID}		
	部分関数従属性の有無	あり	推移的関数従属性の有無	あり
	部分関数従属性	・書籍作品ID→タイトル ・著者ID→著者名		
	推移的関数従属性	{書籍作品ID，著者ID} →著者役割コード→著者役割名		
(2)	正規形	第１正規形		
	関係スキーマ	著者（著者ID，著者名） 著者役割（著者役割コード，著者役割名） 書籍作品（書籍作品ID，タイトル） 書籍作品著者（著者ID，書籍作品ID，著者役割コード）		

問題文

A社は，書籍の販売を主力事業とする会社である。A社では現在，インターネット上で書籍を販売するECサイトの開設を計画しており，システム部のB君がデータベースの設計を行っている。

〔書籍の概要〕

1. 書籍

書籍は，単行本・新書・文庫本など，様々な書籍の形態で出版されている。

(1) 書籍作品とは，書籍の形態にかかわらない作品そのものであり，書籍のタイトルなどの属性をもつ。

A3 設問(1)の証拠

(2) 形態別書籍とは，書籍作品を様々な書籍の形態で出版したものであり，出版社名，ページ数などの属性をもつ。

(3) 書籍作品には１人又は複数の著者が存在し，著者ごとに，主要な著者役割が一つ定められている。

書籍作品(書籍作品ID, タイトル, 著者ID, 著者名, 著者役割コード, 著者役割名)

B3 設問(2)の証拠

図２　B君が設計した関係スキーマ（未完成）の一部

表1　主な属性とその意味・制約の一部

属性名	意味・制約
会員ID	会員を一意に識別する文字列
著者ID	著者を一意に識別する文字列
著者名	著者の氏名。同姓同名の著者が存在する。
書籍作品ID	書籍作品を一意に識別する文字列
タイトル	書籍作品のタイトル。異なる書籍作品のタイトルが同名である場合がある。
著者役割コード	著者役割を一意に識別するコード
著者役割名	著者役割の名称。異なる著者役割の著者役割名が同名である場合がある。

設問(1)の証拠

解説

A4 (1)について

図2を見ると，関係“書籍作品”には，書籍作品ID，タイトル，著者ID，著者名，著者役割コード，著者役割名の六つの属性がある。これらの属性間の関数従属性を検討する。

●書籍作品IDとタイトルについて

〔書籍の概要〕1.書籍(1)に「書籍作品とは，……，書籍のタイトルなどの属性をもつ」とある。表1を見ると，書籍作品IDが「書籍作品を一意に識別する文字列」，タイトルが「書籍作品のタイトル」であることが分かる。したがって，書籍作品IDが決まるとタイトルの値が一意に定まる。

書籍作品ID　→　タイトル

●著者IDと著者名について

表1を見ると，著者IDが「著者を一意に識別する文字列」，著者名が「著者の氏名」であることが分かる。したがって，著者IDが決まると著者名の値が一意に定まる。

著者ID　→　著者名

●著者役割コードと著者役割名について

表1を見ると，著者役割コードが「著者役割を一意に識別するコード」，著者役割名が「著者役割の名称」であることが分かる。したがって，著者役割コードが決まると著者役割名の値が一意に定まる。

著者役割コード　→　著者役割名

● 書籍作品ID，著者IDと著者役割コードについて

〔書籍の概要〕1.書籍(3)に「書籍作品には１人又は複数の著者が存在し，著者ごとに，主要な著者役割が一つ定められている」とあり，書籍作品IDと著者IDが決まると著者役割コードが一意に定まることが分かる。

{書籍作品ID，著者ID}　→　著者役割コード

以上を整理して，関係“書籍作品”の属性間の関数従属性を表わすと次図のようになる。

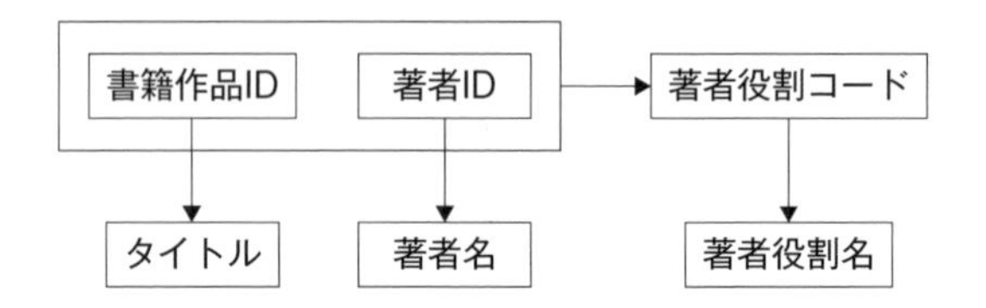

これらより，

「著者役割コードを完全関数従属させ，

タイトルと著者名を部分関数従属させ，

著者役割名を推移的関数従属させている」

{書籍作品ID，著者ID} が候補キーとなる。

部分関数従属性は**あり**，具体例は**書籍作品ID→タイトル**，または，**著者ID→著者名**となる。推移的関数従属性は**あり**，具体例は **{書籍作品ID，著者ID} →著者役割コード→著者役割名**となる。

B4 (2)について

図２を見ると，関係“書籍作品”には，属性に繰り返し項目がない。しかし，部分関数従属性，推移的関数従属性が存在する。よって，関係“書籍作品”は**第１正規形**である。

第３正規形にするには，部分関数従属，推移的関数従属している属性を分離して，別の関係を作成すればよい。

まず，関係“書籍作品”に存在する，

書籍作品ID→タイトル

著者ID→著者名

という二つの部分関数従属性を解消して第２正規形にする。そのために，部分関数従

属している属性を分離して別の関係を作成する。結果，関係スキーマは次のようになる。

書籍作品（書籍作品ID，タイトル）
著者（著者ID，著者名）
書籍作品著者（書籍作品ID，著者ID，著者役割コード，著者役割名）

次に，関係“書籍作品著者”に存在する，
{書籍作品ID，著者ID} →著者役割コード→著者役割名
という推移的関数従属性を解消して第３正規形にする。そのために，推移的関数従属している属性を分離して別の関係を作成する。結果，関係スキーマは次のようになる。
書籍作品著者（書籍作品ID，著者ID，著者役割コード）
著者役割（著者役割コード，著者役割名）

したがって，第３正規形に正規化した関係スキーマは，次のようになる。

著者（著者ID，著者名）
著者役割（著者役割コード，著者役割名）
書籍作品（書籍作品ID，タイトル）
書籍作品著者（著者ID，書籍作品ID，著者役割コード）

2 例題－H26午後Ⅰ問1設問1より

設問要求

図２及び図４の関係“優先度”について，(1)，(2)に答えよ。

(1) 関係“優先度”の候補キーを全て答えよ。また，部分関数従属性，推移的関数従属性の有無を“あり”又は“なし”で答えよ。“あり”の場合は，その関数従属性の具体例を，図３中の意味の欄に示した表記法に従って示せ。

(2) 関係“優先度”は，第１正規形，第２正規形 第３正規形のうち，どこまで正規化されているかを答えよ。また，第３正規形でない場合は，第３正規形に分解した関係スキーマを示せ。

設問(1)の要求事項
- 候補キー
- 部分関数従属性
- 推移的関数従属性

設問(2)の要求事項
- 正規化
- 第３正規形

解 答

設問	解答例・解答の要点			
(1)	候補キー	{緊急度コード，重大度コード}		
	部分関数従属性の有無	あり	推移的関数従属性の有無	あり
	部分関数従属性	・緊急度コード→スケジュール影響度 ・重大度コード→ソフトウェア影響度		
	推移的関数従属性	{緊急度コード，重大度コード} →優先度コード→リソース投入度		
(2)	正規形	第１正規形		
	関係スキーマ	緊急度（緊急度コード，スケジュール影響度） 重大度（重大度コード，ソフトウェア影響度） 優先度変換（緊急度コード，重大度コード，優先度コード） 優先度（優先度コード，リソース投入度）		

問題文

A社は，ソフトウェアパッケージの開発及び販売を主力事業としている会社である。A社ではこれまで，ソフトウェアの開発中に発生したバグの管理に表計算ソフトを用いてきたが，大規模なBソフトウェアパッケージ開発プロジェクト（以下，Bプロジェクトという）の立上げを機に，新たにバグ管理システムを構築することになった。バグ管理システムの設計担当には，C君が任命された。

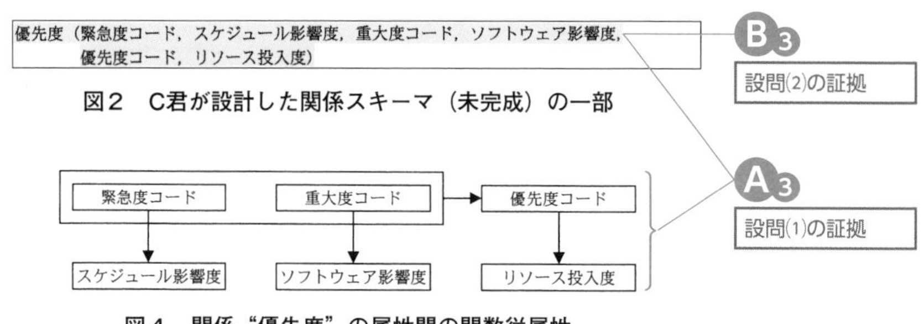

図2　C君が設計した関係スキーマ（未完成）の一部

図4　関係“優先度”の属性間の関数従属性

解説

A4 (1)について

図2を見ると，関係“優先度”には，緊急度コード，スケジュール影響度，重大度コード，ソフトウェア影響度，優先度コード，リソース投入度の六つの属性がある。さらに，図4を見ると，これらの属性間には，

緊急度コード→スケジュール影響度
重大度コード→ソフトウェア影響度
{緊急度コード，重大度コード}→優先度コード
優先度コード→リソース投入度

の関数従属性が存在していることが分かる。これらより，

「優先度コードを完全関数従属させ，
スケジュール影響度とソフトウェア影響度を部分関数従属させ，
リソース投入度を推移的関数従属させている」

{緊急度コード，重大度コード}が候補キーとなる。

部分関数従属性は**あり**，具体例は**緊急度コード→スケジュール影響度**，または，**重大度コード→ソフトウェア影響度**となる。推移的関数従属性は**あり**，具体例は**{緊急度コード，重大度コード}→優先度コード→リソース投入度**となる。

B4 (2)について

図2を見ると，関係“優先度”には，属性に繰り返し項目はない。しかし，部分関数従属性，推移的関数従属性が存在する。よって，関係“優先度”は**第1正規形**である。

第3正規形にするには，部分関数従属，推移的関数従属している属性を分離して，別の関係を作成すればよい。

まず，関係“優先度”に存在する，

緊急度コード→スケジュール影響度

重大度コード→ソフトウェア影響度

という二つの部分関数従属性を解消して，第２正規形にする。そのために，部分関数従属している属性を分離して別の関係を作成する。結果，関係スキーマは次のようになる。

緊急度（緊急度コード，スケジュール影響度）

重大度（重大度コード，ソフトウェア影響度）

優先度（緊急度コード，重大度コード，優先度コード，リソース投入度）

次に，第２正規形の関係“優先度”に存在する，

{緊急度コード，重大度コード}→優先度コード→リソース投入度

という推移的関数従属性を解消して第３正規形にする。そのために，推移的関数従属している属性を分離して別の関係を作成する。結果，関係スキーマは，次のようになる。

優先度変換（緊急度コード，重大度コード，優先度コード）

優先度（優先度コード，リソース投入度）

したがって，第３正規形に正規化した関係スキーマは，次のようになる。

緊急度（緊急度コード，スケジュール影響度）

重大度（重大度コード，ソフトウェア影響度）

優先度変換（緊急度コード，重大度コード，優先度コード）

優先度（優先度コード，リソース投入度）

設問パターン②
概念設計

概念設計の重要知識

❏ 概念設計▶P.33

❏ 概念データモデル▶P.22

概念データモデルをエンドユーザーに正しく把握してもらうためには，次の要件を満たす必要がある。

- 分析者の主観に依存せず，誰が分析しても同じ概念データモデルが得られる。
- 理解しやすいように図式表現を用いる。
- 情報の階層構造や反復項目など，複雑な関係を持つ複合オブジェクトも表現する。

❏ ビジネスデータの調査

ビジネスデータの調査は次の手順で行う。

①ビジネスデータの収集…業務の担当者へのインタビューや業務で使用されている伝票・帳票・画面やファイルなどのビジネスデータを収集する。

②データ項目の洗出し…収集したビジネスデータから，データ項目の名称や構成を記述したビジネスデータのデータ項目一覧（データ項目定義書）を作成する。データ項目定義書では，実体に対するデータ項目の定義を明確にする。同じ内容のデータ項目の桁数や形式などは統一し，各データ項目の発生源や発生量，属しているエンティティなども明確にする。データ項目には，その情報の持つ意味を正しく伝えられる名称を付ける。

データ項目定義書	エンティティ名称	発生源	発生量
	取引先	事務部	平均／月 最大／月 20 40

データ名称	説明	ID	タイプ	けた数	デフォルト値
取引先コード	当社商品の原材料を仕入れる業者を識別するコード	Torihiki_saki_code	CHAR	5	NULL
取引先名称	取引先コードで識別される取引先名称	Torihiki_saki_Name_K	漢字	60	NULL
取引先名称カナ	取引先コードで識別される取引先のカタカナ名称	Torihiki_saki_Name	CHAR	50	NULL

▶データ項目定義書の例

③制約条件の決定…各データ項目について詳細な調査を行い，データ項目ごとに制約条件を決定する。

❏ ドメインの選定

データ項目定義書をもとに，識別コード，金額，日付など，各データ項目のドメインを選定する。同じドメインに属するデータ項目には，同じ入力チェックルールや出力編集ルールを適用する。

▶ドメインの例

ドメイン	特性
金額	タイプは整数，桁数は10桁以下 出力編集ルールは¥9,999,999,999
コード	タイプは文字列，桁数は 7 桁 桁数未満の場合は先頭に空白を入れる
フラグ	タイプは整数，とり得る値は 0，1 のみ
日付	タイプは日付，出力編集ルールは和暦変換：年号YY/MM/DD
更新日時	タイプは日付，YYYYMMDD：HHMMSS
漢字名称	タイプは 2 バイトコード文字列，桁数は30文字以下

❏ 概念データモデルの作成

概念データモデルは，正規化（第３正規形）されたデータをもとに次の手順で作成する。一般的に，概念データモデルはE-R図を用いて表現する。

①ビジネスデータごとにデータを正規化する。

②データ項目グループを統合する。

③E-R図を作成する。

❏ スーパータイプとサブタイプの識別

「講師」エンティティが，「教授」エンティティ，「准教授」エンティティ，「非常勤講師エンティティ」に詳細化される場合，「講師」エンティティはスーパータイプで，「教授」エンティティ，「准教授」エンティティ，「非常勤講師」エンティティはサブタイプとなる。「講師」エンティティは，「教授」エンティティ，「准教授」エンティティ，「非常勤講師」エンティティに共通のデータ属性と主キー（講師番号）を持ち，「教授」エンティティ，「准教授」エンティティ，「非常勤講師」エンティティは，それぞれに固有なデータ属性と主キー（講師番号）を持つ。そして，「講師」エンティティにはサブタイプを識別するためのデータ属性である，講師クラスを設ける。

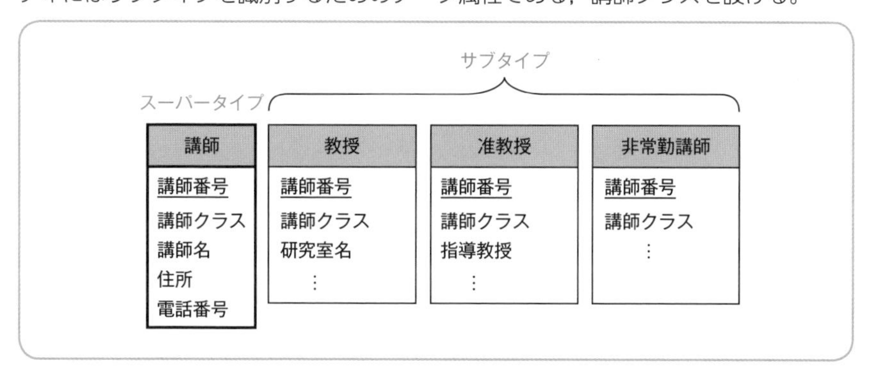

▶スーパータイプとサブタイプ

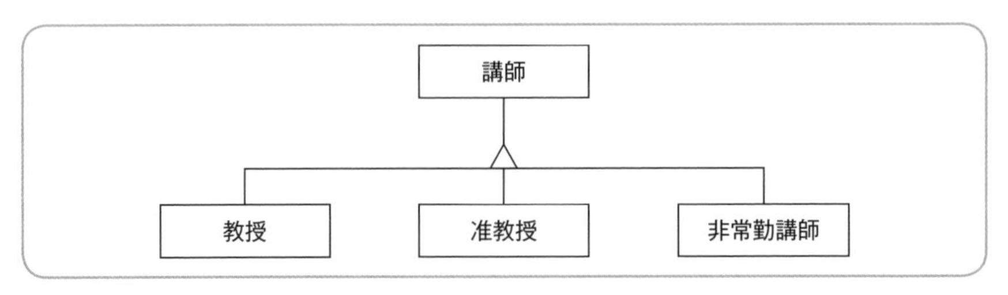

▶概念データモデル（IPA表記ルール）

講師（<u>講師番号</u>，講師クラス，講師名，住所，電話番号）
教授（<u>講師番号</u>，講師クラス，研究室名，…）※講師クラスの値は教授を示す固定値
准教授（<u>講師番号</u>，講師クラス，指導教授，…）※講師クラスの値は准教授を示す固定値
非常勤講師（<u>講師番号</u>，講師クラス，…）※講師クラスの値は非常勤講師を示す固定値

▶関係スキーマ（IPA表記ルール）

設問パターン別解き方トレーニング

…「概念設計」パターン…

学習ポイント

「概念設計」パターンの設問は，問題文中に概念データモデル，関係スキーマ，属性の説明などが示されています。これらは，完成形ではなく，互いの情報から，それぞれを完成させます。関係スキーマは，構成する属性が部分的に空欄となっており，属性の説明をもとに空欄を埋め，同時に主キーや外部キーを明らかにすることが要求されることが多くあります。そして，完成した関係スキーマをもとに，主キーや外部キーに注目して，エンティティタイプ間のリレーションシップ（関連）やカーディナリティ（多重度）を明らかにし，概念データモデルを完成させます。不足しているエンティティを追加させることが要求されることも多くあります。

設問の主な要求事項

・関係スキーマの属性
・関係スキーマの主キーと外部キー
・エンティティタイプ
・エンティティタイプ間のリレーションシップとカーディナリティ

1 例題－H29午後Ⅰ問1設問2より

設問要求

図3，4及び表1について，(1)，(2)に答えよ。

(1) 図4中の［ a ］～［ f ］に入れる適切な属性名を答えよ。また，主キーを構成する属性の場合は実線の下線を，外部キーを構成する属性の場合は破線の下線を付けること。

(2) 図3のエンティティタイプ間のリレーションシップを全て記入せよ。また，リレーションシップには，エンティティタイプ間の対応関係にゼロを含むか否かの表記（“○”又は“●”）も記入すること。

なお，図3に表示されていないエンティティタイプは考慮しなくてよい。

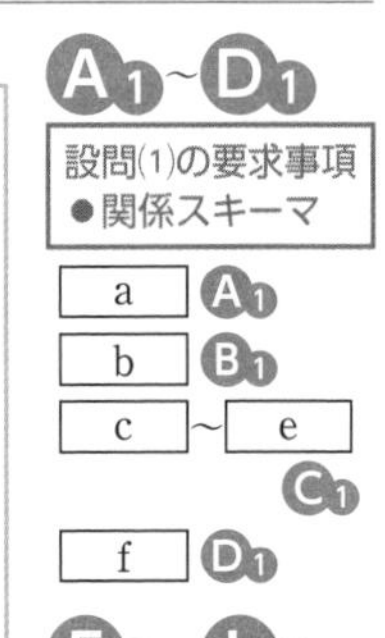

解 答

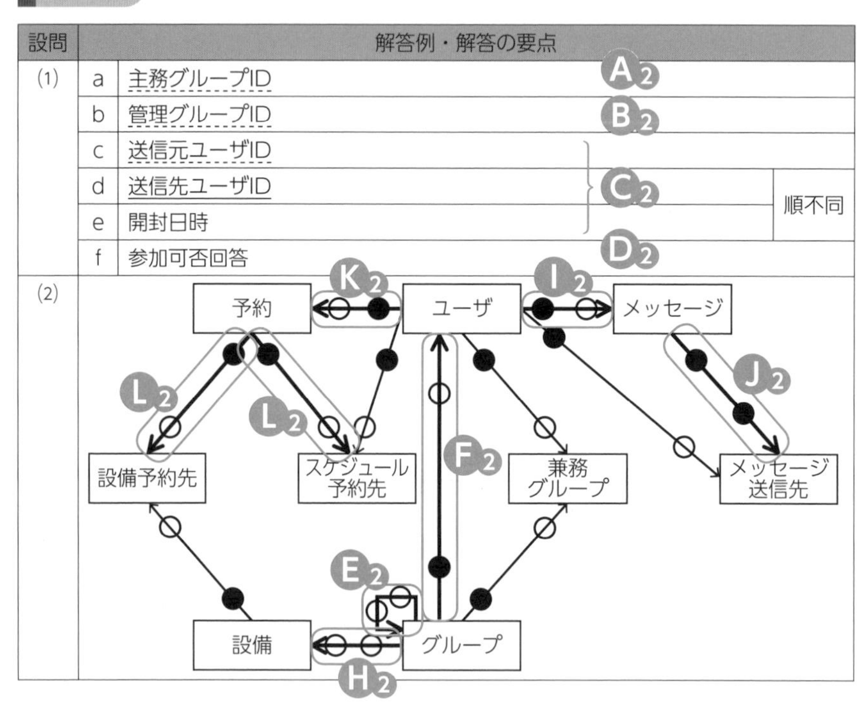

設問		解答例・解答の要点	
(1)	a	主務グループID	
	b	管理グループID	
	c	送信元ユーザID	順不同
	d	送信先ユーザID	
	e	開封日時	
	f	参加可否回答	
(2)			

問題文

D社は，グループウエア（以下，GWという）を主力商品とするソフトウェア開発会社である。D社では現在，次期のGWを開発しており，S君がデータベースの設計を行っている。

〔GWの主な機能〕

1．利用者管理機能

GWでは，ユーザ，グループなどを用いてGWの利用者の情報を管理する。

(1) ユーザとは，GW上の利用者である。GWの利用者は，GW上でユーザ登録を行い，ユーザID及びパスワードを使用してGWにログインし，GWの各機能を利用する。

(2) グループとは，GW上の組織である。例えば，営業部，経理部などである。グループには，上位のグループを一つ定めることができる。

(3) ロールとは，GW上の役割である。例えば，経理担当者，経理責任者などである。ロールは，ロールIDで一意に識別し，ロール名をもつ。

(4) ユーザは，一つのグループに必ず所属し，これを主務グループと呼ぶ。ユーザは，一つ又は複数のグループに兼務として所属することができる。また，ユーザには，必要に応じて一つ又は複数のロールを付与でき，一つのロールを複数のユーザに付与することもできる。

　なお，上位のグループの中には，ユーザが一人も所属しないグループが存在する。

設問(1)空欄aの証拠

設問(2)の証拠 エンティティタイプ“ユーザ”

2．予約機能

　GWでは，スケジュール予約及び設備予約を行うことができる。例えば，打合せを行う場合に，出席者のスケジュール予約と会議室の設備予約を行うことができる。

(1) スケジュール予約とは，ユーザ自身又は他のユーザのスケジュールを予約する機能である。スケジュールを予約されたユーザは，そのスケジュールに参加するか否かを回答することができる。

D3 設問(1)空欄fの証拠

(2) 設備予約とは，会議室，プロジェクタなど，あらかじめGWに登録された設備を予約する機能である。設備には，必要に応じて，当該設備の管理を行うグループを一つ定めることができる。

B3 設問(1)空欄bの証拠

H3 設問(2)の証拠 エンティティタイプ“設備”

(3) スケジュール予約及び設備予約は，それぞれを同時に予約することも，いずれか一方を予約することもできる。

L3 設問(2)の証拠 エンティティタイプ“設備予約先”と“スケジュール予約先”

3．コミュニケーション機能

　GWには，ユーザ間で直接メッセージをやり取りするメッセージ機能，及び特定のテーマに関してユーザ同士で議論できる電子会議機能が備えられている。

(1) ユーザは，1人又は複数のユーザにメッセージを送信することができる。送信先のユーザがメッセージを開封すると，開封日時が記録される。

設問(1)空欄c，d，eの証拠

J3 設問(2)の証拠 エンティティタイプ“メッセージ”

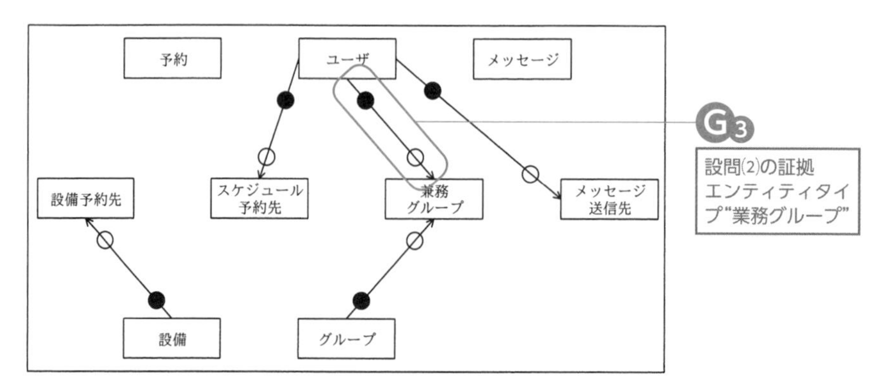

図３　S君が設計した概念データモデル（未完成）

グループ（グループID，グループ名，上位グループID）
ユーザ（ユーザID，氏名，メールアドレス，パスワード，［ a ］）
兼務グループ（ユーザID，グループID）
設備（設備ID，設備名，［ b ］）
メッセージ（メッセージID，メッセージ本文，［ c ］，送信日時）
メッセージ送信先（メッセージID，［ d ］，［ e ］）
電子会議投稿（電子会議番号，議題，分野番号，分野名，表示順，作成者ユーザID，
投稿番号，投稿本文，投稿者ユーザID）
予約（予約番号，予約開始日時，予約終了日時，予約内容，予約者ユーザID）
設備予約先（予約番号，設備ID）
スケジュール予約先（予約番号，予約先ユーザID，［ f ］）
申請ひな形（申請ひな形番号，申請種類）
決裁ルート（申請ひな形番号，ステップ番号，承認者区分，承認ユーザID，承認グループID）
申請（申請ひな形番号，申請連番，申請内容，申請者ユーザID，申請日時，申請状態，
取消日時）
承認（申請ひな形番号，申請連番，ステップ番号，承認連番，承認処理結果，コメント，
承認者ユーザID，承認日時）

C3
設問(1)の証拠
関係“メッセージ”と関係“メッセージ送信先”

図４　S君が設計した関係スキーマ（未完成）

解説

(1)について

A4 空欄aについて

〔GWの主な機能〕1．利用者管理機能(4)に「ユーザは，一つのグループに必ず所属し，これを主務グループと呼ぶ」とある。関係“ユーザ”には，主務グループを示す属性として主務グループIDが必要である。主務グループIDは，関係“グループ”を参照する外部キーとなる。よって，空欄aには主務グループIDが入る。

B4 空欄bについて

〔GWの主な機能〕2．予約機能(2)に「設備には，必要に応じて，当該設備の管理を行うグループを一つ定めることができる」とある。関係“設備”には，管理グループを示す属性として管理グループIDが必要である。管理グループIDは，関係“グループ”を参照する外部キーとなる。よって，空欄bには**管理グループID**が入る。

C4 空欄c～eについて

〔GWの主な機能〕3．コミュニケーション機能(1)に「ユーザは，1人又は複数のユーザにメッセージを送信することができる」とある。そのため，図4には，あるユーザが作成したメッセージを管理する関係“メッセージ”と，そのメッセージの送信先（1人または複数）を管理する関係“メッセージ送信先”の二つの関係スキーマがある。

関係“メッセージ”には，メッセージを作成したユーザを示す属性として送信元ユーザIDが必要である。送信元ユーザIDは，関係“ユーザ”を参照する外部キーとなる。よって，空欄cには**送信元ユーザID**が入る。

関係“メッセージ送信先”には，メッセージの送信先のユーザを示す属性として送信先ユーザIDが必要である。送信先ユーザIDは，関係“ユーザ”を参照する外部キーとなる。さらに，メッセージの送信先が複数の場合があり，メッセージIDだけではメッセージを一意に識別できない。したがって，関係“メッセージ送信先”の主キーは{メッセージID，送信先ユーザID}となる。「送信先のユーザがメッセージを開封すると，開封日時が記録される」とあるため，関係“メッセージ送信先”には，開封日時を示す属性として開封日時が必要である。よって，空欄d，空欄eには，**送信先ユーザID**，**開封日時**が入る。

なお，送信先ユーザIDは，主キーの一部であり外部キーでもあるが，表記ルールにより，実線の下線のみを付ける。

D4 空欄fについて

〔GWの主な機能〕2.予約機能(1)に「スケジュールを予約されたユーザは，そのスケジュールに参加するか否かを回答することができる」とある。関係“スケジュール予約先”には，この参加可否の回答を記録する属性として参加可否回答が必要である。よって，空欄fには**参加可否回答**が入る。

⑵について

エンティティ Aとエンティティ Bのリレーションシップが1対多の場合，エンティティ Aの主キーをエンティティ Bの外部キーに指定することで，エンティティ Bのあるインスタンスと関連を持つエンティティ Aのインスタンスを識別する。1対1の場合，意味的に後からインスタンスが発生する側に外部キー属性を配置する。

空欄a～fを埋めた図4より，図3に表示されているエンティティタイプの関係スキーマを抜き出し，各関係スキーマの主キーと外部キーを表示すると，次のようになる。

グループ（グループID，グループ名，上位グループID）
ユーザ（ユーザID，氏名，メールアドレス，パスワード，主務グループID）
兼務グループ（ユーザID，グループID）
設備（設備ID，設備名，管理グループID）
メッセージ（メッセージID，メッセージ本文，送信元ユーザID，送信日時）
メッセージ送信先（メッセージID，送信先ユーザID，開封日時）
予約（予約番号，予約開始日時，予約終了日時，予約内容，予約者ユーザID）
設備予約先（予約番号，設備ID）
スケジュール予約先（予約番号，予約先ユーザID，参加可否回答）

E4 エンティティタイプ“グループ”について

関係“グループ”には，関係“グループ”を参照するための外部キーとして，上位グループIDがある。これは，自己参照関係を意味し，エンティティタイプ“グループ”とエンティティタイプ“グループ”にリレーションシップが存在することになる。

〔GWの主な機能〕1．利用者管理機能⑵に「グループには，上位のグループを一つ定めることができる」とある。これより，グループが所属する上位のグループは一つであるが，グループに所属する下位のグループの数には制限がないことが分かる。よって，エンティティタイプ“グループ”とエンティティタイプ“グループ”のリレーションシップは1対多となる。

エンティティタイプ間の対応関係にゼロを含むか否かについては，下位のグループが存在しないグループも，上位のグループが存在しないグループもある。したがって，上位の“グループ”から見た下位の“グループ”のインスタンスも，下位の“グループ”から見た上位の“グループ”のインスタンスもどちらも存在しないことがある。

よって，リレーションシップの両側とも○となる。

F4 エンティティタイプ“ユーザ”とエンティティタイプ“グループ”について

関係“ユーザ”には，関係“グループ”を参照するための外部キーとして，主務グループIDがある。

〔GWの主な機能〕1．利用者管理機能(4)に「ユーザは，一つのグループに必ず所属し，これを主務グループと呼ぶ」とある。これより，ユーザは必ず一つのグループに所属し，一つのグループには複数のユーザが所属することが分かる。よって，エンティティタイプ“グループ”とエンティティタイプ“ユーザ”のリレーションシップは1対多となる。

エンティティタイプ間の対応関係にゼロを含むか否かについては，ユーザは必ず一つのグループに所属するが，(4)に「上位のグループの中には，ユーザが一人も所属しないグループが存在する」とある。したがって，“グループ”から見た“ユーザ”のインスタンスは存在しないことがあるが，“ユーザ”から見た“グループ”のインスタンスは必ず存在する。よって，リレーションシップを表す線の“グループ”側に●，“ユーザ”側に○となる。

G4 エンティティタイプ“兼務グループ”とエンティティタイプ“ユーザ”，エンティティタイプ“グループ”について

関係“兼務グループ”は，関係“ユーザ”の主キーと関係“グループ”の主キーを含む{ユーザID，グループID}を主キーとしている。図3を見ると，エンティティタイプ“ユーザ”とエンティティタイプ“兼務グループ”のリレーションシップと，エンティティタイプ“グループ”とエンティティタイプ“兼務グループ”のリレーションシップはすでに記入されている。したがって，追加するリレーションシップはない。

H4 エンティティタイプ“設備”とエンティティタイプ“グループ”について

関係“設備”には，関係“グループ”を参照するための外部キーとして，管理グループIDがある。

〔GWの主な機能〕2．予約機能(2)に「設備には，必要に応じて，当該設備の管理を行うグループを一つ定めることができる」とある。これより，ある設備を管理するグループは一つ，しかし，あるグループが管理する設備は複数あると考えられる。よって，エンティティタイプ“グループ”とエンティティタイプ“設備”のリレーションシップは1対多となる。

エンティティタイプ間の対応関係にゼロを含むか否かについては，(2)に「必要に応じて」とあるので，ある設備を管理するグループがないことも，管理する設備を持たないグループがあることも考えられる。したがって，“グループ”から見た“設備”のインスタンスも，“設備”から見た“グループ”のインスタンスも存在しないことがある。よって，リレーションシップを表す線の“グループ”側も“設備”側も○となる。

I4 エンティティタイプ“メッセージ”とエンティティタイプ“ユーザ”について

関係“メッセージ”には，関係“ユーザ”を参照するための外部キーとして，送信元ユーザIDがある。これより，ユーザは一つ以上のメッセージを送信することができるが，一つのメッセージの送信者は一人であることが分かる。よって，エンティティタイプ“ユーザ”とエンティティタイプ“メッセージ”のリレーションシップは1対多となる。

エンティティタイプ間の対応関係にゼロを含むか否かについては，メッセージには必ず送信したユーザが存在する。しかし，ユーザが必ずメッセージを送信するとは問題文に記述されていないので，メッセージを送信しないユーザも存在する。したがって，“メッセージ”から見た“ユーザ”のインスタンスは必ず存在するが，“ユーザ”から見た“メッセージ”のインスタンスは存在しないことがある。よって，リレーションシップを表す線の“ユーザ”側に●，“メッセージ”側に○となる。

J4 エンティティタイプ“メッセージ送信先”とエンティティタイプ“メッセージ”について

関係“メッセージ送信先”には，関係“メッセージ”を参照するための外部キーとして，メッセージID（主キーの一部でもある），関係“ユーザ”を参照するための外部キーとして，送信先ユーザID（主キーの一部でもある）がある。図3を見ると，エンティティタイプ“ユーザ”とエンティティタイプ“メッセージ送信先”のリレーションシップはすでに記入されている。

〔GWの主な機能〕 3．コミュニケーション機能(1)に「ユーザは，1人又は複数のユーザにメッセージを送信することができる」とある。これより，あるメッセージの送信先は一つ以上であることが分かる。また，関係“メッセージ送信先”の主キーが{メッセージID，送信先ユーザ}であることから，あるメッセージが同じ送信先に複数送られることはないことが分かる。よって，エンティティタイプ“メッセージ”とエンティティタイプ“メッセージ送信先”のリレーションシップは1対多となる。

エンティティタイプ“メッセージ”とエンティティタイプ“メッセージ送信先”の

インスタンスは同時に発生すると考えられる。したがって，エンティティタイプ間の対応関係にゼロを含むか否かについては，“メッセージ”から見た“メッセージ送信先”のインスタンスも，“メッセージ送信先”から見た“メッセージ”のインスタンスも必ず存在する。よって，リレーションシップを表す線の“メッセージ”側も“メッセージ送信先”側も●となる。

K4 エンティティタイプ“予約”とエンティティタイプ“ユーザ”について

関係“予約”には，関係“ユーザ”を参照するための外部キーとして，予約者ユーザIDがある。予約者ユーザIDは，予約を行ったユーザを管理するものである。ある予約を行ったユーザは一人であり，一人のユーザは複数の予約を行うことが考えられる。よって，エンティティタイプ“ユーザ”とエンティティタイプ“予約”のリレーションシップは1対多となる。

エンティティタイプ間の対応関係にゼロを含むか否かについては，予約を行ったユーザは必ず存在するが，全てのユーザが予約を行うとは問題文に記述されていないので，予約を行わないユーザが存在する。したがって，“予約”から見た“ユーザ”のインスタンスは必ず存在するが，“ユーザ”から見た“予約”のインスタンスは存在しないことがある。よって，リレーションシップを表す線の“ユーザ”側に●，“予約”側に○となる。

L4 エンティティタイプ“予約”とエンティティタイプ“設備予約先”，エンティティタイプ“スケジュール予約先”について

関係“設備予約先”には，関係“予約”を参照するための外部キーとして，予約番号（主キーの一部でもある），関係“設備”を参照するための外部キーとして，設備ID（主キーの一部でもある）がある。図3には，エンティティタイプ“設備”とエンティティタイプ“設備予約先”のリレーションシップがすでに記入されている。関係“スケジュール予約先”には，関係“予約”を参照するための外部キーとして，予約番号（主キーの一部でもある），関係“ユーザ”を参照するための外部キーとして，予約先ユーザIDがある。図3には，エンティティタイプ“ユーザ”とエンティティタイプ“スケジュール予約先”のリレーションシップはすでに記入されている。したがって，エンティティタイプ“設備予約先”とエンティティタイプ“予約”，エンティティタイプ“スケジュール予約先”とエンティティタイプ“予約”について検討する。

〔GWの主な機能〕2．予約機能に「GWでは，スケジュール予約及び設備予約を行うことができる」，(3)に「スケジュール予約及び設備予約は，それぞれを同時に予約

することも，いずれか一方を予約することもできる」とある。スケジュール予約と設備予約は同時に行うことができるので，エンティティタイプ“予約”とエンティティタイプ“設備予約先”，エンティティタイプ“スケジュール予約先”は，スーパータイプとサブタイプの関係ではなく，独立したリレーションシップとなることが分かる。

一つの予約で，スケジュールも設備もそれぞれ複数予約することが考えられる。よって，エンティティタイプ“予約”とエンティティタイプ“設備予約先”，エンティティタイプ“予約”とエンティティタイプ“スケジュール予約先”のリレーションシップは１対多となる。

エンティティタイプ間の対応関係にゼロを含むか否かについては，スケジュール予約と設備予約は，同時に行うことも，いずれか一方しか行わないこともある。したがって，“予約”から見た“設備予約先”と“スケジュール予約先”のインスタンスは存在しないことがあるが，“設備予約先”と“スケジュール予約先”のそれぞれから見た“予約”のインスタンスは必ず存在する。よって，リレーションシップを表す線の“予約”側に●，“設備予約先”と“スケジュール予約先”側に○となる。

2 例題－H27午後Ⅰ問1設問2より

設問要求

図１，２及び表２について，(1)〜(3)に答えよ。

(1) 図２中の［ a ］〜［ d ］に入れる適切な属性名を答えよ。また，主キー又は外部キーを構成する属性の場合，主キーを表す実線の下線，又は外部キーを表す破線の下線を付けること。

(2) 図１のエンティティタイプ間のリレーションシップを全て記入せよ。ただし，エンティティタイプ間の対応関係にゼロを含むか否かの表記は不要である。

なお，識別可能なサブタイプが存在する場合，他のエンティティタイプとのリレーションシップは，カーディナリティの違いを含めてスーパタイプ又はサブタイプのいずれか適切な方との間に記述せよ。また，図に表示されていないエンティティタイプは考慮しなくてよい。

(3) 表２中の［ ア ］，［ イ ］に入れる適切な更新処理の内容を，列名及び具体的な更新内容を含め，［ ア ］は30字以内，［ イ ］は55字以内で述べよ。

設問(1)の要求事項
●関係スキーマ

［ a ］ A1
［ b ］ B1
［ c ］［ d ］ C1

D1~H1

設問(2)の要求事項
●概念データモデル

I1 J1

設問(3)の要求事項
●更新処理

［ ア ］ I1
［ イ ］ J1

解答

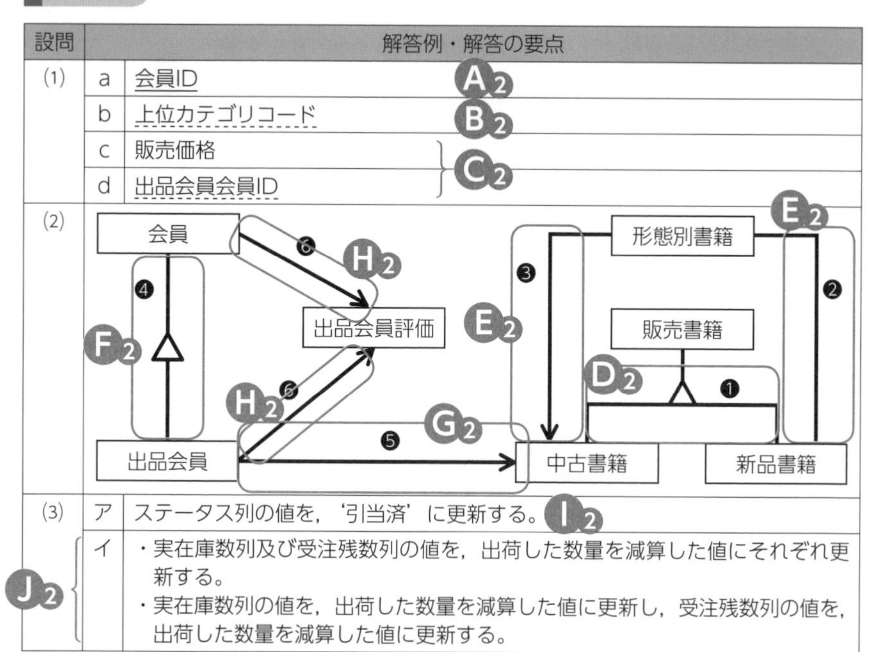

設問		解答例・解答の要点
(1)	a	会員ID　A2
	b	上位カテゴリコード　B2
	c	販売価格　C2
	d	出品会員会員ID　C2
(2)		
(3)	ア	ステータス列の値を，‘引当済’に更新する。　I2
J2	イ	・実在庫数列及び受注残数列の値を，出荷した数量を減算した値にそれぞれ更新する。 ・実在庫数列の値を，出荷した数量を減算した値に更新し，受注残数列の値を，出荷した数量を減算した値に更新する。

問題文

〔書籍の概要〕

1．書籍

書籍は，単行本・新書・文庫本など，様々な書籍の形態で出版されている。

(1) 書籍作品とは，書籍の形態にかかわらない作品そのものであり，書籍のタイトルなどの属性をもつ。

(2) 形態別書籍とは，書籍作品を様々な書籍の形態で出版したものであり，出版社名，ページ数などの属性をもつ。

(3) 書籍作品には1人又は複数の著者が存在し，著者ごとに，主要な著者役割が一つ定められている。

(4) 著者役割とは，著者が著作に関わった際の役割である。例えば，‘著作者’，‘共著者’，‘原著者’，‘翻訳者’，‘監修者’などである。

(5) カテゴリとは，書籍作品の分類である。カテゴリは階層構造となっており，例えば，‘情報技術’と‘データベース’というカテゴリでは，‘データベース’の上位カテゴリが‘情報技術’である。 B3

設問(1)空欄bの証拠

書籍作品は，一つ又は複数のカテゴリに属する。

2．販売書籍

書籍のうち，A社のECサイトで購入できる書籍を販売書籍と呼ぶ。

販売書籍は，新品書籍，中古書籍に分類される。

D3 設問(2)の証拠

(1) 新品書籍は，形態別書籍ごとに，販売価格，実在庫数，受注残数を記録する。

(2) 中古書籍は，1冊ごとに，販売価格，品質ランク，品質コメント，ステータスを記録する。

設問(2)の証拠

(3) 新品書籍が，絶版，重版待ち又は出版社の在庫僅少の場合は，実在庫数を上回る注文を受け付けない。その他の場合は，実在庫数にかかわらず，注文を受け付ける。

設問(3)空欄イの証拠

〔会員の概要〕

A社のECサイトを利用して販売書籍を注文するためには，氏名，住所，メールアドレスなどの情報を登録して会員になる必要がある。

設問(1)空欄c，dの証拠

(1) 会員は，1回の注文で，新品書籍・中古書籍にかかわらず，複数種類の販売書籍を注文できる。また，新品書籍については，それぞれ複数冊注文できる。

(2) 出品会員とは，A社のECサイト上で中古書籍を販売できる会員である。会員は，仮想店舗名などの情報を追加登録すれば，出品会員になれる。

G3 設問(2)の証拠

(3) 出品会員が，ECサイト上で中古書籍を出品するには，販売価格，品質ランク，品質コメントを登録し，中古書籍の現物をA社宛てに送付する。

F3 設問(2)の証拠

(4) 会員は，購入した中古書籍が，ECサイトに表示されていた品質ランク，品質コメントどおりであったかなど，出品会員を評価できる。会員による評価は，会員ごと出品会員ごとに最新の評価だけを記録する。

A3 設問(1)空欄aの証拠

H3 設問(2)の証拠

〔業務の概要〕

4．出荷業務

(1) 受注した販売書籍を保管場所から取り出し，梱（こん）包して出荷する。

J3 設問(3)空欄イの証拠

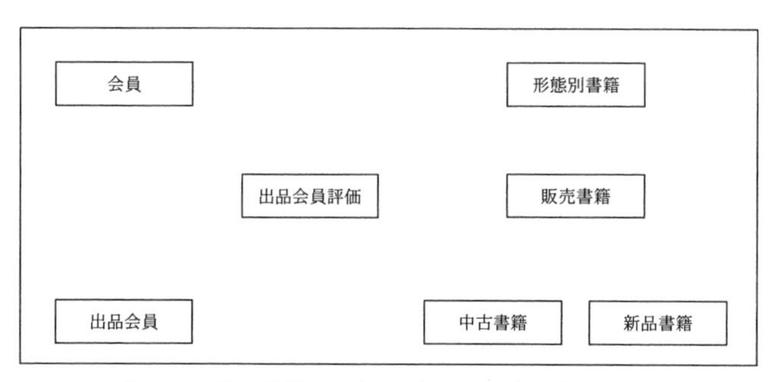

図１　B君が設計した概念データモデル（未完成）

会員（会員ID，氏名，住所，メールアドレス，生年月日，…）
出品会員（会員ID，仮想店舗名，…）
出品会員評価（[a]，出品会員会員ID，評価ランク，評価コメント）
書籍作品（書籍作品ID，タイトル，著者ID，著者名，著者役割コード，著者役割名）
カテゴリ（カテゴリコード，カテゴリ名，[b]）
書籍作品カテゴリ（書籍作品ID，カテゴリコード）
形態別書籍（形態別書籍ID，形態区分，書籍作品ID，出版社名，ページ数）
販売書籍（商品番号，書籍区分，[c]）
新品書籍（商品番号，形態別書籍ID，実在庫数，受注残数，受注制限フラグ）
中古書籍（商品番号，形態別書籍ID，[d]，品質ランク，品質コメント，ステータス）
注文（注文番号，会員ID，注文日時）
注文明細（注文番号，商品番号，注文数）
出荷（出荷番号，注文番号，出荷日時）
出荷明細（出荷番号，商品番号）

A3〜C3　設問(1)の証拠

D3〜H3　設問(2)の証拠

I3　設問(3)空欄アの証拠

図２　B君が設計した関係スキーマ（未完成）

表1　主な属性とその意味・制約の一部

属性名	意味・制約
実在庫数	新品書籍の在庫数量
受注残数	新品書籍の注文を受けて出荷していない数量
ステータス	中古書籍の販売状態。中古書籍の登録時に‘入荷待’，入荷時に‘入荷済’，受注時に‘引当済’，出荷時に‘出荷済’となる。

J3 設問(3)空欄イの証拠

I3 設問(3)空欄アの証拠

表2　データベース更新処理

業務	新品書籍	中古書籍	更新処理の内容
入荷	○		入荷した販売書籍に該当する，“新品書籍”テーブルの行の実在庫数列の値を，入荷した数量を加算した値に更新する。
		○	入荷した販売書籍に該当する，“中古書籍”テーブルの行のステータス列の値を，‘入荷済’に更新する。
受注	○	○	“注文”テーブル及び“注文明細”テーブルに行を登録する。
	○		受注した販売書籍に該当する，“新品書籍”テーブルの行の受注残数列の値を，受注した数量を加算した値に更新する。
		○	受注した販売書籍に該当する，“中古書籍”テーブルの行の［ア］
出荷	○	○	“出荷”テーブル及び“出荷明細”テーブルに行を登録する。
	○		出荷した販売書籍に該当する，“新品書籍”テーブルの行の［イ］
		○	出荷した販売書籍に該当する，“中古書籍”テーブルの行のステータス列の値を，‘出荷済’に更新する。

注記　○：該当する販売書籍に関するデータベースの更新処理を行うことを表す。

I3 設問(3)空欄アの証拠

J3 設問(3)空欄イの証拠

解説

(1)について

A4 空欄aについて

〔会員の概要〕(4)に「会員は，購入した中古書籍が，ECサイトに表示されていた品質ランク，品質コメントどおりであったかなど，出品会員を評価できる。会員による評価は，会員ごと出品会員ごとに最新の評価だけを記録する」とある。「会員ごと出品会員ごとに最新の評価だけを記録する」には，関係“出品会員評価”は，会員を表す会員IDと出品会員を表す出品会員会員IDを主キーとして持つ必要がある。しかし，図2を見ると，関係“出品会員評価”には，出品会員会員IDはあるが，会員IDがない。よって，空欄aには，<u>会員ID</u>が入る。

B4 空欄bについて

〔書籍の概要〕1．書籍(5)に「カテゴリとは，書籍作品の分類である。カテゴリは階層構造となっており，例えば，‘情報技術’と‘データベース’というカテゴリでは，

‘データベース’の上位カテゴリが‘情報技術’である」とある。「カテゴリは階層構造」になっているのであるから，関係“カテゴリ”は上位カテゴリを識別する属性を持つ必要がある。しかし，図2を見ると，関係“カテゴリ”には，上位カテゴリを識別する属性がない。よって，空欄bには，**上位カテゴリコード**が入る。なお，上位カテゴリコードは，関係“カテゴリ”を参照（自己参照）する外部キーとなる。

C4 空欄c，dについて

〔書籍の概要〕2．販売書籍に「販売書籍は，新品書籍，中古書籍に分類される」とあり，図2を見ると，“販売書籍”，“新品書籍”，“中古書籍”の三つの関係がある。これらから，関係“販売書籍”が，サブタイプ“新品書籍”と“中古書籍”のスーパタイプであることが分かる。したがって，関係“販売書籍”は，関係“新品書籍”と“中古書籍”に共通する属性を持ち，関係“新品書籍”と“中古書籍”はそれぞれに固有の属性を持つ。

(1)に「新品書籍は，……，販売価格，実在庫数，受注残数を記録する」，(2)に「中古書籍は，……，販売価格，品質ランク，品質コメント，ステータスを記録する」とある。これらから共通する属性は販売価格であることが分かる。よって，空欄cには，**販売価格**が入る。

中古書籍に関連しては，(2)の「中古書籍は，1冊ごとに，販売価格，品質ランク，品質コメント，ステータスを記録する」の他に，〔会員の概要〕(2)に「出品会員とは，A社のECサイト上で中古書籍を販売できる会員である」，(3)に「出品会員が，……中古書籍を出品するには，販売価格，品質ランク，品質コメントを登録」がある。これらから，関係“中古書籍”は，出品した会員を表す出品会員会員IDを持つ必要があることが分かる。しかし，図2を見ると，関係“中古書籍”には，出品会員会員IDがない。よって，空欄dには，**出品会員会員ID**が入る。なお，出品会員会員IDは，関係“会員”を参照する外部キーとなる。

(2)について

D4 エンティティタイプ“販売書籍”とエンティティタイプ“新品書籍”及びエンティティタイプ“中古書籍”のリレーションシップについて

〔書籍の概要〕2．販売書籍に「販売書籍は，新品書籍，中古書籍に分類される」とあり，図2を見ると，“販売書籍”，“新品書籍”，“中古書籍”の三つの関係がある。これらから，**エンティティタイプ“販売書籍”をスーパタイプとし，エンティティタイプ“新品書籍”と“中古書籍”をサブタイプとする**リレーションシップが存在する。

E4 エンティティタイプ“形態別書籍”とエンティティタイプ“新品書籍”のリレーションシップ，エンティティタイプ“中古書籍”のリレーションシップについて

図２を見ると，関係“新品書籍”は，外部キーである形態別書籍IDで，関係“形態別書籍”参照することが分かる。つまり，一つの新品書籍には一つの形態別書籍しか存在しないことになる。一方，２．販売書籍(1)に「新品書籍は，形態別書籍ごとに販売価格，実在庫数，受注残数を記録する」とある。新品書籍の持つ形態別書籍IDは一つだけで，新品書籍は形態別書籍IDごとに管理されるため，一つの形態別書籍には一つの新品書籍しか存在しないことになる。よって，**エンティティタイプ“形態別書籍”とエンティティタイプ“新品書籍”のリレーションシップは１対１**となる。

図２を見ると，関係“中古書籍”は，外部キーである形態別書籍IDで，関係“形態別書籍”参照することが分かる。つまり，一つの中古書籍には一つの形態別書籍しか存在しないことになる。一方，２．販売書籍(2)に「中古書籍は，１冊ごとに，販売価格，品質ランク，品質コメント，ステータスを記録する」とある。中古書籍は１冊ごとに管理されるため，一つの形態別書籍には複数の中古書籍が存在することになる。よって，**エンティティタイプ“形態別書籍”とエンティティタイプ“中古書籍”のリレーションシップは１対多**となる。

F4 エンティティタイプ“会員”とエンティティタイプ“出品会員”のリレーションシップについて

〔会員の概要〕(2)に「会員は，仮想店舗などの情報を追加登録すれば，出品会員になれる」とある。出品会員は会員でないとなれないことが分かる。よって，**エンティティタイプ“会員”をスーパタイプとし，エンティティタイプ“出品会員”をサブタイプとする**リレーションシップが存在する。

G4 エンティティタイプ“出品会員”とエンティティタイプ“中古書籍”のリレーションシップについて

〔会員の概要〕(2)に「出品会員とは，A社のECサイト上で中古書籍を販売できる会員である」とある。出品会員は中古書籍を販売できることが分かり，問題文中に明示されていないが，一人の出品会員が複数の中古書籍を販売できることは想像できる。よって，**エンティティタイプ“出品会員”とエンティティタイプ“中古書籍”のリレーションシップは１対多**となる。

H4 エンティティタイプ“出品会員評価”とエンティティタイプ“会員”，エンティティタイプ“出品会員”のリレーションシップについて

〔会員の概要〕(4)に「会員は，購入した中古書籍が，ECサイトに表示されていた品質ランク，品質コメントどおりであったかなど，出品会員を評価できる。会員による評価は，会員ごと出品会員ごとに最新の評価だけを記録する」とある。一人の会員は複数の出品会員を評価できるが，一人の会員の一人の出品会員に対する評価は最新のもの一つだけであるため，出品会員評価は一人の会員に対して一つだけである。また，一人の出品会員は複数の会員によって評価されるが，一人の出品会員に対する一人の会員の評価は最新のもの一つだけであるため，出品会員評価は一人の出品会員に対して一つだけである。よって，よって，**エティティタイプ“会員”とエンティティタイプ“出品会員評価”のリレーションシップは１対多，エンティティタイプ“出品会員”とエンティティタイプ“出品会員評価”のリレーションシップも１対多**となる。

(3)について

I4 アについて

表２を見ると，空欄アは中古書籍の受注業務における，“中古書籍”テーブルのデータベース更新処理を示している。さらに，“中古書籍”テーブルに対する他の業務を見ると，「ステータス列の値を，……に更新する」という表記が目につく。そこで，ステータスに関する記述を探してみる。

図２によると，ステータスという属性は，関係“中古書籍”に存在し，表１で，その意味・制約が「中古書籍の販売状態。中古書籍の登録時に‘入荷待’，入荷時に‘入荷済’，受注時に‘引当済’，出荷時に‘出荷済’となる」と説明されている。これより，中古書籍の受注業務では，“中古書籍”テーブルのステータスを‘引当済’にしなければならないことが分かる。よって，空欄アには，**ステータス列の値を，‘引当済’に更新する**が入る。

J4 イについて

表２を見ると，空欄イは新品書籍の出荷業務における，“新品書籍”テーブルのデータベース更新処理を示している。新品書籍の出荷業務については，〔業務の概要〕4．出荷業務(1)に「受注した販売書籍を保管場所から取り出し」とあり，〔書籍の概要〕2．販売書籍(1)に「新品書籍は，形態別書籍ごとに，販売価格，実在庫数，受注残数を記録する」とある。そして，表１で，実在庫数は「新品書籍の在庫数量」，受注残数は「新品書籍の注文を受けて出荷していない数量」と，それぞれの意味・制約が説明されて

いる。これらから，新品書籍が出荷された場合，実在庫数と受注残数を，それぞれの値から出荷数量を引いた値に更新する必要があることが分かる。よって，空欄イには，**実在庫数列及び受注残数列の値を，出荷した数量を減算した値にそれぞれ更新する**，あるいは，**実在庫数列の値を，出荷した数量を減算した値に更新し，受注残数列の値を，出荷した数量を減算した値に更新する**が入る。

設問パターン③
業務処理と関係スキーマ（テーブル構造）

業務処理と関係スキーマ（テーブル構造）の重要知識

❏ 業務モデル

複雑な業務をあるべき姿や現行業務の分析結果やユーザー要求をもとに，システム化に必要な切り口で単純化・抽象化して，数式や図表などの表記技法を用いて表現したモデルである。システム要件定義にあたって，業務の本質や全体像を把握し，本質的なユーザー要求や潜在的な業務要件を明らかにするのに有効である。

❏ ビジネスモデル

システム化のための業務モデルである。「(ITなどを利用して）収益を生み出すビジネス手法」という意味で用いられることもあるため，ビジネスモデルという表現が使用されている場合は，いずれであるかを見分けなければならない。

❏ プロセス中心アプローチ

開発対象となる業務プロセスをサブプロセスに分解・詳細化しながら，特定業務に着目してシステムに必要な処理機能やプログラム機能の設計を進める方法である。システムに必要な機能を段階的に詳細化する構造化分析・設計では，DFDを用いて，データの流れから必要な機能を洗い出す。

システムの共通基盤であるデータよりもプロセスを重視するため，同じデータを操作する処理や必要とするデータの一部だけを操作する処理が，複数のプログラムに重複して存在することになり，システム全体のデータの整合性や一貫性の維持が困難になる。また，プログラムにデータの基本処理機能や整合性維持のチェック機能を組み込んでいるため，業務プロセスやデータの制約条件などが変更されると，関連する全てのプログラムを変更する必要が生じる。

❏ 業務プロセス

業務を遂行するための業務活動の単位である。業務は複数の業務プロセスで構成され，各業務プロセスは複数の業務サブプロセスで構成される。有店舗小売業務の業務プロセスとして，次のようなものが考えられる。

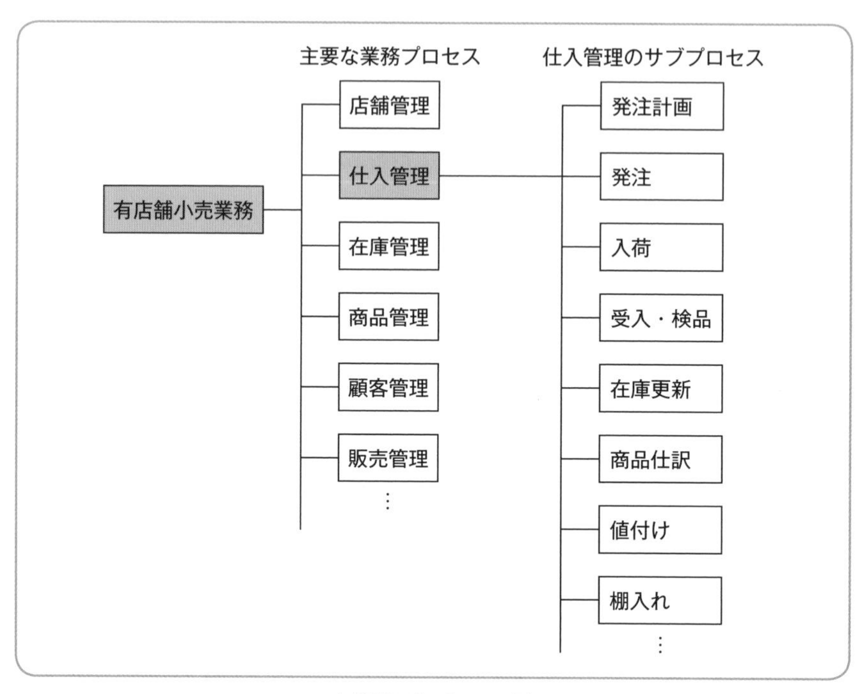

▶業務プロセスの例

❏ 業務機能

一つの業務を支援する業務システムは，各業務プロセスを支援する複数のシステムで構成され，システムは各サブプロセスを支援する複数のサブシステムで構成される。業務機能は，業務プロセスを遂行するために必要な機能であり，システムやサブシステムにおいて実現すべき機能要件である。そのため，業務プロセスと同様に，階層的な構造を持つ。

❏ データクラスの表記

業務プロセスにおいて使用するエンティティをデータクラスという。業務プロセスを遂行するユーザーの視点からデータクラスを識別し，ユーザービューとしてデータクラスを定義する。データクラスの表記技法として，E-R図，UML，IDEFなどが使用される。

❏ 業務モデルの作成方法

業務モデルは，業務プロセスとデータクラスの関連で表現する。業務モデルの作成方法として，データ中心アプローチ，オブジェクト指向アプローチ，サービス指向アプローチなどがある。

❏ データ中心アプローチ

最初に，業務で使用するデータクラスを識別して定義する。その後，そのデータクラスを使用する業務プロセスを識別して定義する。組織単位や事業単位におけるデータクラスが存在する場合，その中から業務で使用するデータクラスを抽出し，ユーザービューとして必要なデータ項目で構成されるデータクラスを定義する。次に，そのデータクラスを構成するデータの操作を行う業務プロセスを識別し，データクラスと関連付けて定義する。

❏ オブジェクト指向アプローチ

業務プロセスとデータクラスを一体的に識別し，オブジェクトクラスとして定義する。イベントドリブン（イベント駆動）やリスクドリブン（リスク駆動）のタイプの業務モデルを作成するのに適している。クライアントサーバ方式の分散システムによって実現する業務の場合，UMLを採用し，オブジェクト指向アプローチによって業務モデルを作成することが多い。

❏ サービス指向アプローチ

顧客へのサービスが中心となる業務においては，顧客に提供するサービスを業務プロセスとして識別し，業務モデルを作成する。

❏ 業務モデルとデータモデル

プロセス中心アプローチでは，DFDの作成過程で業務プロセスの識別と同時に業務プロセスが使用するデータ項目も識別できるので，すぐに業務モデルを作成できる。これは，オブジェクト指向アプローチやサービス指向アプローチも同様である。一方，データ中心アプローチでは，E-R図などでエンティティからデータクラスを定義し，業務プロセスと関連付けることで業務モデルを作成する。

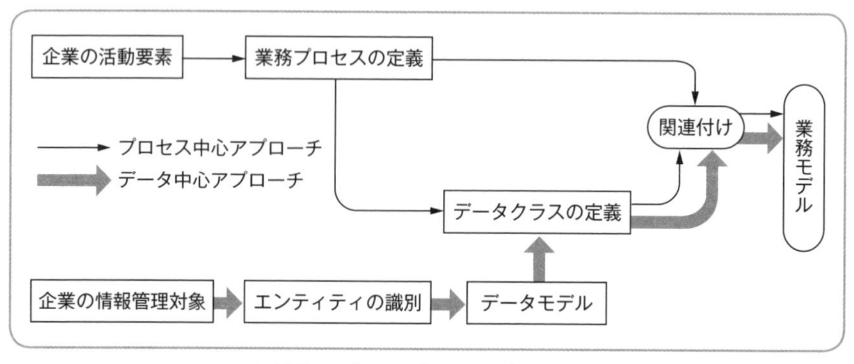

▶業務モデルとデータモデルの関係

❏ 業務プロセスの定義

業務モデルを作成するには，業務プロセスを識別し，さらに，業務サブプロセスを明確にする。識別した業務プロセスは次のように定義する。

▶業務プロセスの定義例

番号	業務プロセス	定義内容	業務サブプロセス
1	商品企画	商品を企画・開発して販売計画を策定し，商品管理を行って小売店に販売促進する	マーケティング 商品開発 価格決定 販売計画 商品管理
2	仕入管理	需要予測に基づく仕入計画を策定し，発注，入荷，受入・検品を行い，在庫データ更新，発注残管理を行う	仕入計画 発注 入荷 受入・検品 在庫更新 発注残管理
	(以下，省略)		

なお，意思決定を含めた組織の統制活動も，業務プロセスとして定義する。

❏ データ項目の識別

業務プロセスや業務サブプロセスにおける入力データ項目と出力データ項目を識別する。DFDを使用して業務モデルを作成する場合，作成過程においてデータフローを明らかにするので，同時に入出力データ項目も識別できる。

❏ データクラスの定義

識別されたデータ項目を次のような観点で整理して，業務プロセスで使用するデータクラスを定義する。

- ユーザービューのエンティティとしてまとめる。
- 計画，管理（統制），処理などのグループごとにまとめる。
- まとめたデータ項目のグループにデータクラス名を付与する。

▶データクラスの定義例

番号	データクラス名	データ項目
1	得意先	得意先マスター，販売商品，販売実績
2	商品	規格，価格，カテゴリ
3	受注	受注内容，注文条件

❏ 業務モデルの完成イメージ

定義した業務プロセスとデータクラスを関連付け，次のような表にしたものが業務モデルの完成イメージになる。

ビジネスプロセス ＼ データクラス		経営計画	市場	予算	組織	顧客	販売	商品	コース	教室	講師	教材	社員	人事計画	資金計画	買掛	売掛	決算
経営計画	長期経営計画	C	C	C	C													
	短期経営計画	U	U	U	U													
	新事業計画		U	U	U													
販売業務	顧客管理					C	R	R										
	販売管理					U	C	U										
	商品管理							C										
教育業務	通信教育管理								R									
	教室授業管理								R	C								
	講師管理								R		C							
開発業務	新コース開発								C			R						
	新教材開発											C						
	教育マニュアル開発											U						
人事業務	人員管理												C	U				
	採用配置												U	C				
	給与・厚生												U	R				
財務管理	資金管理														C	R	R	
	債権・債務管理															C	C	
	資産運用管理														R	R	R	C

C：作成　R：参照　U：更新　D：削除

▶業務モデルの完成イメージの例

❑ 業務モデルの活用

業務モデルは，経営分野とシステム分野で活用される。経営分野における活用方法は，次のような事項である。

- 新ビジネス手法の開拓
- 新経営手法の導入
- 業務改善課題の明確化
- 業務の理想像や改善目標の提示

システム分野においては，次のような事項に活用できる。

- システムの業務要件や制約条件の導出
- サブシステム化とサブシステム間の関係の明確化
- サブシステムの開発優先順位の明確化
- サブシステムで必要なデータクラスの明確化

設問パターン別解き方トレーニング

…「業務処理と関係スキーマ（テーブル構造）」パターン…

学習ポイント

「業務処理と関係スキーマ（テーブル構造）」パターンの設問は，問題文中に関係スキーマや業務内容の説明などが示されている。関係スキーマは，構成する属性が部分的に空欄となっており，属性の説明をもとに空欄を埋め，同時に主キーや外部キーを明らかにすることが要求されることが多い。さらに，業務上の不都合を解決するためや追加業務に対応するために，業務内容と照らし合わせて関係スキーマを再構築することが要求される。その過程における，様々な状況や発生する問題点を明らかにするように要求されることも多い。

設問の主な要求事項

・関係スキーマの属性　・関係スキーマの主キーと外部キー
・業務上の問題点　・業務上の問題点の解決

1 例題－H30午後Ⅰ問1設問3より

設問要求

〔出荷指示の追加〕について，(1)，(2)に答えよ。

(1) 〔出荷指示の追加〕に対応するために，新たな関係を一つ追加し，既存の関係に属性を一つ追加することにした。新たに追加する関係の主キー及び外部キーを明記した関係スキーマ，属性を追加する関係名及び追加する属性名を答えよ。

(2) 受注明細内訳のうち，出荷指示の対象とならない場合が二つある。どのような場合か，それぞれ15字以内で具体的に述べよ。

設問(1)の要求事項
●業務処理に対応した関係スキーマの修正

設問(2)の要求事項
●関係スキーマに表現された業務処理の読取り

解答

設問	解答例・解答の要点		
(1)	関係スキーマ	出荷指示（出荷指示番号，出荷指示年月日）	A2
	関係名	受注明細	B2
	属性名	出荷指示番号	
(2)	①	・セット製品の場合	C2
	②	・設置サービスの場合	

問題文

コピー機メーカの系列販売会社のX社では，販売管理システムのデータベース設計を行っている。

〔業務の概要〕

5．商品

(1) 商品は，商品コードで識別する。

(2) 商品には，製品と設置サービスがあり，商品区分で分類する。製品は，コピー機メーカの物流センタから出荷し，設置サービスは，X社のSCが提供する。

設問(2)の証拠
受注内訳明細に設置サービスも登録

(3) 製品には，単体製品とセット製品がある。

① 単体製品かセット製品かは，単体セット製品区分で分類する。

② 単体製品には，製品サイズを登録する。

(4) 単体製品には，本体製品（コピー機本体）とオプション製品がある。

① 本体製品かオプション製品かは，製品区分で分類する。

② 本体製品には，製品のシリーズを表すシリーズコードを登録する。

③ オプション製品には，給紙オプション，排紙オプションなどがあり，オプション区分で分類する。

(5) セット製品は，X社が販売用に登録する。セット製品は，一つの本体製品と一つ以上のオプション製品を組み合わせたもので，どのオプション製品で構成されるかについて，セット製品構成に登録する。

(6) 設置サービスには複数種類があり，製品ごとに，どの設置サービスを適用するかを決めている。設置サービスには標準設置時間を登録する。セット製品の場合，セット製品自体で決まる設置サービスを適用し，セット製品を構成する単体製品で決まる設置サービスは適用しない。

7．受注

(4) 受注明細内訳には，商品コードと数量を登録する。ただし，商品がセット製品の場合，そのセット製品自体と，セット製品を構成する製

C3

設問(2)の証拠
受注内訳明細にセット製品と構成製品を同時に登録

品を展開した内訳を登録する。

① 受注明細が本体製品１台単位の場合，単体製品である本体製品とオプション製品，及び必要な設置サービスをそれぞれ登録する。

② 受注明細がセット製品１セット単位の場合，次のように登録する。

・セット製品と，セット製品に必要な設置サービスをそれぞれ登録する。

・セット製品を構成する単体製品に展開し，単体製品の商品コード，展開元受注明細内訳番号（セット製品の商品コードを登録した受注明細内訳番号）を登録する。

組織（組織コード，組織名，［ a ］）
営業所（営業所組織コード，［網掛け］）
サービスセンタ（SC組織コード，［網掛け］）
地域（地域コード，地域名，［ b ］）
営業担当者（社員番号，社員氏名，［ c ］）
顧客（顧客コード，顧客名，顧客住所，顧客電話番号，［ d ］）
設置事業所（［ e ］，設置事業所コード，設置事業所名，設置事業所住所，［ f ］）
商品（商品コード，商品名，商品区分，製品区分，オプション区分，単体セット製品区分，
　　シリーズコード，製品サイズ，標準設置時間，設置サービス商品コード，
　　セット製品本体製品商品コード）
セット製品構成（［網掛け］）
見積（見積番号，見積年月日，見積有効期限年月日，案件名，納期年月日，［ g ］，
　　［ h ］，［ i ］）
見積明細（見積番号，商品コード，数量，見積単価）
受注（受注番号，受注年月日，［ j ］）
受注明細（受注番号，受注明細番号，［ k ］，設置事業所コード，設置場所詳細，
　　設置補足，本体製品受注明細内訳番号）
受注明細内訳（受注番号，受注明細番号，受注明細内訳番号，商品コード，数量，
　　展開元受注明細内訳番号）

注記　網掛け部分は表示していない。

図２　関係スキーマ　（未完成）

〔出荷指示の追加〕

販売管理システムに，次のように出荷指示の機能を追加することにした。

(1) 受注後，営業所で次のように出荷指示ができるようにする。

① 出荷指示は，コピー機メーカの物流センタから出荷する製品を対象とする。

設問(2)の証拠
出荷指示の対象

② 同じ設置事業所，同じタイミングで出荷できる場合は，受注明細をまとめて出荷指示を行う。

設問(1)の証拠
属性を追加する関係名と属性名

(2) 出荷指示は，出荷指示番号で識別し，出荷指示年月日を登録する。

設問(1)の証拠
新たな関係“出荷指示”の追加

解説

(1)について

A4 追加する関係スキーマについて

出荷指示の機能を追加するにあたっては，出荷指示を記録する，関係“出荷指示”が必要である。さらに，〔出荷指示の追加〕(2)に「出荷指示は，出荷指示番号で識別し，出荷指示年月日を登録する」とある。したがって，関係“出荷指示”は，主キーが出荷指示番号，その他の属性が出荷指示年月日となる。

よって，追加する関係スキーマは，

出荷指示（出荷指示番号，出荷指示年月日）

となる。

B4 属性を追加する関係名と追加する属性名について

〔出荷指示の追加〕(1)②に「同じ設置事務所，同じタイミングで出荷できる場合は，受注明細をまとめて出荷指示を行う」とある。つまり，一つの出荷指示には複数の受注明細が対応する。そのため，関係“受注明細”に，外部キーとして関係“出荷指示”の主キーとして出荷指示番号が必要となる。よって，属性を追加する関係名は**受注明細**，追加する属性名は**出荷指示番号**となる。

C4 (2)について

〔業務の概要〕7.受注(4)に「受注明細内訳には，商品コードと数量を登録する」「商品がセット製品の場合，そのセット製品自体と，セット製品を構成する製品を展開した内訳を登録する」とある。セット製品自体も受注明細内訳に登録されるが，実際に出荷するときには，構成する製品に展開されるため，セット製品は出荷指示の対象とならない。

〔出荷指示の追加〕(1)①に「出荷指示は，コピー機メーカの物流センタから出荷する製品を対象とする」とある。一方，〔業務の概要〕5．商品(2)に「商品には，製品と設置サービスがあり」「製品は，コピー機メーカの物流センタから出荷」とある。これらから，受注明細内訳には，商品として製品と設置サービスが登録されるが，出荷指示対象は製品であり，設置サービスは対象外となることが分かる。

よって，**セット製品の場合**と**設置サービスの場合**が解答となる。

2 例題－H28午後Ⅰ問1設問3より

設問要求

関係“ポイント付与”，“ポイント交換”について，(1)，(2)に答えよ。

(1) 関係“ポイント付与”，“ポイント交換”には，ポイント管理上の不具合がある。不具合の内容を50字以内で具体的に述べよ。

設問(1)の要求事項
ポイント管理上の不具合の発見

(2) (1)の不具合を解決するために，関係“ポイント交換”の属性を一つ削除し，新たな関係“ポイント消費”を追加することにした。

(a) 関係“ポイント交換”から削除する属性の属性名を答えよ。

設問(2)(a)の要求事項
不具合を解決するために削除する属性

(b) 関係“ポイント消費”の属性名を，表2の行(b)の各列に本文又は図表中の用語を用いて記入せよ。また，主キー又は外部キーを構成する属性の場合，主キーを表す実線の下線，又は外部キーを表す破線の下線を付けること。

なお，表2の行(b)の列が全て埋まるとは限らない。

(c) 図1及び図2に表示されているポイントは，関係“ポイント消費”ではどのような値となるか。その値を，表2の行(b)に記入した属性と同じ列に対応付くように，表2の(c)の各行及び各列に記入せよ。

なお，表2の(C)の行が全て埋まるとは限らない。

設問(2)(b)(c)の要求事項
不具合を解決するために追加する関係とその属性値

表2　関係“ポイント消費”の具体例

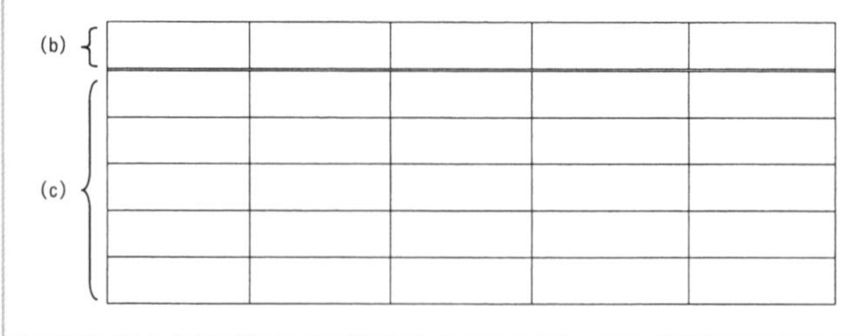

(b)					
(c)					

解答

<table>
<tr><th>設問</th><th colspan="5">解答例・解答の要点</th></tr>
<tr><td>(1)</td><td colspan="5">複数の付与年月のポイントを合算してポイント交換を行う場合，ポイントを消費したことを記録できない。 A2</td></tr>
<tr><td rowspan="6">(2) C2</td><td>(a)</td><td colspan="4">付与年月 B2</td></tr>
<tr><td>(b)</td><td><u>会員ID</u></td><td><u>付与年月</u></td><td><u>交換年月日</u></td><td>消費ポイント</td></tr>
<tr><td rowspan="4">(c)</td><td>T1234567</td><td>2015-04</td><td>2015-06-10</td><td>250</td></tr>
<tr><td>T1234567</td><td>2015-05</td><td>2015-06-10</td><td>50</td></tr>
<tr><td>T1234567</td><td>2015-05</td><td>2015-07-20</td><td>10</td></tr>
<tr><td>T1234567</td><td>2015-06</td><td>2015-07-20</td><td>90</td></tr>
</table>

問題文

C社は，主力事業である駐車場の運営が好調で，現在，事業の拡大に伴い，駐車場管理システムを再構築している。その一環として，情報システム部のN君がデータベースの設計を行っている。

〔会員及びポイントの概要〕

駐車場の利用者は，氏名，住所などの情報を登録して会員になることができる。

(1) 会員登録を行うと，会員IDが記載された会員カードとパスワードが発行される。会員は，会員IDとパスワードを使用して，C社のWebサイトの会員専用ページにアクセスすることができる。

(2) 会員には，毎月の支払額（時間貸駐車場で会員カードを提示して支払った支払額＋月極駐車場の支払額）に，所定の付与率を乗じて算出されたポイントが付与される。ポイントが付与されると，ポイント付与の基となった支払データに対して，ポイント付与済みであることが記録される。

(3) 会員は，ポイントを消費してポイント交換商品と交換することができる。交換を行うと，付与年月が古いポイントから順に消費され，その内容が記録される。

設問(1)の証拠
ポイント管理の手順

〔Webサイトの概要〕

ポイント付与履歴　会員ID：T1234567

付与年月	付与ポイント	残ポイント
2015-04	250	0
2015-05	60	0
2015-06	250	160
2015-07	20	20

注記　残ポイントは，付与年月ごとの未使用のポイント数を表す。

図1　ポイント付与履歴画面の例

ポイント交換履歴　会員ID：T1234567

交換年月日	消費ポイント	商品名（商品コード）	数量
2015-06-10	300	特製マグカップ（S005）	1
2015-07-20	100	特製ステッカー（S003）	1

注記　消費ポイントは，ポイント交換時に消費したポイント数を表す。

図2　ポイント交換履歴画面の例

A3
設問(1)の証拠
ポイント消費

設問(2)(b)(c)の証拠
ポイント消費

〔データモデルの設計〕

ポイント交換商品（商品コード，商品名，交換ポイント）
ポイント付与（会員ID，付与年月，付与ポイント）
ポイント交換（会員ID，交換年月日，付与年月，商品コード，数量）

図4　N君が設計した関係スキーマ（未完成）の一部

設問(1)の証拠
ポイント交換

設問(2)(a)の証拠
ポイント交換と関係“ポイント消費”

解説

A4 (1)について

〔会員及びポイントの概要〕(3)に「会員は，ポイントを消費してポイント交換商品と交換することができる。交換を行うと，付与年月が古いポイントから順に消費され，その内容が記録される」とある。

このポイント管理の手順に則って図1，図2のポイント交換の具体例を見てみる。図2によると，‘T1234567’の会員が‘2015-06-10’に‘300’ポイントで‘特製マグカップ（S005）’を‘1’個交換している。付与年月が古いポイントから順に消費されるので，図1の付与年月‘2015-04’の付与ポイント‘250’の全てと，付与年月‘2015-05’の付与ポイント‘60’のうちの50ポイントを消費することになる。これを，図4の関係“ポイント付与”と“ポイント交換”に反映すると，次のようになる。

▶関係“ポイント付与”の具体例

会員ID	付与年月	付与ポイント
T1234567	2015-04	250
T1234567	2015-05	60

▶関係“ポイント交換”の具体例

会員ID	交換年月日	付与年月	商品コード	数量
T1234567	2015-06-10	2015-04	S005	1
T1234567	2015-06-10	2015-05	S005	1

これを見ると，関係“ポイント交換”に格納することになる二つのタプルは，主キー{会員ID，交換年月日，商品コード}の値が同じになり，二つのタプルのうちどちらかは記録できないことになる。つまり，付与年月の異なる複数の付与ポイントを合算した交換の記録を，関係“ポイント交換”では管理できないことが分かる。よって，ポイント管理上の不具合の内容は，**複数の付与年月のポイントを合算してポイント交換を行う場合，ポイントを消費したことを記録できない**となる。

(2)について

B4 (a)について

(1)の不具合とは，主キー{会員ID，交換年月日，商品コード}の値が同じで，付与年月の値が異なるタプルを，関係“ポイント交換”には記録できないということである。これは，関係“ポイント交換”で消費ポイントの付与年月も管理していることに原因がある。この不具合を解決するには，設問に「関係“ポイント交換”の属性を一つ削除し，新たな関係“ポイント消費”を追加する」とあるように，付与年月を関係“ポイント交換”から削除し，関係“ポイント消費”で管理すればよいことになる。

よって，関係“ポイント交換”から削除する属性の属性名は，**付与年月**となる。

C4 (b)，(c)について

関係“ポイント消費”を追加することで，関係“ポイント交換”は，だれ（会員ID）が，いつ（交換年月日），どんな商品（商品コード）を，いくつ（数量）交換したかを管理することになる。そして，追加した関係“ポイント消費”で，だれ（会員ID）が，いつ付与（付与年月）されたポイントを，いつ（交換年月日），どれだけ消費（消費ポイント）したかを管理する。したがって，関係“ポイント消費”に必要な属性は，会員ID，付与年月，交換年月日，消費ポイントとなる。消費ポイントは{会員ID，付与年月，交換年月日}単位で記録するため，{会員ID，付与年月，交換年月日}が主キーとなる。

‘T1234567’の会員が‘2015-06-10’に‘特製マグカップ（S005）’を交換した際に消費されたポイントは，付与年月‘2015-04’の付与ポイント‘250’の全てと，付与年月‘2015-05’の付与ポイント‘60’のうちの50ポイントである。

‘T1234567’の会員が‘2015-07-20’に‘特製ステッカー（S003）’を交換した際に消費されたポイントは，付与年月‘2015-05’の付与ポイント‘60’のうち‘特製マグカップ（S005）’交換後の残りの10ポイントと，付与年月‘2015-06’の付与ポイント‘250’のうちの90ポイントである。

これらを，表2に記入すると，次のようになる。

会員ID	付与年月	交換年月日	消費ポイント
T1234567	2015-04	2015-06-10	250
T1234567	2015-05	2015-06-10	50
T1234567	2015-05	2015-07-20	10
T1234567	2015-06	2015-07-20	90

設問パターン④
論理設計

論理設計の重要知識

❑ 論理設計▶P.33

❑ 列とデータ型▶P.77

列は，列に格納されるデータの使用目的を考慮して設計する。発注テーブルの「発注年月日」列のデータ型を日付型に設定しておけば，「２週間以内に発注された商品の一覧表を作成する」という「発注年月日」を利用した処理が簡単にできる。しかし，年度別や月別にデータを集計したり，前年同月と比較したりするには，「発注年月日」のほかに「発注年」「発注月」と二つの文字型または整数型の列を持つほうが処理しやすい。

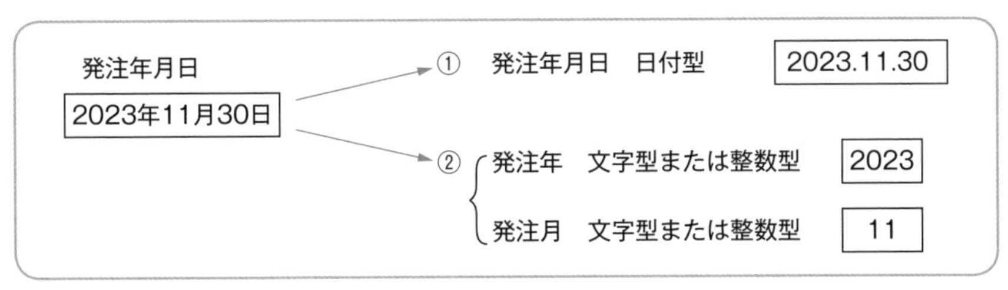

▶列とデータ型

❑ 整合性制約

データベースに格納するデータの完全性を検証するための制約である。整合性制約はSQLによって定義し，テーブルまたは列に設定された制約に従ってデータは格納される。整合性制約には，主キー制約，一意性制約，参照制約，非ナル制約，検査制約がある。

❑ 主キー制約

行を一意に識別するために，一つのテーブルに一つだけ設定できる制約である。行を挿入・更新する際の制約の一つで，設定された列または複数の列の組合せに対し，空値(NULL)と他の行と重複した値の格納を許さない。

❏ 一意性制約

行を挿入・更新する際の制約の一つで，設定された列に対し，その行を他の行と識別できる(重複しない)値の格納しか許可しない。主キー制約と似ているが，一意性制約は一つのテーブルに複数設定することができ，空値(NULL)の格納を許す。一意性制約を設定した列を一意キーと呼ぶ。

商品(主キーは商品コード)

商品コード	商品名	単価	担当者社員番号
A 12001	A3 コピー用紙(2,500枚)	2,680	4441
A 12002	A4 コピー用紙(5,000枚)	2,450	4441
B 11001	B5 コピー用紙(5,000枚)	2,400	4441
B 11002	B4 コピー用紙(2,500枚)	2,200	4441

A 12002	A4 コピー用紙(500枚)	300	4441

▶一意性制約

❏ 参照制約

テーブル間に参照／被参照関係を設定し，それらのテーブルの行を挿入・更新・削除する際の制約である。列に参照制約が設定されているテーブル（参照元テーブル）では，参照先のテーブルの指定された列に存在する値しか格納することがきない。また，参照元テーブルの参照制約の設定されている列に存在する値は，参照先テーブルの指定された列から削除できない。参照元テーブルの参照制約の設定されている列を外部キーという。

発注明細（商品コードは外部キー）

発注番号	商品コード	数量
021101	A 12001	2
021101	A 12002	5
021101	B 11001	2

参照

・「発注明細」テーブルの商品コードには，「商品」テーブルの商品コードに存在する値しか入らない。
・「発注明細」テーブルの商品コードに存在する値を「商品」テーブルから削除する場合には，あらかじめ指定したルールに従う。

商品

商品コード	商品名	単価	担当者社員番号
A 12001	A3 コピー用紙(2,500枚)	2,680	4441
A 12002	A4 コピー用紙(5,000枚)	2,450	4441
B 11001	B5 コピー用紙(5,000枚)	2,400	4441
B 11002	B4 コピー用紙(2,500枚)	2,200	4441

▶参照制約

❑ 非ナル制約

列への空値（NULL）の格納を許可しない制約である。

❑ 検査制約

桁数，値の範囲，最大値や最小値など，列に格納できるデータの値や範囲を指定する制約である。列に格納する値が条件を満たしているかどうかをチェックし，条件を満たさない値の格納を許さない。

❑ SQLによる参照制約の実現

テーブルを作成する際に参照制約をSQL文で付与する。そのため，アプリケーションプログラムでは考慮する必要はないが，柔軟性に欠ける。

仕入先会社(仕入先コード，仕入先会社名称，住所，電話番号，
　　　　　仕入担当者社員番号)
発注(発注番号，発注年月日，仕入先コード)
発注明細(発注番号，商品コード，数量)
商品(商品コード，商品名，単価，担当者社員番号)
社員(社員番号，社員名，部署コード)

※実線の下線の付いている列名は主キーを表す。
破線の下線の付いている列名は外部キーを表す。

▶テーブル構造の例

このテーブル構造を持つ発注テーブルを作成するSQL文は，次のようになる。

```
CREATE  TABLE  発注(
        発注番号 CHAR(5) PRIMARY KEY,
        発注年月日       DATE NOT NULL,
        仕入先コード     CHAR(5) NOT NULL
                 REFERENCES 仕入先会社(仕入先コード)
                 ON DELETE NO ACTION
                 ON UPDATE NO ACTION
)
```

仕入先コードが外部キーで仕入先会社テーブルを参照することを示し，「発注テーブルの仕入先コードは仕入先会社テーブルに存在していなければいけない」という参照制約を付与している。

❏ トリガーによる参照制約の実現

テーブルへの特定の処理をきっかけにして自動的に処理を行うトリガーを用いて整合性を確保する。DBMSによっては制限事項があるが，柔軟性は高い。ただし，DBMSの負荷が大きくなり，処理効率の低下を招くこともある。

❏ アプリケーションプログラムによる参照制約の実現

柔軟性や自由度が高いが，矛盾が発生しやすく，また，開発生産性も低い。

設問パターン別解き方トレーニング

…「論理設計」パターン…

学習ポイント

「論理設計」パターンの設問は，問題文中にRDBMSの仕様の説明，業務内容の説明，テーブル構造（関係スキーマ）などが示されている。RDBMSの持つ機能のうち，参照制約機能をとり上げることが多い。業務内容，主キーと外部キーに着目して，テーブルのデータの削除・追加・更新による参照制約の不都合や不具合を指摘し，解決することが要求される。

設問の主な要求事項

・参照制約の不具合や不都合　　・不具合や不都合を解決する方法

1 例題－H30午後Ⅰ問2設問2より

設問要求

表3について，(1)，(2)に答えよ。

(1) 次の(a)，(b)の処理を実行した場合，正常終了と，制約検査でエラーのどちらになるか。正常終了，エラーで答えよ。エラーとなる場合は，その理由を，40字以内で具体的に述べよ。

(a) 新規従業員登録のために，所属未定（部署コードがNULL）の行を“従業員”テーブルに挿入する。

(b) ある部署の管理者退職に伴い，“従業員”テーブルから当該従業員を削除する。

(2) “従業員”テーブル及び“従業員家族”テーブルから退職した従業員の行を削除して別テーブルに保存するトリガについて，参照制約を利用することによって不具合が発生する。その対策として，“従業員”テーブルのトリガ定義を変更した上で，新たなトリガを定義する。新たに定義するトリガについて，対象となるテーブルのテーブル名，実行タイミング，処理内容をそれぞれ答えよ。

設問(1)(a)の要求事項
●参照制約検査

設問(1)(b)の要求事項
●参照制約機能

設問(2)の要求事項
●参照制約機能とトリガ

解答

設問	解答例・解答の要点		
(1)	(a)	結果	正常終了
		理由	なし
	(b)	結果	エラー
		理由	“部署”テーブルの管理者従業員コードの参照制約に違反するから
(2)	テーブル名		従業員家族
	実行タイミング		削除の後
	処理内容		削除した行を別テーブルに挿入する。

問題文

総合商社のY社は，人事情報管理にRDBMSを用いている。

〔RDBMSの主な仕様〕

人事情報管理データベースに用いているRDBMSの主な仕様は，次のとおりである。

1．参照制約

参照制約では，挙動モードと検査契機モードを指定できる。

(1) 挙動モード

挙動モードには，次の二つがある。

① NO ACTION：参照先のテーブルの行を削除又は更新したとき，参照元のテーブルの行に対して何もしない。

② CASCADE：参照先のテーブルの行を削除又は更新したとき，参照元のテーブルの行にも削除又は更新を連鎖させる。

設問(1)(b)の証拠
挙動モード

2．トリガ

テーブルに対する変更操作（挿入・更新・削除）を契機に，あらかじめ定義された処理を，操作対象の行ごとに実行する。実行タイミング（挿入・更新・削除の前又は後），列値による実行条件を定義することができる。ただし，実行タイミングを挿入・更新・削除の前として定義したトリガの処理の中で，テーブルに対する変更操作を行うことはできない。

設問(2)の証拠
トリガの実行タイミング

〔人事情報管理データベースのテーブル〕

設問(1)(a)の証拠
従業員の挿入

部署（部署コード，部署名，管理者従業員コード）
職位（職位コード，職位名）
従業員（従業員コード，氏名，生年月日，入社年月日，退職年月日，性別，部署コード，
　　　職位コード，退職フラグ）
従業員家族（従業員コード，連番，続柄，家族氏名，生年月日，扶養フラグ）

設問(1)(b)の証拠
従業員の削除

注記　年月日を示す列のデータ型は，DATE 型とする。

図１　主なテーブルのテーブル構造

〔人事情報管理の業務概要〕

1．従業員の退職

毎月25日に，“従業員”テーブル及び“従業員家族”テーブルから，当月20日までに退職した従業員の行を削除する。削除した行を別テーブルに保存するために，実行タイミングを“従業員”テーブルの削除の後としたトリガを定義している。トリガに定義している処理は，次のとおりである。

設問(2)の証拠
退職従業員保存のトリガ

- 削除した“従業員”テーブルの行を別テーブルに挿入する。
- “従業員家族”テーブルのその従業員の家族の行について，別テーブルに挿入し，その後削除する。

〔人事情報管理データベースで発生している問題点〕

現状の問題点として，入力データの作成ミスによって，実際に存在しないコードでテーブルを更新することがあり，給与計算システムでトラブルが起きている。この問題点を解決するために，RDBMSの参照制約機能を利用することにした。参照制約機能の利用案を表３に示す。

表３　参照制約機能の利用案

テーブル名	列名	参照先[1]	実行契機	挙動モード	検査契機モード
従業員	部署コード	部署（部署コード）	UPDATE	NO ACTION	猶予モード
			DELETE	CASCADE	
	職位コード	職位（職位コード）	UPDATE	NO ACTION	即時モード
			DELETE	CASCADE	
従業員家族	従業員コード	従業員（従業員コード）	UPDATE	NO ACTION	即時モード
			DELETE	CASCADE	
部署	管理者従業員コード	従業員（従業員コード）	UPDATE	NO ACTION	即時モード
			DELETE	NO ACTION	

注 [1]　参照先には，参照先のテーブル名（参照先の列名）を示す。

設問(1)(a)の証拠
従業員の挿入におけるテーブル間の参照制約

設問(2)の証拠
挙動モード
CASCADE

設問(1)(b)の証拠
従業員の削除におけるテーブル間の参照制約

解説

⑴について

> 参照制約は，外部キー制約ともいい，外部キーによって関連付けられたテーブル（参照先テーブル）の変更を，外部キーを定義しているテーブル（参照元テーブル）に連鎖させるかを定義するものである。

A4 ⒜について

表３によると，“従業員”テーブルへの行のINSERT（挿入）については，参照制約がない。したがって，結果は**正常終了**となる。また，正常終了となるため，理由は，**なし**となる。

B4 ⒝について

表３によると，“従業員”テーブルの行のDELETE（削除）については，“従業員”テーブルを参照している“従業員家族”テーブルの従業員コードと“部署”テーブルの管理者従業員コードに参照制約があり，挙動モードとして，“従業員家族”テーブルの従業員コードにはCASCADE，“部署”テーブルの管理者従業員コードにはNO ACTIONが設定されている。挙動モードの説明は，〔RDBMSの主な仕様〕の1.参照制約⑴挙動モードにあり，CASCADEは「参照先のテーブルの行を削除又は更新したとき，参照元のテーブルの行にも削除又は更新を連鎖させる」，NO ACTIONは「参照先のテーブルの行を削除又は更新したとき，参照元のテーブルの行に対して何もしない」と説明されている。

ある部署の管理者退職に伴い，参照先テーブルである“従業員”テーブルの当該従業員コードの行を削除しようとした場合，RDBMSは，参照元テーブルである“従業員家族”テーブルと“部署”テーブルに当該従業員の行が存在するかを確認する。挙動モードがCASCADEの“従業員家族”テーブルは，その管理者に家族が存在する場合には該当する行を削除できる。一方，設問文に「ある部署の管理者」とあるので，“部署”テーブルには当該管理者従業員コードの行が必ず存在するはずである。しかし，挙動モードがNO ACTIONの“部署”テーブルから，該当する行の削除はできない。

管理者従業員を“従業員”テーブルから削除した場合

- CASCADEモードの“従業員家族”テーブルから家族を削除できる。
- NO ACTIONモードの“部署”テーブルから部署を削除できない。

よって，制約検査の結果は，**エラー**，理由は，**“部署”テーブルの管理者従業員コードの参照制約に違反するから**となる。

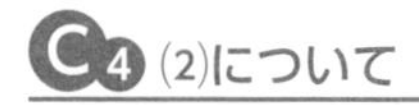 (2)について

「“従業員”テーブル及び“従業員家族”テーブルから退職した従業員の行を削除して別テーブルに保存するトリガ」に関しては，〔人事情報管理の業務概要〕1．従業員の退職に「削除した行を別テーブルに保存するために，実行タイミングを“従業員”テーブルの削除の後としたトリガを定義している。トリガに定義している処理は，次のとおりである。

- 削除した“従業員”テーブルの行を別テーブルに挿入する。
- “従業員家族”テーブルのその従業員の家族の行について，別テーブルに挿入し，その後削除する」

そして，〔人事情報管理データベースで発生している問題点〕に，「現状の問題点として，……トラブルが起きている。この問題点を解決するために，RDBMSの参照制約機能を利用することにした」とある。しかし，設問文には，「参照制約を利用することによって不具合が発生する」とある。

参照制約を利用すると，“従業員”テーブルから退職した従業員の行の削除と“従業員家族”テーブルから退職した従業員の家族の行の削除が実行される。しかし，“従業員家族”テーブルの退職した従業員の家族の行を別テーブルに保存する処理はできない。したがって，その処理をトリガに定義する必要がある。ただし，〔RDBMSの主な仕様〕2.トリガに「実行タイミングを挿入・更新・削除の前として定義したトリガの処理の中で，テーブルに対する変更操作を行うことはできない」とあるので，“従業員家族”テーブルの削除の後のタイミングで，その削除した行を別テーブルに挿入する必要がある。

よって，対象となるテーブル名は**従業員家族**，実行タイミングは**削除の後**，処理内容は，**削除した行を別テーブルに挿入する**となる。

2 例題－H30午後Ⅰ問2設問3より

設問要求

〔参照制約機能の利用の検討〕に示した，参照制約機能を利用した後について，(1)～(3)に答えよ。

(1) 図3中の①～⑥のデータの削除，挿入，更新の順序を変更せずに運用した場合，不具合が発生することがある。不具合が発生する契機を図3中の丸数字で答えよ。また，発生する不具合の内容を，40字以内で述べよ。

(2) (1)の不具合の回避のために，図3中の①，③，⑤の順序を変更する。どのように変更すればよいか，変更後の順序を答えよ。

(3) 表3に示すとおり，“従業員”テーブルの部署コードに参照制約が猶予モードで設定されている。この状況で，“部署”テーブルの部署コードを更新したときの振る舞いに関して，(a)，(b)に答えよ。

(a) RDBMSは猶予モードの制約の検査のために，トランザクション終了時にどのような検査を行っているか，検査内容を55字以内で具体的に述べよ。

(b) (a)の検査を行う際，想定よりも処理時間が長くなるおそれがある。その理由を，50字以内で具体的に述べよ。

A1

設問(1)の要求事項
● 参照制約機能によるデータ更新時に発生する不具合

B1

設問(2)の要求事項
● 不具合の回避

C1

設問(3)の要求事項
● 参照制約の猶予モードにおける更新時の制約検査

D1

設問(3)の要求事項
● 制約検査に時間がかかる理由

解答

設問	解答例・解答の要点	
(1)	契機	①
	不具合	削除された部署に所属している従業員が，“従業員”テーブルから削除される。
(2)	③→②→⑤→④→①→⑥	
(3)	(a)	更新によって無くなった部署コードが，“従業員”テーブルの“部署コード”に存在しないことを確認する。
	(b)	“従業員”テーブルの“部署コード”に索引がなく，全行を参照しなければならないから

A2 B2 C2 D2

問題文

〔RDBMSの主な仕様〕

人事情報管理データベースに用いているRDBMSの主な仕様は，次のとおりである。

1．参照制約

参照制約では，挙動モードと検査契機モードを指定できる。

(1) 挙動モード

挙動モードには，次の二つがある。

① NO ACTION：参照先のテーブルの行を削除又は更新したとき，参照元のテーブルの行に対して何もしない。

② CASCADE：参照先のテーブルの行を削除又は更新したとき，参照元のテーブルの行にも削除又は更新を連鎖させる。

(2) 検査契機モード

検査契機モードには，次の二つがある。

① 即時モード：SQL実行終了ごとに，対象となる全ての行の実行結果に対して，制約を検査する。

② 猶予モード：トランザクション終了時に，トランザクション内の全てのSQLを実行した結果に対して，制約を検査する。

設問(3)(a)の証拠
猶予モード

〔人事情報管理データベースのテーブル〕

人事情報管理データベースの主なテーブルのテーブル構造は，図1のとおりである。索引は，主キーだけに定義されている。

D3
設問(3)(b)の証拠
“従業員”テーブルの部署コードには索引が定義されていない

部署（部署コード，部署名，管理者従業員コード）
職位（職位コード，職位名）
従業員（従業員コード，氏名，生年月日，入社年月日，退職年月日，性別，部署コード，職位コード，退職フラグ）
従業員家族（従業員コード，連番，続柄，家族氏名，生年月日，扶養フラグ）

注記　年月日を示す列のデータ型は，DATE 型とする。

図1　主なテーブルのテーブル構造

〔人事情報管理データベースで発生している問題点〕

現状の問題点として，入力データの作成ミスによって，実際に存在しないコードでテーブルを更新することがあり，給与計算システムでトラブルが起きている。この問題点を解決するために，RDBMSの参照制約機能を利用することにした。参照制約機能の利用案を表3に示す。

表３　参照制約機能の利用案

テーブル名	列名	参照先[1]	実行契機	挙動モード	検査契機モード
従業員	部署コード	部署（部署コード）	UPDATE	NO ACTION	猶予モード
			DELETE	CASCADE	
	職位コード	職位（職位コード）	UPDATE	NO ACTION	即時モード
			DELETE	CASCADE	
従業員家族	従業員コード	従業員（従業員コード）	UPDATE	NO ACTION	即時モード
			DELETE	CASCADE	
部署	管理者従業員コード	従業員（従業員コード）	UPDATE	NO ACTION	即時モード
			DELETE	NO ACTION	

注[1]　参照先には，参照先のテーブル名（参照先の列名）を示す。

設問(1)の証拠
“従業員”テーブルの部署コードに設定されている参照制約

設問(2)の証拠
“部署”テーブルの検査契機モード

設問(2)の証拠
“部署”テーブルの検査契機モード

〔参照制約機能の利用の検討〕

参照制約機能を利用する以前には，定期的な組織変更及び人事異動に対応する処理は，図３に示すように“部署”テーブルの行を更新した後，“従業員”テーブルの行を更新していた。

参照制約機能を利用するに当たって，図３中の①～⑥の更新手順の変更，及び処理時間の検討を行った。

設問(1)の証拠
“部署”テーブルの行の削除の影響

設問(2)の証拠
参照制約の回避

①　“部署”テーブルから不要な行を削除する。
②　コミットする。
③　“部署”テーブルに対して，新規の行を挿入する。
④　コミットする。
⑤　“従業員”テーブルの部署コードを更新する。
⑥　コミットする。

図３　参照制約機能を利用する以前の更新手順

解説

A4 (1)について

〔参照制約機能の利用の検討〕に「図３に示すように，“部署”テーブルの行を更新した後，“従業員”テーブルの行を更新していた」とあり，既存の部署を削除して新しい部署を追加する手順が，①～⑥で示されている。

表３によると，“部署”テーブルを参照している“従業員”テーブルの部署コードに参照制約があり，“部署”テーブルの行のDELETE（削除）に対して挙動モードCASCADEが設定されている。これは，“部署”テーブルのある部署コードの行が削除されると，参照制約機能によって，“従業員”テーブルのその部署コードを持つ行も削除されることを意味している。つまり，削除された部署に所属している従業員が“従業員”テーブルから削除されてしまうという不具合が発生してしまう。

よって，契機は①，不具合は，**削除された部署に所属している従業員が，“従業員”**

テーブルから削除されるとなる。

B4 (2)について

参照制約機能による“従業員”テーブルの行の削除を回避するには，“部署”テーブルから部署を削除する前に，“従業員”テーブルの部署コードを新しい部署コードに更新すればよい。ただし，“部署”テーブルに存在しない部署コードを“従業員”テーブルの部署コード列に設定することは参照制約違反になるため，先に“部署”テーブルに新しい部署を追加しておく必要がある。

よって，変更後の順番は，[③] →②→ [⑤] →④→ [①] →⑥となる。

(3)について

猶予モードの説明は，〔RDBMSの主な仕様〕 1．参照制約(2)検査契機モードにあり，「トランザクション終了時に，トランザクション内の全てのSQLを実行した結果に対して，制約を検査する」と説明されている。

C4 (a)について

“部署”テーブルの部署コードを更新すると，更新前の部署コードは存在しなくなる。一方，“従業員”テーブルの部署コード列には更新前の部署コードが残ったままになる。参照先の“部署”テーブルに存在しない部署コードを参照元の“従業員”テーブルの部署コード列に設定することは参照制約に違反する。これを防ぐため，更新によってなくなった部署コードが“従業員”テーブルの部署コード列に残っていないかを確認する必要がある。

よって，検査内容は，**更新によって無くなった部署コードが，“従業員”テーブルの“部署コード”に存在しないことを確認する**となる。

D4 (b)について

〔人事情報管理データベースのテーブル〕に「索引は，主キーだけに定義されている」とある。“従業員”テーブルの部署コードは主キーではないため，索引は設定されていない。この場合，更新によってなくなった部署コードが“従業員”テーブルの部署コード列に残っていないかは，“従業員”テーブルの全行を調べなくてはならず，処理時間が長くなってしまうおそれがある。

よって，処理時間が長くなるおそれの理由は，**“従業員”テーブルの“部署コード”に索引がなく，全行を参照しなければならないから**となる。

設問パターン⑤
物理設計

物理設計の重要知識

❏ チューニング

物理設計においては，チューニングの目的や目標を設定し，投入可能な資源を把握することが重要である。目的が達成できないと判断した場合には，目標や投入する資源の見直しを行う。

- 目的の設定…スループットの向上，レスポンスの向上など，具体的なものを設定する。
- 数値目標の設定…目的に対して，レスポンスタイム，処理時間，システム停止における最長回復所要時間など，達成すべき具体的な数値目標を設定する。
- 資源の把握…必要な人材や期間，ハードウェアなどについて，投入可能な資源を把握する。

❏ 物理設計▶P.33

❏ 索引▶P.104

レコードを直接アクセスできるので，レコード件数が多くても効率的に検索できる。ただし，索引の検索は逐次アクセスとなるため，アクセス時間はレコード数nに比例して，O(n) となる。

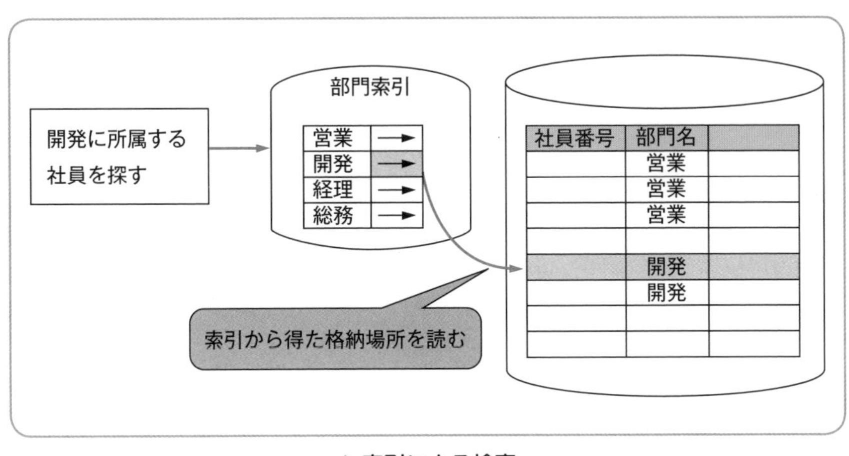

▶索引による検索

索引は，検索処理と変更処理の頻度を考慮して設定しなければ処理効率が悪くなることもある。レコード数が少なく，挿入・削除・更新の処理が頻繁に行われるテーブルの場合には，索引を設定しないほうがよい。

❏ ユニークインデックスと非ユニークインデックス▶P.106

❏ クラスタ化インデックスと非クラスタ化インデックス▶P.106

❏ 検索処理が主体のテーブルの索引

多くの列に索引を設定すると処理効率が良い。しかし，索引が多くなるほど，索引の挿入・削除・更新処理にかかる時間が増えることや索引を格納するディスク容量が大きくなることに注意が必要である。

❏ 変更（挿入・削除・更新）処理が頻繁なテーブルの索引

レコードの挿入・削除・更新処理をする際には，索引の挿入・削除・更新処理も同時に行われる。レコードの挿入・削除・更新処理が頻繁に行われるテーブルでは，処理効率が低下するため，索引は厳選して設定する必要がある。バッチ処理など，一括して大量のレコードの挿入・削除・更新処理をする際には，設定している索引を外して処理を行い，その後，索引を再設定（再作成）するなどの処理効率の向上対策もある。

❏ 変更（挿入・削除・更新）処理の頻度の低いテーブルの索引

索引の挿入・削除・更新処理に要する時間よりも，検索の処理速度を向上させる効果が期待できるため，索引を設定するとよい。

❏ 複合索引▶P.107

❏ 索引のアクセス効率

索引を利用した直接アクセスでは，１件のデータを入出力バッファに読み込むために，索引に対するディスクI/Oとデータファイルに対するディスクI/Oの合計２回のディスクI/Oが必要になる。一方，逐次アクセスでは，１回のディスクI/Oで複数件のデータを入出力バッファに読み込むことができる。例えば，１回のディスクI/Oで10件のデータを入出力バッファに読み込むことができる場合，２回のディスクI/Oで20件のデータを読み込むことができる。つまり，索引を利用した直接アクセスに比べて，読み込めるデータ量は20倍になる。これは，処理時間の観点で見ると，索引を用いた直接アクセスのディスクI/Oにかかる処理時間が逐次アクセスの20倍ということになり，処理効率が悪いことが分かる。一般に，索引による検索には限界があり，索引を設定して効率の良いアクセスが期待できるのは，検索によってデータが$\frac{1}{10}$以下に絞り込まれる場合といわれる。

❏ 索引設定の留意点

DBMSの索引には通常B^+木ファイルが用いられる。

B^+木索引で可能な検索方法は，完全一致検索，前方一致検索，範囲検索であり，部分一致検索や後方一致検索はできない。そのため，大分類，中分類，小分類で成り立っている「商品コード」を索引に設定した場合，中分類だけ，小分類だけで検索することができない。この場合，「大分類」「中分類」「小分類」の三つに分割して索引としておくと検索の幅が広がる。

また，一般的に，索引を利用する際の検索条件は索引の値と定数を比較することしかできない。そのため，索引に設定されている「発生額」「入金額」を用いて，未収額が100万円以上のレコードを検索する，

発生額－入金額≧1,000,000

という検索条件は利用できない。そこで，売上テーブルに「未収額」という列を設けて「発生額－入金額」によって導出できる値を格納し，索引として設定する。すると，

未収額≧1,000,000

という検索条件での検索が可能となる。つまり，導出項目を持たせたテーブルの非正規化も高速アクセスには有効である。

❏ 索引利用の注意点

データの変更（挿入・削除・更新）処理の際には，索引も変更される。そのため，索引を多く設定すると処理効率の低下を招く。処理効率が低下した場合，使用頻度の低い索引や重要度の低い索引を整理する必要がある。

また，長期間使用しているテーブルではデータ構成が変わって統計情報が劣化してしまい，効率の悪いアクセスが行われる可能性がある。例えば，2020年１月からひと月単位で営業実績が格納されている営業履歴テーブルを考える。このテーブルに対し，2025年１月に，「日付≧2024年10月１日」という条件で絞込みを行った場合，対象となるデータは60か月のうちの３か月となり，オプティマイザによって絞込み率は0.05（$\frac{3}{60}$）と判断され，索引を利用したアクセスが行われる。１年後に同じ条件で絞込みを行った場合，絞込み率が0.21（$\frac{15}{72}$）となり逐次アクセスのほうが効率が良い。しかし，統計情報が更新されていないと，オプティマイザによって１年前の統計情報に基づいて0.05と判断され，索引を利用したアクセスが行われてしまう。これを避けるためには，統計情報を更新する必要がある。統計情報の自動更新機能を持つDBMSもあるが，負荷が高いため装備していないものもあるため，定期的に統計情報を更新するコマンドを実行する必要がある。

❏ 索引順編成

レコードをキー値の昇順（または降順）でページに格納し，ページ内のキーの最大値（または最小値）とページへのポインタをセットで索引に持つ編成が索引順編成である。ページは，レコードを格納するデータ領域と，データ領域がいっぱいになった場合に使用するページ内あふれ域から構成される。ページ内あふれ域がいっぱいになった場合は，共用あふれ域にレコードを格納する。

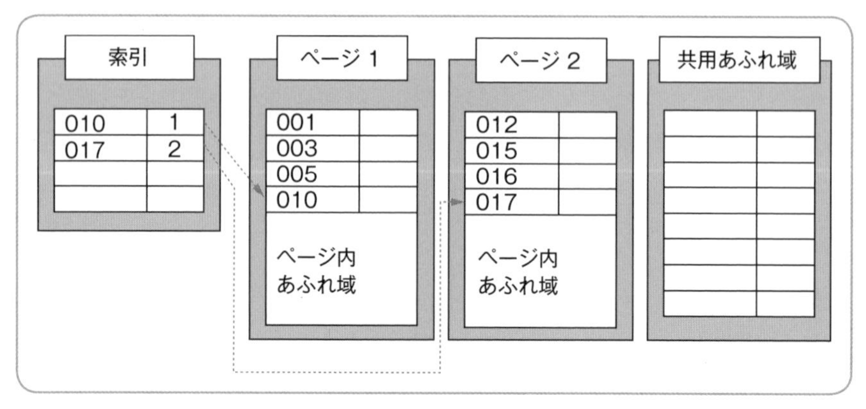

▶索引順編成ファイル

索引順編成の特徴は，次のとおりである。

- 逐次アクセスも直接アクセスも可能である。
- レコードの追加を繰り返すとあふれ域の使用率が増え，レコードの物理的な格納順序と索引のキーの順序が一致しなくなり，アクセス効率が低くなる。また，レコードを削除した領域は再使用できないので，削除を繰り返した場合もアクセス効率が悪くなる。アクセス効率が低下した場合は，再編成を行う必要がある。

❏ B木編成

B木編成（B木ファイル）は，索引順編成での問題点を解決するために，動的に索引保守を行う機能を持っている。B木編成は，キー値の順にレコードを格納した複数のページを，キー値によって上位ページと下位ページとして関連付けた木構造形式のファイルである。

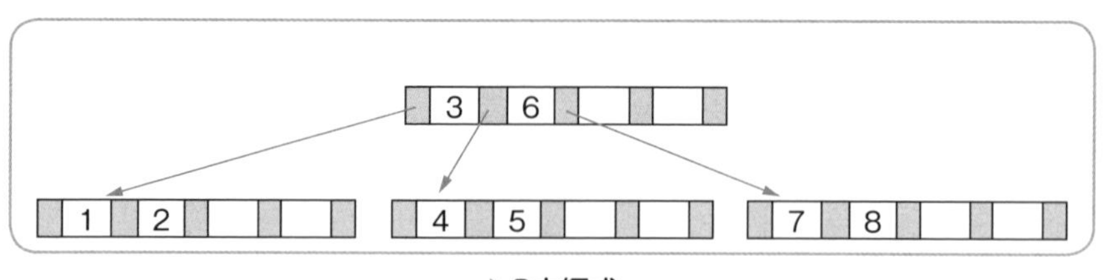

▶B木編成

ページには，キー値を含むレコードと下位ページへのポインタを格納する。下位ページへのポインタは各レコードの両側にあり，ページ内にはレコード数＋１個のポインタがある。レコードを検索する場合は，最初のページである根ページからポインタを順にたどっていくので，直接アクセスの効率は良いが，逐次アクセスの効率はあまり良くない。

B木ファイルは，根ページ以外のページには，格納されているレコード数が格納可能な数の半分以上になるように，更新時に動的な保守が行われる。削除によってあるページのレコード数が格納可能な数の半分を下回った場合にはページを統合し，追加によってあるページのレコード数が格納可能な数を超える場合はページを分割する。したがって，ページ使用率は50％以上となり，索引順編成のようにレコードが特定のページに偏ることがない。

❏ ２分探索による検索手順

B木ファイルの索引は，子ページのキーの中央値を親ページが保持しているので，２分探索のアルゴリズムによってレコード検索が行われる。２分探索による検索手順は，次のとおりである。

① 検索対象範囲のレコードは，キーの昇順（または降順）に並んでいる。

② 検索値Vをレコードの中央値Mと比較して次の処理を行う。

- V＝Mの場合：検索値Vが見つかった。
- V＜Mの場合：中央値Mより前に並んでいるレコードを新しい検索対象範囲とする。
- V＞Mの場合：中央値Mより後に並んでいるレコードを新しい検索対象範囲とする。

③ ②を，レコードが見つかるか，検索対象範囲がなくなるまで繰り返す。

２分探索では，レコード数がn個の場合，１回の検索で$\frac{n}{2}$，２回で$\frac{n}{4}$，３回で$\frac{n}{8}$というように検索対象範囲が狭まり，x回で検索対象範囲は$\frac{n}{2^x}$になる。検索対象範囲が１以下になったときに処理が終了することになるので，アクセス回数は次のように求めることができる。

$n \div 2^x = 1$

$n = 2^x$

$x = \log_2 n$

よって，レコード数nのB木ファイルのアクセス時間は，$O(\log_2 n)$ となる。

❏ 主索引と副次索引▶P.107

設問パターン別解き方トレーニング

…「物理設計」パターン…

学習ポイント

「物理設計」パターンの設問は，データベースのチューニングが中心になっている。問題文中にRDBMSの仕様の説明，テーブル構造，業務内容の説明，テーブルに格納されるデータ件数（行数），データ1件当たりの容量，1ページに格納されるデータ件数，索引，SQL文などが示されている。これらをもとに，解答を要求されることが多い。

設問の主な要求事項

・テーブルを格納するために必要な容量の計算
・SQL文によるテーブル検索効率の比較
・効率の良い索引の設定
・テーブルの列制約を実現するSQL文

1 例題－H29午後Ⅰ問3設問1より

設問要求

〔“月別売上”テーブルの構造の変更〕について，(1)～(3)に答えよ。

(1) 分析処理に関する記述中の［ア］～［コ］に入れる適切な字句を答えよ。
なお，索引のバッファヒット率は100％であり，ページ中の行をアクセスするとき，次にアクセスするページはバッファにないものとする。

(2) 表2中の［a］，［b］に入れる適切な字句を答えよ。

(3) Fさんは，なぜ表2中のSQL2を動的SQLで実行することにしたのか。その理由を40字以内で述べよ。

A1～D1
設問(1)の要求事項
●物理アクセスの計算

ア，イ A1
ウ，エ B1
オ～ク C1
ケ，コ D1

E1
設問(2)の要求事項
●SQL文

F1
設問(3)の要求事項
●動的SQL

解答

設問		解答例・解答の要点
(1)	ア	主
	イ	副次
	ウ	360,000
	エ	3,600
	オ	30,000
	カ	1,000
	キ	2
	ク	2,000
	ケ	200
	コ	200
(2)	a	売上額2月 - 売上額1月
	b	売上年 = '2017' 又は 売上年 = ?
(3)		比較する売上年月ごとに選択リストの列名を変更しなければならないから

A2（ア，イ）　B2（ウ，エ）　C2（オ～ク）　D2（ケ，コ）　E2（a，b）　F2（(3)）

問題文

〔システムの概要〕

1．主なテーブル構造

主なテーブル構造を，図1に示す。ここで，テーブルの行は追加された順に並び，同じページに異なるテーブルの行が格納されることはない。また，索引のキー順に，ページ単位で順次又はランダムに磁気ディスク装置（以下，ディスクという）からバッファに読み込まれる。

設問(1)の空欄ア，イの証拠

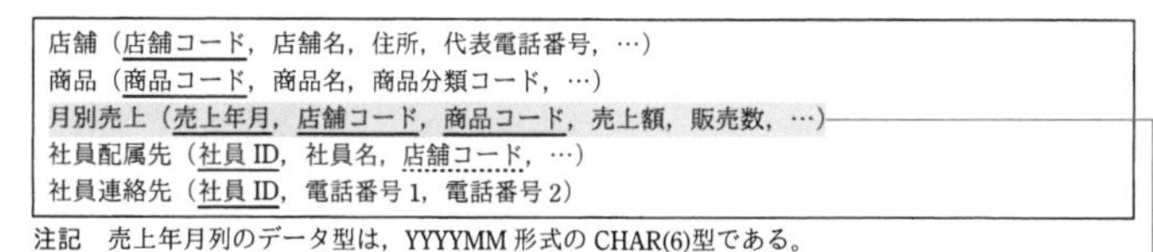

店舗（店舗コード，店舗名，住所，代表電話番号，…）
商品（商品コード，商品名，商品分類コード，…）
月別売上（売上年月，店舗コード，商品コード，売上額，販売数，…）
社員配属先（社員ID，社員名，店舗コード，…）
社員連絡先（社員ID，電話番号1，電話番号2）

注記　売上年月列のデータ型は，YYYYMM形式のCHAR(6)型である。

図1　主なテーブル構造（一部省略）

設問(1)の空欄オ～クの証拠

設問(1)の空欄ケ，コの証拠

3．営業本部からの要望及び対応の方針

Fさんがこれらの方針に従って変更した二つのテーブル構造を，図2に示す。

月別売上B（売上年，店舗コード，商品コード，売上額1月，販売数1月，売上額2月，販売数2月，売上額3月，販売数3月，…，売上額12月，販売数12月，…）
社員連絡先B（社員ID，表示順，電話番号）

注記　売上年列のデータ型はYYYY形式のCHAR(4)型で，表示順列はSMALLINT型とする。

図2　変更した二つのテーブル構造（一部省略）

設問(1)の空欄オ～クの証拠

設問(1)の空欄ケ，コの証拠

〔“月別売上”テーブルの構造の変更〕

Fさんは，“月別売上”テーブルの構造の変更を，次のように検討した。

設問(3)の証拠

1．“月別売上”テーブルには，行が主索引のキー順にロードされている。その全行をアンロードしたファイルを，“月別売上B”テーブルの構造に従って変換し，“月別売上B”テーブルに主索引のキー順にロードした。

設問(1)空欄ア，イの証拠

2．RDBMSの機能を用いて，テーブルの統計情報を取得した。“月別売上”テーブルと“月別売上B”テーブルの統計情報及び索引定義情報を，表1に示す。

B3

設問(1)の空欄ウ，エの証拠

3．次の二つの分析処理を選び，照会の応答時間を評価した。その指標として，各分析処理に必要なディスクからの読込み行数及び読込みページ数を，表1の統計情報を基に比較した。

D3

設問(1)の空欄ケ，コの証拠

分析処理1　指定した1店舗について，任意の1年間の売上データを分析する。

分析処理2　指定した1商品について，任意の月の売上データを分析する。

A3

設問(1)の空欄ア，イの証拠

表1　“月別売上”テーブルと“月別売上B”テーブルの統計情報及び索引定義情報

B3

設問(1)の空欄ウ，エの証拠

テーブル名	行数	1ページ当たりの行数	列名	列値個数	主索引	副次索引
月別売上	360,000,000	100	売上年月	60	1A	1A
			店舗コード	200	2A	3A
			商品コード	30,000	3A	2A
月別売上B		30	売上年		1A	1A
			店舗コード	200	2A	3A
			商品コード	30,000	3A	2A

注記1　主索引，副次索引の数字は索引キーに定義される列の順番を示し，Aは昇順を示す。
注記2　網掛け部分は表示していない。

D3

設問(1)の空欄ケ，コの証拠

C3

設問(1)の空欄オ～クの証拠

(1)　表1の二つのテーブルでは，複数行を索引のキー順に読み込む場合，アクセス経路が［　ア　］索引のとき，ページは順次に読み込まれるが，アクセス経路が［　イ　］索引のとき，1行当たり1ページがランダムに読み込まれる。

A3

設問(1)の空欄ア，イの証拠

(2) 分析処理1では，分析に必要な“月別売上”テーブルの1店舗当たりの年間平均行数は，[ウ]行である。これらの行を，主索引を用いてディスクから読み込むとき，最小限[エ]ページ読み込む必要がある。

一方，“月別売上B”テーブルの1店舗当たりの年間平均行数は，指定した1年間が年をまたがらなければ，[オ]行である。これらの行を，主索引を用いてディスクから読み込むとき，最小限[カ]ページを読み込めばよい。しかし，その1年間が年をまたがれば，読込みページ数は[キ]年間分の[ク]ページに増える。

(3) 分析処理2では，分析に必要な行数は，二つのテーブルとも1商品コード当たり最大[ケ]行である。これらの行を，副次索引を用いてディスクから読み込むとき，最大[コ]ページ読み込む必要がある。

4．プログラム中のSQLへの影響を調べた。調べたのは，同じ年の二つの月，例えば，2017年1月と2017年2月の売上額の差を求めるSQLで，その構文を表2中のSQL1に示す。テーブル構造を変更した後で，SQL1と同じ結果行を得るために，実行の都度，比較する年月に対応したSQLの構文を組み立て，動的SQLで実行することにした。その構文を表2中のSQL2に示す。

B3 設問(1)の空欄ウ，エの証拠

C3 設問(1)の空欄オ～クの証拠

D3 設問(1)の空欄ケ，コの証拠

E3 設問(2)の空欄a，bの証拠

表2 同じ年の二つの月の売上額の差を求めるSQLの構文（未完成）

SQL	SQLの構文
SQL1	SELECT Y.店舗コード, Y.商品コード, Y.売上額 - X.売上額 FROM 月別売上 X INNER JOIN 月別売上 Y ON X.店舗コード = Y.店舗コード AND X.商品コード = Y.商品コード WHERE X.売上年月 = :hv1 AND Y.売上年月 = :hv2 ORDER BY Y.店舗コード, Y.商品コード
SQL2	SELECT 店舗コード, 商品コード, [a] FROM 月別売上B WHERE [b] ORDER BY 店舗コード, 商品コード

注記 ホスト変数の hv1 及び hv2 には，それぞれ‘201701’及び‘201702’が設定されている。

E3 設問(2)の空欄a，bの証拠

解説

(1)について

A4 空欄ア，イについて

〔“月別売上”テーブルの構造の変更〕3．(1)に「表１の二つのテーブルでは，複数行を索引のキー順に読み込む場合，アクセス経路が……」とある。「複数行を索引のキー順に読み込む場合」とあるので，“月別売上”テーブルと“月別売上B”テーブルの行がそれぞれどのように格納されているのかを確かめる。〔“月別売上”テーブルの構造の変更〕1．に「“月別売上”テーブルには，行が主索引のキー順にロードされている」「“月別売上B”テーブルに主索引のキー順にロードした」とある。また，〔システムの概要〕1．主なテーブル構造に「テーブルの行は追加された順に並び，同じページに異なるテーブルの行が格納されることはない」「索引のキー順に，ページ単位で順次又はランダムに磁気ディスク装置（以下，ディスクという）からバッファに読み込まれる」とある。これらより，二つのテーブルともに主索引のキー順に行が並んでいるので，主索引の場合は，キー順でページを順次読み込めることが分かる。次に，表１を見ると，二つのテーブルの副次索引に定義された店舗コードと商品コードの列の順番が，主索引に定義された列の順番と逆になっている。

つまり，主索引に定義された列の順番で行がロードされているため，主索引のときはページは順次読み込まれる。一方，副次索引に定義された列の順番で行がロードされていないため，副次索引のときはページがランダムに読み込まれることになる。よって，空欄アには**主**，空欄イには**副次**が入る。

B4 空欄ウ，エについて

〔“月別売上”テーブルの構造の変更〕3．の分析処理１に「指定した１店舗について，任意の１年間の売上データを分析する」とある。表１の“月別売上”テーブルを確認すると，売上年月の列値個数は「60」，店舗コードの列値個数は「200」，全体の行数は「360,000,000」となっている。売上年月の列値個数が60ということは，売上年の個数は５（60÷12）になる。したがって，分析処理１で必要な“月別売上”テーブルの１店舗当たりの年間平均行数は，

360,000,000÷200÷５＝360,000　（行）

となる。さらに，表１の“月別売上”テーブルに，１ページ当たりの行数「100」とある。360,000行のデータを，１ページに100行ずつ格納すると，最小限必要なページ数は，

360,000÷100＝3,600　（ページ）

となる。「これらの行を，主索引を用いてディスクから読み込むとき」とあり，空欄ア，イの解説のとおり，主索引の場合はキー順でページを順次読み込めるので，3,600ページ読み込めばよいことになる。よって，空欄ウには**360,000**，空欄エには**3,600**が入る。

C4 空欄オ～クについて

●指定した1年間が年をまたがらない場合

図1を見ると，“月別売上”テーブルは，ひと月の売上額と販売数を1行に格納している。一方，図2を見ると，“月別売上B”テーブルは，1年つまり12か月分の売上額と販売数を1行に格納している。これらより，“月別売上B”テーブルの行数は，“月別売上”テーブルの$\frac{1}{12}$になることが分かる。“月別売上”テーブルの1店舗当たりの年間平均行数は360,000行（空欄ウ）であるので，“月別売上B”テーブルの1店舗当たりの年間平均行数は，

360,000÷12＝30,000　（行）

となる。表1に“月別売上B”テーブルの1ページ当たりの行数が「30」とある。30,000行のデータを，1ページに30行ずつ格納すると，最小限必要なページ数は，

30,000÷30＝1,000　（ページ）

となる。「これらの行を，主索引を用いてディスクから読み込むとき」とあり，空欄ア，イの解説のとおり，主索引の場合はキー順でページを順次読み込むことができるので，1,000ページ読み込めばよい。よって，空欄オには**30,000**，空欄カには**1,000**が入る。

●指定した1年間が年をまたがる場合

図2を見ると，“月別売上B”テーブルには，同じ年の1月から12月までの売上額と販売数が1行に格納されている。そのため，指定した1年間が年をまたがった場合には2行読み込む必要があり，1年間が年をまたがない場合の読み込みページ数の2倍になる。年をまたがない場合の最小限必要なページ数は1,000ページ（空欄カ）であるので，年をまたいだ場合は，

1,000×2＝2,000　（ページ）

となる。よって，空欄キには**2**，空欄クには**2,000**が入る。

D4 空欄ケ，コについて

〔“月別売上”テーブルの構造の変更〕3．の分析処理2に「指定した1商品について，任意の月の売上データを分析する」とある。図1の“月別売上”テーブルと図2

の“月別売上B”テーブルを見ると，どちらのテーブルも店舗コード別商品コード別に集計した売上データを格納している。全ての店舗で全ての商品を扱っているかは問題文からは判断できない。しかし，「最大」とあるので，全ての店舗で全ての商品を扱っているという前提で考える。“月額売上”テーブルは売上年月ごと，“月額売上B”テーブルは売上年ごとであるが，いずれも売上データの行数は，１商品ごとに店舗数分存在することになる。表１の店舗コードの列値個数はどちらも「200」となっているので，二つのテーブルとも１商品コード当たり最大200行が分析に必要となる。

「これらの行を，副次索引を用いてディスクから読み込む」とある。空欄ア，イの解説のとおり，副次索引の場合は１行当たり１ページがランダムに読み込まれる。したがって，副次索引で200行をディスクから読み込むには，200ページ読み込む必要がある。よって，空欄ケには**200**，空欄コには**200**が入る。

⑵について

E4 空欄a，bについて

表２のSQL2については，〔“月別売上”テーブルの構造の変更〕４．に「実行の都度，比較する年月に対応したSQLの構文を組み立て，動的SQLで実行することにした」とあり，表２の注記に「ホスト変数のhv1及びhv2には，それぞれ‘201701’及び‘201702’が設定されている」とある。

2017年１月と2017年２月の売上額の差を求めるには，“月額売上B”テーブルから2017年の行を抽出するという条件をWHERE句に指定し，その行の１月と２月の売上額の差を求める計算式をSELECT句の選択リストの列名に指定すればよい。

よって，空欄aには，**売上額2月－売上額1月**，空欄bには，**売上年='2017'**が入る。また，空欄bに**売上年=?**として，売上年の条件部分をプレースホルダとして，動的に設定させる方法も有効である。

F4 ⑶について

図２を見ると，“月額売上B”テーブルでは１行に１年分の売上データが格納されており，月ごとに列名が付されている。そのため，月ごとの売上額を比較する場合，比較する年月に対応してSQL文を作成しなければならず，比較する売上額の列名を変更できる動的SQLが必要になる。よって，Fさんが動的SQLで実行することにした理由は，**比較する売上年月ごとに選択リストの列名を変更しなければならないから**となる。

2 例題－H30午後Ⅰ問3設問1より

設問要求

表２の作業工程表について，(1)～(5)に答えよ。

(1) 作業W2（追加制約設計）で“店舗”，“精算”の各テーブルにUNIQUE制約を設計する場合について，UNIQUE制約を定義する列の構成（列名又は列名の組合せ）を，それぞれ一つ答えよ。
なお，UNIQUE制約がない場合，“なし”と答えよ。

(2) 作業W2（追加制約設計）について，図２中の［ a ］～［ d ］に入れる適切な述語を一つずつ答えよ。

(3) 作業W4（追加索引設計）に関する表４の索引について，①，②に答えよ。
① 索引１は，ユニーク索引又は非ユニーク索引のどちらに該当するか答えよ。
② 索引２は，高クラスタな索引である。その理由を35字以内で述べよ。

(4) 作業W5（表領域設計）について，表５中の［ ア ］～［ キ ］に入れる適切な字句を，表５中の下線部分の用語を用いて答えよ。

(5) 作業W6（DML性能予測）について，表６中の［ ク ］～［ コ ］に入れる適切な字句を，表５，６中の下線部分の用語を用いて答えよ。

設問(1)の要求事項
●UNIQUE制約の定義

設問(2)の要求事項
●SQL文

設問(3)の要求事項
●索引の設計

設問(4)の要求事項
●表領域の設計

設問(5)の要求事項
●性能予測

解答

設問		解答例・解答の要点		
(1)	店舗	施設ID，内線番号		A2
	精算	なし		
(2)	a	年齢<12		B2
	b	年齢区分='2'	順不同	
	c	年齢 BETWEEN 12 AND 59		
	d	年齢>=60		
(3)	①	非ユニーク索引		C2
	②	同じ券番号の行が精算時にまとめて追加されるから		
(4)	ア	最大行長		D2
	イ	有効ページ長		
	ウ	平均行長		
	エ	見積行数		
	オ	ページ当たりの平均行数		
	カ	ページ長	順不同	
	キ	必要ページ数		
(5)	ク	必要ページ数		E2
	ケ	探索行数		
	コ	ページ当たりの平均行数		

問題文

〔RDBMSの主な仕様〕

(1) テーブル及び索引のストレージ上の物理的な格納場所を，表領域という。

(2) RDBMSとストレージ間の入出力単位を，ページという。同じページに異なるテーブルの行が格納されることはない。

(3) 索引は，ユニーク索引と非ユニーク索引に分けられる。

(4) 索引は，クラスタ性という性質によって，高クラスタな索引と低クラスタな索引に分けられる。

・高クラスタな索引：キー値の順番と，キーが指す行の物理的な並び順が一致しているか，完全に一致していなくても，隣接するキーが指す行が同じページに格納されている割合が高い。

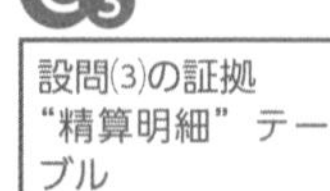

・低クラスタな索引：キー値の順番と，キーが指す行の物理的な並び順が一致している割合が低く，行へのアクセスがランダムになる。

(5) DMLのアクセスパスは，RDBMSによってテーブル及び索引に関する統計情報に基づいて索引探索又は表探索に決められる。ただし，次の場合は除く。

・WHERE句のANDだけで結ばれた等値比較の対象列がユニーク索引のキー列に一致している場合：統計情報にかかわらず，その索引の索引探索に決められる。

・統計情報からテーブルが空（0行）と判断した場合：表探索に決められる。

〔施設運営及び会員カードの概要〕

1．施設運営

(1) 営業時間帯は，9：00～24：00である。

(2) 各施設には，エステ，理容，食事処，売店など，一つ以上の店舗がある。

(3) 受付では，客が一人1枚ずつ入館券を購入し，入館券ごとに腕輪付きロッカー鍵（以下，鍵という）を一つ受け取り，帰るときに返却する。

(4) 客は，鍵のバーコードに記録されている鍵番号を店舗のレジに読み取らせることで，店舗の有料サービスを含む商品を利用できる。レジに記録されたデータは，客が精算するまでにシステムのデータベースに送られる。

設問(3)②の証拠

(5) 未精算の利用額は，退館時に複数台のいずれかの精算機で精算する。

(6) 同じ客が同じ日に，同じ施設を複数回，利用することができる。この場合，入館券を再度，購入する必要がある。

設問(1)の証拠

〔物理DB設計及び実装〕

2．主なテーブル構造及び主な列の意味と制約

主なテーブル構造を図1に，主な列の意味・制約を表1に示す。また，“会員”テーブルの年齢区分と年齢の組合せを限定する検査制約を，図2に示す。

施設（施設ID，施設名，住所，代表電話番号，…）
店舗（施設ID，店舗ID，店舗名，内線番号，…）
商品（商品ID，商品名，価格，ポイント数，商品説明，…）
会員（会員ID，氏名，性別，年齢区分，年齢，生年月日，住所，ポイント繰越数，…）
券（利用年月日，施設ID，券番号，入館時刻，年齢区分，入館料，会員ID）
鍵（施設ID，鍵番号，券番号，使用中フラグ）
店舗利用（利用時刻，施設ID，店舗ID，鍵番号，商品ID，利用額，ポイント数，
　　　　　未精算フラグ）
精算（利用年月日，施設ID，券番号，精算時刻，利用額合計，会員ID，ポイント消費数）
精算明細（利用年月日，利用時刻，施設ID，券番号，店舗ID，商品ID，利用額，ポイント数）

注記　年齢列のデータ型はSMALLINT型，商品説明列及び住所列はVARCHAR型である。

図1　主なテーブル構造（一部省略）

表1　主な列の意味・制約

列名	意味・制約
店舗ID	施設内の各店舗（エステ，理容，食事処，売店など）を識別する文字列
内線番号	各店舗に設置されている内線電話を施設内で識別する番号
商品ID	全店舗で提供される商品を識別する文字列
会員ID	会員を識別する文字列（会員カードの裏面にバーコードで刻印されている）
年齢区分	子供（12歳未満）：'1'，大人（12歳以上60歳未満）：'2'，シニア（60歳以上）：'3'
券番号	入館券を発行する都度，日ごと施設ごとに付与される1から始まる連番
鍵番号	施設内のロッカーを識別する番号。客の精算後，鍵は再利用される。
使用中フラグ	鍵が使用中の場合：'Y'，鍵が使用中でない場合：'N'
未清算フラグ	利用額が未精算の場合：'Y'，精算済みの場合：'N'

```
CHECK( ( 年齢区分 = '1' AND [   a   ] ) OR ( [   b   ] AND [   c   ] )
    OR ( 年齢区分 = '3' AND [   d   ] ) )
```

図2　年齢区分と年齢の組合せを限定する検査制約（未完成）

3．物理DB設計及び実装の作業工程表

Fさんが作成中の物理DB設計及び実装の作業工程表を，表2に示す。

A3
設問(1)の証拠
"店舗"テーブル

設問(3)の証拠
"店舗利用"テーブル

設問(1)の証拠
"精算"テーブル

設問(3)の証拠
"精算明細"テーブル

A3
設問(1)の証拠
内線番号

B3
設問(2)の証拠
年齢区分

C3
設問(3)②の証拠
鍵番号・券番号

B3
設問(2)の証拠

表２　物理DB設計及び実装の作業工程表（未完成）

作業順	作業ID	作業名	作業内容
1	W1	テーブル設計	テーブル名，列名，列データ型，主キー制約及び NOT NULL 制約を決めて，CREATE TABLE 文を設計する。
2	W2	追加制約設計	UNIQUE 制約，検査制約及び参照制約を決めて，これらの制約を追加する ALTER TABLE 文を設計する。
3	W3	アクセス権限設計	ユーザごと又はロールごとにテーブルのアクセス権限を決めて，GRANT 文を設計する。
4	W4	追加索引設計	DML のアクセスパスを想定し，性能向上のために追加索引を設計する。
5	W5	表領域設計	テーブル及び索引のストレージ所要量を見積もり，表領域をストレージに割り当てる設計を行う。
6	W6	DML 性能予測	DML の結果行数及び読込みページ数を机上で予測する。
7	W7	DDL など実行	表領域をストレージに割り当て，CREATE TABLE 文，ALTER TABLE 文及び GRANT 文を実行する。
8	W8	統計情報取得及びアクセスパス確認	テーブル及び索引に関する統計情報を取得し，DML のアクセスパスが想定どおりかどうか確認する。
9	W9	性能測定用データ設計・データ生成	性能測定用データを生成するための設計書を作成し，必要なプログラムの開発後に性能測定用データを生成する。[1]
10	W10	ロード実行	テーブルに性能測定用データをロードする。
11	W11	DML 性能測定	DML の性能を測定し，目標を達成するかどうか確認する。

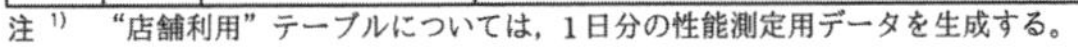
注[1]　“店舗利用”テーブルについては，1日分の性能測定用データを生成する。

設問(1)の証拠
作業W2

設問(4)の証拠
作業W5

設問(5)の証拠
作業W6

(1)　作業W4（追加索引設計）で，利用額の精算時に実行させるDMLの例を表３に，FさんがDML2及びDML3のために追加した索引を表４に示す。

表３　利用額の精算時に実行されるDMLの例

DML	DMLの構文
DML1	SELECT 券番号 FROM 鍵 WHERE 施設 ID = :施設 ID AND 鍵番号 = :鍵番号
DML2	INSERT INTO 精算明細(　　　) SELECT :利用年月日, 利用時刻, 施設 ID, :券番号, 店舗 ID, 商品 ID, 利用額, ポイント数 FROM 店舗利用 WHERE 施設 ID = :施設 ID AND 鍵番号 = :鍵番号 AND 未精算フラグ = 'Y'
DML3	SELECT 　　　 FROM 精算明細 WHERE 利用年月日 = :利用年月日 AND 施設 ID = :施設 ID AND 券番号 = :券番号

注記１　網掛け部分は表示していない。
注記２　ホスト変数の利用年月日には，当日の現在日付が設定される。

表４　DML2及びDML3のために追加した索引

索引	設計対象の DML	テーブル名	索引のキーの構成
索引 1	DML2	店舗利用	施設 ID，鍵番号，未精算フラグ
索引 2	DML3	精算明細	利用年月日，施設 ID，券番号

C3
設問(3)の証拠
索引1
索引2

(2)　作業W5（表領域設計）で，可変長列があるテーブルのストレージ所要量を見積もる計算の手順を，表５に示す。また，作業W6（DML

性能予測）で，DML性能の指標としてDMLのテーブルからの読込みページ数を，表５の見積結果を用いて予測する計算の手順を，表６に示す。

表５　可変長列があるテーブルのストレージ所要量を見積もる計算の手順（未完成）

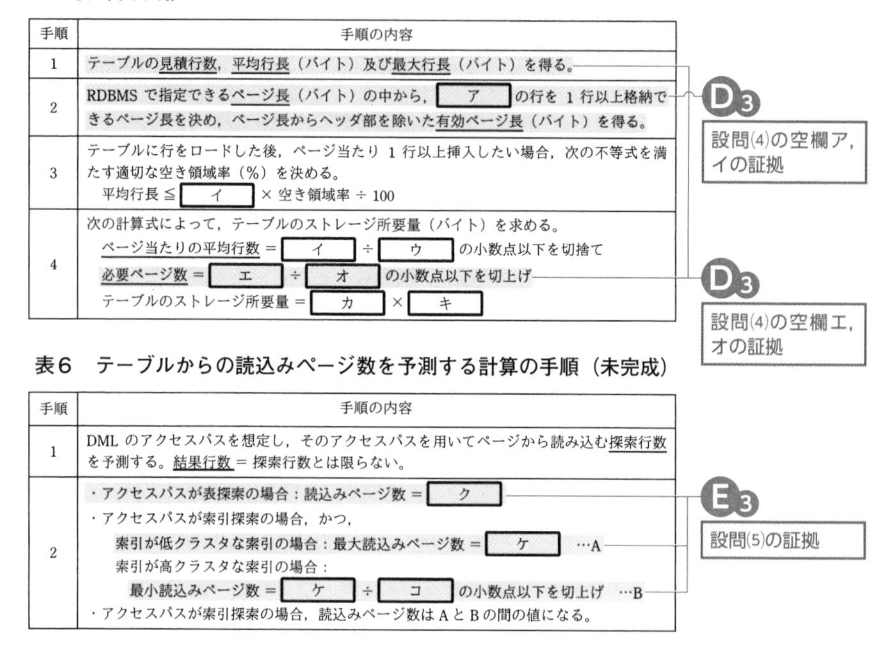

手順	手順の内容
1	テーブルの見積行数，平均行長（バイト）及び最大行長（バイト）を得る。
2	RDBMS で指定できるページ長（バイト）の中から，［ア］の行を 1 行以上格納できるページ長を決め，ページ長からヘッダ部を除いた有効ページ長（バイト）を得る。
3	テーブルに行をロードした後，ページ当たり 1 行以上挿入したい場合，次の不等式を満たす適切な空き領域率（%）を決める。 平均行長 ≦［イ］× 空き領域率 ÷ 100
4	次の計算式によって，テーブルのストレージ所要量（バイト）を求める。 ページ当たりの平均行数 =［イ］÷［ウ］の小数点以下を切捨て 必要ページ数 =［エ］÷［オ］の小数点以下を切上げ テーブルのストレージ所要量 =［カ］×［キ］

表６　テーブルからの読込みページ数を予測する計算の手順（未完成）

手順	手順の内容
1	DML のアクセスパスを想定し，そのアクセスパスを用いてページから読み込む探索行数を予測する。結果行数 = 探索行数とは限らない。
2	・アクセスパスが表探索の場合：読込みページ数 =［ク］ ・アクセスパスが索引探索の場合，かつ， 索引が低クラスタな索引の場合：最大読込みページ数 =［ケ］…A 索引が高クラスタな索引の場合： 最小読込みページ数 =［ケ］÷［コ］の小数点以下を切上げ …B ・アクセスパスが索引探索の場合，読込みページ数は A と B の間の値になる。

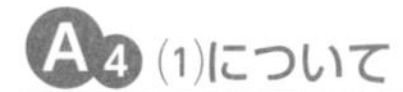

解説

A4 (1)について

“店舗”テーブルについて

図１より，“店舗”テーブルには，非キー列として内線番号列がある。表１では，内線番号列は，「各店舗に設置されている内線電話を施設内で識別する番号」と説明されている。つまり，施設（施設ID）ごとに内線番号は一意である必要があり，{施設ID，内線番号} の組合せでUNIQUE制約を定義する。よって，**施設ID，内線番号**が解答となる。

“精算”テーブルについて

図１より，“精算”テーブルには，精算時刻，利用額合計，ポイント消費数などの非キー列がある。これらの中には，特に一意でなければならない列はない。また，外部キーである会員ID列は，〔施設運営及び会員カードの概要〕1.施設運営(6)に，「同じ客が同じ日に，同じ施設を複数回，利用することができる。この場合，入館券を再度，購入する必要がある。」とあるため，券番号が異なるなら，会員IDで一意である必要はない。つまり，UNIQUE制約が必要な列はなく，**なし**が解答となる。

B 4 (2)について

空欄ａ，ｄについて

年齢区分と年齢の組合せを限定するのであるから，年齢区分＝' １'の時のAND条件は年齢区分＝' １'に対応する年齢となる。表１の年齢区分列の説明に，「子供（12歳未満）：' １'」とあるため，空欄aは，**年齢<12**となる。同様に，年齢区分＝' ３'の時のAND条件は年齢区分＝' ３'に対応する年齢となる。表１の年齢区分列の説明に，「シニア（60歳以上）：' ３'」とあるため，空欄dは，**年齢>=60**となる。

空欄ｂ，ｃについて

表１の年齢区分列の説明によると，年齢区分が' １'，' ３'以外の区分として，「大人（12歳以上60歳未満）：' ２'」とある。したがって，大人の条件として，年齢区分＝' ２'かつ年齢が12歳以上60歳未満であるという条件が必要である。範囲を表すSQLとして，（列名）BETWEEN（範囲の下限）AND（範囲の上限）という述語がある。よって，空欄bと空欄cは，**年齢区分='2'**，**年齢 BETWEEN 12 AND 59**となる。範囲を表すには「年齢>＝12 AND 年齢<＝60」も考えられる。しかし，これは，条件式（述語）を二つ並べたものであり，設問の「述語を一つ」という指示に合致しないため誤りである。

C 4 (3)について

①について

表４を見ると，索引１は，“店舗利用”テーブルに対する索引で，索引キーを構成する列は，施設ID，鍵番号，未精算フラグとなっている。図１の“店舗利用”テーブルのテーブル構造によると，施設IDと鍵番号は主キーの一部，未精算フラグは非キーであることが分かる。つまり，施設ID，鍵番号，未精算フラグの三つの列だけでは，“店舗利用”テーブルの行を一意に特定することができない。よって，索引１は，

非ユニーク索引に該当する。

②について

〔RDBMSの主な仕様〕(4)に，高クラスタな索引は，「キー値の順番と，キーが指す行の物理的な並び順が一致しているか，完全に一致していなくても，隣接するキーが指す行が同じページに格納されている割合が高い」と説明されている。

索引2は“精算明細”テーブルの索引で，索引キーを構成する列は，利用年月日，施設ID，券番号となっている。一方，“精算明細”テーブルの行が追加されるタイミングに注目すると，〔施設運営及び会員カードの概要〕1．施設運営(4)に「鍵番号を店舗のレジに読み取らせることで，店舗の有料サービスを含む商品を利用できる」，(5)に「退館時に複数台のいずれかの精算機で精算する」などが見つかる。これらから，鍵番号ごとに，店舗で購入した全ての有料サービスを含む商品の精算が退館時に行われることが分かる。表1を見ると，鍵番号は「施設内のロッカーを識別する番号。客の精算後，鍵は再利用される」，券番号は「入館券を発行する都度，日ごと施設ごとに付与される1から始まる連番」とあり，〔施設運営及び会員カードの概要〕(6)には「同じ客が同じ日に，同じ施設を複数回，利用することができる。この場合，入館券を再度，購入する必要がある」とある。つまり，“精算明細”テーブルには，同じ鍵番号つまりは同じ券番号の行が精算時にまとめて追加されることになる。これは，索引キーの値が同じ行が，物理的な並び順で近くに格納されることを示している。よって，高クラスタな理由は，**同じ券番号の行が精算時にまとめて追加されるから**となる。

D4 (4)について

空欄アについて

表5の手順2に「RDBMSで指定できるページ長（バイト）の中から，［ア］の行を1行以上格納できるページ長を決め」とある。これは，1ページに少なくとも1行は格納できるページ長を指定する，つまり，1行が収まりきらないページ長を指定してはいけないということである。したがって，最大行長を指定すればよい。よって，空欄アには**最大行長**が入る。

空欄イについて

表5の手順2に「ページ長からヘッダ部を除いた有効ページ長」とある。有効ページ長とは実際に行を格納できる大きさである。空き領域の大きさは，有効ページ長と空き領域率（%）を用いて，

有効ページ長×空き領域率÷100

で求めることができる。この空き領域の大きさが平均行長以上であれば，平均的な行が1行挿入できることとなる。よって，空欄イには**有効ページ長**が入る。

空欄ウについて

ページ当たりの平均行数は，平均行長を用いて，

有効ページ数÷平均行長

で求め，小数点以下を切り捨てる。よって，空欄ウには**平均行長**が入る。

空欄エ，オについて

テーブルを格納するのに必要となるページ数は，テーブルの行数と1ページに格納できる行数を用いて，

テーブルの行数÷1ページに格納できる行数

で求め，小数点以下を切り上げる。表5によると，テーブルの行数は見積行数，1ページに格納できる行数はページ当たりの平均行数となっている。よって，空欄エには**見積行数**，空欄オには**ページ当たりの平均行数**が入る。

空欄カ，キについて

テーブルのストレージ所要量は，行の格納領域以外の空き領域やヘッダ部なども含めたページ長を用いて，

ページ長×必要ページ数

で求める。よって，空欄カと空欄キには**ページ長**，**必要ページ数**が入る。

E4 (5)について

空欄クについて

表探索は，索引を用いないため，どのページに必要な行が格納されているかを索引で知ることができない。そのため，テーブルの全ての行を読み込んで必要な行を取得する。したがって，読込みページ数はテーブルの必要ページ数と同じになる。よって，空欄クには**必要ページ数**が入る。

空欄ケについて

索引を用いるので，低クラスタな索引の場合，どのページに必要な行が格納されているかは特定できるが，キー値の順番とキーが指す行の物理的な並び順が一致してい

る割合が低いため，探索する行が異なるページに格納されていることが多い。したがって，最悪の場合には，探索行数と同じ数だけ，ページを読み込む必要がある。よって，空欄ケには**探索行数**が入る。

空欄コについて

　高クラスタな索引の場合，キー値の順番とキーが指す行の物理的な並び順が一致している割合が高いため，探索する行が同じページに格納されていることが多い。したがって，最も少ない場合，

　　　探索行数÷ページ当たりの平均行数

で求め，小数点以下を切り上げたページ数となる。よって，空欄コには**ページ当たりの平均行数**が入る。

設問パターン⑥
SQL

SQLの重要知識

❏ SELECT文▶P.64

テーブルから参照したい行を抽出する命令である。

```
SELECT [DISTINCT]{<列名リスト>}
                  FROM {<テーブル名リスト>}
                  [WHERE {<抽出条件>}]
                  [GROUP BY {<集計列名リスト>}]
                  [HAVING {<集計結果の抽出条件>}]
                  [ORDER BY {<整列列名リスト>}]
```

社員番号	社員名	年齢
001	田中	40
002	鈴木	30
003	佐藤	25
004	福田	40
005	渡辺	55

▶社員テーブル

❏ 列名リスト

```
<列名>[,<列名>……] | *
```

テーブルから抽出する列名をカンマで区切って並べる。‘*’を指定した場合，全ての列を抽出することになる。列名だけでなく，集合関数や算術演算子で加工したもの，あるいは値や関数そのものを指定することもできる。

また，抽出結果に明示的に列名を付けることができる。集合関数や算術演算子を指定した場合のように列名がない場合だけでなく，列名がある場合でも別名を付けることができる。

第2部 午後対策 重要知識

```
{<列名>}[AS]{<別名>}
```

❏ テーブル名リスト

```
<テーブル名>[,<テーブル名>……]
```

行を抽出するテーブル名を指定する。複数のテーブル名を指定する，副問合せを指定することや，JOIN演算子による結合結果を指定することもできる。

❏ WHERE句▶P.65

指定されたテーブルから行を抽出する際の条件を指定する。

「社員」テーブルから，「社員番号が‘002’より大きく，年齢が30歳以上」という条件を満たす社員の「社員名」と「年齢」を抽出するSELECT文と結果は，次のようになる。

```
SELECT 社員名, 年齢 FROM 社員 WHERE 年齢 >= 30
                          AND 社員番号 > '002'
```

社員名	年齢
福田	40
渡辺	55

▶SQL文と結果表

❏ CASE式▶P.75

❏ NULLIF

```
NULLIF (<比較値>,<比較値>)
```

二つの〈比較値〉の値が同じであればNULLを返し，異なる場合は一つ目の〈比較値〉の値を返す。

```
CASE WHEN <比較値1> = <比較値2>
          THEN NULL
          ELSE <比較値1>
END
```

と同じである。

❑ COALESCE

```
COALESCE (<比較値>,<比較値>[,<比較値>……])
```

〈比較値〉の並びで，最初のNULLでない〈比較値〉の値を返す。全てがNULLの場合はNULLを返す。

❑ DISTINCT

重複行の削除を指示する。抽出される行に同一の行が複数存在する場合，一つだけを抽出する。DISTINCTが指定されていない場合，重複行は全て抽出される。

❑ 集合関数▶P.67

SELECT文の〈列名リスト〉に集合関数を指定し，表の行数や複数行の列値の平均や合計を求めることもできる。

「社員」テーブルから，「社員数（件数），年齢種類，最高年齢と最低年齢」を抽出するSELECT文と結果は，次のようになる。

```
SELECT COUNT(*) AS 件数,COUNT(DISTINCT 年齢) AS 年齢種類, MAX(年齢)
AS 最高年齢, MIN(年齢) AS 最低年齢 FROM 社員
```

件数	年齢種類	最高年齢	最低年齢
5	4	55	25

▶SQL文と結果表

❑ GROUP BY句▶P.68

❑ HAVING句

GROUP BY句によってグループ化されたグループごとの集計結果から抽出するグループを絞り込む。抽出条件を指定する点ではWHERE句と同じであるが，WHERE句の〈抽出条件〉には集合関数を使用できない。一方，HAVING句の〈集計結果の抽出条件〉には集合関数しか使用できない。

```
SELECT 年齢, COUNT(*) AS 件数 FROM 社員 GROUP BY 年齢
```

年齢	件数
25	1
30	1
40	2
55	1

```
SELECT 年齢, COUNT(*) FROM 社員   GROUP BY 年齢
                                  HAVING COUNT(*) > 1
```

年齢	COUNT (*)
40	2

▶SQL文と結果表

❏ ORDER BY句▶P.71

抽出する行を整列する。

```
SELECT * FROM 社員 ORDER BY 年齢 DESC,社員番号 ASC
```

ASC：なくてもよい

社員番号	社員名	年齢
005	渡辺	55
001	田中	40
004	福田	40
002	鈴木	30
003	佐藤	25

▶SQL文と結果表

❏ FROM句

〈テーブル名リスト〉に複数のテーブル名を指定した場合，列を参照する際には，どのテーブルの列かを明らかにするため「テーブル名.列名」と指定する。テーブル名を簡単にするために，テーブルに別名（相関名）を付けることができるが，その場合，テーブルは相関名でしか参照できない。

```
{<テーブル名>}[AS]{<相関名>}
```

FROM句に複数のテーブルを指定した場合，直積，等結合，自然結合とテーブル

は結合され，導出表が作成される。

T1

C11	C12
A	1
B	2
C	2

T2

C12	C22
1	X
2	Y

▶テーブルT1とテーブルT2

直積

〈テーブル名リスト〉で指定したテーブルのそれぞれの行で組合せを作って，全部の組合せと全部の列を抽出する。

```
SELECT * FROM T1, T2
```

T1.C11	T1.C12	T2.C12	T2.C22
A	1	1	X
B	2	1	X
C	2	1	X
A	1	2	Y
B	2	2	Y
C	2	2	Y

▶SQL文と結果表

等結合

直積から，WHERE句で指定した〈抽出条件〉を満たす行を抽出する。

```
SELECT * FROM T1, T2 WHERE T1.C12 = T2.C12
```

T1.C11	T1.C12	T2.C12	T2.C22
A	1	1	X
B	2	2	Y
C	2	2	Y

▶SQL文と結果表

■ 自然結合

等結合から列の重複を排除する。SELECT文の〈列名リスト〉には重複しない列名を指定する。

```
SELECT T1.C11, T1.C12, T2.C22    FROM T1, T2
                                 WHERE T1.C12 = T2.C12
```

T1.C11	T1.C12	T2.C22
A	1	X
B	2	Y
C	2	Y

▶SQL文と結果表

❑ JOIN演算子▶P.66

❑ USING句

テーブルの結合条件を指定する。〈列名リスト〉に指定する列名は，テーブルの結合に用いる列であり，〈テーブル1〉と〈テーブル2〉で同じ名称でなければならない。

```
{<テーブル1>} JOIN {<テーブル2>} USING ({<結合列名リスト>})
```

❑ ON句

テーブルの結合条件を指定する。USING句よりも一般的な結合条件を指定することができ，〈結合条件〉の指定方法はWHERE句の〈抽出条件〉の指定方法と同じである。

```
{<テーブル1>} JOIN {<テーブル2>} ON {<結合条件>}
```

❑ クロス結合

複数のテーブルの直積である仮想テーブルを作成する。作成された仮想テーブルの名称は〈テーブル1〉を引き継ぐ。

```
{<テーブル1>} CROSS JOIN {<テーブル2>}
```

```
SELECT * FROM T1 CROSS JOIN T2
SELECT * FROM T1, T2
```
この二つのSQL文は，同じ仮想テーブルを作成する。

▶SQL文

三つ以上のテーブルをクロス結合する場合には，CROSS JOIN演算子を複数記述すればよい。

```
SELECT * FROM T1 CROSS JOIN T2 CROSS JOIN T3
```

▶CROSS JOIN演算子を複数用いたSQL文

❏ 内部結合

結合条件を満たす行のみの仮想テーブルを作成する。

```
{<テーブル1>} JOIN {<テーブル2>}[USING ({<結合列名リスト>}) | ON {<結合条件>}]
```

T3

C11	C12
A	1
B	2
C	2
D	3

T4

C12	C22
1	X
2	Y
4	Z

▶テーブルT3とテーブルT4

```
SELECT C11, C12, C22 FROM T3 JOIN T4 USING (C12)
```

結合したテーブル（直積）からC12の値が同じである行のみを抽出した仮想的なテーブルが作成される。

C11	C12	C22
A	1	X
B	2	Y
C	2	Y

▶SQL文と結果表

❏ 左外部結合

```
{<テーブル1>} LEFT [OUTER] JOIN {<テーブル2>}
                    [USING {(<結合列名リスト>)} | ON {<結合条件>}]
```

〈テーブル１〉の全ての行に〈テーブル２〉の<結合条件>を満足する行の内容を含めた行を出力した仮想テーブルを作成する。〈テーブル２〉に〈結合条件〉を満足する行がない場合には，空値を設定する。

```
SELECT C11, C12, C22 FROM T3 LEFT OUTER JOIN T4 USING (C12)
```

T3に存在する全ての行が出力されることになる。その際，C22には，T4に結合条件を満足する行が存在する行には該当する値が，存在しない行には空値が設定される。

C11	C12	C22
A	1	X
B	2	Y
C	2	Y
D	3	NULL

▶SQL文と結果表

❏ 右外部結合

```
{<テーブル1>} RIGHT [OUTER] JOIN {<テーブル2>}
                    [USING {(<結合列名リスト>)} | ON {<結合条件>}]
```

〈テーブル2〉の全ての行に〈テーブル1〉の〈結合条件〉を満足する行の内容を含めた行を出力した仮想テーブルを作成する。〈テーブル1〉に〈結合条件〉を満足する行がない場合には，空値を設定する。

```
SELECT C11, C12, C22 FROM T3 RIGHT OUTER JOIN T4 USING (C12)
```

T4に存在する全ての行が出力されることになる。その際，C11には，T3に結合条件を満足する行が存在する行には該当する値が，存在しない行には空値が設定される。

C11	C12	C22
A	1	X
B	2	Y
C	2	Y
NULL	4	Z

▶SQL文と結果表

❏ 完全外部結合

```
{<テーブル1>} FULL [OUTER] JOIN {<テーブル2>}
                    [USING {(<結合列名リスト>)} | ON {<結合条件>}]
```

他方のテーブルに結合条件を満足する行が存在するかの有無にかかわらず，〈テーブル1〉と〈テーブル2〉の全ての行を出力した仮想テーブルを作成する。他方のテーブルに結合条件を満足する行がない場合には，空値を設定する。

```
SELECT C11, C12, C22 FROM T3 FULL OUTER JOIN T4 USING (C12)
```

T3とT4に存在する全ての行が出力されることになる。その際，C11とC22には，他方のテーブルに結合条件を満足する行が存在する行には該当する値が，存在しない行には空値が設定される。

C11	C12	C22
A	1	X
B	2	Y
C	2	Y
D	3	NULL
NULL	4	Z

▶SQL文と結果表

❏ 副問合せ▶P.72

❏ EXISTS句▶P.73

設問パターン別解き方トレーニング

… 「SQL」パターン …

学習ポイント

「SQL」パターンの設問は，問題文中にテーブル構造，SQL文，テーブルの列の説明などが示されており，SELECT（問合せ）文がとり上げられることがほとんどである。テーブルから列を抽出するときの抽出条件，集計単位，集計単位の抽出条件，抽出順，対象テーブルの結合方法とその条件をSQLでどのように実現するかを問うことが多い。どのような列を抽出したいのかが説明されており，それに従って，未完成のSELECT文を完成させることが要求される。

設問の主な要求事項

- SELECT文
- WHERE句
- 集合関数（COUNT，SUM，MAX，MINなど）
- GROUP BY句
- HAVING句
- ORDER BY句
- FROM句
- JOIN演算子（左外部結合，右外部結合）など
- 副問合せ
- EXISTS句

1 例題－H29午後Ⅰ問2設問1より

設問要求

〔分析機能の追加〕について，表2中の [a] ～ [e] に入れる適切な字句を答えよ。

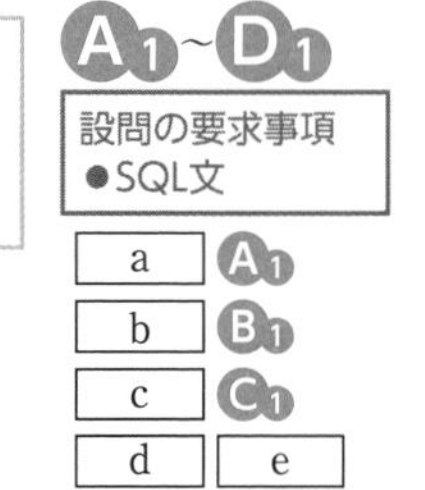

解答

設問		解答例・解答の要点	
	a	SUM(S.出庫数量)	A2
	b	LEFT OUTER JOIN	B2
	c	GROUP BY B.部品番号,S.出庫年月日	C2
	d	出庫便番号	D2
	e	NOT NULL	D2

問題文

〔在庫管理システムのテーブル〕

在庫管理システムの主なテーブル構造を，図１に示す。各テーブルには主索引が定義されている。

倉庫（倉庫コード，倉庫名）
組立工場（工場コード，工場名，所在地，隣接倉庫コード）
定期便（便番号，発送年月日，発送元倉庫コード，発送先倉庫コード）
部品（部品番号，部品名，部品単価）
在庫（倉庫コード，部品番号，倉庫内在庫数量，出庫対象在庫数量）
出庫（出庫番号，出庫年月日，出庫元倉庫コード，出庫先倉庫コード，出庫先工場コード，
部品番号，出庫数量，出庫便番号，処理状況）

設問の証拠
“在庫”テーブルと“出庫”テーブルの構造

図１　主なテーブル構造

〔在庫管理業務の概要〕

(1)　各地の生産拠点には，組立工場と，これに隣接する倉庫がそれぞれ一つ配置されている。

(2)　倉庫からの部品の出庫には，倉庫から隣接する組立工場に出庫する場合と，倉庫から他の生産拠点の倉庫に出庫する場合がある。

設問の証拠
出庫数量の対象

(3)　倉庫は，倉庫コードで一意に識別され，組立工場は，工場コードで一意に識別される。生産拠点を識別するコードは存在しない。

(4)　定期便は，倉庫間で部品を配送する便であり，便番号で一意に識別される。

設問の証拠
SQL1の説明

設問の証拠
SQL1の説明

D3

設問の証拠
SQL2の説明

〔分析機能の追加〕

適切な生産計画を立てるために，部品ごとに在庫数量，出庫数量の日別の推移状況を見たいという要望があり，そのための集計APを追加した。集計APで実行するSQLの一部を，表２に示す。SQL1は各部品の出庫年月日ごとの出庫数量を集計する。また，SQL1では，出庫が全くない部品も集計対象とする。SQL2は，各部品の倉庫間の出庫について，

出庫年月日，出庫元倉庫，出庫先倉庫ごとに出庫数量を集計する。

表2　集計APで実行するSQLの構文（未完成）

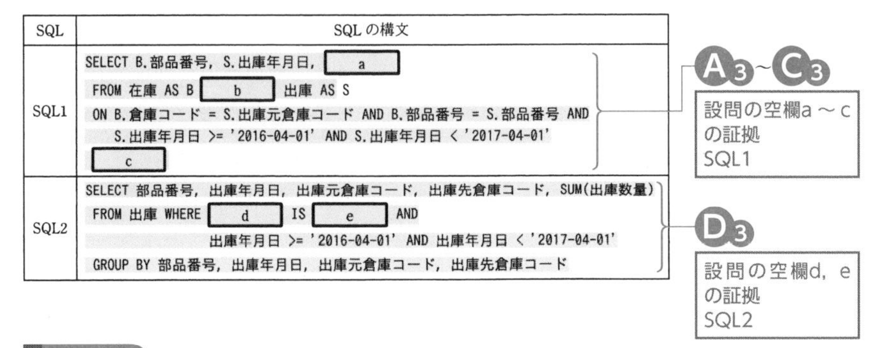

SQL	SQL の構文
SQL1	SELECT B.部品番号, S.出庫年月日, [a] FROM 在庫 AS B [b] 出庫 AS S ON B.倉庫コード = S.出庫元倉庫コード AND B.部品番号 = S.部品番号 AND S.出庫年月日 >= '2016-04-01' AND S.出庫年月日 < '2017-04-01' [c]
SQL2	SELECT 部品番号, 出庫年月日, 出庫元倉庫コード, 出庫先倉庫コード, SUM(出庫数量) FROM 出庫 WHERE [d] IS [e] AND 出庫年月日 >= '2016-04-01' AND 出庫年月日 < '2017-04-01' GROUP BY 部品番号, 出庫年月日, 出庫元倉庫コード, 出庫先倉庫コード

解説

A4 空欄aについて

〔分析機能の追加〕に「SQL1は各部品の出庫年月日ごとの出庫数量を集計する」とある。表2のSQL1のSELECT句には抽出項目として部品番号と出庫年月日はあるので，空欄aには部品ごと出庫年月日ごとに集計された出庫数量が入ることが分かる。図1を見ると，出庫数量は“出庫”テーブルに定義されているので，抽出項目としては，`SUM(出庫.出庫数量)`となる。ただし，FROM句で“出庫”テーブルには相関名（テーブルの別名）として「S」が付されている。よって，空欄aには，`SUM(S.出庫数量)`が入る。

B4 空欄bについて

〔分析機能の追加〕に「SQL1では，出庫が全くない部品も集計対象とする」とある。図1によると，“出庫”テーブルは出庫実績のある部品のみを管理している。したがって，出庫が全くない部品も集計対象にするには“在庫”テーブルも検索しなければならない。つまり，“在庫”テーブルにある全ての行に，“出庫”テーブルの結合条件（ON句）を満足する行の内容を含めて出力した仮想テーブルを作成し，その仮想テーブルを集計対象にする。SQL1では，全ての行を出力する“在庫”テーブルが“出庫”テーブルの左にある左外部結合となっている。よって，空欄bには，`LEFT OUTER JOIN`が入る。

第2部 午後対策 解き方トレーニング

C4 空欄cについて

〔分析機能の追加〕に「SQL1は各部品の出庫年月日ごとの出庫数量を集計する」とある。「各部品の出庫年月日ごとの出庫数量を集計する」には，部品ごと出庫年月日ごとにグループ化する必要がある。SELECT句の列名リストにはGROUP BY句で指定していない列名を指定できない。したがって，SELECT句の列名リストの「**B.部品番号,S.出庫年月日**」をGROUP BY句に用いる。よって，空欄cには，**GROUP BY B.部品番号,S.出庫年月日**が入る。

D4 空欄d，eについて

〔分析機能の追加〕に「SQL2は，各部品の倉庫間の出庫について，出庫年月日，出庫元倉庫，出庫先倉庫ごとに出庫数量を集計する」とある。「出庫年月日，出庫元倉庫，出庫先倉庫ごとに出庫数量を集計する」は，SELECT句やGROUP BY句に反映されている。そこで，「各部品の倉庫間の出庫」に注目して，WHERE句の抽出条件を検討する。

SQL2の検出対象は“出庫”テーブルである。図１の“出庫”テーブルを見ると，出庫先として，出庫先倉庫コード，出庫先工場コードがある。さらに，〔在庫管理業務の概要〕(2)に「倉庫からの部品の出庫には，倉庫から隣接する組立工場に出庫する場合と，倉庫から他の生産拠点の倉庫に出庫する場合がある」とあり，倉庫からの部品の出庫には２種類あることが分かる。つまり，出庫数量を集計する際には，「倉庫間の出庫」のみを抽出する必要がある。部品の倉庫間の出庫については，〔在庫管理業務の概要〕(4)に「定期便は，倉庫間で部品を配送する便であり，便番号で一意に識別される」とあることから，「倉庫間の出庫」には出庫便番号が設定されていることが分かる。つまり，「**出庫便番号 IS NOT NULL**」が，倉庫間の出庫を抽出する条件である。よって，空欄dには**出庫便番号**，空欄eには**NOT NULL**が入る。

2 例題－H26午後Ⅰ問3設問2より

設問要求

〔SQL文の設計〕について，(1)～(3)に答えよ。

(1) SQL2及びSQL3の実行結果をSQL1と同じにしたい。［ f ］，［ g ］に入れる適切な字句を，1語又は2語で答えよ。結果行の並び順は異なってよい。

(2) SQL4及びSQL5は，指定した注文について，注文されたセット商品を構成する単品商品の合計数を求めるSQL文である。SQL4及びSQL5の実行結果が同じになるように，［ h ］に入れる適切な字句を答えよ。

(3) SQL4及びSQL5のアクセスパスは，次に示すネストループ結合である。

① “注文明細”テーブルの主索引を用いて指定された注文番号の行を取り出し，商品番号を調べる。

② ①で調べた商品番号ごとに，案1では“商品”テーブル，案2では“セット商品”テーブルの主索引を用いてアクセスする。

③ “セット商品構成”テーブルの主索引を用いてアクセスする。

これらのアクセスパスでは，SQL4の方が，“セット商品構成”テーブルの主索引をアクセスする頻度が多かった。そのアクセス頻度を減らすために，SQL4のWHERE句にANDで追加すべき述語を一つ答えよ。

A1 B1

設問(1)の要求事項
●SQL1，SQL2，SQL3の実行結果

設問(2)の要求事項
●SQL4，SQL5の実行結果

設問(3)の要求事項
●SQL4のアクセス頻度を減らす方法

解 答

設問		解答例・解答の要点
(1)	f	LEFT OUTER　A2
	g	INNER　B2
(2)	h	M.注文数 ＊ K.構成数　C2
(3)		P.単品区分 ＝'N'　D2

問題文

〔受注管理システムの要求仕様〕

1．商品

(1) 商品は，単品商品と詰合せセット商品（以下，セット商品という）に区分する。商品には，一意な商品番号を付与する。

(2) セット商品には，一つの化粧箱に複数個の単品商品を詰め合わせたものと，複数種類の単品商品を詰め合わせたものがある。単品商品は，複数種類のセット商品に含まれる。セット商品を構成する単品商品ごとの数量（構成数）は，決まっている。

C3
設問(2)の証拠
セット商品と単品用品

2．注文

(1) 顧客は，1回の注文（以下，注文単位という）で，一つ以上の単品商品と一つ以上のセット商品を組み合わせて注文できる。注文単位には，注文全体で一意な注文番号を付与する。

設問(1)の証拠
SQL1の前提

(2) 顧客は，インターネットから商品一覧照会処理を呼び出し，商品番号，商品名，商品説明，写真，販売単価を商品一覧画面に表示させる。表示される順番は，商品全体で重複がないように，商品企画担当者が決めた表示順に基づく。

〔テーブルの設計〕

Fさんが設計した関係“商品”及び“在庫”の関係スキーマを，図1に示す。

商品（商品番号，商品名，商品説明，写真，販売単価，表示順）
　単品商品（商品番号，社内原価）
　セット商品（商品番号，化粧箱番号，詰合せ日数）
在庫（商品番号，引当可能数）
　単品商品在庫（商品番号，不足セット商品用引当済数）
　セット商品在庫（商品番号，不足セット商品数）

図1　関係“商品”及び“在庫”の関係スキーマ

Fさんは，関係“商品”のテーブルの設計に当たり，次の二つの案を考えた。

案1　サブタイプをスーパタイプに統合し，一つの“商品”テーブルとする。

案2　サブタイプ別に“単品商品”テーブル及び“セット商品”テーブルとする。

設問(1)の証拠

商品（<u>商品番号</u>，商品名，商品説明，写真，販売単価，表示順，単品区分，
社内原価，化粧箱番号，詰合せ日数）

図2　案1の“商品”テーブルの構造

設問(1)の空欄 f の証拠

単品商品（<u>商品番号</u>，商品名，商品説明，写真，販売単価，表示順，社内原価）
セット商品（<u>商品番号</u>，商品名，商品説明，写真，販売単価，表示順，
化粧箱番号，詰合せ日数）

設問(1)の空欄 g の証拠

図3　案2の“単品商品”テーブル及び“セット商品”テーブルの構造

設問(1)の空欄 f の証拠

セット商品構成（<u>セット商品番号</u>，<u>単品商品番号</u>，構成数）
在庫（<u>商品番号</u>，引当可能数，不足セット商品数，
不足セット商品用引当済数）
注文（<u>注文番号</u>，注文日，お届け予定日，住所，顧客名，電話番号，支払情報）
注文明細（<u>注文番号</u>，<u>注文明細番号</u>，商品番号，販売単価，注文数）

設問(1)の空欄 g の証拠

図4　両案に共通の主なテーブルの構造

表1　主な列の意味

列名	意味
単品区分	単品商品とセット商品を識別する区分値。区分値は，単品商品では‘Y’，セット商品では‘N’が設定される。
社内原価	単品商品の社内原価。セット商品の販売単価を決める際に必ず使用される。
化粧箱番号	セット商品に使用される化粧箱を一意に識別する番号。セット商品には必ず一つの化粧箱が使われ，同じ化粧箱番号が複数のセット商品で使用される。
詰合せ日数	単品商品をセット商品として化粧箱に詰め合わせるのに要する日数。未定の場合，NULL が設定される。
引当可能数	注文を受け付けたときに引き当て可能な数
不足セット商品数	当該行がセット商品の場合，注文を受け付けたときに引き当てられなかったセット商品の数
不足セット商品用引当済数	当該行が単品商品の場合，注文を受け付けたときに引き当てられなかったセット商品の詰合せのために引き当てた単品商品の数

設問(3)の証拠
SQL4の条件追加

〔SQL文の設計〕

Fさんが，案1と案2のそれぞれについて設計した主なSQL文を表4に示す。

表4　案１と案２について設計した主なSQL文（未完成）

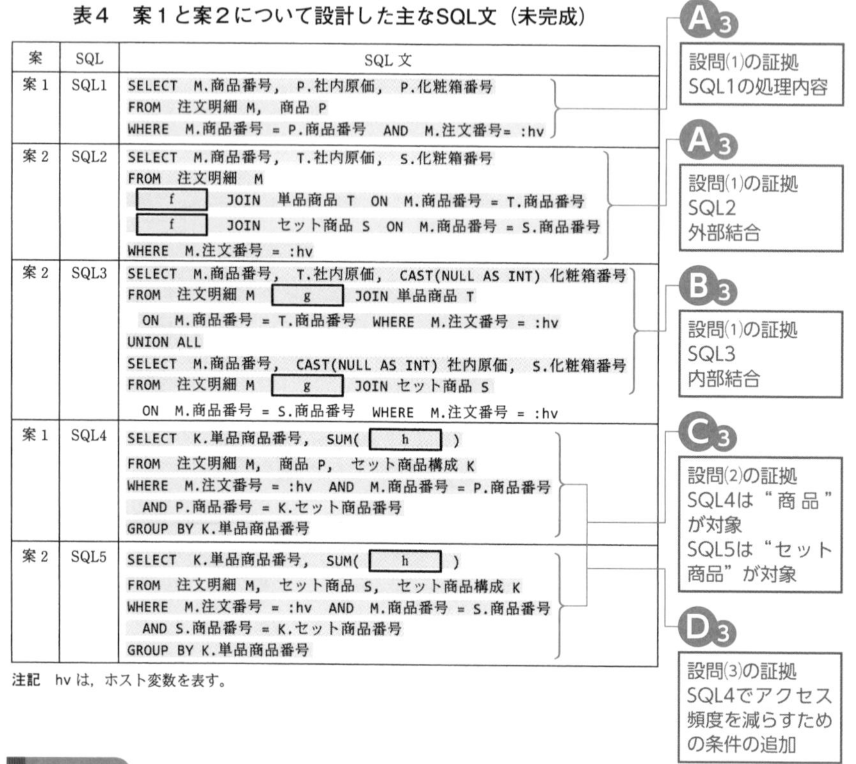

案	SQL	SQL 文
案 1	SQL1	SELECT　M.商品番号，　P.社内原価，　P.化粧箱番号 FROM　注文明細 M，　商品 P WHERE　M.商品番号 = P.商品番号　AND　M.注文番号= :hv
案 2	SQL2	SELECT　M.商品番号，　T.社内原価，　S.化粧箱番号 FROM　注文明細　M ［ f ］　JOIN　単品商品 T　ON　M.商品番号 = T.商品番号 ［ f ］　JOIN　セット商品 S　ON　M.商品番号 = S.商品番号 WHERE　M.注文番号 = :hv
案 2	SQL3	SELECT　M.商品番号，　T.社内原価，　CAST(NULL AS INT) 化粧箱番号 FROM　注文明細 M　［ g ］　JOIN 単品商品 T ON　M.商品番号 = T.商品番号　WHERE　M.注文番号 = :hv UNION ALL SELECT　M.商品番号，　CAST(NULL AS INT) 社内原価，　S.化粧箱番号 FROM　注文明細 M　［ g ］　JOIN セット商品 S ON　M.商品番号 = S.商品番号　WHERE　M.注文番号 = :hv
案 1	SQL4	SELECT　K.単品商品番号，　SUM(［ h ］) FROM　注文明細 M，　商品 P，　セット商品構成 K WHERE　M.注文番号 = :hv　AND　M.商品番号 = P.商品番号 AND P.商品番号 = K.セット商品番号 GROUP BY K.単品商品番号
案 2	SQL5	SELECT　K.単品商品番号，　SUM(［ h ］) FROM　注文明細 M，　セット商品 S，　セット商品構成 K WHERE　M.注文番号 = :hv　AND　M.商品番号 = S.商品番号 AND S.商品番号 = K.セット商品番号 GROUP BY K.単品商品番号

注記　hv は，ホスト変数を表す。

解説

(1)について

〔受注管理システムの要求仕様〕2．注文(1)に「顧客は，１回の注文（以下，注文単位という）で，一つ以上の単品商品と一つ以上のセット商品を組み合わせて注文できる。注文単位には，注文全体で一意な注文番号を付与する」とある。これを前提に解釈すると，SQL1は，ある注文番号（hv）で注文された全ての商品の商品番号，社内原価と化粧箱番号を，“注文明細”テーブルと“商品”テーブルから抽出するものである。

〔テーブルの設計〕に「Fさんは，関係“商品”のテーブルの設計に当たり，次の二つの案を考えた」とあり，案１では“商品”テーブルで全ての商品が管理されていること，案２では“単品商品”テーブルと“セット商品”テーブルに分けて商品が管理されていることに留意する。

A4 fについて

図4と図3を見てみる。“注文明細”テーブルには，主キー{注文番号，注文明細番号}のほかに，商品番号，販売単価と注文数しか格納されていない。そこで，SQL2では，“注文明細”テーブルの外部キーである商品番号を使用して，“注文明細”テーブルと社内原価を持つ“単品商品”テーブルと化粧箱番号を持つ“セット商品”テーブルを結合させた後，その結合表から注文番号がhvである行を抽出している。テーブルを結合させる際には，“注文明細”テーブルに存在しない商品番号を持つ“単品商品”テーブルや“セット商品”テーブルの行は出力される必要はないが，“注文明細”テーブルに存在する行は全て出力されている必要がある。よって，空欄fには，JOIN演算子の左側のテーブルが全出力される左外部結合を表す`LEFT OUTER`が入る。

B4 gについて

SQL3では，二つのSELECT文をUNION ALL演算子で結合している。この場合，二つのSELECT文の抽出項目は同じ個数かつ同じデータ型でなくてはならないため，CAST関数を用いてそれぞれに存在しない化粧箱番号と社内単価にNULLをINT型に変換して格納している。また，二つのSELECT文の結果に同じ内容の行があってもそのまま出力される。

一つ目のSELECT文は，“注文明細”テーブルの外部キーである商品番号を使用して，“注文明細”テーブルと“単品商品”テーブルを結合させた後，その結合表から注文番号がhvである行を抽出している。これは，注文番号がhvの単品商品の注文だけを抽出するものである。したがって，“注文明細”テーブルと“単品商品”テーブルを結合させる際には，“注文明細”テーブルと“単品商品”テーブルのどちらにも商品番号が存在する行が出力されている必要がある。同様に，二つ目のSELECT文は，注文明細”テーブルの外部キーである商品番号を使用して，“注文明細”テーブルと“セット商品”テーブルを結合させた後，その結合表から注文番号がhvである行を抽出している。これは，注文番号がhvのセット商品の注文だけを抽出しようとするものである。したがって，“注文明細”テーブルと“セット商品”テーブルを結合させる際には，“注文明細”テーブルと“セット商品”テーブルのどちらにも商品番号が存在する行が出力されている必要がある。よって，空欄gには，内部結合を表す`INNER`が入る。なお，`INNER`は省略可能であるが，設問に「1語又は2語で答えよ」とあるため省略はできない。

C4 (2)について

〔受注管理システムの要求仕様〕1．商品(2)に「単品商品は，複数種類のセット商品に含まれる。セット商品を構成する単品商品ごとの数量（構成数）は，決まっている」とある。「指定した注文について，注文されたセット商品を構成する単品商品の合計数」を求めるには，指定した注文（M.注文番号 ＝ ：hv）に含まれる全ての商品（M.商品番号 ＝ P.商品番号）のうち，セット商品を抽出（P.商品番号 ＝ K.セット商品番号）し，そのセット商品を構成するそれぞれの単品商品の構成数（K.構成数）に注文数（M.注文数）を乗じて，単品商品ごとに合計（GROUP BY K.単品商品番号）すればよい。よって，空欄hは**M.注文数 ＊ K.構成数**となる。

D4 (3)について

SQL5はセット商品だけを管理する“セット商品”テーブルを問合せ対象にしているが，SQL4は単品商品を含む全ての商品を管理する“商品”テーブルを問合せ対象にしている。そのため，「SQL4の方が“セット商品構成”テーブルの主索引をアクセスする頻度が多かった」のである。したがって，SQL4のWEHERE句にセット商品だけを対象とする条件を追加すればよい。セット商品と単品商品を識別する列を探すと，表1に「単品商品とセット商品を識別する区分値。区分値は，単品商品では‘Y’，セット商品では‘N’が設定される」列として「単品区分」が見つかる。この単品区分を用いてセット商品だけを対象とする条件を追加する。よって，WHERE句にANDで追加する述語は，**P.単品区分 ='N'** となる。

設問パターン⑦
排他制御

排他制御の重要知識

❏ 同時実行制御▶P.110

❏ 直列可能性▶P.110

❏ タスクの実行スケジュール判定

トランザクションの直列可能性を判定する方法の一つである。次のようなトランザクションT1とトランザクションT2のスケジュールがあるとする。

- T1：L1(x) U1(x) L1(y) U1(y)
- T2：L2(x) U2(x) L2(y) U2(y)

Li(x)：トランザクションTiによる資源xのロック
Ui(x)：トランザクションTiによる資源xのアンロック

このスケジュールを図に示すと次図のようになる。T1がxにロックをかけているとき，T2はxにロックをかけられないので，その箇所を網掛けにする。T1とT2がそれぞれロックをかける様子を，網掛け（同時実行禁止）部分を迂回して，O（入口）からP（出口）に向かって線を引いて表す。

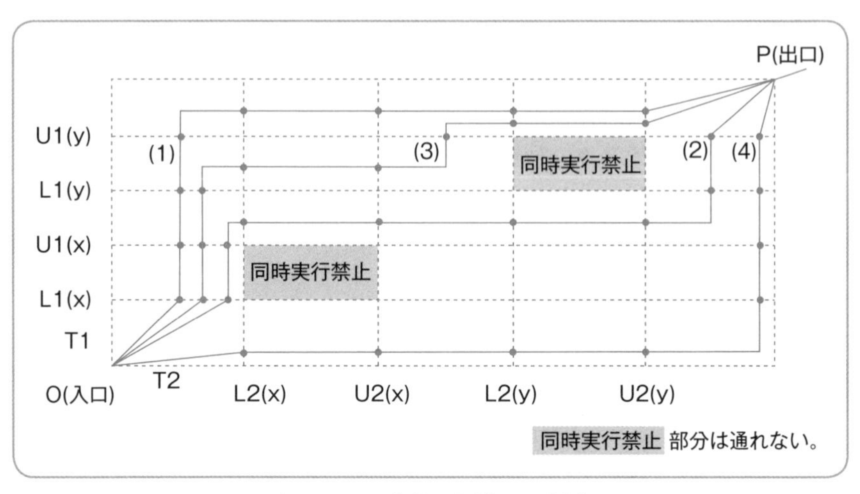

▶タスクの実行スケジュール(1)

図中の(1)～(4)は，実行可能な実行順序の組合せとなる。この四つの実行順序を整理すると次表のようになり，(1)(3)(4)は直列可能，(2)は直列可能でないことが分かる。

▶タスクの実行スケジュール(2)

		Li（ ），Ui（ ）の実行順序								タスクの実行順序
直列可能	直列可能でない	1	2	3	4	5	6	7	8	
(1)		L1(x)	U1(x)	L1(y)	U1(y)	L2(x)	U2(x)	L2(y)	U2(y)	T1→T2
	(2)	L1(x)	U1(x)	L2(x)	U2(x)	L2(y)	U2(y)	L1(y)	U1(y)	T1→T2→T1
(3)		L1(x)	U1(x)	L1(y)	L2(x)	U2(x)	U1(y)	L2(y)	U2(y)	T1→T2→T1→T2
(4)		L2(x)	U2(x)	L2(y)	U2(y)	L1(x)	U1(x)	L1(y)	U1(y)	T2→T1

(3)の実行順序は，直列可能であるかどうかを考えてみる。ロックとアンロックの入替えが可能なのは実行結果に影響しない場合，つまりともに読込みだけである場合か，ロック対象の資源が重複しない場合である。(3)では網掛け部分で資源は重複していないため，L2（x）→U2（x）→U1（y）となっているロックとアンロックをU1（y）→L2（x）→U2（x）に入れ替えることができる。この結果，タスクの実行順序がT1→T2→T1→T2からT1→T2に変わり，直列可能である。

(2)は，ロック対象の資源が重複しないロックとアンロックの順を入れ替えても，実行順序をT1→T2→T1からT1→T2やT2→T1には変えることができないので，直列可能でない。

❏ 直列可能性判定グラフ

トランザクションの直列可能性を判定する方法の一つである。トランザクションがロックを行う操作に従って，接点から次の接点に向かって線を引いたグラフが直列可能性判定グラフである。この直列可能性判定グラフが閉路になる場合，このトランザクションは直列可能でないことになる。

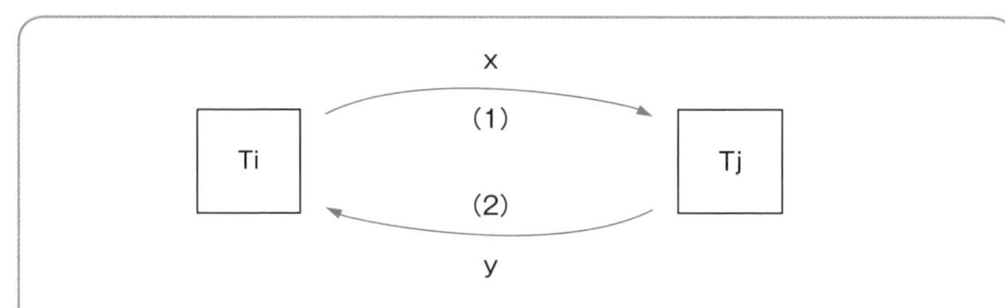

(1) TiからTjに線 x を引く
　トランザクションTiが x をアンロックした後にTjによって x がロックされる。

(2) TjからTiに線 y を引く
　トランザクションTjが y をアンロックした後にTiによって y がロックされる。

(1)，(2) の結果，閉路になる場合は直列可能でない。

▶直列可能性判定グラフ

▶タスクの実行スケジュール(2)

		Li ( )，Ui ( ) の実行順序								タスクの実行順序
直列可能	直列可能でない	1	2	3	4	5	6	7	8	
(1)		L1(x)	U1(x)	L1(y)	U1(y)	L2(x)	U2(x)	L2(y)	U2(y)	T1→T2
	(2)	L1(x)	U1(x)	L2(x)	U2(x)	L2(y)	U2(y)	L1(y)	U1(y)	T1→T2→T1
(3)		L1(x)	U1(x)	L1(y)	L2(x)	U2(x)	U1(y)	L2(y)	U2(y)	T1→T2→T1→T2
(4)		L2(x)	U2(x)	L2(y)	U2(y)	L1(x)	U1(x)	L1(y)	U1(y)	T2→T1

表の実行順序(2)を例にとると，次図のように網掛け部分が直列可能性判定グラフで閉路となり，(2)は直列可能でないことが分かる。

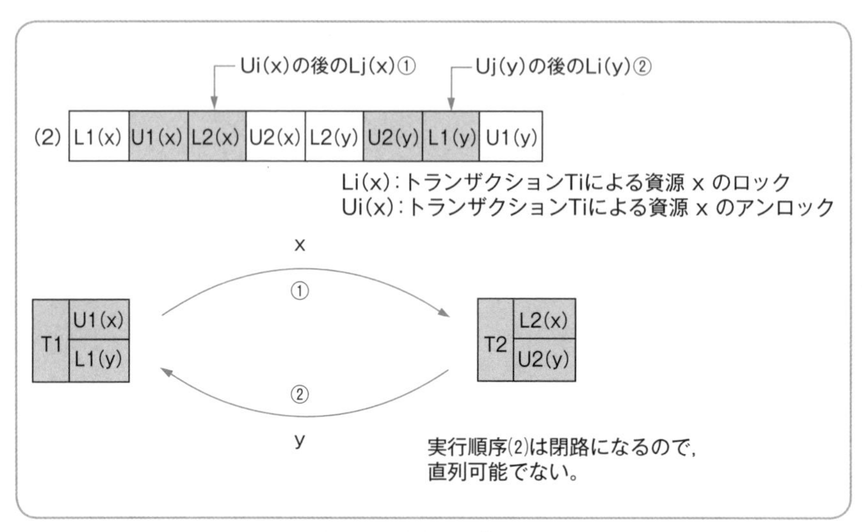

▶直列可能性判定グラフの例

❏ ロストアップデート

複数のトランザクションが並列実行されると，正しい結果が得られない状態が発生する。この状態のうち，あるトランザクションの実行結果が失われてしまう状態をロストアップデートという。

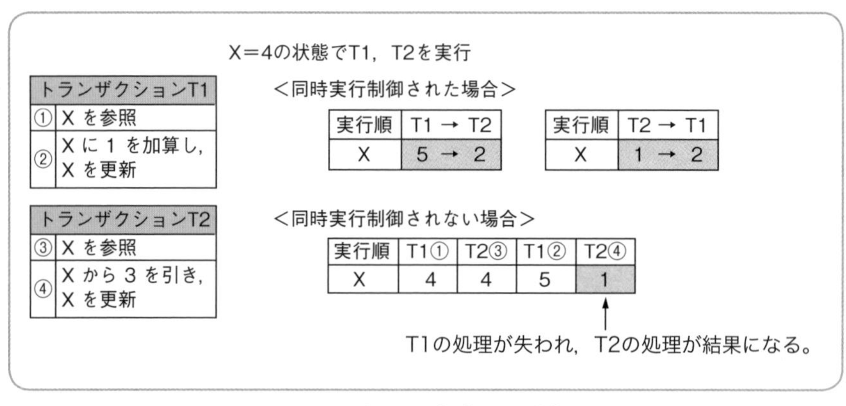

▶ロストアップデートの例

❏ 排他制御

複数のトランザクションを並列実行する際には，実行結果が正しく反映されるように資源に対してロックをかけ，同時実行制御を行う。ロックによる同時実行制御を排他制御といい，ロックをかける資源を排他資源という。

❏ ロックの粒度

ロックをかける排他資源の大きさである。ロックの粒度には，データベース，テーブル，ページ，レコードなどがある。ロックの粒度を大きくすると待ち時間が長くなって処理効率が下がる。ロックの粒度を小さくすると，処理効率が上がる反面，ロックを管理するためのオーバーヘッドが増大する。

❏ 共有ロックと専有ロック▶P.112

❏ 2相ロック方式▶P.113

❏ 木制約

ロック法の一つである。データに対して順序付けを行い，その順序に従ってロックをかけて同時実行制御を行う。木制約は，直列可能性を保証するだけでなくデッドロックが起こらないことも保証する。

- 親から子に向ってデータに順序を付けた有向木を作る。
- 最初のロックは木の任意の節に対してかけられる。
- 次にロックをかけることが可能な節はロックをかけた節の子に対してだけである。
- ロックの解除は任意の時点で可能である。

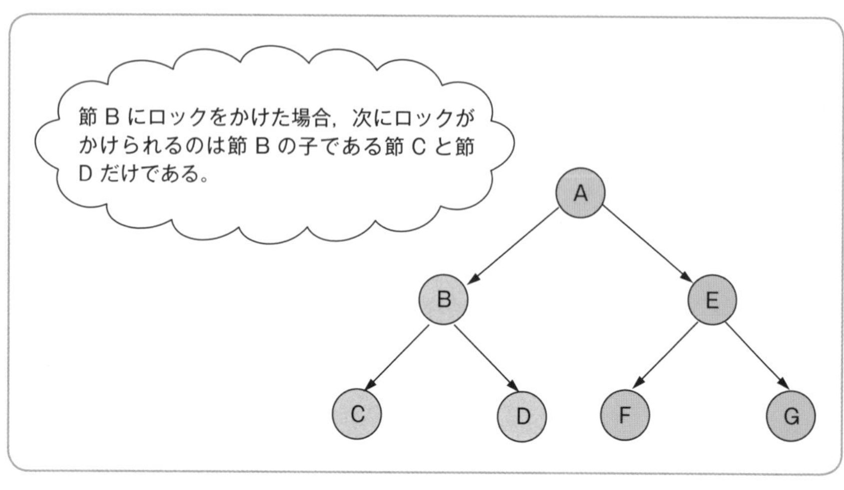

▶木制約

設問パターン別解き方トレーニング

…「排他制御」パターン…

学習ポイント

「排他制御」パターンの設問は，問題文中にテーブル構造，ISOLATIONレベル，SQL文などが示されており，同時実行されたトランザクションのロックの掛け方，デッドロックの発生，デッドロックの回避についての解答を要求することがほとんどである。また，同時実行されたトランザクションの実行結果の不正を問うこともある。

設問の主な要求事項

- トランザクションのACID特性
- ロックの順番
- ロックの粒度
- ISOLATIONレベル
- デッドロック
- ダーティリード，アンリピータブルリード，ファントムリード

1 例題－H29午後Ⅰ問2設問2より

設問要求

〔在庫引当APの改修〕について，(1)～(3)に答えよ。

(1) 図2の改修前の在庫引当APが，REPEATABLE READで複数同時に実行されるとデッドロックが発生するおそれがある。どのような場合にデッドロックが発生するか，AP間のSQLの実行状況を，図2中の丸数字を用いて60字以内で述べよ。

設問(1)の要求事項
●デッドロックの原因

(2) 図2の改修前の在庫引当APが，READ COMMITTEDで同じ倉庫の同じ部品に対して複数同時に実行されると，在庫数量が不正になるおそれがある。在庫数量が不正になるAPの実行状況を図5に示す。不正になるのは，AP2の①～④の各SQLが，t2，t4，t6，t8のどの時間帯で実行された場合か，該当する時間帯に①～④を記入せよ。ここで，一つの時間帯に複数のSQLを実行できる。

設問(2)の要求事項
●在庫数量の不正の原因と状態

　また，この状況が発生した場合の，在庫数量が不正とは具体的にどのような状態か，30字以内で述べよ。

	t1	t2	t3	t4	t5	t6	t7	t8
AP1	①		②		③		④	
AP2								

注記　AP1：先行しているAP
　　　AP2：問題を引き起こすAP（未記入）
　　　t1～t8：時間帯を示す記号。t1からt8の向きに時間が流れる。
　　　①～④：図2中のSQLを示す丸数字

図5　在庫数量が不正になるAPの実行状況

(3) 図3中の［　f　］に入れる適切な字句を答えよ。

設問(3)の要求事項
●SQL文

解答

<table>
<tr><th>設問</th><th colspan="2">解答例・解答の要点</th></tr>
<tr><td>(1)</td><td colspan="2">“在庫”テーブルの同じ行に対して，先行するAPの①と②の間で，後続のAPの①が実行された場合</td></tr>
<tr><td rowspan="2">(2)</td><td>実行状況</td><td>
<table>
<tr><td>t2</td><td>t4</td><td>t6</td><td>t8</td></tr>
<tr><td>①</td><td></td><td></td><td>②③④</td></tr>
</table>
又は
<table>
<tr><td>t2</td><td>t4</td><td>t6</td><td>t8</td></tr>
<tr><td>①②③④</td><td></td><td></td><td></td></tr>
</table>
</td></tr>
<tr><td>状態</td><td>出庫対象在庫数量が倉庫内在庫数量を超える。</td></tr>
<tr><td>(3)</td><td>f</td><td>CURRENT</td></tr>
</table>

A2 B2 C2

問題文

〔在庫管理システムのテーブル〕

在庫管理システムの主なテーブル構造を，図１に示す。各テーブルには主索引が定義されている。

倉庫（倉庫コード，倉庫名）
組立工場（工場コード，工場名，所在地，隣接倉庫コード）
定期便（便番号，発送年月日，発送元倉庫コード，発送先倉庫コード）
部品（部品番号，部品名，部品単価）
在庫（倉庫コード，部品番号，倉庫内在庫数量，出庫対象在庫数量）
出庫（出庫番号，出庫年月日，出庫元倉庫コード，出庫先倉庫コード，出庫先工場コード，部品番号，出庫数量，出庫便番号，処理状況）

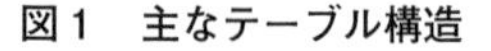
図１　主なテーブル構造

A3
設問(1)の証拠
“在庫”の主キー

〔在庫管理業務の概要〕

(8) 在庫引当とは，出庫要求に応じて倉庫内の在庫を引き当てることである。在庫引当APは，毎日の業務中に定期的に実行され，その時点で登録されている出庫要求を処理する。指定された倉庫コード，部品番号，出庫数量の出庫が可能かどうかをチェックし，出庫可能であれば出庫対象在庫数量を更新する。在庫引当が完了したら処理状況は‘引当実施’に更新される。

設問(2)の証拠
在庫引当

〔RDBMSの排他制御〕

(1) 在庫管理システムのRDBMSで選択できるトランザクションのISOLATIONレベルとその排他制御は，表１のとおりである。

ロックは行単位で掛ける。共有ロックが掛かっている間，他のトランザクションからの対象行の参照は可能であり，更新は共有ロックの解放待ちとなる。専有ロックが掛かっている間，他のトランザクションからの対象行の参照，更新は専有ロックの解放待ちとなる。

設問(1)(2)の証拠
ロックの説明

表１　トランザクションのISOLATIONレベルとその排他制御

ISOLATION レベル	排他制御
READ COMMITTED	データ参照時に共有ロックを掛け，参照終了時に解放する。 データ更新時に専有ロックを掛け，トランザクション終了時に解放する。
REPEATABLE READ	データ参照時に共有ロックを掛け，トランザクション終了時に解放する。 データ更新時に専有ロックを掛け，トランザクション終了時に解放する。

B3
設問(2)の証拠
READ
COMMITED

設問(1)の証拠
REPEATABLE
READ

(2) 索引を使わずに，テーブルスキャンで全ての行に順次アクセスする場合，検索条件に合致するか否かにかかわらず全行がロック対象となる。索引スキャンの場合，索引から読み込んだ行だけがロック対象となる。

〔在庫引当APの改修〕

在庫管理システムでは，トランザクションのISOLATIONレベルをREPEATABLE READとして設計，運用していた。システムの改修に当たり，在庫引当APのトランザクションのISOLATIONレベルをREAD COMMITTEDに変更することにした。ISOLATIONレベルの変更で問題が発生しないように在庫引当APを改修した。

改修前の在庫引当APは図２，改修後の在庫引当APは図３のとおりである。これらのAPの実行に先立って，"出庫"テーブルの処理状況が‘要求発生’の行を抽出し，出庫先倉庫ごとに分割したファイルを作成する。それぞれのファイルのレコードは，出庫番号順に記録されている。作成したファイルを入力として，在庫引当APを並列実行している。在庫引当APは，入力ファイルのレコードごとに繰り返し実行される。

なお，図２，３中のホスト変数hv0は出庫番号，hv1は出庫元倉庫コード，hv2は部品番号，hv3は出庫数量を表す。hv4とhv5は，検索結果を返す出力ホスト変数を表す。

A3
設問(1)の証拠
トランザクションの処理

```
入力ファイルから hv0, hv1, hv2, hv3 の値を設定する。
① SELECT 倉庫内在庫数量, 出庫対象在庫数量  INTO :hv4, :hv5 FROM 在庫
     WHERE 倉庫コード = :hv1 AND 部品番号 = :hv2
hv4 - hv5 と hv3 を比較し，出庫が可能な場合だけ以降を実行する。
② UPDATE 在庫 SET 出庫対象在庫数量 = 出庫対象在庫数量 + :hv3
     WHERE 倉庫コード = :hv1 AND 部品番号 = :hv2
③ UPDATE 出庫 SET 処理状況 = '引当実施' WHERE 出庫番号 = :hv0
④ COMMIT
```

図２　REPEATABLE READで実行していた改修前の在庫引当AP

B3
設問(2)の証拠
トランザクションの処理

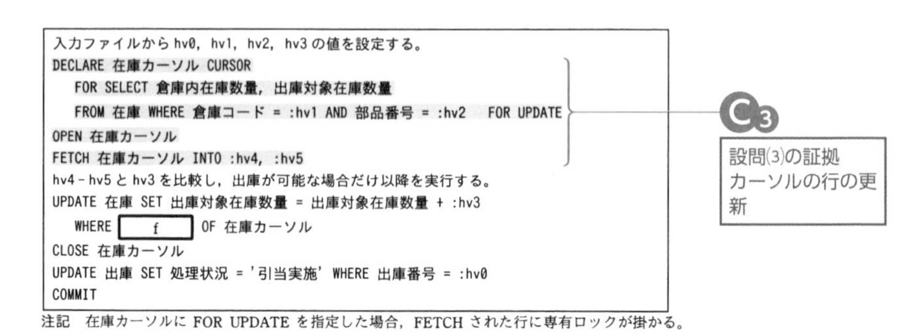

```
入力ファイルから hv0, hv1, hv2, hv3 の値を設定する。
DECLARE 在庫カーソル CURSOR
   FOR SELECT 倉庫内在庫数量, 出庫対象在庫数量
   FROM 在庫 WHERE 倉庫コード = :hv1 AND 部品番号 = :hv2   FOR UPDATE
OPEN 在庫カーソル
FETCH 在庫カーソル INTO :hv4, :hv5
hv4 - hv5 と hv3 を比較し，出庫が可能な場合だけ以降を実行する。
UPDATE 在庫 SET 出庫対象在庫数量 = 出庫対象在庫数量 + :hv3
   WHERE [    f    ] OF 在庫カーソル
CLOSE 在庫カーソル
UPDATE 出庫 SET 処理状況 = '引当実施' WHERE 出庫番号 = :hv0
COMMIT
```


注記　在庫カーソルに FOR UPDATE を指定した場合，FETCH された行に専有ロックが掛かる。

図３　READ COMMITTEDで実行する改修後の在庫引当AP（未完成）

解説

A4 (1)について

ISOLATIONレベル（分離レベル）がREPEATABLE READの排他制御については，表１に「データ参照時に共有ロックを掛け，トランザクション終了時に解放する」「データ更新時に専有ロックを掛け，トランザクション終了時に解放する」とある。共有ロックと専有ロックについては，〔RDBMSの排他制御〕(1)に「共有ロックが掛かっている間，他のトランザクションからの対象行の参照は可能であり，更新はロックの解放待ちとなる」「専有ロックが掛かっている間，他のトランザクションからの対象行の参照，更新は専有ロックの解放待ちとなる」とある。これらを前提に図２を見る。

〔RDBMSの排他制御〕(1)に「更新は共有ロックの解放待ちとなる」とあるように，REPEATABLE READの場合，“在庫”テーブルのある行に対して，あるトランザクションが①の検索時に共有ロックをかけて解放しないため，他のトランザクションは検索のための共有ロックをかけることはできても，②の更新のための専有ロックはかけられない。つまり，同じ行に対して，二つのトランザクションが①の検索でほぼ同時に共有ロックをかけてしまうと解除しないため，②の更新の際には他方のロックの解除を待つことになり，デッドロックが発生してしまうことになる。

同じ倉庫の同じ部品（同じ行）に対して“在庫”テーブルに在庫引当APが二つ同時に実行された場合を考える。先行する在庫引当APをAP1，後続の在庫引当APをAP2とする。AP1の①を実行した後，AP2の①を実行し，続いてAP1の②，AP2の②を実行した時にどのように排他制御が行われるかを検討する。

　i　AP1は，対象行に共有ロックを掛け，①を実行する。

ⅱ　対象行はAP1がロックを掛けているが共有ロックなので，AP2も対象行に共有ロックを掛け①を実行する。

ⅲ　AP1が②を実行しようとすると，対象行はAP2によって共有ロックが掛かっているため，AP1の②はAP2のロックの解放待ちとなる。

ⅳ　AP2は②を実行しようとすると，対象行がAP1によって共有ロックが掛かっているため，AP2の②はAP1のロックの解放待ちとなる。

これらより，AP1①→AP2①→（AP1②，AP2②）と実行したときに，AP1とAP2が互いに対象行のロックの解放待ちとなり，デッドロックが発生する。よって，デッドロックが発生するのは，**“在庫”テーブルの同じ行に対して，先行するAPの①と②の間で，後続のAPの①が実行された場合**となる。

B4 (2)について

ISOLATIONレベルがREAD COMMITTEDの排他制御については，表１に「データ参照時に共有ロックを掛け，参照終了時に解放する」「データ更新時に専有ロックを掛け，トランザクション終了時に解放する」とある。共有ロックと専有ロックについては，〔RDBMSの排他制御〕(1)に「共有ロックが掛かっている間，他のトランザクションからの対象行の参照は可能であり，更新はロックの解放待ちとなる」「専有ロックが掛かっている間，他のトランザクションからの対象行の参照，更新は専有ロックの解放待ちとなる」とある。これらを前提に図２を見る。

“在庫”テーブルの対象行は，①の実行中は共有ロックが掛けられており，他のトランザクションは参照はできるが更新はできない。そして，①の実行後にはロックが解放され，他のトランザクションは参照も更新もできる。②の実行時に専有ロックが掛けられ，④でロックが解放されるまで，他のトランザクションは対象行に対して参照も更新もできない。これらから，在庫引当APは①の実行と②〜④の実行の間に，別の在庫引当APの①の実行や②〜④の実行が行われる可能性があることが分かる。

在庫引当APは，①で検索した対象行の倉庫内在庫数量と出庫対象在庫数量をもとに，出庫が可能な場合に，その行の出庫対象在庫数量を②で更新し，④で確定している。二つの在庫引当APが同時に実行された場合，後続の在庫引当APの出庫が可能であるかの判定は，先行する在庫引当APが更新した出庫対象在庫数量をもとに行われる必要がある。つまり，先行する在庫引当APの①の実行と②〜④の実行の間に，別の在庫引当APの①の実行や①〜④の実行を行った場合，出庫対象在庫数量の正しい更新処理ができないことになる。よって，在庫数量が不正になるのは，**t2でAP2の①〜④が実行された場合とt2でAP2の①が実行されt8でAP2の②〜④が実行された**

場合となる。

〔在庫管理業務の概要〕(8)に「指定された倉庫コード，部品番号，出庫数量の出庫が可能かどうかをチェックし，出庫可能であれば出庫対象在庫数量を更新する」とある。出庫対象在庫数量の更新処理が正しくできないと，（倉庫内在庫数量－出庫対象在庫数量≧出庫数量）という条件を満たさないのに，出庫要求に対して在庫引当処理をしてしまい，実際の出庫対象在庫数量が倉庫内在庫数量を超えてしまう状況が生じる。よって，在庫数量が不正になる具体的な状態は，**出庫対象在庫数量が倉庫内在庫数量を超える**となる。

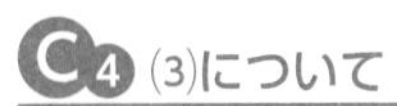 (3)について

空欄 f について

図３は，カーソルを使用している。カーソルは，条件を満たす複数行を一括アクセスしたものから１行ずつ取り出す仕組みに用いられる。DECLARE CURSOR文でカーソルを定義し，FETCH文でそのカーソルの行を取り出し，WHERE CURRENT OF文でカーソルの行を更新する。図３は在庫カーソルで取り出した行が，（倉庫内在庫数量－出庫対象在庫数量≧出庫数量）を満たす場合に引当処理をして，在庫カーソルのある行の出庫対象在庫数量を更新している。よって，空欄fには，CURRENTが入る。

2 例題－H26午後Ⅰ問3設問3より

設問要求

〔注文トランザクションの設計〕について，(1)，(2)に答えよ。

(1) 次のTR1～TR4のうち，いずれか二つの組合せのトランザクションを同時に実行したとき，デッドロックが起きるおそれがある。次の表中の［ウ］～［カ］に，デッドロックが起きない組合せには○を，起きるおそれがある組合せには×を記入せよ。

TR1：単品商品2個を注文する。
TR2：単品商品1個とセット商品1個を注文する。
TR3：セット商品1個を注文する。
TR4：セット商品2個を注文する。

	TR1	TR2	TR3	TR4
TR1	○	［ウ］	［エ］	×
TR2		×	×	×
TR3			［オ］	［カ］
TR4				×

(2) (1)で起きるおそれがあるとしたデッドロックを防ぐためには，一つのトランザクションの中で“在庫”テーブルの行をどの列の順番で更新すればよいか。列名を答えよ。

設問(1)の要求事項
●デッドロックが起きないトランザクションの組合せ

設問(2)の要求事項
●デッドロックを起こさない更新順

解 答

設問	解答例・解答の要点	
(1)	ウ	×
	エ	×
	オ	○
	カ	×
(2)	商品番号	

A2　B2

問題文

健康食品をインターネット販売しているE社は，受注管理システムを開発することになり，Fさんがデータベースの設計を任された。

〔受注管理システムの要求仕様〕

2．注文

(1) 顧客は，1回の注文（以下，注文単位という）で，一つ以上の単品商品と一つ以上のセット商品を組み合わせて注文できる。注文単位には，注文全体で一意な注文番号を付与する。

(2) 顧客は，インターネットから商品一覧照会処理を呼び出し，商品番号，商品名，商品説明，写真，販売単価を商品一覧画面に表示させる。表示される順番は，商品全体で重複がないように，商品企画担当者が決めた表示順に基づく。

(3) 顧客は，表示画面から全ての購入希望の商品を検索して商品ごとの注文数を入力した後，注文処理を呼び出す。

(4) 注文処理は，顧客が注文した商品を在庫から引き当て，注文番号，注文日，商品番号，商品名，販売単価，注文数，注文額合計及びお届け予定日の日付（注文日の3日後）を確認画面に表示する。セット商品が不足した場合，そのセット商品に必要な数の単品商品を在庫から引き当てる。確認画面のお届け予定日には，通常のお届け予定日に単品商品を化粧箱に詰め合わせるのに必要な日数を加える。単品商品が不足することはない。

設問(1)の証拠
商品が不足した場合

(5) 顧客は，注文内容を確認し，商品の送付先住所，顧客名，連絡先電話番号及び支払に必要な情報を入力し，注文を確定する。

〔テーブルの設計〕

Fさんが設計した関係“商品”及び“在庫”の関係スキーマを，図1に示す。

商品（商品番号，商品名，商品説明，写真，販売単価，表示順）
　単品商品（商品番号，社内原価）
　セット商品（商品番号，化粧箱番号，詰合せ日数）
在庫（商品番号，引当可能数）
　単品商品在庫（商品番号，不足セット商品用引当済数）
　セット商品在庫（商品番号，不足セット商品数）

設問(1)の証拠
デッドロックの発生が考えられるのは“在庫”テーブル

図1　関係“商品”及び“在庫”の関係スキーマ

〔注文トランザクションの設計〕

Fさんは，注文トランザクションについて，次のように設計した。

(1) 注文単位を一つのトランザクションで処理し，最後にCOMMIT文を発行する。

設問(1)の証拠
トランザクションのISOLATIONレベル

(2) 注文に基づいて，“注文”テーブル及び“注文明細”テーブルに行を挿入する。

(3) 商品については，商品一覧画面に表示された順番に“在庫”テーブルの引当可能数を調べ，引当可能ならば注文数を減算した値で引当可能数を更新する。

(4) セット商品が在庫不足のとき，“在庫”テーブルの不足セット商品数に不足数を加算する。“セット商品構成”テーブルから，主キー順に当該セット商品を構成する単品商品の構成数を調べ，必要数を計算する。単品商品については，“在庫”テーブルの引当可能数には必要数を減算した値で，不足セット商品用引当済数には必要数を加算した値で更新する。

設問(1)の証拠

(5) トランザクションのISOLATIONレベルは，READ COMMITTEDとする。

設問(1)の証拠
トランザクションのISOLATIONレベル

解説

A4 (1)について

デッドロックに関係する記述は，〔注文トランザクションの設計〕(5)に「トランザクションのISOLATIONレベルは，READ COMMITTEDとする」がある。READ COMMITTEDとは，コミットされた資源だけを読むことができるという，トランザクションの隔離レベルである。さらに，(1)に「注文単位を一つのトランザクションで処理し，最後にCOMMIT文を発行する」とある。これらは，注文単位に発生するトランザクションが更新する全てのデータは，そのトランザクションが最後にコミットするまで，他のトランザクションは読むことができないということを意味する。

次に，〔受注管理システムの要求仕様〕 2．注文(4)の「セット商品が不足した場合，そのセット商品に必要な数の単品商品を在庫から引き当てる」「単品商品が不足することはない」に留意して，〔注文トランザクションの設計〕(2)～(4)をまとめると，次のようになる。

・デッドロックの発生が考えられるテーブルは“在庫”テーブル

注文トランザクションで使用するテーブルは，“注文”テーブル，“注文明細”テーブル，“在庫”テーブル，“セット商品構成”テーブルである。“注文”テーブル，“注文明細”テーブルは挿入するだけで，“セット商品構成”テーブルは参照するだけである。したがって，デッドロックが発生する可能性があるのは，更新処理のある“在庫”テーブルである。

・注文が単品商品で，注文数が引当可能数以下である場合
　“在庫”テーブルを読んで，引当可能数から注文数を減算して更新する。

・注文が単品商品で，注文数が引当可能数よりも多い場合
　単品商品が不足することはないので，あり得ない。

・注文がセット商品で，注文数が引当可能数以下である場合
　“在庫”テーブルを読んで，引当可能数から注文数を減算して更新する。

・注文がセット商品で，注文数が引当可能数よりも多い場合
　“在庫”テーブルを読んで，不足セット商品数に不足数を加算して更新する。“セット商品構成”テーブルから，セット商品を構成する単品商品の構成数を調べ必要数を求める。“在庫”テーブルを読んで，その単品商品の引当可能数から必要数を減算，不足セット商品引当済に必要数を加算して更新する。この処理を，セット商品を構成する全ての単品商品に対して行う。つまり，セット商品は異なる単品商品を複数注文した場合と同じような処理になる。ただし，⑷に「“セット商品構成”テーブルから，主キー順に当該セット商品を構成する単品商品の構成数を調べ，必要数を計算する」とあり，“セット商品構成”テーブルの該当するセット商品番号の単品商品番号順に構成数を取得して必要数を計算していることが分かる。したがって，セット商品の在庫不足による単品商品の更新は，商品番号順に行われることに注意が必要である。

空欄ウについて

TR1の単品商品２個をT002とT001とする。TR2の単品商品１個をT001，セット商品１個をS002（T002＋T003＋T004）とする。TR1とTR2が同時に実行されると，次のような順番で“在庫”テーブルの単品商品への更新が発生する可能性がある。

　　TR1　T002→T001→コミット
　　TR2　T001→S002［T002→T003→T004］→コミット

この場合，TR1はTR2がT001を解放するのを待ち，TR2はTR1がT002を解放するのを待ち，デッドロックが発生してしまう。よって，空欄ウは×となる。

空欄エについて

TR1の単品商品２個をT002とT001とする。TR3のセット商品１個をS001（T001＋T002＋T003）とする。TR1とTR2が同時に実行されると，次のような順番で“在庫”テーブルの単品商品への更新が発生する可能性がある。

TR1　T002→T001→コミット

TR2　S001［T001→T002→T003］→コミット

この場合，TR1はTR2がT001を解放するのを待ち，TR2はTR1がT002を解放するのを待ち，デッドロックが発生してしまう。よって，空欄エは×となる。

空欄オについて

TR3のセット商品1個S001（T001＋T002＋T003）を，もう一方のTR3のセット商品1個をS002（T002＋T003＋T004）とする。TR1とTR2が同時に実行されると，次のような順番で“在庫”テーブルの単品商品への更新が発生する可能性がある。

TR1　S001［T001→T002→T003］→コミット

TR2　S002［T002→T003→T004］→コミット

この場合，待ち時間は発生するが，デッドロックは発生しない。よって，空欄オは○となる。

空欄カについて

TR3のセット商品1個S003（T003＋T004＋T005），TR4のセット商品2個をS005（T005＋T006＋T007）とS001（T001＋T002＋T003）とする。TR1とTR2が同時に実行されると，次のような順番で“在庫”テーブルの単品商品への更新が発生する可能性がある。

TR1　S003［T003→T004→T005］→コミット

TR2　S005［T005→T006→T007］→S001［T001→T002→T003］
　　　→コミット

この場合，TR1はTR2がT005を解放するのを待ち，TR2はTR1がT003を解放するのを待ち，デッドロックが発生してしまう。よって，空欄カは×となる。

B4 (2)について

空欄オのトランザクションの組合せでデッドロックが発生しないのは，“在庫”テーブルの更新を商品番号順に行っているからである。よって，**商品番号**の順番で更新すればよい。

デッドロックの発生を抑えるには，資源にロックをかける順序をトランザクションで統一しておくことが有効である。

設問パターン⑧

障害対策

障害対策の重要知識

❏ トランザクション障害▶P.115

❏ システム障害▶P.116

❏ 媒体障害▶P.115

❏ バックアップコピー▶P.114

❏ ログファイル▶P.114

❏ チェックポイント▶P.115

❏ トランザクション障害の復旧

トランザクション障害では，異常終了したトランザクションの全ての実行結果を取り消し（ロールバック処理），データベースをトランザクション開始前の状態に戻す。その後，トランザクションを再実行する。トランザクション障害の復旧には，バックアップコピーやチェックポイントレコードは不要である。

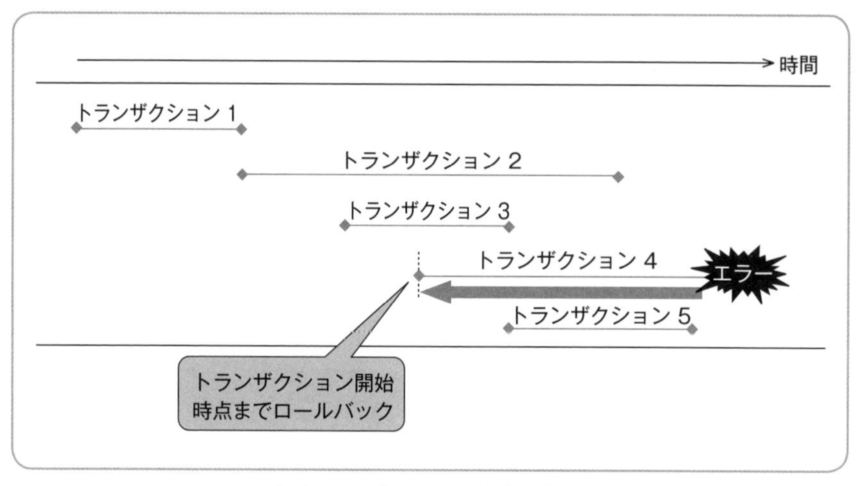

▶トランザクション障害の復旧

❏ システム障害の復旧

システム障害の最も単純な復旧方法は，バックアップコピーをロードした後，ログファイルの内容を反映させる方法である。この方法は復旧時間がかかるため，DBMSではログファイルに書き出されたチェックポイントレコードを利用して復旧時間を短縮している。

❏ ロールバック処理

ログファイルの更新前ログを用いて，トランザクションの実行結果をデータベースから取り消す処理である。現時点のデータベースに，更新前の状態を逆方向に上書きしていき，ある時点のデータベースに戻す。

❏ ロールフォワード処理

ログファイルの更新後ログを用いて，トランザクションの実行結果をデータベースに反映する処理である。ある時点のデータベースに，更新後の状態を順方向に上書きしていき，現時点のデータベースに戻す。

❏ redoリストとundoリスト

redo（再実行）とは「過去の更新を再度行う」，undo（不実行）とは「更新を取り消す」ことである。redoには，データの修復作業を行うための更新履歴を記録したredoリストが必要となる。一方，undoには，データの更新情報の取消作業を行うために更新前データを記録したundoリストが必要となる。

❏ トランザクション指向のチェックポイントの場合のシステム障害からの復旧

トランザクション指向のチェックポイントは，トランザクションが実行されていないときに，メモリ上の入出力バッファのデータを補助記憶装置に書き出す。したがって，チェックポイントの処理中に実行されているトランザクションはない。

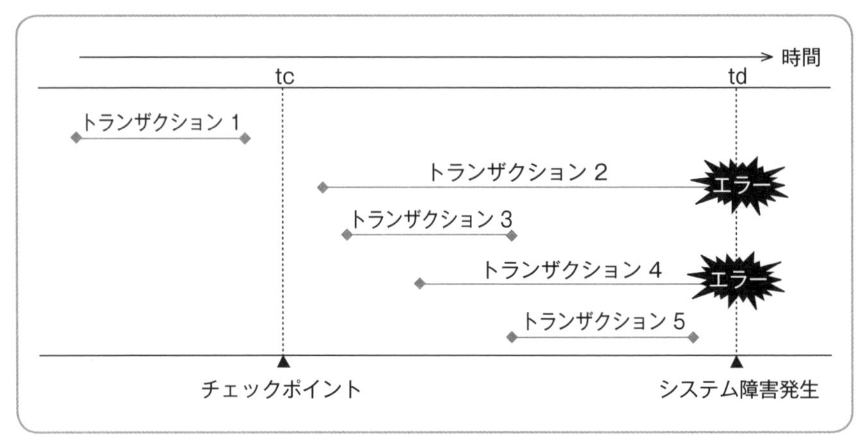

▶システム障害の例１

- トランザクション１…チェックポイントより前に完了したトランザクションであり，その実行結果はチェックポイントの処理によって補助記憶装置上のデータベースに完全に反映されている。したがって，復旧処理は必要ない。
- トランザクション２，４…チェックポイントの後に開始され，実行中にシステム障害が発生したトランザクションである。チェックポイントまでさかのぼりながら，ロールバック処理する。
- トランザクション３，５…チェックポイントの後に開始され，システム障害発生時には完了しているトランザクションである。チェックポイントまでさかのぼりながら，ロールバック処理する。その後，ロールフォワード処理する。

図のようなタイミングでシステム障害が発生した場合の復旧は次のような手順になる。

①トランザクションのロールバック処理とロールフォワード処理をするために，空のundoリストとredoリストを用意する。
②チェックポイントからシステム障害発生時までログファイルを順方向に読み，演算の種類が「開始（begin)」となっているレコードを見つけたら，該当するトランザクションをundoリストに追加する。→トランザクション２，３，４，５がundoリストに載る。
③チェックポイントからシステム障害発生時までログファイルを順方向に読み，演算の種類が「終了（commit)」となっているレコードを見つけたら，該当するトランザクションをredoリストに追加する。→トランザクション３，５がredoリストに載る。
④システム障害発生時からログファイルを逆方向に読み，undoリストに載っているトランザクションをロールバック処理する。→トランザクション２，３，４，５が取り消される。
⑤システム障害発生時までログファイルを順方向に読み，redoリストに載っているトランザクションをロールフォワード処理する。→トランザクション３，５が復旧される。

以上の手順によって，トランザクションの原子性が保証される。

❏ 演算指向のチェックポイントの場合のシステム障害からの復旧

演算指向のチェックポイントは，データ操作がされていないときに，メモリ上の入出力バッファのデータを補助記憶装置に書き出す。したがって，チェックポイントの処理中に実行されているトランザクションが存在する可能性がある。

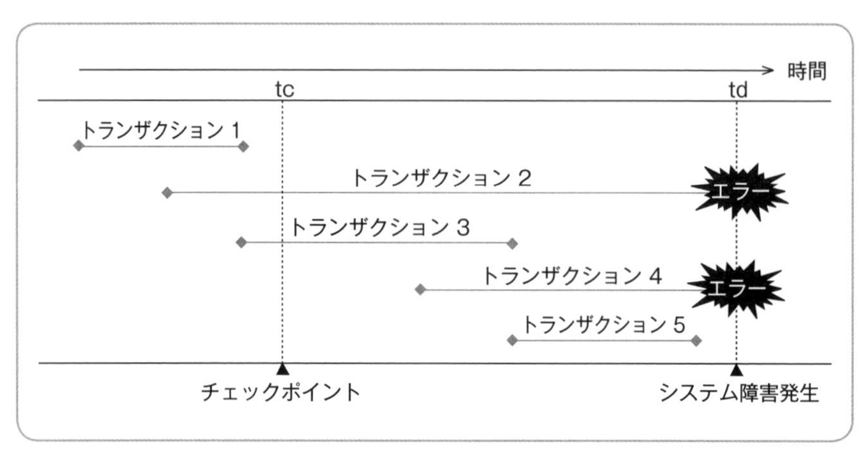

▶システム障害の例２

- トランザクション１…チェックポイントより前に完了したトランザクションであり，その実行結果はチェックポイントの処理によって補助記憶装置上のデータベースに完全に反映されている。したがって，復旧処理は必要ない。
- トランザクション２…チェックポイントの前に開始され，チェックポイントを通過し，実行中にシステム障害が発生したトランザクションである。チェックポイントまで，さらにチェックポイントからさかのぼって，ロールバック処理する。
- トランザクション３…チェックポイントの前に開始され，チェックポイントを通過し，システム障害発生時には完了しているトランザクションである。チェックポイントまで，さらにチェックポイントからさかのぼって，ロールバック処理する。その後，ロールフォワード処理する。
- トランザクション４…チェックポイントの後に開始され，実行中にシステム障害が発生したトランザクションである。チェックポイントまでさかのぼりながら，ロールバック処理する。
- トランザクション５…チェックポイントの後に開始され，システム障害発生時には完了しているトランザクションである。チェックポイントまでさかのぼりながら，ロールバック処理する。その後，ロールフォワード処理する。

図のようなタイミングでシステム障害が発生した場合の復旧は次のような手順になる。

①トランザクションのロールバック処理とロールフォワード処理をするために，空のundoリストとredoリストを用意する。
②チェックポイントからシステム障害発生時までログファイルを順方向に読み，演算の種類が「開始（begin）」となっているレコードを見つけたら，該当するトランザクションをundoリストに追加する。チェックポイントで実行中のトランザクションもundoリストに追加する。→トランザクション２，３，４，５がundoリストに載る。
③チェックポイントからシステム障害発生時までログファイルを順方向に読み，演算の種類が「正常終了（commit）」となっているレコードを見つけたら，該当するトランザクションをredoリストに追加する。→トランザクション３，５がredoリストに載る。
④システム障害発生時からログファイルを逆方向に読み，undoリストのトランザクションをロールバック処理する。→トランザクション２，３，４，５が取り消される。
⑤システム障害発生時までログファイルを順方向に読み，redoリストのトランザクションをロールフォワード処理する。→トランザクション３，５が復旧される。

❏ 媒体障害の復旧

媒体障害の復旧は，次のような手順で，別の補助記憶装置にデータベースを再度作成することによって行う。

①障害が発生した補助記憶装置とは異なる補助記憶装置にバックアップコピーをロードする。
②バックアップコピー取得時から媒体障害発生時までのロールフォワード処理を実行する。

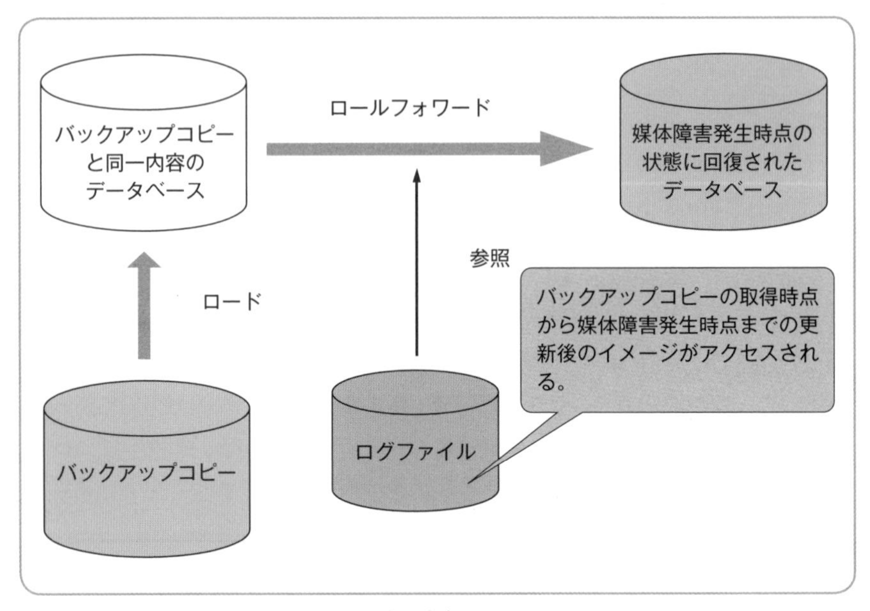

▶媒体障害の復旧

設問パターン別解き方トレーニング

…「障害対策」パターン…

学習ポイント

「障害対策」パターンの設問は，問題文中に業務内容の説明，使用するテーブルの処理タイミングなどが示されている。これらから，バックアップコピーを取得すべきテーブル，バックアップコピーの取得方法，バックアップコピーの容量と取得タイミング，復旧方法が問われることが多い。

設問の主な要求事項

- トランザクション障害の復旧方法
- システム障害の復旧方法
- 媒体障害の復旧方法
- ログファイル
- バックアップコピー
- チェックポイント
- REDOとUNDO
- ロールバック処理とロールフォワード処理

1 例題－H28午後Ⅰ問2設問1より

設問要求

受発注在庫管理システムのバックアップ及び回復について，(1)，(2)に答えよ。

(1) 図1中の各契機でのテーブル単位のバックアップについて，次の表でバックアップを取得するものに“○”を記入せよ。

なお，バックアップを取得しないものは，空欄のままとすること。

テーブル名／契機	マスタ更新登録	商品	仕入先	販売先	受注	出荷指図	出荷	在庫	発注対象データ	需要予測	日別販売実績	月別販売実績	分析用データ
T1													
T2													
T3													
T4													
T5													

設問(1)の要求事項
● バックアップの取得

(2) 図1で実行中のバッチプログラムがテーブルにアクセスしたとき，ディスク障害を検知して異常終了する場合がある。障害を検知したバッチプログラム名，ディスク障害の影響を受けたテーブル名，及びディスク復旧後の回復手順を，次の表にまとめた。表中の［ a ］～［ f ］に入れる適切な字句を答えよ。

F1 ～ G1

設問(2)の要求事項
● 障害の検知と回復手順

障害を検知したバッチプログラム名	ディスク障害の影響を受けたテーブル名	ディスク復旧後の回復手順
出荷計上	在庫	①バックアップを用いて“出荷”テーブルと“在庫”テーブルを復元し，バッチプログラム“出荷計上”を再実行する。 ②バッチプログラム“受注明細書送信”を継続する。
販売実績日次集計	出荷	①バックアップを用いて“出荷”テーブルを復元した後，［ a ］によってバッチプログラム“出荷計上”終了時の状態に回復する。 ②バックアップを用いて“日別販売実績”テーブルを復元し，バッチプログラム“販売実績日次集計”を再実行する。 ③バッチプログラム“受注明細書送信”を継続する。
マスタ更新反映	商品	①バックアップを用いて“［ b ］”テーブル，“［ c ］”テーブル及び“［ d ］”テーブルを復元し，バッチプログラム“マスタ更新反映”を［ e ］する。 ②バッチプログラム“分析用データ作成”を［ f ］する。

F1

設問(2)の空欄aの要求事項
● 販売実績日集計の実行中の異常終了

G1

設問(2)の空欄b～fの要求事項
● マスタ更新反映の実行中の異常終了

解答

設問	解答例・解答の要点
(1)	（下表）

契機＼テーブル名	マスタ更新登録	商品	仕入先	販売先	受注	出荷指図	出荷	在庫	発注対象データ	需要予測	日別販売実績	月別販売実績	分析用データ	
T1	○				○	○	○	○						A 2
T2											○			B 2
T3										○		○		C 2
T4									○				○	D 2
T5		○	○	○										E 2

設問		解答例・解答の要点		
(2)	a	更新ログによる回復機能　または　更新ログを用いたロールフォワード処理		F 2
	b	商品	順不同	G 2
	c	仕入先		
	d	販売先		
	e	再実行		
	f	継続		

問題文

〔プログラムとテーブルの関係〕

受発注在庫管理システムの主要なプログラムとテーブルの参照・更新の関係は，表1に示すとおりである。

表1　主要なプログラムとテーブルの参照・更新の関係

	プログラム名＼テーブル名	マスタ更新登録	商品	仕入先	販売先	受注	出荷指図	出荷	在庫	発注対象データ	需要予測	日別販売実績	月別販売実績	分析用データ
オンライン	受注管理		R		R	CU			RU					
	発注処理		R	R					CU	R				
	出荷処理		R			R	C							
	取引先管理	C		R	R									
	商品情報管理	C	R											
	販売分析											R	R	R
バッチ	受注明細書送信		R		R	R								
	出荷計上		R				R	C	U					
	需要予測		R						R		CR	R	R	
	発注対象データ作成								R	C	R	R		
	販売実績日次集計		R		R			R				C		
	販売実績月次集計											R	CU	
	分析用データ作成											R	R	CU
	マスタ更新反映	R	CU	CU	CU									

注記　C：追加，R：参照，U：変更

A3 設問(1)の証拠 (T1) オンライン後と出荷計上の実行直前

F3 設問(2)の(a)の証拠 販売実績日次集計は日別販売実績を更新

B3 設問(1)の証拠 (T2) 販売実績日次集計の実行直前

C3 設問(1)の証拠 (T3) 需要予測と販売実績月次集計の実行直前

G3 設問(2)の(b)の証拠 マスタ更新反映は商品，仕入先，販売先を更新

E3 設問(1)の証拠 (T5) マスタ更新反映の実行直前

D3 設問(1)の証拠 (T4) 発注対象データ作成と分析用データ作成の実行直前

G3 設問(2)の(b)の証拠 分析用データ作成は商品，仕入先，販売先を更新しない

〔バッチプログラムの実行スケジュール〕

バッチプログラムの実行スケジュールを，図１に示す。

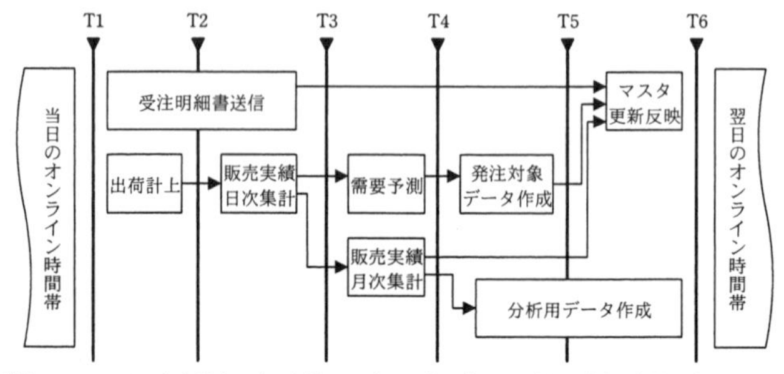

注記　T1～T6は，各契機を示す。矢線は，バッチプログラムの実行の前後関係を示す。

図１　バッチプログラムの実行スケジュール

A3 ～ E3

設問(1)の証拠
T1～T5のタイミングでのテーブルのバックアップ

〔RDBMSのバックアップ機能・復元機能・更新ログによる回復機能〕

３．更新ログによる回復機能

(1)　バックアップを用いて復元した後，更新ログを用いたロールフォワード処理によって指定の時刻の状態に回復できる。

設問(2)の空欄ａの証拠
更新ログを用いたロールフォワード処理による回復処理

(2)　更新ログによる回復に要する時間は，更新ログの量に比例する。

〔バックアップ及び回復の方針〕

(1)　オンライン時間帯直前に，データベース単位でバックアップを取得する。

(2)　オンライン・プログラムで更新され得るテーブルは，オンライン時間帯直後に，テーブル単位でバックアップを取得する。

設問(1)の証拠
T1～T5のタイミングでのテーブルのバックアップ

(3)　それぞれのバッチプログラムを実行する直前に，更新対象のテーブルについて，テーブル単位でバックアップを取得する。ただし，(2)でバックアップを取得したテーブルは対象外とする。

(4)　バックアップの種類は，全体バックアップとする。

(5)　回復は，受注，出荷，発注，在庫管理の業務に影響するテーブルを優先する。

解説

(1)について

〔バックアップ及び回復の方針〕(2)に「オンラインプログラムで更新され得るテーブルは，オンライン時間帯直後に，テーブル単位でバックアップを取得する」，(3)に「それぞれのバッチプログラムを実行する直前に，更新対象のテーブルについて，テーブル単位でバックアップを取得する」とある。これらより，テーブル単位でバックアップしなければならないテーブルとそのタイミングは，

・オンラインプログラムの更新対象となっているテーブル…オンライン時間帯直後
・バッチプログラムの更新対象となっているテーブル…バッチプログラム実行直前

となる。図1のT1～T5のタイミングでテーブル単位のバックアップが必要なテーブルを表1から検討する。なお，更新とはデータの追加・変更であり，表1においてCまたはUが記載されている。

A4 T1について

T1は，オンライン時間帯直後であり，バッチプログラム“受注明細書送信”と“出荷計上”の実行直前である。

表1を見ると，オンラインプログラムで更新されるテーブルは，“マスタ更新登録”，“受注”，“出荷指図”，“在庫”の四つである。また，バッチプログラム“受注明細書送信”が更新するテーブルはないが，バッチプログラム“出荷計上”は“出荷”と“在庫”の二つのテーブルを更新する。

よって，T1でバックアップを取得するテーブルは，**マスタ更新登録**，**受注**，**出荷指図**，**出荷**，**在庫**となる。

B4 T2について

T2は，バッチプログラム“販売実績日次集計”の実行直前である。

表1を見ると，バッチプログラム“販売実績日次集計”は“日別販売実績”テーブルを更新することが分かる。よって，T2でバックアップを取得するテーブルは，**日別販売実績**となる。

C4 T3について

T3は，バッチプログラム“需要予測”と“販売実績月次集計”の実行直前である。

表1を見ると，バッチプログラム“需要予測”は“需要予測”テーブルを，バッチ

プログラム“販売実績月次集計”が“月別販売実績”テーブルを更新することが分かる。よって，T3でバックアップを取得するテーブルは，**需要予測**，**月別販売実績**となる。

D4 T4について

T4は，バッチプログラム“発注対象データ作成”と“分析用データ作成”の実行直前である。

表1を見ると，バッチプログラム“発注対象データ作成”は“発注対象データ”テーブルを，バッチプログラム“分析用データ作成”は“分析用データ”テーブルを更新することが分かる。よって，T4でバックアップを取得するテーブルは，**発注対象データ**，**分析用データ**となる。

E4 T5について

T5は，バッチプログラム“マスタ更新反映”の実行直前である。

表1を見ると，バッチプログラム“マスタ更新反映”は，“商品”，“仕入先”，“販売先”の三つテーブルを更新することが分かる。よって，T5でバックアップを取得するテーブルは，**商品**，**仕入先**，**販売先**となる。

(2)について

F4 空欄aについて

設問の表を見ると，「バッチプログラム“販売実績日次集計”の実行中に“出荷”テーブルがディスク障害の影響を受け，異常終了した」となっている。そして，表1から，バッチプログラム“販売実績日次集計”は“日別販売実績”テーブルを更新し，“商品”，“販売先”，“出荷”の三つのテーブルを参照していることが分かる。これらから，まず，バッチプログラム“販売実績日次集計”が参照している，ディスク障害の影響を受けた“出荷”テーブルを復元し，その後，バッチプログラム“販売実績日次集計”が更新している“日別販売実績”テーブルを復元しなければならない。

“出荷”テーブルの復元について，設問の表のバッチプログラム“販売実績日次集計”のディスク復旧後の回復手順①に「バックアップを用いて“出荷”テーブルを復元した」とある。“出荷”テーブルのバックアップは，当日のオンライン時間帯直後に取得されたものである（(1)の解説参照）。そのため，図1からも明らかなように，復元された“出荷”テーブルは，バッチプログラム“出荷計上”の実行直前の状態である。表1を見ると，バッチプログラム“出荷計上”は“出荷”テーブルを更新しているため，バッチプログラム“出荷計上”終了時の状態にまで回復させなければならない。

〔RDBMSのバックアップ機能・復元機能・更新ログによる回復機能〕 3．更新ログによる回復機能(1)に「バックアップを用いて復元した後，更新ログを用いたロールフォワード処理によって指定の時刻の状態に回復できる」とある。バッチプログラム“出荷計上”終了時の状態にまで回復させるには，バッチプログラム“出荷計上”実行直前の状態に復元した後，さらに更新ログを用いてロールフォワード処理をする必要がある。よって，空欄aには，**更新ログを用いたロールフォワード処理**，または，**更新ログによる回復機能**が入る。

G4 空欄b～fについて

設問の表を見ると，「バッチプログラム“マスタ更新反映”の実行中に“商品”テーブルがディスク障害の影響を受け，異常終了した」となっている。そして表1から，バッチプログラム“マスタ更新反映”は“商品”，“仕入先”，“販売先”の三つのテーブルを更新し，“マスタ更新登録”テーブルを参照していることが分かる。したがって，“商品”，“仕入先”，“販売先”の三つのテーブルを復元しなければならない。これら三つのテーブルのバックアップは，バッチプログラム“マスタ更新反映”の実行直前に取得されたものである（(1)の解説参照）。したがって，このバックアップを用いて，バッチプログラム“マスタ更新反映”実行直前の状態に復元し，バッチプログラム“マスタ更新反映”を再実行すれば回復できることになる。よって，空欄b～dには，**商品**，**仕入先**，**販売先**が入り，空欄eには，**再実行**が入る。

バッチプログラム“分析用データ作成”は，図1を見ると，バッチプログラム“マスタ更新反映”と並行して実行されている。そのため，バッチプログラム“マスタ更新反映”の異常終了の影響を受けている可能性が考えられる。そこで，表1を見ると，バッチプログラム“分析用データ作成”は，“商品”，“仕入先”，“販売先”の三つのテーブルを使用していないことが分かる。したがって，処理をそのまま続ければよい。よって，空欄fには，**継続**が入る。

2 例題－H28午後Ⅰ問2設問2より

設問要求

バックアップ運用の見直しについて，(1)～(3)に答えよ。

(1) 月初めだけ全体バックアップを取得し，日々の運用では増分バックアップ，差分バックアップも活用することにした。ただし，どちらのバックアップでも同程度の容量の節約となる場合は，バックアップ取得に要する時間が短い方を選択する。この場合，“在庫”テーブル及び“出荷”テーブルについて，選択すべきバックアップの種類として“増分”又は“差分”のいずれかを○印で囲め。また，その選択根拠として“容量”又は“時間”のいずれかを○印で囲み，その理由（容量が節約できる理由又は時間が短い理由）を，30字以内で述べよ。

(2) ある一つのテーブルのバックアップを月初めだけ取得し，日々のバックアップは取得しないことにした。回復の方針に従って，どのテーブルを対象にすべきか，テーブル名を答えよ。

(3) (2)のテーブルに障害が発生し，かつ，バックアップファイルが壊れていた場合，どのように回復するか，40字以内で述べよ。

A1 B1
設問(1)の要求事項
●テーブルごとのバックアップの方法

C1
設問(2)の要求事項
●日々のバックアップをしない時の回復方法

D1
設問(3)の要求事項
●バックアップファイルが壊れた時のテーブルの回復方法

解 答

設問	解答例・解答の要点		
(1)	“在庫”テーブル	バックアップの種類	増分 ・ (差分)
		選択根拠	(容量) ・ 時間
		理由	・変更されるページが特定範囲に局所化されているから ・増分バックアップでは特定範囲のページが繰り返し含まれるから
	“出荷”テーブル	バックアップの種類	(増分) ・ 差分
		選択根拠	容量 ・ (時間)
		理由	・その日の追加ページ分だけのバックアップで済むから ・差分バックアップでは毎日ページ数が増加していくから
(2)	“分析用データ”テーブル		
(3)	3年分の販売実績を基に，バッチプログラム“分析用データ作成”を再実行する。		

問題文

〔プログラムとテーブルの関係〕

受発注在庫管理システムの主要なプログラムとテーブルの参照・更新の関係は，表1に示すとおりである。

表1　主要なプログラムとテーブルの参照・更新の関係

	プログラム名＼テーブル名	マスタ更新登録	商品	仕入先	販売先	受注	出荷指図	出荷	在庫	発注対象データ	需要予測	日別販売実績	月別販売実績	分析用データ
オンライン	受注管理		R		R	CU			RU					
	発注処理		R	R					CU	R				
	出荷処理		R			R	C							
	取引先管理	C		R	R									
	商品情報管理	C	R											
	販売分析											R	R	R
バッチ	受注明細書送信		R		R	R								
	出荷計上		R				R	C	U					
	需要予測		R						R		CR	R	R	
	発注対象データ作成								R	C	R	R		
	販売実績日次集計		R		R			R				C		
	販売実績月次集計											R	CU	
	分析用データ作成											R	R	CU
	マスタ更新反映	R	CU	CU	CU									

注記　C：追加，R：参照，U：変更

D3　設問(3)の証拠

(1) “商品”テーブル，“仕入先”テーブル及び“販売先”テーブルの追加，変更の要求は，“マスタ更新登録”テーブルに登録され，バッチプログラムで1件ずつコミットしながら反映される。

(2) “在庫”テーブルは，在庫のうちの3割（売れ筋商品）に相当する約1,000行が毎日頻繁に変更される。

設問(1)の証拠“在庫”テーブル

(3) “出荷”テーブルには，毎日，約400,000行が追加される。

B3　設問(1)の証拠“出荷”テーブル

(4) “日別販売実績”テーブルには，当日分の販売実績が追加される。また，“月別販売実績”テーブルには，当日分の販売実績が当月分の販売実績に反映される。これらのテーブルには，直近3年分の販売実績が蓄積されている。

設問(3)の証拠

(5) “分析用データ”テーブルは，販売分析で使用する。当日分の販売実績が，前日に作成された“分析用データ”テーブルに反映され直近3年分の分析結果となるように維持されている。

設問(2)の証拠

“分析用データ”テーブルは，バッチプログラム“分析用データ作成”を用いて，蓄積されている販売実績を基に，再作成することも可能である。

設問(2)の証拠

設問(3)の証拠

〔RDBMSのバックアップ機能・復元機能・更新ログによる回復機能〕

1．バックアップ機能

(1) バックアップの単位には，データベース単位とテーブル単位がある。

(2) バックアップの種類には，取得するページの範囲によって，全体バックアップ，増分バックアップ及び差分バックアップがある。

① 全体バックアップには，全ページが含まれる。

② 増分バックアップには，前回の全体バックアップ取得後に変更されたページが含まれる。ただし，前回の全体バックアップ取得以降に増分バックアップを取得していた場合は，前回の増分バックアップ取得後に変更されたページだけが含まれる。

③ 差分バックアップには，前回の全体バックアップ取得後に変更された全てのページが含まれる。

設問(1)の証拠
増分バックアップ
差分バックアップ

(3) 全体バックアップと増分バックアップの場合は，バックアップ取得ごとにバックアップファイルが作成される。差分バックアップの場合は，２回目以降の差分バックアップ取得ごとに，前回の差分バックアップファイルが最新の差分バックアップファイルで置き換えられる。

設問(1)の証拠
増分バックアップと差分バックアップの違い

(4) バックアップ取得に要する時間は，バックアップを取得するページ数に比例する。

設問(1)の証拠

〔バックアップ及び回復の方針〕

(1) オンライン時間帯直前に，データベース単位でバックアップを取得する。

(2) オンラインプログラムで更新され得るテーブルは，オンライン時間帯直後に，テーブル単位でバックアップを取得する。

(3) それぞれのバッチプログラムを実行する直前に，更新対象のテーブルについて，テーブル単位でバックアップを取得する。ただし，(2)でバックアップを取得したテーブルは対象外とする。

(4) バックアップの種類は，全体バックアップとする。

(5) 回復は，受注，出荷，発注，在庫管理の業務に影響するテーブルを優先する。

設問(2)の証拠
回復方針

解説

(1)について

〔RDBMSのバックアップ機能・復元機能・更新ログによる回復機能〕 1．バックアップ機能(2)②に「増分バックアップには，前回の全体バックアップ取得後に変更されたページが含まれる。ただし，前回の全体バックアップ取得以降に増分バックアップを取得していた場合は，前回の増分バックアップ取得後に変更されたページだけが含まれる」，③に「差分バックアップには，前回の全体バックアップ取得後に変更された全てのページが含まれる」，(3)に「増分バックアップの場合は，バックアップ取得ごとにバックアップファイルが作成される。差分バックアップの場合は，2回目以降の差分バックアップ取得ごとに，前回の差分バックアップファイルが最新の差分バックアップファイルで置き換えられる」とある。これらを整理すると，次のようになる。

・増分バックアップの対象は，前回のバックアップ（全体バックアップや増分バックアップ）後の変更分で，バックアップファイルがバックアップごとに作成される。
・差分バックアップの対象は，全体バックアップ後の全ての変更分で，バックアップファイルは置き換えられる。

さらに，(4)に「バックアップ取得に要する時間は，バックアップを取得するページ数に比例する」とあることに留意する。

A4 “在庫”テーブルについて

〔プログラムとテーブルの関係〕(2)に「“在庫”テーブルは，在庫のうちの３割（売れ筋商品）に相当する約1,000行が毎日頻繁に変更される」とあり，更新されるデータが売れ筋商品に集中していることが分かる。これは，バックアップの対象となるページが特定範囲に集中し，その量もあまり変化がないことを意味している。つまり，増分バックアップの場合，日々，バックアップファイルの本数が増えるため，バックアップの容量がどんどん増えていく。一方，差分バックアップの場合，バックアップファイルは常に１本で，その大きさもあまり変化しないため，バックアップの容量も変化しない。よって，“在庫”テーブルの適切なバックアップの種類は**差分**で，選択根拠は**容量**となる。理由は，**変更されるページが特定範囲に局所化されているから**，または，**増分バックアップでは特定範囲のページが繰り返し含まれるから**となる。

B4 “出荷”テーブルについて

〔プログラムとテーブルの関係〕(3)に「“出荷”テーブルには，毎日，約400,000行が追加される」とあり，データが一定のペースで増加する一方であることが分かる。つまり，増分バックアップの場合，日々，同じ大きさのバックアップファイルの本数が増えていく。一方，差分バックアップの場合，バックアップファイルは常に１本であるが，バックアップファイルはどんどん大きくなっていく。増分バックアップのバックアップファイルの本数の増加と差分バックアップのバックファイルの大きさの増加は，データが一定のペースで増加する一方であるため，バックアップの容量としては同程度であると判断できる。しかし，バックアップ取得に要する時間は，差分バックアップの場合どんどん長くなる。

設問に「どちらのバックアップでも同程度の容量の節約となる場合は，バックアップ取得に要する時間が短い方を選択する」とある。よって，“出荷”テーブルの適切なバックアップの種類は**増分**で，選択根拠は**時間**となる。理由は，**その日の追加ページ分だけのバックアップで済むから**，または，**差分バックアップでは毎日ページ数が増加していくから**となる。

C4 (2)について

設問の「バックアップを月初めだけ取得し，日々のバックアップは取得しない」は，月の途中でディスク障害の影響を受けたテーブルを復元できることを意味している。

〔プログラムとテーブルの関係〕(5)に「“分析用データ”テーブルは，バッチプログラム“分析用データ作成”を用いて，蓄積されている販売実績を基に，再作成することも可能である」とある。これより，“分析用データ”テーブルは，バッチプログラムの実行で復元できるため，バックアップがなくても問題がないことが分かる。さらに，「“分析用データ”テーブルは，販売分析で使用する」，〔バックアップ及び回復の方針〕(5)に「回復は，受注，出荷，発注，在庫管理の業務に影響するテーブルを優先する」とある。これらから，“分析用データ”テーブルは復元する緊急度が低いことも分かる。よって，日々のバックアップを取得しないテーブルは，**“分析用データ”テーブル**となる。

D4 (3)について

〔プログラムとテーブルの関係〕(5)に「“分析用データ”テーブルは，バッチプログラム“分析用データ作成”を用いて，蓄積されている販売実績を基に，再作成することも可能である」とあり，表１を見ると，バッチプログラム“分析用データ作成”は

“日別販売実績” テーブルと “月別販売実績” テーブルを基に “分析用データ” テーブルを更新していることが分かる。さらに,〔プログラムとテーブルの関係〕(4)に “日別販売実績” テーブルと “月別販売実績” テーブルには「直近3年分の販売実績が蓄積されている」,(5)に “分析用データ” テーブルは「直近3年分の分析結果となるように維持されている」とある。これらより,バッチプログラム “分析用データ作成” を用いて,“日別販売実績” テーブルと “月別販売実績” テーブルに蓄積されている直近3年分の販売実績で,直近3年分の分析結果となる “分析用データ” テーブルを再作成できることが分かる。よって,回復の方法は,**3年分の販売実績を基に,バッチプログラム “分析用データ作成” を再実行する**となる。

設問パターン⑨
セキュリティ対策

セキュリティ対策の重要知識

❏ データベースのセキュリティ

情報セキュリティとは，「情報の機密性，完全性，可用性を維持すること」である。

- 情報の完全性の維持…DBMSの排他制御などによるトランザクション処理の正確な実行
- 情報の可用性の維持…データベースのバックアップ，ミラーリング，二重化など
- 情報の機密性の維持…データベースサーバにおけるセキュリティ対策，DBMSのセキュリティ機能，認証など

❏ データベースサーバの物理的な設置場所

錠や入退室管理を実施しているマシン室やデータセンターにデータベースサーバを設置するなど，侵入対策や盗難対策を講じ，情報が漏えいすることを防ぐ。

❏ ネットワーク上のデータベースサーバの設置場所

外部ネットワークに公開しているWebシステムでは，DMZ上にWebサーバを設置する。同じDMZ上にデータベースサーバを設置すると，Webサーバが乗っ取られた場合，Webサーバを介して自由にデータベースサーバにアクセスできる状態となる。そのため，データベースサーバは内部セグメントに設置する。また，Webサーバとデータベースサーバ間は許可されたアクセスのみを通過させるように，ファイアウォールで制御する。

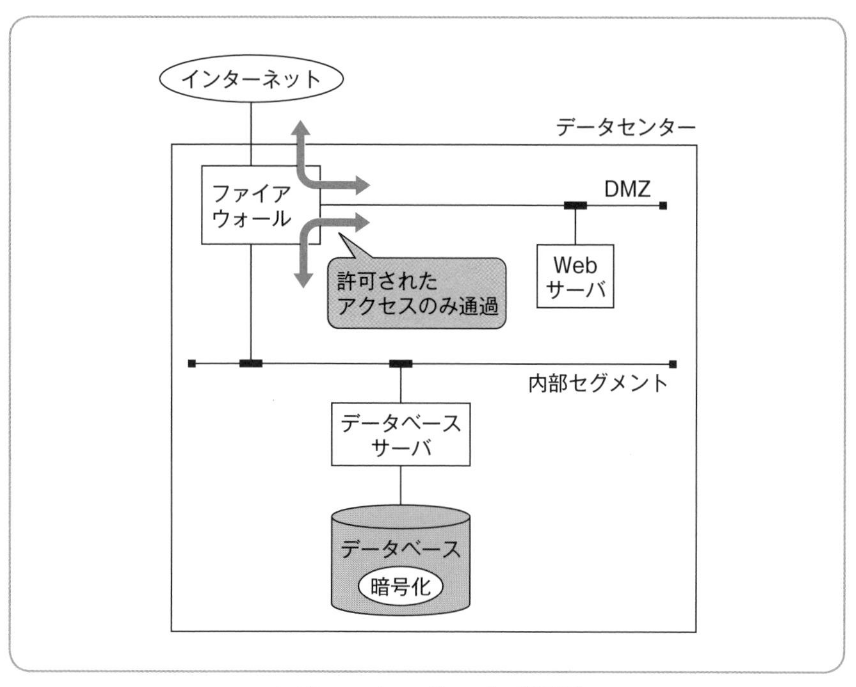

▶データベースサーバの設置例

❏ セキュリティパッチの適用

DBMSの脆弱(ぜいじゃく)性情報に注意し，データベースサーバに最新のセキュリティパッチを適用する。

❏ OSによる認証

クライアント起動時に，ユーザーIDとパスワードを入力させ，そのクライアントを利用できるユーザーであるかのチェックをOS上で行う。そして，そのユーザーIDを利用して，データベースサーバにアクセス可能かを判断する。

❏ 認証サービスによる認証

Kerberos認証，RADIUSによる認証やLDAPなどのディレクトリサービスを利用して，DBサーバにアクセスする。ユーザーIDの一元管理が可能である。

❏ DBMSによる認証

OSのユーザーとは別にDBMS専用のユーザーをDBMS上に定義して，そのユーザーIDで接続する。一般的な認証方法である。

❏ アクセス権限の設定

データベースへのアクセスに関しては，必要最低限の権限を付与し，権限のないアクセスは許可しない。SQLは，テーブルやテーブルの列に対して権限を設定することができるが，データベースそのものに関する権限は設定できない。また，一つのSQL文で複数のデータベースオブジェクトに関する権限は設定できない。

❏ GRANT文

データベースオブジェクトの権限をユーザーに付与するSQLである。GRANT文は，次のようになる。

```
GRANT {権限},……
      ON {データベースオブジェクト名}
      TO {ユーザー名},……
      [WITH GRANT OPTION]
```

- 権限には，SELECT，INSERT，UPDATE，DELETE，REFERENCES（外部キーの設定），USAGE，TRIGGER（トリガーの設定）などがあり，一つまたは複数設定することができる。
- ALL PRIVILEGESで全ての権限を設定することができる。
- WITH GRANT OPTIONを付加することで，権限を付与されたユーザーがさらに別のユーザーに権限を付与できる。

❏ REVOKE文

GRANT文で付与したデータベースオブジェクトの権限をユーザーから剥奪するSQLである。REVOKE文は，次のようになる。

```
REVOKE {権限},……
       ON {データベースオブジェクト名}
       FROM {ユーザー名},……
```

GRANT文と同様である。剥奪対象のユーザーがWITH GRANT OPTIONによって他のユーザーに権限を付与していた場合，それらのユーザーからも連鎖的に権限が剥奪される。

❏ 行に対するアクセス制限

アクセス権限は，特定の列に対して設定できるが，特定の行に対して設定することはできない。ただし，特定の行にアクセス権が設定できるように機能拡張されたDBMSもある。

❏ データベースそのものに関するアクセス制限

新しいテーブルやビューの作成（CREATE）やデータベースへの接続（CONNECT）など，データベースそのものに関する権限（ステートメント権限）の設定ができるように，機能が拡張されたDBMSがある。

❏ ロール

アクセス権限の設定を簡素化するために，ユーザーをグループ化したものである。アクセス権限はロールに付与され，ロールに属するユーザーや他のロールは，そのロールのアクセス権限を継承する。ロールに関するSQLには，次のようなものがある。

- CREATE ROLE文…ロールの作成
- DROP ROLE文…ロールの削除
- GRANT文…ロールへのユーザーや他のロールの追加
- REVOKE文…ロールからユーザーや他のロールの削除

❏ データベースの暗号化

DBMSの機能を用いてデータベースファイルそのものを暗号化する。この場合，DBMSに設定したパスワードを入力しなければアクセスできない。また，DBMSではなくハードウェアやOSレベルで，データベースファイルに書き込む際に自動的に暗号化する方法がある。この方法では，暗号化しているOSそのものからアクセスされた場合には，防ぎようがない。

❏ バックアップコピーの暗号化

バックアップ作業中にデータを暗号化するバックアップ処理機能を持たせたDBMSもある。

❏ 通信経路上での暗号化

クライアントとサーバ間でやりとりするデータを暗号化する。SSLなどの下位層のネットワークプロトコルを利用して透過的に暗号化する方法や，DBMSのクライアント機能やミドルウェアなどによって暗号化する方法がある。

❏ アプリケーション側での暗号化

アプリケーションに暗号化機能が実装され，クライアント側のプロセスで暗号化するため，データベースサーバにデータが届いた際にはすでに暗号化されている。この方法では，データベース管理者に暗号化や鍵の管理を任せないため，データベース管理者にもデータ内容を秘密にできる。

❏ 暗号化関数による暗号化

DBMSが提供する暗号化／復号関数を利用して，特定の列のデータを暗号化する。この場合，データベースサーバのDBMSプロセスで暗号化するので，通信経路での暗号化が別途必要となる。また，クライアント側のアプリケーション全てに暗号化／復号関数の組込みが必要となる。

❏ DBMS機能による暗号化

DBMSの拡張機能で，テーブル作成時に暗号化のオプションを付加することによって，データを自動的に暗号化する。この場合，データベースサーバのDBMSプロセスで暗号化するので，クライアント側のアプリケーションのSQL文には影響がない。

❏ ミドルウェアによる暗号化

ミドルウェアとして提供されている暗号化ソフトを利用する。データベースサーバ側とクライアント側に暗号化ソフトをインストールするだけでよく，クライアント側のアプリケーションのSQL文には影響がなく，既存のアプリケーションを導入することができる。また，クライアント側で暗号化したデータをデータベースサーバ側に送信することができる。

設問パターン別解き方トレーニング

…「セキュリティ対策」パターン…

学習ポイント

「セキュリティ対策」パターンの設問は，問題文中にテーブル構造，業務組織構造，セキュリティ要件，アクセス権限の設定，ロールの定義などが説明されている。要求は，アクセスコントロールに関するものが多く，アクセス権限を設定する単位，アクセス権限をロールに設定するGRANT文，アクセス権限設定上の不都合などが問われることが多い。データベースの暗号化，データベースサーバの設置場所，認証などがセキュリティ対策として問われることもある。

設問の主な要求事項

・ビュー表の利用　　・アクセス権限
・ロールの定義　　・GRANT文
・REVOKE文

1 例題－H28午後Ⅰ問3設問1より

設問要求

〔ビュー及びロールの設計〕について，(1)，(2)に答えよ。

(1) 表2中の［ a ］～［ c ］に入れる適切な字句を答えよ。

(2) 表2のア～ケで示したSQL文を正しい順に並べ替えよ。
　なお，正しい順は複数通りあるが，そのうちの一つを答えよ。
　（ ）→（ ）→（ ）→（ ）→（ ）→（ ）→（ ）→（ク）→（ケ）

A1 B1

設問(1)の要求事項
●GRANT文

［ a ］［ b ］→ A1
［ c ］→ B1

設問(2)の要求事項
●アクセス権限をロールに付与する手順

解答

設問	解答例・解答の要点	
(1)	a	B11
	b	B12
	c	B10
(2)	オ→カ→キ→イ→ウ→エ→ア オ，カ，キは順不同　および　イ，ウ，エ，アは順不同	

問題文

〔RDBMSのビュー及びセキュリティに関する主な仕様〕

(1) 実テーブル（以下，テーブルという）又はビューのアクセス権限（SELECT，INSERT，UPDATE及びDELETEの各権限）をもつユーザは，テーブル又はビューにアクセスすることができる。

(2) ビューにアクセスする場合，そのビューが参照するテーブル又は別のビューのアクセス権限は不要である。

(3) テーブル又はビューのアクセス権限は，ユーザID，ロールに付与される。

(4) ロールは，ユーザIDに付与され，別のロールにも付与されることがある。

設問(1)の空欄cの証拠

〔営業部の組織・業務の概要〕

営業部の組織・業務の概要は次のとおりである。組織の一部を図1に示す。

(1) 営業部及び営業課は，部門番号で識別される。

(2) 社員は，社員番号で識別される。社員には，営業支援システムにログインするためのユーザID（社員番号を使用）が付与されている。

設問(1)の証拠
社員へのユーザIDの付与

(3) 個人顧客（以下，顧客という）は，顧客番号で識別される。1人の顧客は，一つの営業課によって担当される。

(4) 課長は，部下社員から成る少人数の営業チーム（以下，チームという）を複数編成する。経験豊かな社員については，複数チームに参加させることがある。

(5) チームは，顧客を訪問して面談し，保険に関わる様々な業務を行う。

(6) 各チームは，複数顧客を担当する。同じ顧客を複数チームが担当することはない。

(7) 課長は，随時，チーム編成を変える。チームに編成される社員が変わったり，チームから離れた社員が，また同じチームに戻ったりすることがある。

なお，チーム編成は，営業支援システムによって管理されていない。

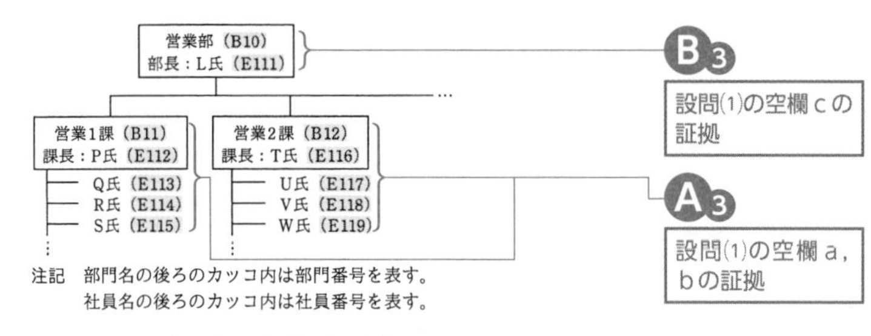

図1　営業部の組織（一部）

〔営業支援システムの概要〕

1．主なテーブルの構造

営業支援システムで使用される主なテーブルの構造を図2に示す。

部門（部門番号，部門名，部門長社員番号，上位部門番号，所在地，…）
社員（社員番号，所属部門番号，社員名，電話番号，メールアドレス，FAX番号）
顧客（顧客番号，担当部門番号，顧客名，生年月日，住所，電話番号，性別，…）
訪問予定（顧客番号，社員番号，訪問予定日，訪問予定時刻，訪問予定時間，訪問目的）
訪問実績（顧客番号，社員番号，訪問実施日，訪問開始時刻，訪問終了時刻，訪問結果）

図2　主なテーブルの構造（一部省略）

2．セキュリティ要件

B社での顧客の個人情報（以下，個人情報という）とは，顧客名，生年月日，その他の記述などによって特定の個人を識別することができるものをいう。セキュリティに関する設計見直し後の個人情報に関するセキュリティ要件は，次の①～④のとおりである。

① 営業課の社員は，その課が担当する顧客の個人情報にアクセスできる。

② 部門長は，部下がアクセスできる全ての情報にアクセスできる。

③ 個人情報が格納されているテーブルを隠蔽するために，社員にはビューを使わせ，テーブルには直接アクセスさせない。

④ 個人情報にアクセスする必要がなくなった社員については，そのことを反映するためのアクセス制限を直ちに実施する。

A3
設問(1)の空欄a，bの証拠

設問(1)の空欄cの証拠

〔ビュー及びロールの設計〕

Fさんは，個人情報を含む営業課別ビューのうち，営業1課及び営業

２課のビューを，表１のSQL1及びSQL2に示すように設計した。

設問(1)の空欄a，bの証拠

表１　営業１課及び営業２課のビューの定義

SQL	SQL の構文
SQL1	CREATE VIEW 営業１課ビュー AS SELECT 顧客番号，顧客名，生年月日，住所，電話番号，性別 FROM 顧客 WHERE 担当部門番号 = 'B11'
SQL2	CREATE VIEW 営業２課ビュー AS [網掛け]

注記　網掛け部分は表示していない。

Fさんは，ビューを用いることを前提に，次のようにロールを設計し，運用することに決めた。営業課別ビューのアクセス権限をロールに付与する手順を，表２に示す。

(1)　部門番号をロール名として，ロールを定義する。

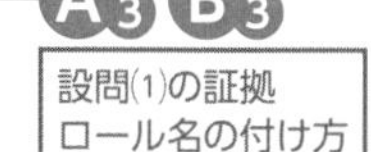

設問(1)の証拠
ロール名の付け方

(2)　営業課別ビューのアクセス権限をロールに付与する。

(3)　ロールの付与・剥奪については，課長が１営業日前までにデータベース管理者（以下，DBAという）に依頼する。DBAは，課長からの依頼に基づいて，ロールの付与・剥奪をRDBMSに対して実施する。

表２　営業課別ビューのアクセス権限をロールに付与する手順（未完成）

SQL	SQL の構文
ア	GRANT ROLE [a], [b] TO [c] ;
イ	GRANT ROLE B10 TO E111 ;
ウ	GRANT ROLE B11 TO E112, E113, E114, E115 ;
エ	GRANT ROLE B12 TO E116, E117, E118, E119 ;
オ	CREATE ROLE B10 ;
カ	CREATE ROLE B11 ;
キ	CREATE ROLE B12 ;
ク	GRANT SELECT ON 営業１課ビュー TO [a] ;
ケ	GRANT SELECT ON 営業２課ビュー TO [b] ;

注記　セミコロンは，SQL 文の終端を示す。
　　　ここで示した部門番号及び社員番号は，図１に示したものに限っている。

A3 B3　設問(1)の証拠

C3　設問(2)の証拠

解説

ロールとは，RDBMSのユーザ管理において，ユーザをグループ化したものである。ロールを使ってユーザにテーブルやビューのアクセス権限を付与する手順は，次のようになる。

①　ロールを作成する。

CREATE ROLE ロール名

② ロールを，ユーザ，あるいは，別のロールに付与する。

GRANT ROLE ロール名 TO ユーザID

あるいは，

GRANT ROLE ロール名 TO ロール名

③ ロールにアクセス権限を付与する。

GRANT アクセス権限 ON ビュー名（テーブル名）TO ロール名

表２のSQLは，

ア，イ，ウ，エ……②に該当

オ，カ，キ　……①に該当

ク，ケ　……③に該当

となる。

表２の注記に「ここで示した部門番号及び社員番号は，図１に示したものに限っている」とあるので，図１を参照して，表２のSQLを検討する。

SQLオ，カ，キについて

B10, B11, B12というロールを作成している。〔ビュー及びロールの設計〕(1)に「部門番号をロール名として，ロールを定義する」とあり，図１を見ると，営業部の部門番号はB10，営業１課の部門番号はB11，営業２課の部門番号はB12となっている。したがって，B10は営業部のロール名，B11は営業１課のロール名，B12は営業２課のロール名であることが分かる。

SQLイ，ウ，エについて

三つのロール（B10，B11，B12）を，ユーザIDに付与している。〔営業部の組織・業務の概要〕(2)に「社員には，……ユーザID（社員番号を使用）が付与されている」とあり，図１を見ると，営業部の部長L氏のユーザIDがE111，営業１課の課長P氏のユーザIDがE112，その部下社員Q氏のユーザIDがE113，R氏のユーザIDがE114，S氏のユーザIDがE115，営業２課の課長T氏のユーザIDがE116，その部下社員U氏のユーザIDがE117，V氏のユーザIDがE118，W氏のユーザIDがE119であることが分かる。したがって，SQLイは営業部のロールB10をE111に付与，SQLウは営業１課のロールB11をE112，E113，E114，E115に付与，SQLエは営業２課のロールB12をE116，E117，E118，E119に付与している。

SQLク，ケについて

営業１課ビューと営業２課ビューのアクセス権限（SELECT権限）をロールに付与している。

⑴について

A4 空欄ａ，ｂについて

SQLクから，空欄aには営業１課ビューへのアクセス権限を付与するロール名，SQLケから，空欄bには営業２課ビューへのアクセス権限を付与するロール名が入ることが分かる。

〔ビュー及びロールの設計〕に「個人情報を含む営業課別ビューのうち，営業１課及び営業２課のビューを，表１のSQL1及びSQL2に示すように設計した」とあり，表１を見ると，SQL1は，“顧客”テーブルから担当部門番号がB11（営業１課の部門番号）の行を抜き出して営業１課ビューを作成している。さらに，〔営業支援システムの概要〕２．セキュリティ要件の①に「営業課の社員は，その課が担当する顧客の個人情報にアクセスできる」，③に「個人情報が格納されているテーブルを隠蔽するために，社員にはビューを使わせ，テーブルには直接アクセスさせない」とある。これらから，営業１課ビューへのアクセス権限を持つのは営業１課の社員であることが分かる。営業１課（部門番号B11）の社員（ユーザIDがE112，E113，E114，E115）に付与されたロール名は，SQLウとSQLカから，B11であることが分かる。よって，空欄aには**B11**が入る。

同様に，営業２課ビューへのアクセス権限を持つのは営業２課の社員で，営業２課（部門番号B12）の社員（ユーザIDがE116，E117，E118，E119）に付与されたロール名は，SQLエとSQLキから，B12であることが分かる。よって，空欄bには**B12**が入る。

B4 空欄ｃについて

SQLアから，空欄cにはロールB11（空欄a）とロールB12（空欄b）を付与するユーザ名またはロール名が入ることが分かる。

〔営業支援システムの概要〕２．セキュリティ要件の②に「部門長は，部下がアクセスできる全ての情報にアクセスできる」とある。図１を見ると，営業１課ビューへのアクセス権限を持つ営業１課の社員と営業２課ビューへのアクセス権限を持つ営業２課の社員を部下に持つ部門長は，営業部の部長L氏であることが分かる。〔RDBMSのビュー及びセキュリティに関する主な仕様〕⑷に「ロールは，……，別のロールにも付与されることがある」とある。SQLイで営業部の部長L氏（ユーザIDがE111）には営業部のロールB10が付与されている。よって，空欄cには**B10**が入る。

C4 (2)について

ロールを使ってユーザにテーブルやビューのアクセス権限を付与する手順は，

ロールの作成→ユーザへのロールの付与→ロールへのアクセス権限の付与

となる。この順番に表２のSQLを並べ替える。

ロールの作成（オ，カ，キ）の後，ユーザやロールへのロールの付与（ア，イ，ウ，エ）を行い，最後にロールへのビューのアクセス権限の付与（ク，ケ）を行う。ロールの作成は

よって，SQL文の実行順序は，**オ→カ→キ→イ→ウ→エ→ア**→ク→ケとなる。なお，オ，カ，キの順序は不同，イ，ウ，エ，アの順序も不同である。

2 例題－H28午後Ⅰ問3設問3より

設問要求

〔セキュリティ要件の強化〕について，(1)～(3)に答えよ。

(1) “チームメンバ” テーブルの構造を示せ。主キーには実線の下線を付けること。

(2) 図1中の社員のうち，個人情報へのアクセスが許可されているにもかかわらず，表4のSQL6では期待した結果を得られない社員がいる。その社員の社員番号を全て答えよ。また，解決策として，“チームメンバ” テーブルに対して行うべき行の操作を，30字以内で具体的に述べよ。

(3) セキュリティ要件④におけるアクセス制限の実施について，対応案Bが対応案Aに比べて優れている理由を，40字以内で具体的に述べよ。

設問(1)の要求事項
●“チームメンバ” テーブルの構造

設問(2)の要求事項
●個人情報へアクセスできない社員

設問(3)の要求事項
●対応案Bが優れている理由

解 答

設問	解答例・解答の要点	
(1)	チームメンバ（部門番号，チーム番号，社員番号，担当開始日，担当終了日）	
(2)	社員番号	E111，E112，E116
	操作	・部長を全チームに，課長を各チームにメンバとして登録する。 ・各チームの社員の部門長をメンバとして登録する。
(3)	・課長は，社員の行の担当終了日を更新することで直ちにアクセスを制限できるから ・課長は，DBAにロールの剥奪を1営業日前までに依頼する必要がないから	

問題文

〔営業部の組織・業務の概要〕

(4) 課長は，部下社員から成る少人数の営業チーム（以下，チームという）を複数編成する。経験豊かな社員については，複数チームに参加させることがある。

設問(1)の証拠

設問(2)の証拠

(7) 課長は，随時，チーム編成を変える。チームに編成される社員が変わったり，チームから離れた社員が，また同じチームに戻ったりすることがある。

設問(1)の証拠

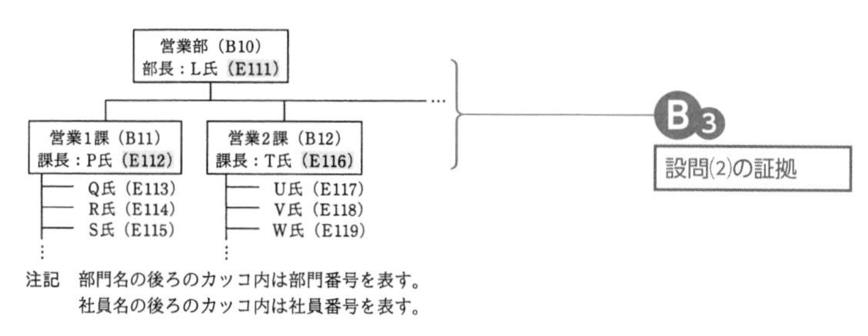

B3 設問(2)の証拠

注記　部門名の後ろのカッコ内は部門番号を表す。
社員名の後ろのカッコ内は社員番号を表す。

図１　営業部の組織（一部）

〔営業支援システムの概要〕

1．主なテーブルの構造

営業支援システムで使用される主なテーブルの構造を図２に示す。

部門（部門番号，部門名，部門長社員番号，上位部門番号，所在地，…）
社員（社員番号，所属部門番号，社員名，電話番号，メールアドレス，FAX番号）
顧客（顧客番号，担当部門番号，顧客名，生年月日，住所，電話番号，性別，…）
訪問予定（顧客番号，社員番号，訪問予定日，訪問予定時刻，訪問予定時間，訪問目的）
訪問実績（顧客番号，社員番号，訪問実施日，訪問開始時刻，訪問終了時刻，訪問結果）

図２　主なテーブルの構造（一部省略）

2．セキュリティ要件

B社での顧客の個人情報（以下個人情報という）とは，顧客名，生年月日，その他の記述などによって特定の個人を識別することができるものをいう。セキュリティに関する設計見直し後の個人情報に関するセキュリティ要件は，次の①～④のとおりである。

① 営業課の社員は，その課が担当する顧客の個人情報にアクセスできる。

② 部門長は，部下がアクセスできる全ての情報にアクセスできる。（B3 設問(2)の証拠）

③ 個人情報が格納されているテーブルを隠蔽するために，社員にはビューを使わせ，テーブルには直接アクセスさせない。

④ 個人情報にアクセスする必要がなくなった社員については，そのことを反映するためのアクセス制限を直ちに実施する。（C3 設問(3)の証拠）

第2部 午後対策 解き方トレーニング

〔ビュー及びロールの設計〕

表１　営業１課及び営業２課のビューの定義

SQL	SQL の構文
SQL1	CREATE VIEW 営業１課ビュー AS SELECT 顧客番号, 顧客名, 生年月日, 住所, 電話番号, 性別 FROM 顧客 WHERE 担当部門番号 = 'B11'
SQL2	CREATE VIEW 営業２課ビュー AS [網掛け部分]

注記　網掛け部分は表示していない。

Fさんはビューを用いることを前提に，次のようにロールを設計し，運用することに決めた。

(3)　ロールの付与・剥奪については，課長が１営業日前までにデータベース管理者（以下，DBAという）に依頼する。DBAは，課長からの依頼に基づいて，ロールの付与・剥奪をRDBMSに対して実施する。

設問(3)の証拠

〔セキュリティ要件の強化〕

営業支援システムのセキュリティを更に強化するために，セキュリティ要件①が，“チームの社員は，当該チームが担当する顧客の個人情報にアクセスできる。”に変更された。Fさんは，営業課別のロールをチーム別のロールに変更するという対応（対応案A）も考えたが，次のような対応（対応案B）を採用することにした。

設問(3)の証拠

(1)　営業支援システムに,新たに“チームメンバ”テーブルを追加する。当該テーブルへのアクセス権限（DELETE権限以外）を課長に与え，課長が次のような操作を行える機能を追加する。ただし，操作は各営業課内に限られるものとする。

(a)　営業課内で一意なチーム番号を付与する。

(b)　営業課内のチームの社員ごとに，担当開始日及び担当終了日を設定した行を登録する。担当終了日が未定の場合は，NULLを設定する。

設問(1)の証拠
“チームメンバ”
テーブルの主キー

(c)　担当開始日の当日又は前日までに，行を登録する。

(d)　担当開始日列又は担当終了日列を，いつでも変更することができる。

(e)　過去にどの社員がどのチームのメンバだったかを調べることができる。

(2)“顧客”テーブルにチーム番号列を追加し，営業課別だった表１のSQL1及びSQL2を，営業課共通にするために，表４のSQL6のように変更する。

設問(2)の証拠

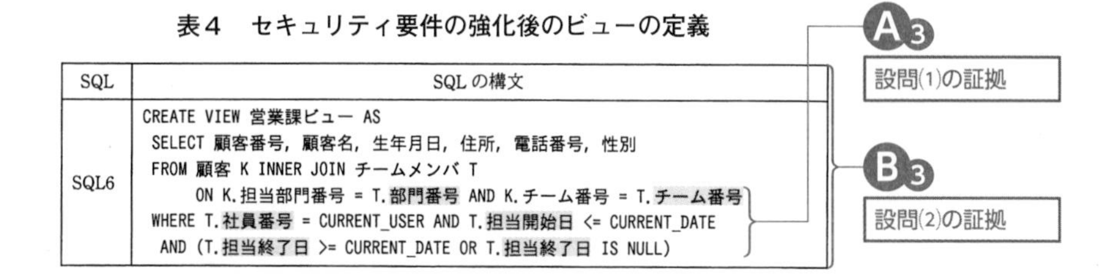

表4　セキュリティ要件の強化後のビューの定義

SQL	SQL の構文
SQL6	CREATE VIEW 営業課ビュー AS SELECT 顧客番号, 顧客名, 生年月日, 住所, 電話番号, 性別 FROM 顧客 K INNER JOIN チームメンバ T ON K.担当部門番号 = T.部門番号 AND K.チーム番号 = T.チーム番号 WHERE T.社員番号 = CURRENT_USER AND T.担当開始日 <= CURRENT_DATE AND (T.担当終了日 >= CURRENT_DATE OR T.担当終了日 IS NULL)

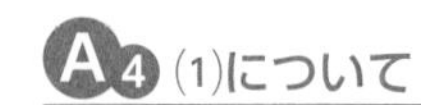

解説

A4 (1)について

表４のSQL6を見ると，“チームメンバ”テーブル（T）の列として，部門番号，チーム番号，社員番号，担当開始日，担当終了日が必要なことが分かる。

〔営業部の組織・業務の概要〕(4)に「課長は，部下社員から成る少人数の営業チーム（以下，チームという）を複数編成する。経験豊かな社員については，複数チームに参加させることがある」，〔セキュリティ要件の強化〕(1)（a）に「営業課内で一意なチーム番号を付与する」とある。これらから，“チームメンバ”テーブルの主キーとして，{部門番号，チーム番号，社員番号}が考えられる。ここで，〔営業部の組織・業務の概要〕(7)の「課長は，随時，チーム編成を変える」「チームから離れた社員が，また同じチームに戻ったりすることがある」に注目する。これは，{部門番号，チーム番号，社員番号}の値が同じである行が，“チームメンバ”テーブルに複数登録される可能性があることを示している。そのため，主キーには，{部門番号，チーム番号，社員番号}以外に，担当開始日か担当終了日のいずれかが必要となる。〔セキュリティ要件の強化〕(1)（b）に「担当終了日が未定の場合は，NULLを設定する」とあるので，担当終了日を主キー属性に含めるのは不適当である。したがって，主キーは{部門番号，チーム番号，社員番号，担当開始日}となる。よって，テーブル構造は，

チームメンバ（<u>部門番号</u>，<u>チーム番号</u>，<u>社員番号</u>，<u>担当開始日</u>，担当終了日）

となる。

B4 (2)について

〔セキュリティ要件の強化〕(2)に「“顧客”テーブルにチーム番号列を追加し，……表４のSQL6のように変更する」とある。SQL6で使用されている新たな“顧客”テーブルと“チームメンバ”テーブルの構造は，

顧客（<u>顧客番号</u>，担当部門番号，チーム番号，顧客名，生年月日，住所，電話

番号，性別，…）

チームメンバ（部門番号，チーム番号，社員番号，担当開始日，担当終了日）

となる。このテーブル構造をもとに，SQL6を見てみる。

```
FROM 顧客 K INNER JOIN チームメンバ T
        ON K.担当部門番号 = T.部門番号 AND K.チーム番号 = T.チーム番号
```

は，“顧客”テーブルと“チームメンバ”テーブルを部門番号とチーム番号が一致することを条件に結合させている。つまり，ある部門のあるチームが担当している全ての顧客について，そのチームに属する社員（チームメンバ）・担当開始日ごとに行が作成されたテーブルができあがる。そして，その結合したテーブルから，

```
WHERE T.社員番号 = CURRENT_USER AND T.担当開始日 <= CURRENT_DATE
        AND（T.担当終了日 >= CURRENT_DATE OR T.担当終了日 IS NULL）
```

を条件に行を抽出している。これは，現在アクセスしている社員（CURRENT_USER）の，担当開始日が今日（CURRENT_DATE）以前で，担当終了日が今日以降または登録されていない顧客を抽出するものである。つまり，営業ビューは，自分が担当中の顧客の顧客番号，顧客名，生年月日，住所，電話番号，性別を格納した一時的なテーブルとなる。

〔営業部の組織・業務の概要〕⑷に「課長は，部下社員から成る少人数の営業チーム（以下，チームという）を複数編成する」とあり，部門長はチームメンバになることはなく，“チームメンバ”テーブルに含まれることはない。一方，〔営業支援システムの概要〕２．セキュリティ要件の②に「部門長は，部下がアクセスできる全ての情報にアクセスできる」とある。つまり，図１の営業部の部長L氏（E111）は，営業部の全ての情報にアクセスできなくてはならない。しかし，L氏が営業課ビューにアクセスした場合，つまり，CURRENT_USERがE111の場合，“チームメンバ”テーブルには自分が存在しないため，営業課ビューは０件になってしまい，「部下がアクセスできる全ての情報にアクセスできる」という要件を満たすことができない。同様に，営業１課の課長P氏（E112），営業２課の課長T氏（E116）も，部下がアクセスできる全ての情報にアクセスができない。この問題を解決するには，部長を部内の全てのチームに，課長を課内の各チームにメンバとして登録するなど，部門長をチームメンバに含める必要がある。

よって，期待した結果を得られない社員は，**E111，E112，E116**となる。解決策としてテーブルに行うべき操作は，**部長を全チームに，課長を各チームにメンバとして登録する**，または，**各チームの社員の部門長をメンバとして登録する**となる。

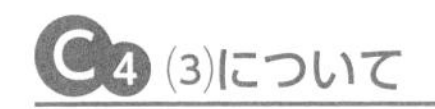

C4 (3)について

〔営業支援システムの概要〕２．セキュリティ要件の④に「個人情報にアクセスする必要がなくなった社員については，そのことを反映するためのアクセス制限を直ちに実施する」とある。また，対応策については，〔セキュリティ要件の強化〕に，

　　対応案Ａ…営業課別のロールをチーム別のロールに変更する

　　対応案Ｂ…“チームメンバ”テーブルへのアクセス権限（DELETE権限以外）を課長に与える。これによって，課長は，営業課内のチームの社員ごとに，担当開始日の当日又は前日までに行を登録したり，担当開始日列又は担当終了日列を，いつでも変更することができる

と説明されている。

〔ビュー及びロールの設計〕(3)に「ロールの付与・剥奪については，課長が１営業日前までにデータベース管理者（以下，DBAという）に依頼する。DBAは，課長からの依頼に基づいて，ロールの付与・剥奪をRDBMSに対して実施する」とある。アクセス制限をロールで行う対応案Aの場合，課長からDBAに１営業日前までに依頼しなくてはならないため，急なロールの剥奪には対応できず，迅速なアクセス制限はできない。一方，対応案Bでは，課長が担当終了日をタイミングよく設定・変更できるため，SQL6による営業部ビューには担当中でない顧客の個人情報は抽出されなくなり，アクセス制限が直ちにできる。

よって，対応案Bが優れている理由は，**課長は，社員の行の担当終了日を更新することで直ちにアクセスを制限できるから**，または，**課長は，DBAにロールの剥奪を１営業日前までに依頼する必要がないから**となる。

午後問題演習

午後Ⅰ問題

問1 電子機器の製造受託会社における調達システムの概念データモデリング

(出題年度：R5問1)

電子機器の製造受託会社における調達システムの概念データモデリングに関する次の記述を読んで，設問に答えよ。

基板上に電子部分を実装した電子機器の製造受託会社であるA社は，自動車や家電などの製品開発を行う得意先から電子機器の試作品の製造を受託し，電子部品の調達と試作品の製造を行う。今回，調達システムの概念データモデル及び関係スキーマを再設計した。

〔現行業務〕

1．組織

(1) 組織は，組織コードで識別し，組織名をもつ。組織名は重複しない。

(2) 組織は，階層構造であり，いずれか一つの上位組織に属する。

2．役職

役職は，役職コードで識別し，役職名をもつ。役職名は重複しない。

3．社員

(1) 社員は，社員コードで識別し，氏名をもつ。同姓同名の社員は存在し得る。

(2) 社員は，いずれかの組織に所属し，複数の組織に所属し得る。

(3) 一部の社員は，各組織において役職に就く。同一組織で複数の役職には就かない。

(4) 社員には，所属組織ごとに，業務内容の報告先となる社員が高々1名決まっている。

4．得意先と仕入先

(1) 製造受託の依頼元を得意先，電子部品の調達先を仕入先と呼ぶ。

(2) 得意先と仕入先とを併せて取引先と呼ぶ。取引先は，取引先コードを用いて識別し，取引先名と住所をもつ。

(3) 取引先が，得意先と仕入先のどちらに該当するかは，取引先区分で分類している。得意先と仕入先の両方に該当する取引先は存在しない。

⑷ 仕入先は，電子部品を扱う商社である。A社は，仕入先と調達条件（単価，ロットサイズ，納入可能年月日）を交渉して調達する。仕入先ごとに昨年度調達金額をもつ。

⑸ 得意先は，昨年度受注金額をもつ。

5．品目

⑴ 試作品を構成する電子部品を品目と呼び，電子部品メーカー（以下，メーカーという）が製造している。

① 品目は，メーカーが付与するメーカー型式番号で識別する。メーカー型式番号は，メーカー間で重複しない。

② メーカー各社が発行する電子部品カタログでメーカー型式番号を調べると，電子部品の仕様や電気的特性は記載されているが，単価やロットサイズは記載されていない。

⑵ 品目は，メーカーが付けたブランドのいずれか一つに属する。

① ブランドは，ブランドコードで識別し，ブランド名をもつ。

② 仕入先は，幾つものブランドを扱っており，同じブランドを異なる仕入先から調達することができる。仕入先ごとに，どのブランドを取り扱っているかを登録している。

⑶ 品目は，品目のグループである品目分類のいずれか一つに属する。品目分類は，品目分類コードで識別し，品目分類名をもつ。

6．試作案件登録

⑴ 得意先にとって試作とは，量産前の設計検証，機能比較を目的に，製品用途ごとに，性能や機能が異なる複数のモデルを準備することをいう。得意先からモデルごとの設計図面，品目構成，及び製造台数の提示を受け，試作案件として次を登録する。

① 試作案件

・試作案件は，試作案件番号で識別し，試作案件名，得意先，製品用途，試作案件登録年月日をもつ。

② モデル

・モデルごとに，モデル名，設計図面番号，製造台数，得意先希望納入年月日をもつ。モデルは，試作案件番号とモデル名で識別する。

③ モデル構成品目

・モデルで使用する品目ごとに，モデル1台当たりの所要数量をもつ。

④ 試作案件品目

・試作案件で使用する品目ごとの合計所要数量をもつ。
・通常，品目の調達はA社が行うが，得意先から無償で支給されることがある。この数量を得意先支給数量としてもつ。
・合計所要数量から得意先支給数量を減じた必要調達数量をもつ。

7．見積依頼から見積回答入手まで

(1) 品目を調達する際は，当該品目のブランドを扱う複数の仕入先に見積依頼を行う。

① 見積依頼には，見積依頼番号を付与し，見積依頼年月日を記録する。また，どの試作案件に対する見積依頼かが分かるようにしておく。

② 仕入先に対しては，見積依頼がどの得意先の試作案件によるのか明かすことはできないが，得意先が不適切な品目を選定していた場合に，仕入先からの助言を得るために，製品用途を提示する。

③ 品目ごとに見積依頼明細番号を付与し，必要調達数量，希望納入年月日を提示する。

④ 仕入先に対して，見積回答時には対応する見積依頼番号，見積依頼明細番号の記載を依頼する。

(2) 仕入先から見積回答を入手する。見積回答が複数に分かれることはない。

① 入手した見積回答には，見積依頼番号，見積有効期限，見積回答年月日，仕入先が付与した見積回答番号が記載されている。見積回答番号は，仕入先間で重複し得る。

② 見積回答の明細には，見積依頼明細番号，メーカー型式番号，調達条件，仕入先が付与した見積回答明細番号が記載されている。回答されない品目もある。見積回答明細番号は，仕入先間で重複し得る。

③ 見積回答の明細には，見積依頼とは別の複数の品目が提案として返ってくることがある。その場合，その品目の提案理由が記載されている。

④ 見積回答の明細には，一つの品目に対して複数の調達条件が返ってくることがある。例えば，ロットサイズが1,000個の品目に対して，見積依頼の必要調達数量が300個の場合，仕入先から，ロットサイズ1,000個で単価0.5円，ロットサイズ１個で単価２円，という２通りの見積回答の明細が返ってくる。

8．発注から入荷まで

(1) 仕入先からの見積回答を受けて，得意先と相談の上，品目ごとに妥当な調達条件を一つだけ選定する。

① 選定した調達条件に対応する見積回答明細を発注明細に記録し，発注ロット

数，指定納入年月日を決める。

② 同時期に同じ仕入先に発注する発注明細は，試作案件が異なっても，1回の発注に束ねる。

③ 発注ごとに発注番号を付与し，発注年月日と発注合計金額を記録する。

(2) 発注に基づいて，仕入先から品目を入荷する。

① 入荷ごとに入荷番号を付与し，入荷年月日を記録する。

② 入荷の品目ごとに入荷明細番号を発行する。1件の発注明細に対して，入荷が分かれることはない。

③ 入荷番号と入荷明細番号が書かれたシールを品目の外装に貼って，製造担当へ引き渡す。

〔利用者の要望〕

1．品目分類の階層化

品目分類を大分類，中分類，小分類のような階層的な構造にしたい。当面は3階層でよいが，将来的には階層を増やす可能性がある。

2．仕入先からの分納

一部の仕入先から1件の発注明細に対する納品を分けたいという分納要望が出てきた。分納要望に応えつつ，未だ納入されていない数量である発注残ロット数も記録するようにしたい。

〔現行業務の概念データモデルと関係スキーマの設計〕

現行業務の概念データモデルを図1に，関係スキーマを図2に示す。

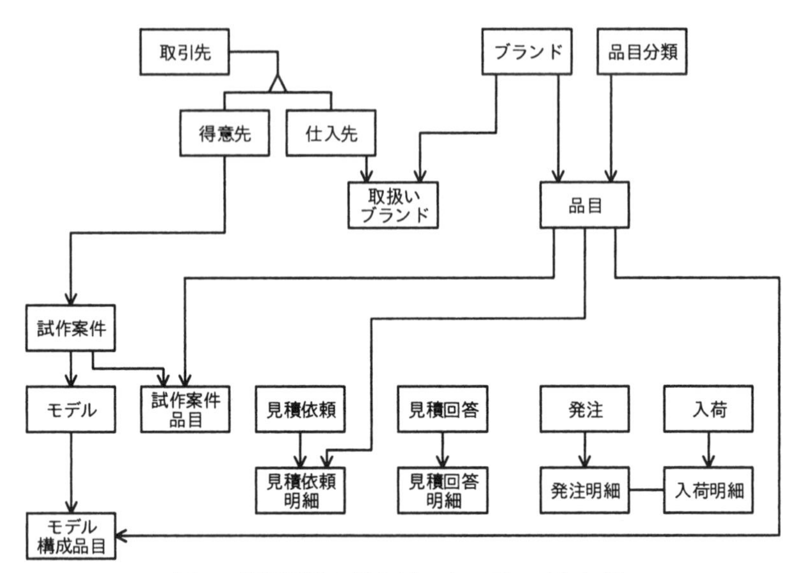

図１　現行業務の概念データモデル（未完成）

社員所属（社員コード，社員氏名，社員所属組織コード，社員所属組織名，社員所属上位組織コード，
社員所属上位組織名，社員役職コード，社員役職名，報告先社員コード，報告先社員氏名）
取引先（取引先コード，取引先名，取引先区分，住所）
得意先（取引先コード，昨年度受注金額）
仕入先（取引先コード，昨年度調達金額）
ブランド（ブランドコード，ブランド名）
品目分類（品目分類コード，品目分類名）
品目（メーカー型式番号，ブランドコード，品目分類コード）
取扱いブランド（取引先コード，ブランドコード）
試作案件（試作案件番号，試作案件名，取引先コード，製品用途，試作案件登録年月日）
モデル（モデル名，［ a ］，製造台数，得意先希望納入年月日，設計図面番号）
モデル構成品目（モデル名，［ a ］，メーカー型式番号，１台当たりの所要数量）
試作案件品目（試作案件番号，メーカー型式番号，合計所要数量，［ b ］）
見積依頼（見積依頼番号，見積依頼年月日，［ c ］）
見積依頼明細（見積依頼番号，見積依頼明細番号，メーカー型式番号，必要調達数量，希望納入年月日）
見積回答（見積依頼番号，見積回答番号，見積有効期限，見積回答年月日）
見積回答明細（見積回答明細番号，見積依頼明細番号，単価，納入可能年月日，［ d ］）
発注（発注番号，発注年月日，発注合計金額）
発注明細（発注番号，発注明細番号，指定納入年月日，［ e ］）
入荷（入荷番号，入荷年月日）
入荷明細（入荷番号，入荷明細番号，発注番号，発注明細番号）

図２　現行業務の関係スキーマ（未完成）

解答に当たっては，巻頭の表記ルールに従うこと。ただし，エンティティタイプ間の対応関係にゼロを含むか否かの表記は必要ない。エンティティタイプ間のリレーションシップとして"多対多"のリレーションシップを用いないこと。属性名は，意味を識別できる適切な名称とすること。関係スキーマに入れる属性を答える場合，主キーを表す下線，外部キーを表す破線の下線についても答えること。

設問1　図2中の関係"社員所属"について答えよ。

(1)　関係"社員所属"の候補キーを全て挙げよ。なお，候補キーが複数の属性から構成される場合は，｛　｝で括ること。

(2)　関係"社員所属"は，次のどの正規形に該当するか。該当するものを，○で囲んで示せ。また，その根拠を，具体的な属性名を挙げて60字以内で答えよ。第3正規形でない場合は，第3正規形に分解した関係スキーマを示せ。ここで，分解後の関係の関係名には，本文中の用語を用いること。

非正規形　・　第1正規形　・　第2正規形　・　第3正規形

設問2　現行業務の概念データモデル及び関係スキーマについて答えよ。

(1)　図1中の欠落しているリレーションシップを補って図を完成させよ。なお，図1に表示されていないエンティティタイプは考慮しなくてよい。

(2)　図2中の［　a　］～［　e　］に入れる一つ又は複数の適切な属性名を補って関係スキーマを完成させよ。

設問3　〔利用者の要望〕への対応について答えよ。

(1)　"1．品目分類の階層化"に対応できるよう，次の変更を行う。

(a)　図1の概念データモデルでリレーションシップを追加又は変更する。該当するエンティティタイプ名を挙げ，どのように追加又は変更すべきかを，30字以内で答えよ。

(b)　図2の関係スキーマにおいて，ある関係に一つの属性を追加する。属性を追加する関係名及び追加する属性名を答えよ。

(2)　"2．仕入先からの分納"に対応できるよう，次の変更を行う。

(a)　図1の概念データモデルでリレーションシップを追加又は変更する。該当するエンティティタイプ名を挙げ，どのように追加又は変更すべきかを，45字以内で答えよ。

(b)　図2の関係スキーマにおいて，ある二つの関係に一つずつ属性を追加する。属性を追加する関係名及び追加する属性名をそれぞれ答えよ。

問1 解答用紙

<table>
<tr><th colspan="2">設問</th><th colspan="2">解答欄</th></tr>
<tr><td rowspan="4">設問 1</td><td>(1)</td><td colspan="2"></td></tr>
<tr><td rowspan="3">(2)</td><td>正規形</td><td>非正規形 ・ 第 1 正規形 ・ 第 2 正規形 ・ 第 3 正規形</td></tr>
<tr><td>根拠</td><td></td></tr>
<tr><td>関係
スキーマ</td><td></td></tr>
</table>

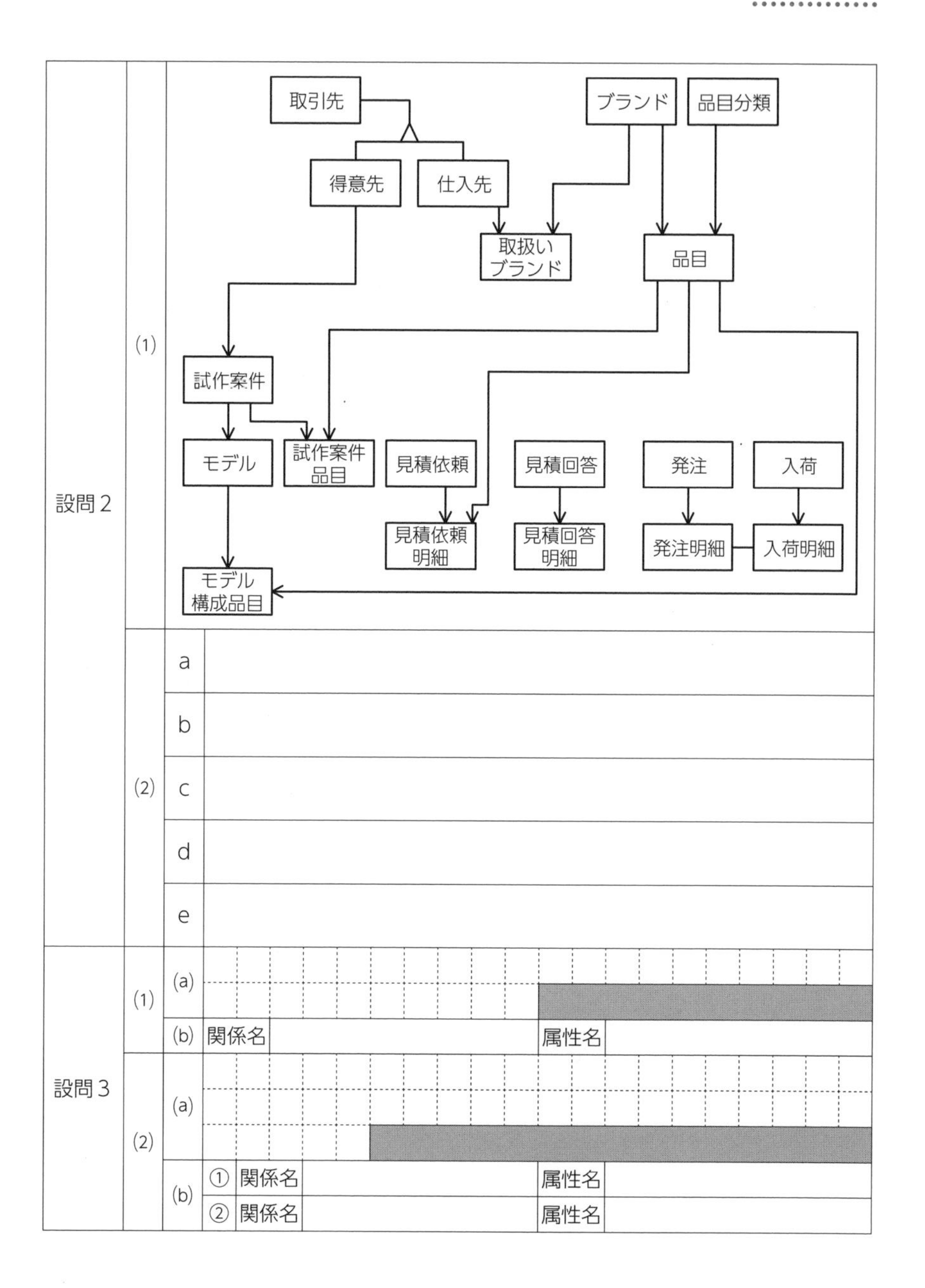
設問2
(1)
取引先
得意先
仕入先
ブランド
品目分類
取扱い
ブランド
品目
試作案件
モデル
試作案件
品目
見積依頼
見積回答
発注
入荷
見積依頼
明細
見積回答
明細
発注明細
入荷明細
モデル
構成品目
(2)
a
b
c
d
e
設問3
(1)
(a)
(b) 関係名
属性名
(2)
(a)
(b) ① 関係名
属性名
② 関係名
属性名

問1 解説

[設問1](1)

「図2　現行業務の関係スキーマ（未完成）」の“社員所属”には，

・社員コード
・社員氏名
・社員所属組織コード
・社員所属組織名
・社員所属上位組織コード
・社員所属上位組織名
・社員役職コード
・社員役職名
・報告先社員コード
・報告先社員氏名

の10の属性がある。属性名を見ると，「社員所属組織コード」には，「組織コード」の前に属性の意味を識別するための「社員所属」が付いており，他の属性名にも「社員」「社員所属」「報告先」が付いている。つまり，10の属性のもとになる属性は，

・社員コード
・氏名
・組織コード
・組織名
・役職コード
・役職名

に整理できる。この整理した属性の関数従属性を，〔現行業務〕から検討する。

3.⑴「社員は，社員コードで識別し，氏名をもつ」「同姓同名の社員は存在し得る」から，社員コードが決まると，氏名が一意に定まることが分かる。したがって，次の関数従属性が成立する。

　　社員コード→氏名　… i

1.⑴「組織は，組織コードで識別し，組織名をもつ」，⑵「組織は，階層構造であり，いずれか一つの上位組織に属する」から，組織コードが決まると，組織名と上位の組織コードが一意に定まることが分かる。したがって，次の関数従属性が成立する。

　　組織コード→{組織名，上位組織コード}　… ii

2.「役職は，役職コードで識別し，役職名をもつ」から，役職コードが決まると，役職が一意に定まることが分かる。したがって，次の関数従属性が成立する。

役職コード→役職名　… iii

i ～ iii の関数従属性を“社員所属”の属性名に反映すると，次の関数従属性が成立する。

i から，

社員コード→社員氏名　… iv

報告先社員コード→報告先社員氏名　… v

ii から，

社員所属組織コード→社員所属組織名　… vi

社員所属上位組織コード→社員所属上位組織名　… vii

社員所属組織コード→｛社員所属組織名，社員所属上位組織コード｝　… viii

iii から，

社員役職コード→社員役職名　… ix

また，3.(2)に「社員は，いずれかの組織に所属し，複数の組織に所属し得る」，(3)「一部の社員は，各組織において役職に就く。同一組織で複数の役職には就かない」とある。これらは，ある社員は，複数の組織に所属し，所属する組織ごとに一つの役職が一意に定まることを示している。したがって，次の関数従属性が成立する。

｛社員コード，社員所属組織コード｝→社員役職コード　… x

さらに，3.(2)に「社員は，いずれかの組織に所属し，複数の組織に所属し得る」，(4)「社員には，所属組織ごとに，業務内容の報告先となる社員が高々１名決まっている」とある。これは，ある社員は複数の組織に所属し，所属する組織ごとに１名の報告先の社員が一意に定まることを示している。したがって，次の関数従属性が成立する。

｛社員コード，社員所属組織コード｝→報告先社員コード　… xi

iv ～ xi から，“社員所属”の属性間の関数従属性を示すと，次図のようになる。

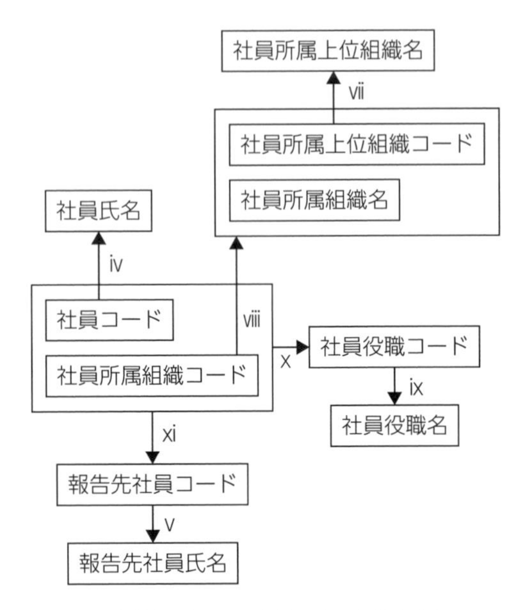

図　“社員所属”の属性間の関数従属性

この図から，{社員コード，社員所属組織コード} が決まれば，残りの八つの属性が一意に定まることが分かる。よって，“社員所属”の候補キーは，**{社員コード，社員所属組織コード}** となる。

さらに，3.(1)に「同姓同名の社員は存在し得る」とあるため，社員は社員コードでしか識別できない。しかし，1.(1)に「組織名は重複しない」とあるため，組織は組織コード以外に組織名でも識別できることになる。組織名は，“社員所属”では社員所属組織名となっている。よって，もう一つの“社員所属”の候補キーは，**{社員コード，社員所属組織名}** となる。

[設問1](2)

正規形について

まず，“社員所属”の全ての属性に繰返し項目はないため，第1正規形の条件を満たしていることは明らかである。

次に，“社員所属”の候補キー {社員コード，社員所属組織コード} について，設問1(1)の解説の図から，第2正規形であるかを検討する。関数従属性ivは，社員コードが決まれば社員氏名が一意に定まるという，候補キーに部分関数従属性が存在することを表している。他にも，関数従属性ⅷには，社員所属組織コードが決まれば社員所属上位組織コードが一意に定まるという，候補キーに部分関数従属性が存在することを表している。したがって，第2正規形の条件は満たしていない。よって，“社員所属”は，**第1正規形**となる。

また，候補キー｛社員コード，社員所属組織名｝については，社員所属組織名が決まれば社員所属上位組織名が一意に定まるという部分関数従属性が存在する。

根拠について

第1正規形である根拠として，第1正規形の条件を満たしていることと第2正規形の条件を満たしていないことを示せばよい。前者は繰返し項目がない（単一値をとる）ことを述べればよい。後者は候補キーに部分関数従属する属性のうちいずれかを挙げて，制限字数「60字以内」で述べればよい。

よって，第1正規形である根拠は，**全ての属性が単一値をとり，候補キーの一部である“社員コード”に関数従属する“社員氏名”があるから**，又は，**全ての属性が単一値をとり，候補キーの一部である“社員所属組織コード”に関数従属する“社員所属上位組織コード”があるから**，又は，**全ての属性が単一値をとり，候補キーの一部である“社員所属組織名”に関数従属する“社員所属上位組織名”があるから**となる。

関係スキーマについて

設問文の「分解後の関係の関係名には，本文中の用語を用いること」に注意する。

第3正規形にするには，“社員所属”を分割して，部分関数従属している属性を独立させ第2正規形にする。その後，推移的関数従属性が存在する場合には，さらに分割して推移的関数従属性を解消させればよい。

まず，第2正規形にする。“社員所属”に存在する部分関数従属は，設問1（1）の解説の図のⅳとⅷ，

　　社員コード→社員氏名

　　社員所属組織コード→｛社員所属組織名，社員所属上位組織コード｝

である。したがって，社員コードを主キーとする“社員”と，組織コードを主キーとする“組織”を作成する。よって，

社員（社員コード，氏名）

組織（組織コード，組織名，上位組織コード）

となる。上位組織コードは，“組織”を参照する外部キーである。

次に，推移的関数従属性の有無を確認する。推移的関数従属は，設問1(1)の解説の図ⅹとⅸ，ⅺとⅴ，

　　｛社員コード，社員所属組織コード｝→社員役職コード→社員役職名

{社員コード，社員所属組織コード}→報告先社員コード→報告先社員名

である。社員役職コード→社員役職名を，“社員所属”から取り出し，主キーを役職コードとする“役職”を作成する。

役職（役職コード，役職名）

報告先社員コード→報告先社員氏名は，部分関数従属性を解消した際に“社員”を作成したので関係スキーマを作成する必要はない。

“社員所属”からは，分割した“社員”と“組織”と“役職”の属性を取り除く。結果，{社員コード，社員所属組織コード}を主キー，役職コードを“役職”を参照する外部キー，報告先社員コードを“社員”を参照する外部キーとした，

社員所属（社員コード，所属組織コード，役職コード，報告先社員コード）

となる。

[設問2]（1）（2）

〔現行業務〕から，図2の空欄a ～ eに入る属性名を完成させ，外部キーに着目して「図1　現行業務の概念データモデル（未完成）」に欠落しているリレーションシップを記入する。また，主キーが外部キーでもある場合のリレーションシップにも留意する。

“モデル”のaについて

6.（1）②に「モデルごとに，モデル名，設計図面番号，製造台数，得意先希望納入年月日をもつ」「モデルは，試作案件番号とモデル名で識別する」とある。これより，“モデル”には，設計図面番号，製造台数，得意先希望納入年月日，試作案件番号，モデル名の五つの属性が必要であり，{試作案件番号，モデル名}が主キーであることが分かる。よって，図2にない属性名，**試作案件番号**が空欄aに入る。

また，図1の“試作案件”と“モデル”の間に1対多のリレーションシップがあることから，主キーの一部である試作案件番号は，“試作案件”を参照する外部キーでもあることが分かる。

“試作案件品目”のbについて

6.（1）④に「試作案件で使用する品目ごとの合計所要数量をもつ」「通常，品目の調達はA社が行うが，得意先から無償で支給されることがある。この数量を得意先支給数量としてもつ」「合計所要数量から得意先支給数量を減じた必要調達数量をもつ」とある。これより，“試作案件品目”には，合計所要数量，得意先支給数量，必要調達数量の三つの属性が必要となる。よって，図2にない属性名，**得意先支給数量，必要調達数量**が空欄bに入る。

また，図１の“試作案件”と“試作案件品目”，“品目”と“試作案件品目”の間に１対多のリレーションシップがあることから，試作案件番号（主キーの一部）は“試作案件”を参照する外部キー，メーカー型式番号（主キーの一部）は“品目”を参照する外部キーでもあることが分かる。

“見積依頼”のcとリレーションシップについて

7.⑴①に「見積依頼には，見積依頼番号を付与し，見積依頼年月日を記録する」とある。これより，“見積依頼”には見積依頼番号（主キー），見積依頼年月日の二つの属性が必要となる。また，7.⑴に「品目を調達する際は，当該品目のブランドを扱う複数の仕入先に見積依頼を行う」，①に「どの試作案件に対する見積依頼かが分かるようにしておく」とある。これより，“見積依頼”には“仕入先”と“試作案件”を識別する属性として，取引先コード（“仕入先”を参照する外部キー），試作案件番号（“試作案件”を参照する外部キー）の二つの属性が必要となる。よって，図２にない属性名，**取引先コード，試作案件番号**が空欄cに入る。

“仕入先”と“試作案件”を参照する外部キーに関するリレーションシップが，図１にない。よって，**“仕入先”と“見積依頼”の間に１対多，“試作案件”と“見積依頼”の間に１対多**のリレーションシップを記入する。

“見積回答”のリレーションシップについて

7.⑵に「見積回答が複数に分かれることはない」とある。これより，一つの見積依頼には一つの見積回答しかないこと，つまり，“見積依頼”と“見積回答”は１対１であることが分かる。よって，図１に**“見積依頼”と“見積回答”の間に１対１**のリレーションシップを記入する。リレーションシップが１対１の場合，意味的に後からインスタンスが発生する側に外部キーを配置する。したがって，“見積回答”の主キーである見積依頼番号は，“見積依頼”を参照する外部キーでもある。

“見積回答明細”のdとリレーションシップについて

7.⑵②に「見積回答の明細には，見積依頼明細番号，メーカー型式番号，調達条件，仕入先が付与した見積回答明細番号が記載されている」とあり，調達条件は，4.⑷に「調達条件（単価，ロットサイズ，納入可能年月日）」とある。また，7.⑵③に「見積回答の明細には……品目の提案理由が記載されている」とある。これらから，“見積回答明細”には見積依頼明細番号，メーカー型式番号，単価，ロットサイズ，納入可能年月日，見積回答明細番号，提案理由の七つの属性が必要となる。7.⑵③「見積回答の明細には，見積依頼とは別の複数の品目が提案として返ってくることがある」から，メーカー型式番号は“品目”を参照する外部キーとなる。そして，一つの品目は一つ以上の見積回答明細に記載されていること，つまり，“品目”と“見積回答明細”

は１対多であることが分かる。

7.⑵③「見積回答の明細には，見積依頼とは別の複数の品目が提案として返ってくることがある」から，一つの見積依頼明細には一つ以上の見積回答明細があること，つまり，“見積依頼明細”と“見積回答明細”は１対多であることが分かる。したがって，“見積依頼明細”を参照する外部キーとして，見積依頼番号と見積依頼明細番号が必要となる。さらに，“見積回答”と“見積回答明細”の間に１対多のリレーションシップがあることから，多側となる“見積回答明細”には，“見積回答”を参照する外部キーとして，見積依頼番号が必要となる。つまり，“見積依頼明細”と“見積回答”を参照する外部キーとして，見積依頼番号が必要となる。

これらから，“見積回答明細”には，見積回答明細番号，見積依頼番号，見積依頼明細番号，単価，納入可能年月日，ロットサイズ，メーカー型式番号，提案理由の八つの属性が必要となり，主キーは見積回答明細番号となる。しかし，7.⑵②に「見積回答明細番号は，仕入先間で重複し得る」とあり，見積回答明細を識別するには見積回答明細番号以外に取引先コードも必要であるため，“仕入先”の主キーである取引先コードと合わせた｛取引先コード，見積回答明細番号｝が主キーになると考えられる。ここで，“見積依頼”の属性を確認する。“見積依頼”は，見積依頼番号が主キーとなっており，見積依頼番号は試作案件ごと仕入先ごとに振られている。つまり，見積依頼番号が決まると，取引先コード（“仕入先”の主キー）が一意に定まるため，主キーは｛見積依頼番号，見積回答明細番号｝となる。よって，図２にない属性名，**見積依頼番号，メーカー型式番号，ロットサイズ，提案理由**が空欄dに入る。

図１には，“見積回答”を参照する外部キーに関するリレーションシップはあるが，“見積依頼明細”と“品目”を参照する外部キーに関するリレーションシップはない。よって，図１に**“見積依頼明細”と“見積回答明細”の間に１対多，“品目”と“見積回答明細”の間に１対多**のリレーションシップを記入する。

“発注明細”のeとリレーションシップについて

8.⑴に「品目ごとに妥当な調達条件を一つだけ選定する」，8.⑴①に「選定した調達条件に対応する見積回答明細を発注明細に記録し，発注ロット数，指定納入年月日を決める」とある。これより，“発注明細”には見積依頼番号，見積回答明細番号，発注ロット数，指定納入年月日の四つの属性が必要であり，｛見積依頼番号，見積回答明細番号｝が“見積回答明細”を参照する外部キーであることが分かる。

よって，図２にない属性名，**見積依頼番号，見積回答明細番号，発注ロット数**が空欄eに入る。

また，“見積回答明細”の調達条件（単価，ロットサイズ，納入可能年月日）のうちの一つを選定し発注明細に記録するので，“見積回答明細”と“発注明細”は1対1となる。よって，**“見積回答明細”と“発注明細”の間に1対1**のリレーションシップを記入する。

[設問3] (1) (a) (b)

〔利用者の要望〕1. に「品目分類を大分類，中分類，小分類のような階層的な構造にしたい」「当面は3階層でよいが，将来的には階層を増やす可能性がある」とある。階層数を決めない階層的な構造にするには，第3正規化後の“組織”に上位組織コードという属性があるように，“品目分類”に自分自身を参照する外部キーとして上位品目分類コードという属性を追加して，自分自身への1対多のリレーションシップ(自己参照型のリレーションシップ，再帰リレーションシップ）を追加すればよい。

よって，品目分類の階層化に対応できるように，図1に**品目分類に自己参照型のリレーションシップを追加する**，又は，**品目分類に再帰リレーションシップを追加する**，又は，**品目分類から自分自身へ1対多のリレーションシップを追加する**となる。また，これを実現するために，図2の関係名**品目分類**に，属性名**上位品目分類コード**を追加する。

[設問3] (2) (a) (b)

〔利用者の要望〕2. に「一部の仕入先から1件の発注明細に対する納品を分けたい」「未だ納入されていない数量である発注残ロット数も記録するようにしたい」とある。

要望に対応するには，一つの発注明細に対して，一つ以上の入荷明細が対応するようにすればよい。そして，“発注明細”に発注残ロット数という属性を追加して未だ納入されていない数量を記録し，分納されたそれぞれの“入荷明細”に入荷ロット数を記録すればよい。この属性名は，〔現行業務〕8. (1)①「発注ロット数」に倣っている。

よって，図1の**発注明細と入荷明細との間のリレーションシップを，1対1から1対多へ変更する**。そして，図2の関係名**発注明細**に属性名**発注残ロット数**，関係名**入荷明細**に属性名**入荷ロット数**を追加する。

第3部 午後問題演習

問1 解答

<table>
<tr><th colspan="2">設問</th><th colspan="2">解答例・解答の要点</th></tr>
<tr><td rowspan="4">設問1</td><td>(1)</td><td colspan="2">{社員コード，社員所属組織コード}
{社員コード，社員所属組織名}</td></tr>
<tr><td rowspan="3">(2)</td><td>正規形</td><td>非正規形・第1正規形・第2正規形・第3正規形</td></tr>
<tr><td>根拠</td><td>・全ての属性が単一値をとり，候補キーの一部である“社員コード”に関数従属する“社員氏名”があるから
・全ての属性が単一値をとり，候補キーの一部である“社員所属組織コード”に関数従属する“社員所属上位組織コード”があるから
・全ての属性が単一値をとり，候補キーの一部である“社員所属組織名”に関数従属する“社員所属上位組織名”があるから</td></tr>
<tr><td>関係
スキーマ</td><td>社員（社員コード，社員氏名）
組織（組織コード，組織名，上位組織コード）
社員所属（社員コード，所属組織コード，役職コード，
報告先社員コード）
役職（役職コード，役職名）</td></tr>
</table>

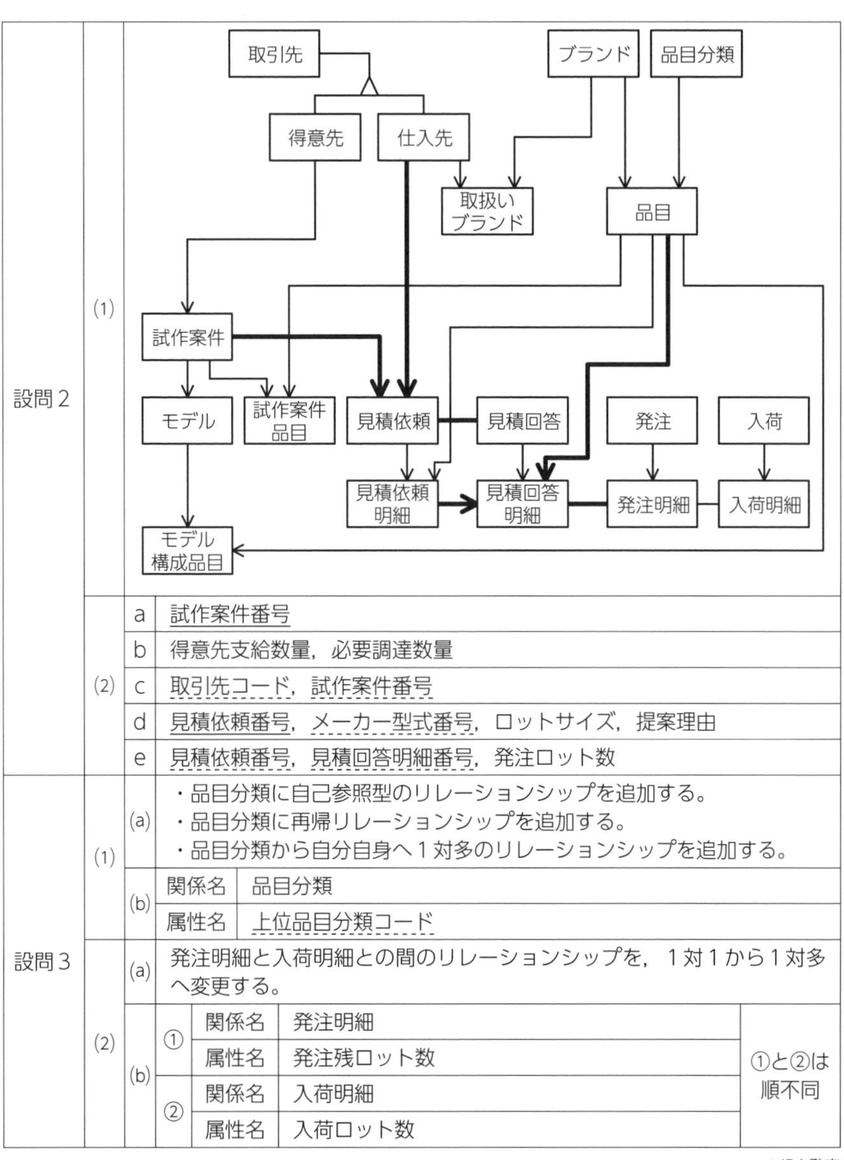

設問				
設問2	(1)	（図）		
	(2)	a	試作案件番号	
		b	得意先支給数量，必要調達数量	
		c	取引先コード，試作案件番号	
		d	見積依頼番号，メーカー型式番号，ロットサイズ，提案理由	
		e	見積依頼番号，見積回答明細番号，発注ロット数	
設問3	(1)	(a)	・品目分類に自己参照型のリレーションシップを追加する。 ・品目分類に再帰リレーションシップを追加する。 ・品目分類から自分自身へ1対多のリレーションシップを追加する。	
		(b)	関係名	品目分類
			属性名	上位品目分類コード
	(2)	(a)	発注明細と入荷明細との間のリレーションシップを，1対1から1対多へ変更する。	
		(b)	① 関係名	発注明細（①と②は順不同）
			① 属性名	発注残ロット数
			② 関係名	入荷明細
			② 属性名	入荷ロット数

※IPA発表

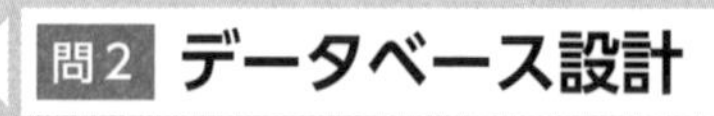

問2 データベース設計 （出題年度：R2問１）

データベース設計に関する次の記述を読んで，設問１，２に答えよ。

A社は，関東圏に展開している食料品スーパマーケットチェーンである。A社が取り扱う商品には，青果，鮮魚，精肉などがあるが，その中の自社商品の弁当・総菜類について，商品配送管理システムを用いて配送業務を実施してきた。A社は，デザート・ケーキ類の追加を計画しており，データベース設計を見直すことにした。

〔現状業務の概要〕

１．拠点

⑴　拠点は，拠点コードで識別し，拠点名，所在地，代表電話番号をもつ。

⑵　拠点には生産工場と店舗があり，拠点区分で分類する。

⑶　生産工場は，A社の自社商品だけを生産する。A社には３か所の生産工場がある。生産工場には，自社商品を生産する役割と，自社商品を仕分けして各店舗へ配送する役割がある。生産工場は，生産能力と操業開始年月日をもつ。

⑷　店舗は，約70あり，店舗基本情報をもつ。

①　生産工場から店舗への配送では，配送ルートを設定している。一つの配送ルートは，１台のトラックで２～３時間で配送できる３～８の店舗を配送先としている。店舗への配送順序をあらかじめ決めている。

②　配送ルートは，ルート番号で識別し，ルート名称と一つの配送元の拠点コードをもつ。

③　店舗は，一つの配送ルートに属し，そのルート番号をもつ。また，配送ルート上何番目に配送されるかを表す配送順序をもつ。

２．自社商品

⑴　自社商品は，A社の商品仕様に基づく弁当，総菜，おにぎりなどである。

⑵　自社商品は，商品コードで識別し，商品名，商品価格，商品仕様をもつ。

⑶　各生産工場は，全ての自社商品を生産する。

⑷　自社商品ごとに生産ロットサイズを決めている。

３．発注から配送まで

⑴　A社本部は，店舗からの発注を，昼食前と夕食前の時間帯に合わせて受け付ける。

①　店舗は，必要な自社商品とその発注数量を設定して発注する。

② 発注は，配送を受ける時間帯に対する締め時刻（以下，締め時刻という）まで，複数回に分けて行うこともある。一つの発注の中で同一の自社商品を複数回登録することができる。店舗が発注数量を減らす又は取り消す場合，当該自社商品の発注数量をマイナスの値で設定して発注する。

③ 発注は発注番号で識別し，発注明細は発注番号と発注明細番号で識別する。

④ A社本部は，店舗からの発注について，店舗の拠点コード，発注登録日時を確認し，配送予定日時を記録する。

(2) A社本部は，店舗からの発注に基づき生産の指示を行う。生産工場は，生産の指示に基づき生産する。

① A社本部は，締め時刻の対象となる発注について，生産工場ごとに配送先の店舗の自社商品ごとの発注数量を集計し，生産の指示とする。

② 生産は，生産番号で識別し，生産工場の拠点コード，生産完了予定日時を記録する。

③ 生産明細は，生産番号と商品コードで識別し，生産数量を記録する。生産数量は，集計した発注数量を満たすように，自社商品の生産ロットサイズの倍数で設定する。

④ 生産の対象とした発注明細に対して，生産番号を記録する。

⑤ 生産工場は，生産完了後に生産完了日時を記録する。

(3) 生産工場は，自社商品を店舗ごとに仕分けて配送する。

① A社本部は，締め時刻の対象となる発注に対して店舗ごとに自社商品別に発注を集計し，配送の指示を行う。

② 配送は，配送番号で識別し，配送完了予定日時と配送先の拠点コードを記録する。

③ 配送明細は，配送番号と商品コードで識別し，配送数量を記録する。配送数量は，実際の配送数量である。

④ 配送の対象とした発注明細に対して，配送番号を記録する。

⑤ 店舗は，配送された自社商品を受領し，配送に対して，店舗受領日時，店舗受領担当者を記録する。

〔概念データモデルと関係スキーマの設計〕

〔現状業務の概要〕についての概念データモデルを図1に，関係スキーマを図2に示す。

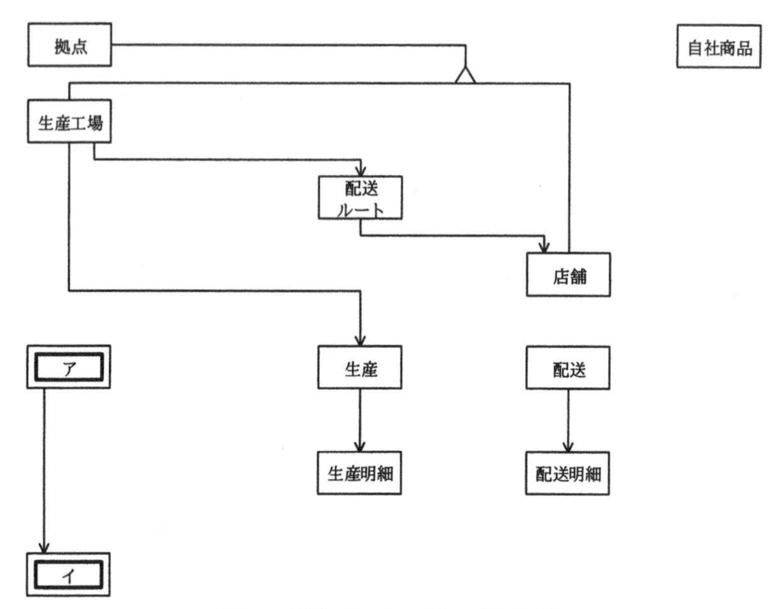

図１　概念データモデル（未完成）

拠点（<u>拠点コード</u>，拠点区分，拠点名，所在地，代表電話番号）
生産工場（<u>拠点コード</u>，生産能力，操業開始年月日）
店舗（<u>拠点コード</u>，店舗基本情報，[a]）
自社商品（<u>商品コード</u>，商品名，商品価格，商品仕様，[b]）
配送ルート（<u>ルート番号</u>，ルート名称，[c]）
[ア]（[d]）
[イ]（[e]）
生産（<u>生産番号</u>，[f]，生産完了予定日時，生産完了日時）
生産明細（<u>生産番号</u>，[g]，生産数量）
配送（<u>配送番号</u>，配送完了予定日時，[h]，店舗受領日時，店舗受領担当者）
配送明細（<u>配送番号</u>，[g]，配送数量）

図２　関係スキーマ（未完成）

〔新たな商品の追加〕

1．新たな商品及び委託先

(1)　A社は，新たな商品として，デザート・ケーキ類を追加することにした。

(2)　デザート・ケーキ類は，B社に生産を委託する。委託して生産する商品を委託商品と呼ぶ。委託商品は，A社の商品仕様に基づいて生産する。自社商品と委託商品を併せて自社仕様商品と呼ぶ。

(3) B社の工場を委託工場と呼び，委託工場は委託開始年月日をもつ。委託工場は5か所ある。個々の委託商品を生産する委託工場は，一つに決まっている。また，委託工場の追加に伴って，生産工場を自社工場と呼ぶことにする。自社工場と委託工場を併せて工場と呼ぶ。

(4) A社は，既存の配送ルートを使って自社商品と委託商品を併せて店舗へ配送する。

(5) これまで自社工場内で仕分けと配送を行っていた役割に，工場の拠点コードとは別に物流センタとしての拠点コードを付与する。

(6) 自社工場から物流センタへ，委託工場から物流センタへ，自社仕様商品を運ぶことを納入と呼ぶ。

2．物流センタ追加に伴う納入ルートの追加と配送ルートの変更

(1) 納入の指示及び納入は，次のように行う。

① 各自社工場と自社工場内の物流センタ，各委託工場と各物流センタの組を納入ルートと呼ぶ。納入ルートは，ルート番号で識別する。

② A社本部は，締め時刻の対象となる発注について，次のように納入の指示を行う。

・自社商品については，物流センタごとに配送先の店舗の発注数量を自社商品別に集計して，納入の指示とする。

・委託商品については，物流センタごとに配送先の店舗の発注数量を委託商品別に集計し，委託商品を生産する委託工場ごとに分けて，納入の指示とする。

③ 納入は，納入番号で織別し，納入するルート番号と納入予定日時を記録する。納入が完了後，納入完了日時を記録する。

④ 納入明細は，納入番号と商品コードで識別し，納入数量を記録する。

⑤ 納入の対象となる発注明細に対して，納入番号を記録する。

(2) 配送ルートの配送元を自社工場から物流センタに変更し，物流センタに対する配送の指示及び店舗への配送は，現状業務と同様に行う。

(3) 配送ルートと納入ルートを併せてルートと呼ぶ。

(4) 生産の指示及び生産は，次のように行う。

① 自社工場に対する生産の指示及び生産は，現状業務と同様に行う。

② 委託工場に対する生産の指示は，全店舗の委託商品ごとの発注数量を集計して行う。

③ 委託工場は，生産の指示に基づいて，生産を行い，自社工場と同様の記録を

行う。

新たな商品の追加に対応するために，工場，ルート及び自社仕様商品をサブタイプに分割した。新たな商品を追加した概念データモデルを図3に，工場，物流センタ，ルート及び納入の関係スキーマを図4に示す。

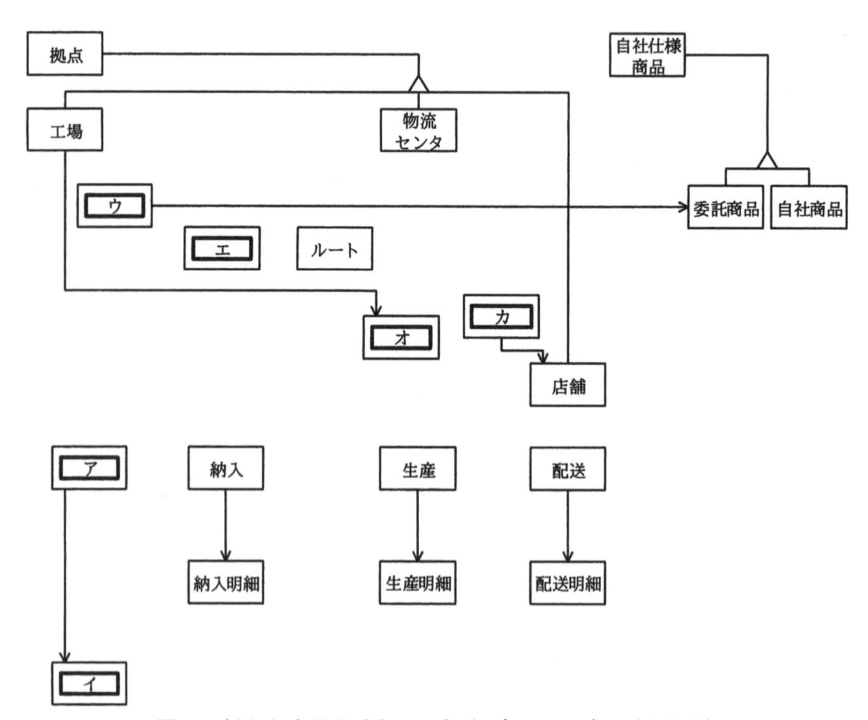

図3　新たな商品を追加した概念データモデル（未完成）

工場（拠点コード，生産能力）
［　ウ　］（［　i　］）
［　エ　］（拠点コード，操業開始年月日）
物流センタ（拠点コード，区画面積）
ルート（ルート番号，ルート名称）
［　オ　］（ルート番号，［　j　］）
［　カ　］（ルート番号，［　k　］）
納入（納入番号，納入ルート番号，納入予定日時，納入完了日時）
納入明細（納入番号，商品コード，納入数量）

図4　工場，物流センタ，ルート及び納入の関係スキーマ（未完成）

解答に当たっては，巻頭の表記ルールに従うこと。ただし，エンティティタイプ間の対応関係にゼロを含むか否かの表記は必要ない。

なお，エンティティタイプ間のリレーションシップとして“多対多”のリレーションシップを用いないこと。エンティティタイプ名及び属性名は，それぞれ意味を識別できる適切な名称とすること。また，識別可能なサブタイプが存在する場合，他のエンティティタイプとのリレーションシップは，スーパタイプ又はサブタイプのいずれか適切な方との間に記述せよ。また，関係スキーマは第３正規形の条件を満たしていること。

設問１　図1，2について，(1)，(2)に答えよ。

(1)　図１の概念データモデルは未完成である。図１中の［　ア　］，［　イ　］に入れる適切なエンティティタイプ名を答えよ。また，必要なリレーションシップを全て記入し，概念データモデルを完成させよ。

(2)　図２中の［　a　］～［　h　］に一つ又は複数の適切な属性名を入れ，図を完成させよ。また，主キーを構成する属性の場合は実線の下線を，外部キーを構成する属性の場合は，破線の下線を付けること。

設問２　〔新たな商品の追加〕について，(1)～(3)に答えよ。

(1)　図３中の［　ウ　］～［　カ　］に入れる適切なエンティティタイプ名を答えよ。また，必要なリレーションシップを全て記入し，概念データモデルを完成させよ。

(2)　図４中の［　i　］～［　k　］に一つ又は複数の適切な属性名を入れ，図を完成させよ。また，主キーを構成する属性の場合は実線の下線を，外部キーを構成する属性の場合は，破線の下線を付けること。

(3)　工場と［　オ　］の間のリレーションシップは１対多に設定しているが，このリレーションシップの多側のカーディナリティは２種類の値をとる。それぞれについて，カーディナリティの値（数値）と，どのような場合に発生するかを25字以内で具体的に答えよ。

問2 解答用紙

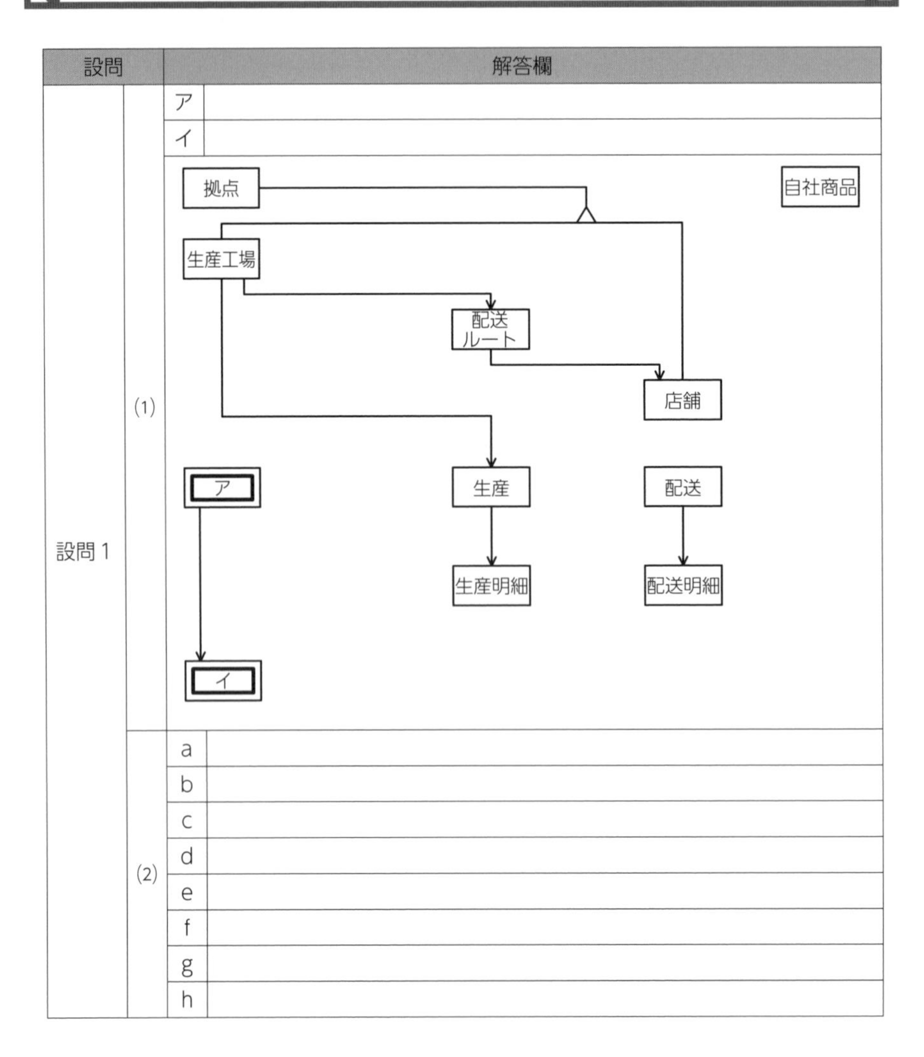

設問			解答欄
設問1	(1)	ア	
		イ	
		（図）	
	(2)	a	
		b	
		c	
		d	
		e	
		f	
		g	
		h	

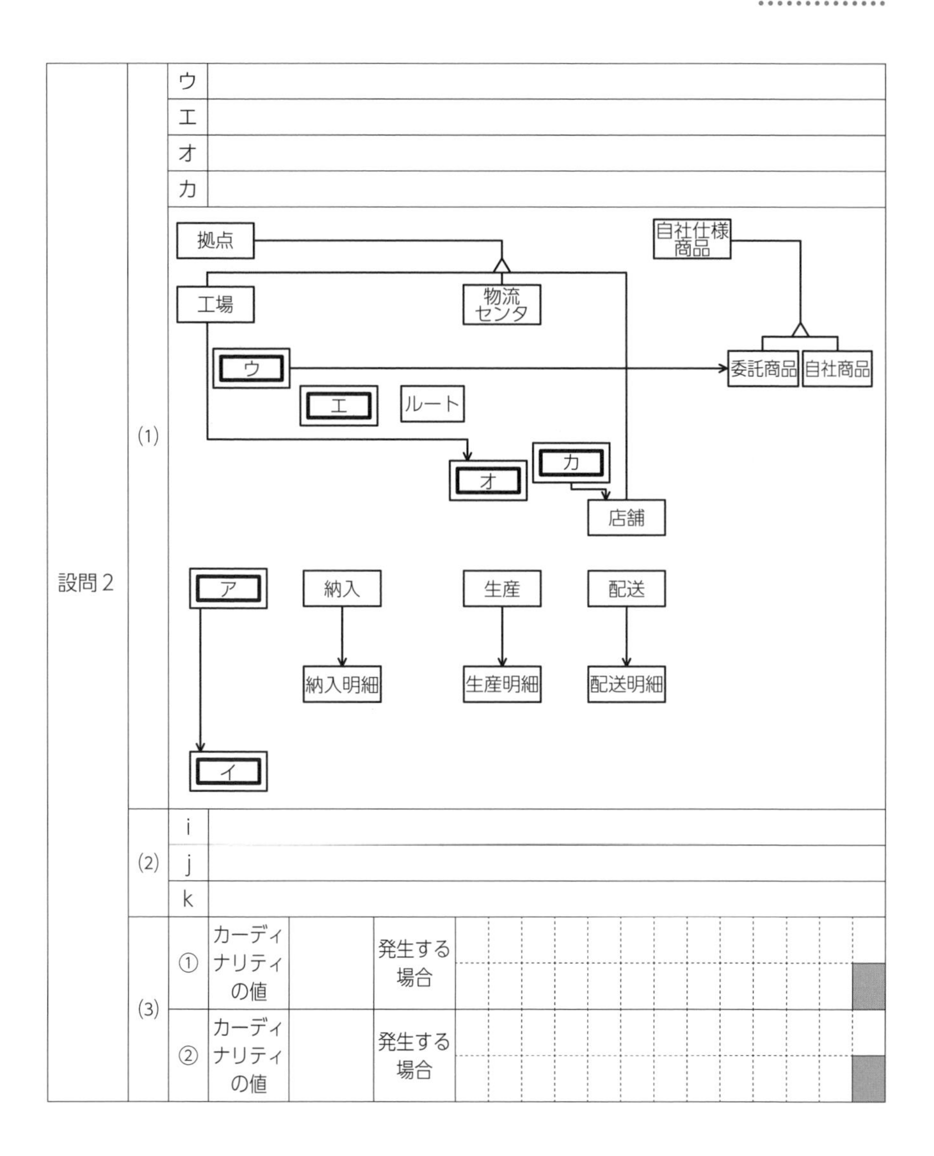

設問2
(1)
ウ
エ
オ
カ
拠点
工場
物流センタ
自社仕様商品
委託商品
自社商品
ルート
店舗
ア
イ
納入
納入明細
生産
生産明細
配送
配送明細
(2)
i
j
k
(3)
①
カーディナリティの値
発生する場合
②
カーディナリティの値
発生する場合

問2 解説

解答にあたっては，次の三つの指示が問題文の末尾や設問文に記されている。

●リレーションシップの解答方法の指示

問題文末尾に「エンティティタイプ間の対応関係にゼロを含むか否かの表記は必要ない」「エンティティタイプ間のリレーションシップとして“多対多”のリレーションシップを用いないこと」「識別可能なサブタイプが存在する場合，他のエンティティタイプとのリレーションシップは，スーパタイプ又はサブタイプのいずれか適切な方との間に記述せよ」とある。

●エンティティタイプ名および属性名の解答方法の指示

問題文末尾に「エンティティタイプ名及び属性名は，それぞれ意味を識別できる適切な名称とすること」とある。本試験の解答例を見ると，属性名には問題文中の用語を用いている。また，サブタイプを識別する必要があり，スーパタイプとサブタイプの主キーの属性名が同じ場合，そのエンティティタイプを参照する外部キーの属性名は，（エンティティタイプ名＋主キーの属性名）となっている場合がある。

●関係スキーマの主キーおよび外部キーの解答方法の指示

［設問１］⑵および［設問２］⑵に「主キーを構成する属性の場合は実線の下線を，外部キーを構成する属性の場合は，破線の下線を付けること」とある。また，問題冊子巻頭の「問題文中で共通に使用される表記ルール」の２．関係スキーマの表記ルール及び関係データベースのテーブル（表）構造の表記ルール⑴③に「外部キーを表す場合は，外部キーを構成する属性名又は属性名の組に破線の下線を付ける。ただし，主キーを構成する属性の組の一部が外部キーを構成する場合は，破線の下線を付けない」とある。解答が，主キーを構成する属性であり，外部キーを構成する属性でもある場合には，実線の下線のみを付ければよい。また，問題文中で実線の下線が付けられた属性が主キーであると同時に外部キーであることもあるので，注意が必要である。

［設問１］⑴，［設問２］⑴の解答において，漏れがないようにリレーションシップを答案用紙に記入するには，まず，主キーと外部キーの指定も含めて関係スキーマの属性を完成させ，次に，その外部キーに着目して，リレーションシップが１対多，あるいは，１対１であるかを検討していくとよい。

> AとBのエンティティタイプ間のリレーションシップが，
> ・1対多の場合，Aの主キーをBの外部キーに指定する。
> ・1対1の場合，どちらに外部キーを配置してもよいが，通常は意味的に後からインスタンスが発生するエンティティタイプに外部キーを配置する。

つまり，エンティティタイプAの主キーを，エンティティタイプBが外部キーとして持つ場合，AとBのエンティティタイプ間に1対多とするリレーションシップを表す線を記入する。リレーションシップが1対1となる場合には，必ず問題文に記述があるので，注意が必要である。

[設問1](1)(2)

まず，空欄アとイのエンティティタイプ名を検討する。次に，図2の関係スキーマの順に従って，空欄に入る属性名を完成させ，外部キーがあった場合，図1に記入するリレーションシップを検討する。また，完成している関係スキーマであっても，主キーが外部キーを兼ねていることもあるので，検討する。

ア，イについて

〔現状業務の概要〕より，商品配送管理システムに必要なエンティティタイプを検討し，その結果と図1を比較し，記載されていないエンティティタイプを特定する。

問題文中の「……で識別」は主キーを表すキーワード，また，「……で分類」はスーパタイプとサブタイプを表すキーワードとなる。このキーワードの前後にエンティティタイプ名が記載されている。キーワードに注意して，商品配送管理システムに必要なエンティティタイプを拾い出すと，次のようになる。

- 1．拠点(1)より，“拠点”
- 1．拠点(2)より，“生産工場”と“店舗”
- 1．拠点(4)②より，“配送ルート”
- 2．自社商品(2)より，“自社商品”
- 3．発注から配送(1)③より，“発注”と“発注明細”
- 3．発注から配送(2)②より，“生産”
- 3．発注から配送(2)③より，“生産明細”
- 3．発注から配送(3)②より，“配送”
- 3．発注から配送(3)③より，“配送明細”

図1には，“発注”と“発注明細”の二つのエンティティタイプがない。

図1に“[ア]”と“[イ]”のエンティティタイプ間のリレーションシップ

は１対多とある。〔現状業務の概要〕３．発注から配送まで⑴③の「発注は発注番号で識別し，発注明細は発注番号と発注明細番号で識別する」より，一つの“発注”には複数の“発注明細”が存在することが分かる。したがって，“発注”と“発注明細”のエンティティタイプ間のリレーションシップは１対多となる。これを図１に当てはめると，空欄アには**発注**，空欄イには**発注明細**が入る。

“拠点”のリレーションシップについて

図２の“拠点”の属性は完成している。外部キーはない。しかし，〔現状業務の概要〕１．拠点⑵に「拠点には生産工場と店舗があり，拠点区分で分類する」とあり，“生産工場”と“店舗”は，“拠点”のサブタイプであり，サブタイプ間の関係は排他（排他的サブタイプ）であることが分かる。これに関するリレーションシップ（“拠点”をスーパタイプとし，“生産工場”と“店舗”をサブタイプとする）を表す線は，図１にある。

“生産工場”のリレーションシップについて

図２の“生産工場”の属性は完成している。外部キーはないので，これに関するリレーションシップはない。

“店舗”のaとそのリレーションシップについて

〔現状業務の概要〕１．拠点⑴に「拠点は，拠点コードで識別し」，⑵に「拠点には生産工場と店舗があり，拠点区分で分類する」とある。“店舗”は，“拠点”のサブタイプであることが分かる。サブタイプはスーパタイプ“拠点”の主キー（拠点コード）を引き継ぐ。

⑷に「店舗は，約70あり，店舗基本情報をもつ」，⑷③に「店舗は，一つの配送ルートに属し，そのルート番号をもつ」「配送ルート上何番目に配送されるかを表す配送順序をもつ」とある。“店舗”に必要な属性は，拠点コード（主キー），店舗基本情報，ルート番号，配送順序となる。そのうち，図２にない属性は，ルート番号，配送順序である。

ルート番号は，その店舗が属する配送ルートを特定するので，“配送ルート”を参照する外部キーとなる。よって，空欄aには，**ルート番号，配送順序**が入る。

ルート番号（“配送ルート”を参照する外部キー）に関するリレーションシップ（“配送ルート”と“店舗”のエンティティタイプ間に１対多）を表す線は，図１にある。

“店舗”では，店舗が発注した自社商品の配送ルートと配送順番が分かる。また，ルート番号より，この店舗で発注した自社商品を生産する生産工場を特定できる。

“自社商品”のbとそのリレーションシップについて

〔現状業務の概要〕２．自社商品⑵に「自社商品は，商品コードで識別し，商品名，商品価格，商品仕様をもつ」，⑷に「自社商品ごとに生産ロットサイズを決めている」とある。“自社商品”に必要な属性は，商品コード（主キー），商品名，商品価格，商品仕様，生産ロットサイズとなる。そのうち，図２にない属性は，生産ロットサイズである。よって，空欄bには**生産ロットサイズ**が入る。

“自社商品”には，外部キーはないので，これに関するリレーションシップはない。

“配送ルート”のcとそのリレーションシップについて

〔現状業務の概要〕１．拠点⑷②に「配送ルートは，ルート番号で識別し，ルート名称と一つの配送元の拠点コードをもつ」とある。“配送ルート”に必要な属性は，ルート番号（主キー），ルート名称，配送元の拠点コードとなる。そのうち，図２にない属性は，配送元の拠点コードである。

配送元の拠点コードについて，〔現状業務の概要〕１．拠点⑷①に「生産工場から店舗への配送では，配送ルートを設定している」「一つの配送ルートは，１台のトラックで２～３時間で配送できる３～８の店舗を配送先としている」とあり，配送ルートの配送元は生産工場，配送先は店舗であることが分かる。したがって，配送元の拠点コードは，“生産工場”を参照する外部キー，属性名は，解説の冒頭にある●エンティティタイプ名および属性名の解答方法の指示に従い，生産工場拠点コードとする。よって，空欄cには，**生産工場拠点コード**が入る。

生産工場拠点コード（“生産工場”を参照する外部キー）に関するリレーションシップ（“生産工場”と“配送ルート”のエンティティタイプ間に１対多）を表す線は，図１にある。

“ ㋐発注 ”のdとそのリレーションシップについて

〔現状業務の概要〕３．発注から配送まで⑴③に「発注は発注番号で識別し」，④に「店舗からの発注について，店舗の拠点コード，発注登録日時を確認し，配送予定日時を記録する」とある。“発注”に必要な属性は，発注番号（主キー），店舗の拠点コード，発注登録日時，配送予定日時となる。

店舗の拠点コードは，“店舗”を参照する外部キー，属性名は，解説の冒頭にある●エンティティタイプ名および属性名の解答方法の指示に従い，店舗拠点コードとする。よって，空欄dには，**発注番号，店舗拠点コード，発注登録日時，配送予定日時**が入る。

店舗拠点コード（“店舗”を参照する外部キー）に関するリレーションシップを表す線は，図１にない。よって，**“店舗”と“ ㋐発注 ”のエンティティタイプ間に１対多**とするリレーションシップを表す線を記入する。

第3部 午後問題演習

“ ㈵発注明細 ”のeとそのリレーションシップについて

〔現状業務の概要〕3．発注から配送まで⑴①に「店舗は，必要な自社商品とその発注数量を設定して発注する」，⑴③に「発注明細は発注番号と発注明細番号で識別する」，⑵④に「生産の対象とした発注明細に対して，生産番号を記録する」，⑶④に「配送の対象とした発注明細に対して，配送番号を記録する」とある。“発注明細”に必要な属性は，{発注番号，発注明細番号}（主キー），自社商品，発注数量，生産番号，配送番号となる。

自社商品は，“自社商品”を参照する外部キーとなり，属性名は商品コードとする。

生産番号について，〔現状業務の概要〕3．発注から配送まで⑴②に「一つの発注の中で同一の自社商品を複数回登録することができる」，⑵①「発注について，生産工場ごとに配送先の店舗の自社商品ごとの発注数量を集計し，生産の指示とする」とある。“発注明細”では一つの商品コードを持つ行が複数あり，おのおのに発注数量を持つが，それを，商品コードごとに発注数量を一つにまとめ，それを満たすように調整した生産数量を“生産明細”に持たせている。つまり，“発注明細”と“生産明細”のエンティティタイプ間のリレーションシップは多対1となる。“生産明細”の主キーは，3．発注から配送まで⑵③の「生産明細は，生産番号と商品コードで識別し」より，{生産番号，商品コード}である。したがって，“発注明細”の{生産番号，商品コード}は，“生産明細”を参照する外部キーとなる。

配送番号についても同様，〔現状業務の概要〕3．発注から配送まで⑴②に「一つの発注の中で同一の自社商品を複数回登録することができる」，⑶①に「発注に対して店舗ごとに自社商品別に発注を集計し，配送の指示を行う」とある。“発注明細”では一つの商品コードを持つ行が複数あり，おのおのに発注数量を持つが，それを，商品コードごとに発注数量を一つにまとめ，その値を配送数量として“配送明細”にもたせている。つまり，“発注明細”と“配送明細”のエンティティタイプ間のリレーションシップは多対1となる。“配送明細”の主キーは，3．発注から配送まで⑶③の「配送明細は，配送番号と商品コードで識別し」より，{配送番号，商品コード}である。したがって，“発注明細”の{配送番号，商品コード}は，“配送明細”を参照する外部キーとなる。外部キーとなる属性名が重複しているのでまとめると，空欄eには，<u>発注番号，発注明細番号</u>，商品コード，発注数量，生産番号，配送番号が入る。

商品コード（“自社商品”を参照する外部キー）に関するリレーションシップを表す線は，図1にない。よって，**“自社商品”と“ ㈵発注明細 ”のエンティティタイプ間に1対多**とするリレーションシップを表す線を記入する。

{生産番号，商品コード}（“生産明細”を参照する外部キー）に関するリレーションシップを表す線は，図１にない。よって，**“生産明細”と“(イ)発注明細”のエンティティタイプ間に１対多**とするリレーションシップを表す線を記入する。

{配送番号，商品コード}（“配送明細”を参照する外部キー）に関するリレーションシップを表す線は，図１にない。よって，**“配送明細”と“(イ)発注明細”のエンティティタイプ間に１対多**とするリレーションシップを表す線を記入する。

また，発注番号（主キーの一部）について，〔現状業務の概要〕３．発注から配送まで(1)③の「発注は発注番号で識別し，発注明細は発注番号と発注明細番号で識別する」より，一つの“発注”には複数の“発注明細”が存在すること，発注番号は，“発注”を参照する外部キーでもあることが分かる。これに関するリレーションシップ（“(ア)発注”と“(イ)発注明細”のエンティティタイプ間に１対多）を表す線は，図１にある。なお，解説の冒頭にある●関係スキーマの主キーおよび外部キーの解答方法の指示に従い，発注番号は実線の下線のみを付ける。

“生産”のfとリレーションシップについて

〔現状業務の概要〕３．発注から配送まで(2)②に「生産は，生産番号で識別し，生産工場の拠点コード，生産完了予定日時を記録する」，⑤に「生産工場は，生産完了後に生産完了日時を記録する」とある。“生産”に必要な属性は，生産番号（主キー），生産工場の拠点コード，生産完了予定日時，生産完了日時となる。そのうち，図２にない属性は，生産工場の拠点コードである。

生産工場の拠点コードは，“生産工場”を参照する外部キー，属性名は，解説の冒頭にある●エンティティタイプ名および属性名の解答方法の指示に従い，生産工場拠点コードとする。よって，空欄fには，**生産工場拠点コード**が入る。

生産工場拠点コード（“生産工場”を参照する外部キー）に関するリレーションシップ（“生産工場”と“生産”のエンティティタイプ間に１対多）を表す線は，図１にある。

“生産明細”のgとリレーションシップについて

〔現状業務の概要〕３．発注から配送まで(2)③に「生産明細は，生産番号と商品コードで識別し，生産数量を記録する」とある。“生産明細”に必要な属性は，{生産番号，商品コード}（主キー），生産数量となる。そのうち図２にない属性は，主キーの一部である商品コードである。よって，空欄gには**商品コード**が入る。

“生産明細”には，外部キーはない。しかし，２．自社商品(3)に「各生産工場は，全ての自社商品を生産する」とあり，生産の対象は自社商品である。したがって，商品コード（主キーの一部）は，“自社商品”を参照する外部キーでもある。これに関するリレーションシップを表す線は，図１にない。よって，**“自社商品”と“生産明細”**

のエンティティタイプ間に1対多とするリレーションシップを表す線を記入する。

また，〔現状業務の概要〕3．発注から配送まで⑵②に「生産は，生産番号で識別し」，③に「生産明細は，生産番号と商品コードで識別し」とある。一つの“生産”には複数の“生産明細”が存在すること，生産番号は，“生産”を参照する外部キーでもあることが分かる。これに関するリレーションシップ（“生産”と“生産明細”のエンティティタイプ間に1対多）を表す線は，図1にある。

なお，解説の冒頭にある●関係スキーマの主キーおよび外部キーの解答方法の指示に従い，商品コードには実線の下線のみを付ける。

“配送”のhとリレーションシップについて

〔現状業務の概要〕3．発注から配送まで⑶②に「配送は，配送番号で識別し，配送完了予定日時と配送先の拠点コードを記録する」，⑤に「配送に対して，店舗受領日時，店舗受領担当者を記録する」とある。“配送”に必要な属性は，配送番号（主キー），配送完了予定日時，配送先の拠点コード，店舗受領日時，店舗受領担当者となる。そのうち，図2にない属性は，配送先の拠点コードである。

配送先の拠点コードについて，〔現状業務の概要〕1．拠点⑷①に「3～8の店舗を配送先としている」，3．発注から配送まで⑵①に「配送先の店舗」とあり，配送先は店舗となる。したがって，配送先の拠点コードは，“店舗”を参照する外部キー，属性名は，解説の冒頭にある●エンティティタイプ名および属性名の解答方法の指示に従い，店舗拠点コードとする。よって，空欄hには，**店舗拠点コード**が入る。

店舗拠点コード（“店舗”を参照する外部キー）に関するリレーションシップを表す線は，図1にない。よって，**“店舗”と“配送”のエンティティタイプ間に1対多**とするリレーションシップを表す線を記入する。

“配送明細”のgとリレーションシップについて

配送明細について，〔現状業務の概要〕3．発注から配送まで⑶③に「配送明細は，配送番号と商品コードで識別し，配送数量を記録する」とある。“配送明細”に必要な属性は，{配送番号，商品コード}（主キー），配送数量となる。そのうち図2にない属性は，主キーの一部である商品コードである。よって，空欄gには**商品コード**が入る。

“配送明細”には，外部キーはない。しかし，3．発注から配送まで⑶に「自社商品を店舗ごとに仕分けて配送する」とあり，配送の対象は自社商品である。したがって，商品コード（主キーの一部）は，“自社商品”を参照する外部キーでもある。これに関するリレーションシップを表す線は，図1にない。よって，**“自社商品”と“配送明細”のエンティティタイプ間に1対多**とするリレーションシップを表す線を記入する。

また,〔現状業務の概要〕3．発注から配送まで⑶②に「配送は,配送番号で識別し」,③に「配送明細は，配送番号と商品コードで識別し」とある。一つの“配送”には複数の“配送明細”が存在すること，配送番号は，“配送”を参照する外部キーでもあることが分かる。これに関するリレーションシップ（“配送”と“配送明細”のエンティティタイプ間に１対多）を表す線は，図１にある。

なお，解説の冒頭にある●関係スキーマの主キーおよび外部キーの解答方法の指示に従い，商品コードには実線の下線のみを付ける。

[設問２]（1）（2）

まず，空欄ウ～カのエンティティタイプ名を検討する。次に，図４の関係スキーマの順に従って，空欄に入る属性名を完成させ，外部キーがあった場合，図３に記入するリレーションシップを検討する。さらに，図３にあって図１にないエンティティタイプについて，図２の関係スキーマの順に従って，図３に記入するリレーションシップを検討する。また，完成している関係スキーマであっても，主キーが外部キーを兼ねていることもあるので，検討する。

ウ～カについて

〔新たな商品の追加〕より，商品配送管理システムに新たに必要なエンティティタイプを検討し，その結果と図３を比較し，記載されていないエンティティタイプを特定する。

商品配送管理システムに新たに必要なエンティティタイプを拾い出すと，次のようになる。

- １．新たな商品及び委託先⑵より，“委託商品”，“自社商品”，“自社仕様商品”
- １．新たな商品及び委託先⑶より，“委託工場”，“自社工場”，“工場”
- １．新たな商品及び委託先⑸より，“物流センタ”
- ２．物流センタ追加に伴う納入ルートの追加と配送ルートの変更⑴③より,“納入”
- ２．物流センタ追加に伴う納入ルートの追加と配送ルートの変更⑴④より，“納入明細”
- ２．物流センタ追加に伴う納入ルートの追加と配送ルートの変更⑴①，⑵，⑶より，“配送ルート”，“納入ルート”，“ルート”

図３には，“委託工場”，“自社工場”，“配送ルート”，“納入ルート”の四つのエンティティタイプがない。

ウについて

図３に，“委託商品”と“ ウ ”のエンティティタイプ間のリレーションシップは多対１とある。〔新たな商品の追加〕１．新たな商品及び委託(3)の「個々の委託商品を生産する委託工場は，一つに決まっている」より，“委託商品”と“委託工場”のエンティティタイプ間のリレーションシップは多対１となる。よって，空欄ウには**委託工場**が入る。

エについて

図４の“ エ ”に，拠点コードと操業開始年月日がある。〔新たな商品の追加〕１．新たな商品及び委託先(3)の「生産工場を自社工場と呼ぶことにする」によって，図１の“生産工場”の操業開始年月日が，図４の“ エ ”に移ったことが分かる。よって，空欄エには**自社工場**が入る。

オ，カについて

図４の“ オ ”と“ カ ”と“ルート”の主キーが同じルート番号である。また，〔新たな商品の追加〕２．物流センタ追加に伴う納入ルートの追加と配送ルートの変更(3)に「配送ルートと納入ルートを併せてルートと呼ぶ」とあり，“配送ルート”と“納入ルート”は，“ルート”のサブタイプであることが分かる。したがって，空欄オとカには，配送ルート，納入ルートのいずれかが入る。

図３を見ると，“工場”と“ オ ”のエンティティタイプ間と，“ カ ”と“店舗”のエンティティタイプ間にリレーションシップが存在する。

工場とルートについて，〔新たな商品の追加〕１．新たな商品及び委託先(6)に「自社工場から物流センタへ，委託工場から物流センタへ，自社仕様商品を運ぶことを納入と呼ぶ」，２．物流センタ追加に伴う納入ルートの追加と配送ルートの変更(1)①に「各自社工場と自社工場内の物流センタ，各委託工場と各物流センタの組を納入ルートと呼ぶ」，１．新たな商品及び委託先(3)に「自社工場と委託工場を併せて工場と呼ぶ」とある。納入ルートは，自社工場，あるいは委託工場から物流センタ，つまり，工場から物流センタへの商品の移動を表すことが分かる。よって，空欄オには**納入ルート**が入る。

ルートと店舗について，１．新たな商品及び委託先(4)に「A社は，既存の配送ルートを使って自社商品と委託商品を併せて店舗へ配送する」，図１の“配送ルート”と“店舗”のエンティティタイプ間のリレーションシップは１対多とある。配送ルートについて，２．物流センタ追加に伴う納入ルートの追加と配送ルートの変更(2)に「配送ルートの配送元を自社工場から物流センタに変更し」とある。これらより，配送ルートは，物流センタから店舗への商品の移動を表すことが分かる。よって，空欄カには**配**

送ルートが入る。

“工場”のリレーションシップについて

図4の“工場”の属性は完成している。外部キーはない。しかし，〔新たな商品の追加〕1．新たな商品及び委託先(3)に「自社工場と委託工場を併せて工場と呼ぶ」とあり，“自社工場”と“委託工場”は，“工場”のサブタイプであり，サブタイプ間の関係は排他（排他的サブタイプ）であることが分かる。ウについて，エについての解説のとおり，空欄ウは委託工場，空欄エは自社工場である。よって，**“工場”をスーパタイプとし，“(ウ)委託工場”と“(エ)自社工場”をサブタイプ**とするリレーションシップを表す線を記入する。

“(ウ)委託工場”のiとそのリレーションシップについて

〔新たな商品の追加〕1．新たな商品及び委託先(3)に「委託工場の追加に伴って，生産工場を自社工場と呼ぶことにする」「委託工場は委託開始年月日をもつ」とある。“委託工場”は，“工場”のサブタイプであることが分かる。サブタイプはスーパタイプ“工場”の主キー（拠点コード）を引き継ぐ。“発注”に必要な属性は，拠点コード（主キー），委託開始年月日となる。よって，空欄iには，**拠点コード，委託開始年月日**が入る。

“(ウ)委託工場”には，外部キーはないので，これに関するリレーションシップはない。

“(エ)自社工場”のリレーションシップについて

図4の“(エ)自社工場”の属性は完成している。外部キーはないので，これに関するリレーションシップはない。

“物流センタ”のリレーションシップについて

図4の“物流センタ”の属性は完成している。外部キーはないので，これに関するリレーションシップはない。

“ルート”のリレーションシップについて

図4の“ルート”の属性は完成している。外部キーはない。しかし，〔新たな商品の追加〕2．物流センタ追加に伴う納入ルートの追加と配送ルートの変更(3)に「配送ルートと納入ルートを併せてルートと呼ぶ」とあり，“配送ルート”と“納入ルート”は，“ルート”のサブタイプであり，サブタイプ間の関係は排他（排他的サブタイプ）であることが分かる。[設問2]（オ，カ）の解説のとおり，空欄オは納入ルート，空欄カは配送ルートである。よって，**“ルート”をスーパタイプとし，“(オ)納入ルート”と“(カ)配送ルート”をサブタイプ**とするリレーションシップを表す線を記入する。

“ (オ)納入ルート ”のjとそのリレーションシップについて

オ，カについての解説のとおり，納入ルートは，工場から物流センタへの商品の移動を表している。〔新たな商品の追加〕2．物流センタ追加に伴う納入ルートの追加と配送ルートの変更(1)①に「各自社工場と自社工場内の物流センタ，各委託工場と各物流センタの組を納入ルートと呼ぶ」「納入ルートは，ルート番号で識別する」とある。“ (オ)納入ルート ”に必要な属性は，ルート番号（主キー），自社工場と自社工場内の物流センタの組，委託工場と物流センタの組となる。図4にない属性は，工場（自社工場，あるいは委託工場），物流センタである。

工場は，“工場”を参照する外部キーとなり，属性名は，解説の冒頭にある●エンティティタイプ名および属性名の解答方法の指示に従い，工場拠点コードとする。

物流センタは，“物流センタ”を参照する外部キーとなり，属性名は，解説の冒頭にある●エンティティタイプ名および属性名の解答方法の指示に従い，物流センタ拠点コードとする。よって，空欄jには，**工場拠点コード，物流センタ拠点コード**が入る。

工場拠点コード（“工場”を参照する外部キー）に関するリレーションシップ（“工場”と“ (オ)納入ルート ”のエンティティタイプ間に1対多）を表す線は，図3にある。

物流センタ拠点コード（“物流センタ”を参照する外部キー）に関するリレーションシップは，図3にない。よって，**“物流センタ”と“ (オ)納入ルート ”のエンティティタイプ間に1対多**とするリレーションシップを表す線を記入する。

“ (カ)配送ルート ”のkとそのリレーションシップについて

カについての解説のとおり，配送ルートは，物流センタから店舗への商品の移動を表している。

配送ルートについて，〔新たな商品の追加〕2．物流センタ追加に伴う納入ルートの追加と配送ルートの変更(2)に「配送ルートの配送元を自社工場から物流センタに変更」とある。(3)の「配送ルートと納入ルートを併せてルートと呼ぶ」より，主キーは，スーパタイプ“ルート”の主キー（ルート番号）を引き継ぐ。“ (カ)配送ルート ”に必要な属性は，ルート番号（主キー），物流センタとなる。図2の“配送ルート”にはルート名称があるが，図4の“ルート”に移動したことが分かる。図4にない属性は，物流センタである。

物流センタは，“物流センタ”を参照する外部キーとなり，属性名は，解説の冒頭にある●エンティティタイプ名および属性名の解答方法の指示に従い，物流センタ拠点コードとする。よって，空欄kには，**物流センタ拠点コード**が入る。

物流センタ拠点コード（“物流センタ”を参照する外部キー）に関するリレーショ

ンシップは，図３にない。よって，**“物流センタ”と“ ㈮配送ルート ”のエンティティタイプ間に１対多**とするリレーションシップを表す線を記入する。

“納入”のリレーションシップについて

図４の“納入”の属性は完成している。外部キーに，納入ルート番号がある。〔新たな商品の追加〕２．物流センタ追加に伴う納入ルートの追加と配送ルートの変更⑴③に「納入は，……，納入するルート番号……を記録する」とあり，納入ルート番号は，“納入ルート”を参照する外部キーとなる。これに関するリレーションシップは，図３にない。よって，**“ ㈭納入ルート ”と“納入”のエンティティタイプ間に１対多**とするリレーションシップを表す線を記入する。

“納入明細”のリレーションシップについて

図４の“納入明細”の属性は完成している。外部キーはない。しかし，〔新たな商品の追加〕１．新たな商品及び委託先⑹に「自社仕様商品を運ぶことを納入と呼ぶ」とあり，納入する対象は自社仕様商品であることが分かる。したがって，主キー｛納入番号，商品コード｝の一部である商品コードは，“自社仕様商品”を参照する外部キーとなる。これに関するリレーションシップは，図３にない。よって，**“自社仕様商品”と“納入明細”のエンティティタイプ間に１対多**とするリレーションシップを表す線を記入する。

また，〔新たな商品の追加〕２．物流センタ追加に伴う納入ルートの追加と配送ルートの変更⑴③に「納入は，納入番号で識別し」，④に「納入明細は，納入番号と商品コードで識別し」とある。一つの“納入”には複数の“納入明細”が存在すること，納入番号は，“納入”を参照する外部キーでもあることが分かる。これに関するリレーションシップ（“納入”と“納入明細”のエンティティタイプ間に１対多）を表す線は，図３にある。

“拠点”のリレーションシップについて

拠点に関する変更は，〔新たな商品の追加〕１．新たな商品及び委託先⑸に「これまで自社工場内で仕分けと配送を行っていた役割に，工場の拠点コードとは別に物流センタとしての拠点コードを付与する」，⑶に「生産工場を自社工場と呼ぶことにする」とある。“工場”と“物流センタ”と“店舗”は，“拠点”のサブタイプであり，サブタイプ間の関係は排他（排他的サブタイプ）であることが分かる。これに関するリレーションシップを表す線は，図３にある。

“店舗”のリレーションシップについて

店舗に関する変更は，〔新たな商品の追加〕にない。

“自社仕様商品”，“委託商品”，“自社商品”のリレーションシップについて

〔新たな商品の追加〕1．新たな商品及び委託先(2)に「自社商品と委託商品を併せて自社仕様商品と呼ぶ」とある。“自社商品”と“委託商品”は，“自社仕様商品”のサブタイプであり，サブタイプ間の関係は排他（排他的サブタイプ）であることが分かる。これに関するリレーションシップを表す線は，図3にある。

委託商品について，〔新たな商品の追加〕1．新たな商品及び委託先(3)に「個々の委託商品を生産する委託工場は，一つに決まっている」とある。一つの“委託工場”は複数の“委託商品”を生産することが分かる。これに関するリレーションシップ（“(ウ)委託工場”と“委託商品”のエンティティタイプ間に1対多）を表す線は，図3にある。

“自社商品”との間にリレーションシップが存在するエンティティタイプの記述は，〔新たな商品の追加〕にない。

“(ア)発注”のリレーションシップについて

発注に関する変更は，〔新たな商品の追加〕にない。しかし，［設問1］(1)(2)の“(ア)発注”のdとそのリレーションシップについてで図1に記入した，店舗拠点コード（“店舗”を参照する外部キー）に関するリレーションシップを表す線が，図3にない。よって，**“店舗”と“(ア)発注”のエンティティタイプ間に1対多**とするリレーションシップを表す線を記入する。

“(イ)発注明細”のリレーションシップについて

発注の対象となる商品について，〔新たな商品の追加〕2．物流センタ追加に伴う納入ルートの追加と配送ルートの変更(1)②に「自社商品については，物流センタごとに配送先の店舗の発注数量を自社商品別に集計」「委託商品については，物流センタごとに配送先の店舗の発注数量を委託商品別に集計」とある。発注明細では自社商品と委託商品の両方を扱うことが分かる。1．新たな商品及び委託先(2)に「自社商品と委託商品を併せて自社仕様商品と呼ぶ」とあり，“自社商品”と“委託商品”は，“自社仕様商品”のサブタイプである。よって，**“自社仕様商品”と“(イ)発注明細”のエンティティタイプ間に1対多**とするリレーションシップを表す線を記入する。

生産明細と発注明細，配送明細と発注明細に関する変更は，〔新たな商品の追加〕にない。しかし，［設問1］(1)(2)の“(イ)発注明細”のeとそのリレーションシップについてで図1に記入した｛生産番号，商品コード｝（“生産明細”を参照する外部キー）と｛配送番号，商品コード｝（“配送明細”を参照する外部キー）に関するリレーションシップを表す線が，図3にない。よって，**“生産明細”と“(イ)発注明細”のエンティティタイプ間に1対多，“配送明細”と“(イ)発注明細”のエンティティタ**

イプ間に１対多とするリレーションシップを表す線を記入する。

納入明細について，〔新たな商品の追加〕２．物流センタ追加に伴う納入ルートの追加と配送ルートの変更(1)②に「自社商品については，物流センタごとに配送先の店舗の発注数量を自社商品別に集計して，納入の指示とする」「委託商品については，物流センタごとに配送先の店舗の発注数量を委託商品別に集計し，委託商品を生産する委託工場ごとに分けて，納入の指示とする」とある。“発注明細”では一つの商品コードを持つ行が複数あり，おのおのに発注数量を持つが，それを，商品コードごとに発注数量を一つにまとめ，その値を納入数量として“納入明細”に持たせている。つまり，“発注明細”と“納入明細”のエンティティタイプ間のリレーションシップは多対１となる。これに関するリレーションシップを表す線が，図３にない。よって，**“納入明細”と“(イ)発注明細”のエンティティタイプ間に１対多**とするリレーションシップを表す線を記入する。

“生産”のリレーションシップについて

図１に，“生産工場”と“生産”のエンティティタイプ間のリレーションシップが１対多とある。これは，生産は生産工場で行うことを表している。しかし，〔新たな商品の追加〕２．物流センタ追加に伴う納入ルートの追加と配送ルートの変更(4)①に「自社工場に対する生産の指示及び生産は，現状業務と同様に行う」，②に「委託工場に対する生産の指示は，全店舗の委託商品ごとの発注数量を集計して行う」とあり，その自社工場と委託工場は，〔新たな商品の追加〕１．新たな商品及び委託先(3)の「自社工場と委託工場を併せて工場と呼ぶ」とある。つまり，生産は，自社工場と委託工場の両方，つまり工場で行うことになる。よって，**“工場”と“生産”のエンティティタイプ間に１対多**とするリレーションシップを表す線を記入する。

“生産明細”のリレーションシップについて

［設問１］(1)(2)の“生産明細”のgとリレーションシップについての解説のとおり，図１に“自社商品”と“生産明細”のエンティティタイプ間に１対多のリレーションシップがある。これは，生産の対象は自社商品であることを表している。しかし，〔新たな商品の追加〕２．物流センタ追加に伴う納入ルートの追加と配送ルートの変更(4)①に「自社工場に対する生産の指示及び生産は，現状業務と同様に行う」，②に「委託工場に対する生産の指示は，全店舗の委託商品ごとの発注数量を集計して行う」とあり，生産の対象は，自社商品と委託商品の両方，つまり自社仕様商品となる。よって，**“自社仕様商品”と“生産明細”のエンティティタイプ間に１対多**とするリレーションシップを表す線を記入する。

第3部 午後問題演習

“配送”のリレーションシップについて

［設問1］(1)(2)の“配送”のhとリレーションシップについての解説のとおり，図1に“店舗”と“配送”のエンティティタイプ間に1対多のリレーションシップがある。これは，配送は店舗へ行うことを表している。〔新たな商品の追加〕1．新たな商品及び委託先(4)に「A社は，……店舗へ配送する」とあり，変更がない。しかし，［設問1］(1)(2)の“配送”のhとリレーションシップについてで図1に記入した店舗拠点コード（“店舗”を参照する外部キー）に関するリレーションシップを表す線が，図3にない。よって，**“店舗”と“配送”のエンティティタイプ間に1対多**とするリレーションシップを表す線を記入する。

“配送明細”のリレーションシップについて

［設問1］(1)(2)の“配送明細”のgとリレーションシップについての解説のとおり，図1に“自社商品”と“配送明細”のエンティティタイプ間に1対多のリレーションシップがある。これは，配送の対象は自社商品であることを表している。しかし，〔新たな商品の追加〕2．物流センタ追加に伴う納入ルートの追加と配送ルートの変更(1)②に「自社商品については，物流センタごとに配送先の店舗の……」「委託商品については，物流センタごとに配送先の店舗の……」とあり，配送の対象は，自社商品と委託商品の両方，つまり自社仕様商品となる。よって，**“自社仕様商品”と“配送明細”のエンティティタイプ間に1対多**とするリレーションシップを表す線を記入する。

［設問2］(3)

納入ルートは，［設問2］(1)(2)のオ，カについての解説のとおり，工場で生産した商品を，商品を店舗に配送する物流センタに移動するルートを管理している。つまり，工場と物流センタの組を管理している。納入ルートで管理する工場と物流センタの組について，〔新たな商品の追加〕2．物流センタ追加に伴う納入ルートの追加と配送ルートの変更(1)①に「各自社工場と自社工場内の物流センタ，各委託工場と各物流センタの組を納入ルートと呼ぶ」とあり，二つの組があることが分かる。

ここで，物流センタの数を確認する。〔新たな商品の追加〕1．新たな商品及び委託先(5)に「これまで自社工場内で仕分けと配送を行っていた役割に，工場の拠点コードとは別に物流センタとしての拠点コードを付与する」，〔現状業務の概要〕1．拠点(3)に「A社には3か所の生産工場がある」「生産工場には，自社商品を生産する役割と，自社商品を仕分けして各店舗へ配送する役割がある」とある。一つの自社工場に一つの物流センタがあり，自社工場（生産工場）数は3か所とあるので，物流センタの数は3か所となる。

まず，各自社工場と自社工場内の物流センタの組を検討する。一つの自社工場には一つの物流センタしかない。この場合，自社工場から物流センタへの納入は，１対１となる。よって，**自社工場から物流センタに納入する場合**のカーディナリティの値は**1**になる。

次に，各委託工場と各物流センタの組を検討する。物流センタは３か所ある。委託工場から納入する物流センタへの制限などの記述は問題文中にない。一つの委託工場からは三つの物流センタへの納入がある。この場合，委託工場から物流センタへの納入は，１対３となる。よって，**委託工場から物流センタに納入する場合**のカーディナリティの値は**3**になる。

問2 解答

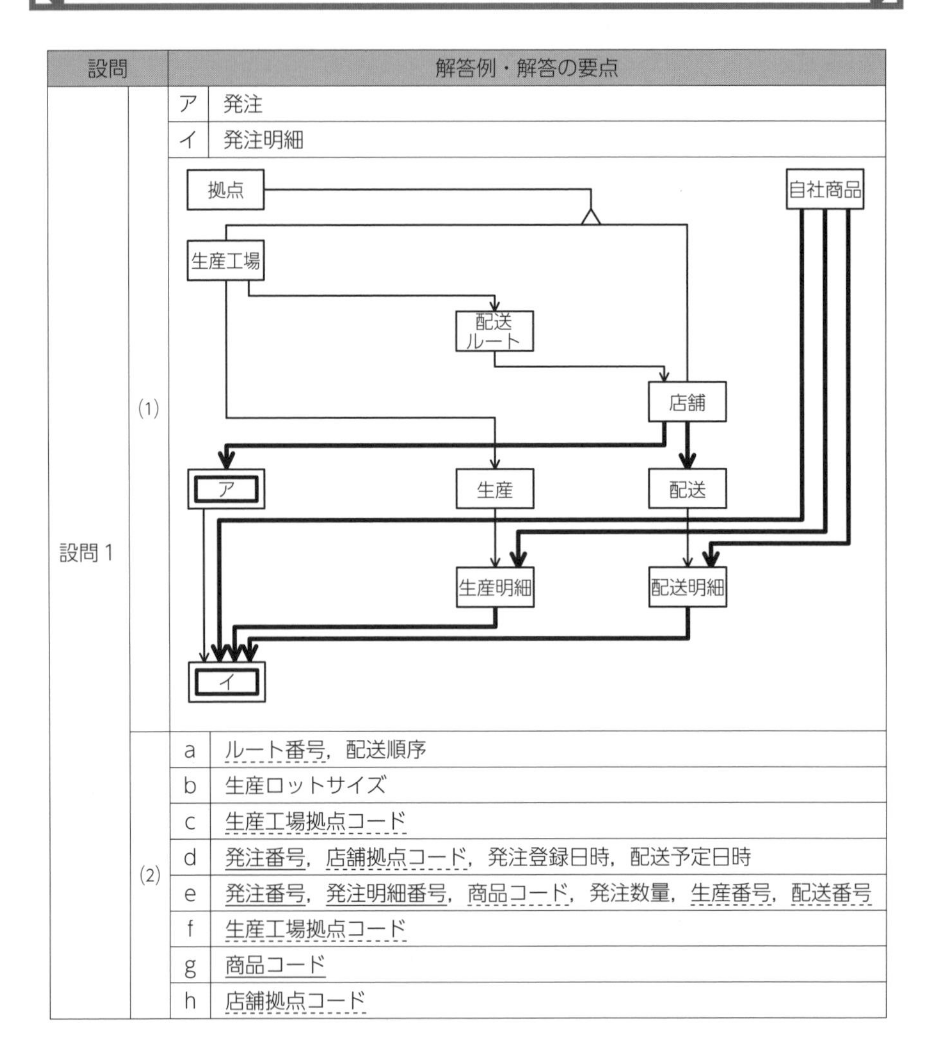

設問			解答例・解答の要点
設問1	(1)	ア	発注
		イ	発注明細
		（図）	
	(2)	a	ルート番号，配送順序
		b	生産ロットサイズ
		c	生産工場拠点コード
		d	発注番号，店舗拠点コード，発注登録日時，配送予定日時
		e	発注番号，発注明細番号，商品コード，発注数量，生産番号，配送番号
		f	生産工場拠点コード
		g	商品コード
		h	店舗拠点コード

設問	小問	記号	解答
設問2	(1)	ウ	委託工場
		エ	自社工場
		オ	納入ルート
		カ	配送ルート

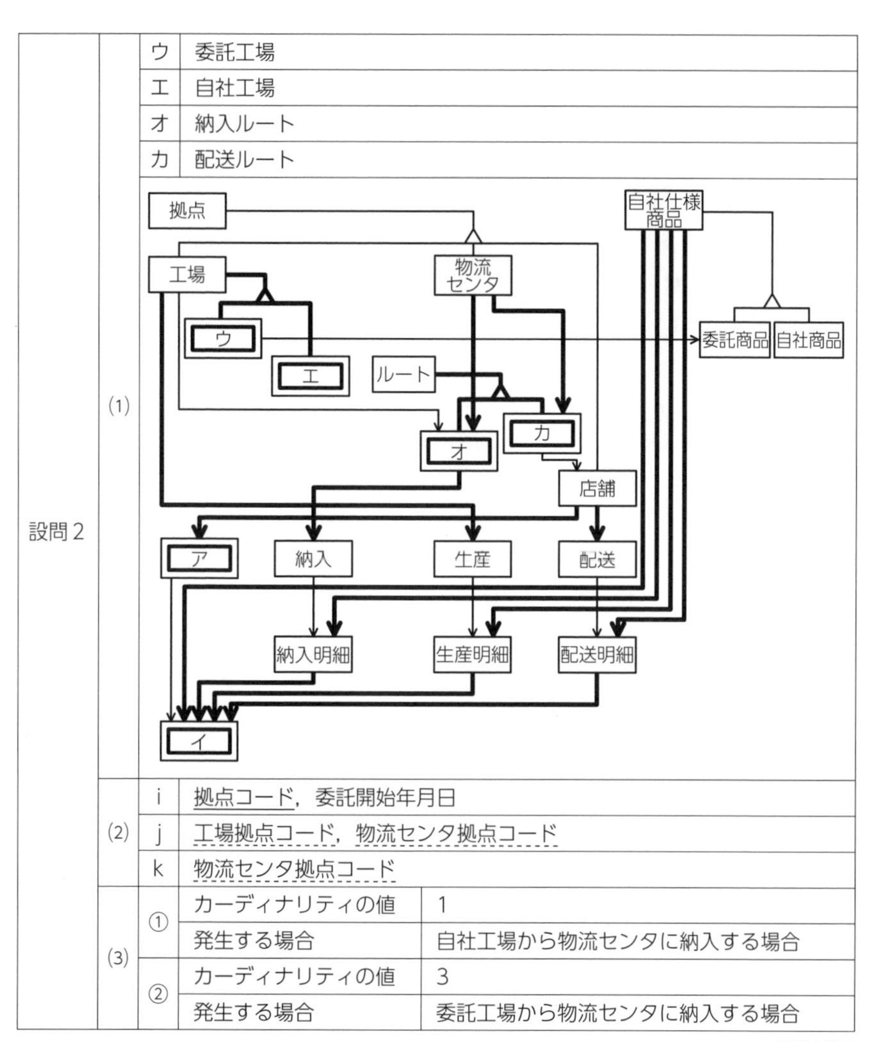

設問	小問	記号	解答	
設問2	(2)	i	拠点コード，委託開始年月日	
		j	工場拠点コード，物流センタ拠点コード	
		k	物流センタ拠点コード	
	(3)	①	カーディナリティの値	1
			発生する場合	自社工場から物流センタに納入する場合
		②	カーディナリティの値	3
			発生する場合	委託工場から物流センタに納入する場合

※IPA発表

第3部 午後問題演習

問3 データベースの実装 （出題年度：R2問2）

データベースの実装に関する次の記述を読んで，設問1～3に答えよ。

劇場運営会社のY社は，オンラインチケット販売システム（以下，チケット販売システムという）を構築してインターネットでのチケットの申込みを受け付けている。Y社ではチケット販売システムを刷新し，新たにプレイガイドなどでのチケット販売委託を進めることになった。

〔RDBMSの主な仕様〕

チケット販売システムに用いているRDBMSの主な仕様は，次のとおりである。

1．ISOLATIONレベル

選択できるトランザクションのISOLATIONレベルとその排他制御の内容は，表1のとおりである。

ロックは行単位で掛ける。共有ロックを掛けている間は，他のトランザクションからの対象行の参照は可能であり，変更は共有ロックの解放待ちとなる。専有ロックを掛けている間は，他のトランザクションからの対象行の参照，変更は専有ロックの解放待ちとなる。

表1 トランザクションのISOLATIONレベルとその排他制御の内容

ISOLATION レベル	排他制御の内容
READ COMMITTED	データ参照時に共有ロックを掛け，参照終了時に解放する。 データ変更時に専有ロックを掛け，トランザクション終了時に解放する。
REPEATABLE READ	データ参照時に共有ロックを掛け，トランザクション終了時に解放する。 データ変更時に専有ロックを掛け，トランザクション終了時に解放する。

2．レプリケーション機能

(1) 1か所のデータを複数か所に複製する機能，複数か所のデータを1か所に集約する機能，及び両者を組み合わせて双方向に反映する機能がある。これらの機能を使用すると，一方のテーブルへの挿入・更新・削除を他方に自動的に反映させることができる。

(2) トランザクションログを用いてトランザクションと非同期に一定間隔でデータを反映するバッチ型と，レプリケーション元のトランザクションと同期してデータを反映するイベント型がある。

① バッチ型では，テーブルごとに，レプリケーションの有効化，無効化をコマンドによって指示することができる。無効化したレプリケーションを有効化するときには，蓄積されたトランザクションログを用いてデータを反映する。

② イベント型では，レプリケーション先への反映が失敗すると，レプリケーション元の変更はロールバックされる。

(3) 列の選択，行の選択及びその組合せによって，レプリケーション先のテーブルに必要とされるデータだけを反映することができる。

〔チケット販売システムの概要〕

チケット販売システムは，空席管理システムと販売管理システムで構成される。オンラインチケット販売時には，空席管理システムで空席を確認した後に座席を確保し，販売管理システムでチケット情報を保持する。

〔チケット販売システムのテーブル〕

空席管理システムと販売管理システムのそれぞれの主なテーブルのテーブル構造は，図1，2のとおりである。索引は，主キー及び外部キーに定義している。

会場（会場番号，会場名，都道府県，住所，座席図，…）
座席（会場番号，座席番号，席種）
公演（公演番号，公演名，公演概要，…）
公演開催明細（公演番号，公演日，開演時刻，開場時刻，公演会場番号，販売開始日，…）
席種料金（公演番号，席種，料金）
席種在庫（公演番号，公演日，開演時刻，席種，空席数）
座席状況（公演番号，公演日，開演時刻，座席番号，空席フラグ，仮予約フラグ，…）

図1　空席管理システムの主なテーブルのテーブル構造（一部省略）

会員情報（会員番号，氏名，氏名カナ，郵便番号，住所，メールアドレス，…）
購入（購入番号，購入日，会員番号，公演番号，公演日，開演時刻，席種，枚数，支払方法，受取り方法，合計金額，…）
チケット（公演番号，公演日，開演時刻，座席番号，席種，購入番号，購入フラグ）

図2　販売管理システムの主なテーブルのテーブル構造（一部省略）

〔チケット販売業務の概要〕

1．テーブル及び列の設定

(1) 会場と座席

① 会場には，一意な会場番号を付与して，都道府県，住所，座席図などを設定する。

② 座席には，会場ごとに一意な座席番号を付与して，席種（'S'，'A'，'B'など）を設定する。

(2) 公演と席種料金

① 公演には，一意な公演番号を付与する。公演開催明細には，公演日時（公演日，開演時刻）ごとに，開場時刻，公演会場番号，販売開始日などを設定する。

② 席種料金には，公演の席種ごとに料金を設定する。

(3) 席種在庫と座席状況

① 席種在庫には，席種ごとの空席数をもつ。座席の購入が確定したら空席数を減らし，購入された座席がキャンセルされたら空席数を戻す。

② 座席状況には，公演開催明細ごとの全ての座席の状況をもつ。販売開始時には，空席フラグはオン，仮予約フラグはオフとする。座席の購入処理中は仮予約フラグをオンにする。座席の購入が確定したら，空席フラグをオフにして，仮予約フラグをオフにする。

(4) チケット

① チケットには，公演開催明細ごとに，全ての座席番号と席種を設定する。

② 未販売のチケットは，購入フラグをオフに，購入番号をNULLに設定する。

③ チケットの購入を申し込まれたら，購入フラグをオンにする。購入が確定したら，購入番号を設定する。

2．チケットの購入

(1) チケットを購入するためには，会員登録をする必要がある。

(2) 会員は，チケットの検索を行って，チケット情報一覧を表示する。チケット情報は，公演名・公演日・開演時刻の昇順，料金の降順に出力される。

(3) 会員は，チケット情報一覧から，空席のある公演の席種を選択する。その後，枚数を指定し，空席の座席番号を希望枚数分指定する。

(4) 会員は，決済を行い，決済が成立すれば購入が確定する。

〔チケット情報一覧を出力するSQL文の設計〕

空席管理システムから，公演日が2020年４月かつ都道府県が東京のチケット情報一覧の出力の例を図３，出力するSQL文の構文を図４に示す。

公演名	公演日	開演時刻	開場時刻	会場名	都道府県	席種	料金	空席情報
ABCDEF	2020-04-01	14:00	13:30	Xホール	東京	S	10,000	○
ABCDEF	2020-04-01	14:00	13:30	Xホール	東京	A	8,000	×
ABCDEF	2020-04-01	14:00	13:30	Xホール	東京	B	6,000	×
ABCDEF	2020-04-01	18:00	17:30	Xホール	東京	S	10,000	○
ABCDEF	2020-04-01	18:00	17:30	Xホール	東京	A	8,000	×
⋮	⋮	⋮	⋮	⋮	⋮	⋮	⋮	⋮
GHABCD	2020-04-02	18:00	17:30	Yホール	東京	S	12,000	○
GHABCD	2020-04-02	18:00	17:30	Yホール	東京	A	10,000	○
⋮	⋮	⋮	⋮	⋮	⋮	⋮	⋮	⋮
GHABCD	2020-04-30	18:00	17:30	Zホール	東京	S	12,000	○
GHABCD	2020-04-30	18:00	17:30	Zホール	東京	A	10,000	○

注記　空席情報は，○：空席あり，×：売切れを表す。

図３　チケット情報一覧の出力の例

```
SELECT 公演名, 公演日, 開演時刻, 開場時刻, 会場名, 都道府県, 席種, 料金,
          (  a  A2.空席数  b  THEN '×' ELSE '○' END) AS 空席情報
  FROM 会場,
        (SELECT * FROM 公演 NATURAL JOIN 公演開催明細 NATURAL JOIN 席種料金) AS A1
          c  (SELECT * FROM 席種在庫 WHERE 空席数 > 0 ) AS A2
         USING (公演番号, 公演日, 開演時刻, 席種)
  WHERE 会場.会場番号 = A1.公演会場番号
    AND 公演日  d  '2020-04-01'  e  '2020-04-30'
    AND 都道府県 = '東京'
    f  公演名, 公演日, 開演時刻, 料金  g
```

図４　チケット情報一覧を出力するSQL文の構文（未完成）

〔オンラインチケット販売処理の設計〕

チケット販売委託のため，空席管理システムは，プレイガイドなどの外部委託先にも公開する。このために，空席管理システムの空席確認，仮予約の処理の見直しを行った。見直しに当たって，同時実行されたトランザクションのやり直しが極力発生しないようにする方針とした。

ある会員が複数のチケットを購入することを想定して，チケットの販売処理について検討した。その概要を図５に示す。

図５では，会員の意思で購入を途中でキャンセルした場合，空席でない座席があり

購入が失敗した場合，又はその他のエラーが発生した場合の，途中までの処理を取り消すための例外処理を省略している。

販売管理システム	空席管理システム
全ての購入希望チケットの情報を受け取り，次の①～⑧の処理を実行する。 ①　トランザクションを開始する。 ②　全ての購入希望チケットの購入番号が NULL か確認する。（SELECT 文） ③　全ての購入希望チケットの購入フラグをオンにする。（UPDATE 文）	
④　空席管理システムへ，全ての購入希望座席の仮予約を依頼する。	(a)トランザクションを開始する。 (b)座席数分，次の処理を繰り返す。 ・空席フラグがオンか確認する。 ・仮予約フラグがオフか確認する。 ・仮予約フラグをオンにする。 (c)コミットする。
⑤　決済処理を行う。	
⑥　空席管理システムへ，全ての購入希望座席の購入確定を依頼する。	(a)トランザクションを開始する。 (b)座席数分，次の処理を繰り返す。 ・空席フラグをオフにする。 ・仮予約フラグをオフにする。 (c)空席数を更新する。 (d)コミットする。
⑦　全ての購入希望チケットの購入情報を登録し，購入番号を設定する。 ⑧　コミットする。	

図５　チケットの販売処理の概要（未完成）

図５の内容のレビューを行った。レビューでの指摘内容と対策を表２に示す。

表２　指摘内容と対策（未完成）

指摘内容	対策
複数の会員が，ほぼ同時に，［　あ　］を購入しようとした場合，排他制御によって，会員に不便を強いるおそれがある。例えば，後から購入しようとした会員は，先に購入しようとした会員の購入処理が完了するまで待たされてから，［　い　］ことが判明する。	販売管理システムでの空席確認が，そのままチケット購入中となるように，②の処理をやめて，③の処理の購入フラグをオンにする条件に［　う　］が［　え　］であることを追加する。さらに，全ての対象座席を②～⑦でまとめて処理しているのを，ロックの期間を短縮するために，1 座席ごとに処理して［　お　］するよう変更する。

〔レプリケーションの設計〕

チケット販売委託先に，空席管理システムを介して，空席情報を表示するサービスも提供する。そのため，データベースへの大量のアクセスによるロックの解放待ちの多発が見込まれるので，空席情報表示用のレプリケーション先のテーブル（以下，レプリカデータという）を作成することにした。レプリカデータのテーブル構造は，図1の空席管理システムの主なテーブルと同等なものとし，サービスの提供先ごとにレプリカデータを用意する。レプリカデータの運用について図6に示す。さらに，図6の内容のレビューを行った。レビューでの指摘内容と対策を表3に示す。

公演を計画し，チケットを販売するに当たって，空席管理システムのテーブル（以下，オリジナルという）に登録する各種データを作成する。 チケットの販売開始前に，バッチ型のレプリケーション機能を使用して，対象となるチケットに関連するテーブルの行を，一定間隔で反映するように設定した上で，各種データをオリジナルに入力する。 具体的には，空席確認，購入などのトランザクションを阻害しないように，オリジナルをレプリケーション元，レプリカデータをレプリケーション先として，“［ア］”テーブルと“［イ］”テーブルを対象に，［ウ］する機能を使用する。

図6　レプリカデータの運用（未完成）

表3　指摘内容と対策（未完成）

指摘内容	対策
レプリカデータにアクセスするタイミングによって，次のように，表示する空席情報が不正になる場合がある。 1. 購入された座席が空席として表示される。 2. ［エ］	イベント型のレプリケーション機能を適用する。対象とするテーブルとその列を表4のように設定する。ただし，レプリケーションの性能への影響を抑えるため，対象は必要最低限のものとする。

表4　イベント型レプリケーション機能の設定内容（未完成）

レプリケーション元テーブル	レプリケーション対象列

設問1　〔チケット情報一覧を出力するSQL文の設計〕について，図4中の［a］～［g］に入れる適切な字句を答えよ。

設問2　〔オンラインチケット販売処理の設計〕について，(1)，(2)に答えよ。

(1) 表2中の［ あ ］～［ お ］に入れる適切な字句を答えよ。

(2) 空席管理システムで実行するトランザクションのISOLATIONレベルはREAD COMMITTED（①）とREPEATABLE READ（②）のどちらを設定すべきか，①か②で答えよ。また，その理由を30字以内で述べよ。

設問３〔レプリケーションの設計〕について，(1)～(3)に答えよ。

(1) 図6中の［ ア ］～［ ウ ］に入れる適切な字句を，本文中の字句を用いて答えよ。

(2) 表3中の［ エ ］に入れる文章を，1．に倣って30字以内で述べよ。

(3) イベント型レプリケーション機能の対象とするテーブルとその列を答えて，表4を完成させよ。

なお，表4の欄は全て埋まるとは限らない。

問3 解答用紙

設問		解答欄	
設問1		a	
		b	
		c	
		d	
		e	
		f	
		g	
設問2	(1)	あ	
		い	
		う	
		え	
		お	
	(2)	ISOLATIONレベル	
		理由	

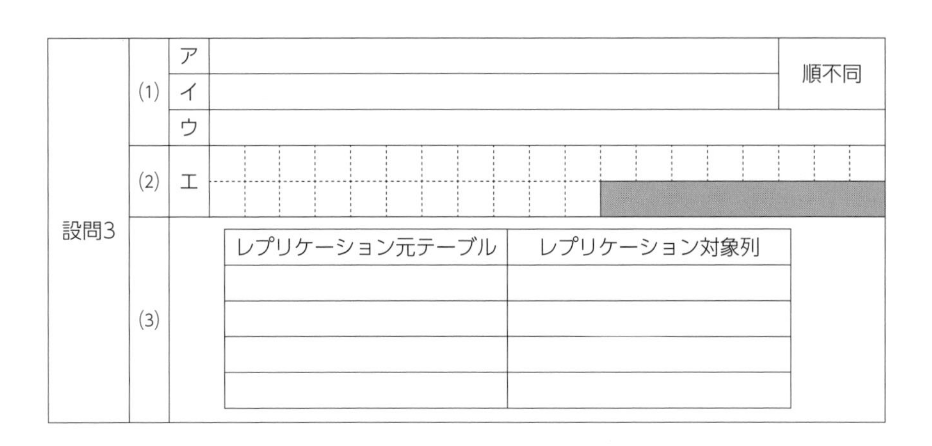

設問3	(1)	ア		順不同
		イ		
		ウ		
	(2)	エ		
	(3)			

レプリケーション元テーブル	レプリケーション対象列

問3 解説

[設問1]

図4では，テーブルの結合に，直積，NATURAL JOIN演算子（自然結合），LEFT OUTER JOIN演算子（左外部結合）が使われている。

直積の結果は，指定した複数のテーブルのそれぞれの行で組合せを作って，それら全部の組合せと全部の列を並べたものとなる。

自然結合（NATURAL JOIN演算子）の結果は，結合する全てのテーブルの直積から，同じ列名全てを結合条件として，それらの列の値が等しい行のみを抽出したもので，同じ列名の列は一つにまとめたものとなる。同じ列名のデータ型は全て同じでなければならない。

左外部結合（LEFT OUTER JOIN演算子）の例を，次に示す。

T1

C1	C2
A	1
B	2
C	2
D	3

T2

C2	C3
1	X
2	Y
4	Z

```
SELECT T1.C1 , T1.C2 , T2.C2 , T2.C3
  FROM T1 LEFT OUTER JOIN T2 ON T1.C2 = T2.C2
```

このSQL文の実行結果は，“T1”テーブルに存在する全ての行に，“T2”テーブルの結合条件（T1.C2 = T2.C2）を満足する行の内容を含めた行が出力される。満足する行がない場合は空値（NULL）が設定され，次のようになる。

実行結果

T1.C1	T1.C2	T2.C2	T2.C3
A	1	1	X
B	2	2	Y
C	2	2	Y
D	3	NULL	NULL

「図１　空席管理システムの主なテーブルのテーブル構造（一部省略）」より，「図３　チケット情報一覧の出力の例」の結果を得るための「図４　チケット情報一覧を出力するSQL文の構文（未完成）」を完成させる。

図４のSQL文を確認する。

① A1表を作成　…４行目
　(SELECT * FROM 公演 NATURAL JOIN 公演開催明細 NATURAL JOIN 席種料金)
② A2表を作成　…５行目
　(SELECT * FROM 席種在庫 WHERE 空席数 > 0)
③ A1表にA2表をUSING句に指定した列で結合（空欄c）…４～６行目
　(A1 [c] A2 USING(公演番号，公演日，開演時刻，席種))
④ “会場”テーブルと③の結果の直積の表を作成　…３～６行目
　(FROM 会場，A1 [c] A2 USING(……))
⑤ ④の結果から，WHERE句に指定された条件を満たす行を抽出　…７～９行目
⑥ ⑤の結果から，図３のチケット情報一覧の出力に必要な列を抽出。また，空席情報には，空席数列の値によって「×」，あるいは「○」を設定　…１～２行目

（ a A2.空席数 b THEN '×' ELSE '○' END)
⑦ ⑥の結果を，チケット情報一覧に合わせて並び替え …10行目
（ f 公演名，公演日，開演時刻，料金 g ）

①では，“公演”テーブル，“公演開催明細”テーブル，“席種料金”テーブルの直積から，三つのテーブルにある同じ列名（公演番号）の値が等しい行のみを抽出したA1表が作成される。つまり，A1表からは，全ての公演開催明細（公演番号，公演日，開演時刻）ごと席種ごとの公演名と開場時刻と料金が分かる。

②では，“席種在庫”テーブルから，空席あり（**空席数 > 0** ）の席種の行のみを抽出したA2表が作成される。つまり，A2表からは，空席ありの公演開催明細（公演番号，公演日，開演時刻）ごと席種ごとの空席数が分かる。

③では，①のA1表に②のA2表を共通の列（公演番号，公演日，開演時刻，席種）で結合する。USING句が指定されているので，内部結合，左外部結合，右外部結合などが考えられる。いずれの結合結果にも，共通の列（公演番号，公演日，開演時刻，席種）と，**A1.公演名**，**A1.開場時刻**，**A1.料金**，**A2.空席数**の列が含まれる。つまり，結合結果からは，公演開催明細（公演番号，公演日，開演時刻）ごと席種ごとの公演名と開場時刻と料金に加えて，空席数が分かる。

④では，“会場”テーブルと③の結果の直積の表が作成される。

⑤では，④の結果から，

会場.会場番号 = A1.公演会場番号 …条件1
公演日 d **'2020-04-01'** e **'2020-04-30'** …条件2
都道府県 = '東京' …条件3

の三つの条件全てを満たした行が抽出される。③の結果からは，公演開催明細（公演番号，公演日，開演時刻）ごと席種ごとの会場名と都道府県が分からない。そこで④の結果より，条件1を満たす行を抽出し会場名と都道府県が分かるようにする。条件2と条件3は，〔チケット情報一覧を出力するSQL文の設計〕の「公演日が2020年4月かつ都道府県が東京のチケット」を抽出する条件である。④の結果に，⑤の条件を満たした行を抽出したものからは，公演日が2020年4月かつ都道府県が東京である公演開催明細（公演番号，公演日，開演時刻）ごと席種ごとの公演名と開場時刻と料金と空席数に加えて，会場名と都道府県が分かる。

⑥では，図3のチケット情報一覧の出力例に合わせて，⑤の結果から取り出す列（公演名，公演日，開演時刻，開場時刻，会場名，都道府県，席種，料金，空席情報）を指定している。さらに，空席数列に関する値を設定する列名を空席情報とし，空席数

列の値によって「×」，あるいは「○」を設定している。

⑦では，⑥の結果を，〔チケット販売業務の概要〕 2．チケットの購入(2)の「チケット情報は，公演名・公演日・開演時刻の昇順，料金の降順に出力される」ように並び替えている。

①～⑦を踏まえて，図４の空欄a ～ gに入れる適切な字句を検討する。

a, b, cについて

空欄cは，内部結合，左外部結合，右外部結合などが考えられる。A1表には，公演開催明細（公演番号，公演日，開演時刻）ごとの空席ありなしの区別なく，全ての席種の行が存在する。一方，A2表には，A1表のうち空席ありの席種の行のみ存在する。

図３を見ると，空席あり「○」だけでなく，売切れ「×」も表示している。このような場合，左外部結合（LEFT OUTER JOIN）を行うと，A1表の全ての行に，A2表の結合条件を満たす行の内容を含めた行を出力し，満たす行がない場合にはNULLを設定した行を出力する。左外部結合の結果で，**A2.空席数**列の値がNULLであれば，売切れ「×」と表示することができる。よって，空欄cには**LEFT OUTER JOIN**が入る。OUTERは省略できる。

A2.空席数列の値がNULLであれば売切れ「×」を，そうでなければ空席あり「○」を表示する。このように条件によって設定する値を分ける場合，CASE式を用いる。CASE式には単純CASE式と検索CASE式があるが，**A2.空席数**列の値がNULLであるかを条件に指定する場合は，検索CASE式を使う。検索CASE式の構文は，

CASE WHEN ｛条件式｝ THEN ｛真の場合の値｝ ELSE ｛偽の場合の値｝ END

である。これに倣い，

CASE WHEN A2.空席数 IS NULL THEN '×' ELSE '○' END

と記述する。よって，空欄aには**CASE WHEN**，空欄bには**IS NULL**が入る。

d, eについて

空欄dとeには，チケット情報一覧に出力する条件，〔チケット情報一覧を出力するSQL文の設計〕の「公演日が2020年４月かつ都道府県が東京のチケット」のうち「公演日が2020年４月」が入る。「2020年４月」は，2020年４月１日～2020年４月30日という範囲で表す。範囲を条件にする場合には，比較演算子BETWEENを使う。比較演算子BETWEENの構文は，

（列名） BETWEEN （範囲の下限） AND （範囲の上限）

である。これに倣い，

公演日 BETWEEN '2020-04-01' AND'2020-04-30'

と記述する。よって，空欄dには**BETWEEN**，空欄eには**AND**が入る。

f, gについて

WHERE句に続いて列名がカンマで並んでいる場合は，GROUP BY句，あるいはORDER BY句が該当する。〔チケット販売業務の概要〕 2．チケットの購入(2)に「チケット情報は，公演名・公演日・開演時刻の昇順，料金の降順に出力される」とある。ORDER BY句で並び替えるのが適切である。降順で整列する場合にはDESCを，昇順で整列する場合にはASCを列ごとに指定する。省略された場合にはASCが指定されたものとみなされる。したがって，料金列のみDESCを指定しなければならない。よって，空欄fにはORDER BY，空欄gにはDESCが入る。

〔設問2〕

チケット販売システムでは，RDBMSのロック機能によって，資源にロックを掛けることで排他制御を実現している。ロックについて，〔RDBMSの主な仕様〕 1．ISOLATIONレベルに，

・ロックは行単位で掛ける。
・共有ロックを掛けている間は，他のトランザクションからの対象行の参照は可能であり，変更は共有ロックの解放待ちとなる。
・専有ロックを掛けている間は，他のトランザクションからの対象行の参照，変更は専有ロックの解放待ちとなる。

とある。また，表1に，ISOLATIONレベルごとの排他制御の内容が次のようにある。

READ COMMITTED	データ参照時に共有ロックを掛け，参照終了時に解放する。データ変更時に専有ロックを掛け，トランザクション終了時に解放する。
REPEATABLE READ	データ参照時に共有ロックを掛け，トランザクション終了時に解放する。データ変更時に専有ロックを掛け，トランザクション終了時に解放する。

ロックは行単位で掛けるとあるので，販売管理システムで参照や変更を行う“チケット”テーブルや，空席管理システムで参照や変更を行う“座席状況”テーブルなどの行に掛けられることが分かる。

共有ロックは，行を参照する（例えば，図5の②のように「確認する」）ときに掛けるロックで，他のトランザクションからその行を参照する場合は待たずに参照でき

る。一方，他のトランザクションが変更（UPDATE文などで更新）しようとすると，その共有ロックが解放されるまで，待たなければならない。

専有ロックは，行を更新する（例えば，図５の③のように「〜を〜にする」）ときに掛けるロックで，他のトランザクションからその行の参照・変更をする場合は，その専有ロックが解放されるまで，待たなければならない。

共有ロックが解放されるまでの時間は，ISOLATIONレベルによって異なる。一方，専有ロックが解放されるまでの時間は，どちらのISOLATIONレベルでも，トランザクション終了時とある。

[設問２](1)

排他制御によって，待たされるとはどういうことか，待たされたことによって会員にどのような不便を強いるのか，さらに，待たされないようにするにはどのような処理に変更すればよいのかが問われている。

あ，いについて

複数の会員がほぼ同時にチケットを購入しようとすると，後から購入しようとした会員が待たされる原因を検討する。待たされるのは共有ロック，あるいは専有ロックの解放待ちによるものである。

販売管理システムで実行するトランザクションのISOLATIONレベルが，READ COMMITTEDであるか，REPEATABLE READであるかは，問題文に記述がない。しかし，表１の排他制御の内容を見ると，どちらのISOLATIONレベルも「データ変更時に専有ロックを掛け，トランザクション終了時に解放する」とある。待たされるのは，専有ロックの解放待ちによるものと推測できる。専有ロックの解放待ちが発生するのは，専有ロックの掛かっている行を他のトランザクションが参照・変更した場合である。つまり，複数のトランザクションで同じチケットを購入しようとした場合となる。

販売管理システムも処理内容について，図５に，

① トランザクションを開始する。
② 全ての購入希望チケットの購入番号がNULLか確認する。(SELECT文)
③ 全ての購入希望チケットの購入フラグをオンにする。(UPDATE文)
④ 空席管理システムへ，全ての購入希望座席の仮予約を依頼する。
⑤ 決済処理を行う。
⑥ 空席管理システムへ，全ての購入希望座席の購入確定を依頼する。
⑦ 全ての購入希望チケットの購入情報を登録し，購入番号を設定する。

⑧　コミットする。
とある。このトランザクションでは，③で購入フラグを変更する。

専有ロックの場合「データ変更時に専有ロックを掛け，トランザクション終了時に解放する」より，③で専有ロックを掛け，その解放は⑧の「コミットする」で実行される。

トランザクションAとトランザクションBで同じチケット（チケットCという）の購入処理が同時実行されたとする。トランザクションAの③の実行後に，トランザクションBが割り込んでチケットCの②を実行しようとすることが考えられる。この場合，チケットCには専有ロックが掛かっているので，トランザクションBの②の実行は，解放されるまで待たされる。専有ロックが解放されたときは，トランザクションAは終了しているので，チケットCは購入された（購入番号がNULLでない）状態となっていて，トランザクションBの②の結果はエラーとなる。したがって，トランザクションB（後から購入しようとした会員）は，トランザクションAがコミットする（先に購入しようとした会員の購入処理が終了する）まで待たされてから，チケットC（同じチケット）が購入できないことが判明する。

よって，空欄あには**同じチケット**あるいは**同じ座席**，空欄いには**購入できない**が入る。

〔チケット販売システムの概要〕に「空席管理システムで空席を確認した後に座席を確保し，販売管理システムでチケット情報を保持する」とある。空席管理システムでは座席として管理し，販売管理システムではチケットとして管理していることが読み取れる。また，図５でも，販売管理システムには「全ての購入希望チケット」，空席管理システムには「全ての購入希望座席」と使い分けている。空欄あに入れる字句としては，同じ座席と同じチケットのどちらでもよい。

う～おについて

表２の指摘内容に「後から購入しようとした会員は，先に購入しようとした会員の購入処理が完了するまで待たされてから，[(い)購入できない]ことが判明する」とある。待たされるのは，あ，いについての解説のとおり，先に購入しようとした会員の全ての購入希望チケットの購入処理が終了するまで，専有ロックが解放されないからである。これを解消するために，表２の対策に「全ての対象座席を②～⑦までまとめて処理しているのを，ロックの期間を短縮するために，１座席ごとに処理して[お]するよう変更する」とある。専有ロックが解放されるのは，トランザクション終了時（コミットする）である。ロックの期間を短縮するとは，全ての購入希望チケットの購入処理が終了したときにコミットするのではなく，１枚の購入希望チケットの購入処理

が終了するごとにコミットすると読み取ることができる。よって，空欄おには**コミット**が入る。

表２の対策に「販売管理システムでの空席確認が，そのままチケット購入中となるように，②の処理をやめて，③の処理の購入フラグをオンにする条件に［ う ］が［ え ］であることを追加する」とある。②の「購入希望チケットの購入番号がNULLか確認」する処理は，データの整合性を保証するために必要な条件である。図５では，この②確認処理と③更新処理を２段階に分けているが，③を実行する条件として②を組み込めばよい。よって，空欄うには**購入番号**，空欄えには**NULL**が入る。

[設問２](2)

表１の排他制御の内容を見ると，ISOLATIONレベルがREAD COMMITTED，REPEATABLE READのどちらも「データ変更時に専有ロックを掛け，トランザクション終了時に解放する」とある。一方，データ参照時にはどちらも共有ロックを掛けるが，READ COMMITTEDは「参照終了時に解放する」，REPEATABLE READは「トランザクション終了時に解放する」と，解放するタイミングが異なっている。共有ロックを掛けている間は，他のトランザクションの変更は，共有ロックの解放待ちとなる。

図５を見ると，空席管理システムには，購入希望座席の仮予約と，購入希望座席の購入確定の処理がある。

購入希望座席の仮予約での処理内容について，図５に，

(a) トランザクションを開始する。
(b) 座席数分，次の処理を繰り返す。
・空席フラグがオンか確認する。 …①
・仮予約フラグがオフか確認する。 …②
・仮予約フラグをオンにする。 …③
(c) コミットする。

とある。このトランザクションでは，①②で“座席状況”テーブルの空席フラグと仮予約フラグを参照，③ではその仮予約フラグを変更する。

ISOLATIONレベルがREAD COMMITTEDの場合，表１の「データ参照時に共有ロックを掛け，参照終了時に解放する」より，①②で参照した後に，共有ロックを解放することが分かる。

トランザクションAとトランザクションBで同じ座席（座席Cという）の仮予約が同時実行されたとする。トランザクションAの①②の実行後に，座席Cの共有ロック

が解放されるので，トランザクションBが割り込んで先に座席Cの①②と③を実行してコミットし，次にトランザクションAの③を実行することが考えられる。この場合，トランザクションAで座席Cの仮予約の処理中であるにもかかわらず，トランザクションBの③が実行されたことで座席Cの仮予約ができてしまう。ISOLATIONレベルがREPEATABLE READの場合，トランザクションAが実行されている間は，座席Cの共有ロックは継続され，トランザクションBの座席Cを更新する③は実行されない。したがって，同時実行したトランザクションB（他者）が座席C（同じ座席）を仮予約できないようにするためには，REPEATABLE READに設定する必要がある。

よって，空席管理システムで実行するトランザクションのISOLATIONレベルは，②のREPEATABLE READを設定すべきとなり，その理由は**同時実行した他者が同じ座席を仮予約できないようにするため**となる。

なお，他のトランザクションでデータの変更がコミットされ，同じデータを読み込むたびに内容が異なっていることを，アンリピータブルリードという。

［設問3］(1)

ア，イ，ウについて

図6に「具体的には，空席確認，購入などのトランザクションを阻害しないように，オリジナルをレプリケーション元，レプリカデータをレプリケーション先として，“ ア ”テーブルと“ イ ”テーブルを対象に， ウ する機能を使用する」，〔レプリケーションの設計〕に「レプリカデータのテーブル構造は，図1の空席管理システムの主なテーブルと同等なものとし」とある。空欄アとイには，図1にあるテーブル名のいずれかが入り，空欄ウには，適切なレプリケーション機能の内容が入ることが分かる。

〔レプリケーションの設計〕に「チケット販売委託先に，空席管理システムを介して，空席情報を表示するサービスも提供する」「空席情報表示用のレプリケーション先のテーブル（以下，レプリカデータという）を作成することにした」とある。空席情報表示に必要なテーブルを，図1より二つ（空欄アとイ）探すと，空席数列を持つ“席種在庫”と，空席フラグ列を持つ“座席状況”が見つかる。よって，空欄アとイには，**席種在庫**，**座席状況**が入る。

レプリケーション機能の内容について，〔RDBMSの主な仕様〕2．レプリケーション機能(1)に「1か所のデータを複数か所に複製する機能」「複数か所のデータを1か所に集約する機能」「両者を組み合わせて双方向に反映する機能」の三つの機能が提示されている。〔レプリケーションの設計〕に「空席情報表示用のレプリケーション先のテーブル（以下，レプリカデータという）を作成する」「サービスの提供先ごとにレプリカデータを用意する」とあり，オリジナル（空席管理システムの“席種在庫”と“座席状況”テーブル（空欄アとイ））を，複数あるサービスの提供先にレプリカデータとして複製することが分かる。よって，空欄ウには**1か所のデータを複数か所に複製**が入る。

[設問3]（2）

エについて

表3の指摘内容に「レプリカデータにアクセスするタイミングによって」とある。レプリカデータ（レプリケーション先）への反映について，図6に「バッチ型のレプリケーション機能を使用して，対象となるチケットに関連するテーブルの行を，一定間隔で反映するように設定した上で」とある。そのバッチ型について，〔RDBMSの主な仕様〕 2．レプリケーション機能⑵に「トランザクションログを用いてトランザクションと非同期に一定間隔でデータを反映するバッチ型」とあり，レプリカデータに即時に反映されず，反映されるまでにタイムラグがあることが分かる。表3の指摘内容に「表示する空席情報が不正になる場合がある」とある。空席情報が不正になるのは，購入された座席が空席として表示される（表3に記載されている）場合か，空席なのに購入された座席と表示される場合が考えられる。空席であるか購入された座席であるかを区別する情報について，〔チケット販売業務の概要〕 1．テーブル及び列の設定⑶②に「販売開始時には，空席フラグはオン，仮予約フラグはオフとする」「座席の購入処理中は仮予約フラグをオンにする」「座席の購入が確定したら，空席フラグをオフにして，仮予約フラグをオフにする」とある。これらをまとめると，次のようになる。

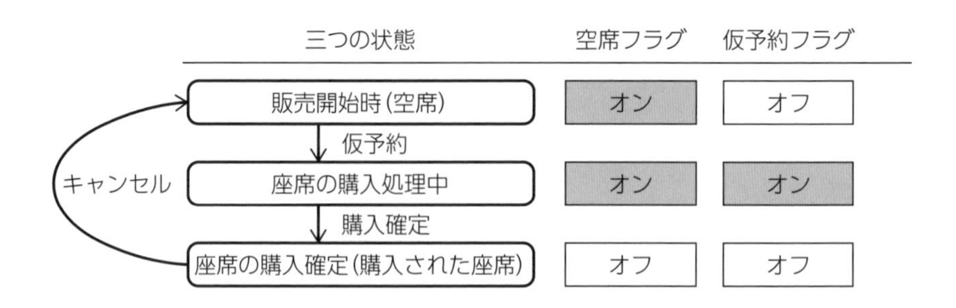

“座席状況”テーブルには，販売開始時，座席の購入処理中，座席の購入確定とい

う三つの状態がある。これら三つの状態で空席情報が不正になるケースを検討する。表3に例示されている「1．購入された座席が空席として表示される」は，座席の購入確定において，空席フラグ列の値がオン→オフに変更されたことが，レプリカデータに即時反映されないことで生じる問題である。これに倣い，空席なのに購入された座席と表示される場合を検討する。〔チケット販売業務の概要〕1．テーブル及び列の設定(3)①に「購入された座席がキャンセルされたら」とある。キャンセルされた場合，座席の購入確定→販売開始時に変更しなければならない。つまり，空席フラグ列の値をオフ→オンに変更しなければならない。この変更がレプリカデータに即時反映されないと，空席なのに購入された座席と表示される。これを「1.に倣って」表現すると，**キャンセルされた座席が空席として表示されない**が空欄エに入る。

[設問3](3)

表3の対策に「イベント型のレプリケーション機能を適用する」「対象とするテーブルとその列を表4のように設定する」「ただし，レプリケーションの性能への影響を抑えるため，対象は必要最低限のものとする」とある。表示する空席情報が不正にならないように，イベント型に切り替えたことが分かる。イベント型について，〔RDBMSの主な仕様〕2．レプリケーション機能(2)に「レプリケーション元のトランザクションと同期してデータを反映するイベント型」とあり，レプリカデータに即時に反映されることが分かる。表示する空席情報が不正にならないために必要な情報は，[設問3](2)のエについての解説にあるように，“座席状況”テーブルの空席フラグ列の値であることが分かる。よって，表4のレプリケーション元テーブルに**座席状況**，レプリケーション対象列に**空席フラグ**を記入する。

また，〔チケット販売業務の概要〕1．テーブル及び列の設定(3)①に「席種在庫には，席種ごとの空席数をもつ」「座席の購入が確定したら空席数を減らし，購入された座席がキャンセルされたら空席数を戻す」とある。座席の購入確定とキャンセルに伴い変化する項目は，“席種在庫”テーブルの空席数列の値であることが分かる。よって，表4のレプリケーション元テーブルに**席種在庫**，レプリケーション対象列に**空席数**を記入する。

問3 解答

<table>
<tr><th colspan="2">設問</th><th colspan="3">解答例・解答の要点</th></tr>
<tr><td colspan="2" rowspan="7">設問1</td><td>a</td><td colspan="2">CASE WHEN</td></tr>
<tr><td>b</td><td colspan="2">IS NULL</td></tr>
<tr><td>c</td><td colspan="2">LEFT [OUTER] JOIN</td></tr>
<tr><td>d</td><td colspan="2">BETWEEN</td></tr>
<tr><td>e</td><td colspan="2">AND</td></tr>
<tr><td>f</td><td colspan="2">ORDER BY</td></tr>
<tr><td>g</td><td colspan="2">DESC</td></tr>
<tr><td rowspan="7">設問2</td><td rowspan="5">(1)</td><td>あ</td><td colspan="2">同じ座席　又は　同じチケット</td></tr>
<tr><td>い</td><td colspan="2">購入できない</td></tr>
<tr><td>う</td><td colspan="2">購入番号</td></tr>
<tr><td>え</td><td colspan="2">NULL</td></tr>
<tr><td>お</td><td colspan="2">コミット</td></tr>
<tr><td rowspan="2">(2)</td><td>ISOLATIONレベル</td><td colspan="2">②</td></tr>
<tr><td>理由</td><td colspan="2">同時実行した他者が同じ座席を仮予約できないようにするため</td></tr>
<tr><td rowspan="5">設問3</td><td rowspan="3">(1)</td><td>ア</td><td>席種在庫</td><td rowspan="2">順不同</td></tr>
<tr><td>イ</td><td>座席状況</td></tr>
<tr><td>ウ</td><td colspan="2">1か所のデータを複数か所に複製</td></tr>
<tr><td>(2)</td><td>エ</td><td colspan="2">キャンセルされた座席が空席として表示されない。</td></tr>
<tr><td>(3)</td><td colspan="3">

レプリケーション元テーブル	レプリケーション対象列
座席状況	空席フラグ
席種在庫	空席数

</td></tr>
</table>

※IPA発表

問4 データベースの実装 （出題年度：R3問２）

データベースの実装に関する次の記述を読んで，設問１～３に答えよ。

クレジットカード会社のC社では，キャッシュレス決済の普及に伴いカード決済システムのオンライントランザクションの処理量が増えている。情報システム部のFさんは，将来の処理量から懸念される性能低下の対策を検討することになった。

〔RDBMSの主な仕様〕

1．アクセス経路，区分化，再編成

⑴　アクセス経路は，RDBMSによって表探索又は索引探索に決められる。表探索では，索引を使わずに先頭ページから順に全行を探索する。索引探索では，WHERE句中の述語に適した索引によって絞り込んでから表の行を読み込む。

⑵　テーブルごとに一つ又は複数の列を区分キーとし，区分キーの値に基づいて物理的な表領域に分割することを区分化という。

⑶　区分方法にはハッシュとレンジの二つがある。どちらも，テーブルを検索するSQL文のWHERE句の述語に区分キー列を指定すると，区分キー列で特定した区分だけを探索する。

①　ハッシュは，区分キー値を基にRDBMSが生成するハッシュ値によって一定数の区分に行を分配する方法である。

②　レンジは，区分キー値の範囲によって区分に行を分配する方法である。

⑷　テーブル又は区分を再編成することによって，行を主キー順に物理的に並び替えることができる。また，各ページ中に指定した空き領域を予約することができる。

⑸　INSERT文で行を挿入するとき，RDBMSは，主キー値の並びの中で，挿入行の主キー値に近い行が格納されているページに空き領域があればそのページに，なければ表領域の最後のページに格納する。最後のページに空き領域がなければ，新しいページを表領域の最後に追加する。

2．データ入出力とログ出力

⑴　データとログはそれぞれ別のディスクに格納される。同じディスクに対し同時に入出力は行われないものとする。

⑵　データ入出力とログ出力は4,000バイトのページ単位に行われる。

⑶　データバッファはテーブルごとに確保される。

第3部 午後問題演習

(4) ページをランダムに入出力する場合，SQL処理中のCPU処理と入出力処理は並行して行われない。これを同期データ入出力処理と呼び，SQL処理時間は次の式で近似できる。

SQL処理時間＝CPU時間＋同期データ入出力処理時間

(5) ページを順次に入出力する場合，SQL処理中のCPU処理と入出力処理は並行して行われる。これを非同期データ入出力処理と呼び，SQL処理時間は次の式で近似できる。ここで関数MAXは引数のうち最も大きい値を返す。

SQL処理時間＝MAX（CPU時間，非同期データ入出力処理時間）

(6) 行を挿入，更新，削除した場合，変更内容がログとしてRDBMSに一つ存在するログバッファに書き込まれる。ログバッファが一杯の場合，トランザクションのINSERT文，UPDATE文，DELETE文の処理は待たされる。

(7) ログは，データより先にログバッファからディスクに出力される。これをログ出力処理と呼ぶ。このとき，トランザクションのコミットはログ出力処理の完了まで待たされる。ログ出力処理は，次のいずれかの事象を契機に行われる。

① ログバッファが一杯になった。

② トランザクションがコミット又はロールバックを行った。

③ あるテーブルのデータバッファが変更ページによって一杯になった。

〔カード決済システムの概要〕

1．テーブル

主なテーブルのテーブル構造を図1，将来の容量見積りを表1に示す。各テーブルの主キーには索引が定義されており，索引キーを構成する列の順はテーブルの列の順と同じである。

加盟店（加盟店番号，加盟店名，住所，電話番号，…）
オーソリ履歴（カード番号，利用日，オーソリ連番，加盟店番号，利用金額，審査結果，請求済フラグ，請求日，…）

図1　主なテーブルのテーブル構造（一部省略）

表1　主なテーブルの将来の容量見積り

テーブル名	行長（バイト）	見積行数	1ページ当たりの行数	ページ数	容量（Gバイト）
加盟店	1,000	100万	4	25万	1
オーソリ履歴	200	480億	20	24億	9,600

2．オーソリ処理（オンライン処理）

オーソリ処理は，会員がカードで支払う際にカード有効期限，与信限度額を超過していないかなどを判定する処理である。判定した結果，可ならば審査結果を‘Y’に，否ならば‘N’に設定した行を“オーソリ履歴”テーブルに挿入する。オーソリ処理は最大100多重で処理される。“オーソリ履歴”テーブルには直近5年分を保持する。

3．利用明細抽出処理（バッチ処理）

請求書作成に必要な1か月分の利用明細の記録を“オーソリ履歴”テーブルから抽出しファイルに出力する。

〔参照処理の性能見積り〕

将来の処理時間が懸念される利用明細抽出処理のSQL文を，図2に示す。

```
SELECT A.カード番号, A.利用日, A.オーソリ連番, A.利用金額, B.加盟店名
  FROM オーソリ履歴 A, 加盟店 B
 WHERE A.審査結果 = 'Y' AND A.利用日 BETWEEN :hv1 AND :hv2
   AND A.加盟店番号 = B.加盟店番号
```

注記　ホスト変数hv1，hv2は，請求対象月の初日と末日をそれぞれ表す。

図2　利用明細抽出処理のSQL文

Fさんは，利用明細抽出処理の処理時間を，次のように見積もった。

1．このSQL文での表の結合方法を調べたところ，“オーソリ履歴”テーブルを外側，“加盟店”テーブルを内側とする入れ子ループ法だった。“オーソリ履歴”テーブルのアクセス経路は表探索だったので，［ a ］ページを非同期に読み込む。

2．ディスク転送速度を100Mバイト／秒と仮定すれば，［ a ］ページを非同期に読み込むデータ入出力処理時間は，［ b ］秒である。

3．カード数を1,000万枚，カード・月当たり平均オーソリ回数を80回，審査結果が全て可であると仮定すると，“オーソリ履歴”テーブルの結果行数は，［ c ］行

第3部　午後問題演習

である。これに掛かるCPU時間は，96,000秒である。

4．この結合では，外側の表の結果行ごとに“加盟店”テーブルの主キー索引を索引探索し，“加盟店”テーブルを1行，ランダムに合計［ d ］回読み込む。

5．索引はバッファヒット率100%，テーブルはバッファヒット率0%と仮定すれば，“加盟店”テーブルを合計で［ e ］ページを同期的に読み込むことになる。同期読込みにページ当たり1ミリ秒掛かると仮定すれば，同期データ入出力処理時間は［ f ］秒である。

6．内側の表の索引探索と結合に掛かるCPU時間は，1結果行当たり0.01ミリ秒掛かると仮定すれば，［ g ］秒である。

7．外側の表のCPU時間は96,000秒，内側の表のCPU時間は［ g ］秒，内側の表の同期データ入出力処理時間は［ f ］秒なので，SQL文の処理時間を［ h ］秒と見積もった。

処理時間が長くなることが分かったので時間短縮のため，次の2案を検討した。

案1　“加盟店”テーブルのデータバッファを増やしバッファヒット率100%にする。

案2　“オーソリ履歴”テーブルの利用日列をキーとする副次索引を追加する。

〔“オーソリ履歴”テーブルの区分化〕

Fさんは，上司であるG氏から，次の課題の解決策の検討を依頼された。

課題1　月末近くに起きるオーソリ処理のINSERT文の性能低下を改善すること

課題2　将来懸念される利用明細抽出処理の処理時間を短縮すること

課題3　月初に行う“オーソリ履歴”テーブル再編成の処理時間を短縮すること

Fさんは，課題を解決するために，“オーソリ履歴”テーブルを区分化することにし，区分キーについて表2に示す3案を評価した。いずれの案も60区分に行を均等に分配する前提であり，図2のSQL文を基に区分化に対応したSQL文を作成した。作成したSQL文のWHERE句を図3に示す。利用明細抽出処理及び再編成について，アクセスする総ページ数が最小になるようにジョブを設計した。このときジョブは，必要に応じて並列実行させる。

表2　課題ごとに各案を評価した結果（未完成）

	案A	案B	案C
区分方法	ハッシュ	レンジ	レンジ
区分キー	カード番号	カード番号	利用日（1か月を1区分）
課題1	評価：○	評価：○	評価：×
課題2	評価：× ジョブ当たり60区分，24億ページを探索	評価：○ ジョブ当たり［　　］区分，［　　］ページを探索	評価：○ ジョブ当たり［　イ　］区分，［　ロ　］ページを探索
課題3	評価：○	評価：○	評価：○

注記1　○：課題を解決する。×：課題を解決しない。
注記2　網掛け部分は表示していない。

```
WHERE A.審査結果 = 'Y' AND A.利用日 BETWEEN :hv1 AND :hv2
  AND A.カード番号 BETWEEN :hv3 AND :hv4 AND A.加盟店番号 = B.加盟店番号
```

注記1　ホスト変数hv1，hv2は，請求対象月の初日と末日をそれぞれ表す。
注記2　ホスト変数hv3，hv4は，カード番号の範囲（レンジ）の始まりと終わりをそれぞれ表す。

図3　区分化に対応したSQL文のWHERE句

〔更新処理の多重化〕

“オーソリ履歴”テーブルの請求済フラグと請求日を更新する処理も同様に，将来の処理時間が懸念された。更新処理のSQL文を図4に示す。更新処理はバッチ処理であり，カーソルを使用して1,000行を更新するごとにコミットする。

```
UPDATE オーソリ履歴 SET 請求済フラグ = 'Y', 請求日 = :hv1
 WHERE 利用日 BETWEEN :hv2 AND :hv3 AND  カード番号 BETWEEN :hv4 AND :hv5
```

注記1　ホスト変数hv1は，請求日を表す。
注記2　ホスト変数hv2，hv3は，請求対象月の初日と末日をそれぞれ表す。
注記3　ホスト変数hv4，hv5は，カード番号の範囲（レンジ）の始まりと終わりをそれぞれ表す。

図4　更新処理のSQL文

Fさんは，次のように，区分化と併せて，更新処理を多重化することにした。

1．“オーソリ履歴”テーブルについて，カード番号，利用日の順の組で区分キーとし，レンジによって区分化する。
2．区分ごとのジョブで更新処理を多重化する。
3．更新処理を多重化しても競合しないように，各区分を異なるディスクに配置し，データバッファを十分に確保する。

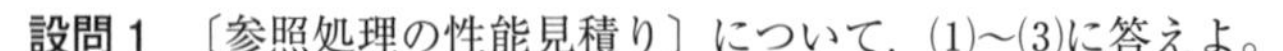

設問1 〔参照処理の性能見積り〕について，(1)～(3)に答えよ。

(1) 本文中の[a]～[h]に入れる適切な数値を答えよ。

(2) 案1について，“加盟店”テーブルのデータバッファを増やすのはなぜか。また，“オーソリ履歴”テーブルはデータバッファを増やさないのはなぜか。アクセス経路に着目し，それぞれ理由を25字以内で述べよ。

(3) 案2を適用した場合，オーソリ処理の処理時間が長くなると考えられる。その理由を25字以内で述べよ。

設問2 〔“オーソリ履歴”テーブルの区分化〕について，(1)～(4)に答えよ。

(1) 課題1について，案Aと案Bは案Cに比べてオーソリ処理のINSERT文の性能が良いと考えられる。その理由を25字以内で具体的に述べよ。

(2) 課題2について，区分限定の表探索を行う場合，1ジョブが探索する区分数及びページ数の最小値はそれぞれ幾らか。表2中の[イ]，[ロ]に入れる適切な数値を答えよ。

(3) 課題2について，案Aではカード番号にBETWEEN述語を追加しても改善効果を得られないと考えられる。その理由を30字以内で具体的に述べよ。

(4) 課題3について，特に案Cは，区分キーの特徴から，案Aと案Bに比べて再編成の効率が良いと考えられる。その理由を20字以内で具体的に述べよ。

設問3 〔更新処理の多重化〕について，(1)，(2)に答えよ。

(1) ジョブの多重度を幾ら増やしても，それ以上は更新処理全体の処理時間を短くできない限界がある。このときボトルネックになるのはログである。その理由をRDBMSの仕様に基づいて30字以内で述べよ。

(2) 更新処理では1,000行更新するごとにコミットしているが，仮に1行更新するごとにコミットすると，更新処理の処理時間のうち何がどのように変わるか。本文中の用語を用いて25字以内で述べよ。

問4 解答用紙

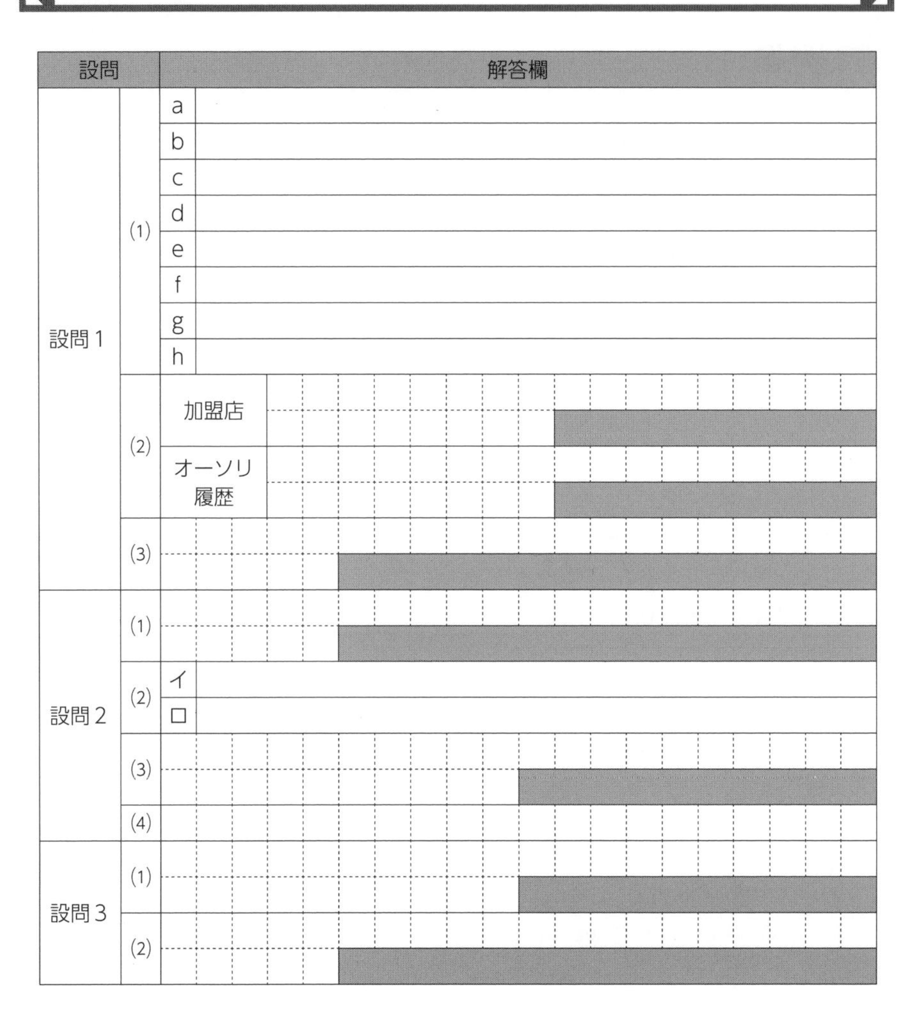

設問			解答欄
設問1	(1)	a	
		b	
		c	
		d	
		e	
		f	
		g	
		h	
	(2)	加盟店	
		オーソリ履歴	
	(3)		
設問2	(1)		
	(2)	イ	
		ロ	
	(3)		
	(4)		
設問3	(1)		
	(2)		

問4 解 説

[設問1](1)

aについて

空欄aの直前に,「図2　利用明細抽出処理のSQL文」の表結合の方法は「"オーソリ履歴" テーブルを外側, "加盟店" テーブルを内側とする入れ子ループ法だった」「"オーソリ履歴" テーブルのアクセス経路は表探索だった」とある。その表探索については,〔RDBMSの主な仕様〕1.⑴に「表探索では,索引を使わずに先頭ページから順に全行を探索する」とある。先頭ページから順に全行を探索するとは,まず,ディスクから先頭ページをデータバッファに読み込んで格納されている(読み込んだ)全ての行を探索する。次に,後続のページを読み込んでそこに格納されている全ての行を探索する。この作業を最後のページにたどり着くまで繰り返す。つまり,"オーソリ履歴" テーブルのデータバッファには,ディスクに格納されている "オーソリ履歴" テーブルの各ページを1回ずつ読み込めばよく,2回以上読み込む必要はない。"オーソリ履歴" テーブルのページ数は「表1　主なテーブルの将来の容量見積り」に「24億」とあるので,24億ページをそれぞれ1回ずつ読み込むことになる。よって,空欄aには**2,400,000,000**が入る。

bについて

まず,"オーソリ履歴" テーブルの24億ページのバイト数を求める。〔RDBMSの主な仕様〕2.⑵に「データ入出力とログ出力は4,000バイトのページ単位に行われる」とあるので,

$$24[億ページ] \times (4{,}000 \times 10^{-6})\ [Mバイト／ページ] = 9{,}600{,}000\ [Mバイト]$$

となる。これを,空欄bの直前にある「ディスク転送速度を100Mバイト／秒と仮定」で読み込むのであるから,データ入出力処理時間は,

$$9{,}600{,}000\ [Mバイト] \div 100\ [Mバイト／秒] = 96{,}000\ [秒]$$

となる。よって,空欄bには**96,000**が入る。

cについて

図2のSQL文では,"オーソリ履歴" テーブルから,請求書作成の対象となる1か月分(**利用日 `BETWEEN :hv1 AND :hv2`**)で判定結果が可(**審査結果 `= 'Y'`**)の行を抽出している。この抽出の結果行数は,カードごとの請求対象月のオーソリ回数とそのうち判定結果が可である回数が分かれば求めることができる。空欄cの直前に「カード数を1,000万枚,カード・月当たり平均オーソリ回数を80回,審査結果が全て

可であると仮定する」とある。これより，請求対象月のオーソリ回数は，

カード数×カード・月当たり平均オーソリ回数＝1,000万[枚]×80[回／枚]
＝8億[回]

となる。そして，「審査結果が全て可である」なので，“オーソリ履歴”テーブルの結果行数は，8億行となる。よって，空欄cには**800,000,000**が入る。

dについて

空欄dの前後に，図2のSQL文の表の結合方法は「外側の表の結果行ごとに“加盟店”テーブルの主キー索引を索引探索し，“加盟店”テーブルを1行，ランダムに……読み込む」とある。索引探索については，〔RDBMSの主な仕様〕1．(1)に「索引探索では，WHERE句中の述語に適した索引によって絞り込んでから表の行を読み込む」とある。これらより，外側の表である“オーソリ履歴”テーブルの1結果行に対して，同じ加盟店番号列値を持つ“加盟店”テーブルの1行を読み込む，つまり，“加盟店”テーブルの1行を読み込む回数は，“オーソリ履歴”テーブルの結果行8億行（空欄c）と同じになる。よって，空欄dには**800,000,000**が入る。

eについて

〔参照処理の性能見積り〕4．に「“加盟店”テーブルを1行，ランダムに合計 (d) 800,000,000 回読み込む」とある。読み込む1行が“加盟店”テーブルのデータバッファにあれば，つまり，テーブルのバッファヒット率が100％であれば，ディスクから読み込む必要はない。しかし，空欄eの直前に「索引はバッファヒット率100％，テーブルはバッファヒット率0％と仮定」とあり，索引に関してはディスクからの読込みは発生しないが，“加盟店”テーブルに関しては，毎回ディスクからの読込みが発生することが分かる。データの入出力については，〔RDBMSの主な仕様〕2．(2)の「データ入出力……は……ページ単位に行われる」とあり，読み込む際には1ページ読み込むことになる。つまり，「“加盟店”テーブルを1行，ランダムに合計 (d) 800,000,000 回読み込む」ということは，8億ページを読み込むことになる。よって，空欄eには**800,000,000**が入る。

fについて

空欄fの直前に「同期読込みにページ当たり1ミリ秒掛かると仮定」とある。8億（空欄e）ページを1ミリ秒／ページ(1×10^{-3}秒／ページ)で読み込む同期データ入出力処理時間は，

800,000,000［ページ］×(1×10^{-3})［秒／ページ］＝800,000［秒］

となる。よって，空欄fには**800,000**が入る。

gについて

空欄gの直前に「内側の表の索引探索と結合に掛かるCPU時間は，１結果行当たり0.01ミリ秒掛かると仮定」とある。“オーソリ履歴”テーブルの結果行数８億（空欄c）行の１結果行に対して0.01ミリ秒（0.01×10^{-3}秒）掛かるので，内側の表の索引探索と結合に掛かるCPU時間は，

$$800{,}000{,}000\,[行]\times(0.01\times10^{-3})\,[秒／行]=8{,}000\,[秒]$$

となる。よって，空欄ｇには**8,000**が入る。

hについて

図２のSQL文の表の結合方法は，〔参照処理の性能見積り〕１．に「“オーソリ履歴”テーブルを外側，“加盟店”テーブルを内側とする入れ子ループ法だった」とある。入れ子ループ法は，一方の表の行を外側のループとして取り出し，もう一方の表の全ての行を内側のループとして比較照合して結合演算を行うものである。したがって，図２のSQL文の処理時間は，外側と内側のそれぞれのSQL処理時間の合計となる。

外側（“オーソリ履歴”テーブル）のSQL処理時間は，〔参照処理の性能見積り〕１．に「“オーソリ履歴”テーブルのアクセス経路は表探索」とあり，これは〔RDBMSの主な仕様〕２．⑸の「ページを順次に入出力する場合」に準ずるので「SQL処理時間＝MAX（CPU時間，非同期データ入出力処理時間）」で求める。CPU時間は，〔参照処理の性能見積り〕７．に「外側の表のCPU時間は96,000秒」，２．に「非同期に読み込むデータ入出力処理時間は ⒝96,000 秒」とある。したがって，

外側のSQL処理時間＝MAX(CPU時間，非同期データ入出力処理時間)
＝MAX(96,000[秒]，96,000[秒])＝96,000[秒]

となる。

内側（“加盟店”テーブル）のSQL処理時間は，〔参照処理の性能見積り〕４．に「外側の表の結果行ごとに“加盟店”テーブルの主キー索引を索引探索」とあり，これは〔RDBMSの主な仕様〕２．⑷の「ページをランダムに入出力する場合」に準ずるので「SQL処理時間＝CPU時間＋同期データ入出力処理時間」で求める。CPU時間は「内側の表のCPU時間は ⒢8,000 秒，内側の表の同期データ入出力処理時間は ⒡800,000 秒」とあるので，

内側のSQL処理時間＝8,000[秒]＋800,000[秒]＝808,000[秒]

となる。したがって，SQL文の処理時間は，

外側と内側のそれぞれのSQL処理時間の合計＝96,000[秒]＋808,000[秒]
＝904,000[秒]

となり，空欄ｈには**904,000**が入る。

[設問1](2)

加盟店について

“加盟店”テーブルのアクセス経路は，〔参照処理の性能見積り〕4．に「“加盟店”テーブルの主キー索引を索引探索し」とある。索引探索については，〔RDBMSの主な仕様〕1．(1)に「索引探索では，WHERE句中の述語に適した索引によって絞り込んでから表の行を読み込む」とあり，“加盟店”テーブルは，索引を使ってデータを絞り込み，絞り込んだデータを直接アクセス（ランダムアクセス）されることが分かる。

案1は「“加盟店”テーブルのデータバッファを増やしバッファヒット率100%にする」とある。設問1(1)のdについて，eについて，fについての解説にあるように，“加盟店”テーブルのバッファヒット率が0%であるために，“オーソリ履歴”テーブル1行ごとにディスクから該当する1ページを読み込む必要があるため同じページを何度も読み込むことになり，合計8億（空欄d）ページを読み込む800,000（空欄f）秒という処理時間が必要になる。案1のように，バッファヒット率100%にすればディスクからの読込みを最低限に減らすことができ，ランダムアクセスの処理時間を短縮することができる。よって，案1について，“加盟店”テーブルのデータバッファを増やす理由は，**ランダムアクセスの処理時間を短縮できるから**となる。

オーソリ履歴について

“オーソリ履歴”テーブルのアクセス経路は，〔参照処理の性能見積り〕1．に「“オーソリ履歴”テーブルのアクセス経路は表探索」とある。表探索については，〔RDBMSの主な仕様〕1．(1)に「表探索では，索引を使わずに先頭ページから順に全行を探索する」とあり，“オーソリ履歴”テーブルは，先頭ページから順次アクセスされることが分かる。順次アクセスの場合，“オーソリ履歴”テーブルのデータバッファに，ディスクから24億ページを順番に読み込こんで処理をすればよく，2回以上読み込むことはない。データバッファを増やせばバッファヒット率は上がるが，2回以上ヒットすることがない場合にはバッファを増やすことに意味がなく，順次アクセスの処理時間に影響はない。よって，案1について，“オーソリ履歴”テーブルのデータバッファを増やさない理由は，**順次アクセスの処理時間に影響しないから**となる。

[設問1](3)

RDBMSでは，テーブルに索引を定義すると，テーブルへの行の挿入・更新・削除時にその索引を更新する。したがって，索引の数が多ければ多いほど，索引の更新に時間が掛かり，処理時間が長くなる。

案２は「“オーソリ履歴” テーブルの利用日列をキーとする副次索引を追加する」とある。そして,〔カード決済システムの概要〕２．に「判定した結果, ……行を “オーソリ履歴” テーブルに挿入する」とあり, オーソリ処理では, “オーソリ履歴” テーブルに行の挿入しか行わないことが分かる。これらより, “オーソリ履歴” テーブルに索引を追加すると, “オーソリ履歴” テーブルに行を挿入するたびに, 追加した分の索引を更新するための処理時間が増えるため, オーソリ処理に掛かる処理時間が長くなることが分かる。よって, 案２を適用した場合, オーソリ処理の処理時間が長くなると考えられる理由は, **行の挿入時に更新する索引が増えるから**となる。

[設問２](1)

オーソリ処理の内容を確認すると,〔カード決済システムの概要〕２．に「会員がカードで支払う際に……を判定する処理である」「判定した結果, ……行を “オーソリ履歴” テーブルに挿入する」とあり, “オーソリ履歴” テーブルに, 利用日が同じでカード番号の異なる行を大量に挿入する処理であることが分かる。

「利用日」「カード番号」に注目して「表２　課題ごとに各案を評価した結果（未完成)」を見ると, 案Ａ, Ｂと案Ｃの区分キーが異なっていることが分かる。案Ｃの区分キーは「利用日（１か月を１区分)」であるため, 一つの区分へのINSERT文の処理が集中することになり, テーブルに格納するための待ちが発生することが考えられる。これに対して, 案Ａ, Ｂの区分キーはカード番号であるため, INSERT文の処理は複数の区分に分散されることになり, 案Ｃよりもテーブルに格納するための待ちが発生する頻度は低くなると考えられる。よって, 課題１について, 案Ａと案Ｂは案Ｃに比べてオーソリ処理のINSERT文の性能が良いと考えられる理由は, **挿入される行が複数の区分に分散するから**となる。

[設問２](2)

イについて

〔カード決済システムの概要〕３．に「請求書作成に必要な１か月分の利用明細の記録を “オーソリ履歴” テーブルから抽出しファイルに出力する」とあり, 利用明細抽出処理では “オーソリ履歴” テーブルのある月の行を処理対象としている。また, 表２を見ると, 案Ｃの区分キーは「利用日（１か月を１区分)」, 区分方法は「レンジ」となっており, 各区分にはカードの利用日の範囲を指定して行が配置されていることが分かる。つまり, 利用明細抽出処理の対象となるオーソリ履歴の配置されている区分は一つだけとなる。したがって, １ジョブが探索する区分数は１区分となる。よって，空欄イには**1**が入る。

ロについて

表１に“オーソリ履歴”テーブルのページ数は「24億」，〔“オーソリ履歴”テーブルの区分化〕に「いずれの案も60区分に行を均等に分配する」とある。24億ページを60区分に分配した時の１区分当たりのページ数は，

24億［ページ］÷60［区分］＝40,000,000［ページ／区分］

となる。したがって，１ジョブが探索するページ数の最小値は40,000,000ページとなる。よって，空欄ロには**40,000,000**が入る。

［設問２］(3)

表２に，案Ａの区分キーは「カード番号」，区分方法は「ハッシュ」とある。ハッシュについて，〔RDBMSの主な仕様〕１．⑶①に「ハッシュは，区分キー値を基にRDBMSが生成するハッシュ値によって一定数の区分に行を分配する方法である」とある。つまり，案Ａでは，カード番号からハッシュ値を求めて，そのハッシュ値によって配置されている区分を特定することになる。

カード番号にBETWEEN述語を追加すると，指定された範囲のカード番号の行を取り出すことができる。しかし，カード番号のハッシュ値で配置される区分が決まるため，指定された範囲のカード番号を持つ行が同じ区分に配置されているとは限らず，探索する区分を限定することはできない。探索する区分が限定できなければ，課題２の利用明細抽出処理の処理時間を短縮することはできない。よって，課題２について，案Ａではカード番号にBETWEEN述語を追加しても改善効果を得られないと考えられる理由は，**区分方法がハッシュでは探索する区分を限定できないから**となる。

［設問２］(4)

表２を見ると，案Ｃの区分キーが「利用日（１か月を１区分)」であるためカードの利用月が同じ行は１区分に配置されていること，案Ａ，Ｂの区分キーが「カード番号」であるため利用月が同じ行が複数の区分に配置されることが分かる。一方，〔カード決済システムの概要〕２．オーソリ処理（オンライン処理）に「オーソリ処理は，会員がカードで支払う際に……を判定する処理である」「判定した結果，……行を“オーソリ履歴”テーブルに挿入する」とあり，“オーソリ履歴”テーブルには時系列で行が挿入されることが分かる。これらより，案Ｃではある区分に１か月分の行の挿入が終了すれば，それ以降行が挿入されることはない。しかし，案Ａ，Ｂでは，全ての区分に対し行が挿入される可能性が継続する。

課題３には「月初に行う“オーソリ履歴”テーブル再編成」とあり，再編成は毎月初に行われることが分かる。案Cは，月初に直前の１か月分の行が配置されている１区分のみ再編成を行えば，それ以外の区分の再編成を行う必要がない。しかし，案A，Bは，月初には全ての区分の再編成が必要になる。よって，課題３について，特に案Cは，区分キーの特徴から，案Aと案Bに比べて再編成の効率が良いと考えられる理由は，**１区分だけを再編成すれば良いから**となる。

[設問３](1)

ログに関するRDBMSの仕様は，〔RDBMSの主な仕様〕２．(1)に「データとログはそれぞれ別のディスクに格納される」「同じディスクに対し同時に入出力は行われないものとする」，(7)に「ログは，データより先にログバッファからディスクに出力される。これをログ出力処理と呼ぶ」「トランザクションのコミットはログ出力処理の完了まで待たされる」「ログ出力処理は，次のいずれかの事象を契機に行われる。①ログバッファが一杯になった。②トランザクションがコミット又はロールバックを行った。③あるテーブルのデータバッファが変更ページによって一杯になった」とある。これらより，次のことが分かる。

・ログは一つのディスクに出力される。
・同じディスクに同時に出力はできない。
・ログ出力処理はコミットのタイミングで行い，コミットはログ出力処理の後に行う。
・データの出力処理はログ出力処理の後に行う。
・ログ出力処理はログバッファが一杯になったら行う。

ジョブの多重度を増やしても，同一ディスクに同時に出力できない（多重化できない）ので，一つしかないログのディスクへの出力処理は並列化できず，逐次に行うしかない。したがって，ジョブの多重度を増やしても，更新処理全体の処理時間を短くすることはできない。さらに，ログバッファが一杯になった時点やコミットの時点でログ出力処理が行われるが，ログ出力処理が終わってからでないと実行できない更新処理やコミットは，ログ出力処理の間待たされることになり，その待ち時間をログ出力処理の多重化で短くすることはできない。よって，ジョブの多重度を幾ら増やしても，ログがボトルネックになって更新処理全体の処理時間を短くできない理由は，**ログ出力処理は並列化されないから**，または，**ログ出力処理は逐次化されるから**，または，**コミットはログ出力処理の完了まで待たされるから**，または，**ログバッファが一杯だと更新が待たされるから**となる。

[設問3](2)

設問に「更新処理では1,000行更新するごとにコミットしているが，仮に1行更新するごとにコミットする」とある。コミットに関する記述を探すと，〔RDBMSの主な仕様〕 2．(7)に「トランザクションのコミットはログ出力処理の完了まで待たされる」「ログ出力処理は，次のいずれかの事象を契機に行われる。①……。②トランザクションがコミット又はロールバックを行った。③……」とあり，更新処理でコミットを行うと，まずログ出力処理が行われ，このログ出力処理が完了するまでコミットは待たされることが分かる。そのログ出力処理について，「ログは，データより先にログバッファからディスクに出力される。これをログ出力処理と呼ぶ」とある。これらより，更新処理でのコミットを1,000行ごとから1行ごとに変更すると，1,000行に１回であったログ出力処理（ログバッファをディスクに出力する処理）が，1行ごとに１回，つまり1,000行で1,000回行われることになり，その１回ごとにログ出力処理の完了まで待たされることになる。つまり，１回から1,000回に増えた分のそれぞれのログ出力処理の待ち時間を合計した分，更新処理の処理時間が長くなることが分かる。ログ出力処理はコミット時に行われる処理なので，コミット時の待ち時間を合計した分，更新処理の処理時間が長くなるということもできる。よって，仮に１行更新するごとにコミットすると，更新処理の処理時間のうち**ログ出力処理の待ち時間の合計が長くなる**，または，**コミット時の待ち時間の合計が長くなる**ことになる。

問4 解答

設問		解答例・解答の要点	
設問1	(1)	a	2,400,000,000
		b	96,000
		c	800,000,000
		d	800,000,000
		e	800,000,000
		f	800,000
		g	8,000
		h	904,000
	(2)	加盟店	ランダムアクセスの処理時間を短縮できるから
		オーソリ履歴	順次アクセスの処理時間に影響しないから
	(3)	行の挿入時に更新する索引が増えるから	
設問2	(1)	挿入される行が複数の区分に分散するから	
	(2)	イ	1
		ロ	40,000,000
	(3)	区分方法がハッシュでは探索する区分を限定できないから	
	(4)	1区分だけを再編成すれば良いから	
設問3	(1)	・コミットはログ出力処理の完了まで待たされるから ・ログ出力処理は並列化されないから ・ログ出力処理は逐次化されるから ・ログバッファが一杯だと更新が待たされるから	
	(2)	・ログ出力処理の待ち時間の合計が長くなる。 ・コミット時の待ち時間の合計が長くなる。	

※IPA発表

問5 データベースの実装と性能 （出題年度：R4問3）

データベースの実装と性能に関する次の記述を読んで，設問に答えよ。

事務用品を関東地方で販売するＣ社は，販売管理システム（以下，システムという）にRDBMSを用いている。

〔RDBMSの仕様〕

1．表領域

(1) テーブル及び索引のストレージ上の物理的な格納場所を，表領域という。

(2) RDBMSとストレージとの間の入出力単位を，ページという。同じページに，異なるテーブルの行が格納されることはない。

2．再編成，行の挿入

(1) テーブルを再編成することで，行を主キー順に物理的に並び替えることができる。また，再編成するとき，テーブルに空き領域の割合（既定値は30%）を指定した場合，各ページ中に空き領域を予約することができる。

(2) INSERT文で行を挿入するとき，RDBMSは，主キー値の並びの中で，挿入行のキー値に近い行が格納されているページを探し，空き領域があればそのページに，なければ表領域の最後のページに格納する。最後のページに空き領域がなければ，新しいページを表領域の最後に追加し，格納する。

〔業務の概要〕

1．顧客，商品，倉庫

(1) 顧客は，Ｃ社の代理店，量販店などで，顧客コードで識別する。顧客にはＣ社から商品を届ける複数の発送先があり，顧客コードと発送先番号で識別する。

(2) 商品は，商品コードで識別する。

(3) 倉庫は，１か所である。倉庫には複数の棚があり，一連の棚番号で識別する。商品の容積及び売行きによって，一つの棚に複数種類の商品を保管することも，同じ商品を複数の棚に保管することもある。

2．注文の入力，注文登録，在庫引当，出庫指示，出庫の業務の流れ

(1) 顧客は，Ｃ社が用意した画面から注文を希望納品日，発送先ごとに入力し，Ｃ社のEDIシステムに蓄える。注文は，単調に増加する注文番号で識別する。注文する商品の入力順は自由で，入力後に商品の削除も同じ商品の追加もできる。

(2) C社は，毎日定刻（9時と14時）に注文を締める。EDIシステムに蓄えた注文をバッチ処理でシステムに登録後，在庫を引き当てる。

(3) 出庫指示書は，当日が希望納品日である注文ごとに作成し，倉庫の出庫担当者（以下，ピッカーという）を決めて，作業開始の予定時刻までにピッカーの携帯端末に送信する。携帯端末は，棚及び商品のバーコードをスキャンする都度，システム中のオンラインプログラムに電文を送信する。

(4) 出庫は，ピッカーが出庫指示書の指示に基づいて1件の注文ごとに行う。

① 棚の通路の入口で，携帯端末から出庫開始時刻を伝える電文を送信する。

② 棚番号の順に進みながら，指示された棚から指示された商品を出庫する。

③ 商品を出庫する都度，携帯端末で棚及び商品のバーコードをスキャンし，商品を台車に積む。ただし，一つの棚から商品を同時に出庫できるのは1人だけである。また，順路は1方向であるが，通路は追い越しができる。

④ 台車に積んだ全ての商品を，指定された段ボール箱に入れて梱（こん）包する。

⑤ 別の携帯端末で印刷したラベルを箱に貼り，ラベルのバーコードをスキャンした後，梱包した箱を出荷担当者に渡すことで1件の注文の出庫が完了する。

〔システムの主なテーブル〕

システムの主なテーブルのテーブル構造を図1に，主な列の意味・制約を表1に示す。主キーにはテーブル構造に記載した列の並び順で主索引が定義されている。

顧客（顧客コード，顧客名，…）
顧客発送先（顧客コード，発送先番号，発送先名，発送先住所，…）
商品（商品コード，商品名，販売単価，注文単位，商品容積，…）
在庫（商品コード，実在庫数，引当済数，引当可能数，基準在庫数，…）
棚（棚番号，倉庫内位置，棚容積，…）
棚別在庫（棚番号，商品コード，棚別実在庫数，出庫指示済数，出庫指示可能数，…）
ピッカー（ピッカーID，ピッカー氏名，…）
注文（注文番号，顧客コード，注文日，締め時刻，希望納品日，発送先番号，…）
注文明細（注文番号，注文明細番号，商品コード，注文数，注文額，注文状態，…）
出庫（出庫番号，注文番号，ピッカーID，出庫日，出庫開始時刻，…）
出庫指示（出庫番号，棚番号，商品コード，注文番号，注文明細番号，出庫数，出庫時刻，…）

図1 テーブル構造（一部省略）

表1　主な列の意味・制約（一部省略）

列名	意味・制約
棚番号	1以上の整数：棚の並び順を表す一連の番号
注文状態	0：未引当，1：引当済，2：出庫指示済，3：出庫済，4：梱包済，5：出荷済，…
出庫時刻	棚から商品を取り出し，商品のバーコードをスキャンしたときの時刻

〔システムの注文に関する主な処理〕

注文登録，在庫引当，出庫指示の各処理をバッチジョブで順に実行する。出庫実績処理は，携帯端末から電文を受信するオンラインプログラムで実行する。バッチ及びオンラインの処理のプログラムの主な内容を，表2に示す。

表2　処理のプログラムの主な内容

処理		プログラムの内容
バッチ	注文登録	・顧客が入力したとおりに注文及び商品を，それぞれ“注文”及び“注文明細”に登録し，注文ごとにコミットする。
	在庫引当	・注文状態が未引当の“注文明細”を主キー順に読み込み，その順で“在庫”を更新し，“注文明細”の注文状態を引当済に更新して注文ごとにコミットする。
	出庫指示	・当日が希望納品日である注文の出庫に，当日に出勤したピッカーを割り当てる。 ・注文状態が引当済の“注文明細”を主キー順に読み込む。 ・ピッカーの順路が1方向となる出庫指示を“出庫指示”に登録する。 ・“出庫指示”を主キー順に読み込み，その順で“棚別在庫”を更新し，“注文明細”の注文状態を出庫指示済に更新する。 ・注文ごとにコミットし，出庫指示書をピッカーの携帯端末に送信する。
オンライン	出庫実績	・出庫開始を伝える電文を携帯端末から受信すると，当該注文について，“出庫”の出庫開始時刻を出庫を開始した時刻に更新する。 ・棚及び商品のバーコードの電文を携帯端末から受信すると，当該商品について，“棚別在庫”，“在庫”を更新し，また“出庫指示”の出庫時刻を棚から出庫した時刻に，“注文明細”の注文状態を出庫済に更新してコミットする。 ・商品を梱包した箱のラベルのバーコードの電文を携帯端末から受信すると，“注文明細”の注文状態を梱包済に更新し，コミットする。

注記1　二重引用符で囲んだ名前は，テーブル名を表す。
注記2　いずれの処理も，ISOLATION レベルは READ COMMITTED で実行する。

〔ピーク日の状況と対策会議〕

注文量が特に増えたピーク日に，朝のバッチ処理が遅延し，出庫作業も遅延する事態が発生した。そこで，関係者が緊急に招集されて会議を開き，次のように情報を収集し，対策を検討した。

1．システム資源の性能に関する基本情報

次の情報から特定のシステム資源に致命的なボトルネックはないと判断した。

⑴ ページングは起きておらず，CPU使用率は25％程度であった。

⑵ バッファヒット率は95％以上で高く，ストレージの入出力処理能力（IOPS，帯域幅）には十分に余裕があった。

⑶ ロック待ちによる大きな遅延は起きていなかった。

2．再編成の要否

アクセスが多かったのは“注文明細”テーブルであった。この1年ほど行の削除は行われず，再編成も行っていないことから，時間が掛かる行の削除を行わず，直ちに再編成だけを行うことが提案されたが，この提案を採用しなかった。なぜならば，当該テーブルへの行の挿入では予約された空き領域が使われないこと，かつ空き領域の割合が既定値だったことで，割り当てたストレージが満杯になるリスクがあると考えられたからである。

3．バッチ処理のジョブの多重化

バッチ処理のスループット向上のために，ジョブを注文番号の範囲で分割し，多重で実行することが提案されたが，デッドロックが起きるリスクがあると考えられた。そこで，どの処理とどの処理との間で，どのテーブルでデッドロックが起きるリスクがあるか，表3のように整理し，対策を検討した。

表3　デッドロックが起きるリスク（未完成）

ケース	処理名	処理名	テーブル名	リスクの有無	リスクの有無の判断理由
1	在庫引当	在庫引当	在庫	ある	a
2	出庫指示	出庫指示	棚別在庫	ない	b
3	在庫引当	出庫指示	注文明細	ない	c

注記　ケース3は，ジョブの進み具合によって異なる処理のジョブが同時に実行される場合を表す。

4．出庫作業の遅延原因の分析

出庫作業の現場の声を聞いたところ，特定の棚にピッカーが集中し，棚の前で待ちが発生したらしいことが分かった，そこで，棚の前での待ち時間と棚から商品を取り出す時間の和である出庫間隔時間を分析した。出庫間隔時間は，ピッカーが出庫指示書の1番目の商品を出庫する場合では当該注文の出庫開始時刻からの時間，2番目以降の商品の出庫の場合では一つ前の商品の出庫時刻からの時間である。出庫間隔時間が長かった棚と商品が何かを調べたSQL文の例を表4に，このときの棚と商品の配置，及びピッカーの順路を図２に示す。

表４　SQL文の例（未完成）

SQL 文（上段：目的，下段：構文）
ホスト変数 h に指定した出庫日について，出庫間隔時間の合計が長かった棚番号と商品コードの組合せを，出庫間隔時間の合計が長い順に調べる。
WITH TEMP(出庫番号，ピッカーID，棚番号，商品コード，出庫時刻，出庫間隔時間) AS (SELECT A.出庫番号，A.ピッカーID，B.棚番号，B.商品コード，B.出庫時刻，B.出庫時刻 - 　COALESCE(LAG(B.出庫時刻) OVER (PARTITION BY 〔　x　〕 ORDER BY B.出庫時刻), 　　　　　A.出庫開始時刻) AS 出庫間隔時間 FROM 出庫 A JOIN 出庫指示 B ON A.出庫番号 = B.出庫番号 AND 出庫日 = CAST(:h AS DATE)) SELECT 棚番号，商品コード，SUM(出庫間隔時間) AS 出庫間隔時間合計 FROM TEMP GROUP BY 棚番号，商品コード ORDER BY 出庫間隔時間合計 DESC

注記　ここでの LAG 関数は，ウィンドウ区画内で出庫時刻順に順序付けられた各行に対して，現在行の１行前の出庫時刻を返し，１行前の行がないならば，NULL を返す。

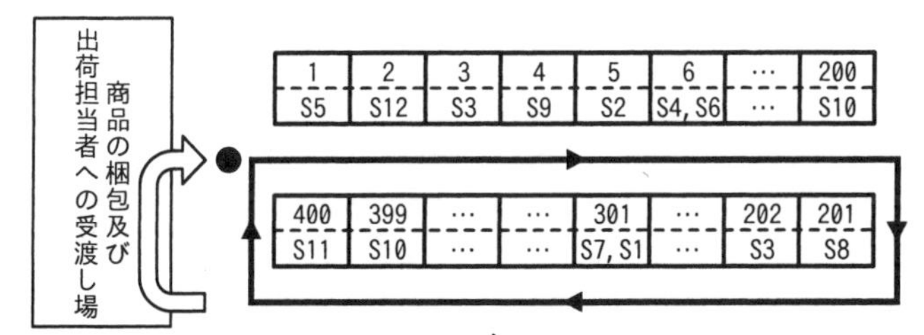

図２　棚と商品の配置，及びピッカーの順路（一部省略）

表４中の〔　x　〕に，B.出庫番号，A.ピッカーID，B.棚番号のいずれか一つを指定することが考えられた。分析の目的が，特定の棚の前で長い待ちが発生していたことを実証することだった場合，〔　x　〕に〔　あ　〕を指定すると，棚の前での待ち時間を含むが，商品の梱包及び出荷担当者への受渡しに掛かった時間が含まれてしまう。〔　い　〕を指定すると，棚の前での待ち時間が含まれないので，分析の目的を達成できない。

分析の結果，棚３番の売行きの良い商品S3（商品コード）の出庫で長い待ちが発生したことが分かった。そこで，出庫作業の順路の方向を変えない条件で，多くのピッカーが同じ棚（ここでは，棚３番）に集中しないように出庫指示を作成する対策が提案された。しかし，この対策を適用すると，表３中のケース２でデッドロックが起きるリスクがあると予想した。

例えば，あるピッカーに，１番目に棚３番の商品S3を出庫し，２番目に棚６番の商品S6を出庫する指示を作成するとき，別のピッカーには，１番目に棚［ う ］の商品［ え ］を出庫し，２番目に棚［ お ］の商品［ か ］を出庫する指示を同時に作成する場合である。

設問１　“２．再編成の要否”について答えよ。

(1)　注文登録処理が“注文明細”テーブルに行を挿入するとき，再編成で予約した空き領域が使われないのはなぜか。行の挿入順に着目し，理由をRDBMSの仕様に基づいて，40字以内で答えよ。

(2)　行の削除を行わず，直ちに再編成だけを行うと，ストレージが満杯になるリスクがあるのはなぜか。前回の再編成の時期及び空き領域の割合に着目し，理由をRDBMSの仕様に基づいて，40字以内で答えよ。

設問２　“３．バッチ処理のジョブの多重化”について答えよ。

(1)　表３中の［ a ］～［ c ］に入れる適切な理由を，それぞれ30字以内で答えよ。ここで，在庫は適正に管理され，欠品はないものとする。

(2)　表３中のケース１のリスクを回避するために，注文登録処理又は在庫引当処理のいずれかのプログラムを変更したい。どちらかの処理を選び，選んだ処理の処理名を答え，プログラムの変更内容を具体的に30字以内で答えよ。ただし，コミット単位とISOLATIONレベルを変更しないこと。

設問３　“４．出庫作業の遅延原因の分析”について答えよ。

(1)　本文中の［ あ ］～［ か ］に入れる適切な字句を答えよ。

(2)　下線の対策を適用した場合，表３中のケース２で起きると予想したデッドロックを回避するために，出庫指示処理のプログラムをどのように変更すべきか。具体的に40字以内で答えよ。ただし，コミット単位とISOLATIONレベルを変更しないこと。

問5 解答用紙

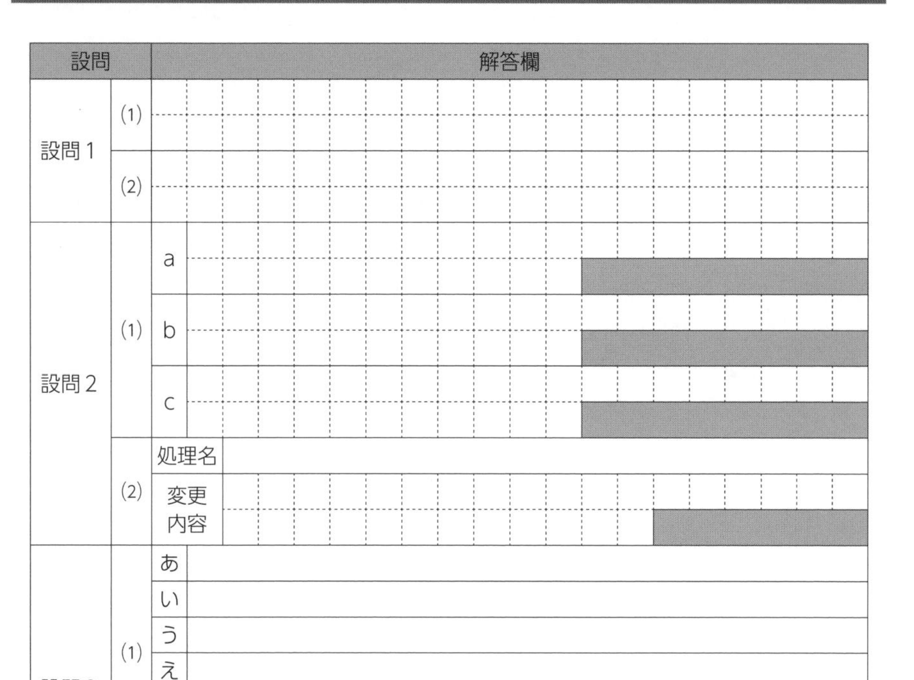

設問			解答欄
設問1	(1)		
	(2)		
設問2	(1)	a	
		b	
		c	
	(2)	処理名	
		変更内容	
設問3	(1)	あ	
		い	
		う	
		え	
		お	
		か	
	(2)		

問5 解説

[設問1](1)

まず，設問文に「行の挿入順に着目」とあることから，注文登録処理における，“注文明細”への行の挿入方法を確認する。「表2　処理のプログラムの主な内容」の注文登録処理に「顧客が入力したとおりに注文及び商品を，それぞれ……“注文明細”に登録し」とある。そこで，「図1　テーブル構造（一部省略）」の“注文明細”のテーブル構造を確認すると，主キーは｛注文番号，注文明細番号｝となっており，注文番号については，〔業務の概要〕 2．注文の入力，注文登録，在庫引当，出庫指示，出庫の業務の流れ（1）に「単調に増加する注文番号で識別」とある。これは，行を追加するたびに,注文番号列の値が1増加して登録されることを意味し，挿入行のキー値は過去に挿入したどの行のキー値よりも大きいことを意味している。

次に，設問文に「RDBMSの仕様に基づいて」とあることから，RDBMSの仕様を確認する。すると，〔RDBMSの仕様〕 2．再編成，行の挿入（1）に「テーブルを再編成することで,行を主キー順に物理的に並び替えることができる」「再編成するとき，テーブルに空き領域の割合（既定値は30％）を指定した場合，各ページ中に空き領域を予約することができる」とある。つまり，再編成直後は，行はキー値の順でページに格納されており，各ページには30％の空き領域が未使用の状態で存在することになる。さらに，再編成後の行の挿入に関しては，（2）に「INSERT文で行を挿入するとき，RDBMSは，主キー値の並びの中で，挿入行のキー値に近い行が格納されているページを探し，空き領域があればそのページに，なければ表領域の最後のページに格納する」とある。挿入行のキー値は過去に挿入したどの行のキー値よりも大きいということに注目すると，「挿入行のキー値に近い行が格納されているページ」は，常に表領域の最後のページとなる。そして，最後のページへの格納に関しては「最後のページに空き領域がなければ，新しいページを表領域の最後に追加し，格納する」とある。つまり，再編成後の挿入行は，常に最後のページの空き領域または追加したページに格納され，最後のページ以外のページの空き領域に行が格納されることがない。

よって，注文登録処理が“注文明細”テーブルに行を挿入するとき，再編成で予約した空き領域が使われない理由は，**主キーが単調に増加する番号なので過去の注文番号の近くに行を挿入しないから**，又は，**主キーの昇順に行を挿入するとき，表領域の最後のページに格納を続けるから**となる。

［設問 1 ］(2)

設問文の「前回の再編成の時期」に関係のある記述を探すと，〔ピーク日の状況と対策会議〕 2．再編成の要否に「この1年ほど行の削除は行われず，再編成も行っていない」が見つかる。また，設問文の「空き領域の割合」に関係ある記述として，〔RDBMSの仕様〕 2．再編成，行の挿入（1）に「再編成するとき，テーブルに空き領域の割合（既定値は30％）を指定した場合，各ページ中に空き領域を予約することができる」，〔ピーク日の状況と対策会議〕 2．再編成の要否に「空き領域の割合が既定値だった」が見つかる。これらから，前回の再編成は1年前に行われ，その時全てのページに空き領域30％が予約されたことが分かる。

前回の再編成後の１年間に“注文明細”に挿入された行は，［設問１］（1）の解説にあるように，最後のページの空き領域または追加したページに格納されており，それ以外のページに予約された空き領域は使用されていない。この状態で〔ピーク日の状況と対策会議〕２．再編成の要否の「時間が掛かる行の削除を行わず，直ちに再編成だけを行う」と，事実上，最後のページの空き領域に格納された行と追加したページに格納された行が再編成の対象になり，追加したページに空き領域を予約するために新たなページを追加する必要が生じる。つまり，ストレージの使用量は増加する一方になる。

よって，行の削除を行わず，直ちに再編成だけを行うと，ストレージが満杯になるリスクがあるのは，**再編成後に追加した各ページで既定の空き領域分のページが増えるから**となる。

［設問２］（1）

複数のプロセスが同じテーブルを更新する際に，処理の順番に規則がないと，プロセス間で資源にロックをかける順番が逆になってしまうことがある。このような状況でデッドロックは起こる。つまり，デッドロックが起こる原因は，処理の順番に規則がないことにある。「表３　デッドロックが起きるリスク（未完成）」の各ケースにおいて，テーブルの行の更新がどのような順番で行われるかを問題文から読み取る。

空欄aについて

在庫引当処理同士におけるデッドロックが起こるリスクの有無である。

表２に在庫引当処理のプログラムの内容として「注文状態が未引当の“注文明細”を主キー順に読み込み，その順で“在庫”を更新」「注文ごとにコミットする」とある。これは，

・“注文明細”から主キー｛注文番号，注文明細番号｝の順で，注文状態が未引当の行を読み込む。

・読み込んだ行の商品コードで“在庫”を更新する。

・注文番号単位でコミットする。

ことを意味している。

“注文明細”の注文明細番号と商品コードに関しては，〔業務の概要〕２．注文の入力，注文登録，在庫引当，出庫指示，出庫の業務の流れ（1）に「注文する商品の入力順は自由……同じ商品の追加もできる」，表２の注文登録処理のプログラムの内容に「顧客が入力したとおりに注文及び商品を，それぞれ“注文”及び“注文明細”に

登録」とある。顧客は自由に商品を入力し，それに対してプログラムは注文明細番号を付与するのであるから，“注文明細”から注文明細番号の順に読み込んだ行から取り出した商品コードが一定の順番になることは期待できない。つまり，“注文明細”を｛注文番号，注文明細番号｝の順に読み込み，その順で“在庫”を更新すると，“在庫”を更新する順序が逆になる可能性がある。この理由によって，表２のリスクの有無が「ある」となっているのである。

よって，空欄aには，**異なる商品の“在庫”を逆順で更新することがあり得るから**が入る。

空欄bについて

出庫指示処理同士におけるデッドロックが起こるリスクの有無である。

まず，注文番号と出庫番号の関係を確認する。図１“出庫”の主キーは出庫番号，外部キーとして注文番号があること，〔業務の概要〕２．(3)「出庫指示書は，当日が希望納品日である注文ごとに作成し」から，注文番号と出庫番号は１対１であること，つまり，一つの注文番号は一つの出庫番号に対応することが分かる。これと，表２のバッチの出庫指示処理の「“出庫指示”を主キー順に読み込み，その順で“棚別在庫”を更新し」「注文ごとにコミットし」から，出庫指示処理は，一つの出庫（注文）に対して，複数の“棚別在庫”の行を更新すること，また，出庫（注文）ごとにロックが解除されることが分かる。更に，“出庫指示”は主キー｛出庫番号，棚番号，商品コード｝順に読み込まれるので，出庫ごとで“棚別在庫”の行が更新される順序は｛棚番号，商品コード｝順となることも分かる。この｛棚番号，商品コード｝は“棚別在庫”の主キーである。

つまり，出庫指示処理では，出庫（注文）ごとに“棚別在庫”の主キーの順という規則に従って，“棚別在庫”が更新される。この理由によって，出庫指示処理間では，“棚別在庫”の更新によるデッドロックが起きるリスクは「ない」といえる。

よって，空欄bには，**“棚別在庫”を常に主キーの順で更新しているから**が入る。

空欄cについて

在庫引当処理と出庫指示処理におけるデッドロックが起こるリスクの有無である。

表２に在庫引当処理のプログラムの内容として「注文状態が未引当の“注文明細”を主キー順に読み込み」「“注文明細”の注文状態を引当済に更新」，出庫指示処理のプログラムの内容として「注文状態が引当済の“注文明細”を主キー順に読み込む」「“注文明細”の注文状態を出庫指示済に更新」とある。これらの処理では“注文明細”から読み込む条件がいずれも注文状態の値で，その値も未引当と引当済と異なる。そのため，同時に同じ行を更新することはない。この理由によって，表２のリスクの有無

が「ない」となっているのである。

よって，空欄cには，**異なるジョブが同じ注文の明細行を更新することはないから**が入る。

[設問2]（2）

在庫引当処理同士でデッドロックが起きるリスクがあるのは，“在庫”を更新する順番が一定でないからである。その原因は，“注文明細”を主キー｛注文番号，注文明細番号｝の順に読んでいることであり，注文明細番号が商品コード順になっていないことである。“在庫”の主キーは商品コードであるので商品コード順に並んでいる。したがって，“在庫”を商品コードの順に処理できる方法を注文登録処理の変更と在庫引当処理の変更で考える。

注文登録処理の場合

表2の注文登録処理のプログラムの内容に「顧客が入力したとおりに注文及び商品を，それぞれ“注文”及び“注文明細”に登録」とある。顧客が入力したとおりではなく，“注文明細”の主キー｛注文番号，注文明細番号｝の順が商品コードの順と一致するように，つまり，注文明細番号が商品コードの順になるように“注文明細”に登録するように変更すればよい。よって，プログラムの変更内容は，**“注文明細”に行を商品コードの順に登録する**，又は，**商品コードの順に注文明細番号を付与する**となる。

在庫引当処理の場合

表2の在庫引当処理のプログラムの内容に「“注文明細”を主キー順に読み込み，その順で“在庫”を更新」とある。これを，商品コードの順で“在庫”を更新するように変更すればよい。よって，**“在庫”の行を商品コードの順に更新する**ように変更すればよい。

[設問3]（1）

「表4　SQL文の例（未完成）」に提示されたSQL文は，「ある出庫日の出庫間隔時間の合計が長かった棚番号と商品コードの組合せを，出庫間隔時間の合計が長い順に調べる」ものである。出庫間隔時間については，〔ピーク日の状況と対策会議〕4．出庫作業の遅延原因の分析に「棚の前での待ち時間と棚から商品を取り出す時間の和である出庫間隔時間を分析した。出庫間隔時間は，ピッカーが出庫指示書の１番目の商品を出庫する場合では当該注文の出庫開始時刻からの時間，２番目以降の商品の出庫の場合では一つ前の商品の出庫時刻からの時間である」とある。これらから，SQL

文の実行を検証すると,
①“出庫”(A)と“出庫指示”(B)を出庫日がホスト変数で出庫番号が一致することを条件に内部結合して作業表を作成する。
②作業表から,出庫間隔時間を求めて,出庫番号,ピッカーID,棚番号,商品コード,出庫時刻,出庫間隔時間の6列からなるTEMPを作成する。表4の注記に「ここでのLAG関数は,ウィンドウ区画内で出庫時刻順に順序付けられた各行に対して,現在行の1行前の出庫時刻を返し,1行前の行がないならば,NULLを返す」とある。

```
LAG(B.出庫時刻) OVER (PARTITION BY [ X ] ORDER BY B.出庫時刻)
```

は,xでグループ化し,グループごとにB.出庫時刻で昇順に整列し,現在行の1行前のB.出庫時刻を得る。現在行の1行前がなければNULLとなる。

```
COALESCE(LAG(B.出庫時刻) OVER (PARTITION BY [ X ]
                    ORDER BY B.出庫時刻),A.出庫開始時刻)
```

は,LAG関数の値がNULLでなければその値(B.出庫時刻)を,NULLであればA.出庫開始時刻を得る。

```
B.出庫時刻 - COALESCE(LAG(B.出庫時刻) OVER (PARTITION BY [ X ]
          ORDER BY B.出庫時刻),A.出庫開始時刻) AS 出庫間隔時間
```

は,B.出庫時刻から現在行の1行前のB.出庫時刻あるいはA.出庫開始時刻を減じて,出庫間隔時間を求める。
③TEMPを,棚番号,商品コードでグループ化してグループごとの出庫間隔時間合計を求め,出庫間隔時間合計の降順で表示する。

空欄あ,いについて

〔ピーク日の状況と対策会議〕4.出庫作業の遅延原因の分析に「表4中の[x]に,B.出庫番号,A.ピッカーID,B.棚番号のいずれか一つを指定する」とある。

[x]にB.出庫番号を指定した場合,出庫番号ごとにグループ化して,グループ内は出庫時刻で整列される。〔業務の概要〕2.注文の入力,注文登録,在庫引当,出庫指示,出庫の業務の流れ(3)に「注文指示書は,……注文ごとに作成し,倉庫の出庫担当者(以下,ピッカーという)を決めて」とあることから,一つの出庫番号には一人のピッカーが対応することが分かる。つまり,現在行の注文番号のグループにおいて,1行前の出庫時刻は同一のピッカーの一つ前の出庫時刻であり,計算された出庫間隔時間にはピッカーの棚の前での待ち時間が含まれる。したがって,分析の目的を達成できる。

[x]にA.ピッカーIDを指定した場合,ピッカーIDごとにグループ化して,グ

ループ内は出庫時刻で整列される。結果，現在行のピッカーIDのグループにおいて１行前の出庫時刻が得られ，出庫間隔時間が計算され，ピッカーの棚の前での待ち時間も含まれる。しかし，現在行のピッカーIDの出庫番号が異なる出庫全てが同一グループとなって出庫時刻で整列されてしまうことに注意が必要である。出庫番号が異なれば，１番目の商品の出庫間隔時間は出庫開始時刻と現在行の出庫時刻との差で求めなければならないところ，一つ前の出庫番号の最後の商品の出庫時刻と現在行の出庫時刻との差で求めてしまうことになる。最後の商品の出庫の後には，「図２　棚と商品の配置，及びピッカーの順路（一部省略)」からも明らかなように，商品の梱包及び出荷担当者への受渡しの作業があるため，その作業時間も出庫間隔時間に含まれるという不具合が生じることになり，分析の目的は達成できない。よって，「棚の前での待ち時間を含むが，商品の梱包及び出荷担当者への受渡しにかかった時間が含まれてしまう」とある空欄あには，**A.ピッカーID**が入る。

[x] にB.棚番号を指定した場合，棚番号ごとにグループ化して，グループ内は出庫時刻で整列される。結果，現在行の棚番号のグループにおいて１行前の出庫時刻が得られ，出庫間隔時間が計算されるが，この出庫間隔時間は，棚から商品が出庫された間隔時間でしかなく，ピッカーの棚の前での待ち時間は含まれていず，分析の目的が達成できない。よって，「棚の前での待ち時間が含まれない」とある空欄いには，**B.棚番号**が入る。

空欄う～かについて

設問２（1）の解説にあるように，デッドロックはプロセス間でロックをかける順番が逆になることによって生じる。

表２の出庫指示処理のプログラムの内容に「“出庫指示”を主キー順に読み込み，その順で“棚別在庫”を更新」とあることから，“棚別在庫”の行をロックする順番は主キー｛棚番号，商品コード｝の順となる。これに従うと，〔ピーク日の状況と対策会議〕４．出庫作業の遅延の因の分析の「あるピッカーに，１番目に棚３番の商品S3を出庫し，２番目に棚６番の商品S6を出庫する指示を作成」した場合，“棚別在庫”には，｛棚３番，商品S3｝の行，｛棚６番，商品S6｝の行の順にロックがかけられる。このプロセスに対し，｛棚６番，商品S6｝の行，｛棚３番，商品S3｝の行の順にロックをかけるプロセスが同時に発生すればデッドロックが起こる。つまり，１番目に棚６番の商品S6を出庫し，２番目に棚３番の商品S3を出庫する指示を同時に作成すると，表３中のケース２で“棚別在庫”を更新する際にデッドロックが起きるリスクがある。よって，空欄うには**６番**，空欄えには**S6**，空欄おには**３番**，空欄かには**S3**が入る。

第3部 午後問題演習

[設問 3] (2)

下線の対策を適用すると，設問2（1）bの解説にあるように，“棚別在庫”が，出庫ごとに“棚別在庫”の主キー順という規則に従って更新されず，設問3（1）う～かの解説にあるような状態となり，デッドロックが起きている。単純にデッドロックを回避するためだけであれば，“棚別在庫”の更新順序を{棚番号，商品コード}順，あるいは，{商品コード，棚番号}順に変更すればよい。しかし，下線「多くのピッカーが同じ棚（ここでは，棚3番）に集中しないように出庫指示を作成する対策」を適用するため，{棚番号，商品コード}順に更新することはピッカーが同じ棚に集中することとなり不適切となる。したがって，“棚別在庫”を{商品コード，棚番号}順に更新するように処理を変更する。変更には二つの方法がある。

一つは，表2のバッチの出庫指示処理に「“出庫指示”を主キー順に読み込み，その順で“棚別在庫”を更新し」とあるので，“出庫指示”の読込み順{出庫番号，棚番号，商品コード}の商品コードを先にして，**“出庫指示”の読込み順を出庫番号，商品コード，棚番号の順に変更する**ことである。こうすれば，“棚別在庫”の更新順も{商品コード，棚番号}順となる。もう一つは「“出庫指示”を主キー順に読み込み」は変更せずに，**“棚別在庫”の行を商品コード，棚番号の順に更新する**ことである。

図2では，売行きの良い商品S3は，棚番号3の他に棚番号202にも保管されている。商品S3と商品S6を出庫する処理が並行する場合に，

1番目に「商品S3，棚3番」，2番目に「商品S6，棚6番」から出庫する処理 ……①

1番目に「商品S3，棚202番」，2番目に「商品S6，棚6番」から出庫する処理 ……②

を，①②の順で処理することが可能となり，ピッカーが同じ棚に集中しないようにした上で，商品S3と商品S6の出庫指示でデッドロックが起こらないようにすることができる。

問5 解答

<table>
<tr><th colspan="2">設問</th><th colspan="4">解答例・解答の要点</th></tr>
<tr><td rowspan="2">設問1</td><td>(1)</td><td colspan="4">・主キーが単調に増加する番号なので過去の注文番号の近くに行を挿入しないから
・主キーの昇順に行を挿入するとき，表領域の最後のページに格納を続けるから</td></tr>
<tr><td>(2)</td><td colspan="4">再編成後に追加した各ページで既定の空き領域分のページが増えるから</td></tr>
<tr><td rowspan="5">設問2</td><td rowspan="3">(1)</td><td>a</td><td colspan="3">異なる商品の“在庫”を逆順で更新することがあり得るから</td></tr>
<tr><td>b</td><td colspan="3">“棚別在庫”を常に主キーの順で更新しているから</td></tr>
<tr><td>c</td><td colspan="3">異なるジョブが同じ注文の明細行を更新することはないから</td></tr>
<tr><td rowspan="2">(2)</td><td>処理名</td><td>注文登録</td><td rowspan="2">又は</td><td>在庫引当</td></tr>
<tr><td>変更内容</td><td>・“注文明細”に行を商品コードの順に登録する。
・商品コードの順に注文明細番号を付与する。</td><td>“在庫”の行を商品コードの順に更新する。</td></tr>
<tr><td rowspan="7">設問3</td><td rowspan="6">(1)</td><td>あ</td><td colspan="3">A.ピッカーID</td></tr>
<tr><td>い</td><td colspan="3">B.棚番号</td></tr>
<tr><td>う</td><td colspan="3">6番</td></tr>
<tr><td>え</td><td colspan="3">S6</td></tr>
<tr><td>お</td><td colspan="3">3番</td></tr>
<tr><td>か</td><td colspan="3">S3</td></tr>
<tr><td>(2)</td><td colspan="4">・“出庫指示”の読込み順を出庫番号，商品コード，棚番号の順に変更する。
・“棚別在庫”の行を商品コード，棚番号の順に更新する。</td></tr>
</table>

※IPA発表

午後Ⅱ問題

問1 データベースの実装・運用 （出題年度：R4問1）

データベースの実装・運用に関する次の記述を読んで，設問に答えよ。

D社は，全国でホテル，貸別荘などの施設を運営しており，予約管理，チェックイン及びチェックアウトに関する業務に，5年前に構築した宿泊管理システムを使用している。データベーススペシャリストのBさんは，企画部門からマーケティング用の分析データ（以下，分析データという）の提供依頼を受けてその収集に着手した。

〔分析データ収集〕

1．分析データ提供依頼

企画部門からの分析データ提供依頼の例を表1に示す。表1中の指定期間には分析対象とする期間の開始年月日及び終了年月日を指定する。

表1　分析データ提供依頼の例

依頼番号	依頼内容
依頼1	施設ごとにリピート率を抽出してほしい。リピート率は，累計新規会員数に対する指定期間内のリピート会員数の割合（百分率）である。累計新規会員数は指定期間終了年月日以前に宿泊したことのある会員の総数，リピート会員数は過去1回以上宿泊し，かつ，指定期間内に2回目以降の宿泊をしたことのある会員数である。リピート会員がいない施設のリピート率はゼロにする。
依頼2	会員を指定期間内の請求金額の合計値を基に上位から5等分に分類したデータを抽出してほしい。
依頼3	客室の標準単価と客室稼働率との関係を調べるために，施設コード，標準単価及び客室稼働率を抽出してほしい。客室稼働率は，指定期間内の予約可能な客室数に対する同期間内の予約中又は宿泊済の客室数の割合（百分率）である。

2．宿泊管理業務の概要

宿泊管理システムの概念データモデルを図1に，関係スキーマを図2に，主な属性の意味・制約を表2に示す。宿泊管理システムでは，図2中の関係“予約”，“会員予約”及び“非会員予約”を概念データモデル上のスーパータイプである“予約”にまとめて一つのテーブルとして実装している。

Bさんは，宿泊管理業務への理解を深めるために，図1，図2，表2を参照して，表3の業務ルール整理表を作成した。表3では，Bさんが想定する業務ルールの例が，図1，図2，表2に反映されている業務ルールと一致しているか否かを判定し，一致欄に“○”（一致）又は“×”（不一致）を記入する。エンティティタイプ欄には，判定時に参照する一つ又は複数のエンティティタイプ名を記入する。リレーションシップを表す線及び対応関係にゼロを含むか否かの区別によって適否を判定する場合には，リレーションシップの両端のエンティティタイプを参照する。

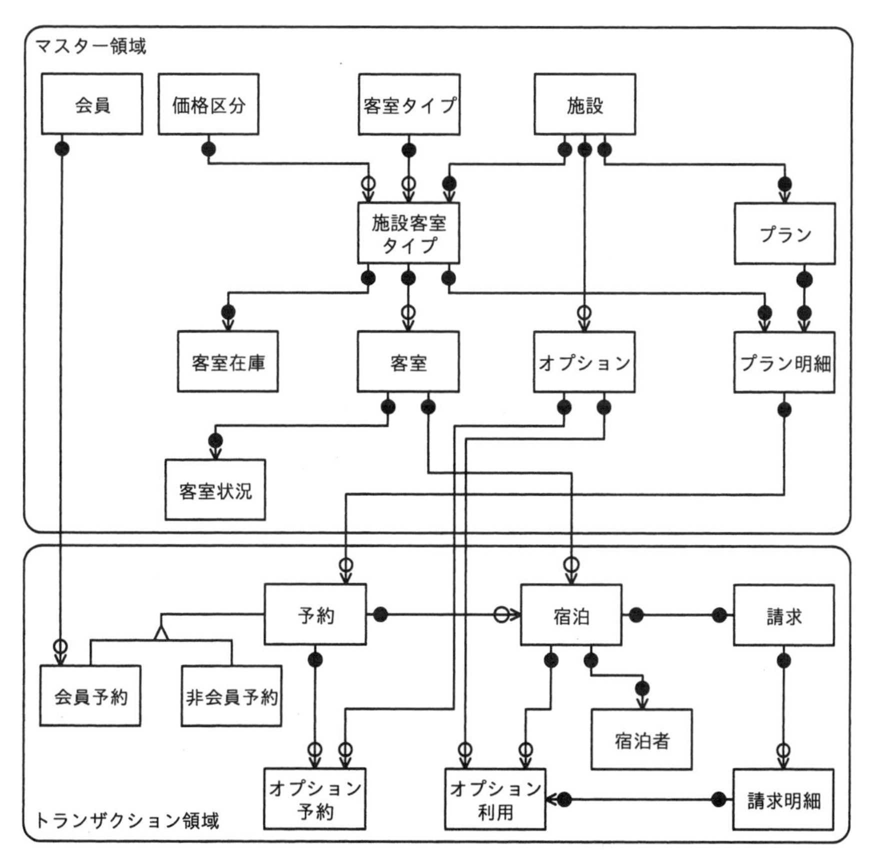

図1　宿泊管理システムの概念データモデル

施設（施設コード，施設区分，施設名，住所，電話番号，…）
客室タイプ（客室タイプコード，客室タイプ名，定員，階数，部屋数，間取り，面積，
ペット同伴可否，備考，…）
価格区分（価格区分コード，価格区分名，標準単価，価格設定規則）
施設客室タイプ（施設コード，客室タイプコード，価格区分コード）
客室（施設コード，客室タイプコード，客室番号，禁煙喫煙区分，客室状態，備考）
客室状況（施設コード，客室番号，年月日，予約可否）
客室在庫（施設コード，客室タイプコード，禁煙喫煙区分，年月日，予約可能数，割当済数）
プラン（施設コード，プランコード，プラン名，チェックイン時刻，チェックアウト時刻，
開始年月日，終了年月日，朝食有無，夕食有無，禁煙喫煙区分，備考）
プラン明細（施設コード，プランコード，客室タイプコード，利用料金，連泊割引率）
会員（会員番号，氏名，カナ氏名，メールアドレス，電話番号，生年月日，住所，…）
オプション（施設コード，オプション番号，オプション名，単価，…）
予約（施設コード，予約番号，プランコード，客室タイプコード，予約状態，会員予約区分，
当日予約フラグ，利用開始年月日，泊数，人数，客室数，キャンセル年月日，…）
会員予約（施設コード，予約番号，会員番号）
非会員予約（施設コード，予約番号，氏名，カナ氏名，メールアドレス，電話番号，住所）
オプション予約（施設コード，予約番号，オプション予約明細番号，オプション番号，
利用数，…）
宿泊（施設コード，宿泊番号，客室番号，予約番号，人数，チェックイン年月日，
チェックアウト年月日）
宿泊者（施設コード，宿泊番号，明細番号，氏名，カナ氏名，住所，電話番号，前泊地，
後泊地）
オプション利用（施設コード，宿泊番号，オプション利用番号，オプション番号，利用数，
請求番号，請求明細番号）
請求（請求番号，施設コード，宿泊番号，宿泊料金，オプション利用料金，請求合計金額）
請求明細（請求番号，請求明細番号，請求金額）

図２　宿泊管理システムの関係スキーマ（一部省略）

表2　主な属性の意味・制約

属性名	意味・制約
施設コード	施設を識別するコード（3桁の半角英数字）
施設区分	'H'（ホテル），'R'（貸別荘）
客室タイプコード	ホテルはシングル，ツインなど，貸別荘はテラスハウス，グランピングなど客室の構造，定員などによる分類である。
標準単価，価格設定規則	標準単価は，各施設が利用料金を決める際に基準となる金額，価格設定規則は，その際に従うべきルールの記述である。
予約可否	'Y'（予約可），'N'（修繕中）
予約可能数，割当済数	予約可能数は，客室状況の予約可否が 'Y' の客室数で，手動で設定することもある。割当済数は，予約に割り当てられた客室数の合計である。
予約状態	'1'（予約中），'2'（宿泊済），'9'（キャンセル済）
会員予約区分	'1'（会員予約），'2'（非会員予約）
オプション番号	施設ごとに有償で提供する設備，物品，サービスを識別する番号である。
客室状態	'1'（準備中），'2'（チェックイン可），'3'（チェックイン済），'4'（チェックアウト）

表3　業務ルール整理表（未完成）

項番	業務ルールの例	エンティティタイプ	一致
1	施設ごと客室タイプごとに価格区分を設定し，価格区分ごとに標準単価を決めている。客室は施設ごとに一意な客室番号で識別する。	施設，客室タイプ，価格区分，施設客室タイプ，客室	○
2	全施設共通のプランがある。	プラン	a
3	会員は，予約時に登録済の会員番号を提示すれば氏名，住所などの提示を省略できる。	会員，会員予約	b
4	同一会員が，施設，プラン，客室タイプ，利用開始年月日が全て同じ複数の予約を取ることはできない。	会員，予約	c
5	予約のない宿泊は受け付けていない。飛び込みの場合でも当日の予約手続を行った上で宿泊を受け付ける。	予約，宿泊	d
6	連泊の予約を受け付ける場合に，連泊中には同じ客室になるように在庫の割当てを行うことができる。	予約	e
7	予約の際にはプラン及び客室タイプを必ず指定する。一つの予約で同じ客室タイプの複数の客室を予約できる。	ア	f
8	宿泊時には1名以上の宿泊者に関する情報を記録しなければならない。	イ	○

3．問合せの設計

Bさんは，表1の依頼1～依頼3の分析データ抽出に用いる問合せの処理概要及びSQL文をそれぞれ表4～表6に整理した。hv1，hv2はそれぞれ指定期間の開始年月日，終了年月日を表すホスト変数である。問合せ名によって，ほかの問合せの結果行を参照できるものとする。

表4　依頼1の分析データ抽出に用いる問合せ（未完成）

問合せ名	処理概要（上段）と SQL 文（下段）
R1	チェックイン年月日が指定期間の終了日以前の宿泊がある会員数を数えて施設ごとに累計新規会員数を求める。
	SELECT A.施設コード, [ウ] AS 累計新規会員数 FROM 宿泊 A INNER JOIN 予約 B ON A.施設コード = B.施設コード AND A.予約番号 = B.予約番号 WHERE B.会員予約区分 = '1' AND A.チェックイン年月日 <= CAST(:hv2 AS DATE) GROUP BY A.施設コード
R2	チェックイン年月日が指定期間内の宿泊があり，指定期間にかかわらずその宿泊よりも前の宿泊がある会員数を数えて施設ごとにリピート会員数を求める。
	SELECT A.施設コード, [ウ] AS リピート会員数 FROM 宿泊 A INNER JOIN 予約 B ON A.施設コード = B.施設コード AND A.予約番号 = B.予約番号 WHERE B.会員予約区分 = '1' AND A.チェックイン年月日 BETWEEN CAST(:hv1 AS DATE) AND CAST(:hv2 AS DATE) AND [エ] (SELECT * FROM 宿泊 C 　INNER JOIN 予約 D ON C.施設コード = D.施設コード AND C.予約番号 = D.予約番号 　WHERE A.施設コード= C.施設コード AND [オ] AND [カ]) GROUP BY A.施設コード
R3	R1, R2 から施設ごとのリピート率を求める。
	SELECT R1.施設コード, 100 * [キ] AS リピート率 FROM R1 LEFT JOIN R2 ON R1.施設コード = R2.施設コード

表5　依頼2の分析データ抽出に用いる問合せ

問合せ名	処理概要（上段）と SQL 文（下段）
T1	会員別に指定期間内の請求金額を集計する。
	SELECT C.会員番号, SUM(A.請求合計金額) AS 合計利用金額 FROM 請求 A INNER JOIN 宿泊 B ON A.施設コード = B.施設コード AND A.宿泊番号 = B.宿泊番号 INNER JOIN 予約 C ON B.施設コード = C.施設コード AND B.予約番号 = C.予約番号 WHERE B.チェックイン年月日 BETWEEN CAST(:hv1 AS DATE) AND CAST(:hv2 AS DATE) 　AND C.会員予約区分 = '1' GROUP BY C.会員番号
T2	T1 から会員を 5 等分に分類して会員ごとに階級番号を求める。
	SELECT 会員番号, NTILE(5) OVER (ORDER BY 合計利用金額 DESC) AS 階級番号 FROM T1

表6　依頼3の分析データ抽出に用いる問合せ

問合せ名	処理概要（上段）とSQL文（下段）
S1	予約から利用開始年月日が指定期間内に含まれる予約中又は宿泊済の行を選択し，施設コード，価格区分コードごとに客室数を集計して累計稼働客室数を求める。
	SELECT A.施設コード, B.価格区分コード, SUM(A.客室数) AS 累計稼働客室数 FROM 予約 A INNER JOIN 施設客室タイプ B 　ON A.施設コード = B.施設コード AND A.客室タイプコード = B.客室タイプコード WHERE A.利用開始年月日 BETWEEN CAST(:hv1 AS DATE) AND CAST(:hv2 AS DATE) 　AND A.予約状態 <> '9' GROUP BY A.施設コード, B.価格区分コード
S2	客室状況から年月日が指定期間内に含まれる予約可能な客室の行を選択し，施設コード，価格区分コードごとに行数を数えて累計予約可能客室数を求める。
	SELECT A.施設コード, C.価格区分コード, COUNT(A.客室番号) AS 累計予約可能客室数 FROM 客室状況 A INNER JOIN 客室 B ON A.施設コード = B.施設コード AND A.客室番号 = B.客室番号 INNER JOIN 施設客室タイプ C ON B.施設コード = C.施設コード 　AND B.客室タイプコード = C.客室タイプコード WHERE A.予約可否 = 'Y' 　AND A.年月日 BETWEEN CAST(:hv1 AS DATE) AND CAST(:hv2 AS DATE) GROUP BY A.施設コード, C.価格区分コード
S3	S1，S2 及び価格区分から施設コード，価格区分コードごとに標準単価，客室稼働率を求める。
	SELECT A.施設コード, A.価格区分コード, C.標準単価, 100 * COALESCE(B.累計稼働客室数,0) / A.累計予約可能客室数 AS 客室稼働率 FROM S2 A LEFT JOIN S1 B ON A.施設コード = B.施設コード 　　　　　　　AND A.価格区分コード = B.価格区分コード INNER JOIN 価格区分 C ON A.価格区分コード = C.価格区分コード

4．問合せの試験

Bさんは，各SQL文の実行によって期待どおりの結果が得られることを確認する試験を実施した。Bさんが作成した，表5のT2の試験で使用するT1のデータを表7に，T2の試験の予想値を表8に示す。

表７　T2の試験で使用するT1のデータ

会員番号	合計利用金額
100	50,000
101	42,000
102	5,000
103	46,000
104	25,000
105	8,000
106	5,000
107	12,000
108	17,000
109	38,000

表８　T2の試験の予想値（未完成）

会員番号	階級番号
100	1
101	
102	
103	
104	
105	
106	
107	
108	
109	

5．問合せの実行

Bさんは，実データを用いて，2022-09-01から2022-09-30を指定期間として表４～表６のSQL文を実行して結果を確認したところ，表６の結果行を反映した図３の標準単価と客室稼働率の関係(散布図)に客室稼働率100％を超える異常値が見られた。

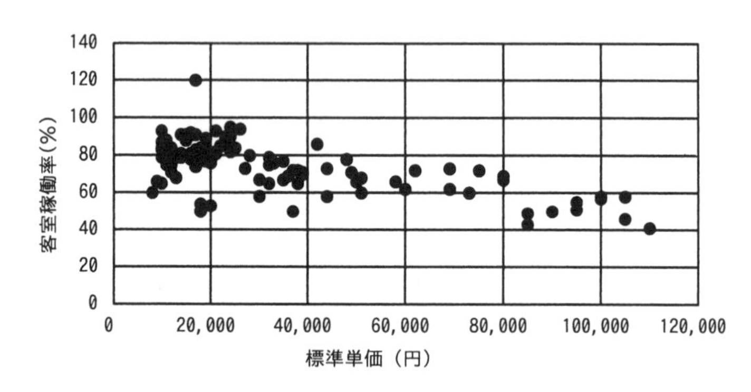

図３　標準単価と客室稼働率の関係（散布図）

〔異常値の調査・対応〕

1．異常値発生原因の調査手順

Bさんは，次の(1)～(3)の手順で調査を行った。

(1)　①S3のSQL文を変更して再度問合せを実行し，異常値を示している施設コード，価格区分コードの組だけを求める。

(2) (1)で求めた施設コード，価格区分コードについて，S1，S2のSQL文を変更して，施設コード，価格区分コード，客室タイプコードごとの累計稼働客室数，累計予約可能客室数をそれぞれ求める。
(3) (2)の結果から累計稼働客室数，累計予約可能客室数のいずれかに異常が認められたら，その集計に関連するテーブルの行を抽出する。

2．異常値発生原因の調査結果

調査手順の(1)から施設コード‘103’，価格区分コード‘C4’を，調査手順の(2)から表9，表10を得た。調査手順の(3)では，累計予約可能客室数に異常があると判断して表11～14を得た。

表9　(2)のS1で得た結果行

施設コード	価格区分コード	客室タイプコード	累計稼働客室数
103	C4	71	5
103	C4	72	10
103	C4	73	14
103	C4	74	7

表10　(2)で得たS2の結果行

施設コード	価格区分コード	客室タイプコード	累計予約可能客室数
103	C4	71	30

表11　(3)で得た“客室状況”テーブルの行（一部省略）

施設コード	客室番号	年月日	予約可否
103	1050	2022-09-01	Y
103	1050	2022-09-02	Y
⋮	⋮	⋮	⋮
103	1050	2022-09-30	Y

表12　(3)で得た“客室”テーブルの行（一部省略）

施設コード	客室タイプコード	客室番号	…
103	71	1050	…

表13 (3)で得た"施設客室タイプ"テーブルの行

施設コード	客室タイプコード	価格区分コード
103	71	C4
103	72	C4
103	73	C4
103	74	C4

表14 (3)で得た"客室タイプ"テーブルの行（一部省略）

客室タイプコード	客室タイプ名	定員	…
71	貸会議室タイプA 9時～11時	25	…
72	貸会議室タイプA 11時～13時	25	…
73	貸会議室タイプA 13時～15時	25	…
74	貸会議室タイプA 15時～17時	25	…

3．異常値発生原因の推測

Bさんは，調査結果を基に，施設コード'103'の施設で異常値が発生する状況を次のように推測した。

・客室を会議室として時間帯に区切って貸し出している。

・客室タイプに貸会議室のタイプと時間帯とを組み合わせて登録している。一つの客室（貸会議室）には時間帯に区切った複数の客室タイプがあり，客室と客室タイプとの間に事実上多対多のリレーションシップが発生している。

・②これをS2のSQL文によって集計した結果，累計予約可能客室数が実際よりも小さくなり，客室稼働率が不正になった。

4．施設へのヒアリング

該当施設の管理者にヒアリングを行い，異常値の発生原因は推測どおりであることを確認した。さらに，貸会議室の運用について次の説明を受けた。

・客室の一部を改装し，会議室として時間貸しする業務を試験的に開始した。

・貸会議室は，9時～11時，11時～13時，13時～15時のように1日を幾つかの連続する時間帯に区切って貸し出している。

・貸会議室ごとに，定員，価格区分を決めている。定員，価格区分は変更することがある。

・宿泊管理システムの客室タイプに時間帯を区切って登録し，客室タイプごとに予約可能数を設定している。さらに，貸会議室利用を宿泊として登録することで，宿泊管理システムを利用して，貸会議室の在庫管理，予約，施設利用，及び請求の手続を行っている。
・貸会議室は全て禁煙である。
・1回の予約で受け付ける貸会議室は1室だけである。
・音響設備，プロジェクターなどのオプションの予約，利用を受け付けている。
・一つの貸会議室の複数時間帯の予約を受けることもある。現在は時間帯ごとに異なる予約を登録している。貸会議室の業務を拡大する予定なので，1回の予約で登録できるようにしてほしい。

5．対応の検討

(1) 分析データ抽出への対応

Bさんは，③表6中のS2の処理概要及びSQL文を変更することで，異常値を回避して施設ごとの客室稼働率を求めることにした。

(2) 異常値発生原因の調査で判明した問題への対応

Bさんは，異常値発生原因の調査で，④このまま貸会議室の業務に宿泊管理システムを利用すると，貸会議室の定員変更時にデータの不整合が発生する，宿泊登録時に無駄な作業が発生する，などの問題があることが分かったので，宿泊管理システムを変更する方がよいと判断した。

〔RDBMSの主な仕様〕

宿泊管理システムで利用するRDBMSの主な仕様は次のとおりである。

1．テーブル定義

テーブル定義には，テーブル名を変更する機能がある。

2．トリガー機能

テーブルに対する変更操作（挿入，更新，削除）を契機に，あらかじめ定義した処理を実行する。

(1) 実行タイミング（変更操作の前又は後。前者をBEFOREトリガー，後者をAFTERトリガーという），列値による実行条件を定義することができる。

(2) トリガー内では，変更操作を行う前の行，変更操作を行った後の行のそれぞれに相関名を指定することで，行の旧値，新値を参照することができる。

(3) あるAFTERトリガーの処理実行が，ほかのAFTERトリガーの処理実行の契機となることがある。この場合，後続のAFTERトリガーは連鎖して処理実行する。

〔宿泊管理システムの変更〕

1．概念データモデルの変更

Bさんは，施設へのヒアリング結果を基に，宿泊管理業務の概念データモデルに，貸会議室の予約業務を追加することにした。Bさんが作成した貸会議室予約業務追加後のトランザクション領域の概念データモデルを図4に示す。図4では，マスター領域のエンティティタイプとのリレーションシップを省略している。

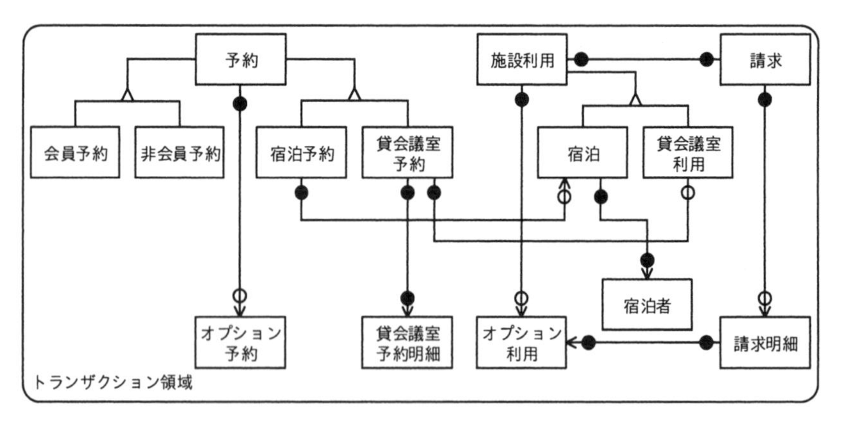

図4　貸会議室予約業務追加後のトランザクション領域の概念データモデル

2．テーブル構造の変更

Bさんは，施設へのヒアリングで聴取した要望に対応しつつ，現行のテーブル構造は変更せずに，貸会議室の予約，利用を管理するためのテーブルを追加することにして図5の追加するテーブルのテーブル構造を設計した。

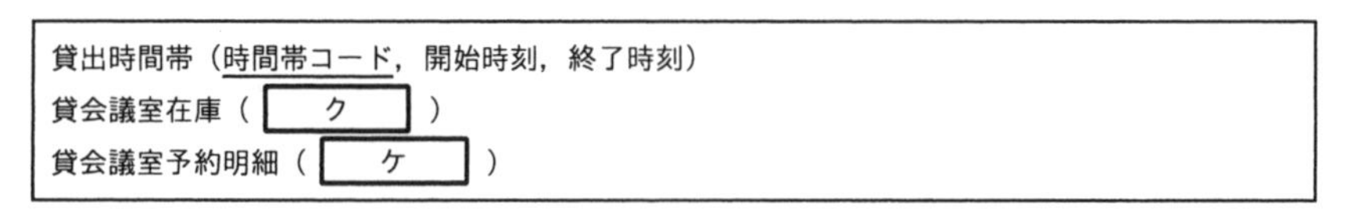

図5　追加するテーブルのテーブル構造（未完成）

3．テーブル名の変更

図4の概念データモデルでは，エンティティタイプ“宿泊”及び“貸会議室利用”は，エンティティタイプ“施設利用”のサブタイプである。現行の“宿泊”テーブ

ルはエンティティタイプ“施設利用”を実装したものだが，概念データモデル上サブタイプのエンティティタイプ名をテーブル名に用いることによる誤解を防ぐために，“宿泊”テーブルは“施設利用”に名称を変更することにした。

D社では，アプリケーションプログラム（以下，APという）の継続的な改善を実施しており，APのアクセスを停止することなくAPのリリースを行う仕組みを備えている。

貸会議室予約機能のリリースに合わせてテーブル名の変更を行いたいが，“宿泊”テーブルには多くのAPで行の挿入，更新を行っていて，これら全てのAPの改定，試験を行うとリリース時期が遅くなる。そこで，一定の移行期間を設け，移行期間中は新旧両方のテーブル名を利用できるようにデータベースを実装し，必要な全てのAPの改定後に移行期間を終了して“宿泊”テーブルを廃止することにした。

実装に当たって，更新可能なビューを利用した更新可能ビュー方式，トリガーを利用したトリガー同期方式の２案を検討し，移行期間前，移行期間中，移行期間後の手順を表15に，表15中の手順［b2］，［b4］のトリガーの処理内容を表16に整理した。

表15　更新可能ビュー方式，トリガー同期方式の手順

実施時期	更新可能ビュー方式の手順	トリガー同期方式の手順
移行期間前	[a1] 更新可能な“施設利用”ビューを作成する。	[b1] “施設利用”テーブルを新規作成する。 [b2] “宿泊”テーブルの変更を“施設利用”テーブルに反映するトリガーを作成する。 [b3] “宿泊”テーブルから，施設コード，宿泊番号順に，“施設利用”テーブルに存在しない行を一定件数ごとにコミットしながら複写する。 [b4] “施設利用”テーブルの変更を“宿泊”テーブルに反映するトリガーを作成する。
移行期間中	なし	なし
移行期間後	[c1] “施設利用”ビューを削除する。 [c2] “宿泊”テーブルを“施設利用”テーブルに名称を変更する。	[d1] 作成したトリガーを削除する。 [d2] “宿泊”テーブルを削除する。

注記１　[ ]で囲んだ英数字は，手順番号を表す。
注記２　手順内で発生するトランザクションのISOLATIONレベルは，READ COMMITTEDである。

表16　表15中の手順［b2］，［b4］のトリガーの処理内容（未完成）

手順	変更操作	処理内容
[b2]	INSERT	“宿泊”テーブルの追加行のキー値で“施設利用”テーブルを検索し，該当行がない場合に“施設利用”テーブルに同じ行を挿入する。
	UPDATE	“宿泊”テーブルの変更行のキー値で“施設利用”テーブルを検索し，該当行があり，かつ，［　コ　］場合に，“施設利用”テーブルの該当行を更新する。
[b4]	INSERT	“施設利用”テーブルの追加行のキー値で“宿泊”テーブルを検索し，該当行がない場合に“宿泊”テーブルに同じ行を挿入する。
	UPDATE	“施設利用”テーブルの変更行のキー値で“宿泊”テーブルを検索し，該当行があり，かつ，［網掛け］場合に，“宿泊”テーブルの該当行を更新する。

注記　網掛け部分は表示していない。

設問１　〔分析データ収集〕について答えよ。

(1)　表３中の［　a　］～［　f　］に入れる“○”，“×”を答えよ。また，表３中の［　ア　］，［　イ　］に入れる一つ又は複数の適切なエンティティタイプ名を答えよ。

(2)　表４中の［　ウ　］～［　キ　］に入れる適切な字句を答えよ。

(3)　表８中の太枠内に適切な数値を入れ，表を完成させよ。

設問２　〔異常値の調査・対応〕について答えよ。

(1)　本文中の下線①で，調査のために表６中のS3をどのように変更したらよいか。変更内容を50字以内で具体的に答えよ。

(2)　本文中の下線②で，累計予約可能客室数が実際よりも小さくなった理由を50字以内で具体的に答えよ。

(3)　本文中の下線③で，表６中のS2において，“客室状況”テーブルに替えてほかのテーブルから累計予約可能客室数を求めることにした。そのテーブル名を答えよ。

(4)　本文中の下線④について，(a) どのようなデータの不整合が発生するか，(b) どのような無駄な作業が発生するか，それぞれ40字以内で具体的に答えよ。

設問３　〔宿泊管理システムの変更〕について答えよ。

(1)　図５中の［　ク　］，［　ケ　］に入れる一つ又は複数の列名を答えよ。なお，［　ク　］，［　ケ　］に入れる列が主キーを構成する場合，主キーを表す実線の下線を付けること。

(2) 表15中の更新可能ビュー方式の手順の実施に際して，APのアクセスを停止する必要がある。APのアクセスを停止するのはどの手順の前か。表15中の手順番号を答えよ。また，APのアクセスを停止する理由を40字以内で具体的に答えよ。

(3) 表15中のトリガー同期方式において，APのアクセスを停止せずにリリースを行う場合，表15中の手順では“宿泊”テーブルと“施設利用”テーブルとが同期した状態となるが，手順［b2］，［b3］の順序を逆転させると，差異が発生する場合がある。それはどのような場合か。50字以内で具体的に答えよ。

(4) 表16中の［　コ　］の条件がないと問題が発生する。どのような問題が発生するか。20字以内で具体的に答えよ。また，この問題を回避するために［　コ　］に入れる適切な条件を30字以内で具体的に答えよ。

問1 解答用紙

<table>
<tr><th colspan="2">設問</th><th colspan="2">解答欄</th></tr>
<tr><td rowspan="23">設問1</td><td rowspan="8">(1)</td><td>a</td><td></td></tr>
<tr><td>b</td><td></td></tr>
<tr><td>c</td><td></td></tr>
<tr><td>d</td><td></td></tr>
<tr><td>e</td><td></td></tr>
<tr><td>f</td><td></td></tr>
<tr><td>ア</td><td></td></tr>
<tr><td>イ</td><td></td></tr>
<tr><td rowspan="5">(2)</td><td>ウ</td><td></td></tr>
<tr><td>エ</td><td></td></tr>
<tr><td>オ</td><td></td></tr>
<tr><td>カ</td><td></td></tr>
<tr><td>キ</td><td></td></tr>
<tr><td rowspan="10">(3)</td><td colspan="2">

会員番号	階級番号
100	1
101	
102	
103	
104	
105	
106	
107	
108	
109	

</td></tr>
</table>

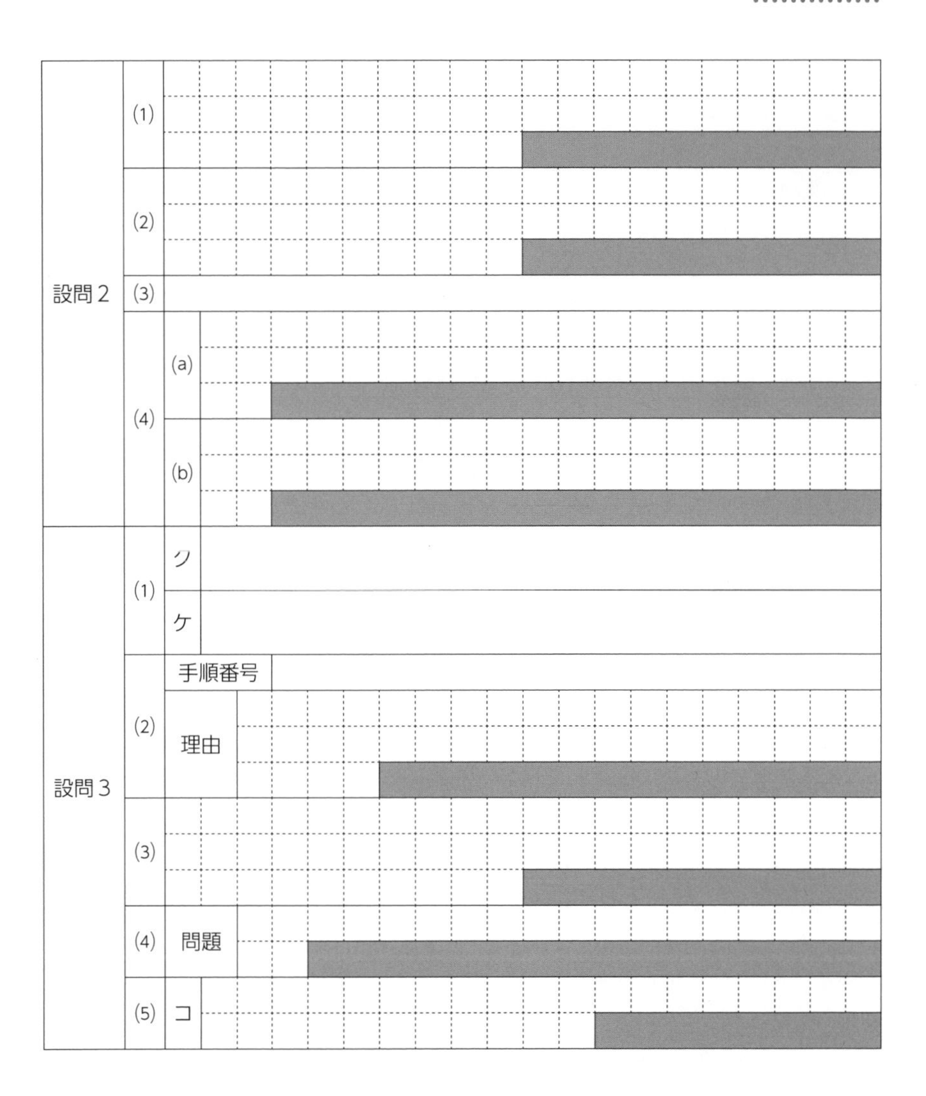

設問2
(1)
(2)
(3)
(4)
(a)
(b)

設問3
(1)
ク
ケ
(2)
手順番号
理由
(3)
(4)
問題
(5)
コ

問1 解説

[設問1](1)

aについて

表3には，項番2の業務ルールの例「全施設共通のプランがある」が業務ルールと一致しているか否かの判定時に参照するエンティティタイプは，“プラン”のみとあり，図2“プラン”に主キー{施設コード，プランコード}とある。

「全施設共通のプラン」とするには，いずれの施設にも属さないので，施設コードをNULLとした行が考えられる。しかし，施設コードは主キーの一部であるため，NULLは格納できない。つまり，全施設共通のプランという行を“プラン”に登録することはできない。よって，業務ルールと一致しないため，空欄aには×が入る。

bについて

表3には，項番3の業務ルールの例「会員は，予約時に登録済の会員番号を提示すれば氏名，住所などの提示を省略できる」が業務ルールと一致しているか否かの判定時に参照するエンティティタイプは，“会員”，“会員予約”とある。図2“会員”は会員番号を主キーとして，氏名，住所などを識別することができる。つまり，予約時に登録済の会員番号で“会員”の行を参照すれば，氏名，住所などの提示は省略することができる。よって，業務ルールと一致するので，空欄bには○が入る。

cについて

表3には，項番4の業務ルールの例「同一会員が，施設，プラン，客室タイプ，利用開始年月日が全て同じ複数の予約を取ることはできない」が業務ルールと一致しているか否かの判定時に参照するエンティティタイプは，“会員”，“予約”とある。

図2“予約”は主キー{施設コード，予約番号}とあり，プランコードや利用開始年月日はあるが主キーには含まれていない。また，“予約”のサブタイプ図2“会員予約”も主キー{施設コード，予約番号}とあり，会員番号はあるが主キーには含まれていない。つまり，予約番号が異なれば，同一会員が，施設，プラン，客室タイプ，利用開始年月日が全て同じ複数の予約を取ることができる。よって，業務ルールと一致しないため，空欄cには×が入る。

dについて

表3には，項番5の業務ルールの例「予約のない宿泊は受け付けていない」「飛び込みの場合でも当日の予約手続を行った上で宿泊を受け付ける」が業務ルールと一致しているか否かの判定時に参照するエンティティタイプは，“予約”と“宿泊”とある。

図１に,“予約”と“宿泊”の間に１対多のリレーションシップを表す線があり,“宿泊”から見た“予約”は必ずインスタンスが存在する（●）とある。したがって,“宿泊”には“予約”が必須であることが分かる。つまり，予約していない飛び込みの宿泊にも当日の予約手続を行った上で宿泊を受け付けることになる。よって，業務ルールと一致するので，空欄dには○が入る。

eについて

表３には，項番６の業務ルールの例「連泊の予約を受け付ける場合に，連泊中には同じ客室になるように在庫の割当てを行うことができる」が業務ルールと一致しているか否かの判定時に参照するエンティティタイプは，“予約”のみとある。

図２“予約”には「連泊」に関連する泊数はあるが，これ以外に「連泊中には同じ客室になるように在庫の割当てを行う」ことに関連する属性名はない。例えば，予約の際に「連泊中には同じ客室」を割り当てるには，“客室”（主キー{施設コード，客室番号}）を参照する属性名が必要であるが，“予約”には客室番号がない。したがって，予約の際に，連泊中に同じ客室になるように在庫の割当てを行うことはできない。よって，業務ルールと一致しないため，空欄eには×が入る。

ア, fについて

表３には，項番７の業務ルールの例「予約の際にはプラン及び客室タイプを必ず指定する」「一つの予約で同じ客室タイプの複数の客室を予約できる」が業務ルールと一致しているか否かの判定時に参照するエンティティタイプは，“ ア ”とある。“予約”に関する業務ルールであることが明らかである。

一つ目の業務ルール「予約の際にはプラン及び客室タイプを必ず指定」にある「プラン及び客室タイプ」は，図２“プラン明細”に登録されている。図１に，“プラン明細”と“予約”の間に1対多のリレーションシップを表す線があり，“予約”から見た“プラン明細”は必ずインスタンスが存在する（●）とある。したがって,“予約”には“プラン明細”が必須となる。つまり，予約の際にはプラン及び客室タイプを必ず指定することになるので，業務ルールと一致する。

二つ目の業務ルール「一つの予約で同じ客室タイプの複数の客室を予約できる」に対して，図２“予約”には客室タイプコードと客室数がある。これは，客室数に２以上を指定することで同じ客室タイプの複数の客室を予約できることを示しているので，業務ルールと一致する。

よって，業務ルールと一致するかの判定には，“プラン明細”と“予約”エンティティタイプを参照するため，空欄アには**プラン明細，予約**が入り，業務ルールと一致するので，空欄fには○が入る。

イについて

表３の項番８の業務ルールの例「宿泊時には１名以上の宿泊者に関する情報を記録しなければならない」が業務ルールと一致していることの判定に参照するエンティティタイプが問われている。

図２では，“宿泊”に対して，明細番号で複数の“宿泊者”の情報を記録している。「１名以上の宿泊者に関する情報を記録」するという業務ルールに一致しているか否かは，“宿泊”と“宿泊者”の間に１対多のリレーションシップを表す線があること，かつ，“宿泊”から見た“宿泊者”のインスタンスが必ず存在する（●）ことが，図１から判定できればよい。

よって，業務ルールと一致するかの判定には，“宿泊”と“宿泊者”の間のリレーションシップを参照するため，空欄イには**宿泊，宿泊者**が入る。

[設問１]（2）

表１依頼１の依頼内容と表４の問合せ名の関係を確認する。

表１依頼１の依頼内容には，施設ごとに

　　リピート率＝リピート会員数÷累計新規会員数×100

を求めるとある。その施設ごとの，

・累計新規会員数を求めるSQL文は，空欄ウ直後「AS 累計新規会員数」とある，表４の問合せ名R1
・リピート会員数を求めるSQL文は，空欄ウ直後「AS リピート会員数」とある，表４の問合せ名R2

である。そして，R1とR2の結果を用いて，

・施設ごとのリピート率を求めるSQL文は，表4の問合せ名R3

である。

つまり，会員が宿泊したことのある施設に対して，R1では施設ごとの累計新規会員数，R2ではその施設ごとのリピート会員数，R3では（R1とR2の結果より）施設ごとのリピート率を求めている。

なお，〔分析データ収集〕２．「図２中の関係“予約”，“会員予約”，及び“非会員予約”を概念データモデル上のスーパータイプである“予約”にまとめて一つのテーブルとして実装している」より，“予約”に会員番号という属性名があることを確認しておく必要がある。

ウについて

R1の処理概要に「チェックイン年月日が指定期間の終了日以前の宿泊がある会員

数を数えて施設ごとに累計新規会員数を求める」とある。

R1のSQL文の構文を確認する。

> ①　全ての“宿泊”にその予約を行った会員番号を表示するために，“宿泊”（相関名A）と“予約”（相関名B）を内部結合（INNER JOIN演算子）し，結合条件（ON句）を満たす行のみの仮想的なテーブルを作成…１，２行目のFROM句
> ②　①の１行１行に対して，次の条件ⅰ，ⅱを満たす行であるかを判定し，全ての条件を満たす（比較演算子AND）行のみを抽出…３行目
> 　条件ⅰ　会員予約であるか…３行目
> 　条件ⅱ　チェックイン年月日が指定期間の終了日以前であるか…３行目
> ③　②で抽出された全ての行に対して，施設ごとの同じ会員番号を持つ重複を除いた行数を取得…１，４行目

注記　条件ⅰ，ⅱは，新規会員の条件である。

この③にある「施設ごとの同じ会員番号を持つ重複を除いた」とある理由を確認する。図１に，“予約”と“宿泊”の間に１対多のリレーションシップを表す線がある。つまり，一つの予約（１人の会員）に対して複数の宿泊が対応する。例えば，ある会員が，１回の予約で「泊数‘1’，客室数‘3’」で予約した場合，内部結合の結果には，同じ会員番号を持つ行が３行抽出される。ここで求めたいのは「会員数」である。したがって，同じ会員番号の値を持つ重複した行を除く必要がある。

したがって，空欄ウには，施設ごと（４行目「GROUP BY A.施設コード」）に，会員番号の列のNULLでない値を持つ重複を除いた行数を取得するように記述しなければならない。

重複を除くにはDISTINCT，行数を取得するには集合関数COUNTを用いる。また，会員番号は“予約”にのみ存在するので，会員番号のみでもよいが，R1のSQL文の２行目に相関名Bがあるので，B.会員番号でもよい。

よって，空欄ウには**COUNT(DISTINCT B.会員番号)**，又は，**COUNT(DISTINCT 会員番号)**が入る。

エ～カについて

R2のSQL文は，R2の処理概要「チェックイン年月日が指定期間内の宿泊があり，指定期間にかかわらずその宿泊よりも前の宿泊がある会員数を数えて施設ごとにリピート会員数を求める」ものである。

R2のSQL文の構文を確認する。

① 全ての“宿泊”にその予約を行った会員番号を表示するために，“宿泊”（相関名A）と“予約”（相関名B）を内部結合（INNER JOIN演算子）し，結合条件（ON句）を満たす行のみの仮想的なテーブルを作成…１，２行目の主問合せ文中のFROM句

② ①の１行１行に対して，次の条件ⅰ～ⅲを満たす行であるかを判定し，全ての条件を満たす（比較演算子AND）行のみを抽出…３～７行目

条件ⅰ　会員予約であるか…３行目

条件ⅱ　チェックイン年月日が指定期間内の宿泊であるか…４行目

条件ⅲ　指定期間にかかわらずその宿泊よりも前の宿泊があるか…５～７行目の副問合せ文（カッコで括られているSELECT文）

③ ②で抽出された全ての行に対して，施設ごとの同じ会員番号を持つ重複を除いた行数を取得…１，８行目

注記　条件ⅰ～ⅲは，リピート会員の条件である。

条件ウを判定するために，空欄エ～カを含む副問合せ文（カッコで括られているSELECT文（５～７行目）がある。この副問合せは，主問合せの表（①）の１行ごとに実行される。したがって，副問合せでは，全ての“宿泊”（５，６行目のSELECT句からON句まで）から，その主問合せのその行の{施設コード，会員番号}が一致する，かつ，チェックイン年月日より前の行を抽出する。そして，その副問合せの結果が１行でもあれば，条件ⅲを満たすことになる。

主問合せの“宿泊”の列を参照するには相関名A，“予約”の列を参照するには相関名B，また，副問合せの“宿泊”の列を参照するには相関名C，“予約”の列を参照するには相関名Dを使う。

よって，施設コードが一致するかは空欄オの直前に記述されているので，会員番号が一致するかは**B.会員番号 = D.会員番号**，チェックイン年月日より前（小さい）かは**A.チェックイン年月日 > C.チェックイン年月日**となり，これらが空欄オとカに入る。比較演算子ANDの演算は順序を入れ替えても同じ結果になるため，空欄オとカは順不同である。また，副問合せの結果が１行以上あれば「真」を返すために，空欄エには**EXISTS**が入る。

キについて

R3のSQL文は，R3の処理概要「R1，R2から施設ごとのリピート率を求める」ものである。 R3のSQL文の構文を確認する。

① 左外部結合（LEFT JOIN演算子）を使って，R1の全ての行に，R2の結合条件（ON句）を満足する行の内容を含めた行を出力した仮想的なテーブルを作成…１，２行目のFROM句
② ①の１行１行に対して，リピート率を算出…１行目SELECT句の２番目の列

②にある「リピート率を算出」は，〔設問１〕(2) の解説にあるように，

リピート率＝リピート会員数÷累計新規会員数×100

で求める。ここで，表１依頼１の依頼内容「リピート会員がいない施設のリピート率はゼロにする」の「リピート会員がいない施設」とは，その施設に宿泊した会員がそれ以前に宿泊していないことを示す。つまり，その施設に対して，R1には行が存在するが，R2には行が存在しない，次のような場合である。

R1

施設コード	累計新規会員数
103	100
104	3

R2

施設コード	リピート会員数
103	20

このR1とR2を施設コードで左外部結合すると結果は，

R1. 施設コード	R1. 累計新規会員数	R2. 施設コード	R2. リピート会員数
103	100	103	20
104	3	NULL	NULL

となる。「施設コード‘104’」に対するリピート率を求めるために，

R1.リピート会員数÷R2.累計新規会員数

を実行すると，**R1.リピート会員数**の値NULLに対して演算を行うことになる。「リピート会員がいない施設のリピート率はゼロにする」には，**R1.リピート会員数**がNULLでない場合はその値，NULLの場合は0を返すようにCOALESCE関数を指定すればよい。

COALESCE関数は，COALESCE(A, B)とすると，AがNULLでないときはAを，NULLのときはBを返す。

よって，空欄キにはCOALESCE(リピート会員数,0) / 累計新規会員数が入る。

[設問1](3)

T2の処理概要「T1から会員を5等分に分類して会員ごとに階級番号を求める」のT1は，表7に示されている。

T2のSQL文には，NTILE関数（ウィンドウ関数）がある。NTILE関数は，データを等分割してランク付けする。構文は，

```
NTILE(グループ数) OVER( [PARTITION BY パーティションリスト]
                   ORDER BY オーダーリスト [ASC|DESC] )
```

である。「NTILE(5) OVER (ORDER BY 合計利用金額 DESC)」とあるので，まず，T1を合計利用金額の降順（DESC）に並び替える。それを五つに分けるので，上から2行ずつに1からの連番を振る（階級番号）と，次のようになる。

会員番号	合計利用金額	ランク
100	50,000	1
103	46,000	1
101	42,000	2
109	38,000	2
104	25,000	3
108	17,000	3
107	12,000	4
105	8,000	4
102	5,000	5
106	5,000	5

よって，このランクを，表6の会員番号に合わせて値を入れると，次のようになる。

会員番号	階級番号
100	1
101	**2**
102	**5**
103	**1**
104	**3**
105	**4**
106	**5**
107	**4**
108	**3**
109	**2**

[設問2](1)

下線①「S3のSQL文を変更して再度問合せを実行し，異常値を示している施設コード，価格区分コードの組だけを求める」の「異常値」は，〔分析データ収集〕5.「客室稼働率100%を超える」値とある。S3のSQL文では，FROM句で作成したテーブルの全ての行から，客室稼働率の値に関係なく，{施設コード，価格区分コード，標準価格}の列を取り出している。下線①では，FROM句で作成したテーブルの全ての行ではなく，客室稼働率の値が100%を超える行から{施設コード，価格区分コード}の列を取り出すことを要求している。したがって，客室稼働率の値が100%を超える行を選択するという条件をWHERE句に追加すればよい。取り出す列はSQL文に記述されている。

S3のSQL文では，客室稼働率は，

```
100 * COALESCE(B.累計稼働客室数,0) / A.累計予約可能客室数
```

で求めている。分子（累計稼働客室数）の値が，分母（累計予約可能客室数）の値より大きければ，客室稼働率は100%を超える。したがって，客室稼働率を計算する前に，累計稼働客室数の列値が，累計予約可能客室数の列の値より大きい行は選択しないという条件をWHERE句に記述すればよい。よって，表6中のS3に**累計稼働客室数が累計予約可能客室数よりも大きい行を選択する条件のWHERE句を追加する**ように変更したらよいとなる。また，WHERE句の中で計算式を用いて客室稼働率が100%を超える行を選択する条件を追加することでも実現できるので，**客室稼働率が100%よりも**

大きい行を選択する条件をWHERE句に追加するように変更したらよいとなる。

[設問2](2)

下線②「S2のSQL文によって集計した結果，累計予約可能客室数が実際よりも小さくなり，客室稼働率が不正になった」の具体例として，異常値を示した「施設コード‘103’，価格区分コード‘C4’」の調査結果が表9～14に示されている。

具体例（表9～14）から，累計予約可能客室数が実際よりも小さくなった理由を確認する。表9（S1），表10（S2）は「施設コード‘103’，価格区分コード‘C4’」の，累計稼働客室数と累計予約可能客室数それぞれの内訳を示していると考えることができる。したがって，表9，表10より「施設コード‘103’，価格区分コード‘C4’」の客室稼働率を求めると，

累計稼働客室数＝5＋10＋14＋7＝36　…表9の累計稼働客室数を全て合算
累計予約可能客室数＝30　…表10の累計予約可能客室数を全て合算

となり，

客室稼働率＝100×累計稼働客室数÷累計予約可能客室数＝100×36÷30
＝120［%］

となる。客室稼働率が100%を超えているので，異常値となる。

改めて表9，表10を確認すると，表9には，表14にある全ての客室タイプコード（‘71’，‘72’，‘73’，‘74’）それぞれの稼働客室数の行がある。したがって，表10にも全ての客室タイプコードそれぞれの予約可能客室数の行が必要である。しかし，‘71’に対する行はあるが，それ以外の行はない。つまり，累計予約可能客室数に，客室タイプコード‘71’，‘72’，‘73’，‘74’のうち，‘72’，‘73’，‘74’の分が含まれていない（カウントされていない）から，累計予約可能客室数が実際よりも小さくなったといえる。

では，客室タイプコード‘71’，‘72’，‘73’，‘74’はどのようなものであるかを確認する。〔異常値の調査・対応〕3.「客室を会議室として時間帯に区切って貸し出している」「客室タイプに貸会議室のタイプと時間帯とを組み合わせて登録している」より，‘71’，‘72’，‘73’，‘74’という客室タイプコードは，時間帯に区切った客室タイプと表現できる。また，表12の“客室”に客室タイプコード‘71’は登録されているので，客室タイプ‘72’，‘73’，‘74’は，客室に対応しないものと表現できる。よって，これらを使って解答をまとめると，累計予約可能客室数が実際よりも小さくなった理由は，**時間帯に区切った客室タイプのうち，客室に対応しないものが累計予約可能客室数に含まれないから**となる。

また，具体例からまとめると，**客室タイプ72〜74に対応する客室数が累計予約可能客室数にカウントされないから**となる。

[設問2] (3)

下線③「表6中のS2の処理概要及びSQL文を変更することで，異常値を回避して施設ごとの客室稼働率を求める」とあり，そのために設問文「表6中のS2において，"客室状況"テーブルに替えてほかのテーブルから累計予約可能客室数を求めることにした」とある。

まず，"客室状況"がS2のSQL文に指定されている目的を確認する。S2の処理概要「客室状況から年月日が指定期間内に含まれる予約可能な客室の行を選択」より，予約可能な客室を選択するために指定されていることが分かる。したがって，同様の目的が達成できるテーブルを探せばよい。

S2のSQL文では，"客室状況"の予約可能な客室は「**予約可否 = 'Y'**」で選択している。これに関連する記述を探すと，表2の予約可能数の意味・制約「予約可能数は，客室状況の予約可否が'Y'の客室数」とあり，図1"客室在庫"に予約可能数がある。つまり，予約可能な客室数は"客室在庫"から求めることができる。

また，異常値を回避するためには，設問2 (2) の解説にあるように，客室タイプ72〜74についても予約可能数をカウントできるようにする必要がある。これは，〔異常値の調査・対応〕4.「宿泊管理システムの客室タイプに時間帯を区切って登録し，客室タイプごとに予約可能数を設定している」，図2"客室在庫"に客室タイプコードがあることから，"客室在庫"の客室タイプコードと予約可能数を参照することでカウントできることが分かる。よって，"客室状況"テーブルに替えて"**客室在庫**"テーブルから累計予約可能客室数を求めることにしたとなる。

[設問2] (4) (a)

下線④「このまま貸会議室の業務に宿泊管理システムを利用すると，貸会議室の定員変更時にデータの不整合が発生する」とあり，設問文「どのようなデータの不整合が発生するか」とある。データの不整合とは，一つの事実が複数の箇所に存在する場合，データ操作において操作の行われた箇所と行われなかった箇所が発生して，データに意味的な矛盾が生じることをいう。

貸会議室の定員は，〔異常値の調査・対応〕4.「貸会議室ごとに，定員……を決めている」とある。表14に貸会議室の定員が表示されており，客室タイプ名に「9時〜11時」「11時〜13時」などの四つの時間帯に区切って，四つの異なる客室タイプ

第3部 午後問題演習

コードがある。これらは「貸会議室タイプA」という同じ貸会議室のタイプである。また，定員は全て‘25’となっている。これらより分かることは，「貸会議室タイプAの定員は‘25’」という一つの事実が4か所に存在していることである。例えば「貸会議室タイプAの定員は‘50’」と変更するには，「定員は‘25’」とある4か所の全てを変更しなければならない。一つでも変更されなかったとすると，「貸会議室タイプAの定員は‘25’」と「貸会議室タイプAの定員は‘50’」が存在し，データの不整合が発生する。

つまり，貸会議室の定員を変更する際には，同じ貸会議室の異なる客室タイプ全ての定員を変更しなければならないが，変更されない客室タイプがあると，同じ貸会議室で異なる客室タイプの定員の値が異なるというデータの不整合が発生する。よって，このまま貸会議室の業務に宿泊管理システムを利用すると，貸会議室の定員変更時に，**同じ貸会議室の異なる客室タイプの定員に異なる値が設定される**というデータの不整合が発生するとなる。

[設問2](4)(b)

下線④「このまま貸会議室の業務に宿泊管理システムを利用すると……宿泊登録時に無駄な作業が発生する」とある。

まず，図1，2より，宿泊登録時に行う作業を確認する。“宿泊”には，“予約”，“客室”，“オプション利用”，“宿泊者”，“請求”の間にリレーションシップを表す線があるので，これらに関連する作業があることが分かる。それぞれの作業は，

- ・“予約”は，どの予約に対する宿泊であるかを記録する作業
- ・“客室”は，客室を割当て，客室番号を記録する作業
- ・“オプション利用”は，オプションの利用を記録する作業
- ・“宿泊者”は，宿泊者の情報を登録する作業
- ・“請求”は，請求を作成する作業

となる。このうち，“予約”，“客室”，“請求”に関する作業は，貸会議室の業務にも必要であることは推測できる。また，貸会議室に関する記述，〔異常値の調査・対応〕4．「音響設備，プロジェクターなどのオプションの予約，利用を受け付けている」より，“オプション利用”に関する作業も必要である。残る“宿泊者”に関する作業であるが，宿泊では，表3項番8にあるように，宿泊時には1名以上の宿泊者に関する情報を記録しなければならない。貸会議室の利用は，〔異常値の調査・対応〕4．「貸会議室は，9時～11時，11時～13時，13時～15時のように1日を幾つかの連続する時間帯に区切って貸し出している」とあり，宿泊という事実は発生しない。つまり，

宿泊者がいないのに，「1名以上の宿泊者に関する情報を記録」する作業が発生している。

また，下線④直後「宿泊管理システムを変更する方がよいと判断した」とあり，更に後述の図4では“宿泊”と“貸会議室利用”が“施設利用”のサブタイプとして追加され，“貸会議室利用”と“宿泊者”の間にリレーションシップを表す線がない。これは貸会議室の利用では宿泊者の情報を記録しなくてすむようにしていると読み取れる。

これらより，貸会議室の利用での宿泊登録時における「1名以上の宿泊者に関する情報を記録しなければならない」という“宿泊者”に関連する作業は無駄といえる。

よって，本文中の下線④について，**宿泊者がないにもかかわらず，1名以上の宿泊者を記録しなければならない**という無駄な作業が発生するとなる。

[設問3](1)

クについて

貸会議室の在庫を管理するために“貸会議室在庫”に必要な列を確認する。〔宿泊管理システムの変更〕2.「施設へのヒアリングで聴取した要望に対応しつつ，現行のテーブル構造は変更せずに，貸会議室の予約，利用を管理するためのテーブルを追加することにして図5の追加するテーブルのテーブル構造を設計した」，〔異常値の調査・対応〕4.に貸会議室は「客室の一部を改装し，会議室として時間貸しする」より，貸会議室の在庫が管理できるように，図2“客室在庫”の列を参考に，列を変更，追加すればよいと判断できる。

まず，図2“客室在庫”のテーブル構造を確認する。

客室在庫（<u>施設コード</u>，<u>客室タイプコード</u>，<u>禁煙喫煙区分</u>，<u>年月日</u>，
予約可能数，割当済数）

図1の“施設客室タイプ”と“客室在庫”の間の1対多とするリレーションシップを表す線より，主キーの一部である{施設コード，客室タイプコード}は，“施設客室タイプ”を参照する外部キーとなる。したがって，“客室在庫”は，施設客室タイプごと禁煙喫煙区分ごと年月日ごとに予約可能数，割当済数を記録していることが分かる。

次に，“貸会議室在庫”の主キーを検討する。〔異常値の調査・対応〕4.「貸会議室は全て禁煙である」より，禁煙喫煙区分は不要である。また，〔異常値の調査・対応〕4.「宿泊管理システムの客室タイプに時間帯を区切って登録し，客室タイプごとに予約可能数を設定している」とある。これらより，“客室在庫”の主キーの列から，

禁煙喫煙区分を除き，時間帯コード（図５“貸出時間帯”の主キー）を追加した，{施設コード，客室タイプコード，年月日，時間帯コード}が主キーとなる。

これらより，“貸会議室在庫”のテーブル構造は，次のようになる。

貸会議室在庫（施設コード，客室タイプコード，年月日，時間帯コード，予約可能数，割当済数）

よって，空欄クには，**施設コード，客室タイプコード，年月日，時間帯コード，予約可能数，割当済数**が入る。

ケについて

図４の“貸会議室予約”と“貸会議室予約明細”の間の１対多とするリレーションシップを表す線があり，“貸会議室予約”から見た“貸会議室予約明細”も，“貸会議室予約明細”から見た“貸会議室予約”も，インスタンスが必ず存在する（●）とある。

まず，“貸会議室予約明細”の主キーを検討する。図４に，“貸会議室予約”と“貸会議室予約明細”の間に１対多とするリレーションシップを表す線があり，“貸会議室予約”はスーパータイプ“予約”のサブタイプとある。サブタイプはスーパータイプの主キー{施設コード，予約番号}を引き継ぐので，“貸会議室予約”の主キーは{施設コード，予約番号}となり，“貸会議室予約明細”の主キーには{施設コード，予約番号}が含まれることになる。

次に，貸会議室の予約にて，〔異常値の調査・対応〕４．「一つの貸会議室の複数時間帯の予約を受けることもある」「１回の予約で登録できるようにしてほしい」を実現するには，同じ施設客室タイプの異なる複数の時間帯（時間帯コード）を記録できるようにしなければならない。また，データの不整合が発生しないように，テーブル構造を検討しなければならない。それには，施設客室タイプは“貸会議室予約”に持たせるのが適切であり，“貸会議室予約明細”に持たせることは適切ではない。したがって，“貸会議室予約明細”に必要な列名は，時間帯コードとなる。

ここで〔異常値の調査・対応〕４．「一つの貸会議室の複数時間帯の予約を受けることもある」より，“貸会議室予約明細”には，同じ施設コード，同じ予約番号であっても異なる時間帯コードを持てるようにする必要がある。したがって，主キーに時間帯コードを追加して，{施設コード，予約番号，時間帯コード} となる。

これらより，“貸会議室予約明細”のテーブル構造は，次のようになる。

貸会議室明細（施設コード，予約番号，時間帯コード）

よって，空欄ケには，**施設コード，予約番号，時間帯コード**が入る。

[設問3](2)

〔宿泊管理システムの変更〕3.「一定の移行期間を設け，移行期間中は新旧両方のテーブル名を利用できるようにデータベースを実装し，必要な全てのAPの改定後に移行期間を終了して“宿泊”テーブルを廃止することにした」，更新可能ビュー方式は「更新可能なビューを利用」より，表15実施時期「移行期間前」「移行期間中」「移行期間後」のそれぞれで，実行されているAPと，そのAPのアクセス対象（テーブル，あるいはビュー）を明確にして，a1，c1，c2のうち，どの手順の前にAPのアクセスを停止する必要があるのかを確認する。

a1は移行期間前に「更新可能な“施設利用”ビューを作成する」とある。移行期間前は，APの改定には未着手，かつ，貸会議室予約機能のリリースも行われていないので，旧“宿泊”テーブルにアクセスするAPが実行中となる。“施設利用”ビューを介してアクセスするAPは実行されていないので，a1の前にAPのアクセスを停止する必要はない。

次に，c1は移行期間後に「“施設利用”ビューを削除する」，c2は移行期間後に「“宿泊”テーブルを“施設利用”テーブルに名称を変更する」とある。移行期間後は，従来のAPは全て改定されているので，“施設利用”テーブルにアクセスする新APが実行中となる。新APは，“施設利用”ビューが存在する間はビューにアクセスし，“施設利用”ビューが削除されて新たに“施設利用”テーブルが作成されるとテーブルにアクセスするようになる。そのため，c1の“施設利用”ビューが削除された直後には参照先がなくなり新APが異常終了する。つまり，c1が実施される前に，“施設利用”テーブルにアクセスする新APのアクセスを停止しておく必要がある。

よって，APのアクセスを停止するのはc1の手順の前，その理由は，**新APが“施設利用”テーブルにアクセスすると異常終了するから**となる。

[設問3](3)

トリガー同期方式を実施する場合，設問文「表15中のトリガー同期方式において，APのアクセスを停止せずにリリースを行う場合」より，実施時期「移行期間前」では，“宿泊”テーブルを利用したAPが実行中であることに注意する。

ここでは説明のために，“宿泊”テーブルを利用したAPを旧AP，新しい“施設利用”テーブルを利用したAPを新APとする。また，b2で作成したトリガー名をb2トリガー，b4で作成したトリガー名をb4トリガーとする。

まず，b2とb3で行っていることを確認する。

実施時期「移行期間中」では，旧APと新APの両方が実行されるため，実施時期「移行期間中」に移行する前に，“宿泊”テーブル全行を“施設利用”テーブルに複写する処理が完了していなければならない。この複写する処理がb3である。

また，このb3を実行している間にも，旧APは実行されるので，“宿泊”テーブルは変更される。この変更を“施設利用”テーブルに反映するための処理がb2である。“宿泊”テーブルへの変更を“施設利用”テーブルに同期させるために，“宿泊”テーブルが変更されたのを契機に，同じ変更処理を“施設利用”テーブルにも行うために，b2トリガーを作成したのである。

次に，設問文「表15中の手順では“宿泊”テーブルと“施設利用”テーブルとが同期した状態となる」とある。b2→b3の順では，同期した状態となることを確認する。なお，表15注記2「手順内で発生するトランザクションのISOLATIONレベルは，READ COMMITTEDである」とは，他のトランザクションの行った変更に関しては，常にコミット後データを読み取ることを保証することを示している。

b2→b3では，b2トリガーを作成（b2）した後に，“施設利用”テーブルに“宿泊”テーブルを複写（b3）している。つまり，b3の処理が開始されるよりも前にb2トリガーが作成されているので，b3と同時に実行されている旧APによる“宿泊”テーブルへの変更操作への対応（“施設利用”テーブルへの変更）は，その都度b2トリガーで行われ，“宿泊”テーブルと“施設利用”テーブルの内容は常に同じ状態となる。したがって，b2→b3の順であれば，「同期した状態」といえる。

設問文「手順［b2］，［b3］の順序を逆転させると，差異が発生する場合がある」より，b3→b2の順では差異が発生することを確認する。

b3→b2では，“施設利用”テーブルに“宿泊”テーブルを複写（b3）した後に，b2トリガーを作成（b2）している。つまり，b3と同時に実行されている旧APによって，“施設利用”テーブルへの複写が済んだ“宿泊”テーブルの行が変更されても，まだb2のトリガーが作成されていないため，“施設利用”テーブルに反映されない。これは，“施設利用”テーブルへの複写が済んだ“宿泊”テーブルの行に対して，b2のトリガーを作成する前に旧APによる変更があると“施設利用”テーブルへ反映されず，“宿泊”テーブルと“施設利用”テーブルの内容に差が生じることを意味する。

よって，手順［b2］，［b3］の順序を逆転させると，**“施設利用”テーブルへのデータの複写が済んだ“宿泊”テーブルの行への更新が発生した場合**に差異が発生するとなる。

なお，実施時期「移行期間前」では，旧APのみが実行されるので，新APによる“施設利用”テーブルへの変更は発生しない。したがって，“施設利用”テーブルへの変更を“宿泊”テーブルに同期させる必要がない。そのため，b4トリガーを作成する

b4は，b3（“宿泊”テーブル全行を“施設利用”テーブルに複写する処理）の次となっている。

[設問3]（4）

空欄コは，表16の手順［b2］の変更操作「UPDATE」の処理内容にある。b2は，表15「“宿泊”テーブルの変更を“施設利用”テーブルに反映するトリガーを作成する」という変更操作のうち，“宿泊”テーブルのUPDATE契機に「“施設利用”テーブルの該当行を更新する」というものである。また，空欄コと同じような条件が網掛け部分として，表16の手順［b4］の変更操作「UPDATE」の処理内容にある。b4は，表15「“施設利用”テーブルの変更を“宿泊”テーブルに反映するトリガーを作成する」という変更操作のうち，“施設利用”テーブルのUPDATEを契機に「“宿泊”テーブルの該当行を更新する」というものである。

ここでは説明のために，“宿泊”テーブルにUPDATEが行われた場合に起動するトリガー名をb2UPDATEトリガー，“施設利用”テーブルにUPDATEが行われた場合に起動するトリガー名をb4UPDATEトリガーとする。

まず，どのような問題が発生するかを確認する。

b2UPDATEトリガーとb4UPDATEトリガーでは，互いに，一方のテーブルがUPDATEされると，もう一方のテーブルもUPDATEするようになっている。この二つのトリガー内の処理で“宿泊”テーブルと“施設利用”テーブルのそれぞれの更新が無条件で行われると，“宿泊”テーブルと“施設利用”テーブルを同期するための処理が無限にループする。よって，表16中の［　コ　］の条件がないと，**処理の無限ループが発生する**という問題が発生するとなる。

次に，無限ループを回避するためにはどのような条件（空欄コ）が必要かを確認する。

空欄コの条件がない場合に，ある旧APが“宿泊”テーブルのキー値「施設コード‘103’，宿泊番号‘1’」の行の人数を‘5’にUPDATEしたとする。続く処理によって，行がどのように更新されるかを確認する。

“宿泊”

	施設コード	宿泊番号	人数
①	103	1	3
②	103	1	5
③			
④	103	1	5
⑤			
⑥	103	1	5

“施設利用”

	施設コード	宿泊番号	人数
①	103	1	3
②			
③	103	1	5
④			
⑤	103	1	5
⑥			

①は，“宿泊”テーブルと“施設利用”テーブルが同期している状態である。

②は，旧APが“宿泊”テーブルの人数を‘5’に書き換えるためにUPDATE文を実行した結果である。

③は，②のUPDATE文によって**b2UPDATE**トリガーが起動し，“施設利用”テーブルの該当行にUPDATE文を実行した結果である。

④は，③のUPDATE文によって**b4UPDATE**トリガーが起動し，“宿泊”テーブルの該当行にUPDATE文を実行した結果である。

⑤は，④のUPDATE文によって**b2UPDATE**トリガーが起動し，“施設利用”テーブルの該当行にUPDATE文を実行した結果である。

⑥は，⑤のUPDATE文によって**b4UPDATE**トリガーが起動し，“宿泊”テーブルの該当行にUPDATE文を実行した結果である。

④以降では，全く同じ内容で二つのテーブルが更新されている。③で二つのテーブルの同期は完了しているので，④以降の二つのテーブルの更新は必要ない。

①～⑥を確認する。“宿泊”テーブルの人数が‘3’（①）から‘5’（②）に変更されたので，③の**b2UPDATE**トリガーでは“施設利用”テーブルの該当行を更新しなければならない。しかし，“宿泊”テーブルの人数が‘5’（②）から‘5’（④）と変更されないので，⑤の**b2UPDATE**トリガーでは“施設利用”テーブルの該当行を更新しなくてよい。つまり，**b2UPDATE**トリガーでは，“宿泊”テーブルの更新前の行の値と更新後の行の値が一致しない場合は“施設利用”テーブルを更新し，一致する場合は“施設利用”テーブルを更新しないようにすれば，⑤以降のテーブルの更新は行われないので，無限ループを回避できる。〔RDBMSの主な仕様〕2．(2)「トリガー内では，変更操作を行う前の行，変更操作を行った後の行のそれぞれに相関名を指定すること

で，行の旧値，新値を参照することができる」より，更新前の行の値は旧値，更新後の行の値は新値という文言で表現すると，空欄コには，**“宿泊”テーブルの行の旧値と新値が一致しない**が入る。

問1 解答

<table>
<tr><th colspan="2">設問</th><th colspan="3">解答例・解答の要点</th></tr>
<tr><td rowspan="16">設問1</td><td rowspan="8">(1)</td><td>a</td><td colspan="2">×</td></tr>
<tr><td>b</td><td colspan="2">○</td></tr>
<tr><td>c</td><td colspan="2">×</td></tr>
<tr><td>d</td><td colspan="2">○</td></tr>
<tr><td>e</td><td colspan="2">×</td></tr>
<tr><td>f</td><td colspan="2">○</td></tr>
<tr><td>ア</td><td colspan="2">プラン明細，予約</td></tr>
<tr><td>イ</td><td colspan="2">宿泊，宿泊者</td></tr>
<tr><td rowspan="5">(2)</td><td>ウ</td><td colspan="2">COUNT(DISTINCT B.会員番号) 又は COUNT(DISTINCT 会員番号)</td></tr>
<tr><td>エ</td><td colspan="2">EXISTS</td></tr>
<tr><td>オ</td><td>B.会員番号 = D.会員番号</td><td rowspan="2">順不同</td></tr>
<tr><td>カ</td><td>A.チェックイン年月日 > C.チェックイン年月日</td></tr>
<tr><td>キ</td><td colspan="2">COALESCE(リピート会員数,0) / 累計新規会員数</td></tr>
<tr><td>(3)</td><td colspan="3"><table><tr><th>会員番号</th><th>階級番号</th></tr><tr><td>100</td><td>1</td></tr><tr><td>101</td><td>**2**</td></tr><tr><td>102</td><td>**5**</td></tr><tr><td>103</td><td>**1**</td></tr><tr><td>104</td><td>**3**</td></tr><tr><td>105</td><td>**4**</td></tr><tr><td>106</td><td>**5**</td></tr><tr><td>107</td><td>**4**</td></tr><tr><td>108</td><td>**3**</td></tr><tr><td>109</td><td>**2**</td></tr></table></td></tr>
</table>

<table>
<tr><td rowspan="6">設問２</td><td>(1)</td><td colspan="2">・累計稼働客室数が累計予約可能客室数よりも大きい行を選択する条件のWHERE句を追加する。
・客室稼働率が100％よりも大きい行を選択する条件をWHERE句に追加する。</td></tr>
<tr><td>(2)</td><td colspan="2">・時間帯に区切った客室タイプのうち，客室に対応しないものが累計予約可能客室数に含まれないから
・客室タイプ72～74に対応する客室数が累計予約可能客室数にカウントされないから</td></tr>
<tr><td>(3)</td><td colspan="2">客室在庫</td></tr>
<tr><td rowspan="2">(4)</td><td>(a)</td><td>同じ貸会議室の異なる客室タイプの定員に異なる値が設定される。</td></tr>
<tr><td>(b)</td><td>宿泊者がないにもかかわらず，１名以上の宿泊者を記録しなければならない。</td></tr>
<tr><td rowspan="7">設問３</td><td rowspan="2">(1)</td><td>ク</td><td>施設コード，客室タイプコード，年月日，時間帯コード，予約可能数，割当済数</td></tr>
<tr><td>ケ</td><td>施設コード，予約番号，時間帯コード</td></tr>
<tr><td rowspan="2">(2)</td><td>手順番号</td><td>c1</td></tr>
<tr><td>理由</td><td>新APが“施設利用”テーブルにアクセスすると異常終了するから</td></tr>
<tr><td>(3)</td><td colspan="2">“施設利用”テーブルへのデータの複写が済んだ“宿泊”テーブルの行への更新が発生した場合</td></tr>
<tr><td rowspan="2">(4)</td><td>問題</td><td>処理の無限ループが発生する。</td></tr>
<tr><td>コ</td><td>“宿泊”テーブルの行の旧値と新値が一致しない。</td></tr>
</table>

※IPA発表

問2 製品物流業務 (出題年度：R3問2)

製品物流業務に関する次の記述を読んで，設問1，2に答えよ。

E社は中堅市販薬メーカである。E社の顧客には，医薬品卸業と医薬品の量販店チェーンがある。以前は医薬品卸業が主な顧客であったが，近年は量販店チェーンとの取引が増えている。両者の取引のやり方は大きく異なるので，今回量販店チェーン専用のシステムを開発することにして，概念データモデル及び関係スキーマを設計した。

〔設計の前提となる業務〕

1．社内の組織の特性

(1) 物流拠点

① E社の製品物流の拠点であり，商品の在庫，梱(こん)包，出荷などの機能をもつ。

② 物流拠点は，全国に6拠点あり，物流拠点ごとに複数の配送地域をもつ。

(2) 配送地域

① 物流拠点から顧客の納入先へ，1台のトラックで1日に配送できる範囲の地域であり，配送地域コードによって識別し，配送地域名をもつ。

② 配送地域は，隣接する複数の郵便番号の地域を合わせた範囲に設定している。一つの郵便番号の地域が幾つかの配送地域に含まれることはない。

2．顧客の組織の特性

(1) チェーン法人

① 量販店チェーンとは，ブランド，外観，サービス内容などに統一性をもたせて多店舗展開している医薬品の小売業であり，全国又は一部地方に集中して店舗展開している。

② チェーン法人はその法人であり，チェーン法人コードによって識別する。

(2) チェーンDC（DCは，物流センタの英語（Distribution Center）の頭文字）

① 量販店チェーンの物流センタである。チェーンDCコード及びチェーンDC名を顧客から知らされ，立地するE社の配送地域を設定して登録し，チェーン法人コードとチェーンDCコードによって識別する。

② チェーンDCは，次に記すチェーン店舗の注文をまとめてE社を含む仕入先に発注（E社にとっての受注）をする。

③ E社は，受注した商品の全てを受注したチェーンDCに対して納入する。

④ チェーンDCは，E社を含む仕入先から納入を受けた商品をチェーン店舗に

配送する役割を果たしている。

(3) チェーン店舗

① 量販店チェーンの個々の店舗である。チェーン店舗コード及びチェーン店舗名を顧客から知らされて登録し，チェーン法人コードとチェーン店舗コードによって識別する。

② チェーン店舗は，いずれか一つのチェーンDCに属している。チェーンDCには，通常数十から百数十のチェーン店舗が属している。

3．商品の特性

(1) 商品

① Ｅ社が製造販売する医薬品であり，商品コードによって識別する。

② 商品には，PB商品とNB商品があり，流通方法区分で分類している。

・PB商品は，Ｅ社と特定の量販店が協業する量販店独自ブランドの商品である。Ｅ社が広告宣伝費を掛けない代わりに，量販店に低価格で販売することができる商品である。PB商品は，どのチェーン法人のものかをもつ。

・NB商品は，Ｅ社が製造するメーカブランドの商品である。Ｅ社が広告宣伝費を掛けて消費者の認知を形成する商品である。NB商品は，売上金額のランクをもつ。

③ 商品の外観を荷姿と呼ぶ。荷姿にはケースとピースがある。荷姿は荷姿区分によって識別する。

・商品ごとに定まった数で箱詰めしたものをケース，ケースを開梱し，箱から出した一つ一つのものをピースと呼ぶ。

・商品ごとに，ケースに入っているピースの数を表す入数をもつ。

(2) 商品の製造ロット

① 商品ごとの製造単位である。製造ロットには，商品ごとに昇順な製造ロット番号を付与している。

② 製造ロットには，いつ製造したか分かるように製造年月日を，いつまで使用できるか分かるように使用期限年月を記録している。

4．締め契機

① Ｅ社は受注を随時受け付けているが，受注後すぐに出荷するのではなく，受け付けた受注を締めて出荷指示を出すタイミングを定めている。このタイミングを締め契機という。

② 締め契機は，平日に１日５回，土曜日に１日３回，時刻を定めて設けており，年月日とその日の何回目の締めかを示す“回目”で識別している。

③　チェーン法人ごとに適用する締め契機は，チェーン法人と協議の上で，週3回程度に設定している。

5．物流拠点の在庫

E社では，在庫を引当在庫と払出在庫で把握している。

①　引当在庫は，物流拠点，商品，製造ロットの別に，その時点の在庫数，引当済数，引当可能数を記録するもので，商品の引当てに用いる。

②　払出在庫は，物流拠点，商品，製造ロット，荷姿の別に，その時点の在庫数（荷姿別在庫数）を記録するもので，商品の出庫の記録に用いる。

6．引当てのやり方

①　古い製造ロットの商品から順に引き当てる。

②　顧客によっては，ロット逆転禁止の取決めを交わしている。ロット逆転禁止とは，チェーンDCごとに，前回納入した製造ロットより古い商品を納入することを禁じることである。この取決めを交わしていることは，チェーン法人ごとに設定するロット逆転禁止フラグで判別する。ロット逆転禁止の取決めを交わしている顧客の場合，チェーンDCと商品の組合せに対して，最終で引き当てた製造ロット番号を記録する。

③　引当ては，同じ締め契機の受注について，早く入った受注から順に行う。

7．在庫のやり方

①　E社では，出庫を種まき方式で行っている。一般に種まき方式とは，行き先にかかわらず同じ品をまとめて出庫し，それを種に見立てて行き先別に仕分けることを品ごとに行うやり方である。

②　出庫は，物流拠点ごとに締め契機の対象の受注に対して行う。

③　出庫指示は商品別製造ロット別に出し，出庫実績は商品別製造ロット別荷姿別に記録する。

8．梱包のやり方

商品の梱包のやり方は，顧客の方針で店舗別梱包又は商品カテゴリ別梱包のいずれかの指定を受ける。指定はチェーンDCごとにされ，梱包方法区分で判別する。

①　店舗別梱包は，チェーンDCの仕分け作業の効率を優先するやり方である。

・チェーンDCは，E社を含む仕入先から納入された梱包を崩さずにチェーン店舗へ送る。

・これを可能にするために，チェーンDCが担当するチェーン店舗ごとの梱包による納入が求められる。

・店舗別梱包では，受注で指定される梱包対象の店舗は一つである。

② 商品カテゴリ別梱包は，チェーン店舗での品出し作業の効率を優先するやり方である。

・チェーン店舗の棚は，風邪薬，胃腸薬，目薬など商品カテゴリ別である。

・チェーンDCは，E社を含む仕入先から納入を受けた商品をまとめて，棚と同じ商品カテゴリ別に梱包し直して店舗へ送る。

・これを可能にし，かつ，チェーンDCでの仕分け作業を簡易にするために，商品カテゴリ別の梱包による納入が求められる。

・商品カテゴリは，どの顧客も似ているが微妙に異なり，チェーン法人コードと商品カテゴリコードによって識別する。

・商品カテゴリコード及び商品カテゴリ名は顧客が使っている値を用いる。

・また，あらかじめどの商品をどの商品カテゴリにするかを知らされているので，商品カテゴリの明細として商品を設定している。

9．業務の流れと情報

業務の流れを図1に示す。業務の流れの中で用いられる情報を次に述べる。

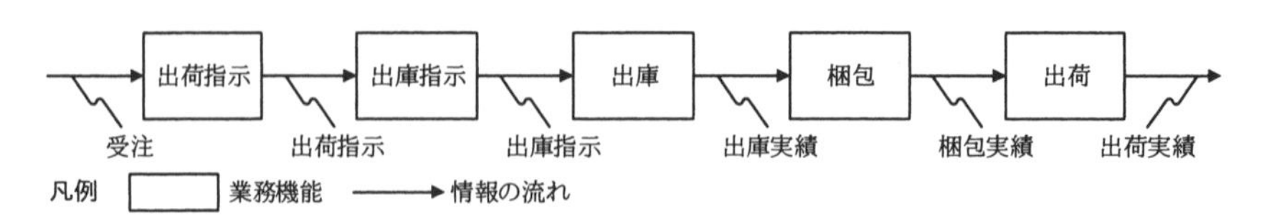

図1　業務の流れ

(1) 受注

① 顧客から随時何度でも受け付け，締め契機まで蓄積する。

② 1回の受注に複数の商品を指定できる。

③ 受注ごとに，受注番号を付与し，受注年月日時刻を記録する。

④ 受注明細では，受注明細番号を付与し，商品とその数を指定する。

⑤ 在庫引当ての成否は，受注明細に記録する。

(2) 出荷指示

① 締め契機で在庫引当てに成功した受注を集約した情報である。出荷指示に基づいて，一連で出庫，梱包，出荷を実施する。

② 出荷指示は，納入先別に行う。梱包を分ける単位を示す出荷指示梱包明細，梱包を分けた中に入れる商品を示す出荷指示梱包内商品明細の3階層の形式をとる。

③　出荷指示ごとに，出荷指示番号を付与し，適用した締め契機，出荷指示対象の納入先を記録する。対象の受注に出荷指示番号を記録する。

④　出荷指示梱包明細ごとに，出荷指示梱包明細番号を付与し，梱包方法によって，店舗別梱包の場合は梱包対象チェーン店舗を，商品カテゴリ別梱包の場合は商品カテゴリを設定する。

⑤　出荷指示梱包内商品明細ごとに，梱包すべき商品について製造ロット別に出荷指示数を設定する。

(3)　出庫指示

①　物流拠点ごとに，同じ締め契機の，全ての納入先の出荷指示を集約し，物流拠点の倉庫から出荷対象の商品を出すための情報である。

②　出庫指示には，出庫指示番号を付与し，対象の物流拠点と適用した締め契機を記録する。対象の出荷指示に出庫指示番号を記録する。

③　出庫指示明細には，出庫指示明細番号を付与し，製造ロット別の商品と出庫指示数を設定する。

(4)　出庫実績

①　出庫指示明細で指示された商品の出庫指示数を，幾つのケースと幾つのピースで出庫したかの実績である。

②　出庫実績には出庫実績番号を付与し，荷姿区分で分類して，ケースを出庫した出庫実績には出庫ケース数を，ピースを出庫した出庫実績には出庫ピース数を記録する。

(5)　梱包実績

①　出庫された商品を，出荷指示梱包明細に基づいて配送できるように段ボール箱に詰めた実績であり，段ボール箱ごとに梱包実績番号を付与する。

②　梱包実績にはケース梱包実績とピース梱包実績がある。いずれの実績かは，段ボール箱区分で分類する。

③　ケース梱包実績は，どのケース出庫実績によるものかを関連付ける。

④　ピース梱包実績は，一つ又は複数の種類の商品の詰め合わせであり，どのピース出庫実績から幾つの商品を構成したかのピース梱包内訳を記録する。

(6)　出荷実績

①　出荷指示の単位に梱包を納入先別に配送した実績である。

②　出荷実績には，車両番号と出荷年月日時刻を記録する。

③　出荷実績に対応する梱包実績に，どの出荷実績で出荷されたかを記録する。

〔概念データモデル及び関係スキーマの設計〕

1．概念データモデル及び関係スキーマの設計方針

(1) 関係スキーマは第3正規形にし，多対多のリレーションシップは用いない。

(2) リレーションショップが1対1の場合，意味的に後からインスタンスが発生する側に外部キー属性を配置する。

(3) 概念データモデルでは，リレーションシップについて，対応関係にゼロを含むか否かを表す“○”又は“●”は記述しない。

(4) 実体の部分集合が認識できる場合，その部分集合の関係に固有の属性があるときは部分集合をサブタイプとして切り出す。

(5) サブタイプが存在する場合，他のエンティティタイプとのリレーションシップは，スーパタイプ又はいずれかのサブタイプの適切な方との間に設定する。

(6) 概念データモデル及び関係スキーマは，マスタ及び在庫の領域と，トランザクションの領域を分けて作成し，マスタとトランザクションの間のリレーションシップは記述しない。

2．設計した概念データモデル及び関係スキーマ

マスタ及び在庫の領域の概念データモデルを図2に，トランザクションの領域の概念モデルを図3に，マスタ及び在庫の領域の関係スキーマを図4に，トランザクションの領域の関係スキーマを図5に示す。

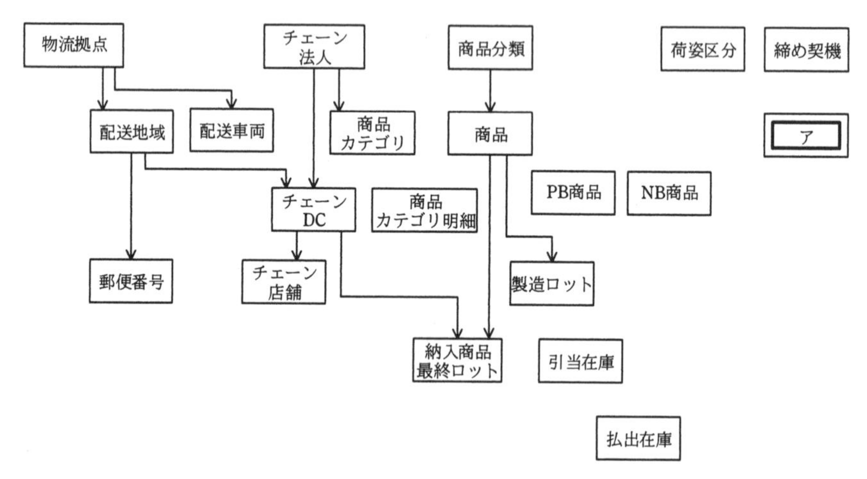

図2　マスタ及び在庫の領域の概念データモデル（未完成）

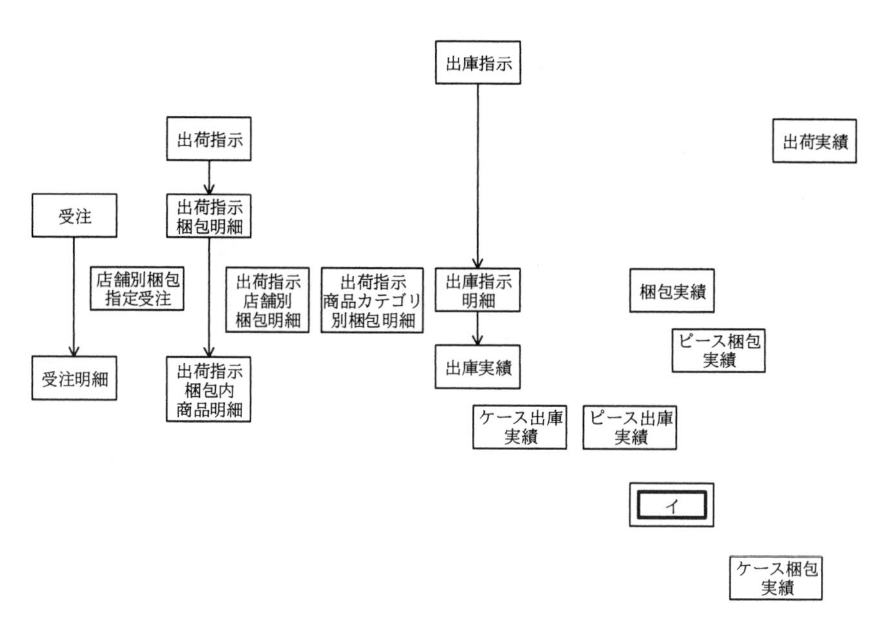

図３　トランザクションの領域の概念データモデル（未完成）

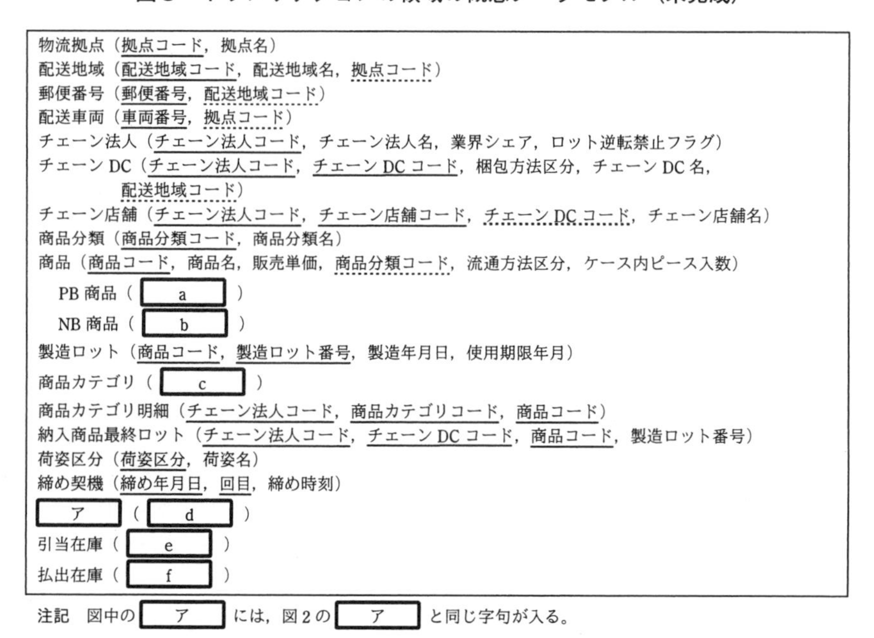
物流拠点（拠点コード，拠点名）
配送地域（配送地域コード，配送地域名，拠点コード）
郵便番号（郵便番号，配送地域コード）
配送車両（車両番号，拠点コード）
チェーン法人（チェーン法人コード，チェーン法人名，業界シェア，ロット逆転禁止フラグ）
チェーン DC（チェーン法人コード，チェーン DC コード，梱包方法区分，チェーン DC 名，
配送地域コード）
チェーン店舗（チェーン法人コード，チェーン店舗コード，チェーン DC コード，チェーン店舗名）
商品分類（商品分類コード，商品分類名）
商品（商品コード，商品名，販売単価，商品分類コード，流通方法区分，ケース内ピース入数）
PB 商品（ a ）
NB 商品（ b ）
製造ロット（商品コード，製造ロット番号，製造年月日，使用期限年月）
商品カテゴリ（ c ）
商品カテゴリ明細（チェーン法人コード，商品カテゴリコード，商品コード）
納入商品最終ロット（チェーン法人コード，チェーン DC コード，商品コード，製造ロット番号）
荷姿区分（荷姿区分，荷姿名）
締め契機（締め年月日，回目，締め時刻）
ア（ d ）
引当在庫（ e ）
払出在庫（ f ）

注記　図中の ア には，図２の ア と同じ字句が入る。

図４　マスタ及び在庫の領域の関係スキーマ（未完成）

受注（受注番号，受注年月日時刻，チェーン法人コード，チェーンDCコード，［ g ］）
　店舗別梱包指定受注（［ h ］）
受注明細（受注番号，受注明細番号，商品コード，受注数，［ i ］）
出荷指示（出荷指示番号，チェーン法人コード，チェーンDCコード，［ j ］）
出荷指示梱包明細（出荷指示番号，出荷指示梱包明細番号）
　出荷指示店舗別梱包明細（出荷指示番号，出荷指示梱包明細番号，［ k ］）
　出荷指示商品カテゴリ別梱包明細（出荷指示番号，出荷指示梱包明細番号，［ l ］）
出荷指示梱包内商品明細（出荷指示番号，出荷指示梱包明細番号，［ m ］）
出庫指示（出庫指示番号，［ n ］）
出庫指示明細（出庫指示番号，出庫指示明細番号，商品コード，［ o ］）
出庫実績（出庫実績番号，［ p ］）
　ケース出庫実績（［ q ］）
　ピース出庫実績（［ r ］）
梱包実績（梱包実績番号，［ s ］）
　ケース梱包実績（梱包実績番号，［ t ］）
　ピース梱包実績（梱包実績番号，緩衝材使用量）
［ イ ］（［ u ］）
出荷実績（出荷実績番号，［ v ］）

注記　図中の［ イ ］には，図3の［ イ ］と同じ字句が入る。

図5　トランザクションの領域の関係スキーマ（未完成）

〔設計変更の内容〕

設計は，全ての量販店がチェーンDCをもち，チェーンDCから受注し，チェーンDCに納入することを前提にしてきた。しかし，大手の量販店が，地方の量販店と合併することによって，暫定的又は恒久的にチェーンDCのないチェーン店舗が発生することが判明した。このような場合，量販店の本部又は支部から受注し，チェーン店舗に直接納入する必要がある。そこで，当初の検討と合わせて運用できるように，顧客の組織について次の設計変更を行うことにした。

1．顧客の組織の設計変更

(1)　チェーン本支部

①　新たな受注先である量販店の本部又は支部をチェーン本支部と呼ぶ。

②　受注し得るチェーン本支部について，コード及び名称を顧客から知らされて登録し，チェーン法人コードとチェーン本支部コードによって識別する。

(2)　チェーン組織

①　受注は，チェーンDC又はチェーン本支部から受けることになったので，この両者を併せて受注先と呼ぶことにする。

② 納入は，チェーンDC又は直接納入する対象のチェーン店舗（以下，直納対象チェーン店舗という）に行うので，この両者を併せて納入先と呼ぶことにする。

③ さらに，受注先と納入先を併せてチェーン組織と呼ぶことにする。

④ チェーン組織には，チェーン法人を超えて一意に識別できるチェーン組織コードを付与し，どのチェーン法人のチェーン組織なのかを設定する。

⑤ 受注先と納入先は，それぞれチェーン組織の一部なので，受注先に該当するチェーン組織には受注先フラグを，納入先に該当するチェーン組織には納入先フラグを設定する。

⑥ 受注先は，受注の対象の納入先が全て分かるようにする。また，その受注先がチェーンDCかチェーン本支部のいずれかを示す受注先区分を設定する。

⑦ 配送地域は，納入先に設定し，チェーンDCからは外す。

(3) チェーン店舗

① 設計変更前に対象にしていたチェーン店舗を店舗別梱包対象チェーン店舗に呼び替える。

② チェーン店舗は，スコープを広げて，店舗別梱包対象チェーン店舗と直納対象チェーン店舗を併せたものにする。また，そのチェーン店舗が店舗別梱包対象チェーン店舗か直納対象チェーン店舗のいずれかを示すチェーン店舗区分を設定する。

2．梱包のやり方についての設計変更

直納対象チェーン店舗への納入では，梱包方法の指定は受けない。これに伴って，梱包方法区分に指定なしの分類を追加する。

3．顧客についての概念データモデル及び関係スキーマの検討内容

設計変更の内容に基づいて，顧客に関する部分を切り出して検討した。設計変更した顧客の概念データモデルを図6に，設計変更した顧客の関係スキーマを図7に示す。

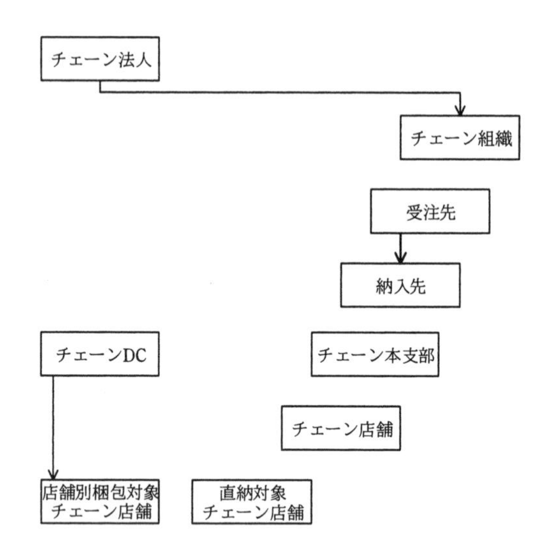

図6　設計変更した顧客の概念データモデル（未完成）

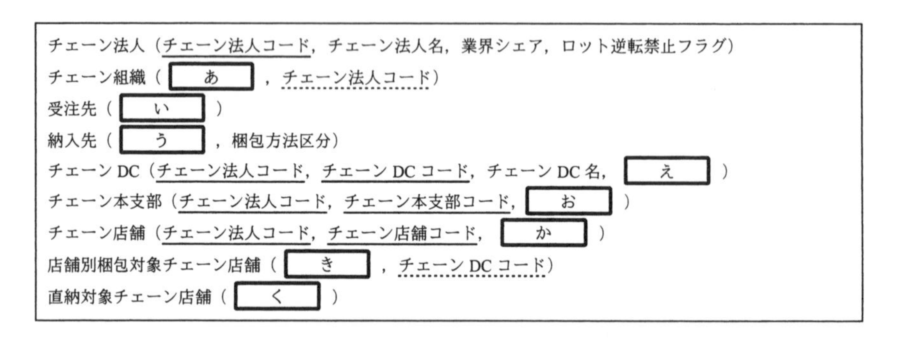
チェーン法人（チェーン法人コード，チェーン法人名，業界シェア，ロット逆転禁止フラグ）
チェーン組織（ あ ，チェーン法人コード）
受注先（ い ）
納入先（ う ，梱包方法区分）
チェーンDC（チェーン法人コード，チェーンDCコード，チェーンDC名， え ）
チェーン本支部（チェーン法人コード，チェーン本支部コード， お ）
チェーン店舗（チェーン法人コード，チェーン店舗コード， か ）
店舗別梱包対象チェーン店舗（ き ，チェーンDCコード）
直納対象チェーン店舗（ く ）

図7　設計変更した顧客の関係スキーマ（未完成）

解答に当たっては，巻頭の表記ルールに従うこと。ただし，エンティティタイプ間の対応関係にゼロを含むか否かの表記は必要ない。

なお，属性名は，それぞれ意味を識別できる適切な名称とすること。また，関係スキーマに入れる属性名を答える場合，主キーを表す下線，外部キーを表す破線の下線についても答えること。

設問1 〔設計の前提となる業務〕に基づいて設計した概念データモデル及び関係スキーマについて，(1)～(4)に答えよ。

(1) 図2中の［ ア ］に入れる適切なエンティティタイプ名を答えよ。また，図2に欠落しているリレーションシップを補って図を完成させよ。

(2) 図3中の［ イ ］に入れる適切なエンティティタイプ名を答えよ。また，図3に欠落しているリレーションシップを補って図を完成させよ。

(3) 図4中の［ a ］～［ f ］に入れる一つ又は複数の適切な属性名を補って関係スキーマを完成させよ。

(4) 図5中の［ g ］～［ v ］に入れる一つ又は複数の適切な属性名を補って関係スキーマを完成させよ。

設問2 〔設計変更の内容〕について，(1)～(3)に答えよ。

(1) 図6は，幾つかのスーパタイプとサブタイプの間のリレーションシップが欠落している。欠落しているリレーションシップを補って図を完成させよ。

(2) 図7中の［ あ ］～［ く ］に入れる一つ又は複数の適切な属性名を補って関係スキーマを完成させよ。

(3) 設計変更前に，図6に示したもの以外のエンティティタイプで，チェーンDCを参照していたエンティティタイプが，図2に一つと図3に二つの合計三つある。これら三つのエンティティタイプは，設計変更によって参照するエンティティタイプが，チェーンDCから図6に示した別のエンティティタイプになる。次の表の①～③に，設計変更前にチェーンDCを参照していた三つのエンティティタイプ名とそれぞれに対応する設計変更後の参照先エンティティタイプ名を答えよ。

	設計変更前にチェーン DC を参照していた三つのエンティティタイプ	それぞれに対応する設計変更後の参照先エンティティタイプ
①		
②		
③		

問2 解答用紙

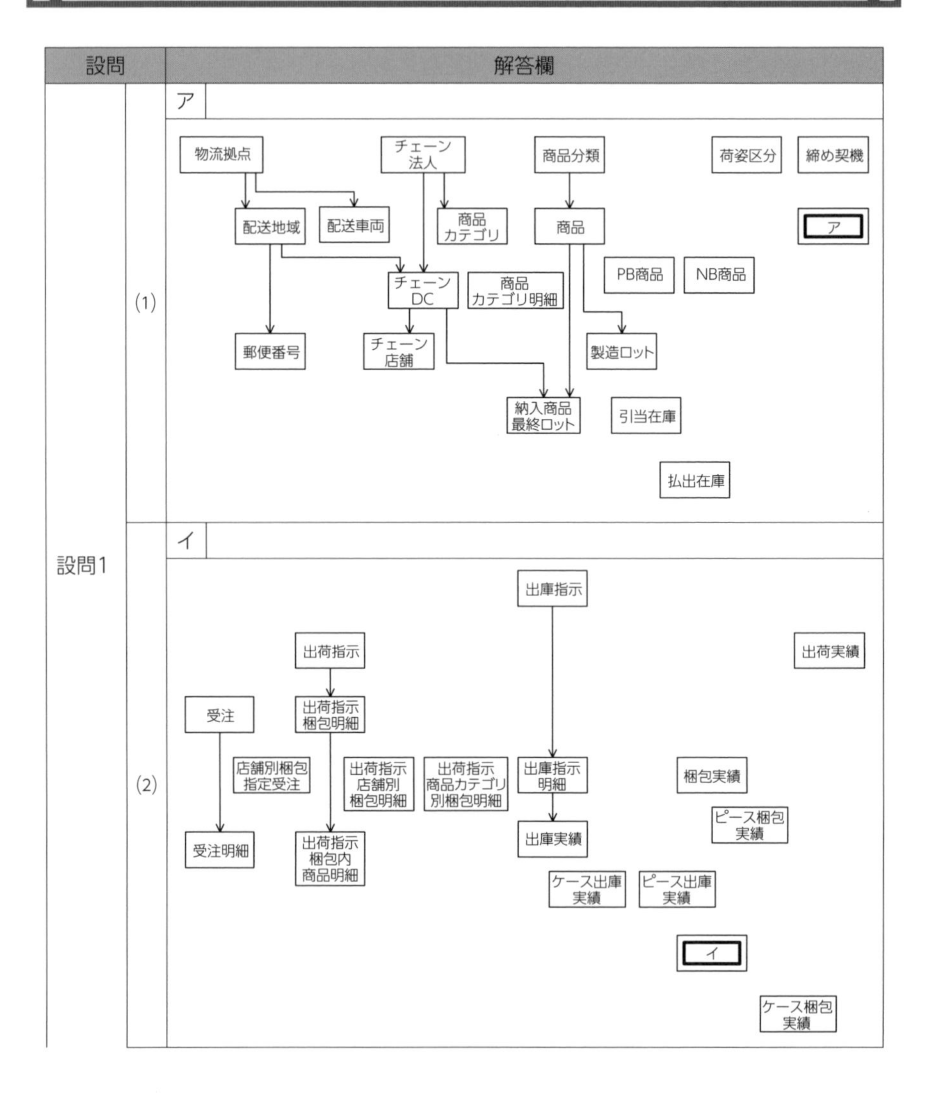

設問
解答欄
設問1
(1)
ア
物流拠点
チェーン法人
商品分類
荷姿区分
締め契機
配送地域
配送車両
商品カテゴリ
商品
ア
PB商品
NB商品
チェーンDC
商品カテゴリ明細
郵便番号
チェーン店舗
製造ロット
納入商品最終ロット
引当在庫
払出在庫
(2)
イ
出庫指示
出荷指示
出荷実績
受注
出荷指示梱包明細
店舗別梱包指定受注
出荷指示店舗別梱包明細
出荷指示商品カテゴリ別梱包明細
出庫指示明細
梱包実績
ピース梱包実績
受注明細
出荷指示梱包内商品明細
出庫実績
ケース出庫実績
ピース出庫実績
イ
ケース梱包実績

	(3)	a	
		b	
		c	
		d	
		e	
		f	
	(4)	g	
		h	
		i	
		j	
		k	
		l	
		m	
		n	
		o	
		p	
		q	
		r	
		s	
		t	
		u	
		v	

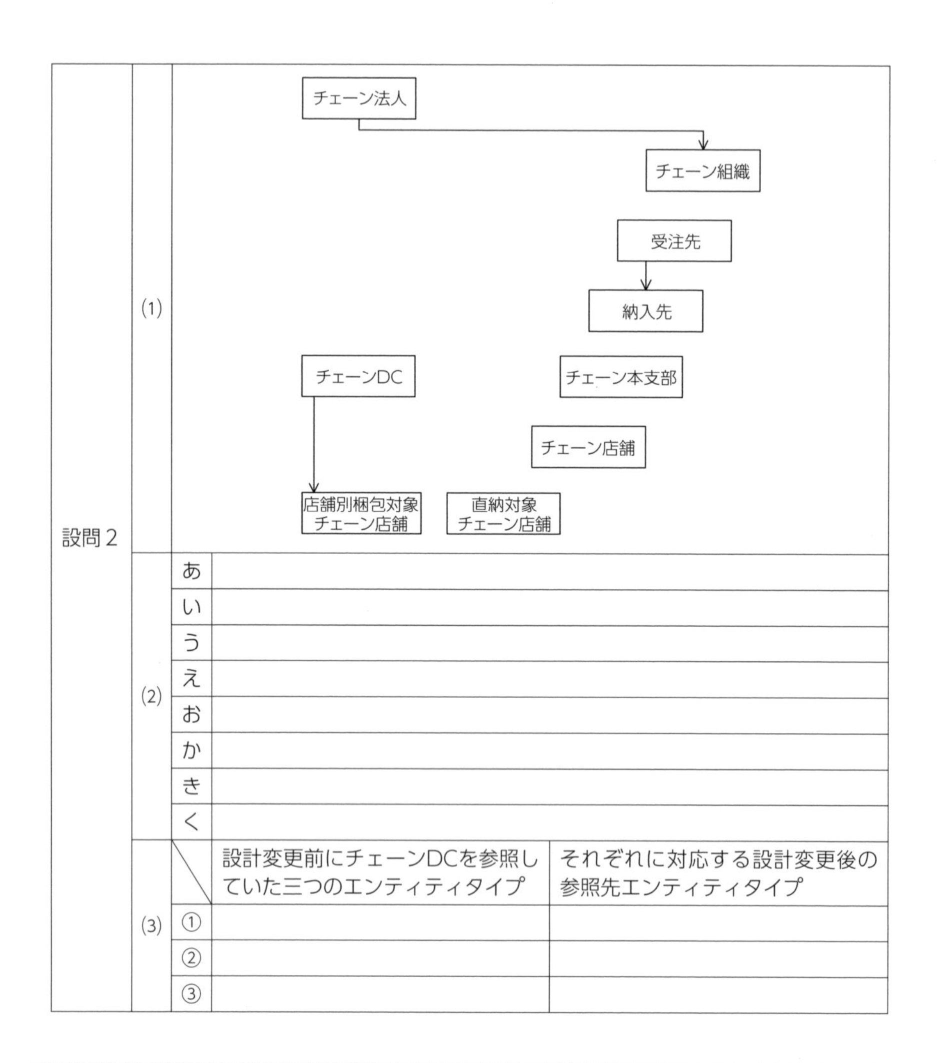

設問2				
	(1)	（図）		
	(2)	あ		
		い		
		う		
		え		
		お		
		か		
		き		
		く		
	(3)	＼	設計変更前にチェーンDCを参照していた三つのエンティティタイプ	それぞれに対応する設計変更後の参照先エンティティタイプ
		①		
		②		
		③		

問2 解説

解答にあたっては，次の三つの指示が問題文の末尾や設問に記されている。

●リレーションシップの解答方法の指示

問題文末尾に「エンティティタイプ間の対応関係にゼロを含むか否かの表記は必要ない」とある。

●エンティティタイプ名及び属性名の解答方法の指示

問題文末尾に「属性名は，それぞれ意味を識別できる適切な名称とすること」とある。本試験の解答例を見ると，属性名には問題文中の用語を用いている。また，エンティティタイプを参照する外部キーの属性名は，その用途に合せて（用途＋主キーの属性名）となっている場合がある。

●関係スキーマの主キー及び外部キーの解答方法の指示

問題文末尾に「関係スキーマに入れる属性名を答える場合，主キーを表す下線，外部キーを表す破線の下線についても答えること」，問題冊子巻頭の「問題文中で共通に使用される表記ルール」2．関係スキーマの表記ルール及び関係データベースのテーブル（表）構造の表記ルール(1)③に「外部キーを表す場合は，外部キーを構成する属性名又は属性名の組に破線の下線を付ける。ただし，主キーを構成する属性の組の一部が外部キーを構成する場合は，破線の下線を付けない」とある。解答が，主キーを構成する属性名であり，外部キーを構成する属性名でもある場合には，実線の下線のみを付ければよい。

設問１(1)(2)の解答において，リレーションシップを漏れがないように答案用紙に記入するには，まず，主キーと外部キーの指定も含めて関係スキーマの属性を完成させ，次に，その外部キーに着目して，リレーションシップが１対多，あるいは，１対１であるかを検討するとよい。しかし，関係スキーマの図中の主キーである属性が外部キーであることもあるので，注意が必要である。

> ＡとＢのエンティティタイプ間のリレーションシップが，
> ・１対多の場合，Ａの主キーをＢの外部キーに指定する。
> ・１対１の場合，どちらに外部キーを配置してもよいが，通常は意味的に後からインスタンスが発生するエンティティタイプに外部キーを配置する。

つまり，エンティティタイプＡの主キーを，エンティティタイプＢが外部キーとして持つ場合，ＡとＢのエンティティタイプ間に１対多とするリレーションシップを表す線を記入する。リレーションシップが１対１となる場合には，必ず問題文中にその理由の記述があるので注意が必要である。

[設問1](1)(3)

“物流拠点”について

図4“物流拠点”の属性は完成している。

外部キーはないのでリレーションシップの記入はない。

“配送地域”について

図4“配送地域”の属性は完成している。

拠点コード（“物流拠点”を参照する外部キー）に関するリレーションシップ（“物流拠点”と“配送地域”にの間に1対多）を表す線は，図2にある。

“郵便番号”について

図4“郵便番号”の属性は完成している。

配送地域コード(“配送地域”を参照する外部キー)に関するリレーションシップ(“配送地域”と“郵便番号”の間に1対多）を表す線は，図2にある。

“配送車両”について

図4“配送車両”の属性は完成している。

拠点コード（“物流拠点”を参照する外部キー）に関するリレーションシップ（“物流拠点”と“配送車両”の間に1対多）を表す線は，図2にある。

“チェーン法人”について

図4“チェーン法人”の属性は完成している。

外部キーはないのでリレーションシップの記入はない。

“チェーンDC”について

図4“チェーンDC”の属性は完成している。

配送地域コード（“配送地域”を参照する外部キー），主キーの一部であるチェーン法人コード（“チェーン法人”を参照する外部キー）に関するリレーションシップ（“配送地域”と“チェーンDC”の間に1対多，“チェーン法人”と“チェーンDC”の間に1対多）を表す線は，図2にある。

“チェーン店舗”について

図4“チェーン店舗”の属性は完成している。

2．顧客の組織の特性⑶②「チェーン店舗は，いずれか一つのチェーンDCに属している」より，{チェーン法人コード（主キーの一部），チェーンDCコード} は，“チェーンDC”を参照する外部キーである。これに関するリレーションシップ（“チェーンDC”と“チェーン店舗”との間に1対多）を表す線は，図2にある。

“商品分類”について

図4“商品分類”の属性は完成している。

外部キーはないのでリレーションシップの記入はない。

“商品”のリレーションシップについて

図4“商品”の属性は完成している。

商品分類コード(“商品分類”を参照する外部キー)に関するリレーションシップ(“商品分類”と“商品”の間に1対多)を表す線は，図2にある。

3．商品の特性(1)②「商品には，PB商品とNB商品があり，流通方法区分で分類している」より，“商品”には流通方法区分という一つの切り口がある。図2，4は，その切り口で“PB商品”と“NB商品”のいずれかに分けている。したがって，このサブタイプ間の関係は排他（排他的サブタイプ）となる。よって，**“商品”をスーパタイプとし，“PB商品”と“NB商品”をサブタイプ**とするリレーションシップを表す線を記入する。

“PB商品”のaとリレーションシップについて

設問1(1)(3)“商品”の解説にあるように，“PB商品”は“商品”のサブタイプである。サブタイプはスーパタイプの主キー（商品コード）を引き継ぐこと，3．商品の特性(1)②「PB商品は，どのチェーン法人のものかをもつ」より，必要な属性は，

・商品コード（主キー）

・チェーン法人コード（“チェーン法人”を参照する外部キー）

となる。よって，空欄aには**商品コード，チェーン法人コード**が入る。

“チェーン法人”を参照する外部キーに関するリレーションシップを表す線は，図2にない。よって，**“チェーン法人”と“PB商品”の間に1対多**とするリレーションシップを表す線を記入する。

“NB商品”のbについて

設問1(1)(3)“商品”の解説にあるように，“NB商品”は“商品”のサブタイプである。サブタイプはスーパタイプの主キー（商品コード）を引き継ぐこと，3．商品の特性(1)②「NB商品は，売上金額のランクをもつ」より，必要な属性は，

・商品コード（主キー）

・ランク

となる。よって，空欄bには**商品コード，ランク**が入る。

外部キーはないので，リレーションシップの記入はない。

“製造ロット”について

図4“製造ロット”の属性は完成している。

3．商品の特性(2)①「商品ごとの製造単位である」「製造ロットには，商品ごとに昇順な製造ロット番号を付与している」より，図4“製造ロット”の主キー{商品コ

ード，製造ロット番号｝の一部である商品コードは“商品”を参照する外部キーとなる。これに関するリレーションシップ（“商品”と“製造ロット”の間に1対多）を表す線は，図2にある。

“商品カテゴリ”のcについて

8．梱包のやり方②「商品カテゴリは，……，チェーン法人コードと商品カテゴリコードによって識別する」「商品カテゴリコード及び商品カテゴリ名は顧客が使っている値を用いる」より，必要な属性は，

- ｛チェーン法人コード（“チェーン法人”を参照する外部キー），商品カテゴリコード｝（主キー）
- 商品カテゴリ名

となる。よって，空欄cには**チェーン法人コード，商品カテゴリコード，商品カテゴリ名**が入る。

主キーの一部であるチェーン法人コード（“チェーン法人”を参照する外部キー）に関するリレーションシップ（“チェーン法人”と“商品カテゴリ”の間に1対多）を表す線は，図2にある。

“商品カテゴリ明細”とリレーションシップについて

図4“商品カテゴリ明細”の属性は完成している。

8．梱包のやり方②「あらかじめどの商品をどの商品カテゴリにするかを知らされているので，商品カテゴリの明細として商品を設定している」より，“商品カテゴリ明細”は，“商品カテゴリ”と“商品”の組合せを管理している。したがって，主キーの一部である｛チェーン法人コード，商品カテゴリコード｝は“商品カテゴリ”を参照する外部キー，商品コードは“商品”を参照する外部キーとなる。これらに関するリレーションシップを表す線は，図2にない。よって，**“商品カテゴリ”と“商品カテゴリ明細”の間に1対多，“商品”と“商品カテゴリ明細”の間に1対多**とするリレーションシップを表す線を記入する。

“納入商品最終ロット”について

図4“納入商品最終ロット”の属性は完成している。

6．引当てのやり方②「ロット逆転禁止の取決めを交わしている顧客の場合，チェーンDCと商品の組合せに対して，最終で引き当てた製造ロット番号を記録する」より，“納入商品最終ロット”は，“チェーンDC”と“商品”の組合せを管理している。したがって，主キーの一部である｛チェーン法人コード，チェーンDCコード｝は“チェーンDC”を参照する外部キー，商品コードは“商品”を参照する外部キーとなる。これらに関するリレーションシップを表す線（“チェーンDC”と“納入商品最終ロ

ット”の間に1対多，“商品”と“納入商品最終ロット”の間に1対多）は，図2にある。

“荷姿区分”について

図4“荷姿区分”の属性は完成している。

外部キーはないのでリレーションシップの記入はない。

“締め契機”について

図4“締め契機”の属性は完成している。

外部キーはないのでリレーションシップの記入はない。

“ ア ”のdとリレーションシップについて

図4“締め契機”と“引当在庫”との間に ア がある。空欄アに関連する記述を探すと，4．締め契機①「E社は受注を随時受け付けているが，受注後すぐに出荷するのではなく，受け付けた受注を締めて出荷指示を出すタイミングを定めている。このタイミングを締め契機という」，②「締め契機は，平日に1日5回，土曜日に1日3回，時刻を定めて設けており，年月日とその日の何回目の締めかを示す“回目”で識別している」，③「チェーン法人ごとに適用する締め契機は，……，週3回程度に設定している」とある。これらより，いくつかの受注をまとめ（締め）て出荷指示を出すタイミングを管理する“締め契機”，その属性に｛締め年月日，回目，締め時刻｝が必要となる。さらに，チェーン法人ごとに適用する締め契機を管理する必要もある。図4に，｛締め年月日，回目，締め時刻｝を管理する“締め契機”はあるが，チェーン法人ごとに適用する締め契機を管理する関係スキーマはない。よって，空欄アには，意味を識別できるエンティティタイプ名とするため，**チェーン法人別締め契機**が入る。

③「チェーン法人ごとに適用する締め契機は，……，週3回程度に設定している」より，“チェーン法人別締め契機”は，“チェーン法人”ごとに複数（週3回程度）の“締め契機”を管理している。したがって，｛締め年月日，回目｝（“締め契機”の主キー）とチェーン法人コード（“チェーン法人”の主キー）を組み合わせたものが，主キーとなる。よって，空欄dには**締め年月日，回目，チェーン法人コード**が入る。

主キーの一部である｛締め年月日，回目｝は“締め契機”を参照する外部キー，チェーン法人コードは“チェーン法人”を参照する外部キーとなる。これらに関するリレーションシップを表す線は，図2にない。よって，**“締め契機”と“ ア ”の間に1対多，“チェーン法人”と“ ア ”の間に1対多**とするリレーションシップを表す線を記入する。

“引当在庫”のeとリレーションシップについて

5．物流拠点の在庫①「引当在庫は，物流拠点，商品，製造ロットの別に，その時点の在庫数，引当済数，引当可能数を記録するもので，商品の引当てに用いる」とある。設問1(1)(3)“製造ロット”の解説にあるように，“製造ロット”の主キーには，“商品”の主キーである商品コードが含まれているので，「物流拠点，商品，製造ロットの別に」は，“物流拠点”，“製造ロット”ごととなる。これらより，必要な属性は，

- {拠点コード（“物流拠点”を参照する外部キー），{商品コード，製造ロット番号}（“製造ロット”を参照する外部キー）}（主キー）
- 在庫数
- 引当済数
- 引当可能数

となる。よって，空欄eには**拠点コード，商品コード，製造ロット番号，在庫数，引当済数，引当可能数**が入る。

“物流拠点”を参照する外部キー，“製造ロット”を参照する外部キーに関するリレーションシップを表す線は，図2にない。よって，**“物流拠点”と“引当在庫”の間に1対多，“製造ロット”と“引当在庫”の間に1対多**とするリレーションシップを表す線を記入する。

“払出在庫”のfとリレーションシップについて

5．物流拠点の在庫②「払出在庫は，物流拠点，商品，製造ロット，荷姿の別に，その時点の在庫数（荷姿別在庫数）を記録するもので，商品の出庫の記録に用いる」とある。設問1(1)(3)“製造ロット”の解説にあるように，“製造ロット”の主キーには，“商品”の主キーである商品コードが含まれているので，「物流拠点，商品，製造ロット，荷姿の別に」は，“物流拠点”，“製造ロット”，“荷姿区分”ごととなる。これらより，必要な属性は，

- {拠点コード（“物流拠点”を参照する外部キー），{商品コード，製造ロット番号}（“製造ロット”を参照する外部キー），荷姿区分（“荷姿区分”を参照する外部キー）}（主キー）
- 荷姿別在庫数

となる。よって，空欄fには**拠点コード，商品コード，製造ロット番号，荷姿区分，荷姿別在庫数**が入る。

“物流拠点”を参照する外部キー，“製造ロット”を参照する外部キー，“荷姿区分”を参照する外部キーに関するリレーションシップを表す線は，図2にない。よって，**“物流拠点”と“払出在庫”の間に1対多，“製造ロット”と“払出在庫”の間に1対多，“荷姿区分”と“払出在庫”の間に1対多**とするリレーションシップを表す線を記入する。

[設問1](2)(4)

〔概念データモデル及び関係スキーマの設計〕1．概念データモデル及び関係スキーマの設計方針(6)「概念データモデル及び関係スキーマは，マスタ及び在庫の領域と，トランザクションの領域を分けて作成し，マスタとトランザクションの間のリレーションシップは記述しない」より，図3ではトランザクションとマスタに関連するリレーションシップの記入は不要である。

“受注”のgとリレーションシップについて

2．顧客の組織の特性(2)③「受注した商品の全てを受注したチェーンDCに対して納入する」，9．業務の流れと情報(1)③「受注ごとに，受注番号を付与し，受注年月日時刻を記録する」，(2)③「対象の受注に出荷指示番号を記録する」とある。出荷指示番号は，図5“出荷指示”の主キーである。これらより，必要な属性は，

- 受注番号（主キー）
- {チェーン法人コード，チェーンDCコード}（“チェーンDC”を参照する外部キー）
- 受注年月日時刻
- 出荷指示番号（“出荷指示”を参照する外部キー）

となる。そのうち図5にない属性，**出荷指示番号**が空欄gに入る。

“出荷指示”を参照する外部キーに関するリレーションシップを表す線は，図3にない。よって，**“出荷指示”と“受注”の間に1対多**とするリレーションシップを表す線を記入する。

8．梱包のやり方「商品の梱包のやり方は，顧客の方針で店舗別梱包又は商品カテゴリ別梱包のいずれかの指定を受ける」「指定はチェーンDCごとにされ，梱包方法区分で判別する」，①「店舗別梱包では，受注で指定される梱包対象の店舗は一つである」より，“店舗別梱包指定受注”は，店舗別梱包を指定したチェーンDCから受けた受注で指定される店舗を記録する。商品カテゴリ別梱包を指定したチェーンDCには“店舗別梱包指定受注”は不要である。〔概念データモデル及び関係スキーマの設計〕1．概念データモデル及び関係スキーマの設計方針(4)「実体の部分集合が認識できる場合，その部分集合の関係に固有の属性があるときは部分集合をサブタイプとして切り出す」より，“店舗別梱包指定受注”は“受注”の部分集合と認識できる。よって，**“受注”をスーパタイプとし，“店舗別梱包指定受注”をサブタイプ**とするリレーションシップを表す線を記入する。

マスタである“チェーンDC”に関するリレーションシップを表す線は，不要である。

“店舗別梱包指定受注”のhとリレーションシップについて

設問1(2)(4)“受注”の解説にあるように，“店舗別梱包指定受注”は“受注”のサブタイプである。サブタイプはスーパタイプの主キー（受注番号）を引き継ぐこと，8．梱包のやり方①「受注で指定される梱包対象の店舗は一つである」より，必要な属性は，

- 受注番号（主キー）
- {チェーン法人コード，チェーン店舗コード}（“チェーン店舗”を参照する外部キー）

となる。よって，空欄hには**受注番号，チェーン法人コード，梱包対象チェーン店舗コード**が入る。

図5“受注”にチェーン法人コードがある。“受注”と“店舗別梱包指定受注”はスーパタイプとサブタイプの関係でもあるので，チェーン法人コードを省いた**受注番号，梱包対象チェーン店舗コード**でもよい。

属性名に「梱包対象」とあるのは，「梱包対象の店舗」を表すためである。

マスタである“チェーン店舗”に関するリレーションシップを表す線は，不要である。

“受注明細”のiについて

9．業務の流れと情報(1)③「受注ごとに，受注番号を付与し」，④「受注明細では，受注明細番号を付与し，商品とその数を指定する」，⑤「在庫引当ての成否は，受注明細に記録する」より，必要な属性は，

- {受注番号（“受注”を参照する外部キー），受注明細番号}（主キー）
- 商品コード（“商品”を参照する外部キー）
- 受注数
- 在庫引当成否

となる。そのうち図5にない属性，**在庫引当成否**が空欄iに入る。

“受注”を参照する外部キーに関するリレーションシップ（“受注”と“受注明細”の間に1対多）を表す線は，図3にある。

マスタである“商品”に関するリレーションシップを表す線は，不要である。

“出荷指示”のjとリレーションシップについて

9．業務の流れと情報(2)①「締め契機で在庫引当てに成功した受注を集約した情報である」，②「出荷指示は，納入先別に行う」，③「出荷指示ごとに，出荷指示番号を付与し，適用した締め契機，出荷指示対象の納入先を記録する」，(3)②「対象の出荷指示に出庫指示番号を記録する」とあり，その納入先は，2．顧客の組織の特性(2)③

「E社は，受注した商品の全てを受注したチェーンDCに対して納入する」とある。出庫指示番号は，図5“出庫指示”の主キーである。これらより，必要な属性は，

- 出荷指示番号（主キー）
- {締め年月日，回目}（“締め契機”を参照する外部キー）
- {チェーン法人コード，チェーンDCコード}（出荷指示対象の納入先“チェーンDC”を参照する外部キー）
- 出庫指示番号（“出庫指示”を参照する外部キー）

となる。そのうち図5にない属性，**締め年月日，回目，出庫指示番号**が空欄jに入る。

“出庫指示”を参照する外部キーに関するリレーションシップを表す線は，図3にない。よって，**“出庫指示”と“出荷指示”の間に1対多**とするリレーションシップを表す線を記入する。

マスタである“チェーンDC”,“締め契機”に関するリレーションシップを表す線は，不要である。

“出荷指示梱包明細”のリレーションシップについて

図5“出荷指示梱包明細”の属性は完成している。

9．業務の流れと情報⑵②「出荷指示は，納入先別に行う」「梱包を分ける単位を示す出荷指示梱包明細，梱包を分けた中に入れる商品を示す出荷指示梱包内商品明細の3階層の形式をとる」，③「出荷指示ごとに，出荷指示番号を付与し」，④「出荷指示梱包明細ごとに，出荷指示梱包明細番号を付与し」より，図5“出荷指示梱包明細”の主キーの一部である出荷指示番号は“出荷指示”を参照する外部キーとなる。これに関するリレーションシップ（“出荷指示”と“出荷指示梱包明細”の間に1対多）を表す線は，図3にある。

④「出荷指示梱包明細ごとに，……，梱包方法によって，店舗別梱包の場合は梱包対象チェーン店舗を，商品カテゴリ別梱包の場合は商品カテゴリを設定する」より，“出荷指示梱包明細”には梱包方法という一つの切り口がある。図3，5は，その切り口で“出荷指示店舗別梱包明細”と“出荷指示商品カテゴリ別梱包明細”のいずれかに分けている。したがって，このサブタイプ間の関係は排他（排他的サブタイプ）となる。よって，**“出荷指示梱包明細”をスーパタイプとし，“出荷指示店舗別梱包明細”と“出荷指示商品カテゴリ別梱包明細”をサブタイプ**とするリレーションシップを表す線を記入する。

なお，どちらのサブタイプであるかを分類するための「○○区分」などの属性に関する記述は問題文にはない。

“出荷指示店舗別梱包明細”のkについて

設問1(2)(4)“出荷指示梱包明細”の解説にあるように，“出荷指示店舗別梱包明細”は“出荷指示梱包明細”のサブタイプである。サブタイプはスーパタイプの主キー（{出荷指示番号，出荷指示梱包明細番号}）を引き継ぐこと，9．業務の流れと情報(2)④「梱包方法によって，店舗別梱包の場合は梱包対象チェーン店舗を，……設定する」より，必要な属性は，

- {出荷指示番号，出荷指示梱包明細番号}（主キー）
- {チェーン法人コード，チェーン店舗コード}（“チェーン店舗”を参照する外部キー）

となる。そのうち図5にない属性，**チェーン法人コード**，**梱包対象チェーン店舗コード**が空欄kに入る。

“出荷指示梱包明細”と“出荷指示店舗別梱包明細”はスーパタイプとサブタイプの関係であること，9．業務の流れと情報(2)②「出荷指示は，納入先別に行う」「梱包を分ける単位を示す出荷指示梱包明細，梱包を分けた中に入れる商品を示す出荷指示梱包内商品明細の3階層の形式をとる」より，スーパタイプ“出荷指示梱包明細”の上位に“出荷指示”がある。その図5“出荷指示”には，チェーン法人コードがある。これらより，チェーン法人コードの属性を省いた**梱包対象チェーン店舗コード**のみでもよい。ただし，この梱包対象チェーン店舗コードのみでは外部キーとはならない（“チェーン店舗”の主キーは{チェーン法人コード，チェーン店舗コード}）ので，破線を付けると不正解となる。

属性名に「梱包対象」とあるのは，「梱包対象の店舗」を表すためである。

マスタである“チェーン店舗”に関するリレーションシップを表す線は，不要である。

“出荷指示商品カテゴリ別梱包明細”のlについて

設問1(2)(4)“出荷指示梱包明細”の解説にあるように，“出荷指示商品カテゴリ別梱包明細”は“出荷指示梱包明細”のサブタイプである。サブタイプはスーパタイプの主キー（{出荷指示番号，出荷指示梱包明細番号}）を引き継ぐこと，9．業務の流れと情報(2)④「梱包方法によって，……，商品カテゴリ別梱包の場合は商品カテゴリを設定する」より，必要な属性は，

- {出荷指示番号，出荷指示梱包明細番号}（主キー）
- {チェーン法人コード，商品カテゴリコード}（“商品カテゴリ”を参照する外部キー）

となる。そのうち図5にない属性，**チェーン法人コード**，**商品カテゴリコード**が空欄

lに入る。

“出荷指示梱包明細”と“出荷指示商品カテゴリ別梱包明細”はスーパタイプとサブタイプの関係であること，9．業務の流れと情報(2)②「出荷指示は，納入先別に行う」「梱包を分ける単位を示す出荷指示梱包明細，梱包を分けた中に入れる商品を示す出荷指示梱包内商品明細の3階層の形式をとる」より，スーパタイプ“出荷指示梱包明細”の上位に“出荷指示”がある。その図5“出荷指示”には，チェーン法人コードがある。これらより，チェーン法人コードを省いた**商品カテゴリコード**のみでもよい。ただし，この商品カテゴリコードのみでは外部キーとはならない（“商品カテゴリ”の主キーは｛チェーン法人コード，商品カテゴリコード｝）ので，破線を付けると不正解となる。

マスタである“商品カテゴリ”に関するリレーションシップを表す線は，不要である。

“出荷指示梱包内商品明細”のmについて

9．業務の流れと情報(2)③「出荷指示ごとに，出荷指示番号を付与し」，④「出荷指示梱包明細ごとに，出荷指示梱包明細番号を付与し」，⑤「出荷指示梱包内商品明細ごとに，梱包すべき商品について製造ロット別に出荷指示数を設定する」より，必要な属性は，

- ｛｛出荷指示番号，出荷指示梱包明細番号｝（“出荷指示梱包明細”を参照する外部キー），｛商品コード，製造ロット番号｝（“製造ロット”を参照する外部キー）｝（主キー）
- 出荷指示数

となる。そのうち図5にない属性，**商品コード，製造ロット番号，出荷指示数**が空欄mに入る。

“出荷指示梱包明細”を参照する外部キーに関するリレーションシップ（“出荷指示梱包明細”と“出荷指示梱包内商品明細”の間に1対多）を表す線は，図5にある。

マスタである“製造ロット”に関するリレーションシップを表す線は，不要である。

“出庫指示”のnについて

9．業務の流れと情報(3)①「物流拠点ごとに，同じ締め契機の，全ての納入先の出荷指示を集約し，物流拠点の倉庫から出荷対象の商品を出すための情報である」，②「出庫指示には，出庫指示番号を付与し，対象の物流拠点と適用した締め契機を記録する」より，必要な属性は，

- 出庫指示番号（主キー）
- 拠点コード（対象の“物流拠点”を参照する外部キー）

・{締め年月日，回目}（適用した“締め契機”を参照する外部キー）

となる。そのうち図５にない属性，**締め年月日，回目，拠点コード**が空欄nに入る。

マスタである“物流拠点”，“締め契機”に関するリレーションシップを表す線は，不要である。

“出庫指示明細”のoについて

9．業務の流れと情報(3)②「出庫指示には，出庫指示番号を付与し」，③「出庫指示明細には，出庫指示明細番号を付与し，製造ロット別の商品と出庫指示数を設定する」，図５“出庫指示明細”より，必要な属性は，

- ・{出庫指示番号（“出庫指示”を参照する外部キー），出庫指示明細番号}（主キー）
- ・{商品コード，製造ロット番号}（“製造ロット”を参照する外部キー）
- ・出庫指示数

となる。そのうち図５にない属性，**製造ロット番号，出庫指示数**が空欄oに入る。

“出庫指示”を参照する外部キーに関するリレーションシップ（“出庫指示”と“出庫指示明細”の間に１対多）を表す線は，図３にある。

マスタである“製造ロット”に関するリレーションシップを表す線は，不要である。

“出庫実績”のpとリレーションシップについて

9．業務の流れと情報(4)①「出庫指示明細で指示された商品の出庫指示数を，幾つのケースと幾つのピースで出庫したかの実績である」，②「出庫実績には出庫実績番号を付与し，荷姿区分で分類して，ケースを出庫した出庫実績には出庫ケース数を，ピースを出庫した出庫実績には出庫ピース数を記録する」より，“出庫実績”には荷姿区分という出庫指示数をケースとピースのいずれで出庫したかという一つの切り口がある。図３，５は，その切り口で“ケース出庫実績”と“ピース出庫実績”のいずれかに分けている。したがって，このサブタイプ間の関係は排他（排他的サブタイプ）となる。よって，**“出庫実績”をスーパタイプとし，“ケース出庫実績”と“ピース出庫実績”をサブタイプ**とするリレーションシップを表す線を記入する。

これらと，図５“出庫実績”，図３“出庫指示明細”と“出庫実績”の間の１対多のリレーションシップより，必要な属性は，

- ・出庫実績番号（主キー）
- ・荷姿区分（“荷姿区分”を参照する外部キー）
- ・{出庫指示番号，出庫指示明細番号}（“出庫指示明細”を参照する外部キー）

となる。そのうち図５にない属性，**出庫指示番号，出庫指示明細番号，荷姿区分**が空欄pに入る。

“出庫指示明細”を参照する外部キーに関するリレーションシップ（“出荷指示明細”と“出庫実績”の間に1対多）を表す線は，図3にある。

マスタである“荷姿区分”に関するリレーションシップを表す線は，不要である。

“ケース出庫実績”のqについて

設問1(2)(4)“出庫実績”の解説にあるように，“ケース出庫実績”は“出庫実績”のサブタイプである。サブタイプはスーパタイプの主キー（出庫実績番号）を引き継ぐこと，9．業務の流れと情報(4)②「ケースを出庫した出庫実績には出庫ケース数を，……記録する」より，必要な属性は，

- 出庫実績番号（主キー）
- 出庫ケース数

となる。よって，空欄qには**出庫実績番号，出庫ケース数**が入る。

外部キーはないので，リレーションシップの記入はない。

“ピース出庫実績”のrについて

設問1(2)(4)“出庫実績”の解説にあるように，“ピース出庫実績”は“出庫実績”のサブタイプである。サブタイプはスーパタイプの主キー（出庫実績番号）を引き継ぐこと，9．業務の流れと情報(4)②「ピースを出庫した出庫実績には出庫ピース数を記録する」より，必要な属性は，

- 出庫実績番号（主キー）
- 出庫ピース数

となる。よって，空欄rには**出庫実績番号，出庫ピース数**が入る。

外部キーはないので，リレーションシップの記入はない。

“梱包実績”のsとリレーションシップについて

9．業務の流れと情報(5)①「出庫された商品を，出荷指示梱包明細に基づいて配送できるように段ボール箱に詰めた実績であり，段ボール箱ごとに梱包実績番号を付与する」，②「梱包実績にはケース梱包実績とピース梱包実績がある」「いずれの実績かは，段ボール箱区分で分類する」より，“梱包実績”には段ボール箱区分という一つの切り口がある。図3，5は，その切り口で“ケース梱包実績”と“ピース梱包実績”のいずれかに分けている。したがって，このサブタイプ間の関係は排他（排他的サブタイプ）となる。よって，**“梱包実績”をスーパタイプとし，“ケース梱包実績”と“ピース梱包実績”をサブタイプ**とするリレーションシップを表す線を記入する。

これらと，図5“梱包実績”より，必要な属性は，

- 梱包実績番号（主キー）
- {出荷指示番号，出荷指示明細番号}（“出荷指示梱包明細”を参照する外部

キー）

・段ボール箱区分

となる。また，⑹③「出荷実績に対応する梱包実績に，どの出荷実績で出荷されたかを記録する」より，

・出荷実績番号（“出荷実績”を参照する外部キー）

も必要となる。そのうち図５にない属性，**出荷指示番号，出荷指示梱包明細番号，段ボール箱区分，出荷実績番号**が空欄sに入る。

“出荷指示梱包明細”を参照する外部キー，“出荷実績”を参照する外部キーに関するリレーションシップを表す線は，図３にない。よって，**“出荷指示梱包明細”と“梱包実績”の間に１対多，“出荷実績”と“梱包実績”の間に１対多**とするリレーションシップを表す線を記入する。

“ケース梱包実績”のtとリレーションシップについて

設問１⑵⑷“梱包実績”の解説にあるように，“ケース梱包実績”は“梱包実績”のサブタイプである。サブタイプはスーパタイプの主キー（梱包実績番号）を引き継ぐこと，９．業務の流れと情報⑸③「ケース梱包実績は，どのケース出庫実績によるものかを関連付ける」より，必要な属性は，

・梱包実績番号（主キー）

・出庫実績番号（“ケース出庫実績”を参照する外部キー）

となる。そのうち図５にない属性，**出庫実績番号**が空欄tに入る。

“ケース出庫実績”を参照する外部キーに関するリレーションシップを表す線は，図３にない。よって，**“ケース出庫実績”と“ケース梱包実績”の間に１対多**とするリレーションシップを表す線を記入する。

“ピース梱包実績”について

“ピース梱包実績”の属性は完成している。

外部キーもないのでリレーションシップの記入はない。

“［イ］”のuとリレーションシップについて

図５“梱包実績”と“出荷実績”との間に［イ］がある。空欄イに関連する記述を探すと，９．業務の流れと情報⑸④「ピース梱包実績は，一つ又は複数の種類の商品の詰め合わせであり，どのピース出庫実績から幾つの商品を構成したかのピース梱包内訳を記録する」とある。これより，一つの段ボール箱（ピース梱包実績）に詰め合わせた商品（ピース出庫実績）の内訳が必要となる。しかし，図５にはそれを記録する関係スキーマがない。よって，空欄イには，意味を識別できるエンティティタイプ名とするため，**ピース梱包内訳**が入る。

“ピース梱包内訳”には，一つの段ボール箱（“ピース梱包実績”）に詰め合わせた複数の商品（“ピース出庫実績”）と幾つの商品を構成したかを示す詰合せ数を記録する属性が必要となる。したがって，梱包実績番号（“ピース梱包実績”を参照する外部キー）と出庫実績番号（“ピース出庫実績”を参照する外部キー）を組み合わせたものが，主キーとなる。よって，空欄uには**梱包実績番号，出庫実績番号，詰合せ数**が入る。

“ピース梱包実績”を参照する外部キー，“ピース出庫実績”を参照する外部キーに関するリレーションシップを表す線は，図3にない。よって，**“ピース梱包実績”と“ イ ”の間に1対多，“ピース出庫実績”と“ イ ”の間に1対多**とするリレーションシップを表す線を記入する。

“出荷実績”のvとリレーションシップについて

9．業務の流れと情報(6)①「出荷指示の単位に梱包を納入先別に配送した実績である」より，出荷実績は出荷指示の単位に配送した実績である。したがって，一つの出荷指示に対して一つの出荷実績が対応し，そして，出荷指示，出荷実績の順に発生する。よって，**“出荷指示”と“出荷実績”の間に1対1**とするリレーションシップを表す線を記入する。

〔概念データモデル及び関係スキーマの設計〕 1．概念データモデル及び関係スキーマの設計方針(2)「リレーションシップが1対1の場合，意味的に後からインスタンスが発生する側に外部キー属性を配置する」より，後から発生する“出荷実績”の属性に，“出荷指示”を参照する外部キー（出荷指示番号）が必要となる。

これらと，9．業務の流れと情報(6)②「出荷実績には，車両番号と出荷年月日時刻を記録する」，図5“出荷実績”より，必要な属性は，

- 出荷実績番号（主キー）
- 出荷指示番号（“出荷指示”を参照する外部キー）
- 車両番号（“配送車両”を参照する外部キー）
- 出荷年月日時刻

となる。そのうち図5にない属性，**出荷指示番号，車両番号，出荷年月日時刻**が空欄vに入る。

マスタである“配送車両”に関するリレーションシップを表す線は，不要である。

[設問2] (1) (2)

“チェーン組織”を様々な切り口からサブタイプ，さらにそのサブタイプをスーパタイプとして次々と切り分けていく。サブタイプの主キーはスーパタイプの主キーを

引き継ぐので，全ての主キーの属性名が同じとなってしまう。解答では参照する関係スキーマを明示しなければならない。そのため，サブタイプの主キーの属性名を，「関係名」＋「チェーン組織コード」などとして解答している。

“チェーン法人”について

“チェーン法人”の属性は完成している。

これに関するスーパタイプとサブタイプの間のリレーションシップはない。

“チェーン組織”のあとリレーションシップについて

1．顧客の組織の設計変更⑵①「受注は，チェーンDC又はチェーン本支部から受けることになったので，この両者を併せて受注先と呼ぶことにする」，②「納入は，チェーンDC又は直接納入する対象のチェーン店舗（以下，直納対象チェーン店舗という）に行うので，この両者を併せて納入先と呼ぶことにする」，③「受注先と納入先を併せてチェーン組織と呼ぶことにする」，⑤「受注先と納入先は，それぞれチェーン組織の一部なので，受注先に該当するチェーン組織には受注先フラグを，納入先に該当するチェーン組織には納入先フラグを設定する」より，“チェーン組織”には，受注先フラグと納入先フラグという二つの切り口があり，受注先フラグでは“受注先”（“チェーンDC”と“チェーン本支部”），納入先フラグでは“納入先”（“チェーンDC”と“直納対象チェーン店舗”）を判別している。そして，“チェーンDC”は“受注先”と“納入先”，“チェーン本支部”は“受注先”のみ，“直納対象チェーン店舗”は“納入先”のみに属する。つまり，スーパタイプ“チェーン組織”には異なる切り口のサブタイプ（共存的サブタイプ）“受注先”と“納入先”がある。よって，**“チェーン組織”をスーパタイプとし“受注先”をサブタイプ，“チェーン組織”をスーパタイプとし“納入先”をサブタイプ**とするリレーションシップを表す線を記入する。

1．顧客の組織の設計変更⑵④「チェーン組織には，チェーン法人を超えて一意に識別できるチェーン組織コードを付与し，どのチェーン法人のチェーン組織なのかを設定する」，⑤「受注先と納入先は，それぞれチェーン組織の一部なので，受注先に該当するチェーン組織には受注先フラグを，納入先に該当するチェーン組織には納入先フラグを設定する」より，必要な属性は，

・チェーン組織コード（主キー）
・チェーン法人コード（“チェーン法人”を参照する外部キー）
・受注先フラグ
・納入先フラグ

となる。そのうち図７にない属性，**チェーン組織コード，受注先フラグ，納入先フラグ**が空欄あに入る。

“受注先”のいとリレーションシップについて

1．顧客の組織の設計変更⑵①「受注は，チェーンDC又はチェーン本支部から受けることになったので，この両者を併せて受注先と呼ぶことにする」，⑥「受注先がチェーンDCかチェーン本支部のいずれかを示す受注先区分を設定する」より，“受注先”には受注先区分という一つの切り口があり，図6，7は，その切り口で“チェーンDC”と“チェーン本支部”のいずれかに分けている。したがって，このサブタイプ間の関係は排他（排他的サブタイプ）となる。よって，**“受注先”をスーパタイプとし，“チェーンDC”と“チェーン本支部”をサブタイプ**とするリレーションシップを表す線を記入する。

設問2⑴⑵“チェーン組織”の解説にあるように，“受注先”は“チェーン組織”のサブタイプである。サブタイプはスーパタイプの主キー（チェーン組織コード）を引き継ぐこと，1．顧客の組織の設計変更⑵⑥「受注先がチェーンDCかチェーン本支部のいずれかを示す受注先区分を設定する」より，必要な属性は，

- 受注先チェーン組織コード（主キー）
- 受注先区分

となる。よって，空欄いには**受注先チェーン組織コード，受注先区分**が入る。

“納入先”のうとリレーションシップについて

1．顧客の組織の設計変更⑵②「納入は，チェーンDC又は直接納入する対象のチェーン店舗（以下，直納対象チェーン店舗という）に行うので，この両者を併せて納入先と呼ぶことにする」より，“納入先”は，“チェーンDC”と“直納対象チェーン店舗”のいずれかに分けている。したがって，“チェーンDC”と“直納対象チェーン店舗”の関係は排他（排他的サブタイプ）となる。よって，**“納入先”をスーパタイプとし，“チェーンDC”と“直納対象チェーン店舗”をサブタイプ**とするリレーションシップを表す線を記入する。

設問2⑴⑵“チェーン組織”の解説にあるように，“納入先”は“チェーン組織”のサブタイプである。サブタイプはスーパタイプの主キー（チェーン組織コード）を引き継ぐこと，1．顧客の組織の設計変更⑵⑥「受注先は，受注の対象の納入先が全て分かるようにする」，⑦「配送地域は，納入先に設定し，チェーンDCからは外す」より，必要な属性は，

- 納入先チェーン組織コード（主キー）
- 受注先チェーン組織コード（“受注先”を参照する外部キー）
- 配送地域コード（“配送地域”を参照する外部キー）

となる。よって，空欄うには**納入先チェーン組織コード，配送地域コード，受注先チ**

ェーン組織コードが入る。

なお，梱包方法区分が”チェーンDC“から“納入先”に移動しているのは，〔設計変更の内容〕2．梱包のやり方についての設計変更「直納対象チェーン店舗への納入では，…，梱包方法区分に指定なしの分類を追加する」より，直納対象チェーン店舗に納入する場合の指定なしの分類を登録できるようにするためである。

“チェーンDC”のえについて

設問2⑴⑵“受注先”，“納入先”の解説にあるように，“チェーンDC”は“受注先”，“納入先”のサブタイプである。サブタイプは，スーパタイプの主キー（受注先チェーン組織コードと納入先チェーン組織コード）を引き継ぐ。しかし，図7“チェーンDC”は{チェーン法人コード，チェーンDCコード}が主キーとなっているため，“受注先”と“納入先”のそれぞれの主キー（受注先チェーン組織コード，納入先チェーン組織コード）を外部キーとして引き継ぐ。これらはスーパタイプ“チェーン組織”の主キー（チェーン組織コード）を引き継いできたものなので一つの属性にまとめる。したがって，チェーン組織コードを外部キーとした**チェーン組織コード**が空欄えに入る。

これに関するスーパタイプとサブタイプの間のリレーションシップはない。

“チェーン本支部”のおについて

設問2⑴⑵“受注先”の解説にあるように，“チェーン本支部”は“受注先”のサブタイプである。サブタイプは，スーパタイプの主キー（受注先チェーン組織コード）を引き継ぐ。図7“チェーン本支部”は{チェーン法人コード，チェーン本支部コード}が主キーとなっているため，“受注先”の主キー（受注先チェーン組織コード）を外部キーとして引き継ぐ。さらに，1．顧客の組織の設計変更⑴②「チェーン本支部について，……名称を顧客から知らされて登録し」より，チェーン本支部の名称が必要となる。よって，空欄おには**チェーン本支部名，受注先チェーン組織コード**が入る。

これに関するスーパタイプとサブタイプの間のリレーションシップはない。

“チェーン店舗”のかとリレーションシップについて

1．顧客の組織の設計変更⑶②「チェーン店舗は，スコープを広げて，店舗別梱包対象チェーン店舗と直納対象チェーン店舗を併せたものにする」「そのチェーン店舗が店舗別梱包対象チェーン店舗か直納対象チェーン店舗のいずれかを示すチェーン店舗区分を設定する」より，“チェーン店舗”にはチェーン店舗区分という一つの切り口があり，図6，7は，その切り口で“店舗別梱包対象チェーン店舗”と“直納対象チェーン店舗”のいずれかに分けている。したがって，このサブタイプ間の関係は排他（排他的サブタイプ）となる。よって，**“チェーン店舗”をスーパタイプとし，“店舗別梱包対象チェーン店舗”と“直納対象チェーン店舗”をサブタイプ**とするリレーションシップを表す線を記入する。

1．顧客の組織の設計変更(3)②「チェーン店舗が店舗別梱包対象チェーン店舗か直納対象チェーン店舗のいずれかを示すチェーン店舗区分を設定する」，図7“チェーン店舗”より，必要な属性は，

- {チェーン法人コード，チェーン店舗コード}（主キー）
- チェーン店舗区分
- チェーン店舗名

となる。そのうち図7にない属性，**チェーン店舗区分，チェーン店舗名**が空欄かに入る。

“店舗別梱包対象チェーン店舗”のきについて

設問2(1)(2)“チェーン店舗”の解説にあるように，“店舗別梱包対象チェーン店舗”は“チェーン店舗”のサブタイプである。サブタイプはスーパタイプの主キー（{チェーン法人コード，チェーン店舗コード}）を引き継ぐこと，1．顧客の組織の設計変更(3)①「設計変更前に対象にしていたチェーン店舗を，店舗別梱包対象チェーン店舗に呼び替える」，図6“チェーンDC”と“店舗別梱包対象チェーン店舗”の間の1対多とするリレーションシップより，

- {チェーン法人コード，チェーン店舗コード}（主キー）
- {チェーン法人コード，チェーンDCコード}（“チェーンDC”を参照する外部キー）

が必要となる。そのうち図7にない属性，**チェーン法人コード**，**店舗別梱包対象チェーン店舗コード**が空欄きに入る。

これに関するスーパタイプとサブタイプの間のリレーションシップはない。

“直納対象チェーン店舗”のくについて

設問2(1)(2)“チェーン店舗”，“納入先”の解説にあるように，“直納対象チェーン店舗”は“チェーン店舗”，“納入先”のサブタイプである。サブタイプは，スーパタイプの主キー（{チェーン法人コード，チェーン店舗コード}，納入先チェーン組織コード）を引き継ぐ。よって，**チェーン法人コード**，**直納対象チェーン店舗コード**，**納入先チェーン組織コード**が空欄くに入る。

これに関するスーパタイプとサブタイプの間のリレーションシップはない。

なお，**納入先チェーン組織コード**，**チェーン法人コード**，**直納対象チェーン店舗コード**としないのは，“納入先”のもう一つのサブタイプ“チェーンDC”においてチ

ェーン組織コードを外部キーとしていること，“チェーン店舗”のもう一つのサブタイプ“店舗別梱包対象チェーン店舗”の主キーがスーパタイプの主キー（{チェーン法人コード，チェーン店舗コード}）を引き継いでいることを考慮し，サブタイプが引き継ぐキー項目に一貫性を持たせるためである。

[設問2](3)

設問文「設計変更前に，図6に示したもの以外のエンティティタイプで，チェーンDCを参照していたエンティティタイプが，図2に一つと図3に二つの合計三つある」とある。

まず，図2で“チェーンDC”を参照していたエンティティタイプを探す。“チェーンDC”と“チェーン店舗”，“チェーンDC”と“納入商品最終ロット”の間の1対多とするリレーションシップより，“チェーン店舗”と“納入商品最終ロット”の二つあるが，そのうち“チェーン店舗”は図6に示されているので，“納入商品最終ロット”に対する設計変更後の参照先エンティティタイプを検討する。〔設計の前提となる業務〕6．引当てのやり方①「古い製造ロットの商品から順に引き当てる」，②「顧客によっては，ロット逆転禁止の取決めを交わしている。ロット逆転禁止とは，チェーンDCごとに，前回納入した製造ロットより古い商品を納入することを禁じることである」「ロット逆転禁止の取決めを交わしている顧客の場合，チェーンDCと商品の組合せに対して，最終で引き当てた製造ロット番号を記録する」より，設計変更前“納入商品最終ロット”は，チェーンDC（納入先）に最終で引き当てた製造ロット番号を管理している。設計変更後は，1．顧客の組織の設計変更(2)②「納入は，チェーンDC又は直接納入する対象のチェーン店舗（以下，直納対象チェーン店舗という）に行うので，この両者を併せて納入先と呼ぶことにする」とある。これらより，設計変更後の納入先は“チェーンDC”と“直納対象チェーン店舗”の両方，つまり，これらのスーパタイプ“納入先”となる。よって，設計変更前に“チェーンDC”を参照していた**“納入商品最終ロット”**は，設計変更後の参照先は**“納入先”**となる。

次に，図3で“チェーンDC”を参照していたエンティティタイプを検討する。マスタである“チェーンDC”に関するリレーションシップは図3にないので，設問1(4)で完成させた図5より，チェーンDCコードを参照していた関係スキーマを探すと，“受注”と“出荷指示”の二つが見つかる。

一つ目“受注”に対する，設計変更後の参照先エンティティタイプを検討する。〔設計の前提となる業務〕2．顧客の組織の特性(2)②「チェーンDCは，次に記すチェーン店舗の注文をまとめてE社を含む仕入先に発注（E社にとっての受注）する」より，

“受注”にはチェーンDC（受注先）が記録されている。設計変更後は，1．顧客の組織の設計変更(2)①「受注は，チェーンDC又はチェーン本支部から受けることになったので，この両者を併せて受注先と呼ぶことにする」とある。これらより，設計変更後の受注先は“チェーンDC”と“チェーン本支部”の両方，つまり，これらのスーパタイプ“受注先”となる。よって,設計変更前に“チェーンDC”を参照していた**“受注”**は，設計変更後の参照先は**“受注先”**となる。

二つ目“出荷指示”に対する,設計変更後の参照先エンティティタイプを検討する。〔設計の前提となる業務〕9．業務の流れと情報(2)②「出荷指示は,納入先別に行う」，③「出荷指示対象の納入先を記録する」より，“出荷指示”には納入先が記録されている。設計変更後は，1．顧客の組織の設計変更(2)②「納入は，チェーンDC又は直接納入する対象のチェーン店舗（以下，直納対象チェーン店舗という）に行うので，この両者を併せて納入先と呼ぶことにする」とある。これらより，設計変更後の納入先は“チェーンDC”と“直納対象チェーン店舗”の両方，つまり，これらのスーパタイプ“納入先”となる。よって,設計変更前に“チェーンDC”を参照していた**“出荷指示”**は，設計変更後の参照先は**“納入先”**となる。

問2 解答

設問		解答例・解答の要点	
設問1	(1)	ア	チェーン法人別締め契機
		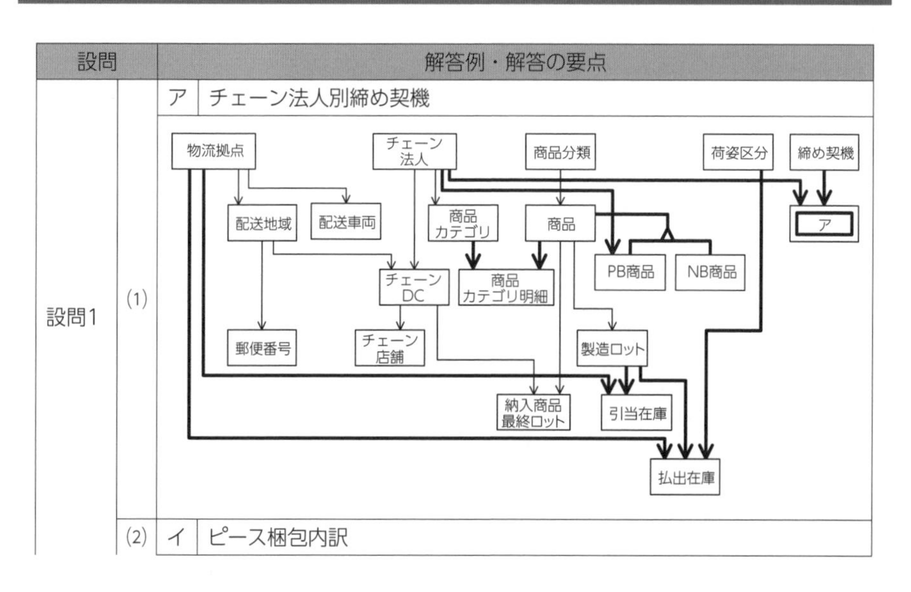	
	(2)	イ	ピース梱包内訳

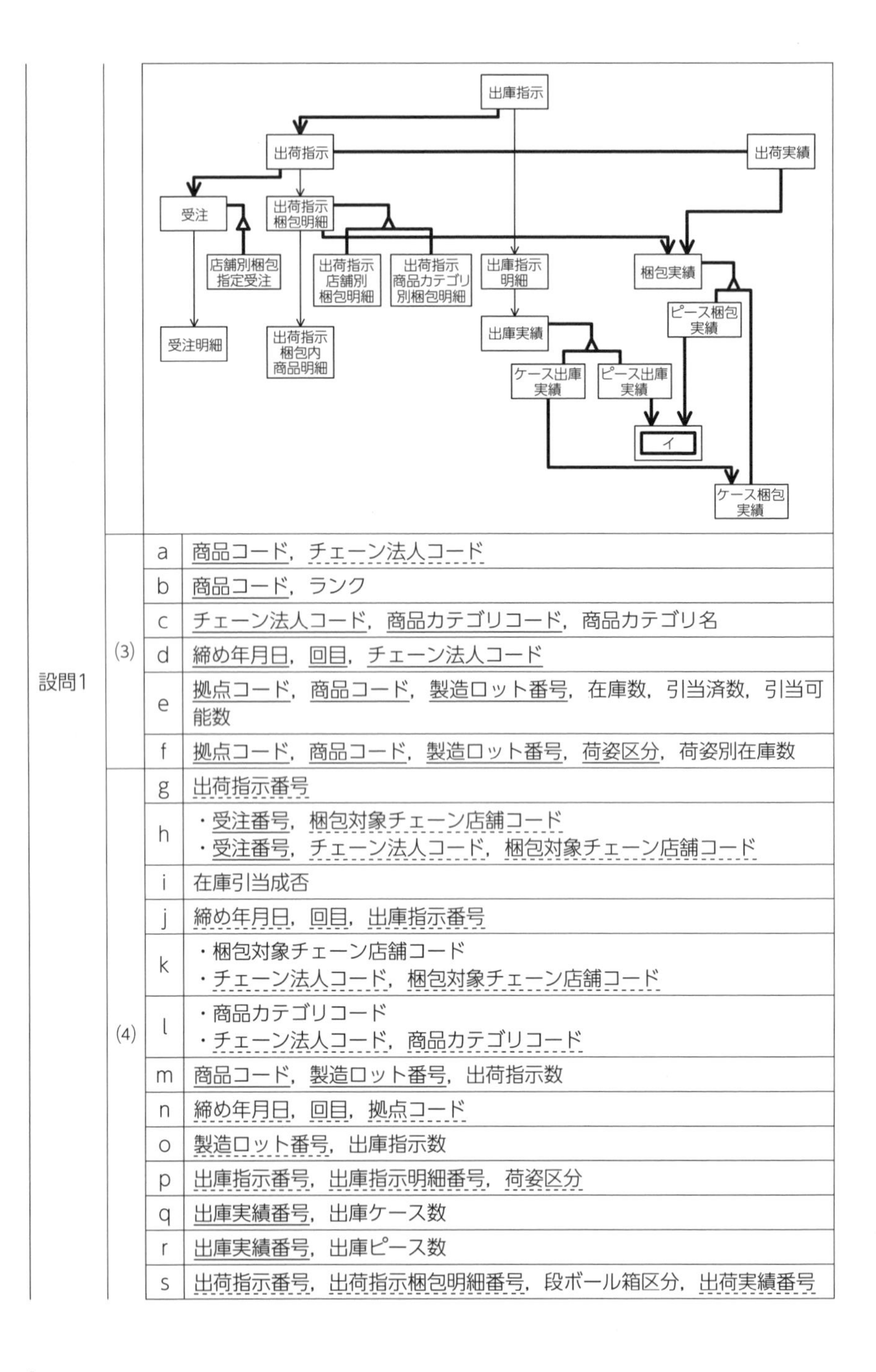

設問1	(3)	a	商品コード，チェーン法人コード
		b	商品コード，ランク
		c	チェーン法人コード，商品カテゴリコード，商品カテゴリ名
		d	締め年月日，回目，チェーン法人コード
		e	拠点コード，商品コード，製造ロット番号，在庫数，引当済数，引当可能数
		f	拠点コード，商品コード，製造ロット番号，荷姿区分，荷姿別在庫数
	(4)	g	出荷指示番号
		h	・受注番号，梱包対象チェーン店舗コード ・受注番号，チェーン法人コード，梱包対象チェーン店舗コード
		i	在庫引当成否
		j	締め年月日，回目，出庫指示番号
		k	・梱包対象チェーン店舗コード ・チェーン法人コード，梱包対象チェーン店舗コード
		l	・商品カテゴリコード ・チェーン法人コード，商品カテゴリコード
		m	商品コード，製造ロット番号，出荷指示数
		n	締め年月日，回目，拠点コード
		o	製造ロット番号，出庫指示数
		p	出庫指示番号，出庫指示明細番号，荷姿区分
		q	出庫実績番号，出庫ケース数
		r	出庫実績番号，出庫ピース数
		s	出荷指示番号，出荷指示梱包明細番号，段ボール箱区分，出荷実績番号

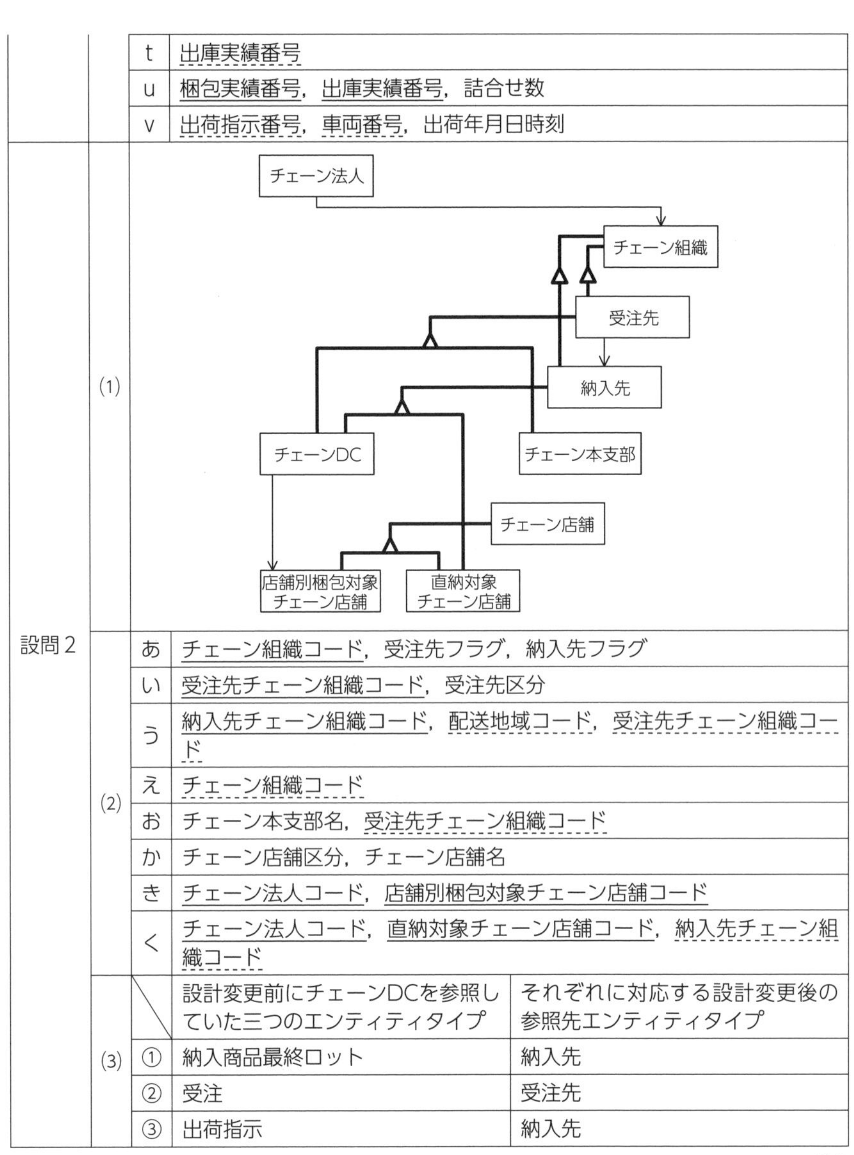

		t	出庫実績番号	
		u	梱包実績番号，出庫実績番号，詰合せ数	
		v	出荷指示番号，車両番号，出荷年月日時刻	
設問2	(1)		（図）	
	(2)	あ	チェーン組織コード，受注先フラグ，納入先フラグ	
		い	受注先チェーン組織コード，受注先区分	
		う	納入先チェーン組織コード，配送地域コード，受注先チェーン組織コード	
		え	チェーン組織コード	
		お	チェーン本支部名，受注先チェーン組織コード	
		か	チェーン店舗区分，チェーン店舗名	
		き	チェーン法人コード，店舗別梱包対象チェーン店舗コード	
		く	チェーン法人コード，直納対象チェーン店舗コード，納入先チェーン組織コード	
	(3)		設計変更前にチェーンDCを参照していた三つのエンティティタイプ	それぞれに対応する設計変更後の参照先エンティティタイプ
		①	納入商品最終ロット	納入先
		②	受注	受注先
		③	出荷指示	納入先

※IPA発表

問3 調達業務及び調達物流業務 (出題年度：R2問2)

調達業務及び調達物流業務に関する次の記述を読んで，設問1～3に答えよ。

機械メーカのA社は，調達業務及び調達物流業務のシステム再構築に向けて，業務分析を行い，概念データモデル及び関係スキーマを設計している。

〔現状の業務分析の結果〕

1．品目の特性

(1) 品目

① 品目には，製品，部品，素材がある。品目は品目コードで識別し，品目名，評価額を設定する。部品と素材を併せて部材と呼ぶ。

・製品は，産業用機械が主で，大型なものから小型なものまである。

・部品には，切削部や搬送部などと呼ぶ，製品の主要な部位となる大型なものから，組立てに用いる金具やパイプなど小型なものまである。

・素材には，ロール状の鉄板やアルミ板，金属棒や塗料などがある。

② 品目には，A社が設計する専用品と，それ以外の汎用品がある。専用品には設計番号を設定し，汎用品には汎用品仕様として，メーカ名，カタログ名，カタログ発行年月，カタログ品番を連結した文字列を設定する。

③ 製品，部品，素材が，それぞれ専用品と汎用品のいずれに該当するかは次のとおりである。

・製品の全ては専用品に該当する。

・部品は，専用品に該当するものと汎用品に該当するものがある。専用品に該当する部品を専用部品，汎用品に該当する部品を汎用部品と呼ぶ。

・素材の全ては汎用品に該当する。

④ 専用部品には，その専用部品を輸送するときの個体重量を設定している。

⑤ 部材には，その部材の在庫をもつときのために，次を設定している。

・基準在庫数

・調達する一定の数である調達ロットサイズ（以下，調達LSという）

・調達に要する日数である調達リードタイム（以下，調達LTという）

(2) 構成

① 品目のうち，製品と専用部品には，それを生産する上で必要となる下位の品目があり，どの品目を幾つ用いるかの情報を，構成と呼ぶ。

② 下位の品目の多くは，複数の品目の構成に共通して用いられる。

③ 製品の構成には，幾つかの専用部品，汎用部品，素材があり得る。

④ 専用部品の構成にも，幾つかの専用部品，汎用部品，素材があり得る。

⑤ 専用部品が，その構成に別の専用部品をもつ場合，構成から見て上位を親部品，下位を子部品と呼ぶ。

⑥ 子部品が，その構成に，更に専用部品をもつことはない。

2．組織の特性

(1) 社内の組織

① A社の調達業務及び調達物流業務に関係する部門は次のとおりである。

・一つの物流部

・製品の種類ごとに３部門ある製品生産部

・部品の種類ごとに５部門ある部品生産部

② 物流部は，調達手配，輸送手配及び在庫管理を行う。

③ 物流部は，倉庫を管轄する。倉庫はA社に一つだけある。

④ 製品生産部は，受注に基づいて，製品の生産に必要な部材の出庫指示を行い，製品を生産する。また，生産ライン数を設定している。

⑤ 部品生産部は，専用部品の生産指示に基づいて，A社が内製する専用部品を生産する。また，専用部品の生産用に，部材の出庫指示を行う。

(2) 社外の組織

① 部品及び素材を調達する先を調達先と呼び，調達先コードで識別する。

② 調達先のうち，専用部品を発注する先を協力会社（以下，BPという）と呼び，BPフラグを設定している。

③ BPが，専用部品の生産に子部品を要する場合，その子部品はA社から支給する。BPへの支給対象の子部品を支給部品とも呼ぶ。

④ 調達先のうち，汎用品を購入する先を仕入先と呼び，仕入先フラグを設定している。

⑤ BPでかつ仕入先という調達先を禁じていない。

(3) 社内と社外の組織を共通に見る見方

① 部品生産部とBPを総称して生産先と呼び，生産先コードを付与している。

② 倉庫とBPを総称して地点と呼び，地点コードを付与している。

(4) 組織と品目の関係

① 汎用品は，その汎用品を調達する仕入先を一つに決めている。

② 専用部品は，その専用部品を生産する生産先を一つに決めている。

3．物流に関する資源の特性

(1)　車両

①　調達物流に用いるトラックを車両と呼ぶ。

②　車両は車両番号で識別し，最大積載重量を設定している。

(2)　ルート

①　A社では，専用部品の調達を，巡回集荷で行っている。巡回集荷とは，車両が幾つかのBPを順に回って集荷するやり方である。

②　車両が，A社倉庫を出発し，4～8か所のBPを順に回り，再びA社倉庫に戻る単位をルートと呼ぶ。ルートはルート番号で識別し，標準で輸送する車両を設定している。

③　ルートごとに，車両の出発地点の巡回順を1に，以降の到着する地点の巡回順を2から付与し，到着予定時刻を設定している。

④　どのルートも，巡回順の最初と最後にA社倉庫を設定し，2番目以降に幾つかのBPを設定している。ルートのイメージを図1に示す。

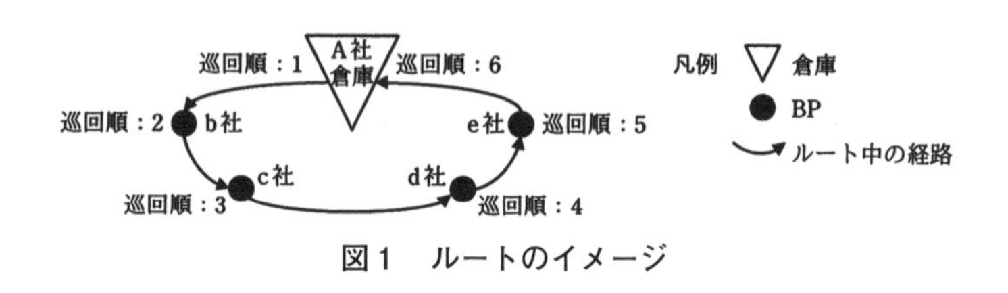

図1　ルートのイメージ

4．業務のやり方

(1)　在庫のもち方

①　在庫をもつのは，倉庫と支給を行う対象のBPである。

②　在庫は，地点，品目ごとに把握している。

③　倉庫の在庫を倉庫在庫，BPの在庫をBP在庫と呼ぶ。

④　倉庫在庫の在庫数は，入出庫の実績から求める。

⑤　BPでは，在庫の入出庫を記録しないので，在庫数は理論値で，次の入出庫の実績から求める。この在庫数を理論在庫数と呼ぶ。

・荷卸実績のうち支給部品のBPへの荷卸実績は，支給部品理論入庫実績でもある。

・親部品の発注に基づいて，BPは構成から求められる子部品を使用数分使うので，その分の支給部品理論出庫実績を記録する。

(2) 調達手配のやり方

① 調達手配は，部材を対象に行い，定量発注で行う。

② 定量発注とは，在庫数又は理論在庫数が基準在庫数を下回った場合，調達LS分の手配を行うやり方である。

③ 在庫数が基準在庫数を下回ったかどうかの確認は，毎営業日の営業時間終了時に行う。

④ 調達手配は物流部が行い，対象には部品生産部が内製する部品も含む。

⑤ 調達手配は，次のように行う。

・汎用品は，仕入先に発注する。

・専用部品でかつ生産先がBPの場合，そのBPに発注する。

・専用部品でかつ生産先が部品生産部の場合，その部品生産部に生産指示を行う。

・BPに支給する支給部品は，支給指示を行う。

(3) 輸送のやり方

① 一つの輸送は，荷物をある地点で荷積みして別の地点で荷卸しするまでの単位である。例えば，BPのc社に発注した専用部品の集荷の輸送は，c社で荷積みしてA社倉庫で荷卸しする。

② 輸送において，荷積みする地点を積地，荷卸しする地点を卸地，それぞれの巡回順を積地巡回順，卸地巡回順と呼ぶ。

③ 輸送の必要な調達では，該当する調達手配に対応させて，輸送指示を行う。

④ 輸送指示は輸送番号で識別する。輸送指示には，調達手配の日に調達LTの日数を足した輸送日，積地巡回順及び卸地巡回順を設定する。

⑤ 輸送指示に基づき，荷積みした時点で荷積時刻の記録を行う。

⑥ 輸送指示に基づき，荷卸しした時点で荷卸時刻の記録を行う。

5．業務の流れと情報

業務の流れを図２に，業務内容及び業務の流れにおける情報を表１に示す。

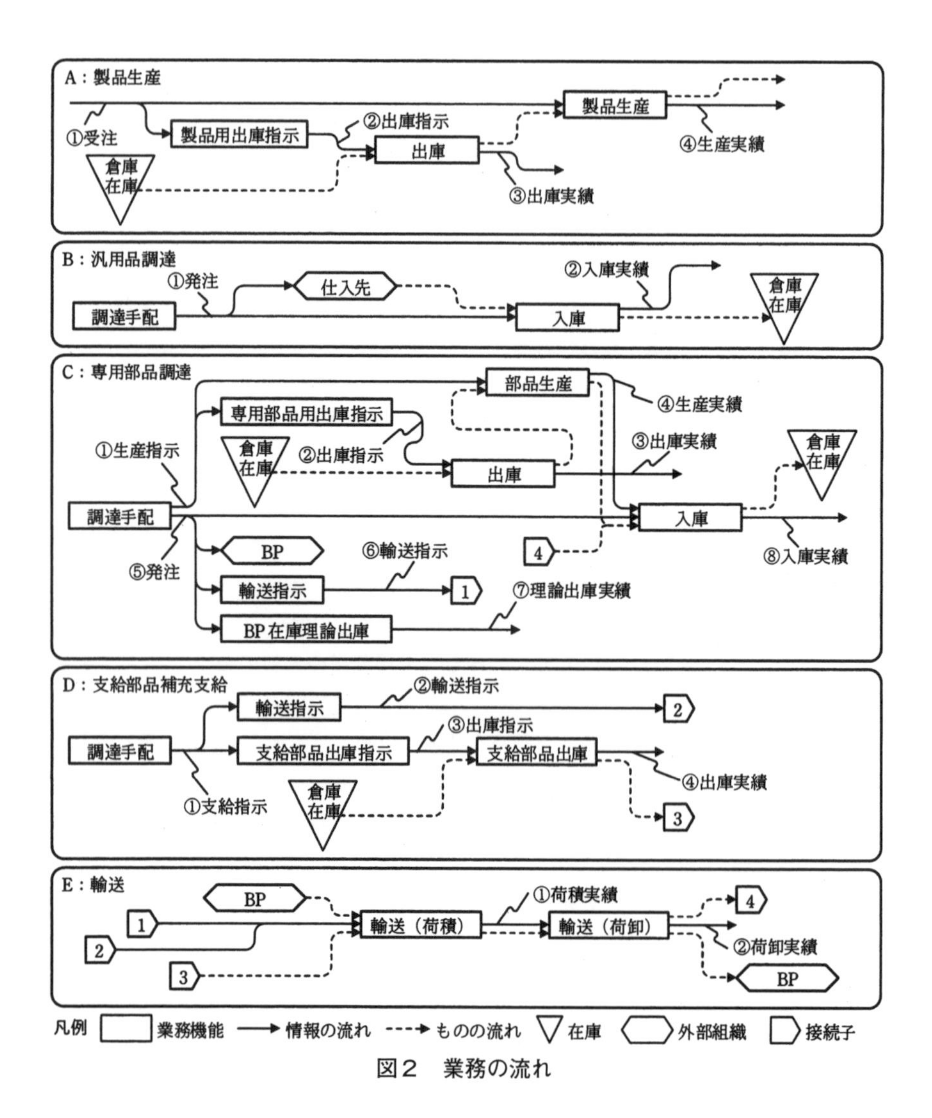

A：製品生産
①受注
製品用出庫指示
②出庫指示
出庫
製品生産
④生産実績
倉庫在庫
③出庫実績
B：汎用品調達
①発注
仕入先
②入庫実績
調達手配
入庫
倉庫在庫
C：専用部品調達
部品生産
専用部品用出庫指示
④生産実績
①生産指示
倉庫在庫
②出庫指示
出庫
③出庫実績
倉庫在庫
調達手配
入庫
BP
⑥輸送指示
4
⑤発注
⑧入庫実績
輸送指示
1
⑦理論出庫実績
BP在庫理論出庫
D：支給部品補充支給
輸送指示
②輸送指示
2
③出庫指示
調達手配
支給部品出庫指示
支給部品出庫
④出庫実績
①支給指示
倉庫在庫
3
E：輸送
BP
①荷積実績
4
1
輸送（荷積）
輸送（荷卸）
2
②荷卸実績
3
BP
凡例
業務機能
情報の流れ
ものの流れ
在庫
外部組織
接続子

図２　業務の流れ

表1　業務内容及び業務の流れにおける情報

業務	業務内容	情報名		情報内容
A：製品生産	受注に基づいて，製品の生産に必要な部材の出庫を行い，製品を生産する。	①	受注	製品の受注
		②	出庫指示	製品を生産するための部材の出庫指示
		③	出庫実績	倉庫からの出庫実績
		④	生産実績	製品の生産実績
B：汎用品調達	在庫数が基準在庫数を下回った汎用品を発注し，調達する。	①	発注	汎用品の仕入先への発注
		②	入庫実績	汎用品の倉庫への入庫実績
C：専用部品調達	在庫数が基準在庫数を下回った専用部品について，次の手配によって調達を行う。 ・生産先が部品生産部であれば生産指示をかける。 ・生産先が BP であれば発注をかける。	①	生産指示	専用部品の部品生産部への生産指示
		②	出庫指示	専用部品を生産するための部材の出庫指示
		③	出庫実績	倉庫からの出庫実績
		④	生産実績	専用部品の生産実績
		⑤	発注	専用部品の BP への発注
		⑥	輸送指示	発注した専用部品を集荷する輸送指示
		⑦	理論出庫実績	親部品の発注に伴って使用される子部品の理論在庫数を減少させる数
		⑧	入庫実績	専用部品の倉庫への入庫実績
D:支給部品補充支給	BP の理論在庫数が基準在庫数を下回った子部品について支給を行う。	①	支給指示	子部品の BP への支給指示
		②	輸送指示	支給部品を支給する輸送指示
		③	出庫指示	支給する子部品の出庫指示
		④	出庫実績	倉庫からの出庫実績
E：輸送	輸送指示に基づいて輸送を行う。	①	荷積実績	荷積みの実績
		②	荷卸実績	荷卸しの実績

〔設計した現状の概念データモデル及び関係スキーマ〕

概念データモデル及び関係スキーマは，マスタ及び在庫の領域と，トランザクションの領域を分けて作成し，マスタとトランザクションの間のリレーションシップは記述しない。マスタ及び在庫領域の概念データモデルを図3に，トランザクション領域の概念データモデルを図4に，マスタ及び在庫領域の関係スキーマを図5に，トランザクション領域の関係スキーマを図6に示す。

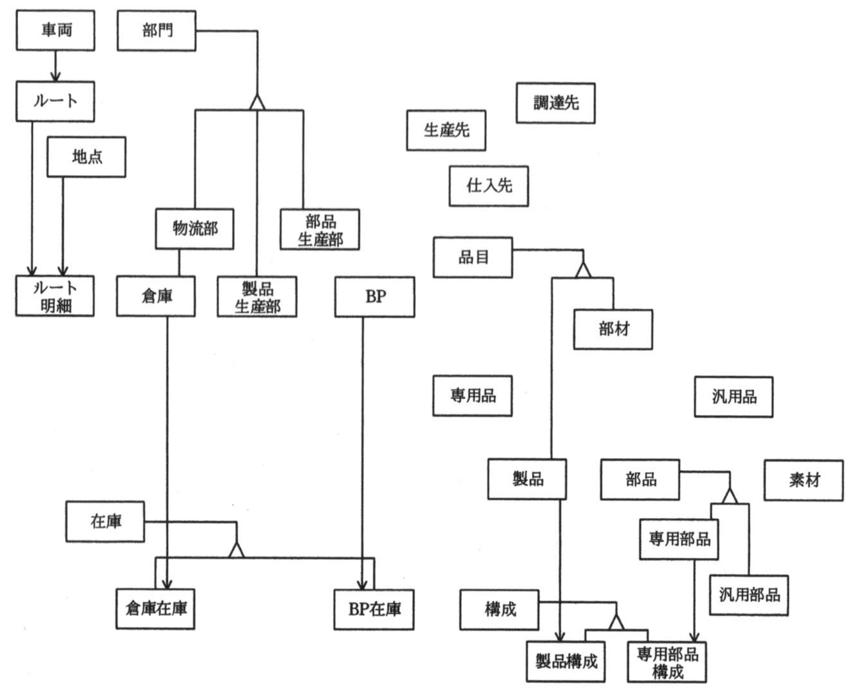

図3　マスタ及び在庫領域の概念データモデル（未完成）

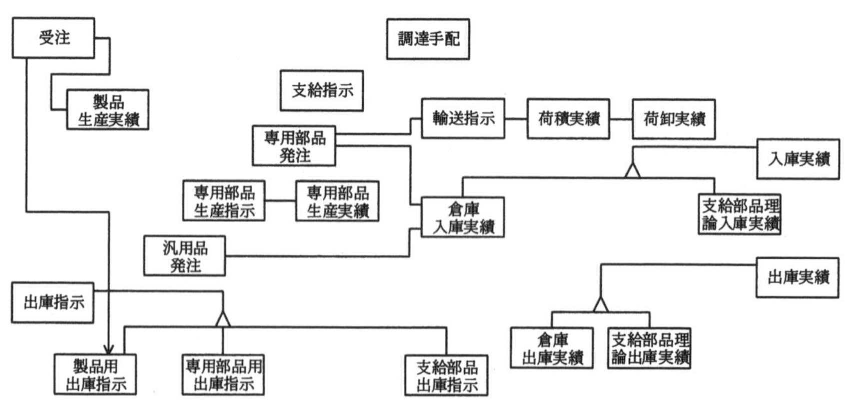

図4　トランザクション領域の概念データモデル（未完成）

車両（車両番号，最大積載重量）
ルート（ルート番号，車両番号）
ルート明細（ルート番号，巡回順，地点コード，到着予定時刻）
部門（部門コード，部門名，部門区分）
　物流部（部門コード，部員数）
　製品生産部（部門コード，［ア］）
　部品生産部（部門コード，［イ］）
地点（地点コード，所在地，地点区分）
　倉庫（地点コード，部門コード）
調達先（調達先コード，調達先名，BP フラグ，仕入先フラグ）
　BP（調達先コード，［ウ］）
　仕入先（調達先コード，信用ランク）
生産先（生産先コード，生産先区分）
品目（品目コード，品目名，評価額，品目区分，専汎区分）
　製品（品目コード，製品種類）
　部品（品目コード，部品種類）
　素材（品目コード，規格内容）
　専用品（品目コード，［エ］）
　汎用品（品目コード，［オ］）
　部材（品目コード，基準在庫数，調達 LS，調達 LT，部材区分）
　　専用部品（品目コード，［カ］）
　　汎用部品（品目コード，メーカ部品名）
構成（上位品目コード，下位品目コード，下位品目使用数，構成区分）
　製品構成（製品品目コード，［キ］）
　専用部品構成（専用部品品目コード，［ク］）
在庫（地点コード，品目コード，在庫区分）
　倉庫在庫（倉庫地点コード，［ケ］，在庫数）
　BP 在庫（BP 地点コード，［コ］，理論在庫数）

図５　マスタ及び在庫領域の関係スキーマ（未完成）

受注（受注番号，製品品目コード，受注日，受注数）
製品生産実績（受注番号，生産完了日）
調達手配（調達番号，手配日，調達予定日，手配数，手配区分）
　汎用品発注（調達番号，汎用品品目コード）
　専用部品生産指示（調達番号，専用部品品目コード）
　専用部品発注（調達番号，専用部品品目コード）
　支給指示（調達番号，支給部品品目コード，支給先 BP 地点コード）
専用部品生産実績（調達番号，生産完了日）
輸送指示（輸送番号，［サ］，輸送日，輸送重量，ルート番号，積地巡回順，卸地巡回順）
荷積実績（輸送番号，荷積時刻）
荷卸実績（輸送番号，荷卸時刻）
入庫実績（入庫番号，入庫実績区分）
　倉庫入庫実績（入庫番号，調達番号，入庫地点コード，入庫日，入庫実績数）
　支給部品理論入庫実績（入庫番号，［シ］）
出庫指示（出庫番号，出庫地点コード，出庫指示区分）
　製品用出庫指示（出庫番号，［ス］，出庫指示数，出庫指示日）
　専用部品用出庫指示（出庫番号，［セ］，出庫指示数）
　支給部品出庫指示（出庫番号，［ソ］）
出庫実績（出庫番号，出庫実績区分）
　倉庫出庫実績（出庫番号，出庫実績数，出庫実績日）
　支給部品理論出庫実績（出庫番号，［タ］）

図６　トランザクション領域の関係スキーマ（未完成）

第3部
午後問題演習

〔現状業務の問題と解決策〕

① 輸送時に荷物が車両の最大積載重量を超えないように，ルートの車両の大きさと巡回する先を設定しているが，まれに最大積載重量を超え，問題となっている。

② そこで，荷量計算という業務を，次のように追加して問題を解決する。

・営業時間終了時に，翌営業日分の輸送指示について，ルート別巡回順別に輸送重量の和を求める。

・求めた輸送重量の和が，車両の最大積載重量を超えていた場合，巡回順と輸送番号の順で，累計輸送重量が最大積載重量を超過した以降の輸送指示に対して，別の車両を割り当て，車両を確定させる。荷量計算のイメージを図7に示す。

③ 現状の関係スキーマが，②に示した荷量計算が可能なデータ構造であることを検証するために，関係スキーマ処理フローを作成した。関係スキーマ処理フローの表記法を表2に，検証のために作成した関係スキーマ処理フローを図8に示す。

関係“輸送指示”に関係“ルート”を結合したビュー

輸送番号	輸送日	輸送重量(kg)	ルート番号	積地巡回順	卸地巡回順	車両番号
3001	2019-04-22	2,000	3	1	3	6354
3002	2019-04-22	2,000	3	1	5	6354
3008	2019-04-22	1,000	3	1	4	6354
3004	2019-04-22	2,000	3	2	6	6354
3011	2019-04-22	4,000	3	3	6	6354
3012	2019-04-22	3,000	3	4	6	6354
3030	2019-04-22	2,000	3	5	6	6354

車両を確定させた情報

別に割り当てる車両番号	確定した車両番号
-	6354
-	6354
-	6354
-	6354
-	6354
8832	8832
8832	8832

輸送指示を基にルート別巡回順別に輸送重量の和を求める。
前提として，標準の車両の最大積載重量は10,000kgである。

ルート番号	巡回順	荷積重量(kg)	荷卸重量(kg)	差引重量(kg)	累計輸送重量(kg)
3	1	5,000	0	5,000	5,000
3	2	2,000	0	2,000	7,000
3	3	4,000	2,000	2,000	9,000
3	4	3,000	1,000	2,000	11,000
3	5	2,000	2,000	0	11,000
3	6	0	11,000	-11,000	0

累計輸送重量が車両の最大積載重量を超過した以降の輸送指示に対して，別の車両を割り当て，車両を確定させる。

図7　荷量計算のイメージ

表２　関係スキーマ処理フローの表記法

処理記号	意味	形式
EXT:	抽出	条件に合う組を選び出す処理 ［抽出対象の関係スキーマ］ ↓ EXT: 抽出対象属性名，抽出条件 ［抽出後の関係スキーマ］
FJOIN:	結合	関係スキーマの，参照元の属性と参照先の属性の値が等しいという条件で，参照元の組と参照先の組を完全外結合する処理 ［参照元の関係スキーマ］　［参照先の関係スキーマ］ ↓ FJOIN: 参照元関係スキーマ名.参照元属性名 1 = 参照先関係スキーマ名.参照先属性名 1 AND 参照元関係スキーマ名.参照元属性名 2 = 参照先関係スキーマ名.参照先属性名 2 … ［完全外結合後の関係スキーマ］
SUM:	集計	集計キーに指定した属性の値が同じ組について，集計対象の属性の合計値を求める処理 ［集計対象の関係スキーマ］ ↓ SUM: 集計対象属性名 AS 集計によって導出する属性名 GROUP BY 集計キー属性名 1，集計キー属性名 2，… ［集計後の関係スキーマ］
GEN:	演算	同一の組にある属性に演算を行い，結果を導出する処理 ［演算対象の関係スキーマ］ ↓ GEN: 演算式 AS 演算によって導出する属性名 ［演算後の関係スキーマ］
TOT:	累計	組を，区分キーごとに，ソートキーの昇順に並べ，累計対象属性の累計値を求める処理 ［累計対象の関係スキーマ］ ↓ TOT: 累計対象属性名 AS 累計によって導出する属性名 PARTITION BY 区分キー属性名 1，区分キー属性名 2，… ORDER BY ソートキー属性名 1，ソートキー属性名 2，… ［累計後の関係スキーマ］
UNION:	和	属性数が同じ二つの関係スキーマについて，全ての組の和集合を求める処理 ［関係スキーマ 1］　［関係スキーマ 2］ ↓ UNION: ［関係スキーマ 3］

注記１　集計又は演算によって導出した属性は“＜属性名＞”と表記する。

注記２　関係スキーマ処理フローの関係スキーマには，主キーを表す下線及び外部キーを表す破線の下線は記述しない。

注記３　各処理記号の処理は，射影操作を含むものとする。

注記４　GEN:では，演算式中の NULL は 0 に置き換えて演算する。

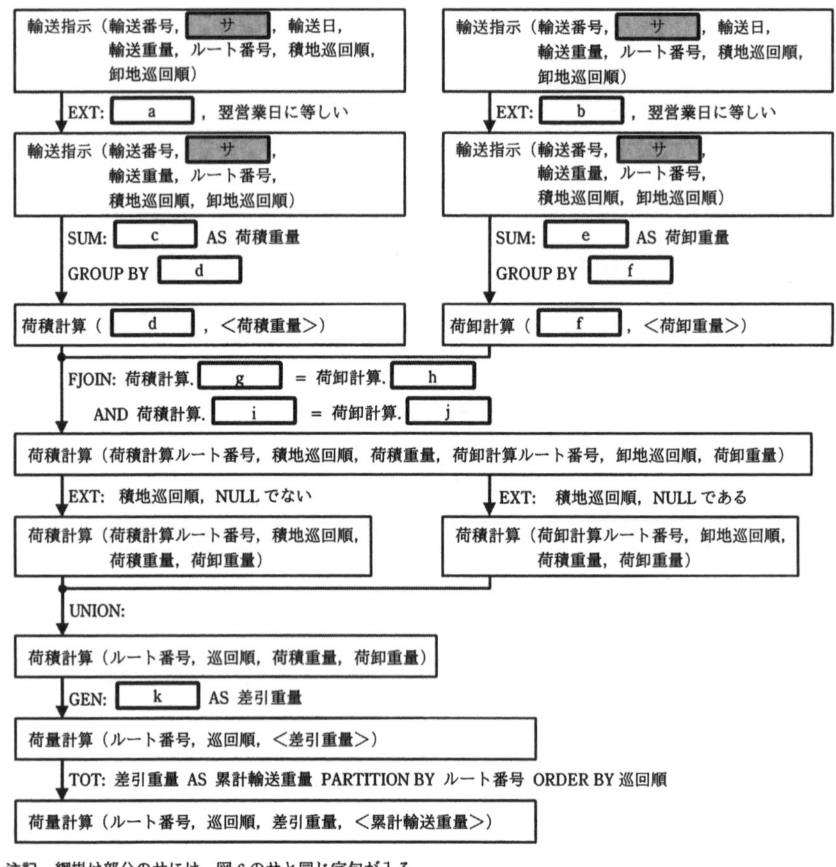

注記　網掛け部分のサには，図6のサと同じ字句が入る。

図8　検証のために作成した関係スキーマ処理フロー（未完成）

解答に当たっては，巻頭の表記ルールに従うこと。ただし，エンティティタイプ間の対応関係にゼロを含むか否かの表記は必要ない。

なお，次の①～④についても従うこと。

① リレーションシップの対応関係は1対1又は1対多とし，多対多としないこと。

② 属性名は意味を識別できる適切な名称とし，他の属性と区別できること。

③ 識別可能なサブタイプにおいて，他のエンティティタイプとのリレーションシップは，スーパタイプ又はサブタイプのいずれか適切な方との間に記述すること。また，サブタイプ固有の属性がある場合，必ずそのサブタイプの属性とすること。

④　関係スキーマ中の属性名を答える場合，対象の関係スキーマは第３正規形を満たし，主キーを表す実線の下線，外部キーを表す破線の下線についても答えること。

設問１　マスタ及び在庫領域の概念データモデル及び関係スキーマについて，(1)，(2)に答えよ。

(1)　図３は未完成である。欠落しているリレーションシップを補って，図を完成させよ。

(2)　図５中の［　ア　］～［　コ　］に，適切な一つ又は複数の属性名を補って，関係スキーマを完成させよ。

設問２　トランザクション領域の概念データモデル及び関係スキーマについて，(1)，(2)に答えよ。

(1)　図４は未完成である。欠落しているリレーションシップを補って，図を完成させよ。

(2)　図６中の［　サ　］～［　タ　］に，適切な一つ又は複数の属性名を補って，関係スキーマを完成させよ。

設問３　〔現状業務の問題と解決策〕について，(1)～(3)に答えよ。

(1)　図８中の［　a　］～［　k　］に適切な字句を入れて，関係スキーマ処理フローを完成させよ。

(2)　(1)の検証ができたので，エンティティタイプ“確定輸送指示”を追加した概念データモデルを設計した。追加したエンティティタイプが関連する範囲の概念データモデルを図９に示す。欠落しているリレーションシップを補って図を完成させよ。

図９　追加したエンティティタイプが関連する範囲の概念データモデル

(3)　(2)で追加したエンティティタイプ“確定輸送指示”について，関係スキーマを答えよ。

問3 解答用紙

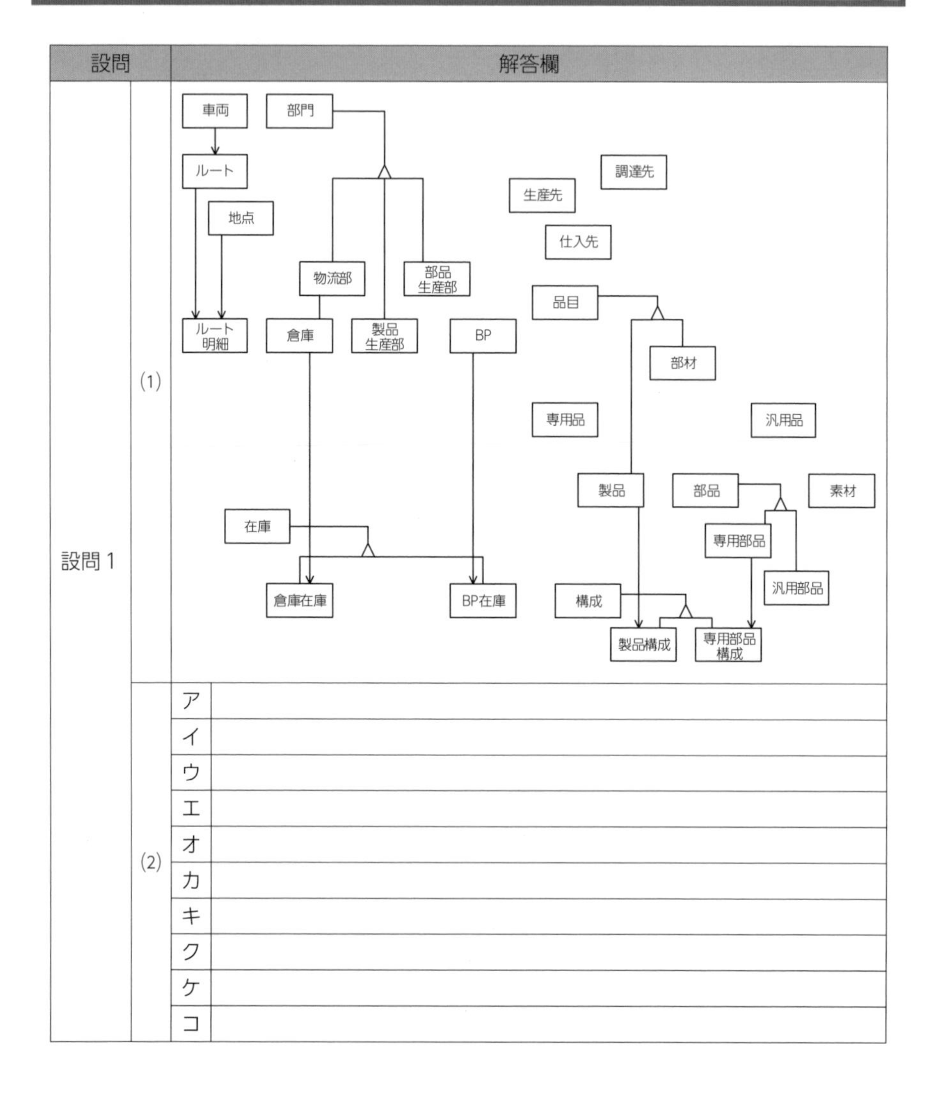

設問			解答欄
設問1	(1)		
	(2)	ア	
		イ	
		ウ	
		エ	
		オ	
		カ	
		キ	
		ク	
		ケ	
		コ	

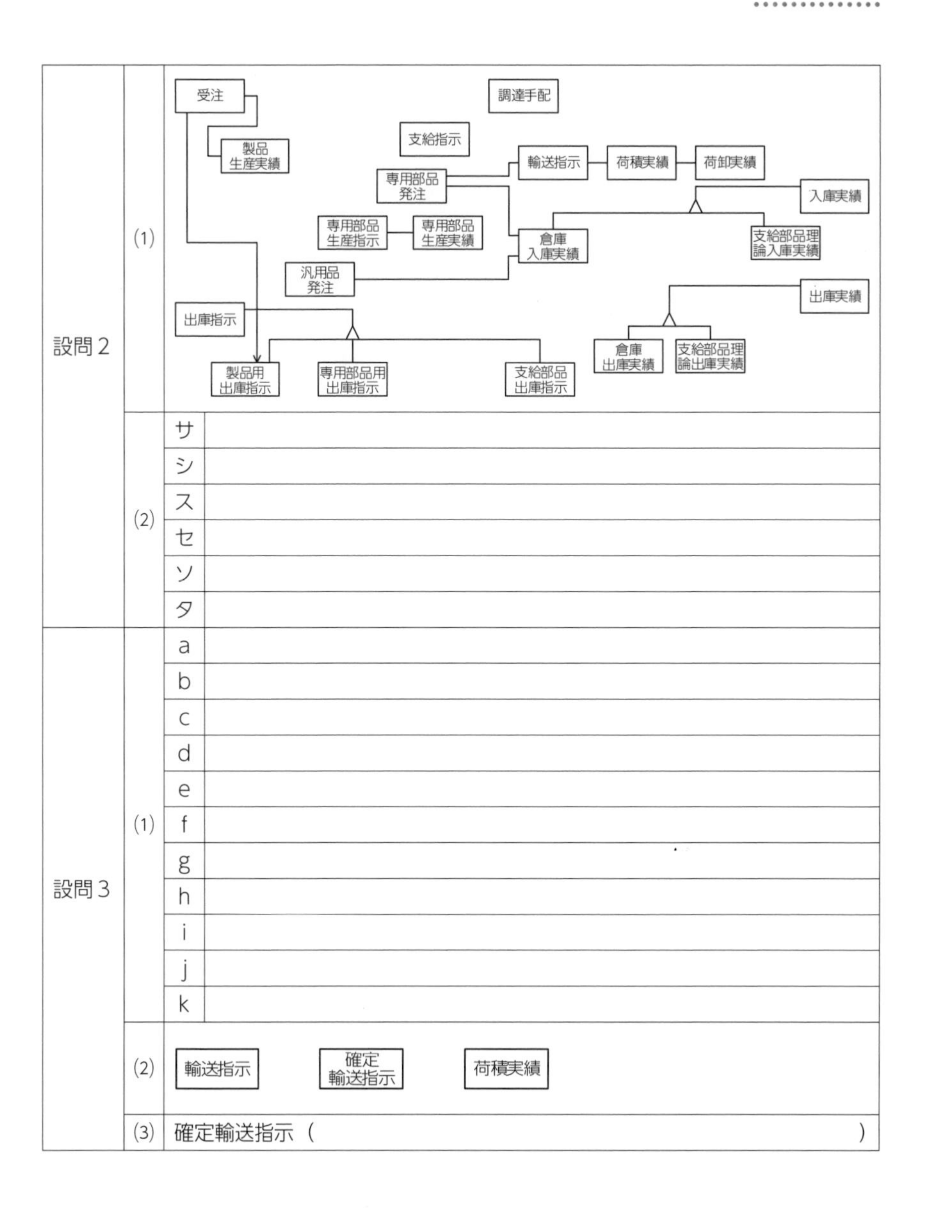

設問	小問	記号	解答欄
設問2	(1)		（図）
	(2)	サ	
		シ	
		ス	
		セ	
		ソ	
		タ	
設問3	(1)	a	
		b	
		c	
		d	
		e	
		f	
		g	
		h	
		i	
		j	
		k	
	(2)		輸送指示　確定輸送指示　荷積実績
	(3)		確定輸送指示（　　）

問3 解説

解答にあたっては，次の四つの指示が問題文の末尾や設問文に記されている。

●リレーションシップの解答方法の指示

問題文末尾に「エンティティタイプ間の対応関係にゼロを含むか否かの表記は必要ない」「① リレーションシップの対応関係は１対１又は１対多とし，多対多としないこと」「③ 識別可能なサブタイプにおいて，他のエンティティタイプとのリレーションシップは，スーパタイプ又はサブタイプのいずれか適切な方との間に記述すること」とある。

●属性名の解答方法の指示

問題文末尾に「② 属性名は意味を識別できる適切な名称とし，他の属性と区別できること」とある。本試験の解答例を見ると，属性名には問題文中の用語を用いている。また，サブタイプを識別する必要があり，スーパタイプとサブタイプの主キーの属性名が同じ場合，そのエンティティタイプを参照する外部キーの属性名は，（エンティティタイプ名＋主キーの属性名）となっている場合がある。

●関係スキーマの主キーおよび外部キーの解答方法の指示

問題文末尾に「④ 関係スキーマ中の属性名を答える場合，対象の関係スキーマは第３正規形を満たし，主キーを表す実線の下線，外部キーを表す破線の下線についても答えること」，問題冊子巻頭の「問題文中で共通に使用される表記ルール」の２．関係スキーマの表記ルール及び関係データベースのテーブル（表）構造の表記ルール⑴③に「外部キーを表す場合は，外部キーを構成する属性名又は属性名の組に破線の下線を付ける。ただし，主キーを構成する属性の組の一部が外部キーを構成する場合は，破線の下線を付けない」とある。解答が，主キーを構成する属性であり，外部キーを構成する属性でもある場合には，実線の下線のみを付ければよい。また，問題文中で実線の下線が付けられた属性が主キーであると同時に外部キーであることもあるので，注意が必要である。

●属性名を記述する場所の指示

問題文末尾の③に「サブタイプ固有の属性がある場合，必ずそのサブタイプの属性とすること」とある。

［設問１］⑴，［設問２］⑴の解答において，漏れがないようにリレーションシップを答案用紙に記入するには，まず，主キーと外部キーの指定も含めて関係スキーマの

属性を完成させ，次に，その外部キーに着目して，リレーションシップが１対多，あるいは，１対１であるかを検討していくとよい。

> AとBのエンティティタイプ間のリレーションシップが，
> ・１対多の場合，Aの主キーをBの外部キーに指定する。
> ・１対１の場合，どちらに外部キーを配置してもよいが，通常は意味的に後からインスタンスが発生するエンティティタイプに外部キーを配置する。

つまり，エンティティタイプAの主キーを，エンティティタイプBが外部キーとして持つ場合，AとBのエンティティタイプ間に１対多とするリレーションシップを表す線を記入する。リレーションシップが１対１となる場合には，必ず問題文に記述があるので，注意が必要である。

[設問１](1)(2)

図５では，部門コード，地点コード，調達先コード，品目コードなど，同一の属性名で，主キーが指定されている関係スキーマがある。スーパタイプとサブタイプの主キーは一致するので，まず，スーパタイプとサブタイプを洗い出す。スーパタイプには，インスタンスを各サブタイプに割り振るための区分が存在する。例えば，図３には，“物流部”と“製品生産部”と“部品生産部”が，“部門”のサブタイプとあり，そのサブタイプ間の関係は排他である。したがって，一つの切り口（区分）でこれらを振り分けることができるので，図５の“部門”には部門区分が一つある。図５の“品目”には，品目区分，専汎区分と区分が二つある。品目区分と専汎区分という二つの切り口があり，これらの関係は共存するということが推測できる。

次に，図５の関係スキーマの順に従って，空欄に入る属性名を完成させて，その関係スキーマに外部キーがあった場合，図３に記入するリレーションシップを検討する。また，完成している関係スキーマであっても，主キーが外部キーを兼ねていることもあるので，検討する。

スーパタイプ“地点”のリレーションシップについて

図５の“地点”に，地域区分という属性がある。これより，“地点”には少なくとも一つの切り口があることが分かる。

〔現状の業務分析の結果〕２．組織の特性(3)②に「倉庫とBPを総称して地点と呼び，地点コードを付与している」とある。“倉庫”と“BP”は，“地点”のサブタイプであり，サブタイプ間の関係は排他（排他的サブタイプ）であることが分かる。これに関するリレーションシップは，図３にない。よって，**“地点”をスーパタイプとし，“倉庫”と“BP”をサブタイプ**とするリレーションシップを表す線を記入する。

スーパタイプ“調達先”のリレーションシップについて

図５の“調達先”に，BPフラグ，仕入先フラグという二つの属性がある。これより，“調達先”には少なくとも二つの切り口があり，これらの関係は共存すると考えられる。

〔現状の業務分析の結果〕２．組織の特性⑵②に「調達先のうち，専用部品を発注する先を協力会社（以下，BPという）と呼び，BPフラグを設定している」，④に「調達先のうち，汎用品を購入する先を仕入先と呼び，仕入先フラグを設定している」とある。“BP”と“仕入先”は，“調達先”のサブタイプであることが分かる。さらに，⑤の「BPでかつ仕入先という調達先を禁じていない」より，一つの調達先が，BPであり仕入先であることも分かる。これらのサブタイプは切り口が異なる（共存的サブタイプ）。これに関するリレーションシップは，図3にない。よって，**“調達先”をスーパタイプとし，“BP”と“仕入先”をサブタイプ**とするリレーションシップを表す線を記入する。

スーパタイプ“生産先”のリレーションシップについて

図5の“生産先”に生産先区分という属性がある。これより，“生産先”には少なくとも一つの切り口があることが分かる。

〔現状の業務分析の結果〕２．組織の特性⑶①に「部品生産部とBPを総称して生産先と呼び，生産先コードを付与している」とある。“部品生産部”と“BP”は，“生産先”のサブタイプであり，サブタイプ間の関係は排他（排他的サブタイプ）であることが分かる。これに関するリレーションシップは，図3にない。よって，**“生産先”をスーパタイプとし，“部品生産部”と“BP”をサブタイプ**とするリレーションシップを表す線を記入する。

スーパタイプ“品目”のリレーションシップについて

図５の“品目”に品目区分と専汎区分いう属性がある。これより，“品目”には少なくとも二つの切り口があることが分かる。

〔現状の業務分析の結果〕１．品目の特性⑴②に「品目には，Ａ社が設計する専用品と，それ以外の汎用品がある」とある。“専用品”と“汎用品”は，“品目”のサブタイプであり，サブタイプ間の関係は排他（排他的サブタイプ）であること，サブタイプに割り振るための区分として専汎区分があることが分かる。これに関するリレーションシップは，図３にない。よって，**“品目”をスーパタイプとし，“専用品”と“汎用品”をサブタイプ**とするリレーションシップを表す線を記入する。

品目区分は，図３にある“製品”と“部材”を“品目”のサブタイプに割り振るための区分である。

スーパタイプ“専用品”のリレーションシップについて

〔現状の業務分析の結果〕 1．品目の特性⑴③に「製品の全ては専用品に該当する」「専用品に該当する部品を専用部品」とある。“製品”と“専用部品”は，“専用品”のサブタイプであり，サブタイプ間の関係は排他（排他的サブタイプ）であることが分かる。これに関するリレーションシップは，図3にない。よって，**“専用品”をスーパタイプとし，“製品”と“専用部品”をサブタイプ**とするリレーションシップを表す線を記入する。

スーパタイプ“汎用品”のリレーションシップについて

〔現状の業務分析の結果〕1．品目の特性⑴③に「汎用品に該当する部品を汎用部品」「素材の全ては汎用品に該当する」とある。“汎用部品”と“素材”は，“汎用品”のサブタイプであり，サブタイプ間の関係は排他（排他的サブタイプ）であることが分かる。これに関するリレーションシップは，図3にない。よって，**“汎用品”をスーパタイプとし，“汎用部品”と“素材”をサブタイプ**とするリレーションシップを表す線を記入する。

スーパタイプ“部材”のリレーションシップについて

図5の“部材”に部材区分という属性がある。これより，“部材”には少なくとも一つの切り口があることが分かる。

〔現状の業務分析の結果〕 1．品目の特性⑴①に「部品と素材を併せて部材と呼ぶ」とある。“部品”と“素材”は，“部材”のサブタイプであり，サブタイプ間の関係は排他（排他的サブタイプ）であることが分かる。これに関するリレーションシップは，図3にない。よって，**“部材”をスーパタイプとし，“部品”と“素材”をサブタイプ**とするリレーションシップを表す線を記入する。

“製品生産部”のアとリレーションシップについて

図3に，“製品生産部”は“部門”のサブタイプとある。サブタイプはスーパタイプ“部門”の主キー（部門コード）を引き継ぐ。

〔現状の業務分析の結果〕 2．組織の特性⑴④に「製品生産部は，……，生産ライン数を設定している」とある。“製品生産部”に必要な属性は，部門コード（主キー），生産ライン数となる。そのうち，図5にない属性は，生産ライン数である。よって，空欄アには**生産ライン数**が入る。

“部品生産部”のイとリレーションシップについて

図3に，“部品生産部”は“部門”のサブタイプとある。また，［設問1］（スーパタイプ“生産先”のリレーションシップ）の解説のとおり，“部品生産部”は“生産先”

のサブタイプでもある。両方のスーパタイプの主キーを引き継ぐ必要がある。図５には，部門コードが主キーとなっている。したがって，“生産先”の主キー（生産先コード）は外部キーとして引き継ぐ。よって，空欄イには**生産先コード**が入る。

〔現状の業務分析の結果〕２．組織の特性⑶①の「部品生産部とBPを総称して生産先と呼び，生産先コードを付与している」からも，空欄イに生産先コードが入ることは分かる。

“BP”のウとリレーションシップについて

スーパタイプ“地点”のリレーションシップについて，スーパタイプ“調達先”のリレーションシップについて，スーパタイプ“生産先”のリレーションシップについての解説のとおり，“BP”は，“地点”，“生産先”，“調達先”のサブタイプである。三つのスーパタイプの主キーを引き継ぐ必要がある。図５の“BP”には，調達先コードが主キーとなっている。したがって，“地点”の主キー（地点コード）と，“生産先”の主キー（生産先コード）は外部キーとして引き継ぐ。よって，空欄ウには**生産先コード，地点コード**が入る。

空欄ウにこれらの属性が入ることは，〔現状の業務分析の結果〕２．組織の特性⑶①の「部品生産部とBPを総称して生産先と呼び，生産先コードを付与している」，②の「倉庫とBPを総称して地点と呼び，地点コードを付与している」からも分かる。

“専用品”のエとリレーションシップについて

スーパタイプ“品目”のリレーションシップについての解説のとおり，“品目”のサブタイプである。サブタイプはスーパタイプ“品目”の主キー（品目コード）を引き継ぐ。

〔現状の業務分析の結果〕１．品目の特性⑴②に「専用品には設計番号を設定し」とある。“専用品”に必要な属性は，品目コード（主キー），設計番号となる。そのうち，図5にない属性は，設計番号である。よって，空欄エには**設計番号**が入る。

“汎用品”のオとリレーションシップについて

スーパタイプ“品目”のリレーションシップについての解説のとおり，“品目”のサブタイプである。サブタイプはスーパタイプ“品目”の主キー（品目コード）を引き継ぐ。

〔現状の業務分析の結果〕１．品目の特性⑴②に「汎用品には汎用品仕様として，メーカ名，カタログ名，カタログ発行年月，カタログ品番を連結した文字列を設定する」，２．組織の特性⑷①に「汎用品は，その汎用品を調達する仕入先を一つに決めている」とある。“汎用品”に必要な属性は，品目コード（主キー），汎用品仕様，調達する仕入先となる。そのうち，図５にない属性は，汎用品仕様，調達する仕入先である。調達する仕入先は，“仕入先”を参照する外部キー，属性名は，解説の冒頭にある●属性名の解答方法の指示に従い，仕入先調達先コードとする。よって，空欄オには**汎用品仕様，仕入先調達先コード**が入る。

仕入先調達先コード（“仕入先”を参照する外部キー）に関するリレーションシップを表す線は，図３にない。よって，**“仕入先”と“汎用品”のエンティティタイプ間に１対多**とするリレーションシップを表す線を記入する。

“専用部品”のカとリレーションシップについて

スーパタイプ“専用品”のリレーションシップについての解説のとおり，“専用品”のサブタイプである。サブタイプはスーパタイプ“専用品”の主キー（品目コード）を引き継ぐ。

〔現状の業務分析の結果〕２．組織の特性(4)②に「専用部品は，その専用部品を生産する生産先を一つに決めている」，１．品目の特性(1)④に「専用部品には，その専用部品を輸送するときの個体重量を設定している」とある。“専用部品”に必要な属性は，品目コード（主キー），生産先コード（“生産先”を参照する外部キー），個体重量となる。そのうち，図５にない属性は，生産先コード，個体重量である。よって，空欄カには**生産先コード，個体重量**が入る。

生産先コード（“生産先”を参照する外部キー）に関するリレーションシップを表す線は，図3にない。よって，**“生産先”と“専用部品”のエンティティタイプ間に1対多**とするリレーションシップを表す線を記入する。

“構成”のリレーションシップについて

図５の“構成”の属性は完成している。{上位品目コード，下位品目コード}が主キーとある。下位品目コードについて，〔現状の業務分析の結果〕１．品目の特性(2)①に「品目のうち，製品と専用部品には，それを生産する上で必要となる下位の品目があり，どの品目を幾つ用いるかの情報を，構成と呼ぶ」，③に「製品の構成には，幾つかの専用部品，汎用部品，素材があり得る」，④に「専用部品の構成にも幾つかの専用部品，汎用部品，素材があり得る」とある。下位品目は，サブタイプである“製品構成”と“専用部品構成”の両方とも，“専用部品”，“汎用部品”，“素材”であることが分かる。この下位品目の三つのうち，“専用部品”と“汎用部品”は，図３に“部品”のサブタイプとあり，さらに，その“部品”と三つのうちの一つである“素材”は，スーパタイプ“部材”のリレーションシップについての解説のとおり，“部材”のサブタイプである。つまり，“構成”の下位品目はサブタイプではなく，スーパタイプ“部材”として管理できることが分かる。したがって，“構成”の下位品目コードは，“部材”を参照する外部キーとなる。これに関するリレーションシップを表す線は，図３

にない。よって，**“部材”と“構成”のエンティティタイプ間に1対多**とするリレーションシップを表す線を記入する。

図5の“構成”の主キーが｛上位品目コード，下位品目コード｝となっていることより，上位品目（製品，あるいは専用部品）は，複数の下位品目（部材）で構成されること，“構成”は，上位品目と下位品目の多対多のリレーションシップを解消するための連関エンティティであることも分かる。

“製品構成”のキ，“専用部品構成”のクとリレーションシップについて

図3に，“製品構成”，“専用部品構成”は，“構成”のサブタイプとある。サブタイプはスーパタイプ“構成”の主キー（上位品目コード，下位品目コード）を引き継ぐ。

“構成”のリレーションシップについての解説のとおり，“製品構成”，“専用部品構成”ともに，下位品目は“部材”となる。解説の冒頭にある●属性名の解答方法の指示に従い，主キーの一つである下位品目コードは，部材品目コードとする。よって，空欄キとクには**部材品目コード**が入る。

この下位品目に関するリレーションシップは，“構成”のリレーションシップについてで記入したとおりである。上位品目に関するリレーションシップ（“製品”と“製品構成”，“専用部品”と“専用部品構成”のエンティティタイプ間に1対多）を表す線は，図3にある。

“倉庫在庫”のケ，“BP在庫”のコとリレーションシップについて

図3に，“倉庫在庫”，“BP在庫”は，“在庫”のサブタイプとある。サブタイプはスーパタイプ“在庫”の主キー（地点コード，品目コード）を引き継ぐ。

主キーの一つである品目コードについて，〔現状の業務分析の結果〕1．品目の特性(1)⑤に「部材には，その部材の在庫をもつときのために」とあり，在庫では，品目のうち“部材”を管理していることが分かる。“部材”にはいくつかのサブタイプがある。表1のD：支給部品補充支給に「BPの理論在庫数が基準在庫数を下回った子部品について支給を行う」，①支給指示「子部品のBPへの支給指示」とあり，その子部品について，〔現状の業務分析の結果〕1．品目の特性(2)⑤に「専用部品が，その構成に別の専用部品を持つ場合，構成から見て上位を親部品，下位を子部品と呼ぶ」とある。これらより，“BP在庫”では“部材”のうち“専用部品”を管理していることが分かる。解説の冒頭にある●属性名の解答方法の指示に従い，品目コードではなく，専用部品品目コードとする。よって，空欄コには**専用部品品目コード**が入る。“倉庫在庫”については特に記述がないので，空欄ケには**部材品目コード**が入る。

部材品目コードは“部材”を参照する外部キーでもある。これに関するリレーションシップは，図3にない。よって，**“部材”と“倉庫在庫”のエンティティタイプ間**

に1対多とするリレーションシップを表す線を記入する。

専用部品品目コードは，“専用部品”を参照する外部キーでもある。これに関するリレーションシップは，図3にない。よって，**“専用部品”と“BP在庫”のエンティティタイプ間に1対多**とするリレーションシップを表す線を記入する。

［設問2］(1)(2)

図6では，調達番号，入庫番号，出庫番号など，同一の属性名で，主キーが指定されている関係スキーマがある。スーパタイプとサブタイプの主キーは一致するので，まず，スーパタイプとサブタイプを洗い出す。スーパタイプには，インスタンスを各サブタイプに割り振るための区分が存在する。例えば，図4には，“倉庫出庫実績”と“支給部品理論出庫実績”が，“出庫実績”のサブタイプとあり，そのサブタイプ間の関係は排他（排他的サブタイプ）である。したがって，一つの切り口（区分）でこれらを振り分けることができるので，図6の“出庫実績”には出庫実績区分が一つある。

次に，図6の関係スキーマの順に従って，空欄に入る属性名を完成させて，その関係スキーマに外部キーがあった場合，図4に記入するリレーションシップを検討する。また，関係スキーマが完成していても，主キーが外部キーを兼ねていることもあるので，検討する。なお，外部キーがマスタを参照する場合は，〔設計した現状の概念データモデル及び関係スキーマ〕の「マスタとトランザクションの間のリレーションシップは記述しない」に従って，リレーションシップを表す線は記入しない。

スーパタイプ“調達手配”のリレーションシップについて

図6の“調達手配”に，手配区分という属性がある。これより，“調達手配”には少なくとも一つの切り口があることが分かる。

〔現状の業務分析の結果〕4．業務のやり方⑵①に「調達手配は，部材を対象に行い，定量発注で行う」，⑤に「汎用品は，仕入先に発注する」「専用部品でかつ生産先がBPの場合，そのBPに発注する」「専用部品でかつ生産先が部品生産部の場合，その部品生産部に生産指示を行う」「BPに支給する支給部品は，支給指示を行う」と四つの調達手配が記述されている。⑤は順に図6の“汎用品発注”，“専用部品発注”，“専用部品生産指示”，“支給指示”に該当し，これらの関係は排他（排他的サブタイプ）であることが分かる。これに関するリレーションシップは，図4にない。よって，**“調達手配”をスーパタイプとし，“汎用品発注”と“専用部品発注”と“専用部品生産指示”と“支給指示”をサブタイプ**とするリレーションシップを表す線を記入する。

スーパタイプ“荷卸実績”のリレーションシップについて

〔現状の業務分析の結果〕４．業務のやり方⑴⑤に「荷卸実績のうち支給部品のBPへの荷卸実績は，支給部品理論入庫実績でもある」とある。“支給部品理論入庫実績”は，“荷卸実績”のサブタイプであることが分かる。これに関するリレーションシップは，図４にない。よって，**“荷卸実績”をスーパタイプとし，“支給部品理論入庫実績”をサブタイプ**とするリレーションシップを表す線を記入する。

“輸送指示”のサとリレーションシップについて

〔現状の業務分析の結果〕４．業務のやり方⑶③に「輸送の必要な調達では，該当する調達手配に対応させて，輸送指示を行う」とある。“輸送指示”に必要な属性は，“調達手配”（主キーは調達番号）を参照する外部キーとなる。「該当する調達手配に対応させて」とあるので，“輸送指示”と“調達手配”のエンティティタイプ間のリレーションシップは１対１となることが分かる。

ここで，“調達手配”の全てのサブタイプに輸送指示が必要かを確認する。図２と表１に「輸送指示」があるのは，C:専用部品調達の「生産先がBP」（“専用部品発注”）に⑥輸送指示「発注した専用部品を集荷する輸送指示」，D：支給部品補充支給（“支給指示”）に②輸送指示「支給部品を支給する輸送指示」とある。それぞれの輸送指示は一つの調達手配から発生しているものである。したがって，“専用部品発注”と“輸送指示”のエンティティタイプ間に１対１（図４にある），“支給指示”と“輸送指示”のエンティティタイプ間に１対１のリレーションシップが必要である。よって，**“支給指示”と“輸送指示”のエンティティタイプ間に１対１**とするリレーションシップを表す線を記入する。また，“調達手配”のうち“支給指示”と“専用部品発注”に対応するので，スーパタイプ“調達手配”として管理する。よって，空欄サには**調達番号**が入る。

“倉庫入庫実績”のリレーションシップについて

図６の“倉庫入庫実績”の属性は完成している。外部キーに，調達番号，入庫地点コードがある。入庫地点コード（マスタ）に関するリレーションシップを表す線は不要である。

“調達手配”の全てのサブタイプに倉庫入庫実績が必要かを確認する。図２と表１に「入庫実績」があるのは，B:汎用品調達に②入庫実績「汎用品の倉庫への入庫実績」，C：専用部品調達に⑧入庫実績「専用部品の倉庫への入庫実績」とある。

B：汎用品調達には，図２と表１に，調達手配（“汎用品発注”）→入庫（倉庫）への情報の流れがある。これに関するリレーションシップ（“汎用品発注”と“倉庫入庫実績”のエンティティタイプ間に１対１）は，図４にある。

C：専用部品調達には，図2と表1に，二つの経路が示されている。一つは，調達手配→⑤発注「専用部品のBPへの発注」（生産先がBP，つまり“専用部品発注”）→入庫（“倉庫入庫実績”）→⑧入庫実績「専用部品の倉庫への入庫実績」という情報の流れである。これに関するリレーションシップ（“専用部品発注”と“倉庫入庫実績”のエンティティタイプ間に1対1）は，図4にある。

もう一つは，調達手配→①生産指示「専用部品の部品生産部への生産指示」（生産先が部品生産部，つまり“専用部品生産指示”）→部品生産（“専用部品生産実績”）→④生産実績「専用部品の生産実績」→入庫（“倉庫入庫実績”）→⑧入庫実績「専用部品の倉庫への入庫実績」という情報の流れである。“倉庫入庫実績”は，“専用部品生産指示”を受けて生産した“専用部品生産実績”に対する入庫実績となること，これらは一つの調達手配から発生していることが分かる。つまり，“専用部品生産指示”と“専用部品生産実績”のエンティティタイプ間のリレーションシップは1対1（図4にある），“専用部品生産実績”と“倉庫入庫実績”のエンティティタイプ間のリレーションシップも1対1となる。よって，**“専用部品生産実績”と“倉庫入庫実績”のエンティティタイプ間に1対1**とするリレーションシップを表す線を記入する。

“支給部品理論入庫実績”のシとリレーションシップについて

図4に，“支給部品理論入庫実績”は，“入庫実績”のサブタイプとある。また，スーパタイプ“荷卸実績”のリレーションシップについての解説のとおり，“荷卸実績”のサブタイプでもある。両方のスーパタイプの主キーを引き継ぐ必要がある。図6には，入庫番号が主キーとなっている。したがって，“荷卸実績”の主キー（輸送番号）は外部キーとして引き継ぐ。よって，空欄シには**輸送番号**が入る。

“製品用出庫指示”のスとリレーションシップについて

図2のA：製品生産に「製品用出庫指示」，表1のA：製品生産に「受注に基づいて，製品の生産に必要な部材の出庫を行い」とある。“製品用出庫指示”に必要な属性は，“受注”（主キーは受注番号）を参照する外部キー，“部材”（主キーは品目コード）を参照する外部キーとなる。品目コードは，解説の冒頭にある●属性名の解答方法の指示に従い，部材品目コードとする。よって，空欄スには**受注番号，部材品目コード**が入る。部材品目コード（マスタ）に関するリレーションシップを表す線は不要である。

［設問1］(1)(2)の“構成”のリレーションシップについての解説のとおり，一つの“製品”は複数の“部材”からなること，表1のA：製品生産の「受注に基づいて，製品の生産に必要な部材の出庫を行い」より，一つの“受注”には複数の部材の出庫指示が対応することが分かる。よって，“受注”と“製品用出庫指示”のエンティティタイプ間のリレーションシップは1対多となる。このリレーションシップは図4にある。

なお，受注番号が属性に必要なことは，図４からも分かる。

“専用部品用出庫指示”のセとリレーションシップについて

図２のC：専用部品調達に「専用部品用出庫指示」があり，表１のC：専用部品調達に「在庫数が基準在庫数を下回った専用部品について」「生産先が部品生産部であれば生産指示をかける」，②出庫指示「専用部品を生産するための部材の出庫指示」とある。“専用部品用出庫指示”は，“調達手配”のうち“専用部品生産指示”（専用部品で生産先が部品生産部）に基づいて，“部材”の出庫を行うことが分かる。“専用部品用出庫指示”に必要な属性は，“専用部品生産指示”（主キーは調達番号）を参照する外部キー，“部材”（主キーは品目コード）を参照する外部キーとなる。解説の冒頭にある●属性名の解答方法の指示に従い，調達番号は専用部品生産指示調達番号，品目コードは部材品目コードとする。よって，空欄セには**専用部品生産指示調達番号，部材品目コード**が入る。

部材品目コード（マスタ）に関するリレーションシップを表す線は不要である。

専用部品生産指示調達番号に関するリレーションシップは，図４にない。［設問１］(1)(2)の“構成”のリレーションシップについての解説のとおり，一つの“専用部品”は複数の“部材”からなること，表１のC：専用部品調達の②出庫指示「専用部品を生産するための部材の出庫指示」より，一つの“専用部品生産指示”には複数の部材の出庫指示が対応することが分かる。よって，**“専用部品生産指示”と“専用部品用出庫指示”のエンティティタイプ間に１対多**とするリレーションシップを表す線を記入する。

“支給部品出庫指示”のソとリレーションシップについて

図２のD：支給部品補充支給に「支給部品出庫指示」があり，表１のD：支給部品補充支給に「BPの理論在庫数が基準在庫数を下回った子部品について支給を行う」，③出庫指示「支給する子部品の出庫指示」とある。“支給部品出庫指示”は，“調達手配”のうち“支給指示”（BPに支給する支給部品）に基づいて，“子部品”の出庫を行うことが分かる。“支給部品出庫指示”に必要な属性は，“支給指示”（主キーは調達番号）を参照する外部キー，子部品の品目コードとなる。ここで，子部品について，〔現状の業務分析の結果〕１．品目の特性(2)⑤に「専用部品が，その構成に別の専用部品を持つ場合，構成から見て上位を親部品，下位を子部品と呼ぶ」，⑥に「子部品が，その構成に，更に専用部品をもつことはない」，２．組織の特性(2)③に「BPへの支給対象の子部品を支給部品とも呼ぶ」とあり，子部品はこれ以上崩すことができない部品であること，これを支給部品ということが分かる。そして，図６の“支給指示”に外部キーとして支給部品品目コードがある。これらより，“支給指示”と“支給部品

出庫指示”のエンティティタイプ間のリレーションシップは1対1となり，支給部品品目コードは“支給部品出庫指示”に持つ必要がないことが分かる。よって，空欄ソには，解説の冒頭にある●属性名の解答方法の指示に従い，調達番号ではなく**支給指示調達番号**が入り，**“支給指示”と“支給部品出庫指示”のエンティティタイプ間に1対1**とするリレーションシップを表す線を記入する。

“倉庫出庫実績”のリレーションシップについて

図4に，“倉庫出庫実績”は，“出庫実績”のサブタイプとあり，サブタイプはスーパタイプ“出庫実績”の主キー（出庫番号）を引き継ぐため，図5の“倉庫出庫実績”もそうなっている。しかし，図2には，出庫指示→出庫実績への情報の流れが示されており，“出庫指示”（主キーは出庫番号）を参照する外部キーも兼ねていることが読み取れる。図2に「出庫実績」があるのは，A：製品生産，C：専用部品調達，D：支給部品補充支給である。それぞれの情報の流れを，次に示す。

・A：製品生産…①受注→製品用出庫指示→②出庫指示→出庫→③出庫実績
・C：専用部品調達（専用部品生産指示）…①生産指示→専用部品用出庫指示→②出庫指示→出庫→③出庫実績
・D：支給部品補充支給（支給指示）…①支給指示→支給部品出庫指示→③出庫指示→支給部品出庫→④出庫実績

また，A，C，Dの表2の出庫実績には「倉庫からの出庫実績」とある。これらより，“製品用出庫指示”，“専用部品用出庫指示”，“支給部品出庫指示”を受けての“倉庫出庫実績”であることが分かる。図4に，“製品用出庫指示”，“専用部品用出庫指示”，“支給部品出庫指示”は“出庫指示”のサブタイプとある。出庫指示は一つの調達手配から発生しているものである。よって，**“出庫指示”と“倉庫出庫実績”のエンティティタイプ間に1対1**とするリレーションシップを表す線を記入する。

“支給部品理論出庫実績”のタとリレーションシップについて

図4に，“支給部品理論出庫実績”は，“出庫実績”のサブタイプとある。サブタイプはスーパタイプ“出庫実績”の主キー（出庫番号）を引き継ぐ。

〔現状の業務分析の結果〕4．業務のやり方(1)⑤に「親部品の発注に基づいて，BPは構成から求められる子部品を使用数分使うので，その分の支給部品理論出庫実績を記録する」とある。また，図2のC：専用部品調達に，調達手配→⑤発注→BP在庫理論出庫→⑦理論出庫実績という情報の流れがあり，表1に⑤発注「専用部品のBPへの発注」，⑦理論出庫実績「親部品の発注に伴って使用される子部品の理論在庫数を減少させる数」とある。「親部品の発注」は“専用部品発注”が該当することが分かる。“支給部品理論出庫実績”に必要な属性は，出庫番号（主キー），“専用部品発注”（主キーは調達番号）を参照する外部キー，子部品の“品目”（主キーは品目コード）を参照する外部キー，使用数である。解説の冒頭にある●属性名の解答方法の指示に従い，調達番号は専用部品発注調達番号，品目コードは子部品品目コードとする。よって，空欄タには，**専用部品発注調達番号，子部品品目コード，使用数**が入る。

子部品品目コード（マスタ）に関するリレーションシップを表す線は不要である。

専用部品発注調達番号に関するリレーションシップは，図4にない。［設問1］⑴⑵の“構成”のリレーションシップについての解説のとおり，一つの“専用部品”は複数の“部材”からなる。この“専用部品”と“部材”の関係は，親部品と子部品の関係である。したがって，一つの“専用部品発注”には複数の“支給部品理論出庫実績”が対応する。よって，**“専用部品発注”と“支給部品理論出庫実績”のエンティティタイプ間に1対多**とするリレーションシップを表す線を記入する。

［設問3］(1)

図7の関係“輸送指示”に関係“ルート”を結合したビューから，図7の下の累計輸送重量が計算された表を作成する過程を，図8の処理フローに合わせると，次のようになる。

輸送指示

輸送番号	輸送重量	ルート番号	積地巡回順	卸地巡回順
3001	2,000	3	1	3
3002	2,000	3	1	5
3008	1,000	3	1	4
3004	2,000	3	2	6
3011	4,000	3	3	6
3012	3,000	3	4	6
3030	2,000	3	5	6

①

荷積計算

ルート番号	積地巡回順	荷積重量
3	1	5,000
3	2	2,000
3	3	4,000
3	4	3,000
3	5	2,000

②

荷卸計算

ルート番号	卸地巡回順	荷卸重量
3	3	2,000
3	4	1,000
3	5	2,000
3	6	11,000

③

荷積計算

荷積計算ルート番号	積地巡回順	荷積重量	荷卸計算ルート番号	卸地巡回順	荷卸重量
3	1	5,000	NULL	NULL	NULL
3	2	2,000	NULL	NULL	NULL
3	3	4,000	3	3	2,000
3	4	3,000	3	4	1,000
3	5	2,000	3	5	2,000
NULL	NULL	NULL	3	6	11,000

④

荷積計算

荷積計算ルート番号	積地巡回順	荷積重量	荷卸重量
3	1	5,000	NULL
3	2	2,000	NULL
3	3	4,000	2,000
3	4	3,000	1,000
3	5	2,000	2,000

⑤

荷積計算

荷卸計算ルート番号	卸地巡回順	荷積重量	荷卸重量
3	6	NULL	11,000

⑥

荷積計算

ルート番号	巡回順	荷積重量	荷卸重量	⑦ 差引重量	⑧ 累計輸送重量
3	1	5,000	NULL	5,000	5,000
3	2	2,000	NULL	2,000	7,000
3	3	4,000	2,000	2,000	9,000
3	4	3,000	1,000	2,000	11,000
3	5	2,000	2,000	0	11,000
3	6	NULL	11,000	−11,000	0

この図を参照して，空欄a～kに入れる適切な字句を検討する。

a, bについて

処理記号「EXT：」は，表２に「抽出」「条件に合う組を選び出す処理」とあり，抽出対象属性名が抽出条件に一致する行を選び出す処理である。〔現状業務の問題と解決策〕②の「翌営業日分の輸送指示について」より，処理の一番目には，“輸送指示”から輸送日列の値が翌営業日である行を抽出する。よって，抽出対象属性名を示す空欄a, bには**輸送日**が入る。これを実行することで，図の“輸送指示”表が作成できる。

図８の「EXT：［ a ］，翌営業日に等しい」「EXT：［ b ］，翌営業日に等しい」の抽出条件「翌営業日に等しい」より，抽出対象属性名のデータ型は日付であることが分かる。“輸送指示”のうち，日付を値として持つ属性名は輸送日列しかない。このことからも空欄a，bに輸送日が入ることが分かる。

c〜fについて

処理記号「SUM：」は，表２に「集計」「集計キーに指定した属性の値が同じ組について，集計対象の属性の合計値を求める処理」とある。〔現状業務の問題と解決策〕②の「ルート別巡回順別に輸送重量の和を求める」より，（ルート，巡回順）ごとに輸送重量の合計値を求める。よって，集計対象属性名を示す空欄c，eには**輸送重量**が入る。

集計キー属性名を示す空欄d，fには，（ルート，巡回順）ごとが入る。

図８の「SUM：［ⓒ輸送重量］AS 荷積重量 GROUP BY［ d ］」は，“輸送指示”表より，図①の積地巡回順ごとの荷積みする荷物の総重量を管理する“荷積計算”表を作成するために，（ルート番号，積地巡回順）ごとに輸送重量列の合計値を求め，その列名を荷積重量としている。よって，空欄dには**ルート番号，積地巡回順**が入る。

図８の「SUM：［ⓔ輸送重量］AS 荷卸重量 GROUP BY［ f ］」は，“輸送指示”表より，図②の卸地巡回順ごとの荷卸しする荷物の総重量を管理する“荷卸計算”表を作成するために，（ルート番号，卸地巡回順）ごとに輸送重量列の合計値を求め，その列名を荷卸重量としている。よって，空欄fには，**ルート番号，卸地巡回順**が入る。

g〜jについて

処理記号「FJOIN：」は，表２に「結合」「関係スキーマの，参照元の属性と参照先の属性の値が等しいという条件で，参照元の組と参照先の組を完全外結合する処理」とある。

図８の「FJOIN：荷積計算.［ g ］＝荷卸計算.［ h ］ AND 荷積計算.［ i ］＝荷卸計算.［ j ］」は，図①と図②の表を完全外部結合して，巡回順で荷積みする荷物の総重量と荷卸しする荷物の総重量を管理する図③の“荷積計算”表を作成している。結合条件は，“荷積計算”と“荷卸計算”のルート番号が同じ，かつ，

巡回順，“荷積計算”の積地巡回順と“荷卸計算”の卸地巡回順が同じであることとなる。よって，空欄gに**ルート番号**，空欄hに**ルート番号**，空欄iに**積地巡回順**，空欄jに**卸地巡回順**が入る。または，空欄gに**積地巡回順**，空欄hに**卸地巡回順**，空欄iに**ルート番号**，空欄jに**ルート番号**が入る。

kについて

処理記号「GEN：」は，表2に「演算」「同一の組にある属性に演算を行い，結果を導出する処理」とある。

図8の「GEN：［k］AS 差引重量」は，図⑦の列の値を計算している。“荷積計算”表の荷積重量列の値から荷卸重量列の値を差し引いている。よって空欄kには，**荷積重量 − 荷卸重量**が入る。

[設問3](2)

図7の「累計輸送重量が車両の最大積載重量を超過した以降の輸送指示に対して，別の車両を割り当て，車両を確定させる」と，図7の車両を確定させた情報の表より，一つの“輸送指示”に対して“確定輸送指示”は，一つとなっている。よって，**“輸送指示”と“確定輸送指示”のエンティティタイプ間に1対1**とするリレーションシップを表す線を記入する。

また，“確定輸送指示”追加前は，“輸送指示”と“荷積実績”のエンティティタイプ間のリレーションシップは1対1である。よって，**“確定輸送指示”と“荷積実績”のエンティティタイプ間に1対1**とするリレーションシップ表す線を記入する。

[設問3](3)

図7の「輸送指示に対して，別の車両を割り当て，車両を確定させる」と，図7の車両を確定させた情報の表より，“確定輸送指示”の主キーは，“輸送指示”と同じ輸送番号，さらに，確定した車両番号の属性が必要である。車両番号は，“車両”（主キーは車両番号）を参照する外部キーとなる。解説の冒頭にある●属性名の解答方法の指示に従い，確定車両番号とする。よって，“確定輸送指示”の関係スキーマは**輸送番号，確定車両番号**となる。

なお，主キーである輸送番号は，“輸送指示”を参照する外部キーでもある。

問3 解答

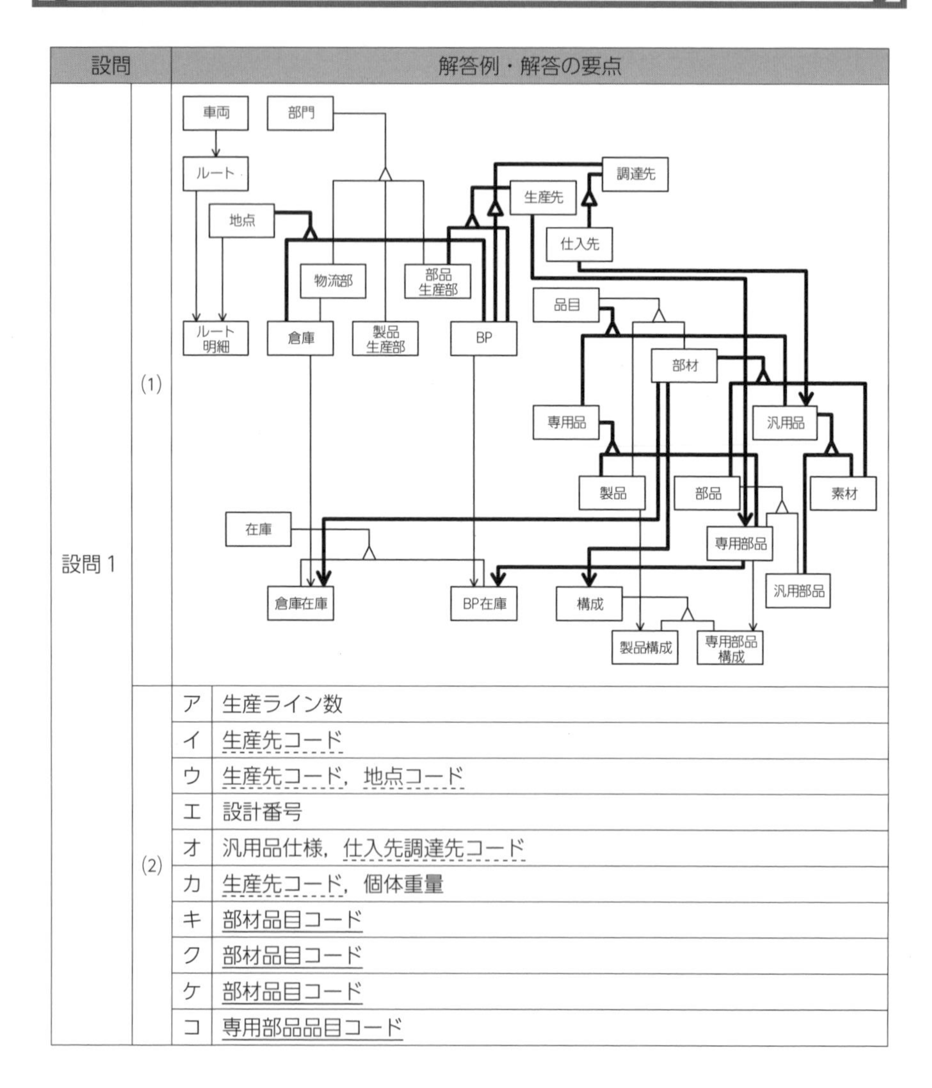

設問			解答例・解答の要点
設問1	(1)		（図）
	(2)	ア	生産ライン数
		イ	生産先コード
		ウ	生産先コード，地点コード
		エ	設計番号
		オ	汎用品仕様，仕入先調達先コード
		カ	生産先コード，個体重量
		キ	部材品目コード
		ク	部材品目コード
		ケ	部材品目コード
		コ	専用部品品目コード

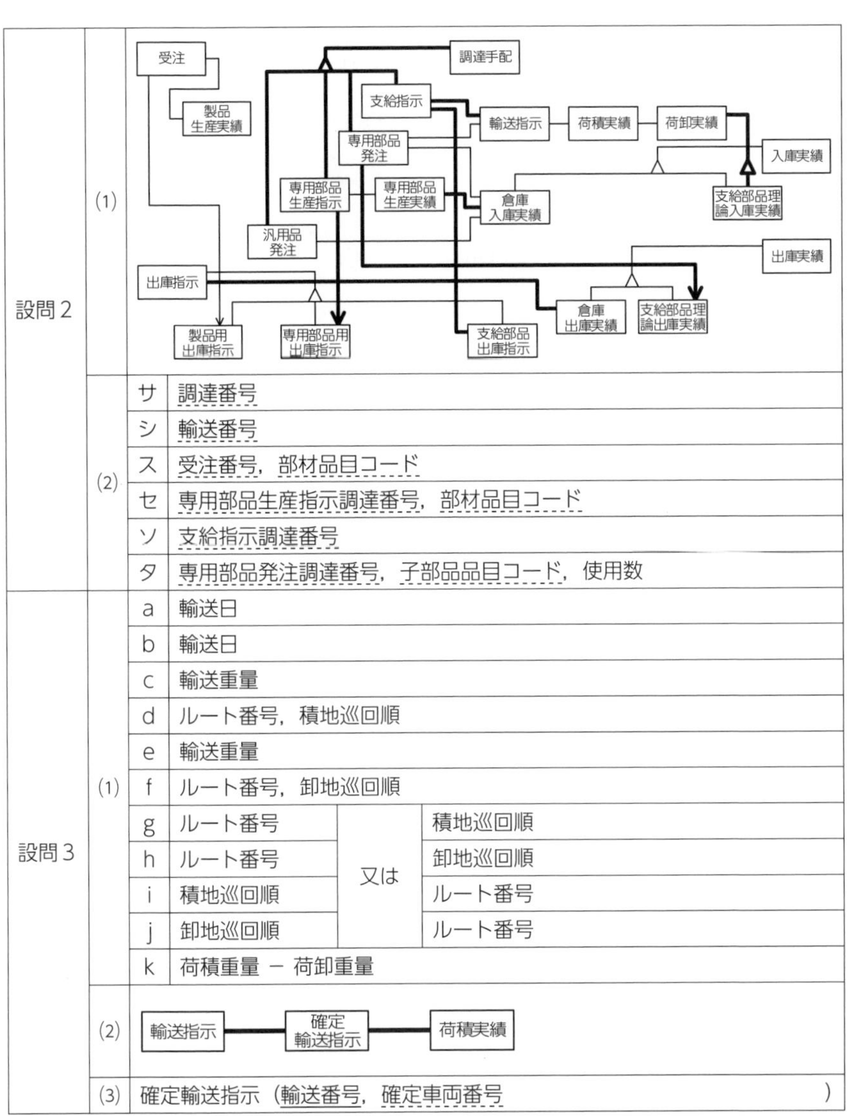

設問	小問	記号	解答
設問2	(1)		（図）
	(2)	サ	調達番号
		シ	輸送番号
		ス	受注番号，部材品目コード
		セ	専用部品生産指示調達番号，部材品目コード
		ソ	支給指示調達番号
		タ	専用部品発注調達番号，子部品品目コード，使用数
設問3	(1)	a	輸送日
		b	輸送日
		c	輸送重量
		d	ルート番号，積地巡回順
		e	輸送重量
		f	ルート番号，卸地巡回順
		g	ルート番号　又は　積地巡回順
		h	ルート番号　又は　卸地巡回順
		i	積地巡回順　又は　ルート番号
		j	卸地巡回順　又は　ルート番号
		k	荷積重量 － 荷卸重量
	(2)		（図）
	(3)		確定輸送指示（輸送番号，確定車両番号　）

※IPA発表

索引

情報処理技術者試験

2024年度版　ALL IN ONE パーフェクトマスター　データベーススペシャリスト

2024年２月20日　初　版　第１刷発行

編　著　者　ＴＡＣ株式会社（情報処理講座）
発　行　者　多　田　敏　男
発　行　所　TAC株式会社　出版事業部（TAC出版）

〒101-8383
東京都千代田区神田三崎町3-2-18
電 話 03(5276)9492(営業)
FAX 03(5276)9674
https://shuppan.tac-school.co.jp

組　版　株式会社　グ　ラ　フ　ト
印　刷　株式会社　光　邦
製　本　株式会社　常　川　製　本

ISBN 978-4-300-11066-9
N.D.C. 007

乱丁・落丁による交換，および正誤のお問合せ対応は，該当書籍の改訂版刊行月末日までといたします。なお，交換につきましては，書籍の在庫状況等により，お受けできない場合もございます。
また，各種本試験の実施の延期，中止を理由とした本書の返品はお受けいたしません。返金もいたしかねますので，あらかじめご了承くださいますようお願い申し上げます。

情報処理講座

選べる 5つの学習メディア

豊富な5つの学習メディアから、あなたのご都合に合わせてお選びいただけます。
一人ひとりが学習しやすい、充実した学習環境をご用意しております。

通信【自宅で学ぶ学習メディア】

Web通信講座 [eラーニングで時間・場所を選ばず 学習効果抜群!]

インターネットを使って講義動画を視聴する学習メディア。
いつでも、どこでも何度でも学習ができます。
また、スマートフォンやタブレット端末があれば、移動時間も映像による学習が可能です。

おすすめポイント
- ◆動画・音声配信により、教室講義を自宅で再現できる
- ◆講義録(板書)がダウンロードできるので、ノートに写す手間が省ける
- ◆専用アプリで講義動画のダウンロードが可能
- ◆インターネット学習サポートシステム「i-support」を利用できる

DVD通信講座 [教室講義をいつでも自宅で再現!]

Webフォロー付き

デジタルによるハイクオリティなDVD映像を視聴しながらご自宅で学習するスタイルです。
スリムでコンパクトなため、収納スペースも取りません。
高画質・高音質の講義を受講できるので学習効果もバツグンです。

おすすめポイント
- ◆場所を取らずにスリムに収納・保管ができる
- ◆デジタル収録だから何度見てもクリアな画像
- ◆大画面テレビにも対応する高画質・高音質で受講できるから、迫力満点

資料通信講座 [TACのノウハウ満載のオリジナル教材と 丁寧な添削指導で合格を目指す!]

配付教材はTACのノウハウ満載のオリジナル教材。
テキスト、問題集に加え、添削課題、公開模試まで用意。
合格者に定評のある「丁寧な添削指導」で記述式対策も万全です。

おすすめポイント
- ◆TACオリジナル教材を配付
- ◆添削指導のプロがあなたの答案を丁寧に指導するので記述式対策も万全
- ◆質問メールで24時間いつでも質問対応

通学【TAC校舎で学ぶ学習メディア】

ビデオブース講座 [受講日程は自由自在!忙しい方でも 自分のペースに合わせて学習ができる!]

Webフォロー付き

都合の良い日を事前に予約して、TACのビデオブースで受講する学習スタイルです。教室講座の講義を収録した映像を視聴しながら学習するので、教室講座と同じ進度で、日程はご自身の都合に合わせて快適に学習できます。

おすすめポイント
- ◆自分のスケジュールに合わせて学習できる
- ◆早送り・早戻しなど教室講座にはない融通性がある
- ◆講義録(板書)付きでノートを取る手間がいらずに講義に集中できる
- ◆校舎間で自由に振り替えて受講できる

教室講座 [講師による迫力ある生講義で、あなたのやる気をアップ!]

Webフォロー付き

講義日程に沿って、TACの教室で受講するスタイルです。受験指導のプロである講師から、直に講義を受けることができ、疑問点もすぐに質問できます。
自宅で一人では勉強がはかどらないという方におすすめです。

おすすめポイント
- ◆講師に直接質問できるから、疑問点をすぐに解決できる
- ◆スケジュールが決まっているから、学習ペースがつかみやすい
- ◆同じ立場の受講生が身近にいて、モチベーションもアップ!

(2021年7月現在)

書籍のご購入は

1 全国の書店、大学生協、ネット書店で

2 TAC各校の書籍コーナーで

資格の学校TACの校舎は全国に展開!
校舎のご確認はホームページにて

資格の学校TAC ホームページ
https://www.tac-school.co.jp

3 TAC出版書籍販売サイトで

24時間
ご注文
受付中

TAC 出版 で 検索

https://bookstore.tac-school.co.jp/

新刊情報を
いち早くチェック!

たっぷり読める
立ち読み機能

学習お役立ちの
特設ページも充実!

TAC出版書籍販売サイト「サイバーブックストア」では、TAC出版および早稲田経営出版から刊行されている、すべての最新書籍をお取り扱いしています。
また、無料の会員登録をしていただくことで、会員様限定キャンペーンのほか、送料無料サービス、メールマガジン配信サービス、マイページのご利用など、うれしい特典がたくさん受けられます。

サイバーブックストア会員は、特典がいっぱい! (一部抜粋)

通常、1万円(税込)未満のご注文につきましては、送料・手数料として500円(全国一律・税込)頂戴しておりますが、1冊から無料となります。

専用の「マイページ」は、「購入履歴・配送状況の確認」のほか、「ほしいものリスト」や「マイフォルダ」など、便利な機能が満載です。

メールマガジンでは、キャンペーンやおすすめ書籍、新刊情報のほか、「電子ブック版TACNEWS(ダイジェスト版)」をお届けします。

書籍の発売を、販売開始当日にメールにてお知らせします。これなら買い忘れの心配もありません。

書籍の正誤に関するご確認とお問合せについて

書籍の記載内容に誤りではないかと思われる箇所がございましたら、以下の手順にてご確認とお問合せをしてくださいますよう、お願い申し上げます。

なお、正誤のお問合せ以外の**書籍内容に関する解説および受験指導などは、一切行っておりません。**
そのようなお問合せにつきましては、お答えいたしかねますので、あらかじめご了承ください。

1 「Cyber Book Store」にて正誤表を確認する

TAC出版書籍販売サイト「Cyber Book Store」の
トップページ内「正誤表」コーナーにて、正誤表をご確認ください。

CYBER BOOK STORE TAC出版書籍販売サイト

URL:https://bookstore.tac-school.co.jp/

2 1の正誤表がない、あるいは正誤表に該当箇所の記載がない ⇒ 下記①、②のどちらかの方法で文書にて問合せをする

★ご注意ください★

お電話でのお問合せは、お受けいたしません。
①、②のどちらの方法でも、お問合せの際には、「お名前」とともに、
「対象の書籍名(○級・第○回対策も含む)およびその版数(第○版・○○年度版など)」
「お問合せ該当箇所の頁数と行数」
「誤りと思われる記載」
「正しいとお考えになる記載とその根拠」
を明記してください。
なお、回答までに１週間前後を要する場合もございます。あらかじめご了承ください。

① ウェブページ「Cyber Book Store」内の「お問合せフォーム」より問合せをする

【お問合せフォームアドレス】

https://bookstore.tac-school.co.jp/inquiry/

② メールにより問合せをする

【メール宛先　TAC出版】

syuppan-h@tac-school.co.jp

※土日祝日はお問合せ対応をおこなっておりません。
※正誤のお問合せ対応は、該当書籍の改訂版刊行月末日までといたします。

乱丁・落丁による交換は、該当書籍の改訂版刊行月末日までといたします。なお、書籍の在庫状況等により、お受けできない場合もございます。
また、各種本試験の実施の延期、中止を理由とした本書の返品はお受けいたしません。返金もいたしかねますので、あらかじめご了承くださいますようお願い申し上げます。

TACにおける個人情報の取り扱いについて
■お預かりした個人情報は、TAC(株)で管理させていただき、お問合せへの対応、当社の記録保管にのみ利用いたします。お客様の同意なしに業務委託先以外の第三者に開示、提供することはございません(法令等により開示を求められた場合を除く)。その他、個人情報保護管理者、お預かりした個人情報の開示等及びTAC(株)への個人情報の提供の任意性については、当社ホームページ(https://www.tac-school.co.jp)をご覧いただくか、個人情報に関するお問い合わせ窓口(E-mail:privacy@tac-school.co.jp)までお問合せください。

(2022年7月現在)